国家出版基金资助项目
上海高校服务国家重大战略出版工程项目
上海文化发展基金会图书出版专项基金资助项目

国家出版基金项目
NATIONAL PUBLICATION FOUNDATION

会计工程:信息共享的全球共用会计系统研究

国际视野下的XBRL基本理论与技术

李晓荣 张天西/著

立信会计出版社
LIXIN ACCOUNTING PUBLISHING HOUSE

图书在版编目(CIP)数据

国际视野下的XBRL基本理论与技术／李晓荣，张天西著．—上海：立信会计出版社，2022.12
（会计工程）
ISBN 978-7-5429-4507-5

Ⅰ．①国… Ⅱ．①李… ②张… Ⅲ．①可扩充语言—研究 Ⅳ．①TP312

中国国家版本馆CIP数据核字(2023)第008709号

策划编辑　张巧玲
责任编辑　张巧玲

国际视野下的XBRL基本理论与技术
GUOJI SHIYE XIA DE XBRL JIBEN LILUN YU JISHU

出版发行　立信会计出版社
地　　址　上海市中山西路2230号　　邮政编码　200235
电　　话　(021)64411389　　传　　真　(021)64411325
网　　址　www.lixinaph.com　　电子邮箱　lixinaph2019@126.com
网上书店　http://lixin.jd.com　　http://lxkjcbs.tmall.com
经　　销　各地新华书店

印　　刷　上海盛通时代印刷有限公司
开　　本　710毫米×1000毫米　1/16
印　　张　32　　插　　页　4
字　　数　610千字
版　　次　2022年12月第1版
印　　次　2022年12月第1次
书　　号　ISBN 978-7-5429-4507-5/T
定　　价　98.00元

序言——于无声处听惊雷

毋庸讳言，从新世纪之初的勃兴，直至创立十年之际的乐观气氛进入到顶峰之后，近年来 XBRL(可扩展商业报告语言)的发展实际上是处于一个趋缓的阶段。尽管不时有一些高水平成果发表，但总体下行的趋势并未改变。在理论研究上，无论中外，学术论文的数量都在达到峰值之后逐年递减；在实践中，虽然 XBRL 应用已经遍及全世界的上市公司、基金公司和其他重要企业，被越来越多的数据分析工具所支持，提取出的 XBRL 数据也达到相当规模，但这些数据“金矿”并没有得到有效挖掘，其应用方式和模型尚未超出传统的指标分析和统计模型的范围。作为 XBRL 的最终服务对象，投资者很少体验到 XBRL 的所谓“杀手级应用”，而是不断面临着大数据、机器学习、人工智能和区块链这样更热门技术的冲击。

所以，今天我们不妨大胆站在发展的反面，尝试回答这样一个问题：

XBRL 是否已经过气或者失败?

技术失败在科学领域从来不是新鲜事。所有技术的发展都不是一个单向的线性过程，有内生问题，如研究人员，有外生问题，如市场和时间，有成功，也就一定有失败。技术的失败大抵有两种形式：其一是“无可奈何花落去”，全盘皆输，毫无挽回，如非标准 101 键盘；其二是“化作春泥更护花”，虽死犹生，遗泽后世，如 ARPANet 之于互联网。那么，如果 XBRL 失败会是哪一种呢?

如果是前者，其原因一般是在本领域出现了具有压倒优势的竞争者。但事实是在 XBRL 创立至今的 23 年中，XBRL 的目标替代对象都没有本质的进步，Excel、Word、PDF 和 HTML 这些被 XBRL 领域称为“电子化”而非“数字化”

的格式没有增加处理具体领域的能力;数据库处理半结构化数据和智能语义的能力仍然有限;ERP、BI等商业领域的管理和决策支持系统依旧保持了封闭的结构。事实上,XBRL不但没有受到严峻的挑战,反而在竞争中轻易地将许多技术彻底淘汰出技术市场。

如果是后者,其原因常常是在本领域之外出现了新的技术、商业和社会因素。但是,事实同样回答我们:XBRL的支柱技术——XML——仍然位于技术生态的核心;在与报告相关的商业环境、证券市场和会计准则等方面,也没有出现有影响力的变革。所以,尽管几乎所有与商业数据有关的主流系统都融入了部分XBRL要素,包括Excel、XMLSpy以及Oracle等,但还没有出现XBRL的完整的替代者(或曰继承者)。

一项需要额外提及的技术是大数据。尽管云计算和大数据成为数据分析的新兴技术,但其本质是通过统计方法追求"直接的相关性而非因果性"这种浅层次关系,其相较于以严格、复杂的逻辑分析为主的财务分析而言,并不能成为主体支撑技术。想想看:即使大数据告诉我们"如果上海春天气温在周四升至22℃～25℃,上证股指将会升高15个百分点",你敢仅凭这条规律去投资吗?

探讨失败的前提是默认起点的正确性。所以,如果从变化的角度无法得到答案,我们不妨回到XBRL最基础的本原,做一个更深刻的自省:

是否XBRL的设计思想从本质上就是错误的?

如果我们要评判某种设计思想,就需要追问它的设计目标、技术基础和实现方式。XBRL的设计目标几乎就是财务会计信息质量要求在信息技术领域中的映射:一致性、可比性是所有会计从业人员耳熟能详的要求;可扩展性、交互性是所有信息处理人员的期望。正因为如此,XBRL才能在最短的时间内获得高层监管机构、顶级会计公司和会计研究人员的共鸣。

在基础技术上,XBRL的创立者们富有远见或者幸运地选择了正确的技术道路——XML技术族,包括XML、XML Schema和XLink等。在今天看来,作为一种能够开放地、规范地描述领域知识的计算机语言,XML似乎是不二之选。然而,站在千禧之际的彼时,技术选择很多,一旦差之毫厘,后来必定谬以千里。我们甚至可以说是正确的技术基础托举XBRL赢得了技术的自然选择。今天,XML在网络领域的数据表示中已经是一枝独秀,在智能网络的道路上,从Web 2.0到Web N.0,XML都是最坚实的路基。

而在从设计目标到技术基础的落地(实现方式)的考察中,我们得到的仍然是正面的答案。从横向看,XBRL 的"堂兄弟"们——其他领域以 XML 实现的领域知识表达语言——都十分成功,包括 OOXML、XHTML、MathML 等。就 XBRL 本身而言,它表达商业领域知识的能力堪称完美。不但如此,XBRL 在使用中还表现出极强的可塑性和伸缩性,它不但适合于财务报告这样的截面式、总结性、小规模的数据,还可以延伸至诸如账簿这样的时间序列式、细节性、大规模的数据。

如果所有的反问都是这样的结论——XBRL 的基点是稳固的,方向是正确的,那么,我们就不应该怀疑 XBRL 的前途,而问题也就应该转向:XBRL 的发展目前位于哪个阶段? XBRL 走出停滞的条件和契机是什么? 未来的 XBRL 产品、应用与生态会是什么样的模式? 还有一个稍显狭隘与野心的问题——怎样基于 XBRL 的成功去实现 XBRL 领域人员的成功?

世界上最权威的 IT 咨询公司——Gartner 公司提出了一个有趣、准确的新兴技术成熟度模型——Gartner 曲线,将技术发展分为萌芽、过热、谷底、攀升和成熟五个阶段,并在 2005 年的报告中,认为 XBRL 当时位于谷底阶段,但此后 XBRL 再未出现在报告中。现在看来,当时的预计显然不够准确,人们既高估了身处的发展水平,又低估了未来的困难状况。今天,我们才可以认真地说,XBRL 确实正位于谷底,也才可以满怀信心地说,XBRL 在未来会走向成熟。而要走出今天的谷底,三个条件缺一不可。

首要的和最重要的条件,人。所有现在身处、进入和有志于 XBRL 领域的人,都必须要有天降大任的担当、成事在我的霸气、卧薪尝胆的坚韧和文理兼备的素质。XML 领域的成功,大多是现有数据规范"XML 化"的一蹴而就。而 XBRL 则尚未实现"数字化",且商业领域的数字化需求具有天然的模糊性和多样性,这一阶段尤为艰辛和繁复,更要求兼具商业头脑、会计理论修养与信息技术能力。尽管 XBRL 发展浩浩汤汤,不可阻挡,但要形成一个以 XBRL 为核心的理论、技术和商业生态,XBRL 从业者责无旁贷。

其次,合作。从 XBRL 创立至今,这个领域更多地表现出一种"百花齐放"式的竞争状态。如有 Dimensions 与 tuple 之间的规范之争,有 US GAAP 与 IFRS 之间的建模之争,凡此种种,不一而足。这种竞争的正面意义是极大地丰富了 XBRL 理论体系,但缺点是 XBRL 最具本质的可比性特征一直未能满足,且过于复杂的规范体系严重影响了XBRL软件开发与应用推广。所以，XBRL社区内部应该以大勇战胜小智，以妥协代替争议，删繁就简，务必实践，用一个统一的、有力的、主导的姿态面对用户和需求，这是在技术竞争中取得胜利的必由之路。

最后，时间。时间是XBRL成长中最宝贵的资源和最强大的敌人。它帮助XBRL获得了可贵的机遇和实践，同时也限制着XBRL雄心勃勃的野蛮生长。在XBRL发展中，时间的需求无处不在：我们需要抽象规范去指导具体应用，也需要反向的回馈；我们需要研究软件模式的用户体验，也从中获取改进软件的信息；我们需要让XBRL获得市场认知，也需要从认知的间隙中发现新的成长机会。而这所有的活动，无一不面临着时间禀赋的限制。那就让我们等吧，这不是在沉默中死亡的等待，这是不屈不挠的漫漫征途。

我们因为知道XBRL的限制而懂得它的支撑，因为明白它的困难而相信它的成功。今天的XBRL远远称不上完善，甚至不是一个满足基本需求的、可用的XBRL。那么，让我们设想一下，如果有一天，我们知道不是今天，虽然不知道是明天还是后天，我们有了一个“好”的XBRL，并且这个“好”的XBRL获得了技术和市场的成功，那么它成功后的模式和生态会是怎样?

XBRL可能的模式有两种，我们分别称之为“统合”模式和“支撑”模式。在“统合”模式中，XBRL作为一个独立的应用程序，是一切分析活动的门户，将整个报告的生命周期链、所有的分析手段、所有的应用程序(如电子表格、文本处理、搜索引擎、数据处理和大数据等)整合到XBRL平台上，以XBRL作为会计与金融信息支持工具的总体框架，形成投资者对证券市场信息认知和分析的总体构建，融合源自不同格式和分析工具的认知结果，是所有使用者——包括投资者、分析师和审计师——对于证券市场信息处理活动的起点和终点。而在“支撑”模式中，XBRL仅作为功能组件被整合入其他软件，如Excel、Word、Google、SAP和大数据平台等。在这种模式中，原有系统会使用户体验到功能的增强，必然弱化XBRL的认知，甚至可以使用户完全感觉不到XBRL的存在。

我们不想谈论第二种模式，因为这意味着XBRL的生态退化和现有XBRL从业者的失落。没有哪一种模式是决定论意义上的胜利者，而两种模式的道路分界也从来不是静态的概率分布。如果把科学和艺术都视为人对自然的表达，并围绕若干个核心形成学科，那么学科的分立和组织——即为什么这些表达要素被组织成现有的格局，如数学、物理以及经济学等；而不是被组织成另一种格局，假定为算学、空间学以及人学等——既具有必要的因素，也从来不乏个体的力量和历史的偶然。按照库恩的范式理论，如果人对问题解释的视角发生变化，就将导致一个新的、人们将习以为常的“常规科学”的诞生。所以，如果我们再多一些勇气，我们就不但有信心推动“统合”模式的确立，还将能够推动以XBRL为核心的、新的学术生命——会计工程——的诞生。

会计工程的未来或许是与财务会计、管理会计并立的一门新的分支学科，或许是与实证会计、规范会计相对的一个新的学派。但无论何种形式，会计工程都能对现有学科产生天翻地覆的革命性影响。

会计工程的首要作用就是对会计学科进行全新的、以“认知人”为假设的塑形。现有的会计学科被认为是经济学的下游学科，虽然会计学是一门完全契合实践的学科，但在其理论假设中仍然延续经济学抽象的、单一的“理性人”假设。所以，当今的会计学理论在解释许多会计问题上捉襟见肘，不敷使用。会计工程以人具有有限认知能力为基本假设，探索会计信息评估与投资决策中的认知因素；研究认知水平和分布对于会计信息吸收和证券市场反应的影响；探求认知因素在企业内部决策、内部控制、作业管理和管理控制中的作用；探讨以XBRL为核心的IT技术对于人的会计认知水平的作用，探索社会条件和传播水平对于人的信息处理能力的影响。这一塑形的完成，将不但标志着会计工程的登堂入室，还标志着会计学科已经完全摆脱了与经济学的“上道下器”的束缚，形成自己独立的范畴、问题、假设、表达和方法，会计学科本身将因之焕然一新、“更上一层楼”，回归管理科学的本质，从“描述科学”最终上升至其本应具有的“设计科学”。

会计工程还提供了新的、丰富的研究方法族。现有的以数据库为核心的实证方法的限制日渐明显，其“以果为因”的哲学缺陷也备受诟病。会计工程能够突破均衡研究的限制，应用大数据、文本分析的方法，不但提供结果数据，还能提供信息传播过程与投资者的即时反应，因此它不仅可以研究市场最终形成的均衡状态，还可以进行瞬态、突变等非均衡、非稳态的研究；会计工程能够超出实验室的范围，组织大范围、开放性的网络实验，提供更真实的研究环境，形成更客观的研究结果；会计工程以认知网络结构的视角同时看待企业和投资者，打破机械还原论的故步自封，以更有机、更可靠的方法计量企业的财务与风险状况，考察投资者的信息交互和价值观念形成。事实上，会计工程将传统上认为是“黑箱”的、“不在场”的投资者透明地展现在研究者面前，这是位于研究方法之上的数据层和方法论层的革命，一旦为研究人员所认识，研究方法的创新将是爆发式的、不可限量的。

会计工程为会计工作提供了新的实践范式。如果会计工程相关成果进入实践，会计工作将面貌一新。就企业内部而言，在XBRL财务报告、账簿和内部控制系统的联合作用下，会计人员的视野从内向转至外向，从局部转至整体，见微识著，洞察纷纭；更多的“电子化”手工作业由“数据化”自动流程替代，日常工作从“数字”管理升级至“数据与结构”管理，母子公司、总分公司之间信息畅通无碍、结构灵活多变，安全与共享兼顾，统管与专职并存，资金流和信息流交融，控制力和经营力不悖。就审计工作而言，在XBRL公式、报告、账簿、内部控制和审计系统的支持下，审计师可以实时、详细、透明地获得企业的经营与账簿数据，实现连续审计和实时审计的梦想；能够与会计师和分析师交流智慧而不只是数据，对内外观点相比较而获得对企业的深入理解；保持对投资者的全方位接触以即时获取证券市场信息需求与信息反馈。

会计工程能够催生会计行业新的生态。由于传统的AIS、ERP系统的影响范围仅限于企业内部，且多属于量与速的增强，所以无法对证券市场与投资者产生实质性影响，也就与会计行业的整体生态关系较小。事实上，类似用友这样的企业更多地被视为软件企业，而不是会计企业。在会计工程引入后，会计行业将围绕XBRL形成一个新的生态。在这个新的生态中，投资者、证券市场、媒体、会计制度与信息产品、会计师与审计师、监管机构与准则制定机构都会发生巨大的嬗变。统一格式的财务报告将日渐淡化甚至不复存在，投资者所获得的不是千人一面的数据而是满足特定需求的分析；信息技术企业从软件生产转向服务提供，随时追踪各类市场主体的需求，实现专业认知能力的增强、知识而非数据的实时传播、“脑”与“脑”的智慧链接；个体投资者在XBRL系统支持下消除知识壁垒，会计信息的吸收水平大幅提高，与机构投资者的分析能力的差别迅速减小。会计师、审计师与投资者在信息空间同时“在场”，信息披露与信息需求直接匹配；监管机构对于交易、信息披露和市场反应的监督三管齐下；XBRL与大数据相结合，准则制定机构可以定量评估市场的认知分布、认知结构、信息传播状态与市场成熟程度，并定量地、具有针对性地设计准则与制度。

正如《天下无贼》中“黎叔”所言：“21 世纪，是人才的世纪。”但人才与事业从来就不是简单的从属关系。从学科角度，任何一门学科与其他学科在竞争中的胜利，本质上是与其他学科在人才竞争中的胜利；反之，从人才角度，任何一个个体的胜利，既是机遇把握的成功，也是对努力工作的回报。会计工程的成功需要一大批有志、有智、有识的人才加入，他们包括研究者、开发者、经营者、推广者、实践者和政策制定者，他们的学科背景应该包括但不限于会计、经济学、信息技术、商业、法律和行政管理。

而我们最需要强调的，是所有会计工程的先行者——特别是作为“盗火者”的研究人员——要具有的素质。汉语中的“文章”，是“文以载道”，是“一言兴邦，一言丧邦”，是“铁肩担道义，辣手著文章”，是“文章千古事，得失寸心知”；而英语中的“文章”，没有任何道义和责任的含义，不过是 a piece of paper，薄薄的一页纸而已。提到文章，中国人也许想的是春秋大义，垂范千古；西方人想的也许不过是期刊会议，糊口工具。所以，会计工程研究者们不能目光短浅，舍本逐末，要厚积薄发，勇于坐冷板凳，不能略有小得就急于发表；要坚持学术自信，不能“洋”为“中”假设，“中”为“洋”检验；要沉稳大气，古时孔夫子尚谦称“述而不作”。要相信会计工程具有翻天覆地的意义，便要时时怀抱愚公移山的精神。

精神素质如此，学术素质亦然。从事会计工程研究所需要的绝不仅是会计知识与信息技术知识的拼凑。我们团队会小心翼翼地避开一个别人常常用来称赞我们的话语“会计与计算机人员紧密合作”。在实践中，当人们持有这种思想去合作的时候，我们总会发现，此时将出现一道横亘于会计和计算机人员之间的无形界限，双方保持着互不“越界”、互不“侵犯”的默契。就一项产业而言，这是提高效率、确保人才供给的专业分工表现。但就会计工程这项综合性、跨学科的交叉方向而言，这种默契却会阻碍其发展，导致其故步自封。若会计研究者短于信息技术新发展的理解，何谈提出有效的功能需求与方向指导？若信息技术研究者拙于对会计体系与研究方向的把握，又怎样研究、开发和修正适用于会计领域的先进算法和新型系统？

人是要有点精神的，是要点理想主义的。我们团队秉持坚定信念，身体力行，持之以恒。与整个会计界相比，力量虽小，也愿做长夜中明灯一盏；他途虽平，宁为险峰上攀登者一个。拙著即属先期成果，我们虽不敢奢望它承载会计工程人才培养的重担，却也希望它在会计工程的教育和传播中能尽应有之力。原有学术背景为会计领域的研究者，应该学习为支持会计领域而引入的最低限度的信息技术思想、模型、算法、数据结构与开发技术；原有背景为计算机领域的研究者，应该学习会计领域与信息技术相关的应用环境、理论模型、运行习惯和目标期望。对于每个学科的人而言，暂时悬置本学科的方法和视界，胸怀坦荡和辞尊居卑地从另一个领域的牙牙学语开始，都是非常困难的事。虽然退一步海阔天空，但只有付出勇气和努力，越过"雷池"，才能看到一片光明。

是为序。

李晓荣　于上海交通大学

2022 年 10 月

目　　录

第1章

XBRL的技术基础——XML

HTML(HyperText Markup Language,超文本标记语言)的出现改变了互联网的面貌,而XML(eXtensible Markup Language,可扩展标记语言)的出现则改变了互联网的应用模式。仅以HTML为媒介的网络应用被称为Web 1.0,而XML则开启了Web 2.0时代①。Web 2.0改变了Web 1.0那种只能阅读或手工处理网络信息的模式,实现了应用程序对网络信息的自动处理。协同计算、分布计算、智能机器人、网格与云计算等新的网络应用模式随之诞生,而后催生了电子商务、电子政务,也包括本书所探讨的XBRL(eXtensible Business Reporting Language,可扩展商业报告语言)。

本章首先讲述了XML的发展源流。从XML的发展历程可知,XML的发展是计算机技术与实际应用良性互动的结果。XML以其规范性和简洁性契合了网络应用的需求,所以才能风靡IT领域。XML并不是发展的终点,人们基于XML开发出在多个方面扩展XML能力的语言和工具。

1.1 XML语言概述

XML与HTML都来源于SGML(Standard Generalized Markup Language,标准通用标记语言);XML是Internet环境中跨平台的、用于内容描述的技术,是当前处理网络结构化文档信息的有力工具。

1.1.1 XML的起源

XML相对于互联网而言是一个后来者,也是技术领域“螺旋式上升”的一种体现。HTML是互联网进入实用的标志,但随着互联网的发展,HTML的一些特

① 其后又有所谓“Web 3.0”直至“Web X.0”的说法,都是基于XML将互联网的应用不断深化的技术水平表达。

征，甚至是奠定其地位的核心特征，如容错性等，又成为HTML甚至互联网发展的障碍。研究者反过来考虑HTML的基础——SGML，并从中撷取精要，XML由此诞生。所以，要研究网络应用的基础结构——网络环境下数据的表达，就需要探讨“SGML→HTML→XML”的历程。

1. SGML

SGML是Web技术出现前就已经存在的标记语言。SGML的前身是GML(Generalized Markup Language，通用标记语言)，这是一种由IBM从20世纪60年代就开始研发的一种文档格式标准。1978年，ANSI(American National Standards Institute，美国国家标准学会)将GML整理为SGML，并于20世纪80年代初将SGML推向应用领域，其目标是成为一种定义电子文档结构和描述其内容的国际标准规范。SGML最初的应用领域是科技文献管理，后来逐渐进入政府办公文件处理等领域。SGML于1986年成为ISO信息管理领域的一种国际标准(ISO 8879)。

SGML本身并不是标记语言，它是定义标记语言的规范。所以，无论是从SGML的作用还是地位而言，SGML都当之无愧地是所有电子文档标记语言的奠基者。除了标记的使用，SGML提出了两个标记语言应该具有的基本技术特征。

1）规范性

SGML的规范性使得SGML电子文档具有可重复使用能力、可移植性能力以及共享能力。SGML规定了在文档中嵌入标记的标准格式，指定了描述文档结构的标准方法(目前在Web上广泛应用的HTML格式便是一种SGML文档，准确地说，是使用固定标签集的SGML实例)。所以，SGML能够非常容易地支持大量的文档结构类型。

2）独立性

SGML定义的文本文档的格式、索引和链接等信息是独立于平台和应用的，也就是说，在不同的软件平台下，即无论是Windows，还是Unix、Linux等任一种操作系统，SGML定义的文档的应用效果是相同的；在不同的硬件平台下，即无论是Intel、AMD，还是Sun等任一种处理器系统，SGML定义的文档的应用效果也是相同的。

SGML的这两种机制是通过标记来实现的。标记是为用户提供的一种类似于语法的机制，用来定义和指示文档结构。SGML中的“Markup”的含义就是指插入到文档中的标记。SGML中的标记分为两种：一种称为过程性标记(procedure markup)，用来描述文档的显示效果；另一种称为描述性标记(descriptive markup)，用来描述文档中的文字结构。SGML的基本思想是把文档的内容与样式分开，并且标记本身与特定的软硬件无关，所以很容易在不同的计算机系统间交换文档。

SGML是一个完善的语言规范集合，它还为创建大量标记及其结构提供了强大的语法与工具支持，因此具有很好的扩展性，在涉及分类和索引数据的应用中普遍适用。但是，SGML的严谨也给它带来了负面作用。

首先，SGML非常复杂，技术体系过于庞大（仅标准手册就超过500页），要适用SGML语法规范来制定DTD（Document Type Definition，文档类型定义）中的元素（element）、属性（attribute）和实体（entity），可能需要花费数年的时间去了解SGML的标准。SGML过于追求完善而导致了过度的复杂性。对晚于SGML产生的Web来说，其日常应用完全无法适应SGML这样的复杂程度。

其次，随之而来的，就是SGML的开发非常昂贵。SGML的复杂性导致不止SGML本身复杂，相应地，SGML软件的结构及其开发也变得非常复杂。以SGML的解析器为例，仅用来检查SGML文档中的控制标记与格式，使用C++语言编写就需要数万行代码！

最后，由于这些困难，导致几个主要的浏览器，从Netscape、IE开始，都明确表示不支持SGML，这无疑是SGML在网络应用领域遇到的最大障碍。所以，有人戏称SGML为"Sounds Great, Maybe Later"（听起来好，但要使用留待未来）。

出于这些原因，SGML的应用实际上只限于一个较小的领域，就是科技情报与图书馆领域。理论与实践都证明了SGML并不适于网络上的应用。但是，SGML所开创的标记语言的思想，以及SGML所追求的基本目标，都成为日后网络环境下至关重要的思想与基本理论。其中，HTML就是由SGML定义的一种标记语言。

2. HTML

重述一次SGML的定位：SGML是定义标记语言的规范。SGML本身并不能直接使用，它的目的是定义可以直接使用的标记语言。HTML就是SGML定义的一种用于Web环境下的语言。

HTML的发明颇有传奇性。1982年，身为物理学家的Tim Berners-Lee为使世界各地的物理学家能够有一个交换文档的平台，以方便进行合作研究，创建了一种计算机系统上的标记语言——HTML。最初的HTML以纯文字格式为基础，以文字编辑器处理为目标，因此仅有少量标记，但是易于掌握运用。始料未及的是，一经人们所知，HTML便迅速跨出物理学范围，进入所有与信息交换的领域，并成为网络时代的文档格式基础。随着HTML的普及，人们的视野开始超越纯粹文字的阅读。

1993年是HTML发展史——也是Web技术发展史上——非常重要的一年。首先是浏览器的出现。是年，还是大学生的Marc Andreessen创造了第一个

HTML的应用平台——Mosaic浏览器。Mosaic的出现是一个新的里程碑，它不但引入<img>标记，从而可以在Web页面上浏览图片；并且形成了“HTML文档/Web解析器”这样的体系结构，HTML中可以加入表示显示效果的标记和数据，而浏览器则负责解析这些标记，并将丰富多彩的显示效果呈现给用户。从此开始，越来越多的媒体形式和功能加入HTML，HTML得到不断的扩充和发展。其次是HTML的规范化，计算机科学家Dan Connolly首次用SGML DTD的形式来描述HTML语言，将HTML纳入SGML的体系，将SGML的规范化和标准化引入HTML，使得HTML语言成为SGML语言的一种应用。次年，Dan Connolly考察了当时风靡世界的Web浏览器Mosaic对HTML语言的扩展，起草了一个HTML规范的修订本，为了表示对Tim Berners-Lee的敬意，这个版本的规范被命名为HTML 2.0（意指Tim Berners-Lee所创建的为HTML 1.0），并于年底正式公布。1995年，HTML 2.0正式固定下来，形成了正式的Internet标准，即RFC 1866协议。

但是，随后的HTML走过了一条人们始料未及的道路。1995年，Andreessen与其合作伙伴开创了Netscape公司，并以Mosaic为基础，编制出当时最优秀的浏览器Netscape Navigator。为了提高浏览器的表现能力，显示更加丰富的内容，Netscape Navigator按照自己的需求扩充了HTML，包括添加各种与显示有关的标记和属性，以及对多媒体的支持。Netscape Navigator一经问世，即大获成功，并很快在纳斯达克（NASDAQ）成功上市。Netscape Navigator的成功，使得软件业的巨擘——微软——认识到，互联网已经成为IT业新的战略制高点，而浏览器就是互联网最重要的应用软件。很快，微软推出自己的浏览器Internet Explorer（IE），并且采用免费和与Windows操作系统相捆绑等竞争手段，依靠自己强大的研发和市场力量，最终将Netscape彻底击败。在Netscape Navigator与IE激烈竞争的几年中，两大浏览器都为了提高自己的功能和性能而扩展HTML，即不断推出新的、只有本浏览器才支持的、互不兼容的HTML标记。竞争的结果是一方面HTML的标记得到极大扩展，浏览器的能力也得到极大增强，未来的浏览器甚至可以代替操作系统，这直接推动了万维网的规模和使用出现爆炸性的增长。但在另一方面，一个又一个HTML的新标记不时地被某个浏览器引入，一些新标记的生命周期极短，而有些企业增加的部分未经良好设计，很多甚至不遵守SGML规范，以至于HTML标记的增加在某些时间甚至处于失控的状态。

为了最大限度地包容工业界的需求，W3C（World Wide Web Consortium，全球信息网联盟）也在不断地扩充HTML规范，目标是使得各种浏览器能够有一个兼容的基础。但这样做又带来了一个无法避免的后果，就是HTML的复杂性。HTML的设计初衷之一就是简洁性（这也是当初未直接用SGML定义的原因之一)，但在经历了 2.0、3.2、4.0 等重要版本后，其已经变得非常庞大，完全背离了 HTML 的设计思想，从主要表达含义的标记集合转变成为主要表示格式的标记集合。相应地，与 SGML 类似，实现一个完全符合规范的 HTML 浏览器越来越困难和复杂，即使是当时的 IE 和 Netscape Navigator，也未能完全实现 HTML 4.0 规范。因此，现在的 HTML 具有以下缺点。

1) HTML 不可扩展

HTML 的标记集合为固定集合，任何用户自定义标记都不可能被浏览器所识别，因此它难以适应任何具体的应用环境。浏览器只识别浏览器开发者和 W3C 组织定义的标记集，所以仅能用于传统的计算机网络环境，而不能适应现在越来越多的网络设备和应用的需要。比如，手机、掌上电脑(PDA)等信息家电都不能直接显示HTML。

2) HTML 极为庞杂且规范性差

由于 HTML 规范代码太过复杂，如此复杂的规范导致用于解析代码的浏览器必然规模巨大。这显然无法适应 PDA 等空间和运算速度都不足的智能家电。

3) 结构不严谨

HTML 代码复杂的另一个结果就是过度的容错性。由于各个浏览器可能会自定义不同的标记，甚至采用不同的语法，为了使不同来源的 HTML 文档能够基本显示成功，各种浏览器都会具有较高的容错性。这导致严格的语法语义检查基本失效。

4) 语义表达能力差

HTML 只能用于信息显示，它为网站设计者显示数据提供了方便，如加粗、斜体和下划线等效果，以及允许设置图片的各种排列特性。但是，HTML 无法提供任何语义结构。这无法适应各行业对信息的不同需求，如通过搜索引擎按照关键字进行搜索时将产生大量无关结果。

总之，HTML 的缺点使其交互性差，语义模糊，这些缺陷使其难以适应 Internet 飞速发展的要求，因此一个标准、简洁、结构严谨以及可高度扩展的 XML 就产生了。

3. XML

从 SGML 和 HTML 的使用中，人们得到了丰富的经验，也吸取了大量的教训，从而催生了一种新的标记语言：XML。1996 年，互联网论坛 W3C 成立了一个小组，该小组由来自 Sun 公司的 SGML 专家 Jon Bosak 领导，其目标是创建一种新型标记语言，它既具有 SGML 的强大功能、规范性和可扩展性，同时又具有 HTML 的简单性和网络应用能力。在该小组提出的方案中，SGML 中所有非核心的、未被使用的和语义模糊的部分都被删去，形成了一个短小精干的标记语言——XML。

相对于SGML超过500页的规范描述，XML的规范描述只有26页。最重要的是，尽管篇幅只是SGML的1/20，但SGML中所有的精华部分都被不可思议地保留了下来。

与HTML类似，问世后的XML不断发展演化，并且也同样从它的两种应用——化学标记语言和数学标记语言——中获取了大量经验。1997年，XML的一种语法扩展，也是它的一种应用——可扩展链接语言XLL——的草案被制定出来。随后，到了1997年夏天，微软提出了第一个XML的现实应用——通道描述格式。1998年2月，W3C批准了XML的1.0版本，一种拥有巨大潜力的语言被正式公布，网络与计算机技术进入了一个新的时代。

考察XML的发展脉络，可以得到这样一个结论：XML是一种适于网络应用的、用于定义标记的规范，而不是适于直接应用的标记语言。一方面，XML来源于SGML，继承了SGML的规范性和扩展能力，人们可以用之定义任意他们需要的标记；另一方面，XML吸取了HTML的优势，变得非常简洁，适于在网络上应用。但是，一个容易混淆的问题是：从逻辑结构上讲，XML与HTML并不在同一个水平上。XML是用来定义标记的语言，而HTML是被定义好的、固定的标记集合，如果读者愿意，完全可以用XML重新定义一个HTML，即可扩展HTML(XHTML)。XML突破了标记语言主要描述格式信息的范畴，而主要集中于描述数据的语义。

1）W3C给XML赋予的10个目标

(1) XML应该可以在互联网上直接使用。

(2) XML应该支持各种不同的应用方式。

(3) XML应该与SGML兼容。

(4) 处理XML文档的应用程序应该容易编写。

(5) XML中的可选特性的数量应该减到最小，最好减至没有。

(6) XML文档应该具有良好的可读性，并且比较清晰。

(7) 用XML设计新的标记语言应该方便快捷。

(8) XML设计的标记语言应该正式、简洁。

(9) XML文档应该容易编制。

(10) XML标记的简洁性并不重要。

2）XML的具体用途

(1) 增强网络媒体格式。即用一个自定义XML文档与对应的格式描述文档XSLT(eXtensible Stylesheet Language Transformation，可扩展样式表语言转换)相结合，其效果相当于一个扩展的HTML。在这种应用中，XML存放整个文档的XML元素数据，然后XSLT将XML元素进行转换、解析，结合XSLT中的HTML标签，最终成为HTML，显示在浏览器上。

(2) 作为数据载体。即计算机领域内的“半结构化数据”。在这种应用中，存储 XML 数据的系统被称为 XML 数据库系统。XML 数据库系统使用相关的 XML 应用程序接口（MSXML DOM、JAVA DOM 等）对 XML 进行存取和查询，并将结果组织为 XML 文档。

(3) 信息传递与分发。在 Web Service 技术中，将数据包装成 XML 来传递。但此时的 XML 已经脱离了数据的范畴，而 SOAP(Simple Object Access Protocol，简单对象访问协议)规格说明为其赋予了具体的语义。另外，在 AJAX 的应用中，也有一部分的应用程序是以自定义 XML 为信息载体的。

(4) 应用程序的配置信息数据。现在越来越多的应用程序使用 XML 来存储其配置信息，最典型的就是 J2EE 的 Web 服务器配置。应用程序在运行时载入配置信息，根据不同的数据执行相应的操作。

XML 的影响越来越广泛。现在，Word、Excel 等，都开始采用或兼容 XML 格式；而更多的系统，如 Hibernate 应用 XML 描述语义数据，例如，保存数据间的映射关系，以实现更智能化的应用。但是，XML 最广泛、最重要的应用还是用于定义各个应用领域的标记语言。目前，应用 XML 定义的语言已经超过 200 种，遍布计算机应用的各个领域。

1.1.2 朴素的 XML 文档

XML 从 1996 年开始初具雏形，并向 W3C 提案，在 1998 年 2 月被确认为 W3C 的标准(XML 1.0)并对外发布。XML 的前身是 SGML，是 IBM 自从 20 世纪 60 年代就开始发展的 GML 标准化后的名称。

扩展标记语言 XML 是一种简单的数据存储语言，使用一系列简单的标记描述数据，而这些标记可以用方便的方式建立。虽然 XML 占用的空间比二进制数据更多，但 XML 极其简单，易于理解和使用。XML 文档举例如下：

```
<?xml version="1.0" encoding="UTF-8"? >
<department name="财务部">
    <employee name="李天">
        <job>经理</job>
        <age>36</age>
    </employee>
    <employee name="张地">
        <job>二级经理</job>
        <age>23</age>
    </employee>
</department>
```

上述这段代码仅仅满足了XML最基本的语法要求，这被称为朴素的XML(Naive XML)。这段代码的含义，即使是非计算机专业的人也一望而知，本书不再赘述。从这个例子可以进一步看出：XML与HTML的设计区别是很明显的。XML是用来存储数据的，重在数据本身；相对而言，HTML是用来呈现数据的，重在数据的显示模式。

XML的简单性使其易于在任何应用程序中读写数据，这使XML很快成为数据交换的唯一公共语言。虽然不同的应用软件也支持其他数据交换格式，但不久之后它们都将支持XML。所有的程序都可以容易地加载XML数据并在程序中解析，同样以XML格式输出结果，这意味着XML可以适应Windows、Mac OS、Linux以及其他任意平台，即具有所谓的“平台无关性”。

朴素的XML文档结构极其简单，只有简单的7项内容，下面是其中最重要的3项。

1. XML声明

XML文档是由一组使用唯一名称标记的实体组成的。XML文档始终以一个声明开始，这个声明指定该文档遵循XML 1.0的规范。XML的其他组成部分包括声明、元素、注释、字符引用和处理指令。

以下是代码片段：

```
<?xml version="1.0" encoding="UTF-8"? >
```

这个就是XML的声明，声明也是处理指令，在XML中，所有的处理指令都以“<?”开始，以“?>”结束。“<?”后面紧跟的是处理指令的名称。XML处理指令要求指定一个version属性。并允许指定可选的standalone和encodeing属性，其中standalone属性是指是否允许使用外部声明，可设置为yes或no两个值；其中yes是指定不使用外部声明，no则表示使用。encodeing属性是指作者使用的字符编码格式，取值有UTF-8、GBK和GB2312等。

2. 根元素

每个XML文档都必须有且只有一个根元素，用于描述文档功能。

以下是代码片段①②：

```
<department name="财务部"> </department>
```

3. XML代码

根据应用需要，用户可以使用XML代码自定义元素和属性。元素是XML内

---

① 本书中如无特殊说明，给出的XML代码只是与内容直接相关的XML片段，略去XML声明、上层元素等无关内容的部分。

② 本书中所有XML片段均由XMLSpy编辑并验证，XMLSpy工具是目前最具主流地位的XML编辑器。

容的基本单元；元素包括了开始标签、结束标签和标签之间的内容。其中标签包括尖括号以及尖括号中的文本。

以下是代码片段：

```
<employee name="张地">
    <job>二级经理</job>
    <age>23</age>
</employee>
```

1.1.3 XML 文档类型扩展

从上面的代码可见，朴素的 XML 文档是非常简单的，这同时也意味着 XML 的功能是很有限的。XML 并没有像 HTML 那样，通过不断增加标记来加强功能，而是提出了一种新的思想。XML 通过两种方式增强其能力。

（1）功能扩展，即利用 XML 创建可以增强 XML 功能的模块，包括类型系统的扩展和关系系统的扩展。其中，类型系统的扩展主要是 XML Schema；关系系统的扩展包括 XPath、XPointer、XLink、XQuery 和 XSLT 等。表 1-1 给出了 XML 及其主要功能扩展的版本和颁布时间。

表 1-1　XML 及其主要功能扩展的版本和颁布时间

规　范	推　荐
XML 1.0	1998 年 2 月 10 日
XML 1.0(2. Ed)	2000 年 10 月 6 日
XML 1.0(3. Ed)	2004 年 2 月 4 日
XML 1.1	2004 年 2 月 4 日
XML 1.1(2. Ed)	2006 年 8 月 16 日
XML 1.0 Namespaces	1999 年 1 月 14 日
XML 1.0 Namespaces(2. Ed)	2004 年 3 月 4 日
XML 1.1 Namespaces	2004 年 3 月 4 日
XML 1.1 Namespaces(2. Ed)	2006 年 8 月 16 日
XML Infoset	2001 年 10 月 24 日
XML Infoset(2. Ed)	2004 年 2 月 4 日
XML Base	2001 年 6 月 27 日
XML Base(2. Ed)	2009 年 1 月 28 日
XLink 1.0	2001 年 6 月 27 日
XLink 1.1	2010 年 5 月 6 日
XPointer Framework	2003 年 3 月 25 日
XPointer element() scheme	2003 年 3 月 25 日

（续表）

规　　范	推　　荐
XPointer xmlns() scheme	2003年3月25日
XInclude 1.0	2004年12月20日
XInclude 1.0(2.Ed)	2006年11月15日
XML Processing Model	2004年4月5日

(2) 领域扩展，即创建针对具体领域的标记集合，将XML应用于这些具体领域中。此类扩展极为丰富，最普遍的应用有应用于数学领域的MathML(数学标记语言)、应用于化学领域的CML(化学标记语言)、应用于网络技术领域的XHTML和本书所述的XBRL。

1.2　文档元素的类型与结构增强——XML Schema

XML Schema(以下简称Schema)是用于描述和规范XML文档的逻辑结构的一种语言，它最大的作用就是验证XML文档逻辑结构的正确性。Schema是XML最重要的一种应用和扩展。它的功能与DTD类似，但是Schema本身就是XML文档，而DTD并不是，这就使得解析器可以用统一的方式解释XML文档和Schema，其代价很低而规范性很高。另外，Schema支持命名空间，内置多种简单和复杂的数据类型，并支持自定义数据类型。由于存在这么多的优点，Schema已经成为XML应用的统一规范。尽管Schema不能完全表达DTD的所有语法，但Schema以其自身优势完全替代DTD只是个时间问题。现在，Schema已经成为应用的实际规范。

Schema最重要的能力之一就是对数据类型和内容模型的支持。通过支持数据类型和内容模型，Schema可以方便地描述文档内容，验证数据的语法正确性，集成来自数据库的数据，定义数据约束，定义数据模型以及进行数据类型转换。

Schema的规范声明：XML Schema 1.0同时提供简单类型和复杂类型定义的机制。XML Schema提供的44种内建(built-in)简单类型是Schema的核心内容，也是用户自定义类型的基础。用户可以通过限制“方面”(facet)来定义新的简单类型，也可以通过增加结构来定义复杂类型。在定义复杂类型中，最重要的工作是构建复杂类型的内容模型，包括空内容模型、纯子元素内容模型、简单内容模型和混合内容模型4种。

1.2.1　Schema基础机制

1. 内建的简单类型

简单类型指那些仅包含文本的类型。它不会包含任何其他的元素或属性。内建的简单类型是 Schema 基础机制提供的、无需用户定义的简单类型。不过,“仅包含文本”这个限定却很容易造成误解。文本有很多类型,既可以是 XML Schema 定义中的内建简单类型中的一种(布尔、字符串、数据等),也可以是用户自定义类型。用户可以向内建简单类型添加限定(在 XML Schema 中称为“方面”,facet),以此来限制其内容,或者可以要求数据匹配某种特定的模式,从而产生新的类型。

XML Schema 中定义了 44 种内建简单类型。图 1-1 是内建简单类型的层次结构。

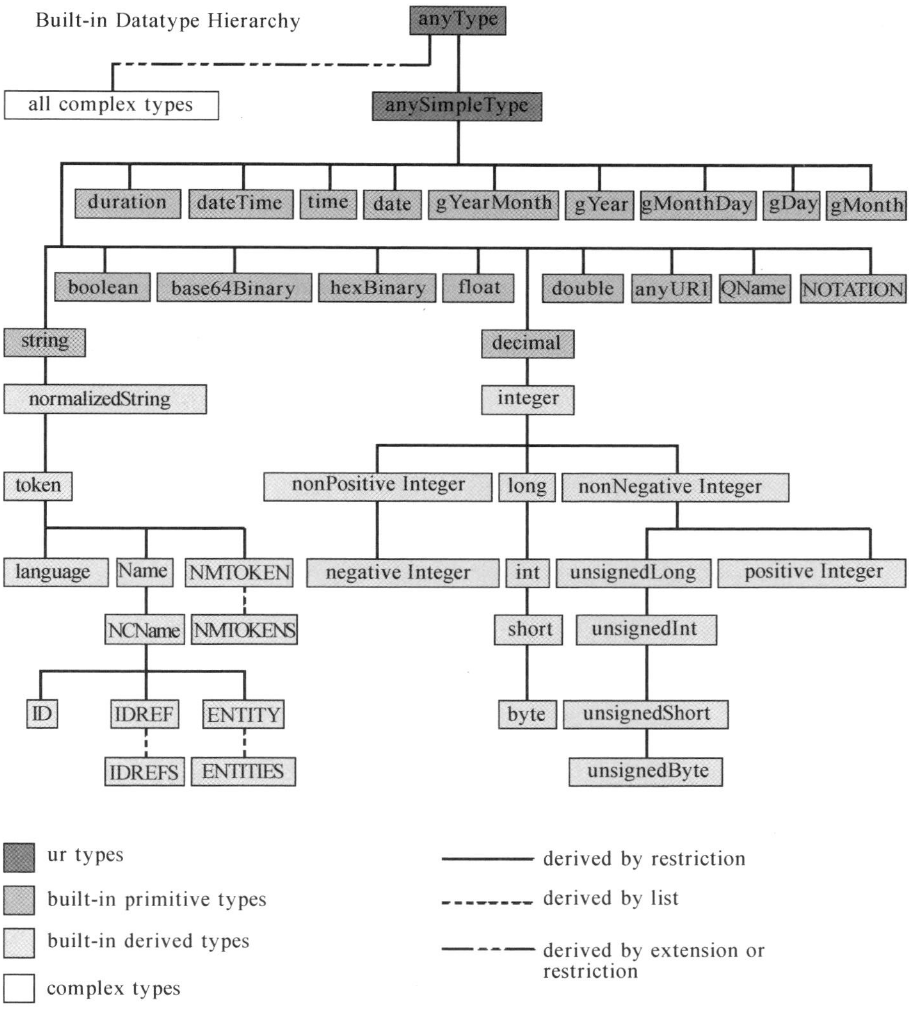

图 1-1　XML Schema 内建简单类型层次结构

资料来源:XML Schema Part 2: Datatypes。

2. 复杂类型

复杂类型的结构包含其他元素和/或属性。复杂类型可以视为简单类型的组织，其各个要素均可由简单类型定义。所以，复杂类型定义主要是说明其结构，即所谓内容模型(content model)。复杂类型所创建的元素具有 4 种内容模型。

1) 空内容模型

该模型形式为带属性的空元素。举例如下：

```
<product pid="1345"/>
```

2) 纯子元素内容模型

该模型形式为仅包含其他元素的元素(被包含的元素称为子元素)。举例如下：

```
<employee>
    <firstname>John</firstname>
    <lastname>Smith</lastname>
</employee>
```

3) 简单内容模型

该模型形式为仅包含文本的元素，但必须带有属性(否则为简单类型)。举例如下：

```
<food type="dessert">Ice cream</food>
```

4) 混合内容模型

该模型形式为包含子元素和文本的元素。举例如下：

```
<description>Now is<date lang="norwegian">03.03.99</date>....</description>
```

1.2.2　应用 Schema 进行模式定义

1. 模式定义方式

1) 匿名定义

通过直接指定内容模型对元素进行声明，上文中 employee 元素可以定义如下：

```
<xs:element name="employee">
    <xs:complexType>
        <xs:sequence>
            <xs:element name="firstname" type="xs:string"/>
            <xs:element name="lastname" type="xs:string"/>
        </xs:sequence>
    </xs:complexType>
```

```
</xs:element>
```

应用匿名定义，意味着仅有“employee”可使用所规定的复杂类型。在该定义中，子元素“firstname”以及另一个子元素“lastname”都被包含在合成器<sequence>中，这说明子元素必须以上述它们被声明的次序出现。

2）命名定义

首先定义一个类型，然后通过 type 属性引用该类型（或者内建类型），最后将元素声明为符合该类型定义的元素。上文中 employee 元素也可以按如下方法定义：

```
<xs:element name="employee" type="personinfo"/>
<xs:complexType name="personinfo">
  <xs:sequence>
      <xs:element name="firstname" type="xs:string"/>
      <xs:element name="lastname" type="xs:string"/>
  </xs:sequence>
</xs:complexType>
```

2. 简单类型的模式定义

用户自定义一个新的简单类型非常方便，只需要在基础的内建数据类型上对其方面（facet）进行赋值以限制其取值范围即可。每个内建简单类型都对应一系列不同的方面。下面的例子中，通过将内建简单类型 decimal（十进制类型）的方面 minExclusive 取值为 0 以生成一个新的类型（正十进制类型）。

```
<simpleType name="PositiveDecimal">
    <restriction base="decimal">
        <minExclusive value="0"/>
    </restriction>
</simpleType>
```

3. 复杂类型的模式定义

复杂类型定义主要是构建合理的内容模型，4 种内容模型的构建方法如下。

1）定义空内容模型的元素

声明一个在其内容中只能包含属性的类型，并赋予元素这个类型。举例如下：

```
<xs:element name="product">
    <xs:complexType>
      <xs:attribute name="prodid" type="xs:positiveInteger"/>
    </xs:complexType>
</xs:element>
```

2）定义纯子元素内容模型的元素

其例见前述匿名定义的元素 employee。

3）定义简单内容模型的元素

元素中只包含文本和属性，因此要向内容中添加 simpleContent 元素。当使用简单内容模型时，就必须通过 simpleContent 在某个简单类型的基础上扩展或限定，形成新的简单类型。举例如下：

```
<xs:element name="product">
    <xs:complexType>
        <xs:complexContent>
            <xs:simpleContent>
                <xs: extension base="xs:integer">
                    <xs:attribute name="prodid" type="xs:positiveInteger"/>
                </xs:restriction>
            </xs:simpleContent>
        </xs:complexContent>
    </xs:complexType>
</xs:element>
```

4）定义混合内容模型的元素

元素中包含文本以及子元素。举例如下：

```
<xs:element name="letter">
    <xs:complexType mixed="true">
        <xs:sequence>
            <xs:element name="name" type="xs:string"/>
            <xs:element name="orderid" type="xs:positiveInteger"/>
            <xs:element name="shipdate" type="xs:date"/>
        </xs:sequence>
    </xs:complexType>
</xs:element>
```

注意：为了使文本数据可以出现在“letter”的子元素之间（子元素和文本数据同时为 letter 元素的直接内容），mixed 属性必须被设置为“true”。<xs:sequence>中的标记排列（name、orderid 和 shipdate）则意味着被定义的元素必须依次出现在“letter”元素内部。

1.3 文档元素的关系增强

XML 本质上可以表达为一个树形结构，因此，其中元素之间的关系对于 XML 的应用而言至关重要。在 XML 中，用于关系表达和运算的扩展技术非常丰富，常用的包括 XPath、XQuery、XPointer、XSLT 等。基于这些技术构建的 XHTML 是

XML 文档元素关系应用最成功的范例之一。而本节最后讲述的 XLink 虽然在整个 XML 应用社区中并不常见，但却是 XBRL 最重要的技术基础。

1.3.1 XPath

XPath 是一种在 XML 文档中查找信息的语言，主要用于在 XML 文档中通过元素和属性进行导航。XPath 使用路径表达式来选取 XML 文档中的节点或者节点集，这些路径表达式和一般的计算机文件系统中看到的表达式非常相似。另外，XPath 含有超过 100 个内建的函数，这些函数用于字符串值、数值、日期和时间、节点和 QName、序列、逻辑值等数值类型的运算。

XPath 选择总是返回一个节点集，和其他任何集合一样，其中可能有零个、一个或多个成员。这里重要的概念是节点，节点可以是一段文本（比如，元素的内容）、一个元素、一条处理指令或者一条注释。

1.3.2 XQuery

XQuery（XML Query）是 W3C 所制定的一种语言，用来从类 XML 文档中提取信息，类 XML 文档指一切符合 XML 数据模型和接口的数据实体，它们可能是文件或数据库管理系统。

1. 特点

（1） XQuery 是查询 XML 的语言。

（2） XQuery 类似关系数据库的 SQL。

（3） XQuery 建立在 XPath 的基础之上。

（4） XQuery 已经被现在主流的关系数据库管理系统所支持，如 Oracle、DB2 和 SQL Server。

2. 应用

（1） 从 Web Service 中提取信息。

（2） 生成数据的摘要报告。

（3） 将 XML 转换为 XHTML。

（4） 从 Web 文档中查找信息。

XQuery 作为一种用于描述对 XML 数据源进行查询的语言，具有精确、强大和易用的特点。它与 XML 的关系，等同于 SQL 与数据库表的关系。

1.3.3 XPointer

XPointer 是用于在 XML 文档中进行数据定位的一种语言，其定位是根据数据在文档中位置、字符内容以及属性值等特性进行的。XPointer 由 URI（Unified

Resource Identifier，统一资源标识符）类型的地址中＃号之后的描述组成。XPointer 可单独使用或者与 XPath 一起使用。从这个角度，XPath 也可以视为在 XML 文档中进行数据定位的一种语言。

当 XPointer 用于 HTML 文档中时，＃号激活 HTML 页中特殊标记点的链接。XPointer 还允许基于内容的链接。例如，可以链接到 XML 文档中的某个单词、短语或字符串。

XPointer 常常与 XLink 联合使用。假如超文本中的一个超链接指向某个 XML 文档，可以在 XLink 链接的 xlink：href 属性中把 XPointer 部分添加到 URL 后面，这样就可以导航（通过 XPath 表达式）到文档中某个具体的位置。

为了能够指向一个特定的 XML 元素，在 XLink 链接中用到的 URI 必须以一个片段标识符结束。根据 XLink 规范，片段标识符中可以使用 XPointer 语法进行导航。片段标识符就是一个 XPointer 表达式，其格式既可以是缩略（shorthand）形式，也可以是基于架构（scheme-based）的形式。在基于架构的形式中，XPointer 表达式可以用属性或者元素作为表达式的参数，但是在 XBRL 中使用 XPointer 时只允许以元素作为参数。

举例如表 1-2 所示。

表 1-2　XPointer 示例

示　　例	含　　义
＃f1	当前文档片段有值为“f1”的 id 属性
us_bs_v21. xsd＃currentAssets	us_bs_v21. xsd 文档有 id 属性值为“currentAssets”的元素
us_bs_v21. xsd＃element(/1/14)	us_bs_v21. xsd 文档的这个元素是根元素的第 14 个子元素（根据文档顺序）
us_bs_v21. xsd＃element (currentAssets)	us_bs_v21. xsd 文档的这个元素有一个值为“currentAssets”的 id 属性

资料来源：Extensible Business Reporting Language（XBRL） 2. 1。

1. 3. 4　XSLT

XSLT 在 1999 年 11 月 16 日被确立为 W3C 标准。它是一种用于转换 XML 文档的语言，是 XSL 中最重要的部分。

XSLT 被用来将一种 XML 文档转换为另外一种 XML 文档，或者转换为可被浏览器识别的其他类型的文档，如 HTML 和 XHTML。通常，XSLT 是通过把每个 XML 元素转换为 HTML 或 XHTML 元素来完成这项工作的。通过 XSLT，用户可以使用应用程序对 XML 树进行操作，如添加和删除元素，添加和删除属性，对元素进行重新排列或排序，隐藏或显示某些元素，查找或选择特定元素。

XSLT 使用 XPath 技术在 XML 文档中查找信息。在转换过程中，XSLT 使用 XPath 来定位源文档中可匹配一个或多个预定义模板的部分。一旦匹配被找到，XSLT 就会把源文档的匹配部分转换为结果文档。

1.3.5 XHTML

XHTML 是 eXtensible HyperText Markup Language（可扩展超文本标记语言）的缩写。HTML 是一种基本的 Web 网页设计语言，而 XHTML 是一个基于 XML 的标记语言。XHTML 表面上看起来与 HTML 相像，但其实存在一些虽小却很重要的区别。XHTML 是一个用 XML 定义的 HTML。所以从本质上说，XHTML 是一个过渡技术，结合了部分 XML 的强大功能及大多数 HTML 的简单特性。

2000 年年底，W3C 颁布了 XHTML 1.0 版本。XHTML 1.0 的正式表述为：这是一种基于 XML 的、在 HTML 4.0 基础上优化和改进的新语言。XHTML 可以视为一种增强了的 HTML，相较于 HTML，它的可扩展性和灵活性更适应未来网络应用的需求。另外，XML 虽然数据转换能力强大，完全可以替代 HTML，但采用这种方式改造现有的成千上万基于 HTML 语言设计的网站，其代价必然是惊人的。因此，有必要通过建立 XHTML，实现 HTML 向 XML 的逐渐过渡。

1.3.6 XLink

在一个 XML 文档中，上下相邻并包含的元素构成了“父-子”（parent-children）关系，上下不相邻但包含的元素构成了“祖先-后继”（ancestor-descents）关系。但是，在很多情况下，那些不存在包含关系的元素之间也存在某种关系，这就需要一类可以在全局进行链接的元素进行表达。

XML 链接没有专门的链接元素，所以 XML 技术社区创建了 XLink（XML Link Language，XML 链接语言）。XLink 通过指定元素属性来表示链接，只要元素包含 xlink:type 属性，且取值为“simple”或“extended”，该元素即为 XLink 链接元素。其中，字符 xlink 代表 XLink 命名空间的前缀，代表 http://www.w3.org/1999/xlink。当 xlink:type 属性的取值为“simple”时，该链接元素为简单链接；当取值为“extended”时，该链接元素为扩展链接。

可以将 XLink 理解为 HTML 中超链接元素的扩展。与 HTML 中超链接仅限于<a></a>元素不同，XLink 的 10 个全局属性可以赋予任意元素。（但必须注意的是，此时该元素被称为链接元素，而对于一个标准的 XLink 解析器而言，除了这10个全局属性，不会识别任何其他内容。）这些全局属性为type、href、role、arcrole、title、show、actuate、label、from以及to。下面简单介绍各个属性的含义：

（1）type属性。type属性是指链接的类型，其枚举值有simple、extended、locator、arc、resoure和title。

（2）href属性。href属性是目标资源的URL（Universal Resource Locator，统一资源定位符），可以是绝对URL、相对URL或文档片段，相对URL必须结合XML Base中指定的绝对路径。

（3）role属性。role属性和title属性用于描述目标资源的属性，统称为语义属性。role属性用于机器阅读，如搜索引擎等。

（4）arcrole属性。其类型必须为一个URI，用来在链接的上下文里面描述资源的意义。

（5）title属性。title属性用于人工阅读。

（6）show属性。show属性和actuate属性用于描述链接激活时的行为，统称为行为属性。其中show属性表示链接激活时目标资源的显示环境，取值“embed”表示在当前窗口嵌入显示；取值“replace”表示在当前窗口显示目标资源，并替换原来的显示内容；取值“new”表示新开窗口显示目标资源。

（7）actuate属性。actuate属性是指链接的激活时机，取值“onLoad”是指文件加载时直接激活链接资源；取值“onRequest”是指在文件加载后，用户发出链接激活的命令才激活，如用户点击了链接等。

（8）label属性。该属性为资源别名。例如，from和to两个属性的值是和resource和locator元素中的label的值相匹配的。

（9）from属性。该属性指出链接中的起点资源。

（10）to属性。该属性指出链接中的终点资源。

下面将通过表1-3做个总结，其中，列为元素类型，行为全部全局属性。其中字母R代表必有项，表示该类型的链接元素必须具有这个属性；字母O代表可选项，表示该类型的链接元素可以具有这个属性。

表1-3　XLink类型表

属性	simple	extended	locator	arc	resource	title
type	R	R	R	R	R	R
href	O		R			
role	O	O	O		O	
arcrole	O			O		

（续表）

属性	simple	extended	locator	arc	resource	title
title	O	O	O	O	O	
show	O			O		
actuate	O			O		
label			O		O	
from				O		
to				O		

资料来源：XLink 规范。

本章小结

SGML 虽然规范，但失之复杂；HTML 虽然简单，但失之无序。尽管因 SGML 和 HTML 根本不在同一层面上而使得这个比较差强人意，但也能部分说明 XML 的出现原因。XML 同时具有规范性和简单性，这使得 XML 既便于人的理解，也便于程序处理。但是，朴素的 XML 显得过于简单，因此在 XML 的基础上出现了许多用于扩展其能力的技术和语言，包括 XML Schema 和 XLink 等。

进一步阅读

1986 年，开发人员就给出了 SGML 的详细说明[1]。HTML 最早的规范说明见 Tim Berners-Lee 所开发的标准文件[2]，但现行的 HTML 主要依据 HTML 4.01 和 HTML 5。XML 及其相关规范见 W3C 的 XML[3]、XML Schema[4,5,6] 和 XLink[7,8,9,10]。N Shadbolt 等准确预见了互联网发展的趋势[11]。

参考文献

[1] ISO. ISO 8879：1986，Information processing-Text and office systems-Standard Generalized Markup Language(SGML)[S]. 1986.

[2] BERNERS L T，CONNOLLY D. RFC 1866：proposed standard. HyperText Markup Language Specification 2. 0[R]. 1995-12.

[3] W3C. Extensible Markup Language(XML)[EB/OL]. 3rd ed. http://www. w3. org/TR/XML/，2004-02-04.

[4] W3C. XML Schema Part 0：Primer[EB/OL]. 2nd ed. http://www. w3. org/TR/xmlschema. 0/，2004-10-28.

[5] W3C. XML Schema Part 1：Structures[EB/OL]. 2nd ed. http://www,w3.org/TR/2004/REC.xmlschema.1.20041028/,2004-10-28.

[6] W3C. XML Schema Part 2：Datatypes[EB/OL]. 2nd ed. http://www.w3.org/TR/2004/REC.xmlschema.2.20041028/. 2004-10-28.

[7] W3C. XML Base[EB/OL]. http://www.w3.org/TR/xmlbase/,2001-06-27.

[8] W3C. XML Linking Language(XLink)[EB/OL]. http://www.w3.org/TR/XLink/,2001-06-27.

[9] W3C. XML Path Language(XPath)[EB/OL]. http://www.w3.org/TR/xpath，1999-11-16.

[10] W3C. XML Pointer Language(XPointer)[EB/OL]. http://www.w3.org/TR/xptr/,2002-08-16.

[11] SHADBOLT N，BERNERS L T，HALL W. The semantic web revisited[J]. IEEE intelligent systems，2006，21(3)：1-10.

第 2 章

XBRL 起源与发展

在 XML 出现之后，商业领域的研究者就开始着手将其应用于商业信息的表示、存储和传递中，最终形成了 XBRL。XBRL 的出现具有应用需求和技术推动两方面的因素。一方面，"安然事件"的发生使得人们对信息披露的重视提升到一个新的高度，《2002 年萨班斯—奥克斯利法案》(Sarbanes-Oxley Act of 2002，简称《萨班斯—奥克斯利法案》)的颁布为这种重视建立了坚实的制度基础；另一方面，XML 自身的完善以及在许多领域的成功应用也推动了技术作为一种信息披露解决方案的产生。

XBRL 并非一蹴而成，XBRL 基础规范经历了多个版本，这些版本的演化也体现了技术与需求的互动与协调。另外，与 XML 类似，XBRL 也发展出许多增强其基础规范能力的扩展规范。XBRL 技术体系中，XBRL 基础规范(XBRL Specification)居于基础地位，决定了整体的体系结构和功能。XBRL 的发展具有清晰的脉络，其 2.1 版本的规范也已经具备了完整和严格的语法和结构。本章将从 XBRL 规范设计的总体思路、XLink 的规范使用方案来探寻 XBRL 的技术原理，进而以 XBRL 的版本演化说明这一原理的实践和逐步清晰化的过程，最后讲述 2.1 版本下的规范总体结构及其扩展。

2.1 XBRL 起源

虽然对于大多数会计从业人员来说，XBRL 略显陌生，然而，这简单的 4 个字母的背后，却孕育了一场席卷全世界的财务报告革命。从诞生起到现在的 20 多年间，XBRL 的足迹已经遍布了多个国家，并且已经形成了一套完整的体系。XBRL 在中国的兴起与发展也具有相当的规模。2010 年 10 月 19 日至 21 日，第 21 届世界 XBRL 大会在中国举行。在大会上，财政部发布了基于最新 XBRL 技术规范的《企业会计准则分类标准》，站在了目前所有分类标准的技术前列，这意味着中国必将继美国之后，成为另一个 XBRL 研究和应用的中心。

2.1.1 XBRL的社会与技术基础

1. 社会需求

在XBRL的创建和完善的过程中，美国会计领域曾经发生过一次不小的震动，那就是《萨班斯—奥克斯利法案》的出台。可以说，这一法案的出台间接地推动了XBRL的迅速发展，也为其日后的广泛应用奠定了一定的基础。

2001年12月，美国安然公司突然申请破产保护。在当时，安然公司是美国最大的天然气采购商及出售商，也是世界上最大的天然气、电讯以及电力公司之一。如此庞然大物竟然在短短数周之内轰然坍塌，其背后则是持续多年的精心策划的财务造假丑闻。而此后上市公司和证券市场也丑闻不断。就在2002年6月，世界通讯公司又轰然爆出会计丑闻事件。接二连三的丑闻最终彻底打垮投资者对资本市场的信心。

针对世通公司、安然公司等财务欺诈事件所暴露出来的公司和证券的监管问题，美国政府和国会加速出台了《2002年公众公司会计改革和投资者保护法案》。法案由众议院金融服务委员会主席奥克斯利(Mike Oxley)和参议院银行委员会主席萨班斯(Paul Sarbanes)联合提出，即《萨班斯—奥克斯利法案》。这标志着美国证券监管水平产生了质的提高。

这项法案对美国《1933年证券法》《1934年证券交易法》作出了大幅的修订，在会计职业监管、证券市场监管、公司治理等方面作出了很多新的规定。法案中的第一句话就这样提到："为了保护投资者以及公众的利益，兹组建公众公司会计监察委员会。"

安然事件以及其后一系列公司丑闻的爆发，使得外界对现行会计体制的有效性多少产生了怀疑。财务报告的有效性和可靠性都亟待提高。从《萨班斯—奥克斯利法案》的次序安排来看，这些内容都排在了前3章，而篇幅也都超过了2/3。所以，该法案更像一个会计改革的法案。

XBRL对于财务报告的改进更多地可以归结为在操作层面上的增强，反映在报告的可利用能力和及时性上。传统实行的财务报告所披露的信息和数据，可以称为"哑数据"(dumb data)，也就是说数据对于用户要求的响应和支持很差。可以想象在上百页的财务数据中查找所需要的数据以及那些数据之间的联系是多么费时费力的一项工作，想要对数据进行分析的话则更是需要另起炉灶。因此，由"哑数据"向"智能数据"(smart data)的转变定是大势所趋，而XBRL则正是推动这种转变的一个绝佳工具。

2. 技术供给

信息技术的发展，特别是XML技术的诞生和推广，可以称为XBRL的技术供给。从根本上讲，每一种商业行为的实质都是基于利润、现金流和偿债能力的数字游戏。而在现代社会中，企业环境的日趋复杂，使得记录游戏得分——编制财务报告的工作越来越具有挑战性。与此同时，股东、债权人和众多政府机构等利益相关者仍旧希望凭借符合公认会计准则的财务报告来准确了解企业的经营状况。那么，管理层是否能够编制出一套真实公允地反映企业利润、现金流量和偿付能力的财务报告，就取决于他们能否从企业交易、经营和其他一些商业活动中获取及时、准确的数据，同时当然也取决于他们对会计准则的遵循程度。

在企业数据流的开始，数据通过记录交易和其他商业活动产生，交易数据通过手工或自动方式记录到交易数据库中去，而交易数据库中的数据都将输入至企业的财务数据库，数据在此被编制成各种账户、档案、报表和法律记录。会计数据库是大量的内部报告和外部报告的基础。其中最重要的外部报告非外部财务报告和纳税申报表莫属，而内部报告一般包括财务报表、内部管理报告和运营报告等。分析财务报表和管理报告常常可以帮助企业管理者找出企业经营中应该改进之处，企业外部信息使用者则可以通过分析外部报告来进行一系列相关的决策。图 2-1 反映了当前财务报告系统的数据流程以及财务报告所涉及的事项。

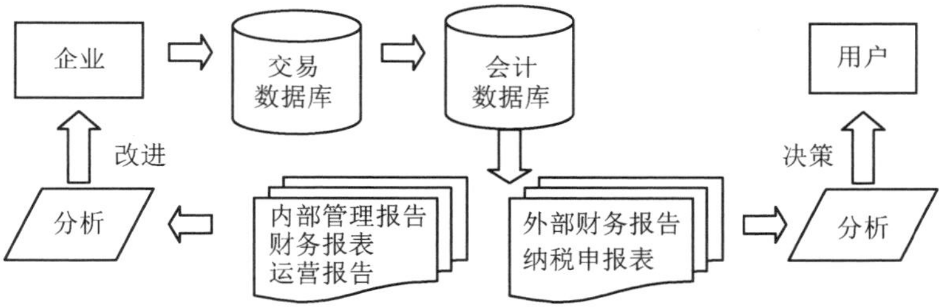

图 2-1　当前财务报告系统的数据流程

目前，以上流程中的绝大部分已经能够通过电子化来自动实现，可是对于企业管理层和信息使用者来说，财务数据的电子化储存、交换、使用等仍给他们带来诸多挑战抑或不便。

一方面，上述不便表现在财务数据的电子化记录上。虽然目前大部分的财务数据已经实现了电子化记录，并且使用者已经感受到了相对于纸面记录而言电子记录的很多优点，比如更少的操作时间、更低的成本和更少的错误，然而，电子记录同样也面临着挑战和困难。在企业纸质文本的操作方式向电子数据交换操作方式的转化过程中面临的一个主要挑战就是目前并存着多种电子文档交换标准，这导致了很多系统之间的电子数据互不兼容，所以，为了保证数据的兼容性，管理层不得不选择同一家厂商的产品。另一方面，上述不便还表现在电子化财务数据交换方面。电子商务活动的主要方式是电子数据交换(Electronic Data Interchange, EDI),它也是财务数据在不同主体之间的传输和交换的主要方式。但是如果一个企业使用某个 EDI 系统,它的管理层大多面临的挑战是,在与其他公司或者公司内部不同部门间的数据共享时,可能会受到企业中一些部门的阻碍,因为这些部门所使用的是基于它们各自标准的报告系统。同时另一个可能出现的问题是,鉴于可供选择的标准相当多,当一个企业并购另一个企业时,很可能出现两个企业的系统采用的是完全不同且互不兼容的标准的情况,其结果是企业内部的每个报告部门都被迫用纸质文本的形式来交换数据,而解决这种问题的办法只能是将一个公司的标准迁移到另一个公司使用的标准上。

互联网作为 20 世纪最主要的信息技术之一,改变了这一切。随着 E-mail、电子商务在 Internet 的成功应用,超文本链接标记语言(HTML)这种用于构建静态网页的计算机语言,便成为了事实上的标准。但是,当公司希望实现共享数据时,开发者通常要去其他地方寻找一种标准,用以实现数据的交换。于是,人们开发出了多种能够在互联网上整合数据库的计算机语言。正如前文所述,XML 语言诞生并在 IT 领域迅速得到普及。由于 XML 能够和 Internet 兼容,得到了依赖电子商务或者通过 Internet 进行交互的所有行业的支持,并且这一语言标准可以免费获得,不需要与特定的供应商绑定。

对于 XML 的扩展和升级造就了 XBRL。如果把 XBRL 标准应用到财务报告上,就可以使单个文件用于所有报告环节,不需要在不同系统之间传递那些由不同数据库生成的不同格式、不同精度的数据。这与传统的财务报告方法相比,最明显的优势就是有一个集中的会计数据库来存储财务报告数据,并且数据流始终是双向并行的,而不是按某种顺序进行,如图 2-2 所示。

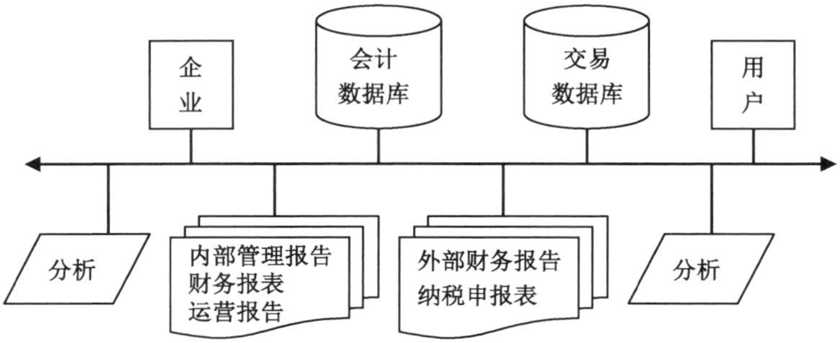

图 2-2 XBRL 标准对财务呈报流程的整合

2.1.2 XBRL 的目标与作用

按照 XBRL 国际组织的定义,XBRL(eXtensible Business Reporting Language,可扩展商业报告语言)是 XML 在财务报告信息交换方面的一种应用,是目前被应用于财务信息处理的一项最新技术。XBRL 是一种可以将财务和商业数据电子化的全新语言。在财务信息的显示、分析和传递等方面,XBRL 都具有显著的优点。由于使用 XML 方式表述商业报告内容,XBRL 能够直接被使用者或其他软件所读取,并可以用于进一步的自动化处理,对于一个经常提供或者使用财务数据的企业来说,XBRL 能够使其提高效率、降低成本,并提升数据的可靠性和准确性。

XBRL 是一个开放的标准,它由 XBRL 国际组织这一非营利性组织开发,免费在全球范围内使用,并且能够促进在全球各类软件应用中商业信息的可靠提取和自动交换。自从 XBRL 标准于 2000 年 7 月发布以来,XBRL 国际组织下属的各个地区组织一直致力于 XBRL 标准的完善和推广工作。如今,XBRL 已经在许多国家得到广泛运用,并且迅速地向深层应用发展。

与 XML 相同,XBRL 采用电子标签来明确定义某个信息,从而便于各种应用程序读取。同时 XBRL 还描述了不同信息之间的关系,提供了可供参考的会计准则和其他相关信息源,给出了计算多种数量关系的公式,甚至还可以将信息转化为多种人类语言。这些特征都意味着目前信息生成和转化的手工流程都可以变得自动化和简化。

XBRL 最早在证券行业得以应用,它能够实现上市公司信息共享和互操作,进一步推动上市公司信息披露和证券信息服务业的规范和有序发展,从而实现真正意义上的上市公司网络信息披露。以中国为例,随着金融领域对外开放的深入和证券市场规模扩大,国内外投资者对于上市公司经营情况和财务状况的关注程度也与日俱增,而 XBRL 的广泛应用将满足各类机构和个人对于上市公司越来越高的信息披露要求,并且将显示出越来越大的社会效用和经济价值。

目前国际金融服务与信息供应商、会计师事务所和证券交易所等机构都已采用或准备采用该项标准和技术。比如东京交易所的 TDnet 系统采用 XBRL 技术报送财务数据,德国德意志银行将 XBRL 用于处理贷款信息并使其信用分析过程更加流畅,澳大利亚证券交易所也已经成功使用 XBRL。2009 年 3 月,美国证监会已经将 XBRL 确定为法定披露格式,2015 年 5 月,美国财政部宣布 XBRL 成为联邦政府支出信息公开披露的数据标准。XBRL 于 1998 年诞生,此后,其在国际上获得了迅速发展,研究还表明,XBRL 技术增加了公司财务报告披露的透明度和可靠度。

XBRL 国际组织是 XBRL 的最高管理与研发机构,它由来自 27 个国家将近 600 个组织构成,其中包括投资机构、分析师、公司、审计机构、监管机构以及财务数据集成商,比如标准普尔等。旨在推广 XBRL 应用的 XBRL 国际指导委员会也早在1999年8月就已经成立，由美国注册会计师协会与EDGAR在线、普华永道、微软等12家公司共同组建，目前全世界各国已经有600多个机构参加了该组织，其成员包括银行、交易所、IT厂商、注册会计师协会、信息服务提供商等，比如联邦储蓄保险公司、富士、日立、德意志银行、通用电气、IBM、微软、PeopleSoft、普华永道、路透社、摩根士丹利、SAP和其他位于商业报告供应链上的组织或公司。该组织的成员都承诺在一致同意的基础上，应用数据录入交换格式以利于共享，而且这些成员也都承诺将协定内容具体应用到它们的产品和服务中去。

1. XBRL的目标

按照XBRL国际组织的设计，XBRL的目标主要有以下六个方面：

(1) 可自动交换并摘录财务信息而不受个别公司软件和信息系统的限制。

(2) 通过互联网提供高时效性的信息，提高信息的相关性。

(3) 降低信息交换成本，提高财务信息的可获得能力。

(4) 为投资者或分析者使用财务信息提供方便。

(5) 解决由互联网上获取的HTML格式的财务信息不能直接用作分析、比较的困难。

(6) 减少为了不同格式需求的资料而重复输入的问题。

2. 应用XBRL的效益

XBRL的应用将对于信息产生、交换直到应用的各个环节带来更为深刻的变革，从目前的应用情况来看，已经反映出了以下作用和效果：

(1) 降低数据采集的成本，提高数据交换的效率。一方面，基于XBRL架构的财务信息具有标准格式，一次生成之后，就可以直接在监管机构、会计师事务所、互联网以及出版印刷单位之间进行流通；另一方面，XBRL是基于XML之上的，其本身就是一种跨平台纯文本的描述性语言，所以数据交换也是跨平台的。

(2) 提高报表编制的效率，降低人工数据采集的风险。XBRL提供规范的报表格式，提高了报表编制的效率以及准确性，同时降低了重新输入资料的次数，提高了资料的正确性。

(3) 使得数据使用者能够更快捷方便地检索、读取和分析数据。比如，XBRL能够与微软的Office相结合使用。在如今已有的应用中，开发者将XBRL与Excel结合运行，使得数据处理变得更加容易。

(4) 能够适应会计制度和报表快速变化的要求。因为XBRL将财务数据进行了细分，作为主要变动形式的格式变动仅仅是将细分的财务数据进行重组而已，所以变动后不同格式的报表之间在这些不变的会计数据上仍然具有可比性。

(5) 为财务数据提供更广泛的可比性。使用了XBRL标记的财务报表，为数据的比较分析提供了更大的可能性，财务数据不仅可以用来进行横向的跨越多报表、多公司、多行业、多国家的比较，还可以用来进行纵向的跨越多年份的分析。

(6) 增加了资料在未来的可读性与可维护性。XBRL 的文件是以 ASCII 码来存档的，只需利用支持 ASCII 码的简单文本编辑器就可以修改或读取，增加了资料在未来的可读性与可维护性，所以非常适用于财务报告等必须长期保存的文档资料。

3. XBRL 的发展历程

1998 年 4 月，Charles Hoffman 对用于发布电子财务信息的技术产生了浓厚的兴趣，便着手开始了调查研究。他在对 XML 进行深入的研究后认为，为了符合企业商业报告的特定需求，XML 格式必须有明确的描述企业报告的信息，这不仅需要对每一个数据进行标记，还需要有这些标记数据的处理方法说明，以及与其他企业外部标记数据和企业内部非标记数据进行交互处理的方法说明。

同年 7 月，Hoffman 向 AICPA(American Institute of Certified Public Accountants，美国注册会计师协会)高级技术工作组的主席 Wayne Harding 报告了 XML 格式财务报告的潜力，Wayne Harding 又向 AICPA 提出了制定 XML 财务报告标准的建议。在 Harding 的推动下，AICPA 决定支持该项目，着手开发 XML 格式财务报表的标准语言，目的在于提供一个以 XML 为基础的全球企业信息供应链，来方便使用者去获取、交换和分析财务数据。AICPA 把这种语言命名为 XFRML(eXtensible Financial Reporting Markup Language，可扩展财务报告标记语言)。在 AICPA 的赞助下，Hoffman 于 1998 年 12 月 31 日提出了一个使用 XML 作为编制财务报表工具的原型。

次年 7 月，AICPA 成立了一个由微软、IBM、EDGAR Online、Sage、SAP、Hyperion、摩根士丹利、路透社、国际会计准则委员会(International Accounting Standards Commitee，IASC)、当时的五大会计师事务所(普华永道、德勤、毕马威、安永和安达信)以及英格兰及威尔士特许会计师协会(The Institute of Charted Accountants in England and Wales，ICAEW)等机构的代表组成的 XFRML 执行委员会。

1999 年 8 月，接连又有 12 家公司加盟开发此项目。同年 10 月 13 日，XFRML 测试用的原型初步开发完成。

XFRML 开发的初衷是为交易方、投资者提供财务信息披露规范。然而，随着 XFRML 计划的顺利进行，AICPA 决定开发以 XML 为基础的一种标准财务报告语言——XBRL，并且还希望 XBRL 的应用不仅限于公司的财务报告，还可以扩展到证监会规定的报送文件、公司内部数据分析、报税数据等。

在这样的背景下，XBRL 执行委员会便决定成立 XBRL 国际组织(XBRL International Inc.)。该组织由 XBRL 执行委员会、标准委员会以及 9 个工作组组成,是一个国际化的非营利性组织,该组织的主要职责和任务是负责制定并发布 XBRL 标准,推动 XBRL 的国际化应用。

在 2000 年 7 月 31 日,XBRL 国际组织根据美国的情况首次发布了 XBRL 规范(Specification)1.0 版本和 GAAP(Generally Accepted Accounting Principles,通用会计准则)分类标准(GAAP Taxonomy) 1.0 版本。XBRL 规范 1.0 版本采用了 DTD 技术来进行语法定义。1 年以后,XBRL 国际组织在 2001 年 12 月 14 日又发布了 XBRL 规范 2.0 版本。2.0 版本在抛弃了 DTD 形式的同时,采用了 XML Schema 形式,并且引入了 XLink 技术建立了 5 个链接库,此外还对数值型数据项(numeric item)和非数值型数据项(non-numeric item)的属性进行了较大幅度的改变。随后,XBRL 国际组织又颁布了一个短暂的实验性版本 2.0a,这一版本引入了一些新的标记,对 XBRL 进行了进一步的完善。

2003 年 12 月 31 日,XBRL 国际组织发布了 XBRL 规范的 2.1 版本,根据前面 3 个版本的经验与教训,2.1 版本给出了一个更加实用的、完善的结构,并且指出了许多未来可能增加的组件,比如 Dimension 与 Formula 等。2.1 版本可以说真正推动了 XBRL 的应用,US GAAP 和 IFRS(International Financial Reporting Standards,国际财务报告准则)基于 2.1 版本制定了广为使用的新的分类标准,而其他国家或地区也都基于该版本制定了本国或本地区适用的分类标准。2.1 版本也在逐步改进中,截至 2022 年 10 月,2.1 版本已经进行 188 次修订。而另外一个重要事件便是账簿系统的开发,在 2005 年,基于 XBRL 2.1 规范的账簿系统问世,这一系统开始被命名为“XBRL 总分类账——XBRL GL”(XBRL General Ledger),但是很快更名为“XBRL 全球通用账簿——XBRL GL”(XBRL Global Ledger),这预示着该账簿系统将具有更广的用途(该系统最新版本为 XBRL GL 2015)。

4. 国外 XBRL 的研发与应用现状

自从 1998 年 Hoffman 倡导开展 XBRL 研究与应用以来,国际上一些团体、学者和组织都积极地响应并参与其中。截至 2022 年 10 月,XBRL 国际组织所拥有的成员数,从最初的十几家已经发展到了 600 多家,应用领域则涵盖了金融监管、税务稽核、工商管理、资本市场、保险和审计等多个方面。

美国 SEC(Securities and Exchange Commission,证券交易委员会)于 2005 年 2 月宣布,在美国的上市公司中实施 XBRL 的自愿报送计划,也就是在 SEC 注册的公司在报送 2004 年年报的同时,可以自愿选择报送 XBRL 格式的财务报告,将其作为 EDGAR 公共数据库的补充数据。接着,在 2005 年 8 月,SEC 又宣布了对自愿报送计划进行一定拓展,允许共同基金自愿报送 XBRL 格式的季度和年度投资组合情况报告。2009 年 3 月,SEC 宣布实施了 XBRL 的强制报送计划,把

XBRL 技术正式列入了法定信息披露格式。SEC 主席对 XBRL 强制报送计划的执行进行了高度的评价，认为该计划是提高资本市场信息质量的一个重要举措，它可以在本质上有效地提升 SEC 对信息披露处理的能力，并让所有信息阅读者从中获益。

美国公众公司会计监察委员会也积极响应 SEC 的 XBRL 报告报送计划，于 2005 年 5 月在发布的“问题与解答”中，公布了围绕 XBRL 进行的相关审计指南。截至 2022 年 10 月，德国、加拿大、韩国、新西兰、英国、美国等 19 个国家或组织的财务报告分类标准已获得 XBRL 国际组织的批准，成了这些国家正式运用的 XBRL 财务报告标准。同时国际会计准则委员会的 XBRL 标准也被批准为正式标准，用以协调各国 XBRL 标准之间的差异。

5. 国内 XBRL 的研发与应用现状

如今，中国的研究也取得了令人瞩目的成就。从 2002 年年底开始，中国证监会组织沪深证券交易所和相关软件公司的人员对国际商业报告领域出现的 XBRL 标准进行研究，并且结合中国国情制定了《上市公司信息披露电子化规范》，该项规范由全国金融标准化技术委员会审批通过，使中国上市公司进行 XBRL 报告披露有了合法统一的规范。在学术界，XBRL 也已成为了研究的热点，以中科院和上海交通大学等顶级研究机构为代表，先后涌现出了大量高质量的论文和专著，该领域的研究也已获得了大量横向和纵向课题支持。

目前中国的 XBRL 应用主要在证券领域，沪深交易所是 XBRL 应用的先驱。以上海证券交易所(简称上交所)为例，其在 2004 年开始 XBRL 报告的试点，首先选择的是 50 家上海本地上市公司，从定期报告摘要开始，由简到繁，逐步推进，先后在沪市上市公司 2003 年的年报摘要、2004 年的一季度报告、2004 年的中报摘要等报告中进行 XBRL 数据试点。2005 年 1 月，试点公司范围和试点内容得以进一步扩大，于是上交所要求所有在上交所注册的上市公司在报送 2004 年年报时，必须同时报送 XBRL 格式的年报全文。在 2005 年 4 月，上交所正式成为 XBRL 国际组织的会员，这是中国第一例以单位身份加入 XBRL 国际组织。2005 年，由上交所制定的“中国上市公司信息披露分类标准”通过了 XBRL 国际组织的认证。2010 年 9 月 30 日，XBRL 正式成为中国国家技术标准，同时，由财政部会计司制定的《企业会计准则通用分类标准》正式公布(最新版本为 2015 版)。

与此同时，中国的 XBRL 组织机构也日趋完善。2008 年 11 月 12 日，XBRL 中国地区组织成立。XBRL 中国地区组织是由财政部会同工业和信息化部、中国人民银行、审计署、国务院国有资产监督管理委员会、国家税务总局、原中国银行业监督管理委员会、中国证券监督管理委员会和原中国保险监督管理委员会等共同成立的，并同时成立了会计信息化委员会。这意味着在中国，XBRL 已被赋予了恰如其分的地位:以 XBRL 为基础推动会计信息化研究与应用的发展。XBRL 中国地区组织的成立,为国内 XBRL 与会计信息化建设提供组织保障、智力支持和协调机制,标志着 XBRL 的研究与推广进入了系统的、有规划的快速发展阶段。

2.2 XBRL 规范的发展

XBRL 规范是 XBRL 技术的核心,也是 XBRL 发展阶段的直接体现。XBRL 的发展阶段一般由 XBRL 基础规范的版本表示,例如,XBRL 2.1 阶段。XBRL 的规范分为两类:一类是 XBRL 基础规范,即 XBRL Specification,其中规定了 XBRL 元素的基本结构和数据类型;一类为各种扩展规范,用于增强 XBRL 基础规范的能力,如维度规范(Dimension)、公式规范(Formula)等①。

2.2.1 XBRL 基础规范的版本演化

1. 从 XBRL 1.0 到 XBRL 2.0

XBRL 规范从诞生起,共产生了 4 个版本,分别是 XBRL 1.0(2000 年 7 月 31 日颁布)、XBRL 2.0(2001 年 12 月 14 日颁布)、XBRL 2.0a(2002 年 11 月 15 日颁布)和现行的 XBRL 2.1(2003 年 12 月 31 日颁布)。本书就相邻版本一一比较,以供读者理解 XBRL 的发展脉络。

XBRL 1.0 于 2000 年 7 月 31 日颁布,在 XBRL 1.0 中,规格说明由 2 份 DTD 文件(xbrl-core-closed-2000-07-31.dtd 和 xbrl-core-open-2000-07-31.dtd)和 1 份 XML Schema(xbrl-meta-2000-07-31.xsd)文件构成。其中,DTD 文件用于规范实例文档的结构,Schema 文件规范分类文档的结构。从总体上讲,XBRL 1.0 分别以 DTD 及 Schema 文件来规范实例文档及分类文档的结构,在 XML 技术中是罕见的。因为 DTD 和 XML Schema 的用途实际上重合,所以一般不会同时使用。但在制定 XBRL 1.0 时,DTD 已是成熟的技术规格(但功能不足),而 Schema 则尚未成为正式推荐标准(但功能强大),故 XBRL 1.0 折中地综合使用两种技术规格。

XBRL 1.0 的模式文件所包含的内容非常简单,核心思想是按需定义元素,即只定义财务报告实践中使用的元素和类型。所以,xbrl-meta-2000-07-31.xsd 文件中一共只定义了 2 个简单类型、3 个复杂类型以及 3 个相应的元素。

XBRL 2.0 于 2001 年 12 月 14 日颁布,其相对于 XBRL 1.0 产生的变化主要由两方面的因素驱动:第一是新技术的应用;第二是现实的需要。相对于 XBRL 1.0,

---

① 有的研究者认为 Dimension 也是基础规范。

XBRL 2.0 的技术架构变化较大，同时 XBRL 2.0 的技术门槛比 XBRL 1.0 高出许多。在 XBRL 2.0 中，放弃了 DTD 文件，规格说明由 5 个 XML Schema 文件构成，包括 xbrl-instance. xsd、xbrl-linkbase. xsd、xl. xsd、xlink. xsd 和 xml. xsd。XBRL 2.0 规范中出现了类型之间的派生，同时引入了 XLink 技术，这奠定了 XBRL 的总体框架基础。XBRL 2.0 无论是文档的结构，还是元素的定义的复杂度和数量都在 XBRL 1.0 之上。在 XBRL 2.0 中，可以看到它的设计思想正逐步趋向规范化。几乎所有 XBRL 2.0 的新机制都是为了尽量限制用户没有节制的灵活性，而这个目标是通过提供更完善类型和关系系统来实现的。下面将具体分析 XBRL 1.0 与 XBRL 2.0 之间的异同。

1）结构

在 XBRL 1.0 中，概念性的框架主要定义了数据项（item）、集合（group）、元素（element）和分类标准（taxonomy）等概念体系。XBRL 2.0 沿用了 XBRL 1.0 的概念体系，并更详细、规范地定义数据项和分类标准。

2）元素

在 XBRL 1.0 中，xbrl-core-closed-2000-07-31. dtd 文件中规定了实例文档以 group 为根元素，其内可以包含 item 和 label 两个子元素。xbrl-meta-2000-07-31. xsd 文件中定义了 2 个简单类型，分别是 monetary、shares，3 个复杂类型：Rollup Type、LabelType、ReferenceType 以及 3 个相应的元素：rollup、label、reference。

在 XBRL 2.0 中，xbrl-instance. xsd 文件中定义了 1 个属性 balance；4 个简单类型，分别为 monetary、shares、dateUnion、operatorNameEnum；定义了 10 个复杂类型，分别是 monetaryItemType、sharesItemType、decimalItemType、stringItemType、uriItemType、dateTimeItemType、entityType、periodType、unitType、tupleType；定义了 14 个元素，分别是 startDate、endDate、duration、instant、forever、segment、scenario、measure、operator、nonNumericContext、numericContext、item、tuple、group。

虽然 XBRL 1.0 和 XBRL 2.0 中的一些类型和元素是相同的，但 XBRL 2.0 实际上进行了重定义，以体现规范化的思想。

（1）简单类型 monetary。

XBRL 1.0 中的 monetary 类型声明代码如下：

```
<simpleType name="monetary" base="decimal"></simpleType>
```

XBRL 2.0 中的 monetary 类型声明代码如下：

```
<simpleType name="monetary">
    <restriction base="decimal"/>
```

```
</simpleType>
```

前者是采用 http://www.w3.org/1999/XMLSchema 标准写的，后者是采用 http://www.w3.org/2001/XMLSchema 标准写的，两者无本质差别。

(2) 简单类型 shares。在 XBRL 2.0 中，该类型相对于 XBRL 1.0 中多了一条限制，规定它的取值范围的下界为 0。

XBRL 1.0 中的 shares 类型声明代码如下：

```
<simpleType name="shares" base="decimal"></simpleType>
```

XBRL 2.0 中的 shares 类型声明，代码如下：

```
<simpleType name="shares">
    <restriction base="decimal">
      <minInclusive value="0"/>
    </restriction>
</simpleType>
```

(3) 复杂类型 RollupType 和元素 rollup。在 XBRL 1.0 中，分类是以 rollup 的方式处理会计科目元素之间的关系，在这里相当于"分项-总和"的关系，其中属性 to 表示向上加总的去向，属性 weight 表示向上加总的权数，属性 order 表示子元素在父元素内的排序。但是在 XBRL 2.0 中，由于有新的技术应用，所以删去了复杂类型 RollupType 和元素 rollup。这也是 XBRL 2.0 相对于 XBRL 1.0 的一个标志性变化。

XBRL 1.0 中的复杂类型 RollupType 和元素 rollup 的声明代码如下：

```
<complexType name="RollupType">
    <attribute name="to" type="QName"/>
    <attribute name="weight" type="decimal" default="0"/>
    <attribute name="order" type="decimal" default="1"/>
</complexType>
<element name="rollup" type="self:RollupType"/>
```

(4) 复杂类型 LabelType 和元素 label。在 XBRL 1.0 中，元素 label 用来表示会计元素的名称。其中属性 lang 的作用是指出元素 label 内容的语种。一个会计元素可以有多个 label 元素，其中每个 label 元素内容都使用不同的语言(并用 lang 属性指出其语种)。通过这种方式，同一会计元素的名称就可以用不同的语言来表达。在 XBRL 2.0 中，删去了复杂类型 LabelType，但还留有 label 元素，同时 label 元素的类型对应于 XBRL 2.0 中新定义的 resourceType，而 resourceType 的所有属性都是基于 XLink 的。XBRL 2.0 中引进的 XLink 技术使得 label 元素的定义更规范。

XBRL 1.0 中的复杂类型 LabelType 和元素 label 的声明代码如下：

```
<complexType name="LabelType" content="textOnly">
    <attribute name="xml:lang" type="language"/>
</complexType>
<element name="label" type="self:LabelType"/>
```

限于篇幅,XBRL 2.0 中在 xl. xsd 文件中声明复杂类型 resourceType 和元素 label 的代码省略。

(5) 复杂类型 ReferenceType 和元素 reference。在 XBRL 1.0 中,元素 reference的作用是指出分类中所定义的会计元素的引用来源。在 XBRL 2.0 中,该元素仍然保留,但是其相应的 ReferenceType 被删除,同时增加了 resourceType 和元素 link:part 来支持元素 reference。引用元素应该出现在链接库里面,它由多个 part 元素组成。part 元素是一个抽象元素。分类标准制作者可以自由创建替换 part 的元素放在引用元素里面。

XBRL 1.0 中的复杂类型 ReferenceType 和元素 reference 的声明代码如下:

```
<complexType name="ReferenceType">
    <attribute name="name" type="string"/>
    <attribute name="number" type="string"/>
    <attribute name="chapter" type="string"/>
    <attribute name="paragraph" type="string"/>
    <attribute name="subparagraph" type="string"/>
</complexType>
<element name="reference" type="self:ReferenceType"/>
```

限于篇幅,也略去 XBRL 2.0 中的复杂类型 resourceType、元素 part 以及元素 reference 的声明代码。

2. 从 XBRL 2.0 到 XBRL 2.0a

XBRL 2.0a 与 XBRL 2.0 的总体结构完全相同,都由 5 个 XML Schema 文件构成,分别是 xl. xsd、xlink. xsd、xbrl-linkbase. xsd、xml. xsd 和 xbrl-instance. xsd。经过比较可以发现,XBRL 2.0a 在前 4 个文件上完全沿用了 XBRL 2.0 的内容,而在 xbrl-instance. xsd 文件中进行了比较大的修改。以下将从几个方面对两者的差异进行阐述。

1) 属性的增加

在 XBRL 2.0a 中,除了沿用原来的 balance 属性,新增了一个 stockFlow 属性。属性定义的代码如下:

```
<attribute name="stockFlow">
    <simpleType>
```

```
            <restriction base="string">
                <enumeration value="stock"/>
                <enumeration value="flow"/>
            </restriction>
        </simpleType>
    </attribute>
```

其中,属性值 stock 所表达的是一个即时数量的概念,flow 所表达的是一个增量的概念,两者的关系相当于时间点(instant)和时间段(period)。stockFlow 属性的作用在于辅助实现"本期变化=期末数一期初数"概念的计算。

2) 数据项类型大量增加

在 XBRL 2.0 中,预定义的数据项类型(类型名称以 ItemType 结尾)共有 6 种,分别是 monetaryItemType、sharesItemType、decimalItemType、stringItemType、uriItemType 和 dateTimeItemType。如表 2-1 所示。

表 2-1　XBRL 2.0 的数据类型

XBRL 数据项类型	XBRL 中间类型	XML 内建类型
monetaryItemType	xbrli:monetary	decimal
sharesItemType	xbrli:shares	decimal
decimalItemType		decimal
stringItemType		string
uriItemType		anyURI
dateTimeItemType	xbrli:dateUnion	date. dateTime

这些数据类型的本质都是 XML 内建类型,经过一次或者两次封装,实现了从语法层面向语义层面的转化,并通过扩展或限制的方法,使其语义更为准确。但是,XBRL 2.0 所提供的 6 种数据项类型还远远不能满足日常使用的需要。当用户需要使用其他的数据类型时,就要直接使用 XML 内建类型或者进行自定义。这样的好处是给用户带来了很大的灵活性,可以根据自己的要求和实际情况定义数据类型。但这样的弊端是降低了规范性,且由于过度的灵活性带来了数据冲突或者错误等问题。

因此,在新发布的 XBRL 2.0a 规范中,XBRL 国际组织引入了大量新的数据类型。除了保留从原来的 6 种数据项类型,还增加了 17 种新的数据项类型,使总数达到了 23 个。从中也可以进一步明晰 XBRL 规范发展的趋势——由 XBRL 国际组织提供足够多的数据类型来满足用户的使用需求,而不是让用户自己自由定义。这样可在保证一定灵活性的同时,尽可能提高 XBRL 的规范性。XBRL 2.0a

中新增的数据类型如表 2-2 所示。

表 2-2 XBRL 2.0a 新增的数据项类型

XBRL 数据项类型	XML 内建类型
floatItemType	float
doubleItemType	double
integerItemType	integer
booleanItemType	boolean
hexBinaryItemType	hexBinary
base64BinaryItemType	base64Binary
anyURIItemType	anyURI
QNameItemType	QName
NOTATIONItemType	NOTATION
durationItemType	duration
timeItemType	time
dateItemType	date
gYearMonthItemType	gYearMonth
gYearItemType	gYear
gMonthDayItemType	gMonthDay
gDayItemType	gDay
gMonthItemType	gMonth

可以看到这些数据项类型都是对 XML 内建类型进行封装，进行一定的扩展，添加属性，以统一的命名规范使其作为 XBRL 中直接使用的数据类型。

3）重新定义 duration 元素

在 XBRL 2.0 中，duration 元素直接使用了 XML 基础数据类型中的 duration 类型。XBRL 2.0a 对这样的定义方式进行了修改和完善：引入了新的简单类型 xbrlDuration，并以其作为基础，重新定义了 duration 元素。

XBRL 2.0 代码如下：

```
<element name="duration" type="duration"/>
```

XBRL 2.0a 的代码如下：

```
<simpleType name="xbrlDuration">
        <restriction base="duration">
            <minExclusive value="P0D"/>
        </restriction>
```

```
    </simpleType>
……
<element name="duration" type="xbrli:xbrlDuration"/>
```

XBRL 2.0a 对 XML 中的 duration 类型进行重新封装，并加入了最小值约束。这样的结构意味着从单纯的语法结构向包含意义的语义结构的转变。这也是 XBRL 规范发展的另一个趋势。

4）periodType 使用了更简洁的表述方式

periodType 是 instance 中用于描述过程时间的复杂类型，主要利用 startDate、endDate、duration 元素来描述一段时间。XBRL 2.0a 将原来的两个并列的<sequence>标签改为一个<sequence>标签嵌套一个<choice>标签，使得表述更为简洁。其语义也更为清晰：以开始日期为基准，根据结束日期或者持续时间来描述一段时间，如表 2-3 所示。

表 2-3　periodType 类型：XBRL 2.0 与 XBRL 2.0a 的区别

XBRL 2.0	XBRL 2.0a
<complexType name="periodType"> <choice> <sequence minOccurs="0"> <element ref="xbrli:startDate"/> <element ref="xbrli:endDate"/> </sequence> <sequence minOccurs="0"> <element ref="xbrli:startDate"/> <element ref="xbrli:duration"/> </sequence> …… </choice> </complexType>	<complexType name="periodType"> <choice> <sequence minOccurs="0"> <element ref="xbrli:startDate"/> <choice> <element ref="xbrli:endDate"/> <element ref="xbrli:duration"/> </choice> </sequence> …… </choice> </complexType>

5）去除递归化的定义

在 XBRL 2.0 中，segment 元素是一个可选的容器元素。当实体的标识符不足以帮助 XBRL 实例更为完整地标识商业部门时，segment 元素可以包含实例需要使用的额外标记。其定义的代码如下：

```
<element name="segment">
    <complexType>
        <choice minOccurs="0" maxOccurs="unbounded">
            <element ref="xbrli:segment" minOccurs="0" maxOccurs="unbounded"/>
            <any namespace="##any" processContents="strict" minOccurs="0"
maxOccurs="unbounded"/>
```

```
      </choice>
      <attribute name="name" type="string" use="optional"/>
    </complexType>
  </element>
```

可以看到，其内部有一个递归的定义，即 segment 元素可以在内部嵌套其本身。这样的弊端很容易造成歧义。所幸的是，XBRL 国际组织发现了这个问题，并且在 XBRL 2.0a 版本中删除了递归定义的语句。在 scenario 元素中，存在同样的问题，因此也进行了修改。但是，原本的问题还没有完全得以解决，这将留到以后的版本中修改。

6）修改 numericContext 元素

XBRL 2.0a 将 numericContext 元素中，属性 precision 的类型由 string 修正为 positiveInterger，明确了其数量的含义。代码略。

7）添加新的集合元素

XBRL 2.0a 引入了一个新的容器元素，xbrl。其定义的代码如下：

```
<element name="xbrl">
  <complexType>
    <choice minOccurs="0" maxOccurs="unbounded">
      <element ref="xbrli:item" minOccurs="0" maxOccurs="unbounded"/>
      <element ref="xbrli:tuple" minOccurs="0" maxOccurs="unbounded"/>
      <element ref="xbrli:nonNumericContext" minOccurs="0" maxOccurs=
"unbounded"/>
      <element ref="xbrli:numericContext" minOccurs="0" maxOccurs=
"unbounded"/>
      <element ref="link:linkbaseRef" minOccurs="0" maxOccurs="unbound-
ed"/>
      <element ref="link:footnoteLink" minOccurs="0" maxOccurs="unbound-
ed"/>
    </choice>
  </complexType>
</element>
```

xbrl 元素的作用是代替 XBRL 2.0 中的 group 元素，作为 xbrl 实例的根元素。从结构上看，xbrl 元素删除了 group 元素中允许自我嵌套的定义，同时包括了其他所有子元素。这样做一方面避免了由于递归定义带来的歧义，另一方面，通过使用 xbrl 这样意义更为明确的名称，使其更易于理解。

3. 从 XBRL 2.0a 到 XBRL 2.1

XBRL 2.0a 是一个非常重要的 XBRL 规范中间版本。虽然没有任何国家、监管机构基于 XBRL 2.0a 制定分类标准，但 XBRL 2.0a 实际上几乎体现了 XBRL 2.1 规范的全部特征。在 XBRL 2.0a 版本之前，许多技术特征还未完全确定，甚至还在怀疑、争论和反复中，但在 XBRL 2.0a 版本出现之后，技术特征就大势已定。沿着 XBRL 2.0a 的趋势，XBRL 2.1 可谓呼之即出。

从 XBRL 2.0a 到 XBRL 2.1 的修正是局部性的，具体内容如下。

1）属性修改

XBRL 2.1 移除了 XBRL 2.0a 中新加入的 stockFlow 属性。这个改变的原因在于 XBRL 2.1 中引入了公式规范(Formula)，使得“本期变化＝期末数－期初数”概念的计算能够更有效地实现。

XBRL 2.1 还增加了 periodType 属性，用以规范元素的时间概念。periodType 的属性值为枚举值，分别是 instant 和 duration。instant 表示该元素的值仅在某个时间点有意义，而 duration 表示元素的值是一个具有时间跨度的变化量。相关代码略。

2）引入属性值

XBRL 2.1 首次使用 XML 的属性组机制(attributeGroup)进行类型定义，共定义了 numericItemAttrs、nonNumericItemAttrs、factAttrs、tupleAttrs、itemAttrs 和 essentialNumericItemAttrs 共 6 个属性组，属性组之间依次构成派生关系。其中，numericItemAttrs 和 nonNumericItemAttrs 两个属性组用于绝大部分的数据项类型定义，essentialNumericItemAttrs 用于比较特殊的 fractionItemType 类型定义。

这些属性组分别用于不同的数据项类型，作为其定义的一部分。

3）新增 4 个简单类型

XBRL 2.1 增加了 pure、nonZeroDecimal、precisionType 和 decimalsType 这 4 个 simpleType。其中，pure 作为数据类型定义的核心参与到 pureItemType 的定义过程中；precisionType 和 decimalsType 是 numericItemAttrs 属性组的组成部分；nonZeroDecimal 是 denominator 元素的类型，而 denominator 元素则是 fractionItemType 数据类型的组成部分。

4）新增数据项类型

XBRL 2.1 新增了 17 个数据项类型，使可用的数据项类型总数达到 40 个。在 XBRL 2.0a 中，数据项类型共有 23 个，其中不但有常见的数据类型，还包括以备万一而定义的数据类型。在 XBRL 2.1 中，沿着这一思路，直接将所有 XML Schema 的内建数据类型都规范化，作为可用的数据项类型。这种数据类型规范化的思想在 XBRL 2.0a 中已经成熟，它能够使用户在使用时能够脱离 XML 基本数据结构的语法含义，从语义的层面进行考虑。这也减少了由于过度的灵活性而带来的规范性不足的问题。

5）调整上下文元素

（1）时间上下文。XBRL 2.1 使用 contextPeriodType 代替 periodType，其内容包含 2.0a 中描述期间的几个元素。XBRL 2.0a 分别定义了 startDate、endDate、duration、instant 和 forever 元素，它们都是 periodType 类型中所引用的元素。

（2）实体上下文。XBRL 2.1 使用 contextEntityType 代替 entityType。XBRL 2.1 在类型名称前添加了 context 前缀，更明确了其上下文元素的含义。类似的改变还有 scenario 改为 contextScenarioType，period 改为 contextPeriodType。除此以外，XBRL 2.1 对其中 identifier 元素的定义进行了修改，将派生类型由 string 改为了 token，同时对 scheme 属性添加了最短长度的约束。

（3）场景上下文。XBRL 2.1 定义了 contextScenarioType 类型以代替 XBRL 2.0a中的 scenario 元素。

在此基础上，XBRL 2.1 新增了 context 元素来表达组织上下文信息，时间上下文（contextPeriod）、实体上下文（contextEntity）和场景上下文（contextScenario）作为 3 个子元素包含在 context 元素之中。

6）调整单位元素

在 XBRL 2.1 中，重新定义了对单位信息的描述方式。在 XBRL 2.0a 中，单位信息由元素 measure 和 operator，简单类型 operatorNameEnum 以及复合类型 unitType 来描述。在 XBRL 2.1 中，仅保留了 measure 元素，同时添加了 divide 元素和 unit 元素，以及 measureType 复合类型。其描述机制如下：measure 元素表示一种直接引用的度量单位，divide 元素表示由两个度量单位的比值组成的复合单位。measureType 表示一个包含 measure 子元素的复合结构，用于 divide 元素表示分子与分母各自的度量单位。最后，unit 元素结合两种方式，用以指定数据项的度量单位。

7）在 xbrl 元素中加入 ref 元素

XBRL 2.1 中的 xbrl 元素在 XBRL 2.0a 的基础上又增加了 4 个引用元素，包括模式引用、链接库引用、角色引用和弧角色引用，并且这些元素都是必需的。在一个 xbrl 元素实例中，必须包含至少一个模式引用元素，它们分别指向一个分类模式。链接库引用元素用于标识 xbrl 实例的一个链接库。无论是分类模式还是链接库，都是构成该 xbrl 元素实例的 DTS 中的一部分。

角色引用元素在 xbrl 实例文档中出现的顺序必须紧随链接库引用元素之后。xbrl 元素实例使用角色引用元素来引用任何自定义的 xlink:role 属性值。这些属性值用于 xbrl 元素实例的脚注链接；弧角色引用元素必须紧随角色引用元素之后。xbrl 元素实例使用弧角色引用元素来引用任何自定义的 xlink:arcrole 属性值。这些属性值同样用于 xbrl 元素实例的脚注链接。通过这些机制，可将一个 xbrl 元素实例与其 DTS 联系起来。

8）元素处理方式

XBRL 2.1 的主要变化是修改了类型内 any 元素的限定。namespace 的值改为 ##other，表示除了来自该元素的父元素的目标命名空间，任何命名空间的元素都可以出现。特别地，不允许在 contextScenarioType 类型定义中，将同一命名空间内的元素作为其子元素。

另外，新增属性以及属性值 processContents="lax"表示：当应用程序或 XML 处理器对任意元素定义进行验证时，即使不能获取相应的模式，也不会发生任何错误。这表示在特殊情况下，XBRL 也允许放松的验证方式。

2.2.2 XBRL 扩展规范的演化

在 2005 年 XBRL 2.1 版本基本保持稳定之后，XBRL 规范开始沿着另一条道路发展，即保持基本规范不变，按照不同方面的需求开发具有专门功能的扩展规范。包括 XBRL GL 在内，这些扩展规范有：

(1) 公式规范(Formula)：用于增强 XBRL 的基本计算和验证能力。公式规范是一个规范族，具体规范及颁布日期为公式(Formula，2009-06-22)①、方面覆盖过滤器(Aspect Cover Filters，2011-10-24)、布尔值过滤器(Boolean Filters，2009-06-22)、概念过滤器(Concept Filters，2009-06-22)、概念关系过滤器(Concept Relation Filters，2011-10-24)、一致性断言(Consistency Assertions，2009-06-22)、用户自定义函数实现(Custom Function Implementation，2011-10-24)、维度过滤器(Dimension Filters，2011-07-20)、实体过滤器(Entity Filters，2009-06-22)、存在性断言(Existence Assertions，2009-06-22)、通用过滤器(General Filters，2009-06-22)、通用信息(Generic Messages，2011-10-24)、隐式过滤器(Implicit Filters，2009-06-22)、匹配过滤器(Match Filters，2014-05-28)、时间过滤器(Period Filters，2009-06-22)、相对过滤器(Relative Filters，2009-06-22)、分部场景过滤器(Segment Scenario Filters，2009-06-22)、元组过滤器(Tuple Filters，2009-06-22)、单位过滤器(Unit Filters，2009-06-22)、验证(Validation，2009-06-22)、验证信息(Validation Messages，2011-10-24)、值断言(Value Assertions，2009-06-22)、值过滤器(Value Filters，2009-06-22)、变量(Variables，2013-11-18)、方面规则轴(Aspect Rule Axis，2011-10-19)、断言符合性信息(As-

① 此处规范族名称和规范族中一个具体规范的名称相同。这种情况在 XBRL 规范中很多，下文中的通用链接(Generic Links)、内联 XBRL(Inline XBRL)等亦属相同情况。

sertion Severity，2014-08-13)、公式元组(Formula Tuples，2011-11-30)、面向多实例处理和串联的变量实例文档(Variable Instances for Multi-Instance Processing and Chaining，2012-10-03)、变量范围(Variables Scope，2011-11-30)。

(2) 通用链接(Generic Links)：用于增强 XBRL 中表示关系的机制——链接库的能力。通用链接也是一个规范族，具体规范及颁布日期为用于增强整体链接能力的通用链接(Generic Links，2009-06-02)、用于增强 5 个基本链接库之一的标签链接库能力的通用标签(Generic Labels，2011-10-24)、用于增强另一基本链接库——引用链接库能力——的通用引用(Generic References，2011-03-21)。

(3) 通用优先标签(Generic Preferred Label)和表格链接库(Table Linkbase)：这两个规范用于增强 5 个基本链接库之一的展示链接库的能力，其中，前者增强优先标签(preferredLabel)属性，后者增强对表格的展示能力。两个规范的发布时间分别为 2013 年 5 月 8 日和 2018 年 7 月 17 日。

(4) 基础设施(Infrastructure)和注册表(Registries)：这是两个服务于信息注册的规范族。其中，前者用于描述 XBRL 中一般性信息注册的功能，目前其中仅包含一个规范，XBRL 注册表(XBRL Registry)，于 2009 年 6 月 22 日颁布；后者用于描述 XBRL 中具体内容注册的功能，包含 4 个规范，规范名称及发布日期为数据类型注册表(Data Type Registry，2019-05-08)、函数注册表(Functions Registry，2011-10-24)、链接角色注册表(Link Role Registry，2008-07-31)和单位注册表(Units Registry，2013-11-18)。另外，内联 XBRL(Inline XBRL，XII)规范族中的 XII 转换注册表(XII Transformation Registry)也可以归入注册表规范族。

(5) 内联 XBRL：用于将 XBRL 文档或文档片段嵌入 HTML，是一个规范族，其中包含 2 个规范，分别为内联 XBRL(2013-11-18)和 XII 转换注册表(XII Transformation Registry，2022-02-16)。

(6) 版本(Versioning)：用于描述 XBRL 中各种要素的版本变化历程，是一个规范族，其中包含 5 个规范，名称和颁布日期分别为基础(Base，2013-02-27)、概念细节(Concept Details，2013-02-27)、概念使用(Concept Use，2013-02-27)、颁布维度(Versioning Dimensions，2013-02-27)和关系集合(Relationship Sets，2011-05-11)。

(7) 分类标准包(Taxonomy Packages)：用于描述 XBRL 分类标准文件结构，可以视为 XBRL 中 DTS 的增强。分类标准包于 2016 年 4 月 19 日颁布。

(8) 大数据相关规范：用于支持 XBRL 数据的数据仓库存储方式仅包括一个规范，流数据扩展模块(Streaming Extensions Module)于 2015 年 12 月 9 日颁布候选正式版(Candidate Recomendation)。

(9) 扩展枚举(Extensible Enumerations):用于支持维度规范中的显式维度,颁布日期为 2020 年 2 月 12 日。

(10) XBRL 全球通用账簿(XBRL GL):严格地说,XBRL GL 并不是一项规范,而是使用 XBRL 规范定义的一个概念集和关系集,但这些定义完全体现账簿系统的规范要求,因此本书也将其列入 XBRL 规范。最新的 XBRL GL 规范包含两个部分:XBRL GL 分类标准框架(XBRL GL Taxonomy Frane work)和 XBRL GL 分类标准框架技术架构(XBRL GL Taxonomy Framework Technical Architecture, 2015-03-25),前者给出了账簿系统的规范定义,后者给出了账簿系统到报告系统的映射关系。

从上面的 XBRL 规范可以看出,XBRL 的发展已经深入整个信息链应用的各个环节,XBRL 已经形成了一个庞大、全面的技术体系。

本章小结

XBRL 的出现不是一个偶然现象,在其背后有着深刻的社会和技术基础。对于难以仅仅从法律和制度层面解决的信息披露问题,技术角度显然是一个较好的选项。所以,在 XBRL 的应用和研究中,法律、制度和技术三者的互动是一个不可或缺的角度。

XBRL 的发展是有一个过程的,现在的特征是不断扬弃的结果。针对 XBRL 基础规范,本章通过对 XBRL 不同版本——XBRL 1.0、XBRL 2.0、XBRL 2.0a 和 XBRL 2.1——的介绍和比较,从技术细节入手,说明了 XBRL 逐渐清晰和规范的发展脉络。对于 XBRL 扩展规范,本章仅简单给出规范的作用、颁布日期等,具体内容留待后续章节详述。

进一步阅读

美国联邦金融机构审查委员会基于案例详细说明了 XBRL 的技术结构和应用方法[1]。XBRL 规范(XBRL Specification 1.0、2.0、2.0a 和 2.1)给出了 XBRL 规范的完整细节以及 XML 代码[2,3,4,5,6],读者还可以详细阅读其扩展内容及修订过程,以进一步把握 XBRL 的发展方向[7,8,9,10,11,12,13,14,15,16,17,18]。吕科等给出了 XBRL 规范的中文版[19]。关于 XML Schema 和 XLink 等的规范说明分别给出了 XML 模式和扩展链接的技术细节[20,21,22,23,24,25,26,27]。

参考文献

[1] Federal Financial Institution Examination Council. Improved business process. through XBRL: a use case for business reporting[S]. FFIEC white paper,2006.
[2] XBRL 国际组织. XBRL 1. 0 规范文件(XBRL Specification 1. 0)[S]. 2000-06-31.
[3] XBRL 国际组织. XBRL 2. 0a 规范文件(XBRL Specification 2. 0a)[S]. 2002-11-15.
[4] XBRL 国际组织. XBRL 2. 0 规范文件(XBRL Specification 2. 0)[S]. 2001-12-14.
[5] XBRL 国际组织. XBRL 2. 1 规范文件(XBRL Specification 2. 1)[S]. 2003-12-31.
[6] XBRL 国际组织. XBRL 2. 1 规范化测试组件(XBRL Specification 2. 1 Conformance Suite)[S]. 2005-11-07.
[7] XBRL 国际组织. XBRL 函数要求(XBRL Function Requirements)[S]. 2005-06-21.
[8] XBRL 国际组织. XBRL 维度规范化测试组件(XBRL Dimension Conformance Suite)[S]. 2006-06-06.
[9] XBRL 国际组织. XBRL 维度说明(XBRL Dimension)[S]. 2006-04-26.
[10] XBRL 国际组织. XRBL 公式要求(XBRL Formula Requirements)[S]. 2009-06-22.
[11] XBRL 国际组织. 财务报告分类结构(Financial Reporting Taxonomies Architecture)[S]. 2005-04-25.
[12] XBRL 国际组织. 财务报告分类结构规范化组件(FRTA Conformance Suite)[S]. 2005-04-25.
[13] XBRL 国际组织. 财务报告实例标准(Financial Reporting Instance Standards)[S]. 2004-11-14.
[14] XBRL 国际组织. 财务报告实例标准规范化测试组件(FRIS Conformance Suite)[S]. 2004-11-14.
[15] XBRL 国际组织. 多维分类要求(Dimensional Taxonomies Requirements)[S]. 2005-06-21.
[16] XBRL 国际组织. 分类生命周期——面向版本的业务要求(Taxonomy Life Cycle. Business Requirements for Versioning)[S]. 2006-02-21.
[17] XBRL 国际组织. 链接角色登记(Linkbase Role Registry)[S]. 2008-07-31.
[18] XBRL 国际组织. 链接角色登记规范化组件(LRR Conformance Suite)[S]. 2006-02-21.
[19] 吕科. XBRL 技术原理与应用[M]. 北京:电子工业出版社,2007.
[20] W3C. Extensible Markup Language(XML)[EB/OL]. 3rd ed. http://www. w3. org/TR/XML/,2004-02-04.
[21] W3C. XML Schema part 0: primer[EB/OL]. 2nd ed. http://www. w3. org/TR/xmlschema. 0/,2004-10-28.
[22] W3C. XML Schema part 1: structures[EB/OL]. 2nd ed. http://www,w3. org/TR/2004/REC. xmlschema. 1. 20041028/,2004-10-28.
[23] W3C. XML Schema part 2: datatypes[EB/OL]. 2nd ed. http://www. w3. org/TR/2004/

REC. xmlschema. 2. 20041028/. 2004-10-28.
[24] W3C. XML Base[EB/OL]. http://www. w3. org/TR/xmlbase/, 2001-06-27.
[25] W3C. XML Linking Language(XLink)[EB/OL]. http://www. w3. org/TR/XLink/, 2001-06-27.
[26] W3C. XML Path Language(XPath)[EB/OL]. http://www. w3. org/TR/xpath, 1999-11-16.
[27] W3C. XML. Pointer Language(XPointer)[EB/OL]. http://www. w3. org/TR/xptr/, 2002-08-16.

第 3 章

XBRL 基础规范的理论基础

即使仅仅从技术角度审视 XBRL，也是一件非常有意义的事情。XBRL 并不是 XML 的简单应用，而是具有鲜明的、不同于其他基于 XML 扩展的技术特征——扁平化。扁平化是 XML 技术与 XBRL 应用的折中结果，体现了技术与领域的互动与协调。在这一核心特征作用下，结合基本的信息系统建模要素，XBRL 形成了特有的技术框架与扩展方式。XBRL 规范源自 XML，但并非完全照搬 XML 思想。XBRL 以规范性和语义能力为目标，在总体结构、概念定义和关系说明等方面都具有较强的创新性，并特别给出了一个 XLink 的规范使用方案。在 XBRL 基础规范——XBRL 2.1 规范中，概念与关系表述并立，并形成了一个具有严格逻辑关系的文档网络 DTS（Discoverable Taxonomy Set，可发现分类标准集合）。

3.1 XBRL 的技术特征①

一般地，XML 呈现出严格与完整的嵌套结构，即低一级的概念作为高一级概念的子元素，进而构成对领域的总体说明。但是，反观 XBRL 文档，则会发现它的概念定义和实例几乎是扁平的——所有的数据项都处于相同的层次②。在 XML 的当前应用中，这是唯一对 XML 嵌套层次进行明确限制的领域，XBRL 因而也被称为“扁平的 XML”（flattened XML）。在嵌套结构中，所有元素间的关系通常情况下以层次化、等级化的 XML 结构表达出来。而在 XBRL 中，使用 XBRL“分类标准”（taxonomy）来说明元素概念与元素关系。XBRL 分类标准是模式文档和链接库的集合，其中模式用来定义元素（组织为模式文档），XLink 链接用来说明关系

① 本节主要参考了 Lucian Hilland, XML Flattened: The lessons to be learnt from XBRL, White paper, CoreFiling, 2004。

② 元组类型的元素除外，但在 XBRL 国际组织的后续规范中，要求元组的嵌套不能超过一层，即元组必须直接包含元素而不能包含下一级元组。因此，XBRL 整体的嵌套也不会超过一层。

(组织为链接库)。

下面,首先描述 XBRL 的运作机理,然后再从多个角度(尤其是扩展性、信息重用和验证等三方面)探讨它所采用的反常规方式的利弊,进而探讨 XBRL 采用这种内容与关系相分离的原因。XBRL 采用这种方式不是没有代价的,尽管 XBRL 规范中的某些部分特别适用于财务领域(这是 XBRL 致力解决的领域),但是为了兼顾所有的商业领域,其他部分的加入使得在执行和兼容方面过于复杂。XBRL 的某些核心理念对于 XML 在更广泛领域中的应用是具有建设性的。例如,XBRL 能够在扩展现有内容模式的同时保持关系;XBRL 使用可扩展的图结构代替传统的树结构。但是,XBRL 获得灵活性的同时也付出了实现比较困难的代价。

3.1.1 XBRL 的功能与目标

1. XBRL 的目标是传递语义信息

为了适应商业领域相关的网络服务模式,人们采用 XML 标准来表示商业数据。在互联网上,XML 既可以在应用程序间作为数据表示和传递方式,实现大范围内的协同使用;也可以作为通用数据格式在广域网上作为互操作和互相理解的基础。XML 将传统的标记语言(例如,网页和出版物上的标记——使信息转为标准、有注解的格式)转化为一种信息定义方式,从而应用于广泛和多样的信息表示。XBRL 就应用 XML 格式提供了一条用结构化方法记录商业数据的途径。

2. XBRL 应具有语义稳定性

从本质上来讲,XBRL 是一种信息发布格式。创建者在创建 XBRL 文档之初,并不十分了解 XBRL 文档将被怎样和被哪些人员使用,即 XBRL 文档的使用者和应用方式并不特定。一份报告可能有许多不同的使用者,例如,内部的管理者、外部的分析者以及规则的制定者。不同的使用者会对相同的报告进行不同的应用,使用数据的方式方法也各有不同。人们既可以比较不同企业的 XBRL 数据,也可能应用时间序列方法分析同一企业不同时期的 XBRL 数据。因此,诸多方面的需求均要求 XBRL 具有良好的语义稳定性。

3. XBRL 应适应复杂多变的领域

对于没有经过有关培训的人来说,会计学就像一门难以捉摸的艺术,许多信息都可以从多个角度进行解释,并且本质上相同的信息可能会以不同方式进行呈现。此外,会计方法也一直在变化,例如,企业应用了一种在法律允许范围内的、更适用于呈报财务和经营状况的新方式。这固然可以提高透明度,但是人们希望能够应用 XBRL 系统性地提高会计透明度。这也是设计 XBRL 时的主要目标。用一项技术在短时间内去校正一个已经成熟的专业化运作体系,这个目标是极具挑战性的。所以,XBRL 必须具备完整地建立一个复杂领域模型的能力。

4. XBRL 应具有高度的规范化

由于 XML 数据使用和传播的便利性，全球的会计报告和商业报告可以实现高度的规范化。在“安然”“世通”直至“金融危机”的警示下，全球的会计领域都提出了更详细、更深入、更严谨的商业报告信息披露要求。因此，XBRL 技术需要具有较高的语义准确度，以确保可以正确反映恰当的会计概念和体系。

3.1.2 XBRL 的实现方式

1. XBRL 可能的实现方式

按照一般的 XML 建模方法，XBRL 可以用两种方式实现：通用自描述元素方法和 XML Schema 方法。

1）通用自描述元素方法

通用自描述元素方法（Generic Self-Describing Element Approach）对于概念的每种特定应用都使用一个元素，并在模式文档中用完整而又详细的内容模型对这些元素进行说明。这种方法旨在通过所谓“静态类型”来达到灵活性和扩展性的最大化，即只要看到元素的名称，就可以理解这个元素的语法和语义（自描述）。这种方法的限制性是明显的，因为它使得元素的语义依赖于具体应用。

以费用为例，首先按照它的 3 种应用表达为 3 个元素：邮费、交通费和餐饮费，然后将费用定义为这 3 个元素的组合（即“费用”这个元素的内容模型）。如下所示：

```
<TotalExpenses total="400">
    <PostageCosts total="10"/>
    <TravelExpenses total="10"/>
    <FoodExpenses total="380"/>
</TotalExpenses>
```

虽然从会计角度看，费用这个概念的语义是明确的，但上述方式的定义会产生问题。如果再产生新的应用，将产生新的子元素，并进而导致元素内容模型的变化。例如，如果要引入非办公费用，并使其涵盖交通费和餐饮费，将会使元素内容模型发生根本性的改变，进而破坏了向后兼容性。

为了解决这个问题，研究者将类型引入元素，通过设置 type 属性及其属性值来给出一个类型。显然，这个类型可以动态调整，因此这个方案也被称为“动态类型化”方案。再以费用为例，如果需要，可以重新构建费用元素。重构方式很灵活——只需要重新创建一个具有新类型的费用元素，该元素具有新的“type”属性和由 0 个或多个新的子费用标签构成的新内容模型。

```
<Expense type="TotalExpenses" total="400">
```

```
    <Expense type="PostageCosts" total="10"/>
    <Expense type="OutOfOffice" total="390">
        <Expense type="TravelExpenses" total="10"/>
        <Expense type="FoodExpenses" total="380"/>
    </Expense>
</Expense>
```

显然，使用这种方法实现内容模型的扩展要容易得多。但是，其也带来了巨大的代价："费用"这个元素产生了多个版本，如果一个应用程序以"费用"作为参数，因为应用程序无法知道当前使用的到底是哪个版本，所以该应用程序的输出可能是错误的，严重的还将导致系统崩溃。另外，上述所有元素均使用一个元素名，这在很多系统中是不允许的。最后，上述方法把验证元素合法性的任务交给了应用程序，现代软件体系结构不鼓励这种方式。

2) XML Schema 方法

XML Schema 方法(The XML Schema Approach)采用软件工程中的"面向对象"(Object-Orientated，OO)思想，应用 XML Schema 对元素进行显式定义。许多对灵活性具有较高要求的系统都应用这种方式定义 XML 元素。但现有的方法过于简单，没有真正发挥面向对象技术的优势，如多态性(polymorphism)等。通过对模式进行精心设计，就可能实现数据格式的高度扩展，并且可以允许应用程序进行完整而又细致的语法验证。

使用这种方法，可以非常简单地将内容模式定义为：一个包含零个或多个子元素的费用元素。但是这个费用元素是抽象的，即这个元素本身并不会得到真正的应用。在任一个针对具体目标的应用中，将会使用一个相应的子类型用以替代费用元素。如果将"费用"元素实例化，将会看到下面的内容：

```
<TotalExpenses total="400">
    <PostageCosts total="10"/>
    <OutOfOffice total="390">
        <TravelExpenses total="10"/>
        <FoodExpenses total="380"/>
    </OutOfOffice>
</TotalExpenses>
```

用户可以根据自己的需要，适当地定义特定元素内容模型。

这种方法能够更严格地确保语义的准确性。这种解决方法的首要优点是：它拓展了数据结构的用途，应用程序不再负责检验数据格式是否正确，因为这可以利用模式文档通过标准验证器进行验证，即可以通过模式和后模式验证信息集(Post Schema Validation Infoset，PSVI)用软件自动完成。这是非常重要的，这使得应用程序在无法识别一个特殊元素时可以回退，然后沿着类型层级进行查找（一般是向下查找），直到找到目标为止。

但是，内容模型的扩展性依旧存在问题。实际上，只靠使用模式类型系统无法兼顾语义准确性和扩展性。模式中的类型派生规则很复杂，并且限制性很强，即要求一个派生类型的实例必须是其基本类型的有效实例。派生要么通过 XML Schema 中的限制方法（restriction），要么通过扩展方法（extension）。根据面向对象方法，这两种派生方法都无法实现固有的灵活性。

2. 上述方案的固有缺陷：层级结构

XBRL 最终摒弃了以上两种方式，而采用了概念定义与关系说明相分离的方式。这是因为这两种方式本质上都基于 XML 的层级结构，而层级结构在 XBRL 所面对的领域中将产生固有的问题。

1）树形结构的缺点

XBRL 面对的是一对表面上矛盾的问题：灵活性与规范性。但是，如果深入考虑，就会发现其灵活性和规范性是处于不同范畴中的。对于规范性，XBRL 要求的是具有准确名称和固定类型特征的语义规范性；但在概念间的关系形式，则需要更灵活的方式进行表达。

在 XML 中，一个概念与另一个概念关联的典型方式是层次结构。这是一种直接而又简练地构建数据结构的方法，但在许多情况下，层级成了不必要的限制。在最新的面向对象程序设计方法论中，出现了一种新的方法，即设计模式。许多设计模式摒弃了简单的继承结构，而采用聚合方法表达对象之间复杂和动态的关联。这其中一个非常重要的原因是基于严格父子关系的树型结构很难被改变，任何改动所引起的影响都将呈指数级别增加。同样地，因为采用树形结构，所有的 XML 文档都存在着一个相同的问题：对内容模型的改动越靠近文档根部，即使是一个极其微小的改动，其效果越会被传播至更大的影响面。

2）隐式的上下文表示方法

同上例，餐饮费元素的确切含义依赖于它的上层元素——非办公费（OutOfOfficeExpenses）或招待费（CorporateHospitality）。也就是说，相同的结构在层级的不同位置，其应用位置将隐性地作为其上下文，以确定其具体含义。特别地，在给出一个数值时，必须要辅之以具体的上下文才能表达其含义，这时上下文的作用就非常重要。下面是一个典型的例子：

```
<CustomerRecord>
    <Name>Joe Bloggs</Name>
    <TelephoneNo>123456789</TelephoneNo>
    <FaxNo>24681012</FaxNo>
```

```
</CustomerRecord>
<CustomerRecord>
    <Name>Jane Bloggs</Name>
    <TelephoneNo>987654321</TelephoneNo>
    <FaxNo>1357911</FaxNo>
</CustomerRecord>
```

当一个结构可以像这样无限制重复(产生多个实例)时,层级是十分重要的。而下面的表达则可用性很差。

```
<JoeBloggsTelephoneNo>123456789</JoeBloggsTelephoneNo>
<JoeBloggsFaxNo>24681012</JoeBloggsFaxNo>
<JaneBloggsTelephoneNo>987654321</JaneBloggsTelephoneNo>
<JaneBloggsFaxNo>1357911</JaneBloggsFaxNo>
```

这是因为 JoeBloggsTelephoneNo 的概念只会存在一个值,所以不是一个有用的元素。

但是,在某些情况下,移除层级并不会造成诸如上面的不良结果,例如:

```
<OutOfOfficeFoodExpenses>123456789</OutOfOfficeFoodExpenses>
<CorporateHospitalityFoodExpenses>24681012</CorporateHospitalityFoodExpenses>
```

在这个例子中,元素依旧保持了其作为概念的一般性。它们的实例并不局限于一个特定数据,也不局限于一个特定文件中的特定位置。另外,元素也可以用于适应特定的情况,通过显式设定多个上下文细节,使得在更广的范围中也能够保持元素的唯一性。例如,一个公司编制某一时间段的财务报告,其中既可以包含大量的餐饮费,也可以包含一个单独的招待费。也就是说,餐饮费和招待费没有隐式的上下文关系,餐饮费和招待费概念本身的完整性也不取决于其具体的位置。

在这种情况下,移除层级导致了某些信息的缺失,包括因缺少隐式的上下文而失去的一些自我描述,以及因扁平化的结构导致信息间关联的缺失。另外,为了使诸如非办公费元素与招待费元素之间的关系较为明晰,只能选择使用冗长的元素名称。最后,人们发现,这样导致的必然结果是在较大文件中较难找到某一信息,因为所有的选项都位于同一层次。

3) 扁平化 XML 的思考

如果从浏览、搜寻和呈现的角度考虑,这种扁平化的 XML 结构具有一些缺陷。但是,至少在 XBRL 领域,这些缺陷要么并不重要,要么可以用其他方式加以弥补。例如,一旦概念具有充分的、显式的上下文定义来弥补隐式上下文的缺失,就可以含有原层级结构中的所有数据,并可以通过使用元素的定义(而不是数据本身)再次单独表达缺失的关系。另外,可以用独立于元素定义的链接方式表达元素间的关系，例如，可以将非办公费作为餐饮费的子类别。这种链接方式可以表达几乎所有的关系，而不仅限于 XML 的层级结构。

通过使用这种方法，XBRL 才能同时实现语义准确性和灵活性。XBRL 成功地在有关类型的信息中减少了信息的关联。这意味着：数据可以通过十分精确的语义进行表达，并且不需使用那些以后可能需要改变或扩展的特定结构。不可避免地，这种平衡中融合了一些假定和折中的成分。

3. XBRL 的真实实现方式

1）应用具有最短层级的模式文档定义元素

一个分类标准的模式会定义对应 XBRL 实例的内容模型。这一模式中定义的元素被称为概念，概念可以被分为数据项（item）和元组（tuple）两个子类，事实由概念产生。一个数据项包含一条单独的数据。除了在某些非常特殊的情况下，数据项可以包含一个 XML 片段（即此时数据项的内容模型是复杂内容模型），而在绝大多数情况下数据项都是简单内容模型。数据项都必须由 XBRL 规范中所定义的叫作“itemType”①的基础类型演变而来。相对地，元组被用来将其他概念组合成集合。虽然从理论上讲，它既可以只包括数据项，也可以包括其他的元组。但是，XBRL 内容模式一般不会包含较深层的嵌套，甚至在 XBRL 后续规范中直接要求元组必须只包括数据项，这样就使得整体 XBRL 的嵌套层次不超过一层。

2）概念定义的全局性

有限层级的必然结果是在 XBRL 分类标准模式中定义的所有概念必须是全局性的。这导致了一种大多数人并不惯用的模式的产生，即十分冗长的全局元素定义清单，并且常常含有很长的名称。例如，IFRS 分类标准中包含诸如具有这样名称的概念：

AmountGainLossRecognisedFinancialAssetFairValue-ReliablyMeasuredBeenOver-comeAssetBeenSold

因此，一些分类标准的制定者逐渐开始认识到：分类标准至少在其最原始的层面不应该作为人类可阅读的文件，它应该使用简单的代码作为元素的名称。总的来说，在现有模式结构下，人类通过阅读元素名称就能很容易理解概念。但是，这种模式非常不便于浏览元素。

3）便利的模式扩展方式

XBRL 可以充分发挥 XML 模式开放内容模型的优点。它将一些额外的属性增加进来，以便更为灵活地使用分类标准中的元素。其中包括：声明货币型数据项

① 所谓“itemType”不是一个具体的数据类型，而是 XBRL 规范中一类数据类型的统称，其后缀均为 ItemType，例如，monetaryItemType、shareItemType 等。

记账方向(借或贷)的属性和声明数据项呈报时间的属性,例如,资产概念在"时间点"(instant)上成立,而收入概念在"时间段"(duration)上成立。但是,概念的语义细节并不在模式本身中表达,而是出现在与之匹配的链接库中。

4) 用链接库定义概念之间和概念与资源之间的关系

链接库由一系列扩展链接构成,其实现技术是 XML 一种新的扩展——XLink 技术。这些链接可以进行两种定义。首先,可以定义许多节点,这些节点或者是位于链接库中的资源(例如,文本标签),或者是指向外部资源的 URI。在 XBRL 中,这样指向外部资源的 URI(即 XLink 中的外部定位器元素)一般用来指向分类标准模式中的概念。其次,每一个链接都可以定义许多弧,用来链接各节点。因而,在 XBRL 中,链接库可以实现两个目的:其一,可以将元数据(例如,便于人类阅读的标签和相关文献的引用信息)和分类标准中元素之间进行链接。其二,将分类标准模式中的元素进行链接,以表达概念之间的关系。

XBRL 的真实实现方式如图 3-1 所示。

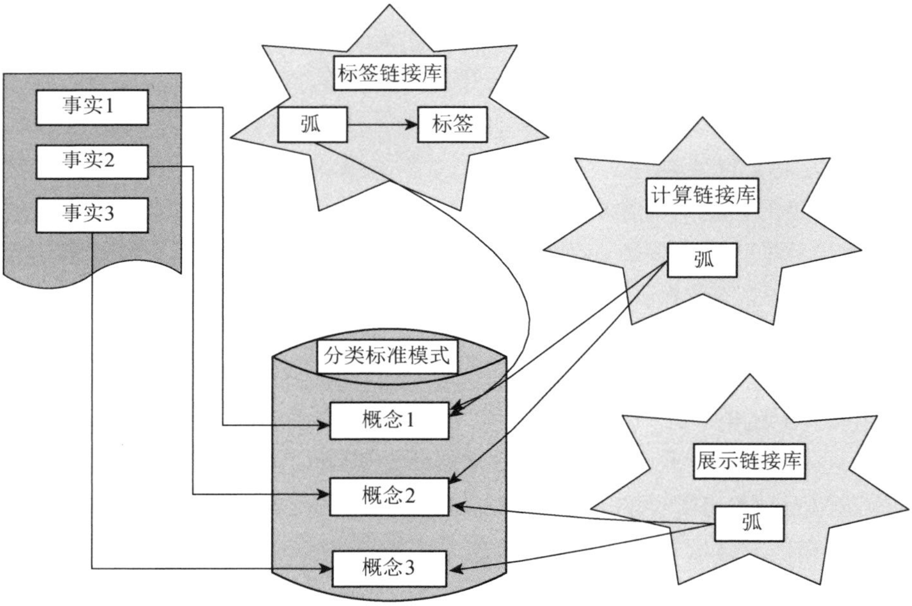

图 3-1　XBRL 的真实实现方式

XBRL 规范定义了 5 种链接库,其类型如下:

(1) 展示链接库:为实现显示目的,定义了有关分类标准中元素的层级化结构。

(2) 标签链接库:定义了用于显示概念的标签,每一个概念都有一个或多个标签——对应于其被使用的环境。例如，一个概念在报告期初的取值时使用一个标签，而在报告期末的取值时使用另一个标签。

(3) 计算链接库：定义了概念之间的计算关系(合计被定义为多个数据项的加总)。

(4) 引用链接库：定义了外部信息资源的引用关系(例如，法律文件或权威性文献的位置)。

(5) 定义链接库：定义了概念之间的多种逻辑关系(例如，相互依赖性——一个特殊数据项的出现要求另一个数据项出现)。

5) 便利的关系扩展方式

基于 XLink 的功能特征，XBRL 增加了一种优先弧，以便通过增加新链接库来扩展分类标准，允许扩展后的分类标准消除原分类标准定义的关系所产生的影响。这对于实现灵活性最大化和可扩展性最大化是十分重要的。

4. XBRL 实现方式的利弊分析

XBRL 的设计方式与人们对 XML 的理解从直觉上看似乎是背道而驰的。一个具有良好结构的 XML 模式可能是一个复杂的模式。但在一般情况下，对于有一定相关知识的阅读者来说，它是可理解的。而通常状况下，XBRL 中的 XML 模式并不是这样，XBRL 移除了模式的所有结构。并且，链接库本身同样较难理解，这主要是因为概念是在模式中设置，与链接所在位置分离。如果没有处理 XBRL 的软件，XBRL 是很难理解的。

XBRL 的这种设计方式主要是为了满足对灵活性的要求。从这个角度讲，XBRL 中的"X"并不仅仅是从它的起源技术 XML 沿用而来的，而是为了表征其很强的灵活性。XBRL 为基于 XML，十分普遍的数据模型建模问题提供了一个有趣的解决方法，它能够获取最大精确度的数据定义，并同时实现在扩展或重构过程中对兼容性影响的最小化。下面，本书将从扩展性、信息重用和验证 3 个方面深入探讨 XBRL 的利弊。

1) 扩展性

第一，扩展性的优势如下：

(1) 重载(override)和扩展的便利性：在不破坏兼容性的前提下，改变 XBRL 中概念之间的关系是十分简单的。使用前述例子，对费用的细目分类进行微小的改变，可通过增加面向显示的层级关系在展示链接库中实现。初始费用树形结构如图 3-2 所示。

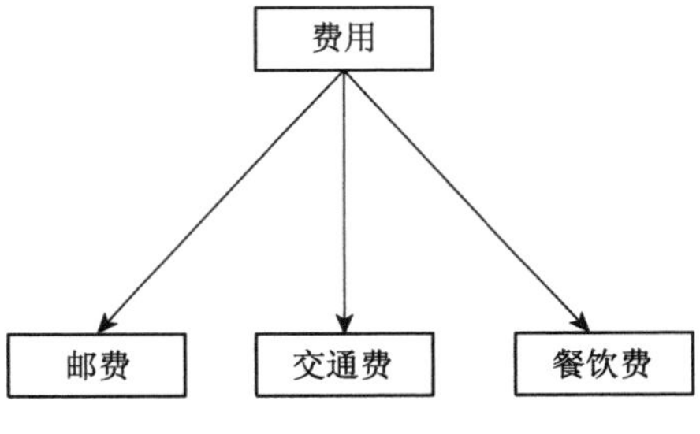

图 3-2　初始费用树形结构

在不改变原有的链接库的前提下，一个新的链接将会禁止费用-餐饮费关系和费用-交通费关系，并且定义费用和一个新概念（例如，非办公费）之间的关系。最后，两个被阻止的关系被新增加的关系所替代（非办公费-餐饮费和非办公费-交通费）。图 3-3 为改变后的新树形结构（虚线表示旧的、已经被禁止的关系）。

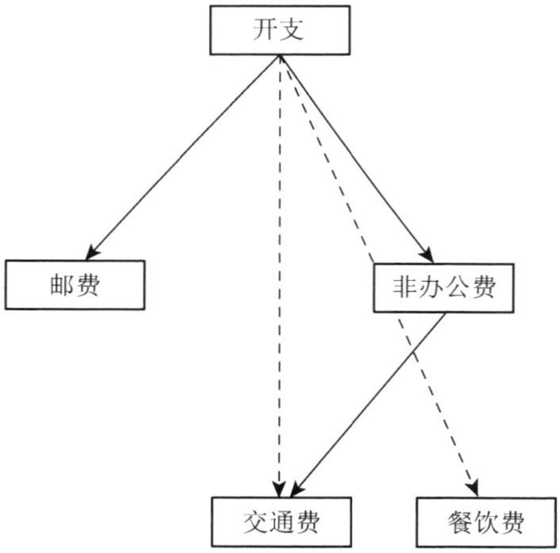

图 3-3 改变后的费用树形结构

计算链接库也可以进行类似的扩展，例如，增加一个非办公费的小计。值得注意的是：在展示链接库和计算链接库的扩展中，在扩展分类标准中有效的数据在原始的分类标准中依旧有效，因为使用原始分类标准的应用可以直接地忽略办公费用的取值。

（2）模块化扩展与原始分类标准不变性：XBRL 链接库机制保证了分类标准的扩展者可以在较小粒度上控制扩展和对基础分类标准进行重定义。这非常像 XML 模式中的重定义，但是 XBRL 系统允许对特定概念间的个别特定类型的关系进行改变，而不是必须完全重新定义整个类型才能完成扩展；并且可以进行多种更改，因为它不受模式类型衍生规则的限制。

（3）XBRL 框架本身设计的扩展性：将有关不同关系的信息分置于不同的链接库并不会使 XBRL 定义的数据格式更加灵活，而是使 XBRL 自身更加灵活。可以增加新的链接库来记录概念间新类型的关系，这对现存的应用和分类标准不会产生任何不良的影响。

第二，扩展性的局限性如下：

（1）复杂的文件网：XBRL 规范（2.1 版本）中的 DTS 在定义和执行方面存在一定的问题。XBRL 提供的重定义机制的一个影响是进行过多次扩展的分类标准往往包含数量众多的，并相互关联的 XML 文件。处理者必须按照所有文件中的各种不同类型的连接来发现 DTS，并按照单一的、整理过的分类标准来整合所有文件中的数据。执行这样的应用显然是一项十分复杂的工作。如果人工阅读，就更难实现。

（2）冗长的 XBRL 分类标准：人们开始意识到，要满足 XML 格式的透明性和灵活性，要付出一定内存和带宽代价，因为标签是一种较为冗长的数据储存方式。在 XML 标准下，在 XBRL 实例中，实际报告的数据虽然没有深层嵌套，但也需要一些额外代价，即为描述它们而在分类标准中增加内容。XLink 技术的表达方式有时并不好，特别是当 5 个独立的链接库都描述相同的概念设置，就存在很多重复而又冗长的数据结构，而这将进一步加重本已存在的可读性问题。幸运的是，在大多数情况下，分类标准的冗长并没有构成问题，可以通过特殊的软件查看它。并且一般情况下，大量分类标准本身不是必须作为 XBRL 报告的一部分进行传输的。

2）信息重用

第一，信息重用的优势如下：

（1）独立于显示：因为元素具有全局性，并且 XBRL 实例中不涉及任何有关显示的设定，XBRL 实例对真实取值具有直接的表示，并且可以根据不同的目的很容易地显示这些数据。通过使用标签链接库，报告可以进行不同语言间的转换。如果要生成不同格式的损益表或资产负债表，只需要不同的展示链接库作用在相同数据上即可。因为它包含了需要报告的所有数据，这些数据以单一的、独立的数据项形式存在。XBRL 实例提供呈报需要的基础数据，以便进行各种范围广泛的应用、表示和分析。

（2）语义的稳定性：XBRL 领域的另一个要求是满足跨时间报告的语义稳定性。XBRL 分类标准满足这一要求，因为每一条数据（无论是完全独立的、特殊类型的数据类型，还是某一特定类别的子项）都会有唯一的元素与之对应。因此，XBRL 实例中的数据项概念不依赖于其他的数据项，使得改变特定数据项并不影响其他数据项。

第二，信息重用的局限性如下：

（1）数据结构类型限制：如前所述，作为一种解决扩展问题的方法，XBRL 使用的模式只适用于某些数据类型。例如，它非常不适用于获取相互影响的、基于记录的数据，因为这样的数据要求大量的重复结构。XBRL 在一些领域里有较大的优势（如财务报告）。因为它可以准确地确定被精确定义的概念，这些概念被转化为全局性元素，并且只有在不同报告上下文中才会重复，而不是在单一的报告上下文中出现重复。

（2）要求特定的软件：可以很直观地发现，XBRL 灵活性的实现是以分类标准大小和复杂性的大幅增加为代价的。为了解决这引起的直接问题，XBRL 可以用一些特定的软件来完成 XBRL 数据处理中的任何重要的过程。传统的 XML 工具和技术的功能较为有限，例如，XMLSpy 可以将 XBRL 分类标准解析为一系列的 DOM 树形结构，但这对 XBRL 构造的贡献不大，因为它没有真正完成简化聚合所有各种不同链接的任务。所以，至少需要一个 XLink 处理器。但是，XLink 处理器并不会验证 XML 模式，更重要的是，XBRL 的禁止机制是对 XLink 标准模式的扩展，而标准的 XLink 处理器也不能处理这样的机制。在信息提取中，人们常常使用 XSL。但是 XSL 不能处理分布在 5 个链接库中的、数量众多的、相互依赖的 xsl:key,所以这种方法只有在忽略某些部分或是分类标准本身包含该信息的情况下才是可行的。尽管这样,XBRL 仍然是 XML 格式,并且基于较为严格的标准。因此,它符合现存的 XML 处理途径,并且可以容易地整合为标准的网络服务。

3）验证

第一,验证的优势如下:

（1）模块化确认:正如前述,XBRL 分类标准将许多限制和关系的细节从核心模式转移至大量的链接库中。并且,在这些链接库中,可以使用 arcrole 和 role,以一种完全结构化的方式分割和组合结构。通过使用适当的、灵活的软件或者某些标准的 XML 处理方式,很容易选择要处理的关系。这对验证领域的意义很大,可以在不同时间执行不同检查,其受益者不仅仅只有报告和分类标准的制定者,还有 XBRL 数据的使用者。

（2）细粒度验证:链接库的使用也便于用准确定义的元素表达数据。在这种方式下,并不需要用通用元素来表达通用目的(例如,定义一个大而无当的“费用”概念),而是通过简单地将相关概念进行适当链接来声明它们与其他概念之间的关系。这带来一个很大的好处,即可以针对特定数据项进行语法验证。

第二,验证的局限性如下:

（1）链接库的限制:XBRL 灵活性的关键在于,概念在分类标准模式中定义,而概念之间的关系是在一个独立于模式本身的、XLink 链接形式的结构中表达的。但也因此带来了许多约束,因为这意味着关系受 XLink 形式的限制。在许多情况下(例如,表示层级形式的显示界面),这并不引发什么问题。但是在另外一些情况下,这些结构会导致问题。例如,在计算链接库中将总和简单地表示为子集小计和其子数据项的树形结构,但随着计算的增多,表达方式急剧复杂化,尤其是一个总和可以由多种方法进行计算的时候。更为重要的是,很难判断在分类标准中表达的计算链接所构成的复杂网络结构是否具有实际意义,或者经过简化发现计算链接集合中的内在矛盾。

（2）较难控制的灵活性:一般说来,灵活性增加是很好的。但是不可避免地,存在一些情况,在这些情况中,使用者希望拥有刚性的控制,而不是一种可以扩展为适应各种情况的格式。因为 XBRL 鼓励使用特定的元素进行报告,这种方法具有极大的扩展性,这样的扩展性源于分类标准可被不同使用者扩展。这就导致了在一些需要刚性控制的情况下会存在问题。完全不接受扩展的分类标准常常不是一个可供选择的解决方法,因为这样将会阻止报告制定者要表达的所有信息,其中含有使用者需要的信息。但是,XBRL 优先性机制的强大功能意味着存在重写基础分类标准的可能！这是一个较难解决的问题,但是也存在着一些可能的解决方法。最简单的方法是在分类标准的扩展和未扩展版本中均检验这些数据，以保证扩展部分没有重新定义核心关系。稍微复杂些的方法是配置一个 XBRL 检验器，以防止一些重要的特定类型关系的重新定义。最后，一个最复杂的方法是设计工具进行扩展版本的向后兼容检查。

3.1.3 评价

XBRL 采用了一种与众不同的 XML 数据模式，这种方式从表面上看似乎是反常规的。但经过深入研究发现，XBRL 系统是 XML 的一种有价值和创造性的应用和扩充。尽管如此，读者必须谨记，XBRL 只是一个工具。在适当的领域，正确地使用好的工具会事半功倍，反之却会事倍功半。XBRL 链接库和模式的结合方式也是如此。XBRL 系统的强大在于它可以为信息定义丰富的概念框架，并且不要求通过数据实例反映其中结构框架的复杂性。为了使其有效运作，它必须可以定义从实际数据中提取出来的、数据项之间的大部分关系，换句话说，它必须提供一种完整而又固定、独立于数据概念、描述数据语义的方法。此外，XBRL 作为一种 XML 技术，具有较高的复杂度和智能性。为了体现它的价值，以 XBRL 建模的领域必须足够广泛，其效益必须足够大，才能抵消 XBRL 复杂性的代价。如果这些要求得以满足，XBRL 这种特有的、新颖的方式将能够在扩展性、信息重用、验证方面具有重大的优势。

3.2 XBRL 2.1 规范的技术框架

XBRL 2.1 于 2003 年 12 月 31 日公布，是现行的 XBRL 国际规范。目前，所有的现行 XBRL 应用都是基于 XBRL 2.1 规范构建的。XBRL 2.1 反映了研究者从商业报告领域中获得的、所有应用于 XBRL 的特征，是 XBRL 应用经验和教训的总结。需要指出的是，XBRL 2.1 也是在不断修订、不断发展的，从 2003 年 12 月 31 日颁布，截至 2013 年 2 月 20 日最后一次修订，在长达近 10 年的时间里，共发生了 188 次修订。这 188 次修订中，既有文字方面的修订，用以更清晰地表达规范内容；也有代码方面的修订，特别是大幅度更新了属性组的表示方式。最终，XBRL 2.1 形成了今天这样稳定、规范的面貌。另外，如第 1 章所述，2005 年之后，XBRL 2.1 基础规范的变动以修订错误为主，实质内容已经不再发生变化，而主要的变化体现在层出不穷的扩展规范中。在下文中，如无特殊说明，XBRL 规范均指 XBRL 基础规范的 2.1 版本。

XBRL 规范主要由三个部分构成：理论基础，运行体系，以及框架、扩展与 DTS。其中，规范模式文档被组织成 4 个 XML Schema 文件，用来规范分类标准模式、分类标准链接库和实例文档。本节先阐述其概念框架与运行体系，具体的规范模式文档解析将在后文讲述。

3.2.1 理论基础

从本体论的角度看，世界中的客体及其关系可以用“概念”和“关系”进行表达。XBRL 就是从这个角度出发对现实世界进行建模的。XBRL 中“概念”和“关系”可以显式定义如下。

1. 概念

现实中，概念（concept）是一类事实（fact）的定义，而这些事实用于报告一个商业主体（business entity）的某项活动或某个性质。具体概念的定义在分类标准中是用分类模式中的一个具体的 XML 元素的定义表示的。在 XBRL 中，所有的概念都基于一个抽象（abstract）元素“concept”，这个描述概念本身的元素并不在 XBRL 的规范中出现，但却是 XBRL 中建模的基础。概念进一步分为两类：数据项（item）和元组（tuple）。数据项是具有原子含义（atomic）的概念。不但它的定义本身在 XBRL 中具有完整和具体的意义，它的任意拆分都不会再具有完整和具体的意义，即它是一个表达概念的最小单位。数据项映射财务中的“科目”概念，例如，资产、流动资产等。元组则表达了经组合生成的概念，如“公司基本情况”。元组可以嵌套定义，即它的定义中不但可以包含数据项，还可以包含更低一层的其他元组或者元组集合。显然，元组的某种形式的拆分也还可以具有实际的意义，例如，公司基本情况中的每一项对用户来说都具有可以应用的具体含义。

2. 关系

关系（relation）通过对数据项、元组进一步丰富或者将其意义进行组合，从而对数据项、元组概念进行深入、规范的描述。XBRL 应用 XML 的最新成果 XLink（XML 链接）对关系进行描述和组织。在 XBRL 中，所有关系被分为 5 类：

（1）标签（Label）：对概念名称进行描述和解释。

（2）引用（Reference）：表示概念定义的法律法规依据。

（3）计算（Calculation）：表示概念之间的计算关系。

（4）展示（Presentation）：表示概念间的层次关系。

（5）定义（Definition）：表示概念间的逻辑关系。

这 5 类关系被组织成 5 个链接库（linkbase），其中前 2 个链接库 Label 和 Reference 表示概念本身定义的进一步丰富，称为概念内关系（intra-concept）；后 3 个链接库 Calculation、Presentation 和 Definition 表示并称为概念间关系（inter-concept）。图 3-4 表示了概念、关系、事实和模式、链接和实例之间的关系。

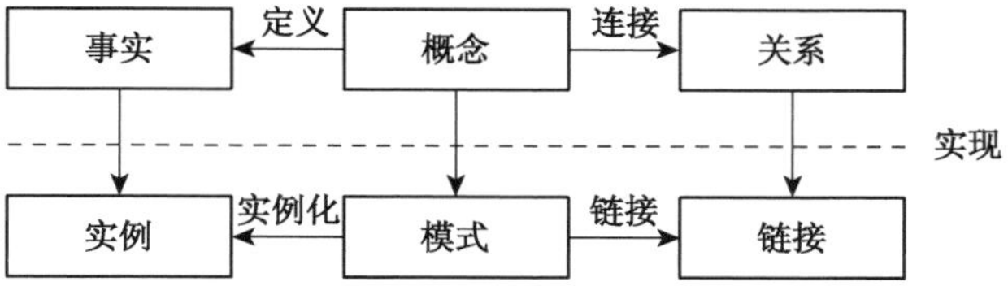

图 3-4 XBRL 理论基础及其实现方式

3.2.2 运行体系

XBRL 是一个完整而复杂的技术体系。XBRL 技术能够适应广泛领域的应用,体系结构别具匠心,基本实现了 XBRL 的设计初衷。随着 XBRL 的版本更新,这个体系也逐渐趋于完整和准确。

XBRL 运行体系如图 3-5 所示。这个体系分为 3 个层次,位于顶层的是 XBRL 规范(Specification);位于中间层的是分类标准(Taxonomy);位于底层的是实例(Instance)(一般将所有实例组织成一个文档,该文档被称为实例文档)。

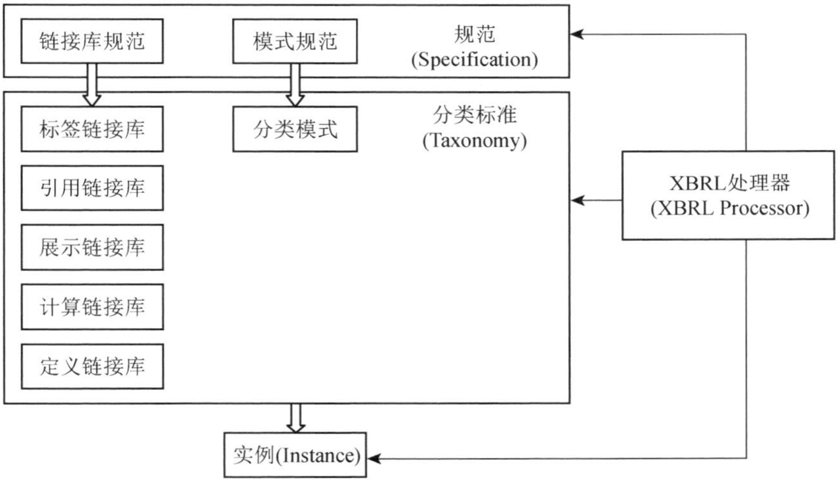

图 3-5 XBRL 运行体系

从形式逻辑的角度看,XBRL 规范(以下简称"规范")是语法层;分类标准是概念(concept)和关系(relationship)的定义层;而实例则是事实(fact)的创建层。它们之间的关系是:"分类标准/概念"根据"XBRL 规范/语法"进行定义;"实例/事实"则根据"分类标准/概念"进行创建。XBRL 规范作为国际标准,其制定和维护是由国际组织负责的;分类标准是各个国家(或地区、行业)根据本国的财务报告制度(或其他商业制度)、使用 XBRL 国际规范定义的、财务报告中的概念与概念间关系的集合;实例是具体的报告实体,如一个企业的财务报告,应用分类标准创建自己的报告中的事实集合。

从软件体系结构看,在整个 XBRL 系统的运行流程中,XBRL 规范、分类标准和实例文档都是数据层。除极少数专业用户在极少数情况下会直接阅读规范、分类标准和实例文档,大多数文档的阅读和数据的使用都是通过软件层实现的。XBRL 软件层的所有应用程序被通称为"XBRL 处理器"(XBRL Processor)。用户可以根据 XBRL 处理器的功能将应用程序大致分为 XBRL 验证器(XBRL Validator)、分类标准编辑器(Taxonomy Editor)、实例文档创建器(Instance Creator)和 XBRL 浏览器(XBRL Viewer)。XBRL 验证器的作用是根据 XBRL 规范验证分类标准的合法性,以及根据分类标准验证实例文档的合法性;分类标准编辑器的作用是供用户创建、扩展分类标准;实例文档创建器的作用是根据现有的分类标准创建实例文档;XBRL 浏览器的作用是实现分类标准的展示、实例文档的检索和分析。一般地,一个实际运行的软件包含多种功能角色。

下面以一个案例来说明 XBRL 规范、分类标准和实例文档这 3 个数据层次的内容。

1. XBRL 规范

其内容为数据类型和关系类型的定义。例如,规范中定义了一个"货币型"数据的类型,该类型用来定义一个具有货币数值的概念,其特征包括以下两方面。

1) 数据类型

该类型取值的数据类型。显然,其数据类型为实数。

2) 属性

该类型应具有属性,用于进一步说明其细节特征,如"余额方向""数值精度""货币单位"和"时间属性"等。

规范还定义概念间关系的类型。例如,规范中定义了一种"计算"关系,用于表示会计中最常见的勾稽关系,具体形式为用加减表示的数量关系。

2. 分类标准

1) 概念定义

其内容为具体的概念定义。例如,某个国家应用 XBRL 规范在其分类标准中定义了 3 个概念:"资产""负债"和"所有者权益"。该国权威部门对此 3 个概念的定义如下。

将"资产""负债"和"所有者权益"3 个概念指定为"货币型"。对属性可具体取值如下:

"资产"的"余额方向"属性的属性值为"借","负债"和"所有者权益"的"余额方向”属性的属性值为“贷”。

“资产”“负债”和“所有者权益”这 3 个概念的“数值精度”属性的属性值均为“小数点后两位数字”。

“资产”“负债”和“所有者权益”这 3 个概念的“货币单位”属性的属性值均为“美元”。

“资产”“负债”和“所有者权益”这 3 个概念的“时间”属性的属性值均为“在时间点上成立的值(即静态会计要素)”。

2）元素关系说明

完成概念定义后，进一步地，指定元素间的关系如下：

“资产”的值＝“负债”的值＋“所有者权益”的值。

3. 实例文档

其内容为具体的事实。例如，根据上述规范和分类标准内容，某企业 2022 年的会计事实如下：

“资产”概念的数值为“10 000 000”。

“负债”概念的数值为“4 000 000”。

“所有者权益”概念的数值为“6 000 000”。

显然，这 3 个事实满足分类标准中定义的“计算关系”。(准确地说，上述案例并非完全精确。例如，实例所涉及的内容不但在分类标准中定义，也在规范中定义。但为了描述主要思想，本书删繁就简，后文将对具体内容详细论述。)

回顾这个案例，可以发现，XBRL 规范体系的确是一个精巧而强大的结构。在规范层，国际组织只规定了最具一般性和普遍性的逻辑和技术规则，并用计算机的代码表示之。规范可以被视为商业领域任何国家或地区、行业、组织所必须认同的共识，而计算机代码则是这种认同的强制性的体现。XBRL 规范并不涉及具体的会计概念，例如，它绝对不会定义诸如“资产”“负债”等概念。因此，XBRL 也避免了干涉具体的会计体系以及随之而来的抵制。XBRL 这种最大限度的“求同存异”的能力，甚至使得 XBRL 能够成为表达不同意见的平台。XBRL 不但不改变具体的会计体系，甚至由于其 XML 的本质特征，连各国现有的信息技术体系都不会受到影响。这也是 XBRL 能够被各国迅速接受的最重要的原因。

在分类标准层，一个国家可以具有“自主性”地表达其特定的会计体系，但必须被“强制性”地要求按照规范进行表达。然而，一旦国家分类标准确立，每个报告实体，如企业，必须“强制性”地遵守这个分类标准。这也是毫无疑问的，因为分类标准只不过是会计准则的信息化载体，本质上与准则应该具有相同的权威性。(现在，许多国家已经规定了 XBRL 披露的强制性，这也是显式地给予了 XBRL 应有的地位。)

在分类标准确立后，各报告主体按照分类标准和规范的要求创建具体的实例。

对于同一个会计概念而言，不同企业的不同会计事实所依据的概念是相同的，并且能够由计算机识别，因此，同一概念下的所有实例都是可比的，并且其比较可以利用计算机的强大的处理能力来实施，如计算所有上市公司 2022 年年末的“资产”的平均值等。这是以往任何系统都无法实现的。实践证明，XBRL 已经对会计信息质量的多个方面均作出贡献。

图 3-5 还显示，XBRL 规范可以分为两个部分：其一是用于约束分类模式的模式规范，这部分的内容被组织为一个 XML 模式文档，XBRL 2.1 版本的文档名称为 xbrl-instance-2003-12-31. xsd；其二是用于约束分类链接库的链接库规范，这部分内容按层次不同被组织成 3 个 XML 模式文档，xlink-2003-12-31、xsd、xl-2003-12-31. xsd 和 xbrl-linkbase-2003-12-31. xsd。在 xbrl-instance-2003-12-31. xsd 中，主要表达了 4 类内容。

1）主体概念

XBRL 中的概念共有 5 种，均用 XML 元素的方式实现其定义。其中主体概念为数据项和元组两种。主体概念反映的是财务报告中的主要内容，一般地说，是财务报告项目及其衍生项目。而在规范中，仅给出其主要结构（具体项目是分类标准中依据这些结构定义的）。主体概念的定义是分类模式的主要内容。与主体概念对应的事实是具体的一份实例文档中的主要部分。

2）附属概念

附属概念包括根元素（xbrl）、上下文（context）和单位（unit）3 种。在附属概念中，上下文和单位两种概念的目标是为增加主体的表达能力。根元素的功能则是对主体概念进行组织。

3）数据类型

在 XBRL 模式规范中，数据类型的种类是很丰富的，用于表达现实中复杂的概念类型。XBRL 数据类型的实现方式是 XML 数据类型，并且多数为复杂类型。另外，XBRL 还单独定义了含义丰富的多个属性组，用于增强数据类型的表达能力。

4）链接元素

在 XBRL 模式规范中，还有 4 个与链接相关的元素，包括模式引用（schemaRef）、链接库引用（linkbaseRef）、角色引用（roleRef）和弧角色引用（arcroleRef）。其中，模式引用和链接库引用用于表达文件间的引用关系，角色引用和弧角色引用用于表达在分类链接库中使用的、由用户自定义的角色和弧角色。

上述 4 类内容中，主体概念与数据类型主要用于规范分类标准中的模式定义，附属概念主要用于规范实例文档中的实例取值，链接元素主要用于将分类标准的不同部分联系在一起。其中，主体概念与数据类型是 xbrl-instance-2003-12-31. xsd 的核心部分，本书将在下一章详细讲述。

3.2.3 框架、扩展与 DTS

从计算机语言处理的角度，XBRL 应用的实质是一种语法定义，其语法能够将一个现实中的事实与一个特定上下文中的概念的值相联系。使用这种语法的目标是在财务阅读和分析中降低人工工作量，让计算机软件能够有效和可靠地查询、解析和解释这些事实。所以，从 XBRL 角度看，一份商业报告可以划分成两个组成部分：XBRL 实例文档和 XBRL 分类标准，这被称为 XBRL 框架（XBRL Framework）。

在绝大多数情况下，报告主体——企业——都会有自己的报告需求，这些特定于具体企业的报告项目一般不会出现在通用的分类标准中。如果企业有这样的需求，XBRL 提供了一种可供企业创建自定义项目的机制——扩展（extension）。通过扩展行为产生的分类标准（taxonomy extension）是一个已有分类标准之外的、增强其能力的文档集合。相对于扩展分类标准，被扩展的分类标准称为基础分类标准（base taxonomy）。扩展分类标准可以包含、排除和修改基础分类标准中的信息。从实例文档的角度看，扩展分类标准可以被视为对基础分类标准的覆盖，从而形成一个新的结构，其中可以增加或删除元素、标签、链接、显示顺序和其他性质。扩展背后的主要思想是鼓励企业用户定制反映他们特定需求的分类标准，同时在通用需求中使用基本分类标准中的元素，以保证可比性。在现实应用中，扩展主体远远超出了企业的范畴，扩展行为非常普遍。以中国的《企业会计准则通用分类标准》的使用为例，《企业会计准则通用分类标准》本身就是基于《国际财务报告准则分类标准》扩展形成的；具体行业又可以通过扩展《企业会计准则通用分类标准》形成特定于该行业的分类标准；而具体企业又可以通过扩展行业分类标准形成特定于该企业的分类标准。另外，许多分类标准的更新虽然不称为扩展，但实质上也是通过扩展前一版本的分类标准实现的。

一个扩展的例子是：如果一个企业需要在损益表中反映每种产品的收入，但在标准的分类标准中仅包含一个称为“其他收入”的元素，而没有对应各种产品收入的元素。这时候，企业可以创建对应于各种产品的收入的元素，并建立这些产品收入元素与其他收入元素之间的加和关系。以这种方式，通过定义新元素满足了使用者的信息披露需求，通过沿用其他收入元素确保了企业之间的信息可比性。

分类标准的扩展是一个过程。在这个过程中，用户能够添加、更改或删除元素或相关资源，如标签、展示、定义、引用、计算等关系，以及任何可以在分类标准中定义的内容。这些修正组成了一个新的分类标准，即扩展分类标准。基础分类标准一般由财务报告发布者和财务报告消费者之外的第三方创建并维护，常常被称为“分类标准所有者”。如果分类标准所有者对基础分类标准进行修正，一般情况下并不构成一个扩展，而是属于正常的发展和维护活动。如果分类标准所有者在一个公开发布的分类标准版本上按照版本政策执行类似的修正，一般也不称为扩展。有一些分类标准在尚未正式发布前，会公布一个非正式版本，一般称为内部草案(internal draft)或公开草案(exposure draft)，这个版本的作用主要用来收集相关研究者的反馈意见。在这个版本上执行添加、修改和删除等操作，并不构成一个正式版本，也就不能成为一个分类标准扩展。

"扩展"一词通常指的是内容的增加，但就XBRL分类标准而言，其含义有所不同。正如上文所说，不仅是增加，也包括修改或删除分类标准中的部分内容，如修改一个标签，也都被定义为一个扩展。这样做的原因是，执行更改或删除的用户不是分类标准所有者，更改或取消显然不能在原始分类标准中进行，也不能影响其他使用相同分类标准的用户。

当用户创建一个扩展分类标准时，创建过程从创建一个新的、空分类标准开始，这个分类标准就被称为扩展分类标准，而该用户就成为这个新分类标准的所有者。用户将被扩展的分类标准——即基础分类标准——导入扩展分类标准，然后用户可以执行以下操作：

(1) 在扩展分类标准中添加新的元素和资源，在创建这些内容时，应确保这些元素和资源易于辨识和理解，并使其能够独立于基础分类标准中定义的元素和资源。

(2) 使用XBRL 2.1规范中定义的一种机制——禁止(prohibition)——删除基本分类标准中的资源，而不是直接简单地在基本分类标准中进行删除，这样既确保基本分类标准中的资源保持完整，又能够在扩展分类标准中有效隐藏。

(3) 在改变基本分类标准中的资源定义时，先使用(2)中所述方法删除对应资源，再使用(1)中所述方法增加一条新资源，以此实现以新资源替代旧资源的效果。

上述扩展机制确保基本分类标准的完整性和用户自定义能力，同时能够辨识哪些内容来自基本分类标准，哪些内容来自用户自定义的扩展分类标准。这种机制很重要，其原因如下：

监管机构是在一种开放的报告环境中运行XBRL的，这种报告环境允许(有时甚至是必需)申报人创建并提交扩展。这些监管机构是XBRL分类标准所有者，这些分类标准应支持那些开放的报告环境，并通常会设置规则使用户能够创建有效的扩展。这些规则也要使监管机构能够易于区分基本分类标准和用户定义的扩展分类标准。用户对扩展分类标准有两种使用方式：其一是在一个开放的监管环境中使用；其二是将它作为一种有价值的知识库使用于内部目的。后者的使用目标不必与分类标准最初创建时的目标完全一致。如果基本分类标准发生版本更新，扩展分类标准也必须随之更新。此时，有效的扩展规则至关重要。

因为有扩展分类标准的存在，所以一个 XBRL 实例文档可以由多个 XBRL 分类标准所支持。XBRL 分类标准之间也可以用多种方式进行互相连接、扩展以及修正。在一般情况下，当解析一个 XBRL 实例文档时，需要同时考虑多个相关的分类标准。这些分类标准组成的集合被称为“可发现分类标准集合”(Discoverable Taxonomy Set，DTS)。DTS 的边界通过从某些文档(实例文档、分类模式或链接库)出发，使用 DTS 发现规则进行确定。需要注意的是：尽管 XBRL 实例文档是 DTS 发现的起点，它本身并不是 DTS 的一部分；但是，作为 DTS 发现起点的分类模式和链接库是 DTS 的一部分。图 3-6 给出了一个在富士通 XBRL 工具中显示“中国上市公司信息披露分类标准”根据核心组件所发现的 DTS 的示例。

DTS 发现规范是通过文档的发现过程描述的。在 DTS 发现过程中，软件系统递归地执行以下规则，并将符合规则的文档加入 DTS。XBRL 分类标准包含模式文档和链接库文档两个部分，对应地，发现规则也针对模式文档和链接库文档分别制定。

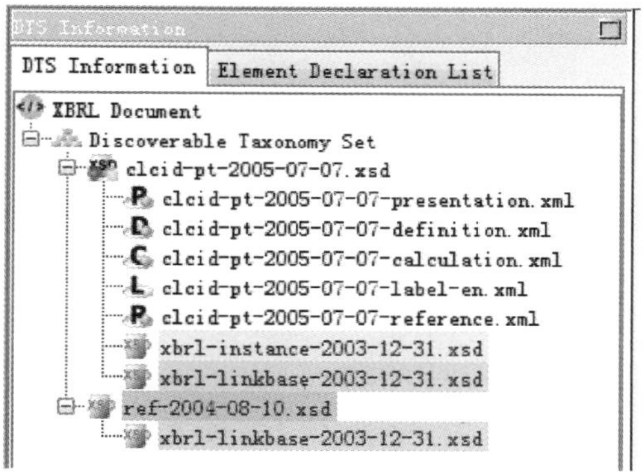

图 3-6　DTS 示例

1. 模式文档的发现规则

以下步骤描述了模式文档的发现规则：

(1) 所有直接被一个 XBRL 实例文档引用的模式。引用方式通过＜schemaRef＞，＜roleRef＞，＜arcroleRef＞或＜linkbaseRef＞等元素实现。发现过程是使用＜schemaRef＞，＜roleRef＞，＜arcroleRef＞或＜linkbaseRef＞等元素中的 xlink：href 属性值实现的。这些元素的 xlink：href 属性值是一个 URI 的形式，它指向被发现分类模式的网络地址。

(2) 所有被一个在 DTS 中的分类模式文档通过 import 或 include 元素引用的分类模式。

(3) 所有被一个在 DTS 中的链接库文档通过 loc 元素引用的分类模式。发现过程是使用 loc 元素中的 xlink：href 属性，同样地，它指向被发现分类模式的网络地址。

(4) 所有被一个在 DTS 中的链接库文档通过 roleRef 元素引用的分类模式。发现过程是使用 roleRef 元素中的 xlink：href 属性，同样地，它指向被发现分类模式的网络地址。

(5) 所有被一个在 DTS 中的链接库文档通过 arcroleRef 元素引用的分类模式。发现过程是使用 arcroleRef 元素中的 xlink:href 属性,同样地,它指向被发现分类模式的网络地址。

(6) 所有被一个在 DTS 中的链接库文档通过 linkbaseRef 元素引用的分类模式。发现过程是使用 linkbaseRef 元素中的 xlink:href 属性,同样地,它指向被发现分类模式的网络地址。

注意:在 XML Schema 中合法的 redefine 元素在 XBRL 规范中是被禁止使用的,所以 redefine 元素不能起到发现分类模式的作用。

2. 链接库文档的发现规则

以下步骤描述了链接库文档的发现规则:

(1) 所有被一个 XBRL 实例文档通过 linkbaseRef 元素直接引用的链接库。linkbaseRef 元素中的 xlink:href 属性指向被发现链接库的网络地址。

(2) 所有被一个已经在 DTS 中的分类模式通过 linkbaseRef 元素直接引用的链接库。同样地,linkbaseRef 元素中的 xlink:href 属性指向被发现链接库的网络地址。

(3) 在一个 DTS 中,存在一些由 XPath 表达式所确定的节点,如果这些节点表达式中包含了链接库的地址,则这些链接库也应被发现并加入 DTS。

(4) 所有被一个在 DTS 中的链接库文档通过 loc 元素引用的分类模式。同样地,loc 元素中的 xlink:href 属性指向被发现分类链接库的网络位置。

例如,在《企业会计准则通用分类标准》中包含了关于工商业中的"费用(expense)"的一般概念。一个电子类企业通过包含《企业会计准则通用分类标准》而使用费用概念,另外,这个企业还定义了一个特定于该企业的费用概念,如"调试费用"(commissioning expense),并且会有一个由"费用"指向"调试费用"的链接,所有企业自定义的概念和链接都位于一个独立的分类标准中,如"电子类分类标准"(EE industry Taxonomy)。

在这种情况下,该企业的实例文档中必然有一个 schemaRef 元素,用于引用电子类分类标准。所以,这个实例文档就成为 DTS 发现的起点,并通过这个 schemaRef 元素将电子类分类标准模式文档作为第一个成员加入 DTS。然后,在电子类分类标准模式文档中必然有一个 linkbaseRef 元素,指向电子类分类标准链接库文档,因此,对应的电子类分类标准链接库文档成为 DTS 的第二个成员(如果只有一个链接库)。以此类推,使用电子类分类标准链接库中的 loc 元素将《企业会计准则通用分类标准》模式文档加入 DTS,并进一步将《企业会计准则通用分类标准》链接库文档加入 DTS。

从上例可以看出,多个 DTS 也可以作为"构造块"(building blocks)子集组合成更大、更复杂的 DTS。用户可以使用现有的 DTS 组合成更高层次的 DTS,并通过扩展分类标准选择性地添加所需的概念和关系。

尽管在事实上,一些 XBRL 处理软件可以在不引用 DTS 的情况下对 XBRL 实例数据进行处理,但规范的方式要求 XBRL 处理软件对任意 XBRL 实例数据的解析和处理都应基于 DTS 的内容进行。

例如,给定一个 XBRL 实例文档,为正确处理一组分录及账户数值,必须找到与事实相联系的标签。这些标签位于标签链接库中,而标签链接库的位置由分录模式文档中的 linkbaseRef 元素所确定。所以,为了处理这个事实,应用程序必须追踪到所有支持这个事实的模式文档和链接库文档,并进一步找到相应的概念定义和关系声明。

在处理 XBRL 实例文档时,只要与处理相关,应用程序应该以这种方式使用所有被直接引用和发现的 DTS。当确定以该 XBRL 实例文档为起点的 DTS 时,必须解析 DTS 中所有的分类模式和分录链接库。

本章小结

XBRL 的出现不是一个偶然现象,在其背后有着深刻的社会和技术基础。对于难以仅仅从法律和制度层面解决的信息披露问题,技术角度显然是一个较好的选项。所以,在 XBRL 的应用和研究中,法律、制度和技术三者的互动是一个不可或缺的角度。

在一般的 XML 应用中,大多直接应用 XML 模式,以父子元素嵌套的树形结构来同时表达元素概念与元素关系,并进一步表示系统的总体结构。本章说明,在 XBRL 应用环境中,这样的设计使得 XBRL 的规范性、扩展性和灵活性都无法保证。所以,XBRL 采用了一种将元素概念与元素关系相分离的形式。一方面,在元素说明中,采用 XML 模式,尽量用扁平(flat)的形式表达元素本身的特性;另一方面,在关系说明中,则应用 XLink 技术,以规范、复杂和灵活的链接关系来表示元素间关系。虽然这种方法有些繁琐,但相对于计算机的处理能力和人们从中获取的收益而言,显然已经得到了肯定。

XBRL 的发展是有一个过程的,现在的特征是不断扬弃的结果。针对 XBRL 基础规范,本章通过对 XBRL 不同版本——XBRL 1.0、XBRL 2.0、XBRL 2.0a 和 XBRL 2.1——的介绍和比较,从技术细节入手,说明了 XBRL 逐渐清晰和规范的发展脉络。对于 XBRL 扩展规范,本章仅简单给出规范的作用、颁布日期等,内容留待后续章节详述。

进一步阅读

美国联邦金融机构审查委员会基于案例详细说明了XBRL的技术结构和应用方法[1]。XBRL规范(XBRL Specification 1.0、2.0、2.0a和2.1)给出了XBRL规范的完整细节以及XML代码[2,3,4,5,6]，读者还可以详细阅读其扩展内容及修订过程，以进一步把握XBRL的发展方向[7,8,9,10,11,12,13,14,15,16,17,18]。吕科等给出了XBRL规范的中文版[19]。XML Schema和XLink的规范说明分别给出了XML模式和扩展链接的技术细节[20,21,22,23,24,25,26,27]。Charles Hoffman全面阐述了XBRL的设计思想[28]，Roger Debreceny详细讲述了XML技术实现方案[29]。中国最新的分类标准见《企业会计准则通用分类标准》最新版[30]。

参考文献

[1] Federal Financial Institution Examination Council. Improved business process. through XBRL: a use case for business reporting[R]. FFIEC White Paper, 2006.
[2] XBRL国际组织. XBRL 1.0规范文件(XBRL Specification 1.0)[S]. 2000-06-31.
[3] XBRL国际组织. XBRL 2.0a规范文件(XBRL Specification 2.0a)[S]. 2002-11-15.
[4] XBRL国际组织. XBRL 2.0规范文件(XBRL Specification 2.0)[S]. 2001-12-14.
[5] XBRL国际组织. XBRL 2.1规范文件(XBRL Specification 2.1)[S]. 2003-12-31.
[6] XBRL国际组织. XBRL2.1规范化测试组件(XBRL Specification 2.1 Conformance Suite)[S]. 2005-11-07.
[7] XBRL国际组织. XBRL函数要求(XBRL Function Requirements)[S]. 2005-06-21.
[8] XBRL国际组织. XBRL维度规范化测试组件(XBRL Dimension Conformance Suite)[S]. 2006-06-06.
[9] XBRL国际组织. XBRL维度说明(XBRL Dimension)[S]. 2006-04-26.
[10] XBRL国际组织. XRBL公式要求(XBRL Formula Requirements)[S]. 2009-06-22.
[11] XBRL国际组织. 财务报告分类结构(Financial Reporting Taxonomies Architecture)[S]. 2005-04-25.
[12] XBRL国际组织. 财务报告分类结构规范化组件(FRTA Conformance Suite)[S]. 2005-04-25.
[13] XBRL国际组织. 财务报告实例标准(Financial Reporting Instance Standards)[S]. 2004-11-14.
[14] XBRL国际组织. 财务报告实例标准规范化测试组件(FRIS Conformance Suite)[S]. 2004-11-14.
[15] XBRL国际组织. 多维分类要求(Dimensional Taxonomies Requirements)[S]. 2005-06-21.

[16] XBRL 国际组织. 分类生命周期——面向版本的业务要求(Taxonomy Life Cycle. Business Requirements for Versioning)[S]. 2006-02-21.

[17] XBRL 国际组织. 链接角色登记(Linkbase Role Registry)[S]. 2008-07-31.

[18] XBRL 国际组织. 链接角色登记规范化组件(LRR Conformance Suite)[S]. 2006-02-21.

[19] 吕科. XBRL 技术原理与应用[M]. 北京:电子工业出版社,2007.

[20] W3C. Extensible Markup Language(XML)[EB/OL]. 3rd ed. http://www. w3. org/TR/XML/,2004-02-04.

[21] W3C. XML Schema part 0: primer[EB/OL]. 2nd ed. http://www. w3. org/TR/xmlschema. 0/,2004-10-28.

[22] W3C. XML Schema part 1: structures[EB/OL]. 2nd ed. http://www,w3. org/TR/2004/REC. xmlschema. 1. 20041028/,2004-10-28.

[23] W3C. XML Schema part 2: datatypes[EB/OL]. 2nd ed. http://www. w3. org/TR/2004/REC. xmlschema. 2. 20041028/. 2004-10-28.

[24] W3C. XML Base[EB/OL]. http://www. w3. org/TR/xmlbase/,2001-06-27.

[25] W3C. XML Linking Language(XLink)[EB/OL]. http://www. w3. org/TR/XLink/,2001-06-27.

[26] W3C. XML Path Language(XPath)[EB/OL]. http://www. w3. org/TR/xpath, 1999-11-16.

[27] W3C. XML. Pointer Language(XPointer)[EB/OL]. http://www. w3. org/TR/xptr/,2002-08-16.

[28] HOFFMAN C, RODRÍGUEZ MM. Digitizing financial reports — issues and insights: a viewpoint[J]. International Journal of Digital Accounting Research,2013,13:73-98.

[29] DEBRECENY R, FELDEN C, OCHOCKI B, XBRL for interactive data: engineering the information value chain[M]. Berlin: Springer, 2009.

[30] 中华人民共和国财政部. 企业会计准则通用分类标准(2015)[M]. 上海:立信会计出版社,2016.

第 4 章

XBRL 概念定义规范

本章讲述 XBRL 规范中用于分类标准模式定义的部分。XBRL 对于电子信息公告来说最大的优势就是它的规范性。在一个国家/行业的范围内，这个规范性由一个分类标准保证，而分类标准本身的规范性则由 XBRL 规范所保证。在一份分类标准模式文档中，定义了一个国家或地区所用的所有概念。对于财务报告而言，即是所有的会计概念。所以，XBRL 规范必须给出概念的分类和定义概念所需的数据类型。

XBRL 规范将所有在分类标准模式中定义的概念分为两类：附属概念和主体概念。其中附属概念的作用是为了丰富和完善主体概念的含义，给出报告存在的条件，其内容与报告的实体、时间和场景相关。

主体概念包括数据项和元组，这也是财务报告编制者和阅读者最关注的内容。对于数据项类型的元素定义，XBRL 规范给出了 38 种可用的数据类型，这涵盖了现有财务报告所需的所有数据类型。这些数据类型都是根据 XML 内建数据类型，经过两次封装而形成的，具有语法和语义两个层次的规范性。

通过研究发现，XBRL 规范形成了“语法规范化/语义规范化”的两层规范化结构，即在类型和关系上均各采用两次定义，分别体现语法和语义含义。本章及下一章将按照这一结构对具体内容进行讲解。

4.1 附属概念

在会计学中，会计假设是非常重要的概念，是会计事实赖以成立的条件和前提。会计学的四大假设分别是：会计主体、会计分期、持续经营和货币计量。同样地，在 XBRL 中的事实也只能在相应的语境中才有意义，这些语境就由 XBRL 附属概念表达。XBRL 附属概念可以视为会计假设使用 XBRL 语言进行具体化的结果，但其表达能力远远超出了会计假设的内容。XBRL 中的附属概念有两个：context(上下文)和 unit(单位)。其中 context 的内容如下：

(1) 实体(entity)：对应会计主体假设。不仅可以表达一个单独的企业，也可以表达子公司、分公司、部门，以及逻辑主体，如合并公司。

(2) 时间(period)：对应会计分期假设和持续经营假设的部分语义。context 中的日期既可以表达时间点，也可以表达时间段，还可以表达没有具体起始的日期。

(3) 场景(scenario)：对应持续经营假设的部分语义。场景用来说明报告的种类，如正式报告、预算报告，以及某种方法与条件，如以持续经营价值计量、以清算价值计量等。

unit 主要用于表达计量单位，对应于货币计量假设。但是，XBRL 中的 unit 元素的含义比货币更丰富，包括货币单位、非货币单位；另外，不仅可以表达简单单位，还可以表达复合单位。

4.1.1 上下文元素

上下文元素描述了关于实体、时间和场景的信息。XBRL 财务报告中，会计事实由 XBRL 数据项详细描述，上下文元素所承载的信息对于理解会计事实含义的完整性而言是必不可少的。

每个 context 元素都必须具有一个 id 属性，其内容必须符合 XML 中的 ID 类型，其作用是用于唯一标识 context 元素，并由数据项元素在实例中引用。ID 类型的内容首位字符不能是数字，例如，"C20210101_20211231"是个合法的 ID 类型，而"20210101"则不是合法的 ID 类型。

下面是 context 元素的 XML 模式定义。可以看出，context 元素是一个纯子元素内容模型的复杂类型元素，context 元素有 3 个子元素，分别表达实体(entity)、时间(period)和场景(scenario)。这 3 个子元素被组织成序列(sequence)，这意味着 3 个子元素可以同时出现，其顺序必须按照定义顺序。

```
<element name="context">
  <complexType>
    <sequence>
      <element name="entity" type="xbrli:contextEntityType"/>
      <element name="period" type="xbrli:contextPeriodType"/>
      <element name="scenario" type="xbrli:contextScenarioType" minOccurs
="0"/>
    </sequence>
    <attribute name="id" type="ID" use="required"/>
  </complexType>
</element>
```

1. 实体元素(entity)

实体元素描述了商业事实的描述对象——商业实体，包括企业、政府部门、个人等。在 context 元素中，entity 元素是必需的。entity 元素是一个具有纯子元素内容模型的复杂类型元素，其中必须包含一个 identifier 子元素，并且可能包含一个 segment 子元素。实体元素由一个复杂类型 contextEntityType 所约束，复杂类型 contextEntityType 的 XML 模式定义如下：

```
<complexType name="contextEntityType">
  <sequence>
    <element name="identifier">
      <complexType>
        <simpleContent>
          <extension base="token">
            <attribute name="scheme" use="required">
              <simpleType>
                <restriction base="anyURI">
                  <minLength value="1"/>
                </restriction>
              </simpleType>
            </attribute>
          </extension>
        </simpleContent>
      </complexType>
    </element>
    <element ref="xbrli:segment" minOccurs="0"/>
  </sequence>
</complexType>
```

由上面的定义可以看出，一个实体由两类子元类——标识符元素(identifier)和分部元素(segment)的序列构成。

identifier 元素是一个具有简单内容模型的复杂类型元素，其中必须具有一个 scheme 属性，用于唯一标识商业实体。scheme 属性值的形式是一个 URI，它的实质是一个表征商业监管机构的命名空间。identifier 元素的内容是一个 token 类型的值，这个值的命名空间由 scheme 属性指定，而其本地名称则唯一标识了其父元素 entity 所描述的商业实体。XBRL 国际组织并不是一个命名和标识商业实体的权威机构，XBRL 机制也并不强制 identifier 的内容能够对应一个现实存在的商业实体。

segment 元素是 entity 元素的一个可选子元素。在一些情况下，仅仅标识一个商业实体是不够的，还需要更具细节的企业单位以报告更详细的内容，如分部报告等。这时 segment 元素就提供了能够进一步描述实体分部的机制。XBRL 规范没有给出实质性的 segment 元素的内容模型定义，这意味着 segment 元素的内容模型应特定于具体的 XBRL 实例文档。

如果没有 segment 元素，报告编制者就只能描述那些在整个商业实体层次上成立的商业事实，例如，整个企业的收入、费用和利润等。而使用 segment 元素，报告编制者就可以描述更细节的信息，例如，可以描述一个企业的地区分公司的收入、费用和利润等。虽然在 XBRL 规范层 segment 没有任何限制，但分类标准的创建者应该预期 XBRL 实例文档的创建者会定义 segment 子元素，并为 XBRL 实例文档创建者提供支持。这种支持主要表现在分类标准创建者应该以一个或多个维度组织这些细节信息，这些维度包括：

(1) 组织结构：例如，企业总部和各个子公司。

(2) 地区：例如，亚洲、欧洲和北美等。

(3) 功能性划分(functional distinctions)：例如，来自持续性经营和非持续性经营的报告结果。

(4) 产业：例如，工业、农业和服务业等。

2. 时间元素(period)

时间元素包含了由数据项元素引用的时间点或时间段。时间元素由一个复杂类型 contextPeriodType 所约束，contextPeriodType 类型的内容模型为纯子元素内容模型，其 XML 模式定义如下：

```
<simpleType name="dateUnion">
  <union memberTypes="date dateTime"/>
</simpleType>
<complexType name="contextPeriodType">
  <choice>
    <sequence>
      <element name="startDate" type="xbrli:dateUnion"/>
      <element name="endDate" type="xbrli:dateUnion"/>
    </sequence>
    <element name="instant" type="xbrli:dateUnion"/>
    <element name="forever"><complexType/></element>
  </choice>
</complexType>
```

contextPeriodType 类型中，基础的时间表达形式是一个表达时间点的 dateUnion 简单类型。dateUnion 类型既用于表达一个独立的时间点，也用于表达起始日期和结束日期。dateUnion 类型是一个联合类型(union)，其时间表述形式是一个没有标明时间的日期形式，这种形式的时间等同于一个日期部分相同、时间部分为 T00:00:00(子夜 0 点 0 分 0 秒,一天的起始时间)的日期时间。

从 contextPeriodType 类型的定义中,可以看出具体使用的时间是 3 种形式之一:时间点、时间段或"永远"(forever)。数据项到底使用哪种时间形式,取决于数据项定义时的时间类型属性(periodType)的取值。如果一个数据项元素的时间类型为时间点(periodType 属性值为"instant"),则 period 元素必须包含一个时间点元素;如果一个数据项元素的时间类型为时间段(periodType 属性值为"duration"),则 period 元素必须包含一个 forever 元素或由起始时间和结束时间组成的序列。"永远"(forever)元素是一个 XBRL 中非常有特色的元素。在会计中,有的时间段没有,或无法获得明确的起始时间(和/或)结束时间,例如,会计政策的执行时限等,这时就可以使用 forever 元素。

3. 场景元素(scenario)

商业事实有不同的成立环境,例如,真实报告、预算报告、重述报告、预测报告(pro forma)等。在内部报告中,可能会有更多、XBRL 分类标准之外的元数据(metadata)与报告事实相联系。这时,就可以使用一个 scenario 元素就来说明报告场景。

与 segment 元素相同,XBRL 规范也没有给出 scenario 元素实质性的内容模型定义。本质上,scenario 元素用于描述商业事实的计量条件,因此也取决于分类标准(和/或)实例文档的创建者。

下面,给出一个包含完整内容的 context 元素实例。这个 context 元素的 id 属性值为"C20210101_20211231",其细节信息为:

(1) 实体:实体的标识符为 600001,这显然是一个股票代码的形式;实体标识符的成立条件是 http://www. sse. com. cn,代表上海证券交易所;这里也给出了一个分部描述,表示该公司的上海分部。

(2) 日期:这里的日期是一个时间段。其中起始日期为 2021 年 1 月 1 日,结束日期为 2021 年 12 月 31 日。

(3) 场景:场景值为 clcid-pt:buget,命名空间前缀中的 clcid 暗示 buget 这个场景取值是由上海证券交易所交易所提供的[①],表示相应的数据是预算数据。

图 4-1 给出了在一个 XBRL 软件中编辑 context 元素的实例。

下面给出了这个 context 元素的 XML 代码。

```
<xbrli:context id="C600001_20210101_20211231">
```

① clcid 是 China Listed Corporation Information Disclosure(中国上市公司信息披露)的缩写,这是上海证券交易所创建的、用于上市公司信息披露的分类标准的命名空间前缀。

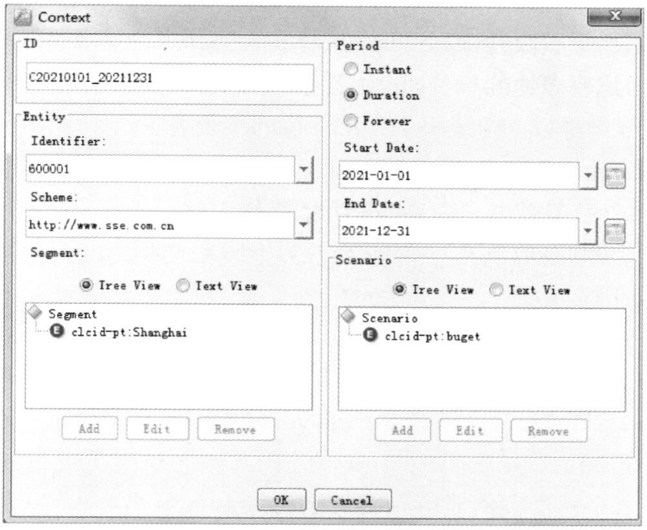

图 4-1　context 元素编辑

```
    <xbrli:entity>
      <xbrli:identifier scheme="http://www.sse.com.cn">600001</xbrli:identifier>
      &lt;xbrli:segment&gt;
        <clcid-pt:Shanghai/>
      &lt;/xbrli:segment&gt;
    </xbrli:entity>
    <xbrli:period>
      <xbrli:startDate>2021-01-01</xbrli:startDate>
      <xbrli:endDate>2021-12-31</xbrli:endDate>
    </xbrli:period>
    <xbrli:scenario>
      <clcid-pt:buget/>
    </xbrli:scenario>
  </xbrli:context>
```

4.1.2　单位元素

unit 元素用于表示计量一个数值型数据项的数值单位。unit 元素的含义比通常意义上的货币单位更丰富，它既可以表示货币性单位，也可以表示非货币性单位；既可以表示简单单位，也可以表示复合单位。简单计量单位的例子包括欧元

(EUR，Euros)、米、千克、全职工作小时数(FTE，Full Time Equivalents)。复合计量单位的例子包括每股收益(EPS，Earnings per Share)、平方米等。复合计量单位的形式限制为由比率表达的单位，其中：

(1) 分子、分母都以一个或多个计量单位的乘积表示。

(2) 计量单位以 measure 元素表示。

(3) 整体的分数关系由一个 divide 元素结构表示。

每个 unit 元素都应该拥有一个 id 属性，用于唯一标识 unit 元素实例，并由数据项元素引用。

1. 简单单位与计量元素(measure)

measure 元素表示最小的、简单的计量单位，其类型是一个 XML 模式内嵌的简单类型——xsd：QName，这意味着 measure 元素同时具有命名空间和本地名称。与现实情况相符，XBRL 元素实例与 unit 元素实例之间的关系也并不是任意的。一种类型的 XBRL 元素实例对应一类特定的 unit 元素内容模型以及 measure 元素取值，如表 4-1 所示。

表 4-1　数据项类型的单位限制

数据项类型	对应的 unit 元素内容限制
货币型数据项类型(monetaryItemType)或其派生类型	unit 元素的内容必须为一个简单的 xbrli：measure 元素，measure 元素的内容必须是一个符合下列规则的限定名(xsd：QName) (1) 本地名称必须是一个在报告期内合法的、ISO 4217 中规定的货币符号 (2) 命名空间必须为 http://www.xbrl.org/2003/iso4217
股份数据项类型(sharesItemType)或其派生类型	unit 元素的内容必须为一个简单的 xbrli：measure 元素，measure 元素的内容必须是一个符合下列规则的限定名(xsd：QName) (1) 本地名称必须为"shares" (2) 命名空间必须为 http://www.xbrl.org/2003/instance

2. 复合单位与除式元素(divide)

如果没有比的关系，复合单位由一个简单单位的乘积表示；否则，复合单位由一个除式表达，其中分母和分子都是简单单位的乘积，如加速度(米/秒·秒)。显然，如果分子和分母中存在相同的计量单位，是没有意义且容易引起歧义的。如果要表达那些分子和分母具有相同单位的比率、比值和百分比，如资产周转率，unit 元素就不应该使用复合单位，而应该使用一个特定的 xbrli：measure 元素，该元素内容的类型为一个限定名，其中，本地名称为"pure"，命名空间为 http://www.xbrl.org/2003/instance。需要注意的是，在具体报告中，比率、比值和百分比都应以十进制或科学记数法表示，而不应该以百分数的形式表示。

复合单位由乘积表示时，其总体是一个除式的形式，以一个 divide 元素表示，除式的分子和分母都可以是一个简单单位，也可以是一个几个简单单位的乘积。

XBRL 用简单单位的序列表达乘积关系。显然，如果不存在比的关系，则直接用简单单位的乘积即可表达复合单位。表 4-2 给出了一些 unit 元素的例子。

表 4-2　unit 元素示例

例　　子	含　义
<unit id="u1"> <measure xmlns:ISO4217 = "http://www.xbrl.org/2003/iso4217">ISO4217:CNY </measure> </unit>	简单货币单位:人民币
<unit id="u2"> <measure xmlns:ISO4217 = "http://www.xbrl.org/2003/iso4217">ISO4217:cny </measure> </unit>	错误的表达形式，人民币不应为小写字母形式
<unit id="u1"> <measure>xbrli:pure</measure> </unit>	简单比值单位，例如，收入增长率
<uniti d="u3"> <measure>myuom:feet</measure> <measure>myuom:feet</measure> </unit>	复合单位:平方英尺，即英尺与英尺的乘积
<unit id="u4"> <measure>xbrli:shares</measure> </unit>	简单单位:股份
<unit id="u6"> <divide> <unitNumerator> <measure>ISO4217:CNY</measure> </unitNumerator> <unitDenominator> <measure>xbrli:shares</measure> </unitDenominator> </divide> </unit>	复合单位:以人民币计量的每股收益(EPS)，即人民币与股份单位组成的除式。分子为简单货币单位人民币，分母为简单股份单位
<unit id="u6"> <divide> <unitNumerator> <measure>ISO4217:CNY</measure> </unitNumerator> <unitDenominator> <measure>ISO4217:CNY</measure> </unitDenominator> </divide> </unit>	非法:分子和分母出现了相同的 measure 元素实例

（续表）

上述代码中：

（1）命名空间前缀“ISO4217”用于表示命名空间“http://www.xbrl.org/2003/iso4217”。

（2）命名空间前缀“xbrli”用于表示命名空间“http://www.xbrl.org/2003/instance”。

（3）命名空间前缀“myuom”是一个用户定义的前缀，它用于表示一个用户定义的命名空间，例如，它可能是“http://www.mycomp.com/myuom”。

上述3个命名空间中，ISO4217（对应货币单位规范的命名空间前缀）为XBRL之外的权威机构颁布，xbrli为XBRL国际组织颁布，myuom为用户自定义。XBRL没有提供解析和验证XBRL规范之外的命名空间的语法与机制，但在这些命名空间的引用和定义中保持规范性有利于用户对实例文档的理解

在现实情况中，有些复合单位的使用非常固定和频繁，并基本上被视为一种新的计量单位。这种情况在XBRL中也是如此，即某些复合计量单位也可以在unit元素中用一个简单计量单位表示。例如，在上面的例子中，“平方米”是用两个“米”的乘积表示的复合计量单位，这里也可以直接用一个简单计量单位“平方米”表示，如表4-3所示。

表4-3　一种单位的两种表示方法

作为简单单位	作为复合单位
<unit id="u1"> <measure>myuom:sqrft</measure> </unit>	<unit id="u4"> <measure>myuom:feet</measure> <measure>myuom:feet</measure> </unit>

4.2　概念分类：数据项与元组

4.2.1　数据项元素

所谓的“数据项(item)元素”，有两个略有差异的含义：其一是指在XBRL规范中定义的一个抽象元素——item元素，这个元素用于描述所有简单事实所对应的概念的总体结构[①]；其二是指所有在分类标准中定义的描述简单事实的具体元素种类，并且此类元素在定义中总有属性说明：substitutionGroup="xbrli:item"。或者说，规范中的“item元素”定义了所有item类元素的公共结构。item定义为一个抽象的元素，即它不会显式地出现在XBRL实例中。由于这两种定义在具体的上下文中不会引起歧义，本书不作区分。

---

① 如果以程序设计语言的语法结构衡量XBRL，则在XBRL规范中显式定义的抽象元素item的作用是作为Schema中数据项元素的一个虚基类。虚基类这个术语严格地说并不属于XML范畴，它是软件工程领域面向对象技术中的术语。XBRL与面向对象技术具有密切的关系，此处提起给出这个术语。

数据项元素不允许自身嵌套。如果一个 XBRL 实例需要表达结构化的关系，必须借助元组来表示。智能化的结构——财务概念在各个维度的相互关联——必须借助分类链接库的链接结构来体现，而不是将 XBRL 实例中的事实简单嵌套在一起。

抽象数据项元素的内容可以派生于任意类型。数据项替代组的每个成员必须拥有一个已定义的 XBRL 数据项类型。这将允许实例中每个数据项替代组验证自身的数据类型。对于 XML 模式中定义的每个合适的内建类型，都为之定义一个派生于该类型的 XBRL 数据项类型，另外还定义了一个分数项类型。某一个数据项元素除非其类型通过约束分数类型(fractionType)派生而来，否则不能包含复合内容。

contextRef 属性是指向上下文元素的一个 IDREF，上下文元素包含所表示事实的额外信息。一个数据项元素必须包含一个 contextRef 属性，这个 contextRef 属性引用同一 XBRL 实例的某个上下文元素。XBRL 实例指代 xbrl 元素的一次出现，而非必然是整个文档。如果数据项元素的数据类型派生于 XML 模式的内建数值类型(包括小数、单精度、双精度或派生于它们的内建类型)或分数项类型，数据项元素必须同时使用 contextRef 属性和 unitRef 属性；其他的数据项元素必须使用 contextRef 属性。

unitRef 属性是指向单位元素的 IDREF。它包含数据事实度量单位的信息。unitRef 属性不能出现在非数值型数据项元素中。unitRef 属性必须出现在数值型数据项元素中，以供数值型数据项元素引用同一 XBRL 实例中的某个单位元素。

数值型数据项还提供了两个可选属性：精确度(precision)和小数(decimals)(分数项类型除外)，从而使得 XBRL 实例创建者能够说明所表示事实的精度。

数据项描述了最简单的事实，即不存在嵌套关系的事实。在 XBRL 架构中，财务报告的最基本单位就是数据项，对应地，每一个模式文档一般由大量数据项定义组成。下面的代码是 XBRL 规范中 item 元素的定义[①]。在从<complex name="itemType">一直到</complexType>这整个片断中，其含义是对第一行所声明的 type="itemType"进行的详细定义。itemType 作为一个复杂类型，扩展了 anyType 中的内容模型：其扩展方法为增加一个类型为 IDREF，名称为 context 的属性。然后，应用 itemType 类型声明 item 元素。虽然 item 元素是个抽象元素，不能直接生成实例，但 item 既规定了一定的形式化规范，又允许在此基础上的扩展，实现了规范性和灵活性的统一。

① 本章给出的定义并不是 XBRL 规范中的源代码。为了详细说明各元素类型的关系，该定义是一个展开的详细内容定义。读者可以与 XBRL 规范中的定义相比较。

```
<element name="item" type="itemType" abstract="true"/>
    <complex name="itemType">
        <complexContent>
            <extension base="anyType">
                <attribute name="context" type="IDREF"use="required"/>
            </extension>
        </complexContent>
    </complexType>
</element>
```

4.2.2 元组元素

元组(tuple)是存在相互依存关系的一组事实,元组的含义由它所包含的这样一组事实来说明。从形式逻辑的角度看,元组实际上是一个集合。例如,“公司基本信息”可以被视为这样一个元组,它的含义是由它所包含的一组事实——包括“公司名称”“注册地”和“注册资本”等——来完整表达的。与 item 类似,tuple 这个词汇在 XBRL 规范中也具有两层含义:其一是在元组定义时作为替代组的一个抽象元素;其二是表达有复杂内容的概念,这样的概念可以包含数据项和其他的元组①。

根据 XBRL 规范,元组在定义时必须满足以下规则:

(1) 所有元组必须是替代组的成员,替代组以元组作为其子元素。因此,元组必须声明为全局元素,因为只有全局元素才能出现在替代组中。

(2) 元组在分类模式中的声明一定不能包含 periodType 属性和 balance 属性。

(3) 元组可能需要从别的地方(如脚注)加以引用。因此,所有元组在分类模式中的声明都应该(但不要求)包含一个可选的本地属性的声明,属性的名字标识符类型为 xsd:ID。当一个扩展分类的创建者限制元组的数据类型时,他不应该禁止一个已存在的 id 属性(如果分类作者未能定义或者禁止一个元组的 id 属性,那么该元组将不能通过缩写的 XPointer 所引用)。

(4) 在元组声明中,使用 XML Schema 结构的属性必须不能引用来自 XBRL 命名空间的属性。

(5) 元组和元组在分类模式中的声明不能有混合内容或是简单内容。

(6) 元组在分类模式中的声明不需要明确说明除了 id 属性的本地属性。

(7) 实例中元组的子元素必须是以元组或数据项为替代组的元素。

---

① 注意:XBRL 规范语法实际上没有限制元组的层次,但在后续规范中对此有清晰的说明,即要求元组只能包含数据项。

(8) 在元组位于分类标准模式的声明中，该元组子元素的声明必须引用已声明的全局元素。

元组所描述的是所谓复杂类型的事实，这种事实由其他更低层次的事实所组成。在描述 tuple 的语法中，可以看到 xbrli:item 及 xbrl:tuple 作为子元素出现，声明 tuple 的语法如下所示。

```
<complexType name="tupleType">
    <choice minOccurs="0" maxOccurs="unbounded">
        <element ref="xbrli:item" minOccurs="0" maxOccurs="unbounded"/>
        <element ref="xbrli:tuple" minOccurs="0" maxOccurs="unbounded"/>
    </choice>
</complexType>
<element name="tuple" type="xbrli:tupleType" abstract="true"/>
```

4.3 类型系统

XBRL 是规范性和灵活性兼顾的标准。其中，规范性最核心、最本质的体现就是元素的类型系统。XBRL 将所有 XML 内建数据类型都加以封装，确保类型系统的封闭性，即用户完全可以为任一种数据找到基本数据类型。虽然用户可能希望使用更特殊的数据类型，例如，“0 到 1 之间的实数”，XBRL 规范也的确能够利用类型扩展能力实现之，但 XBRL 规范并不提倡这样做。

将一个 XBRL 规范中的类型展开，可以发现，绝大多数类型从 XML 角度看都是“简单内容模型的复杂类型”，即具有属性，但其内容模型中不包含子元素的类型。所以，XBRL 规范中的类型定义的实质就是根据 XML 内建数据类型定义类型中的内容和属性。

4.3.1 属性定义

属性是 XBRL 规范中最不稳定的一部分，也是成熟最晚的一部分。虽然 XBRL 2.1 在 2003 年 12 月 31 日即公布使用，但在随后的 188 次修订中，属性是最受到关注的部分，并得到了彻底的完善。因此，尽管广义地说，属性定义也是类型定义的一部分，但由于其具有一定的独立性，本书仍将属性定义作为一个单独的部分进行讲述。

在 XBRL 中，也体现了严格和规范的设计思想，以减少用户无节制的自定义。首先，应用属性组(attribute group)来定义属性，在定义类型时整体引用属性组，即一次性应用属性组中的全部属性，这就避免了用户任意选择、组织属性。其次，XBRL

规范规定了在不同的类型定义中使用不同的属性组。最后，可以看出，属性组的定义本身也是一个严格和规范的过程，并形成了一个树形的派生结构。如图 4-2 所示。

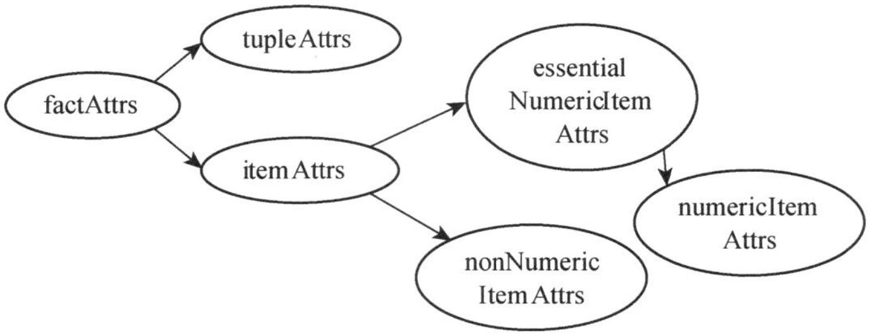

图 4-2 XBRL 2.1 中属性组的派生关系

如图 4-2 和表 4-4 所示，factAttrs(事实属性组)和 tupleAttrs(元组属性组)仅包含 id 属性，其目的是使得所有元素的定义可以被引用①；itemAttrs(数据项属性组)和 nonNumericItemAttrs(非数值型数据项属性组)增加了 contextRef(上下文引用)属性，其目的是使数据项类型的元素能够显式地引用一个已经实例化的上下文元素，以完整表达其含义；essentialNumericItemAttrs(基础数值型数据项属性组)增加了 unitRef(单位引用)属性，其目标是使所有数值型数据项类型的元素都能够显式地引用一个已经实例化的单位元素，以完整表达其度量含义；numericItemAttrs(数值型数据项属性组)增加了 precision 和 decimals，以增加数值型数据项类型表达数值精度的能力。所谓数值型数据项类型，就是除分数型数据项类型的所有基于 XML 内建数值型数据类型派生的 XBRL 数据类型。因为分数型数据项元素的精度本质上是取决于其分子和分母的精度，故不需这两个属性。XBRL 规范给出了一套完整的精度推理方法，详见本书第 6.2 节。

表 4-4 属性派生关系

属性组	基础属性组	新增属性
factAttrs		id
tupleAttrs	factAttrs	
itemAttrs	factAttrs	contextRef
nonNumericItemAttrs	itemAttrs	
essentialNumericItemAttrs	itemAttrs	unitRef
numericItemAttrs	essentialNumericItemAttrs	precision，decimals

① 在链接库中，元素就是通过 id 属性引用，然后再建立联系的。

表 4-5 将属性组中的属性展开,并给出了每个属性组的应用范围。首先,很容易发现 factAttrs、tupleAttrs 和 itemAttrs 这 3 个属性组没有实际应用。这是因为,在图 4-2 的树形派生关系中,非叶子节点和抽象元素节点都是仅仅用来作派生用,而不会进行实例化。另外,可以发现,essentialNumericItemAttrs 仅用于分数型数据项类型的定义,这与分数型数据项在 XBRL 中的特殊定义方式是一脉相承的。

表 4-5　属性内容及应用类型

属性组	包含属性	应用类型
factAttrs	id	
tupleAttrs	id	
itemAttrs	id, contextRef	
nonNumericItemAttrs	id, contextRef	stringItemType, booleanItemType, hexBinaryItemType, base64BinaryItemType, nyURIItemType, QNameItemType, durationItemType, dateTimeItemType, timeItemType, dateItemType, gYearMonthItemType, gYearItemType, gMonthDayItemType, gDayItemType, gMonthItemType, normalizedStringItemType, tokenItemType, languageItemType, NameItemType, NCNameItemType,
essentialNumeric-ItemAttrs	id, contextRef, unitRef	fractionItemType,
numericItemAttrs	Id, contextRef, unitRef, precision, decimals	decimalItemType, floatItemType, doubleItemType, monetaryItemType, sharesItemType, pureItemType, integerItemType, nonPositiveIntegerItemType, negativeIntegerItemType, longItemType, intItemType, shortItemType, byteItemType, nonNegativeIntegerItemType, unsignedLongItemType, unsignedIntItemType, unsignedShortItemType, unsignedByteItemType, positiveIntegerItemType,

4.3.2　类型定义

在 XBRL 规范中,因为元组是基于数据项定义的,所以只需给出数据项的元素类型即可。XBRL 中类型的定义经过了两次封装,分别体现了语义规范化和语法规范化的思想。其中,第一次封装是所谓"语义规范化",即将 XML 内建的简单数据类型通过派生封装为一个有领域含义的简单数据类型。例如,XBRL 中的 monetary 就是直接从 XML 内建数据类型 decimal 派生而来。此时,新的类型虽然没有任何数据取值方面的变化，但已经具有了具体的语义含义，并限制于具体的用途和位置。第二次封装是所谓"语法规范化"，即将语义规范化后的数据类型通过增加其属性等方法规范其内部结构，形成稳定、严格的语法定义。

下面对所有 XBRL 数据类型逐个进行讲解。其中，大多数数据类型都给出例子，但一些仅为编码服务的类型则因财务报告实践中缺乏相应内容而没有给出。限于篇幅，对类型定义的代码作了部分删减。

1. monetaryItemType(货币型数据项类型)

1）基本类型

其基本类型为 XML 中的内建数据类型 decimal(十进制数据类型)。十进制数据类型用于规定一个数值，可规定的十进制数字的最大位数是 18 位；下面是一个关于某个模式文档中十进制数声明的例子。比如，

```
<xs:element name="prize" type="xs:decimal"/>
```

实例文档中的元素看上去应该类似这样：

```
<prize>999.50</prize>
```

例如，对应收账款可以定义为这个类型，但如果定义一个值的类型为 decimal，而值为"2021-1-13"，则系统会报错。

2）派生过程

Decimal→monetary：在此步骤中，从语法上看仅仅是变换了类型的名称，但实质类型的描述已经上升至语义层，描述了该类型的语义性质，限定了其应用条件与语义内容。

```
<simpleType name="monetary">
    <restriction base="decimal"/>
</simpleType>
```

monetary→monetaryItemType：在具有语义性质的类型描述基础上，再增加一个 xbrli:numericItemAttrs 属性组，以完善其语义说明。

```
<complexType name="monetaryItemType" final="extension">
    <simpleContent>
        <extension base="xbrli:monetary">
            <attributeGroup ref="xbrli:numericItemAttrs"/>
        </extension>
    </simpleContent>
</complexType>
```

3）举例

如图 4-3 所示，对应数据项的概念定义和实例取值如下。

分类模式：

1. 资产负债表项目

项 目	期末数（万元）	年初数（万元）	变动幅度（%）	原 因
应收票据	481 432.58	352 210.88	36.69	主要是本期货款大部分以承兑汇票方式结算
在建工程	573 240.54	327 989.96	74.77	主要是节能减排项目支出增加
短期借款	230 000.00	140 000.00	64.29	主要是调整长短期贷款结构，增加短期借款
其他应付款	10 218.10	25 344.66	-59.68	主要是偿还前期欠款

图 4-3 货币型示例

```
<element name="YingShouPiaoJu" type="xbrli:monetaryItemType"
substitutionGroup="xbrli:item" nillable="true" id="cicid-pt_YingShouPiaoJu"
xbrli:periodType="instant" xbrli:balance="debit"/>
```

说明：在分类模式中，元素“YingShouPiaoJu”用代码“type= "xbrli:monetaryItemType"”将其定义为 monetaryItemType 类型，命名空间前缀 xbrli 说明该类型就是在 XBRL 规范中定义的 monetaryItemType。

实例文档：

```
<YingShouPiaoJu contextRef="C600001_20211231" unitRef="U_RMB">481432.58
</YingShouPiaoJu>
```

说明：这个值是 monetaryItemType 类型，如果值是日期类型“2021-01-13”或者其他非数值类型，则 XBRL 系统会报错。contextRef 和 unitRef 分别引用的是 context 和 unit 元素的 id 值，以下同此。

2. sharesItemType(股份型数据项类型)

1) 基本类型

其基本类型同上，也是 decimal。

2) 派生过程

Decimal→shares：在此步骤中，从语法上看仅仅是变换了类型的名称，但实质类型的描述已经上升至语义层，描述了该类型的语义性质，限定了其应用条件与语义内容。

```
<simpleType name="shares">
    <restriction base="decimal"/>
</simpleType>
```

shares→sharesItemType：在具有语义性质的类型描述基础上，再增加一个 xbrli:numericItemAttrs 属性组，以完善其语义说明。

```
<complexType name="sharesItemType" final="extension">
    <simpleContent>
        <extension base="xbrli:shares">
            <attributeGroup ref="xbrli:numericItemAttrs"/>
```

```
        </extension>
    </simpleContent>
</complexType>
```

3）举例

如图 4-4 所示，对应数据项的概念定义和实例取值如下。

股东名称	股东性质	持股比例(%)	持股总数
东风汽车有限公司	境内非国有法人	60.1	1 202 000 000
招商银行股份有限公司—上证红利交易型开放式指数证券投资基金	境内非国有法人	0.278	5 572 286
中国银行—嘉实沪深300指数证券投资基金	境内非国有法人	0.255	5 101 362

图 4-4　股份型示例

分类模式：

```
<element name="DongFengQiCheGongSi" type="xbrli:sharesItemType" substitutionGroup="xbrli:item" nillable="true" id="clcid-pt_ DongFengQiCheGongSi" xbrli:periodType="instant"/>
```

说明：在分类模式中，元素“DongFengQiCheGongSi”用代码“type="xbrli:sharesItemType"”将其定义为 sharesItemType 类型，命名空间前缀 xbrli 说明该类型就是在 XBRL 规范中定义的 sharesItemType。

实例文档：

```
<DongFengQiCheGongSi contextRef="C600001_20211231">12020000</DongFengQiCheGongSi>
```

说明：这个值是 sharesItemType 类型，如果值是日期类型“2021-01-13”或者其他非数值类型，则 XBRL 系统会报错。

3. pureItemType(比例型数据项类型)

1）基本类型

其基本类型同上，也是 decimal。

2）派生过程

decimal→pure：在此步骤中，从语法上看仅仅是变换了类型的名称，但实质类型的描述已经上升至语义层，描述了该类型的语义性质，限定了其应用条件与语义内容。

代码：

```
<simpleType name="pure">
    <restriction base="decimal"/>
</simpleType>
```

pure→pureItemType：在具有语义性质的类型描述基础上，再增加一个 xbrli：numericItemAttrs 属性组，以完善其语义说明。

```
<complexType name="pureItemType" final="extension">
    <simpleContent>
        <extension base="xbrli:pure">
            <attributeGroup ref="xbrli:numericItemAttrs"/>
        </extension>
    </simpleContent>
</complexType>
```

3）举例

如图 4-5 所示，对应数据项的概念定义和实例取值如下。

	本集团		本公司	
	2022年6月30日	2021年12月31日	2022年6月30日	2021年12月31日
金额(人民币百万元)	1 646	1 015	1 490	1 015
欠款年限	3年以内	3年以内	3年以内	3年以内
占其他应收款总额比例	76%	73%	79%	78%

图 4-5　比例型示例

分类模式：

```
<element name="ZhanQiTaYingShouKuanBiLi" type="xbrli: pureItemType " substitutionGroup="xbrli:item" nillable="true" id="cicid-pt_ ZhanQiTaYingShouKuanBiLi " xbrli:periodType="instant"/>
```

说明：在分类模式中，元素“ZhanQiTaYingShouKuanBiLi”用代码“type="xbrli: pureItemType "”将其定义为 pureItemType 类型，命名空间前缀 xbrli 说明该类型就是在 XBRL 规范中定义的 pureItemType。

实例文档：

```
<ZhanQiTaYingShouKuanBiLi contextRef="C600001_20211231">0.76</ZhanQiTaYingShouKuanBiLi>
```

说明：这个值是 pureItemType 类型，如果值是“198”这样大于 1 的值，则 XBRL 系统会报错。

4. fractionItemType（分数型数据项类型）

1）基本类型

分数型数据项类型是 XBRL 数据类型中唯一的一个具有子元素的数据类

型，这是非常特殊的，因为分数型数据项类型必须基于分子、分母定义的基础上成立。所以，所谓分数型数据项类型的基本类型实际上是其分子、分母的基本类型，均为 decimal。

2）派生过程

decimal→nonZeroDecimal：在此步骤中，通过对基本类型 decimal 进行限制，得到新的类型，为声明分母元素做准备。

```
<simpleType name="nonZeroDecimal">
```

声明两个元素 numerator 和 denominator：前者做分子用，后者做分母用。从语法上看仅仅是声明两个类型相应的元素，实质上进行了语义的转化。

```
<element name="numerator" type="decimal"/>
<element name="denominator" type="xbrli:nonZeroDecimal"/>
```

完整定义 fractionItemType 类型：在前两步基础上，定义 fractionItemType 类型，用来表示分数。在具有语义性质的元素描述基础上，再增加一个 xbrli：essentialNumericItemAttrs 属性组，以完善其语义说明，使其成为语义层次上的数据类型。

```
<complexType name="fractionItemType" final="extension">
    <sequence>
        <element ref="xbrli:numerator"/>
        <element ref="xbrli:denominator"/>
    </sequence>
    <attributeGroup ref="xbrli:essentialNumericItemAttrs"/>
</complexType>
```

3）举例

如表 4-6 所示，分数类型的含义取决于其表示分子和分母的子元素。

表 4-6　分数型数据项示例(引自 XBRL Specification 2.1)

分数值	XBRL 表示方法

1/3	`<myTaxonomy:oneThird id="oneThird" unitRef="u1" contextRef="numC1">`
	`<numerator>1</numerator>`
	`<denominator>3</denominator>`
	`</myTaxonomy:oneThird>`

5. decimalItemType(十进制型数据项类型)

1）基本类型

其基本类型为 decimal。

2）派生过程

Decimal→decimalItemType：作为通用数据项类型，用于概念元素定义。基于XML Schema 的内嵌类型上，再增加一个 xbrli：numericItemAttrs 属性组，对该类型进行封装，增强用户操作安全性。代码如下：

```
<complexType name="decimalItemType" final="extension">
    <simpleContent>
        <extension base="decimal">
            <attributeGroup ref="xbrli:numericItemAttrs"/>
        </extension>
    </simpleContent>
</complexType>
```

3）举例

如图 4-6 所示，对应数据项的概念定义和实例取值如下。

五、每股收益:				
(一)基本每股收益	0.046	0.095	0.071	0.292
(二)稀释每股收益	0.046	0.095	0.071	0.292

图 4-6　十进制型示例

分类模式：

```
<element name="JiBenMeiGuShouYi" type="xbrli:decimalItemType"
substitutionGroup="xbrli:item" nillable="true" id="clcid-pt_ JiBenMeiGuShouYi"
xbrli:periodType="instant"/>
```

说明：在分类模式中，元素“JiBenMeiGuShouYi”用代码“type＝" xbrli：decimalItemType "”将其定义为 decimalItemType 类型，命名空间前缀 xbrli 说明该类型就是在 XBRL 规范中定义的 decimalItemType。

实例文档：

```
<JiBenMeiGuShouYi contextRef =" C600001_20211231" >481432.58</JiBenMeiGuShouYi>
```

说明：这个值是 decimalItemType 类型，如果值是日期类型“2021-01-13”或者其他非数值类型，则 XBRL 系统会报错。

6. floatItemType（浮点型数据项类型）

1）基本类型

其基本类型为 XML 内建类型 float。float 是浮点数据类型；表示 IEEE 单精度 32 位浮点数。下面是一个关于某个模式文档中浮点数据声明的例子。比如，

```
<xs:element name="prize" type="xs:float"/>
```

实例文档中的元素看上去应该类似这样：

```
<prize>123.5</prize>
```

在精度、位数要求不是很高时，可以用此类型。比如，对应收票据中可以定义为这个类型，但如果数字超过范围或者类型不符，系统会报错。

2）派生过程

float→floatItemType：作为通用数据项类型，用于概念元素定义。基于 XML Schema 的内嵌类型上，再增加一个 xbrli:numericItemAttrs 属性组，对该类型进行封装，增强用户操作安全性。

代码：

```
<complexType name="floatItemType" final="extension">
    <simpleContent>
        <extension base="float">
            <attributeGroup ref="xbrli:numericItemAttrs"/>
        </extension>
    </simpleContent>
</complexType>
```

3）举例

如图 4-7 所示，对应数据项的概念定义和实例取值如下。

分类模式：

```
<element name = " YingShouPiaoJu" type = " xbrli:floatItemType"
substitutionGroup = " xbrli: item" nillable = " true" id =
"clcid-pt_ YingShouPiaoJu"
xbrli:periodType="instant"/>
```

项目	变动幅度(%)
应收票据	33.3

图 4-7　浮点型示例

说明：在分类模式中，元素“YingShouPiaoJu”用代码“type=" xbrli:floatItem-Type ""将其定义为 floatItemType 类型，命名空间前缀 xbrli 说明该类型就是在 XBRL 规范中定义的 floatItemType。

实例文档：

```
<JiBenMeiGuShouYi contextRef="C600001_20211231">33.3</JiBenMeiGuShouYi>
```

说明：这个值是 floatItemType 类型，如果值是日期类型“2021-01-13”或者其他非数值类型，则 XBRL 系统会报错。

7. doubleItemType（双精度型数据项类型）

1）基本类型

其基本类型为 XML 内建类型 double。它是双精度数据类型；表示存储 64 位

浮点值的简单类型。下面是一个关于某个模式文档中双精度数据声明的例子。比如,

```
<xs:element name="prize" type="xs:double"/>
```

实例文档中的元素看上去应该类似这样:

```
<prize>11111223.56</prize>
```

在精度位数要求较高时,可以用此类型。比如,对应收票据中可以定义为这个类型,但如果数字超过范围或者类型不符,系统会报错。

2) 派生过程

double→doubleItemType:作为通用数据项类型,用于概念元素定义。基于XML Schema的内嵌类型上,再增加一个xbrli:numericItemAttrs属性组,对该类型进行封装,增强用户操作安全性。代码如下:

```
<complexType name="doubleItemType" final="extension">
    <simpleContent>
        <extension base="double">
            <attributeGroup ref="xbrli:numericItemAttrs"/>
        </extension>
    </simpleContent>
</complexType>
```

3) 举例

如图4-8所示,对应数据项的概念定义和实例取值如下。

项目	期末余额	年初余额
流动资产:		
货币资金	1 331 796 346.68	1 570 836 570.04

图4-8 双精度型示例

分类模式:

```
< element name = " HuoBiZiJin " type = " xbrli: doubleItemType " substitutionGroup="xbrli:item" nillable="true" id="clcid-pt_ HuoBiZiJin " xbrli:periodType="instant"/>
```

说明:在分类模式中,元素“HuoBiZiJin”用代码“type=" brli:doubleItemType"”将其定义为doubleItemType类型,命名空间前缀xbrli说明该类型就是在XBRL规范中定义的doubleItemType。

实例文档:

```
<HuoBiZiJin contextRef="C600001_20211231">1331796346.68</HuoBiZiJin>
```

说明:这个值是floatItemType类型,如果值是日期类型“2021-01-13”或者其

他非数值类型，则 XBRL 系统会报错。

8. integerItemType（整数型数据项类型）

1）基本类型

其基本类型为 XML 内建的 integer。它表示任意的整数值，通过限制 decimal 类型衍生出来。

在表示整数时，可以用此类型。比如，可以定义员工人数为这个类型，如果出现数字含有小数或者类型不符等其他情况，系统会报错。

2）派生过程

integer→integerItemType：基于 XML Schema 的内嵌类型上，再增加一个 xbrli：numericItemAttrs 属性组，对该类型进行封装，增强用户操作安全性。代码如下：

```
<complexType name="integerItemType" final="extension">
    <simpleContent>
        <extension base="integer">
            <attributeGroup ref="xbrli:numericItemAttrs"/>
        </extension>
    </simpleContent>
</complexType>
```

3）举例

如图 4-9 所示，对应数据项的概念定义和实例取值如下。

股东名称(全称)	期末持有无限售条件流通股的数量	股份种类
邯郸钢铁集团有限责任公司	1 060 810 380	人民币普通股
中国工商银行股份有限公司-华夏沪深300指数证券投资基金	67 500 000	人民币普通股

图 4-9　整数型示例

分类模式：

```
<element name="HanDanGangTieGongSi " type="xbrli:integerItemType" substitutionGroup="xbrli:item" nillable="true" id="cicid-pt_ HanDanGangTieGongSi" xbrli:periodType="instant"/>
```

说明：在分类模式中，元素“HanDanGangTieGongSi”用代码“type="xbrli：integerItemType "”将其定义为 integerItemType 类型，命名空间前缀 xbrli 说明该类型就是在 XBRL 规范中定义的 integerItemType。

实例文档：

```
<HanDanGangTieGongSi contextRef="C600001_20211231">1060810380</HanDan-
```

```
GangTieGongSi>
```

说明:这个值是 integerItemType 类型,如果值是时期类型“2021-01-13”或者其他非整数类型,则 XBRL 系统会报错。

9. nonPositiveIntegerItemType(非正整数型数据项类型)

1) 基本类型

其基本类型为 XML 中的内建数据类型 nonPositiveInteger。它是表示小于等于零的整数值。

比如定义:

```
<xs:element name="prize" type="xs: nonPositiveInteger "/>
```

文档中的元素看上去应该类似这样:

```
<prize>-98</prize>
```

例如,假设定义摊销费用为该类型,则如果文档中值为正数或者其他类型不符的数值,则系统会报错。

2) 派生过程

nonPositiveInteger→nonPositiveIntegerItemType:基于 XML Schema 的内建类型上,再增加一个 xbrli:numericItemAttrs 属性组,对该类型进行封装,增强用户操作安全性。代码如下:

```
<complexType name="nonPositiveIntegerItemType" final="extension">
    <simpleContent>
        <extension base="nonPositiveInteger">
            <attributeGroup ref="xbrli:numericItemAttrs"/>
        </extension>
    </simpleContent>
</complexType>
```

3) 举例

如图 4-10 所示,对应数据项的概念定义和实例取值如下。

	注	期初余额 人民币 百万元	本期增加 人民币 百万元	本期减少 及摊销 人民币 百万元	期末余额 人民币 百万元
经营性租赁飞机的回扣	1	66	–	(7)	59
融资性租赁飞机的回扣	2	571	–	(35)	536

图 4-10　非正整数型示例

分类模式：

```
<element name="JingYingXingZuLinFeiJiHuiKou " type="xbrli: nonPositiveIntegerItemType " substitutionGroup="xbrli:item" nillable="true" id="clcid-pt_ JingYingXingZuLinFeiJiHuiKou " xbrli:periodType="instant"/>
```

说明：在分类模式中，元素“JingYingXingZuLinFeiJiHuiKou”用代码“type=" xbrli: nonPositiveIntegerItemType "”将其定义为 nonPositiveIntegerItemType 类型，命名空间前缀 xbrli 说明该类型就是在 XBRL 规范中定义的 nonPositiveIntegerItemType。

实例文档：

```
<JiBenMeiGuShouYi contextRef=" C600001_20211231" >481432.58</JiBenMeiGuShouYi>
```

说明：这个值是 nonPositiveIntegerItemType 类型，如果值是类似“198”这样的正数，则 XBRL 系统会报错。

10. negativeIntegerItemType（负整数型数据项类型）

1）基本类型

其基本类型为 XML 内建数据类型 negativeInteger。它表示负整数值。

文档中的元素看上去应该类似这样：<prize>-999</prize>

例如，一些指标的减少额可以定义为 negativeInteger 类型。如果定义某数据项为该类型，但该数据项的值为正值或者其他数据类型，则系统会自动报错。

2）派生过程

negativeInteger→negativeIntegerItemType：基于 XML Schema 的内嵌类型上，再增加一个 xbrli:numericItemAttrs 属性组，对该类型进行封装，增强用户操作安全性。代码如下：

```
<complexType name="negativeIntegerItemType" final="extension">
    <simpleContent>
        <extension base="negativeInteger">
            <attributeGroup ref="xbrli:numericItemAttrs"/>
        </extension>
    </simpleContent>
</complexType>
```

3）举例

如图 4-11 所示，对应数据项的概念定义和实例取值如下。

分类模式：

```
<element name="HangCaiXiaoHaoJian " type="xbrli: negativeIntegerItemType " substitutionGroup="xbrli:item" nillable="true" id="clcid-pt_ HangCaiXiaoHaoJian "
```

本集团	期初余额	本期增加额	本期减少额	期末余额
	人民币 百万元	人民币 百万元	人民币 百万元	人民币 百万元
航材消耗件	1 741	201	(239)	1 703
其他	135	247	(246)	136
小计	1 876	448	(485)	1 839

图 4-11　负整数型示例

```
xbrli:periodType="instant"/>
```

说明：在分类模式中，元素“HangCaiXiaoHaoJian”用代码“type="xbrli:negativeIntegerItemType"”将其定义为 negativeIntegerItemType 类型，命名空间前缀 xbrli 说明该类型就是在 XBRL 规范中定义的 negativeIntegerItemType。

实例文档：

```
<HangCaiXiaoHaoJian contextRef="C600001_20211231">-239</HangCaiXiaoHaoJian>
```

说明：这个值是 negativeIntegerItemType 类型，如果值是类似“198”这样的正数，则 XBRL 系统会报错。

11. longItemType(长整型数据项类型)

1) 基本类型

其基本类型为 XML 中的内建数据类型 long。它表示能在 64 位有符号字段中存储的整数值。值空间为+9223372036854775807 到−9223372036854775808。

比如声明：

```
<xs:element name="prize" type="xs:long"/>
```

文档中的元素看上去应该类似这样：

```
<prize>999999999999999999</prize>
```

例如，很多大的公司的股数就可以定义为这个类型，如果出现小数或者其他数据类型的形式，则系统会报错。

2) 派生过程

long→longItemType：基于 XML Schema 的内嵌类型上，再增加一个 xbrli：numericItemAttrs 属性组，对该类型进行封装，增强用户操作安全性。代码如下：

```
<complexType name="longItemType" final="extension">
    <simpleContent>
        <extension base="long">
            <attributeGroup ref="xbrli:numericItemAttrs"/>
        </extension>
```

</simpleContent>

</complexType>

3）举例

如图 4-12 所示，对应数据项的概念定义和实例取值如下。

股东名称(全称)	期末持有无限售条件流通股的数量	股份种类
邯郸钢铁集团有限责任公司	1 060 810 380	人民币普通股
中国工商银行股份有限公司-华夏沪深300指数证券投资基金	67 500 000	人民币普通股

图 4-12　长整型示例

说明：例子同类型 8，但是略欠恰当。因为一般如果考虑到数值会超过 16 位时，则须使用该类型，但目前财务报表中没有合适案例，所以权且采用类型 8 中的例子。

分类模式：

```
<element name="HanDanGangTieGongSi " type="xbrli:longItemType " substitutionGroup="xbrli:item" nillable="true" id="cicid-pt_ HanDanGangTieGongSi " xbrli:periodType="instant"/>
```

在分类模式中，元素"HanDanGangTieGongSi"用代码"type＝" xbrli：longItemType ""将其定义为 longItemType 类型，命名空间前缀 xbrli 说明该类型就是在 XBRL 规范中定义的 longItemType。

实例文档：

```
<HanDanGangTieGongSi contextRef="C600001_20211231">106081080</HanDanGangTieGongSi>
```

说明：这个值是 longItemType 类型，如果值是类似"33.33"的小数或者其他数据类型，则 XBRL 系统会报错。

12. intItemType(32 位有符号整型数据项类型)

1）基本类型

其基本类型为 XML 中的内建数据类型 int。它表示能够在 32 位有符号字段中存储的整数值。值空间为＋2147483647 到－2147483648。下面是一个关于某个 schema 中 int 类型声明的例子。比如，

```
<xs:element name="prize" type="xs:int"/>
```

文档中的元素看上去应该类似这样：

```
<prize>999</prize>
```

例如，很多大的公司的员工人数就可以定义为这个类型，如果出现小数或者其

他数据类型的形式，则系统会报错。

2）派生过程

int→intItemType：基于 XML Schema 的内嵌类型上，再增加一个 xbrli：numericItemAttrs 属性组，对该类型进行封装，增强用户操作安全性。代码如下：

```
<complexType name="intItemType" final="extension">
    <simpleContent>
        <extension base="int">
            <attributeGroup ref="xbrli:numericItemAttrs"/>
        </extension>
    </simpleContent>
</complexType>
```

3）举例

如图 4-13 所示，对应数据项的概念定义和实例取值如下。

分类模式：

```
<element name="GuDongShu " type="xbrli: intItemType " substitutionGroup = "xbrli: item" nillable ="true" id="clcid-pt_ GuDongShu " xbrli:periodType ="instant"/>
```

项目	期初	期末
股东数	3 999	4 999

图 4-13　有符号整型示例

说明：在分类模式中，元素“GuDongShu”用代码“type="xbrli：intItemType "”将其定义为 intItemType 类型，命名空间前缀 xbrli 说明该类型就是在 XBRL 规范中定义的 intItemType。

实例文档：

```
<GuDongShu contextRef="C600001_20211231">3999</GuDongShu>
```

说明：这个值是 intItemType 类型，如果值是“33.33”类似的小数或者其他数据类型，则 XBRL 系统会报错。

13. shortItemType（短整型数据项类型）

1）基本类型

其基本类型为 XML 中的内建数据类型 short。它表示能够存储 16 位有符号字段的整数值范围。值空间为＋32767 到－32768。下面是一个关于某个模式文档中 short 数据类型的声明的例子。比如，

```
<xs:element name="prize" type="xs:short"/>
```

实例文档中的元素看上去应该类似这样：

```
<prize>99</prize>
```

例如，公司员工定义为这个类型。如果值输入为 33.3 这样含有小数或者其他数据类型，则系统会报错。

2）派生过程

short→shortItemType：基于 XML Schema 的内嵌类型上，再增加一个 xbrli：numericItemAttrs 属性组，对该类型进行封装，增强用户操作安全性。代码如下：

```
<complexType name="shortItemType" final="extension">
    <simpleContent>
        <extension base="short">
            <attributeGroup ref="xbrli:numericItemAttrs"/>
        </extension>
    </simpleContent>
</complexType>
```

3）举例

如图 4-14 所示，对应数据项的概念定义和实例取值如下。

分类模式：

```
<element name="GongSiYuanGongShu " type
="xbrli: shortItemType "
substitutionGroup = " xbrli: item " nillable =
"true"id="clcid-pt_ GongSiYuanGongShu "
xbrli:periodType="instant"/>
```

项目	期初	期末
公司员工数	999	899

图 4-14　短整型示例

说明：在分类模式中，元素“GongSiYuanGongShu”用代码“type = " xbrli：shortItemType "”将其定义为 shortItemType 类型，命名空间前缀 xbrli 说明该类型就是在 XBRL 规范中定义的 shortItemType。

实例文档：

```
<GongSiYuanGongShu contextRef="C600001_20211231">999</GongSiYuanGongShu>
```

说明：这个值是 shortItemType 类型，如果值是“33.33”这样的小数或者其他数据类型，则 XBRL 系统会报错。

14. byteItemType（字节型数据项类型）

1）基本类型

其基本类型为 XML 中的内建数据类型 byte。表示在 8 bit 有符号字段中能存储的整数范围。值空间为＋127 到－128。

下面是一个关于某个模式文档中 byte 类型的声明的例子。比如，

```
<xs:element name="prize" type="xs:byte"/>
```

实例文档中的元素看上去应该类似这样：

```
<prize>125</prize>
```

例如，可以定义一个人的工龄为这个类型，如果工龄为超出该类型的值空间，如 300，则系统会报错。

2）派生过程

byte→byteItemType：基于 XML Schema 的内嵌类型上，再增加一个 xbrli：numericItemAttrs 属性组，对该类型进行封装，增强用户操作安全性。代码如下：

```
<complexType name="byteItemType" final="extension">
    <simpleContent>
        <extension base="byte">
            <attributeGroup ref="xbrli:numericItemAttrs"/>
        </extension>
    </simpleContent>
</complexType>
```

3）举例

如图 4-15 所示，对应数据项的概念定义和实例取值如下。

分类模式：

```
<element name=" GongLing " type=" xbrli: byteItemType " substitutionGroup="xbrli:item" nillable="true" id=" cicid-pt_ GongLing " xbrli:periodType="instant"/>
```

项目	年数
工龄	10

图 4-15　字节型示例

在分类模式中，元素“GongLing”用代码“type=" xbrli: byteItemType "”将其定义为 byteItemType 类型，命名空间前缀 xbrli 说明该类型就是在 XBRL 规范中定义的 byteItemType。

实例文档：

```
<GongLing>30</GongLing>
```

说明：这个值是 byteItemType 类型，如果值是“－290”，则 XBRL 系统会报错。

15. nonNegativeIntegerItemType（非负整数型数据项类型）

1）基本类型

其基本类型为 XML 中的内建数据类型 nonNegativeInteger。它表示大于等于零的整数值。

下面是一个关于某个模式文档中非负整数型声明的例子。比如，

```
<xs:element name="prize" type="xs: nonNegativeInteger "/>
```

实例文档中的元素看上去应该类似这样：

```
<prize>999</prize>
```

例如，可以把人的年龄定义成该类型，如果数值为负，则系统会报错。

2）派生过程

nonNegativeInteger→nonNegativeIntegerItemType：基于 XML Schema 的内嵌类型上，再增加一个 xbrli：numericItemAttrs 属性组，对该类型进行封装，增强用户操作安全性。代码如下：

```
<complexType name="nonNegativeIntegerItemType" final="extension">
    <simpleContent>
        <extension base="nonNegativeInteger">
            <attributeGroup ref="xbrli:numericItemAttrs"/>
        </extension>
    </simpleContent>
</complexType>
```

3）举例

如图 4-16 所示，对应数据项的概念定义和实例取值如下。

分类模式：

```
<element name="ZhaoPengFei " type="xbrli:
nonNegativeIntegerItemType "
substitutionGroup="xbrli:item" nillable="true" id
="clcid-pt_ ZhaoPengFei "
xbrli:periodType="instant"/>
```

公司主管	年龄
赵鹏飞	45
燕双鹰	48

图 4-16　非负整数型示例

说明：在分类模式中，元素“ZhaoPengFei”用代码“type=" xbrli：nonNegative IntegerItemType "”将其定义为 nonNegativeIntegerItemType 类型，命名空间前缀 xbrli 说明该类型就是在 XBRL 规范中定义的 nonNegativeIntegerItemType。

实例文档：

```
<ZhaoPengFei>45</ZhaoPengFei>
```

说明：这个值是 nonNegativeIntegerItemType 类型，如果值是“－29”这样的负数，则 XBRL 系统会报错。

16. unsignedLongItemType（无字符长整型数据项类型）

1）基本类型

其基本类型为 XML 中的内建数据类型 unsignedLong。它表示能存储为 64 位无符号字段的整数值，其值空间为＋18446744073709551615 到 0。

模式文档中定义示例如下：

```
<xs:element name="prize" type="xs: unsignedLong "/>
```

实例文档中的元素看上去应该类似这样：

```
<prize>1000000000</prize>
```

在所用的数值位数较多时，一般超过 16 位采用此类型。

2）派生过程

unsignedLong→unsignedLongItemType：基于 XML Schema 的内嵌类型上，再增加一个 xbrli:numericItemAttrs 属性组，对该类型进行封装，增强用户操作的

安全性。代码如下：

```
<complexType name="unsignedLongItemType" final="extension">
    <simpleContent>
        <extension base="unsignedLong">
            <attributeGroup ref="xbrli:numericItemAttrs"/>
        </extension>
    </simpleContent>
</complexType>
```

3）举例

例子可参考类型 11。但是要注意的是，使用该类型时，数据项的值不同于 longItemType 数据类型可以取负值，并注意它的值空间。

17. unsignedIntItemType（无字符整型数据项类型）

1）基本类型

其基本类型为 XML 中的内建数据类型 unsignedInt。它表示能存储为 32 位无符号字段的整数值。值空间为＋4294967295 到 0。

下面是一个关于某个模式文档中 unsignedInt 类型元素声明的例子。比如，

```
<xs:element name="prize" type="xs:unsignedInt"/>
```

实例文档中的元素看上去应该类似这样：

```
<prize>999</prize>
```

2）派生过程

unsignedInt→unsignedIntType：基于 XML Schema 的内嵌类型上，再增加一个 xbrli:numericItemAttrs 属性组，对该类型进行封装，增强用户操作的安全性。代码如下：

```
<complexType name="unsignedIntItemType" final="extension">
    <simpleContent>
        <extension base="unsignedInt">
            <attributeGroup ref="xbrli:numericItemAttrs"/>
        </extension>
    </simpleContent>
</complexType>
```

3）举例

例子可参考类型 12。但是要注意的是，使用该类型时，数据项的值不同于 intItemType 数据类型可以取负值，注意它的值空间。

18. unsignedShortItemType(无符号短整型数据项类型)

1) 基本类型

其基本类型为 XML 中的内建数据类型 unsignedShort。它表示能存储为 16 位无符号字段的整数值。值空间为+65535 到 0。

下面是一个关于某个模式文档中 unsignedShort 类型元素声明的例子。比如,

```
<xs:element name="prize"type="xs: unsignedShort "/>
```

实例文档中的元素看上去应该类似这样:

```
<prize>999</prize>
```

2) 派生过程

Decimal→decimalItemType:作为通用数据项类型,用在概念元素定义。基于 XML Schema 的内嵌类型上,再增加一个 xbrli:numericItemAttrs 属性组,对该类型进行封装,增强用户操作安全性。代码如下:

```
<complexType name="unsignedShortItemType" final="extension">
    <simpleContent>
        <extension base="unsignedShort">
            <attributeGroup ref="xbrli:numericItemAttrs"/>
        </extension>
    </simpleContent>
</complexType>
```

3) 举例

例子可参考类型 13。但是要注意的是,使用该类型时,数据项的值不同于 shortItemType 数据类型可以取负值,注意它的值空间。

19. unsignedByteItemType(无符号字节型数据项类型)

1) 基本类型

其基本类型为 XML 中的内建数据类型 unsignedByte。它表示在 8 bit 无符号字段中能存储的整数值。值空间为+255 到 0。

下面是一个关于某个模式文档中 unsignedByte 类型元素声明的例子。比如,

```
<xs:element name="prize" type="xs: unsignedByte "/>
```

实例文档中的元素看上去应该类似这样:

```
<prize>127</prize>
```

例如,在应收账款中,可以定义它为这个类型,如果定义一个值的类型为 decimal,而值为“2021-01-13”,则 XBRL 系统会报错。

2) 派生过程

Decimal→decimalItemType:作为通用数据项类型,用在概念元素定义。基于 XML Schema 的内嵌类型上,再增加一个 xbrli:numericItemAttrs 属性组,对该类型进行封装,增强用户操作安全性。代码如下:

```
<complexType name="unsignedByteItemType" final="extension">
    <simpleContent>
        <extension base="unsignedByte">
            <attributeGroup ref="xbrli:numericItemAttrs"/>
        </extension>
    </simpleContent>
</complexType>
```

3）举例

例子可参考类型14。但是要注意的是，使用该类型时，数据项的值不同于byteItemType数据类型可以取负值。注意它的值空间。

20. positiveIntegerItemType（正整数数据项类型）

1）基本类型

其基本类型为XML中的内建数据类型positiveInteger。它表示大于等于1的整数值。下面是一个关于某个模式文档中positiveInteger类型元素声明的例子。比如，

```
<xs:element name="prize" type="xs: positiveInteger "/>
```

实例文档中的元素看上去应该类似这样：

```
<prize>999999</prize>
```

例如，可以定义"流通股数"为这个类型，如果定义一个该类型的值为"1999.6"这样含有小数的值，则系统会报错。

2）派生过程

positiveInteger→positiveIntegerItemType：基于XML Schema的内嵌类型上，再增加一个xbrli:numericItemAttrs属性组，对该类型进行封装，增强用户操作安全性。代码如下：

```
<complexType name="positiveIntegerItemType" final="extension">
    <simpleContent>
        <extension base="positiveInteger">
            <attributeGroup ref="xbrli:numericItemAttrs"/>
        </extension>
    </simpleContent>
</complexType>
```

3）举例

如图4-17所示，对应数据项的概念定义和实例取值如下。

分类模式：

```
<element name = " ZhongXinHaiYangGongSi" type = " xbrli: positiveIntegerItem-
```

	股票数量	持股比例	期初余额 人民币 百万元	期末余额 人民币 百万元
中信海洋直升股份有限公司	10 198 894	1.99%	78	75
本公司小计			78	75
中国交通银行	7 480 000	0.015%	36	67
本集团合计			114	142

图 4-17　正整数型示例

```
Type "substitutionGroup = "xbrli:item" nillable = "true" id = "clcid-pt_ ZhongXinHaiYangGongSi "xbrli:periodType = "instant"/>
```

在分类模式中，元素“ZhongXinHaiYangGongSi”用代码“type＝"xbrli：positiveIntegerItemType ""”将其定义为 positiveIntegerItemType 类型，命名空间前缀 xbrli 说明该类型就是在 XBRL 规范中定义的。

实例文档：

```
<ZhongXinHaiYangGongSi contextRef = "C600001_20211231">10195894</ZhongXinHaiYangGongSi>
```

说明：这个值是 positiveIntegerItemType 类型，如果值是“－689”或其他不符合该数据类型的数值，则 XBRL 系统会报错。

21. stringItemType(字符型数据项类型)

1）基本类型

其基本类型为 XML 中的内建数据类型 string。它表示 Unicode 字符的字符串，严格地说是有效 ISO-10646 字符值序列，匹配 XML 1.0 推荐标准(第二版)中制定的 Char 产品。可以包含回车符、换行符和制表符。下面是一个关于某个模式文档中 string 数据类型声明的例子。比如，

```
<xs:element name = "CashComment" type = "xs:string"/>
```

文档中的元素看上去应该类似这样：

```
<CashComment>因应收账款增加而减少</CashComment>
```

例如，可以定义“主营业务”为这个类型，如果定义一个值的类型为 string，而值为“1999.6”，并参与数量运算，则系统会报错。

2）派生过程

string→stringItemType：基于 XML Schema 的内嵌类型上，再增加一个 xbrli：nonNumericItemAttrs 属性组，对该类型进行封装，增强用户操作安全性。代码如下：

```
<complexType name="stringItemType" final="extension">
    <simpleContent>
        <extension base="string">
          <attributeGroup ref="xbrli:nonNumericItemAttrs"/>
        </extension>
    </simpleContent>
</complexType>
```

3）举例

如图 4-18 所示，对应数据项的概念定义和实例取值如下。

(一)公司基本情况简介

1. 公司法定中文名称：中国南方航空股份有限公司
   公司法定中文名称缩写：南方航空
   公司英文名称：China Southern Airlines Company Limited
   公司英文名称缩写：CSN

图 4-18　字符型示例

分类模式：

```
<element name="GongSiFaDingZhongWenMingChengSuoXie" type="xbrli:string-
ItemType" substitutionGroup="xbrli:item" nillable="true"
id = " cicid _ GongSiFaDingZhongWenMingChengSuoXie " xbrli: periodType = " in-
stant"/>
```

在分类模式中，元素“GongSiFaDingZhongWenMingChengSuoXie”用代码“type="xbrli:stringItemType"”将其定义为 stringItemType 类型，命名空间前缀 xbrli 说明该类型就是在 XBRL 规范中定义的 stringItemType。

实例文档：

```
<GongSiFaDingZhongWenMingChengSuoXie contextRef="C600001_20211231">南方
航空
</GongSiFaDingZhongWenMingChengSuoXie>
```

说明：这是一个 stringItemType 类型的值，如果使用了非 Unicode 字符，则 XBRL 系统会报错。

22. booleanItemType(布尔型数据项类型)

1）基本类型

其基本类型为 XML 中的内建数据类型 boolean。它表示一个二元的逻辑值，其取值只能是 true 和 false(或者用 1 和 0 分别对应)。下面是一个关于某个模式

文档中 boolean 数据类型声明的例子。比如,

```
<xs:element name="IsDirector" type="xs:boolean"/>
```

文档中的元素看上去应该类似这样:

```
<IsDirector>是</IsDirector>
```

例如,可以定义"是否独立董事"为这个类型,如果定义一个值的类型为 boolean,而值为"1999.6",则系统会报错。

2) 派生过程

boolean→booleanItemType:基于 XML Schema 的内嵌类型上,再增加一个 xbrli:nonNumericItemAttrs 属性组,对该类型进行封装,增强用户操作安全性。代码如下:

```
<complexType name="booleanItemType" final="extension">
    <simpleContent>
        <extension base="boolean">
          <attributeGroup ref="xbrli:nonNumericItemAttrs"/>
        </extension>
    </simpleContent>
</complexType>
```

3) 举例

如图 4-19 所示,对应数据项的概念定义和实例取值如下。

(十) 聘任、解聘会计师事务所情况

单位:元 币种:人民币

是否改聘会计师事务所:	否
	现聘任
境内会计师事务所名称	毕马威华振会计师事务所
境外会计师事务所名称	毕马威会计师事务所

图 4-19 布尔型示例

分类模式:

```
<element name="ShiFouGaiPinKuaiJiShiShiWuSuo" type="xbrli:booleanItemType" substitutionGroup="xbrli:item" nillable="true" id="cicid_ShiFouGaiPinKuaiJiShiShiWuSuo" xbrli:periodType="instant"/>
```

在分类模式中,元素"ShiFouGaiPinKuaiJiShiShiWuSuo"用代码"type="xbrli:booleanItemType""将其定义为 booleanItemType 类型,命名空间前缀 xbrli 说明该类型就是在 XBRL 规范中定义的 stringItemType。

实例文档:

```
<ShiFouGaiPinKuaiJiShiShiWuSuo contextRef=" C600001_20211231">false
</ShiFouGaiPinKuaiJiShiShiWuSuo>
```

说明：这是一个 booleanItemType 类型的值，如果使用了非法的值，那么 XBRL 系统会报错。值得注意的是，元素在实例文档中的值并不是字符“否”，而是一个 boolean 值“false”。但是，当用户通过软件查看这份实例文档时，可以显示“否”。这种实际值与显示之间的差异可以通过软件或者某种样式规范来协调。比如，在遇到所有 xbrl 元素中的 booleanItemType 类型时，都将其取值显示为“是”或“否”。

23. anyURIItemType（任意 URI 数据项类型）

1）基本类型

其基本类型为 XML 中的内建数据类型 anyURI。它表示 URI 引用。URI 是一串可以标示因特网资源的字符。最常用的 URI 是用来标示 Internet 域名地址的统一资源定位器(URL)。任何绝对或者相对 URI 引用的取值都是该类型。下面是一个关于某个模式文档中 anyURI 数据类型声明的例子。比如，

```
<xs:element name="上海交通大学官网" type="xs: anyURI"/>
```

文档中的元素看上去应该类似这样：

```
<上海交通大学官网>http://www.sjtu.edu.cn</上海交通大学官网>
```

例如，可以定义“公司官方网站”为这个类型，如果定义一个值的类型为 anyURI，而值为“公司主页”，并参与 XPath 运算，则系统会报错。

2）派生过程

anyURI→anyURIItemType：基于 XML Schema 的内嵌类型上，再增加一个 xbrli:numericItemAttrs 属性组，对该类型进行封装，增强用户操作安全性。代码如下：

```
<complexType name="anyURIItemType" final="extension">
    <simpleContent>
        <extension base="anyURI">
          <attributeGroup ref="xbrli:nonNumericItemAttrs"/>
        </extension>
    </simpleContent>
</complexType>
```

3）举例

如图 4-20 所示，对应数据项的概念定义和实例取值如下。

分类模式：

```
<element name = "GongSiGuoJiHuLianWangWangZhi" type = "xbrli: anyURIItem-
Type" substitutionGroup = "xbrli: item" nillable = "true" id = "cicid_ GongSiGuoJiHu-
LianWangWangZhi" xbrli:periodType = "instant"/>
```

3. 公司注册地址：广东省广州市广州经济技术开发区
公司办公地址：广东省广州市机场路278号
邮政编码：510405
公司国际互联网网址：www.csair.com
公司电子信箱：webmaster@csair.com

图 4-20　任意 URI 类型示例

在分类模式中，元素“GongSiGuoJiHuLianWangWangZhi”用代码“type = "xbrli:anyURIItemType"”将其定义为 anyURIItemType 类型，命名空间前缀 xbrli 说明该类型就是在 XBRL 规范中定义的 anyURIItemType。

实例文档：

```
<GongSiGuoJiHuLianWangWangZhi contextRef = "C600001_20211231"> www.csair.com
</GongSiGuoJiHuLianWangWangZhi>
```

说明：这是一个 anyURIItemTyp 类型的值。如果取值不符合 URI 引用的规则，比如，取为“www&csair&com”，则 XBRL 系统会报错。

24. QNameItemType（限定名数据项类型）

1）基本类型

其基本类型为 XML 中的内建数据类型 QName。QName 数据类型表示在命名空间中有效的 XML 的名称。下面是一个关于某个模式文档中 QName 数据类型声明的例子。比如，

```
<xs:element name = "elementName" type = "xs:QName"/>
```

文档中的元素看上去应该类似这样：

```
<elementName>clcid:Asset</elementName>
```

例如，可以定义“数据项元素”为这个类型，如果定义一个值的类型为 QName，但其命名空间未声明，则系统会报错。

2）派生过程

QName→QNameItemType：基于 XML Schema 的内嵌类型上，再增加一个“xbrli：nonNumericItemAttrs”属性组，对该类型进行封装，增强用户操作安全性。代码如下：

```
<complexType name = "QNameItemType" final = "extension">
    <simpleContent>
        <extension base = "QName">
          <attributeGroup ref = "xbrli:nonNumericItemAttrs"/>
```

```
        </extension>
    </simpleContent>
</complexType>
```

25. durationItemType（时间段数据项类型）

1）基本类型

其基本类型为XML中的内建数据类型duration。duration数据类型表示根据ISO-8601用阳历年、月、日、小时、分钟和秒表示的一段持续时间，强调时间长度的概念。表示格式为：PnYnMnDTnHnMnS。其中，P表示周期，T是日期和时间的分界符，nY、nM、nD、nH、nM、nS分别对应年、月、日、时、分、秒。最低的顺序单元n可以用任意的十进制数表示，而所有高的顺序单元n必须用任意的整数表示。当某个单元的值为0时，可以被省略。如果时分秒都省略了那么分隔符“T”也必须省略。P必须存在。合法的duration类型数据比如P1Y10M1DT20:25:30。下面是一个关于某个模式文档中duration数据类型声明的例子。比如，

```
<xs:element name="fiscalYear" type="xs: duration"/>
```

文档中的元素看上去应该类似这样：

```
<fiscalYear>P1Y</fiscalYear>
```

例如，可以定义“应收账款坏账确认时间”为这个类型，如果定义一个值的类型为duration，但其取值不符合上述规范，则系统会报错。

2）派生过程

duration→durationItemType：基于XML Schema的内嵌类型上，再增加一个“xbrli: nonNumericItemAttrs”属性组，对该类型进行封装，增强用户操作安全性。代码如下：

```
<complexType name="durationItemType" final="extension">
    <simpleContent>
        <extension base="duration">
          <attributeGroup ref="xbrli:nonNumericItemAttrs"/>
        </extension>
    </simpleContent>
</complexType>
```

3）举例

如图4-21所示，对应数据项的概念定义和实例取值如下。

分类模式：

```
<element name="QianKuanNianXian-BenJiTuan" type="xbrli: durationItemType"
substitutionGroup="xbrli:item" nillable="true" id="cicid_ QianKuanNianXian-BenJi-
Tuan" xbrli:periodType="instant"/>
```

(1) 应收账款按客户类别分析如下(续):

于2022年6月30日，本集团及本公司应收账款前5名单位的应收账款总额如下:

	本集团		本公司	
	2022年6月30日	2021年12月31日	2022年6月30日	2021年12月31日
金额(人民币百万元)	891	856	748	723
欠款年限	6个月以内	6个月以内	6个月以内	6个月以内
占应收账款总额比例	66%	63%	69%	67%

图 4-21 时间段类型示例

在分类模式中，元素“QianKuanNianXian-BenJiTuan”用代码“type = "xbrli:durationItemType"”将其定义为 durationItemType 类型，命名空间前缀 xbrli 说明该类型就是在 XBRL 规范中定义的 durationItemType。

实例文档：

```
<QianKuanNianXian-BenJiTuan contextRef="C600001_20211231">P6M
</QianKuanNianXian-BenJiTuan>
```

说明：这是一个 durationItemType 类型的值。当取值不符合“PnYnMnDTnHnMnS”形式或者不满足命名规范时，XBRL 系统就会报错。值得注意的是，元素在实例文档中值“P6M”与显示的内容“6 个月以内”存在差异。这种差异可以通过软件或者某种样式规范来协调。以下关于日期和时间的类型均有此问题，本文不再一一赘述。

26. dateTimeItemType(日期时间型数据项类型)

1) 基本类型

其基本类型为 XML 中的内建类型 date、dateTime。其中，date 数据类型表示一个阳历的日期，其格式为 CCYY-MM-DD，字母分别对应了世纪、年、月和日。作为选择，可以在 DD 后添加+/—号，再加上 hh:mm 表示相对于 UTC(Coordinated Universal Time，世界标准时间)的偏移。比如，2021-03-13+01:00。dateTime 数据类型是一个阳历日期与时间的组合，表示某一刻的时间，其格式为 CCYY-MM-DDThh:mm:ss.sss。其中，T 是时间和日期的分界符。也可以在最后添加+/—号，再加上 hh:mm 表示相对于 UTC 的偏移。比如，2021-08-08T14:25:00-05:00。下

面是一个关于某个模式文档中 date 数据类型声明的例子。比如,

```
<xs:element name="newYear" type="xs:date"/>
```

文档中的元素看上去应该类似这样:

```
<newYear>2021-01-01</newYear>
```

例如,可以定义“财务报告起始日期”为这个类型,如果定义一个值的类型为 date,但其取值不符合上述规范,则系统会报错。另外,dateTime 类型的取值就是 date 类型取值增加字母“T”和时间值,其验证方法类似。

2）派生过程

date、dateTime→dateUnion:在此步骤中,将 XML 中两种相近的表达日期时间的数据类型合并封装为了一个新的类型。这样做的好处是:在 XBRL 中使用到此类数据类型时,不需要再从两者间进行挑选,可以根据实际使用的要求自由匹配合适的数据结构,而不需要用户对此进行判断。代码如下:

```
<simpleType name="dateUnion">
    <union memberTypes="date dateTime"/>
</simpleType>
```

dateUnion→dateTimeItemType:基于自定义简单类型 dateUnion,在具有语义性质的类型描述基础上,再增加一个“xbrli: nonNumericItemAttrs”属性组,对该类型进行封装,增强用户操作安全性。代码如下:

```
<complexType name="dateTimeItemType" final="extension">
    <simpleContent>
        <extension base="xbrli:dateUnion">
          <attributeGroup ref="xbrli:nonNumericItemAttrs"/>
        </extension>
    </simpleContent>
</complexType>
```

3）举例

如图 4-22 所示,对应数据项的概念定义和实例取值如下。

(十三)信息披露索引

事项	刊载的报刊名称及版面	刊载日期	刊载的互联网网站及检索路径
南方航空董事会决议公告	中国证券报、上海证券报	2020年1月13日12:00	http://static.sse.com.cn/sseportal/cs/zhs/scfw/gg/ssgs/2020-01-13/600029_20090113_1.pdf

图 4-22　日期时间型示例

分类模式：

```
<element name="XinXiPiLuSuoYin-KanZaiRiQi" type="xbrli:dateTimeItemType" substitutionGroup="xbrli:item" nillable="true" id="clcid_XinXiPiLuSuoYin-KanZaiRiQi" xbrli:periodType="instant"/>
```

在分类模式中，元素“XinXiPiLuSuoYin-KanZaiRiQi”用代码“type="xbrli:dateTimeItemType"”将其定义为dateTimeItemType类型，命名空间前缀xbrli说明该类型就是在XBRL规范中定义的dateTimeItemType。

实例文档：

```
<tuple>
    <XinXiPiLuSuoYin-KanZaiRiQi contextRef="C600001_20211231">
        2020-01-13
    </XinXiPiLuSuoYin-KanZaiRiQi>
    ……
</tuple>
```

说明：这是一个dateTimeItemType类型的值。当取值不符合date类型或者dateTime类型的规范时，XBRL系统就会报错。

27. timeItemType(时间型数据项类型)

1) 基本类型

其基本类型为XML中的内建数据类型time。time数据类型表示每天循环的瞬时时间，其表示格式为：hh:mm:ss.sss。字母分别对应时、分、秒(带分数)。可以在最后添加+/-号，再加上hh:mm表示相对于UTC的偏移。合法的time类型数据比如09:09:09。下面是一个关于某个模式文档中time数据类型声明的例子。比如，

```
<xs:element name="day" type="xs:time"/>
```

文档中的元素看上去应该类似这样：

```
<day>24:00:00</day>
```

例如，可以定义“周”为这个类型，如果定义一个值的类型为time，但其取值不符合上述规范，则系统会报错。

2) 派生过程

time→timeItemType：基于XML Schema的内嵌类型上，再增加一个“xbrli:nonNumericItemAttrs”属性组，对该类型进行封装，增强用户操作安全性。代码如下：

```
<complexType name="timeItemType" final="extension">
    <simpleContent>
        <extension base="time">
```

```
      <attributeGroup ref="xbrli:nonNumericItemAttrs"/>
    </extension>
  </simpleContent>
</complexType>
```

28. dateItemType(日期型数据项类型)

1）基本类型

其基本类型为XML中的内建数据类型date。date数据类型表示一个阳历的日期。其表示格式为:CCYY-MM-DD。字母分别对应世纪、年、月、日。可以在最后添加+/-号,再加上hh:mm表示相对于UTC的偏移。合法的date类型数据比如2021-01-28。下面是一个关于某个模式文档中date数据类型声明的例子。比如,

```
<xs:element name="establishmentDate" type="xs:date"/>
```

文档中的元素看上去应该类似这样:

```
<establishmentDate>2021-09-22</establishmentDate>
```

例如,可以定义“上市日期”为这个类型,如果定义一个值的类型为date,但其取值不符合上述规范,则系统会报错。

2）派生过程

date→dateItemType:基于XML Schema的内嵌类型上,再增加一个“xbrli:nonNumericItemAttrs”属性组,对该类型进行封装,增强用户操作安全性。代码如下:

```
<complexType name="dateItemType" final="extension">
  <simpleContent>
    <extension base="date">
      <attributeGroup ref="xbrli:nonNumericItemAttrs"/>
    </extension>
    </simpleContent>
</complexType>
```

3）举例

如图4-23所示,对应数据项的概念定义和实例取值如下。

前十名有限售条件股东持股数量及限售条件

单位:股

序号	有限售条件股东名称	持有的有限售条件股份数量	有限售条件股份可上市交易情况		限售条件
			可上市交易时间	新增可上市交易股份数量	
1.	中国南方航空集团公司	3 300 000 000	2020年6月18日	0	自2017年6月18日起36个月内不上市交易或转让

图4-23　日期型示例

分类模式：

```
<element name = "KeShangShiJiaoYiShiJian" type = "xbrli: dateItemType" substitutionGroup = "xbrli:item" nillable = "true" id = "clcid_ KeShangShiJiaoYiShiJian" xbrli:periodType = "instant"/>
```

在分类模式中，元素“KeShangShiJiaoYiShiJian”用代码“type = " xbrli: dateItemType"”将其定义为 dateItemType 类型，命名空间前缀 xbrli 说明该类型就是在 XBRL 规范中定义的 dateItemType。

实例文档：

```
<KeShangShiJiaoYiShiJian contextRef = "C600001_20211231">2020-06-18
</KeShangShiJiaoYiShiJian>
```

说明：这是一个 dateItemType 类型的值。当取值不符合“CCYY-MM_DD”形式时，XBRL 系统就会报错。

29. gYearMonthItemType(年月型数据项类型)

1) 基本类型

其基本类型为 XML 中的内建数据类型 gYearMonth。gYearMonth 数据类型表示一个特殊阳历年中的特殊的阳历月。其表示格式为：CCYY-MM，字母分别对应世纪、年、月。可以在最后添加＋/－号，再加上 hh:mm 表示相对于 UTC 的偏移。合法的 gYearMonth 类型数据比如 2021-01。下面是一个关于某个模式文档中 gYearMonth 数据类型声明的例子。比如，

```
<xs:element name = "birth" type = "xs:gYearMonth"/>
```

文档中的元素看上去应该类似这样：

<birth>2021-05</birth>

例如，可以定义“董事出生年月”为这个类型，如果定义一个值的类型为 gYearMonth，但其取值不符合上述规范，则系统会报错。

2) 派生过程

gYearMonth→gYearMonthItemType：基于 XML Schema 的内嵌类型上，再增加一个“xbrli: nonNumericItemAttrs”属性组，对该类型进行封装，增强用户操作安全性。代码如下：

```
<complexType name = "gYearMonthItemType" final = "extension">
    <simpleContent>
        <extension base = "gYearMonth">
          <attributeGroup ref = "xbrli:nonNumericItemAttrs"/>
        </extension>
    </simpleContent>
</complexType>
```

3）举例

如图 4-24 所示，对应数据项的概念定义和实例取值如下。

董事会成员信息	
姓名	出生年月
王xx	1958年10月

图 4-24　年月型示例

分类模式：

```
<element name="DongShiHuiChengYuanXinXi-ChuShengNianYue" type="xbrli:durationItemType" substitutionGroup="xbrli:item" nillable="true" id="clcid_ DongShiHuiChengYuanXinXi-ChuShengNianYue" xbrli:periodType="instant"/>
```

在分类模式中，元素“DongShiHuiChengYuanXinXi-ChuShengNianYue”用代码“type="xbrli: gYearMonthItemType"”将其定义为 gYearMonthItemType 类型，命名空间前缀 xbrli 说明该类型就是在 XBRL 规范中定义的 gYearMonthItemType。

实例文档：

```
<DongShiHuiChengYuanXinXi-ChuShengNianYue contextRef="C600001_20211231">1958-10</DongShiHuiChengYuanXinXi-ChuShengNianYue>
```

说明：这是一个 gYearMonthItemType 类型的值。当取值不符合“CCYY-MM”形式时，XBRL 系统就会报错。

30. gYearItemType（年份型数据项类型）

1）基本类型

其基本类型为 XML 中的内建数据类型 gYear。gYear 数据类型表示一个阳历年，其格式为：CCYY，字母分别对应世纪和年。下面是一个关于某个模式文档中 gYear 数据类型声明的例子。比如，

```
<xs:element name="listingYear" type="xs:gYear"/>
```

文档中的元素看上去应该类似这样：

```
<listingYear>2021</listingYear>
```

例如，可以定义“股份制改造年份”为这个类型，如果定义一个值的类型为 gYear，但其取值不符合上述规范，则系统会报错。

2）派生过程

gYear→gYearItemType：基于 XML Schema 的内嵌类型上，再增加一个“xbrli: nonNumericItemAttrs”属性组，对该类型进行封装，增强用户操作安全性。代码如下：

```
<complexType name="gYearItemType" final="extension">
    <simpleContent>
        <extension base="gYear">
          <attributeGroup ref="xbrli:nonNumericItemAttrs"/>
```

```
        </extension>
    </simpleContent>
</complexType>
```

3）举例

如图 4-25 所示，对应数据项的概念定义和实例取值如下。

固定资产购买年份

固定资产购买	
名称	购买年份
×××	2002年

图 4-25　年份型示例

分类模式：

```
<element name="GuDingZiChanGouMai-GouMaiNianFen" type="xbrli:gYearItemType" substitutionGroup="xbrli:item" nillable="true" id="clcid_GuDingZiChanGouMai-GouMaiNianFen" xbrli:periodType="instant"/>
```

在分类模式中，元素“GuDingZiChanGouMai-GouMaiNianFen”用代码“type="xbrli:gYearItemType"”将其定义为 gYearItemType 类型，命名空间前缀 xbrli 说明该类型就是在 XBRL 规范中定义的 gYearItemType。

实例文档：

```
<GuDingZiChanGouMai-GouMaiNianFen contextRef="C600001_20211231">2002
</GuDingZiChanGouMai-GouMaiNianFen>
```

说明：这是一个 gYearItemType 类型的值。当取值不符合“CCYY”形式时，XBRL 系统就会报错。

31. gMonthDayItemType（月日型数据项类型）

1）基本类型

其基本类型为 XML 中的内建数据类型 gMonthDay。gMonthDay 数据类型表示一段循环的阳历日期，尤其是一年中的某一天。其表示格式为：MM-DD。字母分别对应月和日。可以在最后添加+/一号，再加上 hh:mm 表示相对于 UTC 的偏移。下面是一个关于某个模式文档中 gMonthDay 数据类型声明的例子。比如，

```
<xs:element name="nationalDay" type="xs:gMonthDay"/>
```

文档中的元素看上去应该类似这样：

```
<nationalDay>10-01</nationalDay>
```

例如，可以定义“劳动节”为这个类型，如果定义一个值的类型为 gMonthDay，但其取值不符合上述规范，则系统会报错。

2）派生过程

gMonthDay→gMonthDayItemType：基于 XML Schema 的内嵌类型上，再增加一个“xbrli：nonNumericItemAttrs”属性组，对该类型进行封装，增强用户操作

安全性。代码如下：

```
<complexType name="gMonthDayItemType" final="extension">
    <simpleContent>
        <extension base="gMonthDay">
          <attributeGroup ref="xbrli:nonNumericItemAttrs"/>
        </extension>
    </simpleContent>
</complexType>
```

3）举例

如图 4-26 所示，对应数据项的概念定义和实例取值如下。

资产负债表日	12月31日

图 4-26　月日型示例

分类模式：

```
<element name="ZiChanFuZhaiBiaoRi" type="xbrli:gMonthDayItemType" substitutionGroup="xbrli:item" nillable="true" id="clcid_ZiChanFuZhaiBiaoRi" xbrli:periodType="instant"/>
```

在分类模式中，元素“ZiChanFuZhaiBiaoRi”用代码“type="xbrli: gMonthDayItemType"”将其定义为 gMonthDayItemType 类型，命名空间前缀 xbrli 说明该类型就是在 XBRL 规范中定义的 gMonthDayItemType。

实例文档：

```
<ZiChanFuZhaiBiaoRi contextRef="C600001_20211231">12-31
</ZiChanFuZhaiBiaoRi>
```

说明：这是一个 gMonthDayItemType 类型的值。当取值不符合“MM-DD”形式时，XBRL 系统就会报错。

32. gDayItemType（天型数据项类型）

1）基本类型

其基本类型为 XML 中的内建数据类型 gDay。gDay 数据类型表示循环的阳历天，尤其是指一段长为一天，以月为周期的时期。其表示格式为：DD。字母 DD 对应日。可以在最后添加+/－号，再加上 hh：mm 表示相对于 UTC 的偏移。合法的 gDay 类型数据比如 22，表示每个月的 22 日。下面是一个关于某个模式文档中 gDay 数据类型声明的例子。比如，

```
<xs:element name="BOM" type="xs:gDay"/>
```

文档中的元素看上去应该类似这样：

```
<BOM>01</BOM>
```

例如，可以定义“结算日”为这个类型，如果定义一个值的类型为 gDay，但其取值不符合上述规范，则系统会报错。

2）派生过程

gDay→dgDayItemType：基于 XML Schema 的内嵌类型上，再增加一个“xbrli：nonNumericItemAttrs”属性组，对该类型进行封装，增强用户操作安全性。代码如下。

```
<complexType name="gDayItemType" final="extension">
    <simpleContent>
        <extension base="gDay">
          <attributeGroup ref="xbrli:nonNumericItemAttrs"/>
        </extension>
    </simpleContent>
</complexType>
```

3）举例

如图 4-27 所示，对应数据项的概念定义和实例取值如下。

工资发放日	每月4日

图 4-27　天型示例

分类模式：

```
<element name = "GongZiFaFangRi" type = "xbrli: gDayItemType" substitution-Group="xbrli:item" nillable = "true" id = "clcid_GongZiFaFangRi" xbrli:periodType = "instant"/>
```

在分类模式中，元素“GongZiFaFangRi”用代码“type = " xbrli：gDayItem-Type"”使其定义为 gDayItemType 类型，命名空间前缀 xbrli 说明该类型就是在 XBRL 规范中定义的 gDayItemType。

实例文档：

```
<GongZiFaFangRi contextRef="C600001_20211231">04
</GongZiFaFangRi >
```

说明：这是一个 gDayItemType 类型的值。当取值不符合“DD”形式时，XBRL 系统就会报错。

33. gMonthItemType（月份型数据项类型）

1）基本类型

其基本类型为 XML 中的内建数据类型 gMonth。gMonth 数据类型表示一个每年循环的阳历月。其表示格式为：MM。字母 MM 对应月。可以在最后添加+/一号，再加上 hh：mm 表示相对于 UTC 的偏移。下面是一个关于某个模式文档中 gMonth 数据类型声明的例子。比如，

```
<xs:element name="entryMonth" type="xs:gMonth"/>
```

文档中的元素看上去应该类似这样：

```
<entryMonth>04</entryMonth>
```

例如,可以定义"固定资产启用月份"为这个类型,如果定义一个值的类型为gMonth,但其取值不符合上述规范,则系统会报错。

2) 派生过程

gMonth→gMonthItemType:基于 XML Schema 的内嵌类型上,再增加一个"xbrli: nonNumericItemAttrs"属性组,对该类型进行封装,增强用户操作安全性。代码如下:

```
<complexType name="gMonthItemType" final="extension">
    <simpleContent>
        <extension base="gMonth">
          <attributeGroup ref="xbrli:nonNumericItemAttrs"/>
        </extension>
    </simpleContent>
</complexType>
```

3) 举例

如图 4-28 所示,对应数据项的概念定义和实例取值如下。

双薪发放月份	每年12月

图 4-28　月份型示例

分类模式:

```
<element name="ShuangXinFaFangYueFen" type="xbrli:gMonthItemType" sub-
stitutionGroup="xbrli:item" nillable="true" id="cicid_GongZiFaFangRi" xbrli:peri-
odType="instant"/>
```

在分类模式中,元素"ShuangXinFaFangYueFen"用代码"type="xbrli:gMonthItemType""将其定义为 gMonthItemType 类型,命名空间前缀 xbrli 说明该类型就是在 XBRL 规范中定义的 gMonthItemType。

实例文档:

```
<ShuangXinFaFangYueFen contextRef="C600001_20211231">12
</ShuangXinFaFangYueFen>
```

说明:这是一个 gDayItemType 类型的值。当取值不符合"MM"形式时,XBRL 系统就会报错。

34. normalizedStringItemType(标准化字符串数据项类型)

1) 基本类型

其基本类型为 XML 中的内建数据类型 normalizedString。normalizedString 数据类型表示已经处于空白标准化的字符串。也就是说,所有回车符、换行符和制表符都被转化为空格符。下面是一个关于某个模式文档中 normalizedString 数据类型声明的例子。比如,

```
<xs:element name="corporateName" type="xs:normalizedString"/>
```

文档中的元素看上去应该类似这样：

<corporateName>大唐电信股份有限公司</corporateName>

例如，可以定义“高校名称”为这个类型，如果定义一个值的类型为 normalizedString，但其中包含回车符、换行符和制表符等不合法的字符，则系统会报错。

2）派生过程

normalizedString→normalizedStringItemType：基于 XML Schema 的内嵌类型上，再增加一个“xbrli：nonNumericItemAttrs”属性组，对该类型进行封装，增强用户操作安全性。代码如下：

```
<complexType name="normalizedStringItemType" final="extension">
    <simpleContent>
        <extension base="normalizedString">
          <attributeGroup ref="xbrli:nonNumericItemAttrs"/>
        </extension>
    </simpleContent>
</complexType>
```

35. tokenItemType(符号型数据项类型)

1）基本类型

其基本类型为 XML 中的内建数据类型 token。token 数据类型表示一个特殊的字符串。其中，字符串前导和结尾的空格字符都被移除，所有回车符、换行符和制表符都被转化为空格符，有两个或以上空格符组成的序列被转换成单个的空格符。下面是一个关于某个模式文档中 token 数据类型声明的例子。比如，

<xs:element name="directorName" type="xs:token"/>

文档中的元素看上去应该类似这样：

< directorName >张 杰</ directorName >

例如，可以定义“董事姓名”为这个类型，如果定义一个值的类型为 token，但其中包含连续空格符等不合法的字符，则系统会报错。

2）派生过程

token→tokenItemType：基于 XML Schema 的内嵌类型上，再增加一个“xbrli：nonNumericItemAttrs”属性组，对该类型进行封装，增强用户操作安全性。代码如下：

```
<complexType name="tokenItemType" final="extension">
    <simpleContent>
        <extension base="token">
          <attributeGroup ref="xbrli:nonNumericItemAttrs"/>
        </extension>
```

```
    </simpleContent>
</complexType>
```

3）举例

如图 4-29 所示，对应数据项的概念定义和实例取值如下。

公司投资股票				
股票代码	股票名称	买入价	股数	年末公允价值
600201	×××	×××	××	×××××

图 4-29 符号型示例

分类模式：

```
<element name="GongSiTouZiGuPiao-GuPiaoDaiMa" type="xbrli:tokenItemType" substitutionGroup="xbrli:item" nillable="true" id="clcid_GongZiFaFangRi" xbrli:periodType="instant"/>
```

在分类模式中，元素“GongSiTouZiGuPiao-GuPiaoDaiMa”用代码“type="xbrli:tokenItemType"”将其定义为 tokenItemType 类型，命名空间前缀 xbrli 说明该类型就是在 XBRL 规范中定义的 tokenItemType。

实例文档：

```
<tuple>
    <GongSiTouZiGuPiao-GuPiaoDaiMa contextRef="C600001_20211231">
        600201
    </GongSiTouZiGuPiao-GuPiaoDaiMa>
    ……
</tuple>
```

说明：这是一个 tokenItemType 类型的值。当取值包含连续空格符等不合法的字符时，XBRL 系统会报错。

36. languageItemType（自然语言数据项类型）

1）基本类型

其基本类型为 XML 中的内建数据类型 language。language 数据类型表示在 RFC 1766（Request for Comments 1766）请求评议文档中定义的表示自然语言种类的标识符。下面是一个关于某个模式文档中 language 数据类型声明的例子。比如，

```
<xs:element name="officialLanguage" type="xs:language"/>
```

文档中的元素看上去应该类似这样：

```
<officialLanguage>en-US</officialLanguage>
```

例如，可以定义“工作语言”为这个类型，如果定义一个值的类型为 language，但其取值超出了 RFC 1766 所规定的范围，则系统会报错。

2）派生过程

language→languageItemType：基于 XML Schema 的内嵌类型，再增加一个“xbrli：nonNumericItemAttrs”属性组，对该类型进行封装，增强用户操作安全性。代码如下：

```
<complexType name="languageItemType" final="extension">
    <simpleContent>
        <extension base="language">
          <attributeGroup ref="xbrli:nonNumericItemAttrs"/>
        </extension>
    </simpleContent>
</complexType>
```

37. nameItemType（名称型数据项类型）

1）基本类型

其基本类型为 XML 中的内建数据类型 name。name 数据类型的取值以下划线或是冒号开始，后面接上字母、数字这样的字符。下面是一个关于某个模式文档中 name 数据类型声明的例子。比如，

```
<xs:element name="loginName" type="xs:name"/>
```

文档中的元素看上去应该类似这样：

```
<loginName>:lixr</loginName>
```

例如，可以定义“元素名”为这个类型，如果定义一个值的类型为 name，但其不符合 name 类型的规范，则系统会报错。

2）派生过程

name→nameItemType：基于 XML Schema 的内嵌类型上，再增加一个“xbrli：nonNumericItemAttrs”属性组，对该类型进行封装，增强用户操作安全性。代码如下：

```
<complexType name="NameItemType" final="extension">
    <simpleContent>
        <extension base="Name">
          <attributeGroup ref="xbrli:nonNumericItemAttrs"/>
        </extension>
    </simpleContent>
</complexType>
```

38. NCNameItemType（无冒号名称数据项类型）

1）基本类型

其基本类型为 XML 中的内建数据类型 NCName。NCName 数据类型表示 XML 不加命名空间的名称，包括元素名和属性名。NCName 和 name 的取值范围

几乎相同，只是 NCName 类型的名字不能以冒号开始。下面是一个关于某个模式文档中 NCName 数据类型声明的例子。比如，

```
<xs:element name="attrName" type="xs:NCName"/>
```

文档中的元素看上去应该类似这样：

```
<attrName>_lixr</attrName>
```

例如，可以定义“超级用户名”为这个类型，如果定义一个值的类型为 NCName，但其不符合 NCName 类型的规范，则系统会报错。

2）派生过程

NCName→NCNameItemType：基于 XML Schema 的内嵌类型上，再增加一个“xbrli：nonNumericItemAttrs”属性组，对该类型进行封装，增强用户操作安全性。代码如下：

```
<complexType name="NCNameItemType" final="extension">
    <simpleContent>
        <extension base="NCName">
          <attributeGroup ref="xbrli:nonNumericItemAttrs"/>
        </extension>
    </simpleContent>
</complexType>
```

本章小结

本章讲述了 XBRL 规范对分类标准模式的支持——概念分类和类型系统。XBRL 规范有其深刻的本体论背景，它对客观世界概念的定义与许多本体语言非常相似。但 XBRL 并非沿用了本体语言中对概念的简单定义，而是分别对简单概念和复杂概念定义了两种内容类型，数据项（item）和元组（tuple），这极大地拓展了 XBRL 的表达能力。

为了规范各种不同类型数据项的定义（进而规范元组的定义），XBRL 定义了大量可用的数据类型。除 fractionItemType，这些数据类型都是具有简单内容模型（即无子元素）、具有属性的 XML 复杂类型。XBRL 的属性定义极有特色，XBRL 将所有的属性都封装在属性组中，并通过派生方式产生，用于不同类型的属性组。XBRL 类型用“语义规范化”和“语法规范化”两个过程进行定义，定义过程完善而严格。XBRL 是一类语法严格而语义灵活的应用，在语法的严格性要求中，主要通过类型系统得以体现。通过严格的语法定义，XBRL 可以限制用户没有节制地自定义，从而保持整体的数据质量和验证能力。

进一步阅读

本书并非对 XBRL 规范作面面俱到的详尽解释，从中略去规范中有关分类标准模式的一些细节内容，如命名空间、自定义类型、角色定义和弧角色定义等。对这些内容感兴趣的读者可进一步阅读 XBRL 规范 2.1[1,2]。对属性组的语法以及派生方法可参见 XML 及 XML Schema 规范说明[3,4,5,6]。Priscilla Walmsley 讲述了 XML 数据类型和内容模型[7]，另可进一步参考 XML Schema 的相关内容[5]（2001）。XBRL 国际组织的建模指导中也对 XBRL 概念定义作了相应的指导[8,9]。另外，如果概念定义发生了版本升级，XBRL 国际组织也制定了新的规范以支持版本管理[10]。吕科对中文 XBRL 概念定义作出了说明[11]. Etudo 等对 XBRL 概念定义与互操作的关系进行了研究[12]。XBRL 的概念之间的重复性是一个被研究人员高度关注的问题[13]，FASB/IFRS 不同框架下定义的概念尤其易于产生概念重复以及命名冲突[14]。美国证监会综合来自研究者和业界的意见，制定了特定于美国资本市场的概念定义方法[15]。

参考文献

[1] XBRL 国际组织. XBRL 2.1 规范文件(XBRL Specification 2.1)[S]. 2003-12-31.

[2] XBRL 国际组织. XBRL 2.1 规范化测试组件(XBRL Specification 2.1 Conformance Suite)[S]. 2005-11-07.

[3] W3C. Extensible Markup Language(XML)[EB/OL]. 3rd ed. http://www.w3.org/TR/XML/,2004-02-04.

[4] W3C. XML Schema part 0: primer[EB/OL]. 2nd ed. http://www. w3.org/TR/xmlschema.0/,2004-10-28.

[5] W3C. XML Schema part 1: structures[EB/OL]. 2nd ed. http://www,w3.org/TR/2004/REC.xmlschema.1.20041028/,2004-10-28.

[6] W3C. XML Schema part 2: datatypes[EB/OL]. 2nd ed. http://www.w3.org/TR/2004/REC.xmlschema.2.20041028/. 2004-10-28.

[7] WALMSLEY P. Definitive XML Schema[M]. New York: Pearson Education, 2001.

[8] XBRL 国际组织. 财务报告分类结构(Financial Reporting Taxonomies Architecture)[S]. 2005-04-25.

[9] XBRL 国际组织. 财务报告分类结构规范化组件(FRTA Conformance Suite)[S]. 2005-04-25.

[10] XBRL 国际组织. 分类生命周期——面向版本的业务要求(Taxonomy Life Cycle. Business

Requirements for Versioning)[S]. 2006-02-21.

[11] 吕科. XBRL 技术原理与应用[M]. 北京:电子工业出版社,2007.

[12] ETUDO U, YOON V, LIU D. Financial Concept Element Mapper (FinCEM) for XBRL interoperability: Utilizing the M3 Plus method[J]. Decision Support Systems, 2017, 98: 36-48.

[13] DUNCE M M M, DA SILVA P C, VIANA S. Similarity evaluation on XBRL concepts [C]. Proceedings of the IADIS International Conference WWW/Internet(ICWI), 2013.

[14] WENGER M R, THOMAS M A., BABB J S. Financial reporting comparability: Toward an XBRL ontology of the FASB/IFRS conceptual framework[J]. International Journal of Electronic Finance, 2013, 7(1): 15-32.

[15] SEC. Interactive data to improve financial reporting[R]. White Paper. SEC, 2008.

第 5 章

XBRL 关系声明规范

本章主要讲述 XBRL 规范对分类标准链接库的语法要求。XBRL 用 XLink 链接来表达概念之间的关系，是 XBRL 的一大创造。这种表达方式将元素关系从嵌套结构中解脱出来，并赋予丰富的语义和灵活的数据结构，是 XBRL 获得灵活性的关键。进一步地，XBRL 也没有“朴素”地使用 XLink，而是对其进行了基于规范化思想的重构。

与类型的规范化相似，XBRL 对 XLink 的重构也分为两个层次——语法规范化和语义规范化，但顺序恰好相反。首先，XBRL 对 XLink 进行语法规范化，即对原始的全局属性进行封装，形成具有通用用途的链接元素；其次，XBRL 用这些专用的链接元素定义出不同语义的、专用的链接，并衍生出以禁止和重载为核心的一系列针对关系的逻辑运行规则。

XLink 是 XML 一种较新的功能扩展，迄今为止，XBRL 是其唯一的成熟应用。XLink 在 XBRL 中的实践也是 XLink 技术本身的探索，因此，XBRL 不但作为应用语言为经济领域作出贡献，也作为一种新型结构为信息技术作出了贡献。

5.1 朴素的 XLink

XLink 与 HTML 中超链接(hyperlink)之间的关系和 XML 与 HTML 之间的关系类似。同样地，由于超链接的能力和作用在网络应用中限制性过强，W3C 组织开发了用于资源链接的语言 XLink。

5.1.1 从超链接到 XLink

HTML 的一个核心特性就是超链接，超链接将不同地理位置上、不同机器上的不同类型的资源联系在一起。用户可以基于超链接借助浏览器极为方便地跳转到指定的资源(如网页、图片和文本等)，而不用考虑任何物理上的问题。可以说，超链接是 HTML 的核心，也是网络技术的核心，正是有了超链接，人们才把网页称为“超媒体”，将互联网称为“超空间”。在超链接的帮助下，只需轻轻一点，世界就在眼前。

HTML 中超链接的实现极为简单，即一个元素＜a＞，标记 a 是英文 anchor（锚点）的缩写。元素 a 共有 5 个属性，如表 5-1 所示。

表 5-1　超链接元素属性

属　　性	描　　述
href	指定链接地址
name	给链接命名
title	链接提示文字
target	指定链接的目标窗口
accesskey	链接快捷键

以下给出这 5 个属性的详细解释。

1. href（路径）

href 的内容是指向链接目的文件的存放位置和路径，该位置和路径是以 URI 表达的。按照链接指向的、相对于所在站点文件夹的方向，超链接可以分为内部链接和外部链接，其中，被指向文件位于站点文件夹之内的称为内部链接，被指向文件位于站点文件夹之外的称为外部链接。在不同的链接中，可以使用不同形式的 URI。

1）绝对路径 URI

绝对路径是从协议（http、ftp 等）开始的路径的完整表述。在表示外部链接的时候必须使用绝对路径的 URI。例如：

http://www.xbrl.org

2）相对路径 URI

相对路径 URI 给出了从超链接所在网页跳转到被指向资源所在位置的操作过程，是绝对路径的一种简写形式，只能用于内部链接。例如：

若超链接所在网页为 from. html，其路径是：http://www. xbrl. org/xlink/basic/from. html；被指向网页为 to. html，其路径是：http://www. xbrl. org/xlink/to. html，则在 from. html 中指向 to. html 的超链接中，相对路径 URI 的表示形式为：

../index.html（“../”表示向根目录方向前进一层）

3）根路径 URI

根路径 URI 是指以站点域名下对应的文件夹为根目录，相对于该根目录的路径表达式。根目录也是绝对路径的一种简写形式，也只能用于内部链接。例如：

/img/a-next.jpg

2. name(名称)

name 属性的值是一个指向资源的名称，此时 a 元素被称为命名锚(named anchor)。匿名锚只能定位一个网页文件，而命名锚则可以进一步定位文件中的某个位置。在 XHTML 中，这个属性被 id 代替。例如：

```
<a name="xbrl-anchor">命名锚</a>
<a href="/index.html#xbrl-anchor">跳转至命名锚</a>
```

上一句代码定义了一个命名锚，而下一个链接则链接至这个命名锚。

3. title(题目)

title 属性的值是一个字符串，其作用是为链接添加说明性信息。在浏览器中用户常常可以看到 title 属性值，例如，在有的浏览器中，当鼠标放在有 title 属性的链接元素上时，title 属性值会以浮动框的形式显示。但具体效果取决于特定浏览器。如图 5-1 所示。

图 5-1 浮动框

4. target(目标)

target 属性是指定本链接打开的目标窗口，例如，是新开窗口还是原有窗口等。其取值为枚举值，默认值为_self，不同取值的含义如表 5-2 所示。

表 5-2 target 属性取值

属性值	描述
parent	在原窗口中打开
blank	在新窗口中打开
self	在同一个帧或窗口中打开
top	在浏览器的整个窗口中打开

例如：

```
<a href="xbrl.html"  target="_blank ">链接文字</a>
```

此超链接被激活的效果是在一个新窗口显示网页 xbrl. html。

5. accesskey(快捷键)

给本链接定义一个快捷键。当按下此快捷键时，本链接即被激活。

除上述 5 个属性，a 元素还有内容。链接元素的显示效果是可见的，显示给用户的就是元素的内容。这个内容既可以是一段文本，也可以是一个图片。当用户将鼠标移至文本上时，鼠标和文本的显示形式都会发生变化。当用户单击该文本或图片时，即激活超链接。

从上述超链接的功能介绍中，可以得到超链接的特征。

1) 平台无关

其一，超链接的表达中没有出现有关语言、操作系统或者接口的内容，因此超链接可以用于任何平台，这是超链接的基本特征，也是 HTML 的基本特征。其二，超链接指向的资源（即 href 属性值）也是平台无关的。

2）链接元素 a 功能不唯一

链接元素 a 并不是仅作为超链接的角色存在。链接元素的内容也十分重要，并且常常也是用户关注的核心（如新闻的题目），所以链接元素既作为链接，也作为被链接的文本资源（即元素 a 的内容）的容器。

3）链接形式单一

其一，超链接只能表达从本地出发的链接。其二，超链接只能表达一对一的联系。其三，超链接只能表达单向的链接。

4）显示与内容合一

超链接在定义了两个资源的关系的同时，也定义了这种关系的显示方法，即点击以激活。这是所有 HTML 要素的共同特征。

5）缺乏语义能力

超链接所联系的两个资源之间的关系是没有语义含义的。这种形式类似于关系数据库中的“主键-外键”联系，用户只能知道两个资源之间有联系，但是何种联系类型，在联系中各个资源的角色，用户均无法知晓。

5.1.2 XLink 的基本语法[①]

从上述内容可知，超链接表达网络资源间联系的能力是有限制的。对此，人们采取了类似对待 HTML 的方式，应用 XML 创建了 XLink。研究者的基本思想是将关系表达与关系操作分开，其中在关系表达中采用 XLink 实现。XLink 可以不顾及具体的操作形式，能够表达多对多、双向和任意位置的资源之间的关系，表达方式灵活，表达能力强大。

特别有意思的是，虽然 XLink 的设计目的是普遍适用的链接结构，但迄今为止，它唯一和最成功的用途就是成为 XBRL 的核心技术结构，所以，有人称其为“XBRL 的 XLink”。

XLink 的设计目的是创建并描述资源之间的链接，允许将元素插入 XML 文档。它使用 XML 语法创建既能描述与现今 HTML 简单单向超链接类似的链接结构，又能描述复杂链接的链接结构。

1. XLink 介绍

XLink 提供了一个架构，该架构允许 XML 文档：

（1）声明在两个及两个以上的资源中的链接关系。

① 本部分主要编译自 XBRL 2.1 规范。

(2) 将链接与元数据相联系。

(3) 在与被链接的资源不同的位置表示链接。

XLink 定义使用和 HTML 相同的 URI 技术，但是超越了 HTML，它提供那些先前只有在专用的超媒体系统中才有的、使超链接更可调整和更有灵活性的功能。与链接数据结构相结合，XLink 还提供了一个最小的链接行为模型；在 XLink 上的高层的应用程序通常将会指定可供选择的或是更复杂的表现和处理的方法。

XLink 命名空间具有下列 URI 形式：

http://www.w3.org/1999/XLink

XLink 属性使用命名空间机制，因此它成为全局属性，从而可以在任一个 XML 模式定义中都可以直接使用 XLink 属性。但是，并不是所有的 XLink 的属性组合都是合法的，在不同的 type 属性值约束下，只允许有限种属性组合，每种组合都表达了一种特定类型的链接。第 1 章中的表 1-3 给出了所允许的用法模式，其中，不同链接元素类型(列)使用相应的全局属性(行)，另外给出其值是否是必有项(R)或可选项(O)。

XLink 中给出了两种链接，简单链接(simple link)和扩展链接(extended link)。其中简单链接与超链接类似，故本书首先简要说明简单链接，然后重点讲述扩展链接。

2. XLink 简单链接原理

简单链接提供简写的语法，以给出一种常用的链接类型，即一个输出链接正好连接两个共享资源(类似 HTML 风格的 a 和 IMG 链接情况)。因为简单链接提供比扩展链接少得多的功能，它们没有特别的内在结构。

简单链接从概念上是扩展链接的一个子集，但它们在语句构成上却差异很大。例如，把一个简单链接转换成扩展链接时，需要变动整体结构。

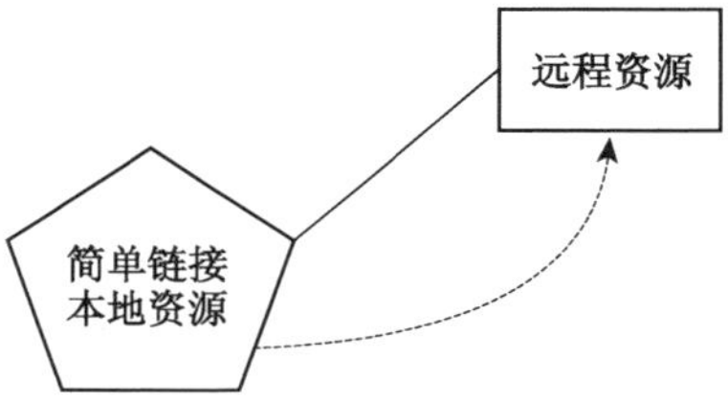

图 5-2 简单链接

图 5-2 显示了简单链接的特性；它连接一个本地和一个远程资源，而且隐式地提供了一个从本地资源到远程资源的遍历弧。举例来说，这可以代表在一个教务系统中出现的学生名字，当点一下该名字时，则得到关于学生的信息。

3. XLink 扩展链接原理

1) 扩展链接的结构

扩展链接提供完整的 XLink 功能，比如，输入和第三方弧，以及有任意数量的共享资源的链接。扩展链接的结构可以相当复杂，其中包括指向远程资源的元素(链接目的)、含有本地资源的元素(链接起点)、指定弧遍历规则的元素，以及用于描述人类可读的资源和弧的标题。XLink 定义了一个方法来给扩展链接赋予特别的语义以寻找链接库。使用这种方法，扩展链接帮助 XLink 应用程序处理其他的链接。

需要有输入和第三方弧的链接必须使用扩展链接形式实现。在典型的情况下，扩展链接元素与它们相关联的资源分开储存(例如，资源存在于完全不同的文档中，而链接元素就像一个索引)。因此，扩展链接对以下几种情形是重要的：只读的共享资源；修改及更新资源的代价高，而修改及更新分开的链接元素的代价低；资源内在的格式并不支持嵌入链接(例如，许多多媒体的格式)。

图 5-3 展示了一个联合五个远程资源的扩展链接。举例来说，这可以表示关于学生的课程信息：一个资源是关于学生的描述，一个为该学生的授课老师的描述，另外两个代表该学生正在参加的课程，最后一个资源代表该学生旁听的课程。

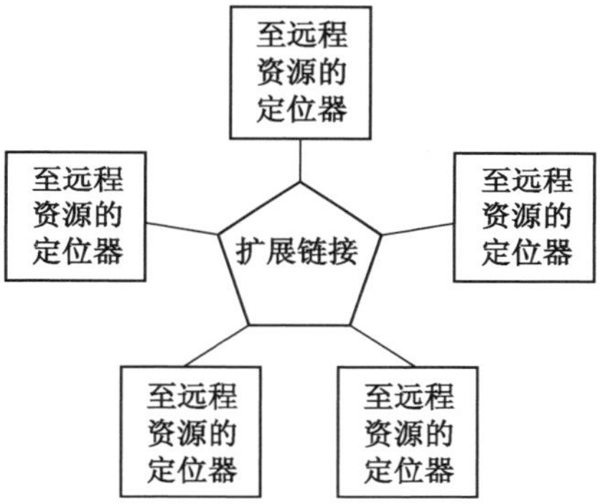

图 5-3　相关资源的扩展链接

没有扩展链接，资源可能完全不相关。例如，它们可能是在 5 个分开的文档中。从扩展链接出发的线表示它在资源之中创建的联系。线上没有标明方向性。方向性是与遍历的规则一起表示的。没有提供这样的规则的话，资源的联系没有特别的顺序，也没有提示高层的应用程序资源是否存取和如何存取。

2）扩展链接遍历规则

扩展链接可能通过一系列可选择的弧元素来说明共享链接的资源之间的遍历规则。弧根据 label 属性形成链接关系(可能会有不同的资源共享相同的 label 属性，从而形成多对多链接)。语义属性描述出发资源和目的资源之间的弧的意义。弧可以有特性概念，资源则可以有角色概念，整个弧可以解释成“出发-资源 有弧-角色 目的-资源”。当把这个与上下文有关的角色从这个特定的弧的上下文中拿走时，它可能具有不同于出发或目的资源的意义。举例来说，资源可能关于泛泛地代表一个“人”，但是在特定的弧上下文中，它可能是个“母亲”的角色，在另一个不同弧的上下文中，它可能是个“女儿”的角色。

当同一资源在一些弧(不论是在一个单独链接中或跨越许多节点的链接)中都用作出发资源的时候，遍历-请求行为不受基本遍历规则的限制，XLink 允许更灵活的、用户自定义的行为。例如，对交互式应用程序来说，一种可能性是列出有关的弧，或是链接标题的跳出式的菜单。

图 5-4 展示了联系图 5-3 中 5 个远程资源的一个扩展链接，而且提供了在它们之中遍历的规则。所有指定的弧都是第三方弧。也就是说，弧仅仅只作用于远程资源之间，独立于资源本身。如上所述，无方向的实线标示链接正联合着 5 个其他的资源。带箭头的实线标示链接提供的遍历的规则。注意一些资源共享相同的 label 值。

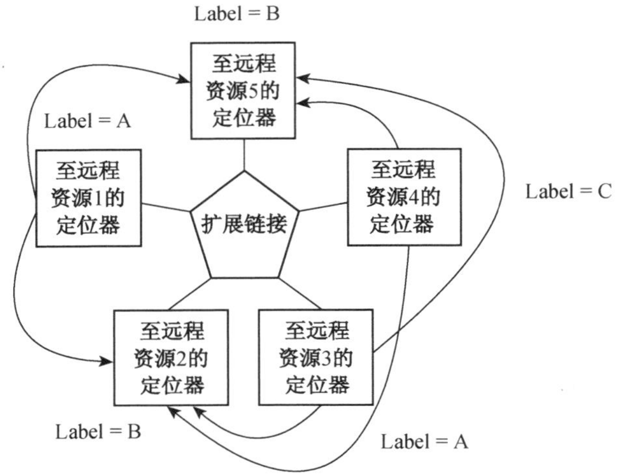

图 5-4　扩展链接的遍历规则

特别注意：弧不能重复，无论是显式的还是隐式的。每一个 arc 类型元素必须有一对 from 和 to 的值，这些值（分别地）不应该与在同一扩展链接中的任何其他 arc 类型元素的 from 和 to 的值重复，也就是说，链接里的每一对资源关系必须是独一无二的。

但是，有一种情况不能理解为重复。例如，在图 5-4 中的扩展链接中，当用标签（label）来定义弧时，同一个定义可以表达多个弧，from A to B 同时表示链接：

from 资源 1 to 资源 5

from 资源 1 to 资源 3

from 资源 4 to 资源 3

from 资源 4 to 资源 5

这 4 个链接并没有重复，只是通过标签的“表达方式”重复。当然，这种情况虽然合法，但是为了避免歧义，一般不建议应用这种表示方法。

4. XLink 的朴素语法和用法

所谓 XLink 朴素（naive）语法和用法，就是指在最原始、最自由的意义上 XLink 的语法和用法。在 XBRL 中，给出了朴素的 XLink 的代码表示，文件名称为 xlink-2003-12-31. xsd。其中的语法非常简单,可供外部使用的只有 XLink 的 10 个属性。最主要的语法如下:

```
<attribute name="type" type="xlink:typeEnum"/>
<attribute name="role" type="xlink:nonEmptyURI"/>
<attribute name="arcrole" type="xlink:nonEmptyURI"/>
<attribute name="title" type="string"/>
<attribute name="show" type="xlink:showEnum"/>
<attribute name="actuate" type="xlink:actuateEnum"/>
<attribute name="label" type="NCName"/>
<attribute name="from" type="NCName"/>
<attribute name="to" type="NCName"/>
<attribute name="href" type="anyURI"/>
```

XLink 的这 10 个属性是全局的,这意味着使用这 10 个属性没有任何限制。使用者有机地组合这 10 个属性,以形成链接元素。所谓有机地组合,是指必须按照 XLink 规范形成没有冲突的属性和属性值组合(type 属性具有特定的属性值)。但是,其他非 XLink 属性或者冲突属性(即扩展链接的组合中不允许、不必要或者不可选的属性)也可以出现在该元素中,此时这些属性将不具有 XLink 链接特定的含义,即它们对该链接的说明不起作用。同样地,链接元素中也可以出现任意内容,此时亦不具有 XLink 链接特定的含义。这意味着 XLink 既可以表达链接关系,也可以作为无限制的资源的容器存在。

这导致了 XLink 解析器必须采用更灵活的处理方式,甚至允许在 XLink 上创建的高层应用程序对这些情况自行指定适当的处理方法。这种做法给予了 XLink 使用者过多的灵活性,并造成了不通用和难验证的问题。

XBRL 对此问题的解决方法是,通过两次规范化,形成 XLink 元素固定的结构和专门的用途。其中,第一次规范化称为“语法规范化”,其目的是规范 XLink 元素的内容模型,以形成固定的结构;第二次规范化称为“语义规范化”,其目的是确定 XLink 元素的具体领域用途。

5.2 XLink 的语法规范化

XBRL 将朴素的 XLink 的 10 种全局属性的有机组合显式地封装为 7 种链接类型,分别是 documentationType、titleType、locatorType、arcType、resourceType、extendedType 和 simpleType。所有语法规范化过程中的元素均在 XBRL 规范文档 xl-2003-12-31. xsd 中定义。由于 documentationType 常作为注释,重点介绍以下 6 种封装后的 XLink 链接元素类型。

1. simpleType(简单链接)

简单链接是等价的扩展链接的简写，是 XLink 中 HTML 超链接的对应物。一个单独的简单链接元素整合了 extended 类型元素、locator 类型元素、arc 类型元素和 resource 类型元素的基本功能。simple 类型元素允许有任意内容。simple 类型元素本身，连同它全部的内容，即是链接的本地资源，仿佛元素是一个 resource 类型元素。如果一个 simple 类型元素包含嵌套的 XLink 元素，这样被包含的元素对外层链接而言没有 XLink 规定的含义。simple 类型元素也可能没有内容。在链接因请求而进行遍历的情况下，交互式 XLink 应用程序通常将会产生一些内容以便给用户一个开始遍历的方法。

simple 类型元素具有来自定位器的属性 href 和 locator 类型元素的语义属性 role 和 title，行为属性 show 和 actuate，以及来自 arc 类型元素的单纯与语义有关的属性 arcrole。

如果 simple 类型元素没有定位器(href)属性值，这并不是个错误。没有提供这个值，链接只是不能遍历。这样的链接仍然可能是有用的，例如，通过 XLink 属性使特性和资源相联系。

2. extendedType(扩展链接)

扩展链接有两种作用：第一是作为容器容纳下列元素任意顺序的组合；第二是作为下列元素的基类。

(1) 对共享链接的远程资源定位的 locator 类型元素。

(2) 为链接共享的资源间提供遍历规则的 arc 类型元素。

(3) 给链接提供人类可读标题的 title 类型元素。

(4) 提供共享链接的本地资源的 resource 类型元素。

extended 类型元素可能有 role 和 title 属性，它们提供链接整体上与语义有关的信息：role 属性指出整个链接所具有的特性，而 title 属性提供人类可读的整个链接的描述。

3. resourceType(资源链接)

资源链接通过在其内部出现的特定子元素标明它所共享的本地资源。整个子元素，连同它的全部内容一起构成本地资源。本地资源的 XLink 元素是任何一个带有 xlink:type 属性且属性值为“resource”的元素。

resource 类型的元素可能还有其他任何内容，但不论出现的是什么，其内容不具有 XLink 链接特定的含义。resource 类型元素可能没有内容；在这样的情况下它被用作出发资源，并在接到请求时开始遍历。在典型情况下，交互式 XLink 应用程序将会产生一些内容以便给用户一个方法开始该遍历。如果 resource 类型元素的父元素不是 extended 类型元素，resource 类型元素同样不具有 XLink 链接特定的含义。

4. locatorType(定位链接)

扩展链接通过定位器元素标示共享的远程资源。用于定位器的 XLink 元素是任何一个带有 xlink:type 属性且属性值为“locator”的元素。locator 类型元素必须有定位器属性。定位器属性(href)必须提供一个数值。

5. arcType(弧链接)

用于弧的 XLink 元素是任何一个带有 xlink:type 属性且属性值为“arc”的元素。arc 类型元素中含有两个遍历属性 from 和 to,它们定义了共享同一链接的资源对之间所期望的遍历行为,这些资源由它们的 label 属性的值标示。属性 from 定义遍历开始的资源,也就是出发资源,而属性 to 定义遍历到达的资源,也就是目的资源。行为属性 show 和 actuate 为 XLink 应用程序指定遍历向目的资源时所期望的行为。

6. titleType(标题链接)

extended、locator 和 arc 类型元素都可能有 title 属性。然而,它们也可能有一连串的一个或多个的 title 类型元素。例如,在人类可读的标示信息需要进一步详细说明的情况下,或者是必须存在多个标题的情况下,这样的元素很有用。使用 title 类型元素的一个常见目的是解决国际化和本地化的问题。例如,title 标记可能在包含东亚语言的应用中是必需的,而且多重标题对标题的不同自然语言版本也可能是重要的。

用于标题的 XLink 元素是任何一个带有 xlink:type 属性且层性值为“title”的元素。

title 类型元素可能包含任何内容。如果 title 类型元素包含嵌套的 XLink 元素,这样的嵌套元素对包含标题的外层链接没有 XLink 含义的关系。如果 title 类型元素包含除 extended、locator 或 arc 类型元素的父元素,该 title 类型元素没有 XLink 含义。

5.3 XLink 的语义规范化

如前所述,XBRL 的一大特征就是使用 XLink 来表达概念关系的语义。XBRL 规定了 5 类基本语义,即对概念名称进行描述和解释的标签(label)、表示概念定义的法律法规依据的引用(reference)、表示概念之间简单数量关系的计算(calculation)、表示元素间层次关系的展示(presentation),以及表示概念间的简单逻辑关系的定义(definition)。另外,XLink 还定义了一种用于表达实例与其解释之间的语义——脚注(footnote)。

这6类语义的具体用法读者可详参XBRL规范，本书只给出每种语义实现所用的元素定义过程，即XLink的语义规范化过程。其中，loc元素在每种语义中均存在，故只在label语义中出现一次，其后恕不重复。限于篇幅，除6类语义的其他链接元素和属性均省略之。所有语义规范化元素和属性均在规范文档xbrl-linkbase-2003-12-31.xsd中定义。

5.3.1 标签

1. loc(定位)

loc元素中具有属性及属性值substitutionGroup="xl:locator"，表示loc元素具有和xl中所定义的locator元素相同的结构。具体定义loc元素的代码如下：

```
<element name="loc" type="xl:locatorType" substitutionGroup="xl:locator">
</element>
```

综合上述派生过程，可以看出，loc元素的结构和作用是：

(1) 该元素具有属性xlink:type(该属性值固定为locator)，xlink:href，xlink:label，xlink:role，xlink:title，说明loc元素的作用是用于定位网络上的资源，目标资源的位置由xlink:href属性值指定，目标资源由xlink:label属性值标识，目标资源在链接中的角色由xlink:role属性值指定，目标资源的其他简短说明由xlink:title属性值给出。

(2) loc元素还可能有xl:title类型的子元素，用于给出详细的说明文档。

2. label(标签)

label元素的内容模型采用复杂内容，<sequence>表示定义的元素只能以固定顺序出现；substitutionGroup="xl:resource"表示在使用时可以用xl:resource来替代此处的label元素。代码如下：

```
<element name="label" substitutionGroup="xl:resource">
    <complexType mixed="true">
        <complexContent mixed="true">
            <extension base="xl:resourceType">
                <sequence>
                    <any namespace="http://www.w3.org/1999/xhtml" processContents="skip" minOccurs="0" maxOccurs="unbounded"/>
                </sequence>
                <anyAttribute namespace="http://www.w3.org/XML/1998/namespace" processContents="lax"/>
            </extension>
        </complexContent>
```

```
    </complexType>
</element>
```

3. labelArc(标签弧)

labelArc 元素具有属性和属性值 substitutionGroup="xl:arc",表示在使用时可以用 xl:arc 来替代此处的 labelArc 元素。代码如下:

```
<element name="labelArc" type="xl:arcType" substitutionGroup="xl:arc"></element>
```

4. labelLink(标签链接)

labelLink 元素的内容模型为复杂内容。其中,xl:extendedType 给出内容的基本结构,<choice> 声明表示可以出现任意多个被包含元素。<anyAttribute> 表示可以通过任何未被 schema 规定的属性来进行扩展。属性及属性值 substitutionGroup="xl:extended"表示 labelLink 元素具有和 xl 中所定义的 extended 元素相同的结构。具体定义 labelLink 元素的代码如下:

```
<element name="labelLink" substitutionGroup="xl:extended">
    <complexType>
      <complexContent>
        <restriction base="xl:extendedType">
          <choice minOccurs="0" maxOccurs="unbounded">
            <element ref="xl:title"/>
            <element ref="link:documentation"/>
            <element ref="link:loc"/>
            <element ref="link:labelArc"/>
            <element ref="link:label"/>
          </choice>
         <anyAttribute namespace="http://www.w3.org/XML/1998/namespace" processContents="lax"/>
        </restriction>
      </complexContent>
    </complexType>
</element>
```

综合上述派生过程,可以看出,labelLink 元素的结构和作用如下:

该元素具有属性 xlink:type(该属性值固定为 extended)、xlink:role、xlink:title,说明 labelLink 元素的作用是用于包含概念与其对应标签之间的关系。链接的作用由 xlink:role 属性值指定,其他简短说明由 xlink:title 属性值给出。其中的 labelArc 子元素的作用是将概念和标签资源链接起来。

5.3.2 引用

1. reference(引用)

part 的内容模型采用复杂内容,并增加了 xbrl-linkbase-2003-12-31. xsd 中的元素 part,<sequence>表示定义的元素只能以固定顺序出现;substitutionGroup="xl:resource"表示在使用时可以用 xl:resource 来替代此处的 reference 元素。代码如下:

```
<element name="reference" substitutionGroup="xl:resource">
    <complexType mixed="true">
        <complexContent mixed="true">
            <extension base="xl:resourceType">
                <sequence>
                    <element ref="link:part" minOccurs="0" maxOccurs="un-
bounded"/>
                </sequence>
            </extension>
        </complexContent>
    </complexType>
</element>
```

2. referenceArc(引用弧)

referenceArc 元素的属性和属性值 substitutionGroup="xl:arc"表示在使用时可以用 xl: arc 来替代此处的 referenceArc 元素。代码如下:

```
<element name = " referenceArc " type = " xl: arcType " substitutionGroup =
"xl:arc"></element>
```

3. referfenceLink(引用链接)

referenceLink 元素的内容模型为复杂内容。其中,xl:extendedType 给出内容的基本结构,<choice> 声明表示可以出现任意多个被包含元素。<anyAttribute>表示可以通过任何未被 schema 规定的属性来进行扩展。属性及属性值 substitutionGroup="xl:extended"表示 referenceLink 元素具有和 xl 中所定义的 extended 元素相同的结构。具体定义 referenceLink 元素的代码如下:

```
<element name="referenceLink" substitutionGroup="xl:extended">
    <complexType>
        <complexContent>
            <restriction base="xl:extendedType">
                <choice minOccurs="0" maxOccurs="unbounded">
                    <element ref="xl:title"/>
```

```
                <element ref="link:documentation"/>
                <element ref="link:loc"/>
                <element ref="link:referenceArc"/>
                <element ref="link:reference"/>
            </choice>
          <anyAttribute namespace="http://www.w3.org/XML/1998/namespace" processContents="lax"/>
        </restriction>
      </complexContent>
    </complexType>
</element>
```

综合上述派生过程，可以看出，referenceLink 元素的结构和作用如下：

该元素具有属性 xlink:type（该属性值固定为 extended）、xlink:role、xlink:title，说明 referenceLink 元素的作用是包含概念与其对应权威文献之间的引用关系，这些概念在已公开出版的商业、经济和会计文献中给出。链接的作用由 xlink:role 属性值指定，其他简短说明由 xlink:title 属性值给出。其中的 referenceArc 子元素的作用是在引用链接元素中，引用弧元素链接概念和引用资源。

5.3.3 计算

1. calculationArc（计算弧）

calculationArc 元素在声明时，其类型在 xl:arcType 基础上扩展，加上了属性 weight，并且是必需（required）的；substitutionGroup="xl:arc"表示在使用时可以用 xl: arc 来替代此处的 calculationArc 元素。代码如下：

```
<element name="calculationArc" substitutionGroup="xl:arc">
    <complexType>
        <complexContent>
            <extension base="xl:arcType">
                <attribute name="weight" type="decimal" use="required"/>
            </extension>
        </complexContent>
    </complexType>
</element>
```

2. calculationLink（计算链接）

calculationLink 元素的内容模型为复杂内容。其中，xl:extendedType 给出内容的基本结构，<choice> 声明表示可以出现任意多个被包含元素。<anyAttribute>表示可以通过任何未被 schema 规定的属性来进行扩展。属性及属性值

substitutionGroup="xl:extended"表示元素具有和 xl 中所定义的 extended 元素相同的结构。具体定义元素的代码如下：

```
<element name="calculationLink" substitutionGroup="xl:extended">
    <complexType>
        <complexContent>
            <restriction base="xl:extendedType">
                <choice minOccurs="0" maxOccurs="unbounded">
                    <element ref="xl:title"/>
                    <element ref="link:documentation"/>
                    <element ref="link:loc"/>
                    <element ref="link:calculationArc"/>
                </choice>
                <anyAttribute namespace="http://www.w3.org/XML/1998/namespace" processContents="lax"/>
            </restriction>
        </complexContent>
    </complexType>
</element>
```

综合上述派生过程，可以看出，calculationLink 元素的结构和作用如下：

该元素具有属性 xlink:type(该属性值固定为 extended)、xlink:role、xlink:title，说明 calculationLink 元素的作用是包含分类中概念间的计算关系，链接的作用由 xlink:role 属性值指定，其他简短说明由 xlink:title 属性值给出。其中的 calculationArc 子元素的作用是表示为达到计算目的，一个概念如何与另一个概念相关联。

5.3.4 展示

1. presentationArc(展示弧)

presentationArc 元素在声明时，其类型在 xl:arcType 基础上扩展，加上了属性 preferredLabel ;substitutionGroup="xl:arc"表示在使用时可以用 xl: arc 来替代此处的 presentationArc 元素。代码如下：

```
<element name="presentationArc" substitutionGroup="xl:arc">
    <complexType>
        <complexContent>
            <extension base="xl:arcType">
                <attribute name="preferredLabel" use="optional">
                    <simpleType>
```

```
                <restriction base="anyURI">
                    <minLength value="1"/>
                </restriction>
            </simpleType>
        </attribute>
    </extension>
  </complexContent>
 </complexType>
</element>
```

2. presentationLink(展示链接)

presentationLink 元素的内容模型为复杂内容。其中,xl:extendedType 给出内容的基本结构,<choice>声明表示可以出现任意多个被包含元素。<anyAttribute>表示可以通过任何未被 schema 规定的属性来进行扩展。属性及属性值 substitutionGroup="xl:extended"表示元素具有和 xl 中所定义的 extended 元素相同的结构。具体定义元素的代码如下:

```
<element name="presentationLink" substitutionGroup="xl:extended">
    <complexType>
        <complexContent>
            <restriction base="xl:extendedType">
                <choice minOccurs="0" maxOccurs="unbounded">
                    <element ref="xl:title"/>
                    <element ref="link:documentation"/>
                    <element ref="link:loc"/>
                    <element ref="link:presentationArc"/>
                </choice>
                <anyAttribute namespace="http://www.w3.org/XML/1998/
namespace" processContents="lax"/>
            </restriction>
        </complexContent>
    </complexType>
</element>
```

综合上述派生过程,可以看出,presentationLink 元素的结构和作用如下:

该元素具有属性 xlink:type(该属性值固定为 extended)、xlink:role、xlink:title,说明 presentationLink 元素的作用是包含分类中概念实例间在呈现时的层次关系,链接的作用由 xlink:role 属性值指定,其他简短说明由 xlink:title 属性值给出。其中的 presentationArc 子元素定义了一个概念在展示时如何与其他概念相关联。

5.3.5 定义

1. definitionArc(定义弧)

definitionArc 元素的属性和属性值 substitutionGroup="xl:arc"表示在使用时可以用 xl:arc 来替代此处的 definitionArc 元素。代码如下：

```
<element name = " definitionArc " type = " xl: arcType " substitutionGroup =
"xl:arc"></element>
```

2. definitionLink(定义链接)

definitionLink 元素的内容模型为复杂内容。其中，xl:extendedType 给出内容的基本结构，<choice> 声明表示可以出现任意多个被包含元素。<anyAttribute>表示可以通过任何未被 schema 规定的属性来进行扩展。属性及属性值 substitutionGroup="xl:extended"表示元素具有和 xl 中所定义的 extended 元素相同的结构。具体定义元素的代码如下：

```
<element name="definitionLink" substitutionGroup="xl:extended">
    <complexType>
        <complexContent>
            <restriction base="xl:extendedType">
                <choice minOccurs="0" maxOccurs="unbounded">
                    <element ref="xl:title"/>
                    <element ref="link:documentation"/>
                    <element ref="link:loc"/>
                    <element ref="link:definitionArc"/>
                </choice>
                <anyAttribute namespace="http://www.w3.org/XML/1998/
namespace" processContents="lax"/>
            </restriction>
        </complexContent>
    </complexType>
</element>
```

综合上述派生过程，可以看出，definitionLink 元素的结构和作用如下：

该元素具有属性 xlink:type(该属性值固定为 extended)、xlink:role、xlink:title，说明 definitionLink 元素的作用是包含分类中概念间的多种含义关联关系，链接的作用由 xlink:role 属性值指定，其他简短说明由 xlink:title 属性值给出。其中的 definitionArc 子元素定义了概念间的多种关系。

5.3.6 脚注

1. footnote(脚注)

footnote 元素的内容模型采用复杂内容，<sequence>表示定义的元素只能以固定顺序出现，substitutionGroup＝" xl：resource "表示在使用时可以用 xl：resource 来替代此处的 footnote 元素。代码如下：

```
<element name="footnote" substitutionGroup="xl:resource">
    <complexType mixed="true">
        <complexContent mixed="true">
            <extension base="xl:resourceType">
                <sequence>
                    <any namespace="http://www.w3.org/1999/xhtml"
                    processContents="skip" minOccurs="0" maxOccurs
                    ="unbounded"/>
                </sequence>
                    <anyAttribute namespace="http://www.w3.org/XML/1998/
namespace" processContents="lax"/>
            </extension>
        </complexContent>
    </complexType>
</element>
```

2. footnoteArc(脚注弧)

footnoteArc 元素的属性和属性值 substitutionGroup＝"xl：arc"表示在使用时可以用 xl：arc 来替代此处的 footnoteArc 元素。代码如下：

```
<element name="footnoteArc" type="xl:arcType" substitutionGroup="xl:arc"></
element>
```

3. footnoteLink(脚注链接)

footnoteLink 元素的内容模型为复杂内容。其中，xl：extendedType 给出内容的基本结构，<choice>声明表示可以出现任意多个被包含元素。<anyAttribute>表示可以通过任何未被 schema 规定的属性来进行扩展。属性及属性值 substitutionGroup＝"xl：extended"表示 footnoteLink 元素具有和 xl 中所定义的 extended 元素相同的结构。具体定义 footnoteLink 元素的代码如下：

```
<element name="footnoteLink" substitutionGroup="xl:extended">
    <complexType>
        <complexContent>
            <restriction base="xl:extendedType">
```

```
            <choice minOccurs="0" maxOccurs="unbounded">
                <element ref="xl:title"/>
                <element ref="link:documentation"/>
                <element ref="link:loc"/>
                <element ref="link:footnoteArc"/>
                <element ref="link:footnote"/>
                </choice>
              <anyAttribute namespace="http://www.w3.org/XML/1998/
namespace" processContents="lax"/>
          </restriction>
        </complexContent>
    </complexType>
  </element>
```

综合上述派生过程，可以看出，footnoteLink 元素的结构和作用如下：

该元素具有属性 xlink:type（该属性值固定为 extended）、xlink:role、xlink:title，说明 footnoteLink 元素的作用是包含 XBRL 实例中事实及事实之间的不规则关系的弧。链接的作用由 xlink:role 属性值指定，其他简短说明由 xlink:title 属性值给出。其中的 footnoteArc 子元素的作用是将事实与事实链接起来。

本章小结

XLink 是一种表达链接关系的语言，相对于 HTML 中的超链接仅能表示一对一的无语义单向链接（不考虑其显示功能，只考虑其对链接关系的表达），XLink 不但能够表达多对多的链接，还可为链接增加表示方向和语义的能力。这极大地丰富了互联网上的资源之间建立联系的能力。但是，正如本章所述，"朴素"的 XLink 元素是多种用途的混合体，对于 XBRL 这种具有特定领域用途的语言而言，这种形式的链接难以验证，并容易导致用户无节制的自定义，造成"过度的灵活性"。XBRL 对其进行了彻底的重构，将互相平行的、完全无结构的全局属性（以及 type 属性值）封装为具有严格结构的各类链接元素。封装后的链接元素有两项优点：其一，链接元素只能用于表达链接关系，而不会承载其他与链接无关的内容；其二，链接元素的结构是严格的，易于用应用程序进行验证。这被称为"语法规范化"，主要由文档 xl-2003-12-31.xsd 实现。

XLink 的另一层规范化是所谓"语义规范化"。XBRL 将封装好的链接元素指定应用于不同的用途，从而确定其语义含义。这些链接元素进一步组成了人们所熟知的展示、标签、计算、引用、定义和脚注 6 个链接库，形成了 XBRL 在关系定义方面的基础结构。

进一步阅读

XLink 及相关标准的语法规范参加 W3C 的标准文件[1,2,3]。XLink 在 XBRL 中的具体应用及代码参加 XBRL 2.1 规范[4,5]。另外，XBRL 国际组织还推出了特定于扩展 XLink 功能的技术标准[6,7]。XLink 在 XBRL 中的应用非常有特点，研究者探讨了这些独特的应用场景和技术设计[8,9,10]。XLink 的应用现在已经开始向多个领域扩展[11,12]。XLink 可以支持对 XML 文档多种结构复杂的查询[13]，并可以与 XML 的其他规范联合使用，实现更为强大的功能[14,15,16,17]。

参考文献

[1] W3C. XML Linking Language(XLink)[EB/OL]. http://www.w3.org/TR/XLinks/, 2001-06-27.

[2] W3C. XML Path Language(XPath)[EB/OL]. http://www.w3.org/TR/xpath, 1999-11-16.

[3] W3C. XML Pointer Language(XPointer)[EB/OL]. http://www.w3.org/TR/xptr/, 2002-08-16.

[4] XBRL 国际组织. XBRL 2.1 规范文件(XBRL Specification 2.1)[S]. 2003-12-31.

[5] XBRL 国际组织. XBRL 2.1 规范化测试组件(XBRL Specification 2.1 Conformance Suite)[S]. 2005-11-07.

[6] XBRL 国际组织. 链接角色登记(Linkbase Role Registry)[S]. 2008-07-31.

[7] XBRL 国际组织. 链接角色登记规范化组件(LRR Conformance Suite)[S]. 2006-02-21.

[8] DA SILVA, M A P, DA SILVA P C. Analytical processing for forensic analysis[C]. Proceedings — IEEE International Enterprise Distributed Object Computing Workshop (EDOCW), 2014.

[9] DA SILVA M A P, DA SILVA P C. Financial forensic analysis[C]. Proceedings of the 13th International Conference WWW/Internet(ICWI), 2014.

[10] CHOU C C, HWANG N C R, WANG T, DEBRECENY R. The topical link model-integrating topic-centric information in XBRL-formatted reports[J]. International Journal of Accounting Information Systems, 2018, 29: 16-36.

[11] POST C, GOLDEN P, SHAW R. Never the same stream: Netomat, XLink, and Metaphors of web documents[C]. Proceedings of the ACM Symposium on Document Engineering(DocEng), 2018.

[12] ZHENG Z, MA Y, LIU Y, ZHANG M. XLINK: QoE-driven multi-path QUIC transport in large-scale video services[C]. SIGCOMM 2021 — Proceedings of the ACM SIGCOMM 2021 Conference, 2021.

[13] LIZORKIN D A. The query language to XML documents connected by XLink links[J]. Programming and Computing Software, 2005, 31(3): 1-15.

[14] LIZORKIN D A, LISOVSKY K YU. Implementation of the XML linking language XLink by functional methods[J]. Programming and Computing Software, 2005, 31(1): 23-41.

[15] AHMEDI L, ARIFAJ M. Processing XPath/XQuery to be aware of XLink hyperlinks[C]. ECC08: Proceedings of the 2nd Conference on European Computing Conference, 2008.

[16] AHMEDI L, ARIFAJ M. Querying XML documents with Xpath/Xquery in presence of XLink hyperlinks[J]. WSEAS Transactions on Computers, 2008, 7(10): 22-33.

[17] MAY W, BEHRENDS E, FRITZEN O. Integrating and querying distributed XML data via XLink[J]. Information Systems, 2008, 33(6): 508-566.

第 6 章

XBRL 基础规范中的逻辑运算

财务报告分析与逻辑运算密切相关。如果要实现自动逻辑运算,则要求存在一个具有可运算性的数理逻辑。XBRL 在其设计思想中即嵌入了数理逻辑概念,并以若干逻辑算子表达逻辑运算方式。在 XBRL 基础规范中,体现两类逻辑运算方式:针对概念和实体的运算,以及针对关系的运算。前者主要用于概念和实体的各类相关关系表达;后者主要用于弧的重载和禁止关系表达。虽然在基础规范中的这些数理逻辑算子仅仅关系判断和合法性校验,但逻辑运算的引入为 XBRL 的应用开创了新的天地。

6.1　概念与实体的逻辑运算:相等谓词与重复判断

无论是在 XML 还是 XBRL 中,如果出现元素重复,都会产生很严重的问题。对于 XML 而言,由于元素是以 URI 路径的形式由软件访问,所以如果 URI 路径重复,将意味着同一位置存在两个不同的资源。不同软件对这种情况处理方式不同,有的软件直接报错,有的软件仅处理第一个资源①,有的随机选择处理一个资源,有的处理所有资源。这就意味着在这种情况下,用户所获得的处理结果是完全不一致、不可靠的。例如,完全无法想象:当用户在浏览器里输入相同的域名或 IP 地址,但展现给用户的网页在 IE 浏览器和 Chrome 浏览器是不同的!

在 XBRL 中,元素重复导致的问题更加严重。XBRL 元素的用途一般都是供 XBRL 处理器进行计算,所以,如果出现元素重复,则参与计算的值就是不确定的,进而计算结果也就是不确定的。同样地,用户也无法想象:使用相同的数据、相同的技术模型,但是不同的 XBRL 处理器,会得到不同的分析结果。更严重的是:当使用某种 XBRL 处理器进行数据分析时,用户根本意识不到其他的处理器会产生不同的分析结果。

---

① 需要注意的是:URI 路径之间是没有顺序的,所以这里资源排序的“第一个”也是不确定的。

所以，无论是在 XML 还是 XBRL 中，重复都是必须发现并排除的。在 XML 中发现重复相对比较容易。由于 XML 重复的唯一判断标准就是 URI 重复，所以只需要通过软件判断 URI 的唯一性即可发现并排除重复。但是，在 XBRL 中，除了这种语法层次的重复，还有语义层次的重复，即虽然两个元素的 URI 是不同的，但从语义角度看其实质是重复的。甚至，在 XBRL 就“重复”而言即存在多种不同含义。在 XBRL 中的元素重复包括：同一（identical）、结构相同（Structure equal，S-Equal）、父节点相同（Parent equal，P-Equal）、值相同（Value equal，V-Equal）、XPath 1.0 路径相同（[XPath 1.0]-equal，X-Equal）、上下文相同（Context equal，C-Equal）和单位相同（Unit equal，U-Equal）。其中括号中给出了这些相同表述的英文术语和缩写，我们使用这些缩写作为相等谓词表达式（equity predicate）。这些相等谓词是多态的（polymorphic），并以递归方式定义。这些谓词满足对称性，即“X (predicate) Y”与“Y (predicate) X”的计算结果相同。显然，不同的要素、数据类型匹配不同的相等谓词。表 6-1 给出了 XBRL 中的各种要素所匹配的相等谓词，以及相等谓词在各种要素中的具体含义，其中与精度相关的内容可参考下文。

表 6-1　相等谓词定义

变量类型	适用谓词	定　　义
节点（node）	identical	如果两个节点是同一的，两个 XML 节点完全相同
序列（sequence）	S-Equal、V-Equal、C-Equal、U-Equal	如果两个序列满足（S-Equal、V-Equal、C-Equal、U-Equal），则两个序列中的每个对应节点（即该节点在序列中的位置相同）是（S-Equal、V-Equal、C-Equal、U-Equal）的
集合（set）	identical、S-Equal、V-Equal、C-Equal、U-Equal	如果集合 X 和集合 Y 满足（identical、S-Equal、V-Equal、C-Equal、U-Equal），则集合 X 中的每个节点都能够在 Y 中找到一个满足（identical、S-Equal、V-Equal、C-Equal、U-Equal）的对应节点，并且两个集合的成员数量相同。需要特别强调的是：一个集合中不存在相同成员
任意 XML 对象（any XML object）	X-Equal	对于一个 XML 对象 A 和一个 XML 对象 B，如果[XPath 1.0]表达式 A = B 的返回值为 true，则称 A 与 B 是 X-Equal 的。如果这个 XML 对象是元素或属性的值，并且这个值的类型是 xsd:decimal、xsd:float、xsd:double 或这些类型的派生类型，则处于解析的目的，这些值必须被处理为数字。如果一个值具有 xsd:boolean 或其派生类型，则该值必须被转换为[XPath 1.0] Boolean 类型，即“1”和“true”的取值被统一为“true”，“0”和“false”的取值被统一为“false”。其他 XML 模式类型的取值都应被作为[XPath 1.0]字符串
文本（text）	S-Equal	若两个文本字符串满足 X-Equal，则它们满足 S-Equal
属性（attribute）	S-Equal	两个属性的本地名称和命名空间分别满足 S-Equal，且其值满足 X-Equal

（续表）

变量类型	适用谓词	定　义
元素(element)（除在本列表中单独列出的元素）	S-Equal	并非同一，但它们的元素本地名称和命名空间分别满足 S-Equal，它们的属性对应地满足 S-Equal，并且其内容模型中的文本、子元素的序列都对应地满足 S-Equal
实体元素(entity)	S-Equal	如果两个 XBRL 中的实体(entity)元素满足 S-Equal，则其对应的子元素 identifier 和 segment 分别满足 S-Equal（任意缺失的 segment 子元素被视为与一个空 segment 元素满足 S-Equal）
起始日期(startDate)	S-Equal	如果日期/时间相同，则对应元素满足 S-Equal
结束日期(endDate)	S-Equal	如果日期/时间相同，则对应元素满足 S-Equal
时间点(instant)	S-Equal	如果日期/时间相同，则对应元素满足 S-Equal
时间元素(period)	S-Equal	如果下面条件之一成立，称两个时间元素(period)是满足 S-Equal 的： (1) 两个元素都只有一个子元素 forever。 (2) 两个元素的子元素 instant 之间满足 S-Equal。 (3) 两个元素的子元素 startDate 之间满足 S-Equal，并且其子元素 endDate 之间也满足 S-Equal
单位元素(unit)	S-Equal	若两个单位元素满足 S-Equal，则其子元素 divide 或子元素 measure 的集合满足 S-Equal
分数元素(divide)	S-Equal	若两个分数元素满足 S-Equal，则其子元素 unitNumerator 和 unitDenominator 对应地 S-Equal
分子元素(unitNumerator)	S-Equal	其子元素 measure 的集合满足 S-Equal
分母元素(unitDenominator)	S-Equal	其子元素 measure 的集合满足 S-Equal
计量元素(measure)	S-Equal	若两个计量元素满足 S-Equal，则要求这两个计量元素内容中的命名空间前缀所解析成的命名空间是相同的，并且元素内容中的本地名称满足 S-Equal
上下文元素(context)	S-Equal	若两个上下文元素满足 S-Equal，则其子元素 period、子元素 entity 和子元素 scenario 都分别对应地满足 S-Equal
数据项元素(item)	S-Equal	若两个数据项元素满足 S-Equal，则： (1) 它们满足 C-Equal。 (2) 它们满足 U-Equal。 (3) 它们的属性 precision 满足 S-Equal。 (4) 它们的属性 decimals 满足 S-Equal。 (5) 如果它们的文本内容是字符串类型或其派生类型时，文本内容满足 S-Equal，如果它们的文本内容是数值型或其派生类型时，文本内容在转换为一个小数形式后，满足 S-Equal
元组元素(tuple)	S-Equal	如果两个元组元素满足 S-Equal，则其子元素(item 和/或 tuple)集合满足 S-Equal

（续表）

变量类型	适用谓词	定　义
用途元素（usedOn）	S-Equal	如果两个用途元素满足 S-Equal，则这两个用途元素的内容中的命名空间前缀解析所得的命名空间是相同的，并且其内容中的本地名称满足 S-Equal
数据项元素（item）	P-Equal	两节点具有同一（identical）的父节点
元组元素（tuple）	P-Equal	两节点具有同一（identical）的父节点
数据项元素（item）	C-Equal	如果两个数据项元素满足 C-Equal，则其属性 contextRef 所指向的 contexts 元素是同一的或满足 S-Equal
任意两个数值型数据项元素（numeric items）	U-Equal	如果数值型数据项 X 和 Y 满足 U-Equal，当且仅当如下条件满足： （1）UX 与 UY 的后继元素 unitNumerator 的集合对应满足 S-Equal。 （2）UX 与 UY 的后继元素 unitDenominator 的集合对应满足 S-Equal。 （3）UX 与 UY 的后继元素 measure 的集合对应满足 S-Equal。 上述 UX 和 UY 分别指 X 和 Y 的 unitRef 属性所指向的 unit 元素。 注意：如果 UX 和 UY 是同一的，则上述条件恒满足
任意两个非数值型数据项元素（non-numeric items）	U-Equal	恒为 true
一个数值型数据项元素和一个非数值型数据项元素	U-Equal	恒为 false
除分数数据项类型（fractionItemType）或其派生类型之外的数值型数据项元素	V-Equal	元素 A 和 B 满足 V-Equal，当且仅当下列条件满足： （1）A 和 B 满足 C-Equal 和 U-Equal。 （2）数值 AN 和 BN 满足 X-Equal，其中 AN 和 BN 分别是 A 和 B 的内容取 N 位有效数字获得的数值，N 是如下 a、b 两种算法所获得的值中较小的一个： a. 在 A 的内容数值中直接给出或通过其小数位数推导得到； b. 在 B 的内容数值中直接给出或通过其小数位数推导得到。 （如果这两个数值型数据项元素中的一个具有一个值为 0 的 precision 属性，则两元素不满足 v-equality）
分数数据项类型（fractionItemType）或其派生类型	V-Equal	元素 A 和 B 满足 V-Equal，当且仅当下列条件满足： （1）A 和 B 满足 C-Equal 和 U-Equal。 （2）AN 和 BN 满足 X-Equal，并且 AD 和 BD 满足 X-Equal。 其中，AN 和 BN 分别是 A 和 B 的分子的规范格式，AD 和 BD 分别是 A 和 B 的分母的规范格式（norm form）。 规范格式：对于一个数据项元素 F，如果它的类型是分数数据项类型或其派生类型，其规范格式是指 F 的分子 FN 和分母 FD 没有一个大于 1 的公因数，并且存在一个整数 N，在 F 的任何一个形式中，分子都可以由 FN 乘以 N 得到，分母都可以由 FD 乘以 N 得到

（续表）

变量类型	适用谓词	定　　义
数值型数据项，其中一个为分数数据项类型或其派生类型，另一个非分数数据项类型	V-Equal	这种情况的两个数据项元素恒不满足 V-Equal
非数值型数据项元素	V-Equal	A 和 B 满足 V-Equal，当且仅当所有下列条件满足： (1) A 和 B 满足 C-Equal。 (2) [XPath 1.0]normalize-space(AC) = normalize-space(BC)，其中 AC 和 BC 分别是 A 和 B 的内容，normalige-space 是 XPath 1.0 中的函数，其作用为去除字符串中的前导和尾随空白
数据项元素	duplicate	数据项元素 X 和 Y 重复，当且仅当所有下列条件满足： (1) X 和 Y 非同一，并且 X 和 Y 的本地元素名称满足 S-Equal。 (2) X 和 Y 在同一命名空间中定义，并且满足 P-Equal、C-Equal 和 U-Equal
元组元素	duplicate	元组元素 X 和 Y 重复，当且仅当所有下列条件满足： (1) X 和 Y 非同一，并且 X 和 Y 的本地元素名称满足 S-Equal。 (2) X 和 Y 在同一命名空间中定义，并且满足 P-Equal。 (3) 对于每个 X 的子元素 A，若 A 也是一个元组元素，则必能找到 Y 中的一个子元素 B，B 也是一个元组元素，且 A 和 B 满足除 P-Equal 的所有重复判定条件；并且，X 和 Y 具有的元组子元素的数目相同。 (4) 对于每个 X 的子元素 A，若 A 是一个数据项元素，则必能找到 Y 中的一个子元素 B，B 也是一个数据项元素，且 A 和 B 满足除 P-Equal 的所有重复判定条件；并且，X 和 Y 具有的数据项子元素的数目相同

下面的例子给出了满足或不满足这些谓词的例子，如表 6-2 所示。这个例子是一个 XBRL 实例文档的片段，由于篇幅限制，删去了与重复判断无关的内容。在这个片段中，包含了两个满足 S-Equal 的上下文，以及两层嵌套(doubly nested)的元组。为叙述方便，表 6-2 中第一列给出了一些元素命名(这些元素命名仅出于描述方便，在现实中是不存在的)。

表 6-2　数据项、元组和上下文的重复发现

元素命名	XBRL 实例文档片段
a analysis	<s:analysis>
b customer	<s:customer>
b name	<s:name contextRef="C1">韩梅梅</s:name>
b gross	<s:gross unitRef="U_RMB" contextRef="C1"precision="4">3001</s:gross>
b returns	<s:returns unitRef="U_RMB" contextRef="C1" precision="3">100</s:returns>

（续表）

元素命名	XBRL 实例文档片段
	<s:net unitRef="U_RMB"contextRef="C1" precision="4">2900</s:net>
	</s:customer>
c customer	<s:customer>
c name	<s:name contextRef="C2">韩梅梅</s:name>
c gross	<s:gross unitRef="U_RMB" contextRef="C1"precision="3">3000</s:gross>
	<s:returns unitRef="U_RMB" contextRef="C1" precision="3">100</s:returns>
	<s:net unitRef="U_RMB" contextRef="C1" precision="4">2900</s:net>
	</s:customer>
d customer	<s:customer>
	<s:name contextRef="C1">韩梅梅</s:name>
	<s:gross unitRef="U_RMB" contextRef="C1"precision="4">3000</s:gross>
d returns	<s:returns unitRef="U_RMB" contextRef="C1"precision="3">500</s:returns>
	<s:net unitRef="U_RMB"contextRef="C1" precision="4">2500</s:net>
	</s:customer>
	<s:customer>
e customer	<s:name contextRef="C1">李雷</s:name>
f name	<s:name contextRef="C2">李雷</s:name>
g name	<s:gross unitRef="U_RMB" contextRef="C1"precision="4">3000</s:gross>
	<s:returns unitRef="U_RMB" contextRef="C1" precision="3">200</s:returns>
	<s:net unitRef="U_RMB"contextRef="C1" precision="4">2800</s:net>
	</s:customer>
h totalGross	<s:totalGross unitRef="U_RMB" contextRef="C1" precision="3">12000 </s:totalGross>
	</s:analysis>
C1	<context id="C1">
	<entity>
	<identifier scheme="http://www.sse.com.cn">600001</identifier>
	</entity>

（续表）

元素命名	XBRL 实例文档片段
	<period>
	<startDate>2021-01-01</startDate>
	<endDate>2021-12-31</endDate>
	</period>
	</context>
U_RMB	<unit id="U_RMB"><measure>ISO4217:RMB</measure></unit>
C2	<context id="C2">
	<entity>
	<identifier scheme="http://www.sse.com.cn">600001</identifier>
	</entity>
	<period>
	<startDate>2021-01-01</startDate>
	<endDate>2021-12-31</endDate>
	</period>
	</context>

上面的实例文档片段共定义了 2 个上下文，其 id 分别为 C1 和 C2。定义了 1 个元组元素 a analysis，a analysis 的子元素有 5 个，其中有 4 个为元组元素，分别是 b customer、c customer、d customer 和 e customer，其子元素均为数据项元素；1 个为数据项元素 h totalGross。虽然这个片段没有给出计算链接关系，仍然可以发现 h totalGross 元素的值是来自 4 个客户的毛收入之和。需要注意的是，虽然 4 个客户的毛收入之和为 12 001（3 001＋3 000＋3 000＋3 000），但根据 h totalGross 元素的精度属性值（precision＝"3"），h totalGross 的仅保留 3 位有效数字，其精确数字是 12 000，按照下文所述的精度规则，与 12 001 是相同的。

表 6-3 给出了基于表 6-2 的元素的重复发现结果。

表 6-3　重 复 发 现

节点 1	节点 2	节点类型	谓词	返回值	分　析
C1	C2	context	Identical	False	具有不同的节点
C1	C2	context	S-Equal	True	子元素 entity 和子元素 period 都满足 S-Equal
f name	g name	item	S-Equal	True	两个元素分别引用的上下文 C1 和 C2 满足 S-Equal
f name	g name	item	P-Equal	True	父元素相同
f name	g name	item	C-Equal	True	具有相等的上下文 C1 和 C2

（续表）

节点 1	节点 2	节点类型	谓词	返回值	分　析
f name	g name	item	V-Equal	True	具有相同的内容:“李雷”
f name	g name	item	duplicates	True	满足 P-Equal 和 C-Equal
b name	c name	item	S-Equal	True	尽管上下文 C1 和 C2 的 id 不同,但满足 S-Equal
b name	c name	item	P-Equal	False	两元素位于不同的用户自定义元组元素中
b name	c name	item	C-Equal	True	具有相同的上下文 np3 和 Xnnp3X
b name	c name	item	V-Equal	True	具有相同的内容“韩梅梅”
b name	c name	item	duplicates	False	不满足 P-Equal,所以无需考虑 V-Equal
b gross	c gross	item	S-Equal	False	子节点不同
b gross	c gross	item	P-Equal	False	父节点不同
b gross	c gross	item	C-Equal	True	两个元素具有相同的上下文元素 np3 和单位元素 u3
b gross	c gross	item	V-Equal	True	Precision 属性值为 3 时,数值“3 001”和“3 000”相等(有效数字相等)
b gross	c gross	item	duplicates	False	不满足 P-Equal,所以无需考虑 V-Equal
b customer	c customer	<tuple>	S-Equal	False	不同的上下文元素 id,其一为 np3,另一为 Xnnp3X
b customer	c customer	<tuple>	P-Equal	True	同一个父元素“a analysis”
b customer	c customer	<tuple>	C-Equal	n/a	谓词 C-Equal 不能应用于元组元素
b customer	c customer	<tuple>	V-Equal	n/a	谓词 V-Equal 不能应用于元组元素
b customer	c customer	<tuple>	duplicates	True	满足 P-Equal, 并且 4 个子元素均满足 V-Equal
b returns	d returns	item	S-Equal	False	值不同
b returns	d returns	item	P-Equal	False	父元素不同,分别为 b customer 和 customer
b returns	d returns	item	C-Equal	True	两个元素具有相同的上下文元素 np3 和单位元素 u3
b returns	d returns	item	V-Equal	False	b 的值为 100, d 的值为 500
b returns	d returns	item	duplicates	False	不满足 P-Equal,所以无需考虑 V-Equal
b customer	d customer	<tuple>	S-Equal	False	子元素 returns 和 net 的值不同
b customer	d customer	<tuple>	P-Equal	True	相同的父元素“a analysis”
b customer	d customer	<tuple>	C-Equal	n/a	谓词 C-Equal 不能应用于元组元素
b customer	d customer	<tuple>	V-Equal	n/a	谓词 V-Equal 不能应用于元组元素
b customer	d customer	<tuple>	duplicates	False	满足 P-Equal,并且子元素 b name 和 b gross 与子元素 d name 和 d gross 对应满足 V-Equal,但是子元素 b returns 和 b net 与子元素 d returns 和 d net 不对应满足 V-Equal

在 XBRL 中,若两个数据项重复检查的相等谓词为真,则说明这两个数据项具有相同的 URI 位置,但可能具有不同的内容。另外需要注意的是,在这个判断中,除 contextRef、unitRef、precision 和 decimals 的属性都必须被忽略。例如,属性 id 不能用于区分两个数据项是否重复。若两个数据项分别出现在一个元组的内部和外部,则无论这两个数据项满足多少相等谓词,都应被视为非重复,因为重复元素的定义就包含父元素相等(P-Equal)的要求。

在确定两个数值型数据项是否满足 V-Equal 谓词时(V-Equal 的作用一般作为原子谓词构建更高层次的相等谓词),精度问题是一个必须要考虑的问题。两个数值是否相等,仅靠判断对应数位数字相同是不够的,还需要根据后文所述的精度规则进行判断。

上述 XBRL 规则已经考虑了存在于 XBRL 数据项和元组中的大多数重复情况。但是,在 XBRL 实例文档中仍然存在这样的情况:即根据上述规则,它们是不重复的,但是从含义上仍然是重复的,显然这种重复能够造成更深刻的元素不一致问题。例如,上例中的 c customer 和 b customer,在相同的上下文中包含实质上相同的内容。出现这种情况是因为计算机语法检验能力的限制性。譬如,在这个例子中,人类阅读者显然会将“姓名”看作某种意义上的、具有唯一性的性质,但因为没有明确指出,计算机不会凭空得出这一元素具有唯一性的结论。

6.2 数据精度

会计信息的核心内容是数量信息,所以数值型数据项类型的元素,特别是货币型数据项类型的元素无论在元素定义方面还是元素实例方面,都是 XBRL 数据的主要部分①。会计系统的复式记账原理和勾稽关系决定了会计信息中的数量信息必须满足精确的数量关系,同时,会计系统中又存在大量的多重数量单位(如千、百万等),这就使得精度关系显得极为重要。XBRL 规范提供了非常灵活而强大的表示精度的机制。

如果一个数据项元素的类型为数值型类型,且不是分数数据项类型(fractionItemType)及其派生类型,或者该数据项的值不是空值(nil),则所有数值型数据项都可以指定数据精度。XBRL 提供了两种表达数据精度的属性:precision 或者 decimals。需要指定数据精度的数据项必须拥有其中一个属性,但不能同时拥有这两个属性。反之,如果一个元素的类型为非数值型类型或不能指定精度的数值型

① 据本项目组的分析,在目前 XBRL 国际组织发布的全部分类标准中,货币型数据项类型的元素定义数量均超过了 60%;在中国发布的所有分类标准中,货币型数据项类型的元素定义均超过了 70%。

类型,则它不能拥有这两个属性中的任意一个。

注意:在判断两个数值型数据项的 V-Equal 谓词时,必须考虑 precision 属性的属性值(如果使用 decimals 属性,则转换至等价的 precision 属性值)。

6.2.1 有效数字属性

有效数字属性(precision)的属性值必须为一个非负整数或字符串“INF”,其含义是数值型数据项内容的数字精度。XBRL 组织并没有提出要求 XBRL 处理器必须满足的数字方面的精度规则,不同的软件会自行定义特定于该软件的精度规则,从而导致不同的输出精度。所以,必须在 XBRL 数据中明确给出精度要求,而 precision 属性的存在则能够使软件系统以一致的精度水平产生输出。如果 precision 属性的值为“n”,则说明该数字具有 n 位有效数字①;如果其值为“INF”,则说明元素内容中的数值即为精确值。如表 6-4 所示。

表 6-4 精 度 含 义

例 子	含 义
precision="9"	9 位有效数字。从第一位非零数字开始,从左至右的 9 位数字是可信的数字,可以参与后续计算

表 6-5 给出了精度表示的数值范围。

表 6-5 精度表示的数值范围

precision 属性值	数值型数据项原有内容	以有效数字表达的形式	下界	上界
INF	476.334	476.334	476.334	476.33400000000…1
3	205	205e0	204.5	205.5
4	2002000	2002e3	2001500	2002500
4	—2002000	—2002e3	—2002500	2001500
2	2012	20e2	1950	2050
2	2000	20e2	1950	2050
1	99	9e1	85	95
0	1234	1234	不可知	不可知

一个具有精度值的实例如下:

<YingShouPiaoJu contextRef="C600001_20211231" unitRef="U_RMB" precision="3">481000 </YingShouPiaoJu>

① 所谓有效数字是指一个数字从第一个非零位开始、从左至右的若干位数字是准确的数字,其余数字的准确性不做保证。

6.2.2 小数位数属性

小数位数属性(decimals)必须为一个整数或字符串"INF",指定可信的小数位数。其准确数字可能由凑整或截尾方法获得。如果一个数值型数据项的 decimals 属性值为 n,我们常常说对应的数据项实例值精确至 n 位小数。如果 decimals 属性值为"INF",则实例值即为准确的可信数字。其含义如表 6-6 所示。

表 6-6 小数位数属性含义

例 子	含 义
decimals="2"	实例值精确至小数点后 2 位数字
decimals="-2"	实例值精确至小数点后-2 位数字,也就是说,精确至小数点前 2 位数字,即百位数字以上精确的

表 6-7 给出了以小数位数表达的等价数值范围。

表 6-7 以小数位数表达的数值范围

decimals 属性值	XBRL 实例值例子	以小数位数表示的形式	下界	上界
INF	436.749	436.749	436.749	436.74900000…1
2	10.00	10.00	9.995	10.005
2	10	10.00	9.995	10.005
2	10.000	10.00	9.995	10.005
2	10.009	10.00	9.995	10.005
0	10	10.	9.5	10.5
-1	10	10.	5	15
-1	11	10.	5	15
3	205	205.000	204.999 5	205.000 5
4	2 002 000	2 002 000.000 0	2 001 999.999 95	2 002 000.000 05
-2	-205	-200.	-250	-150
-2	205	200.	150	250
-2	2 002 000	2 002 000.	2 001 950	2 002 050
-3	2 002 000	2 002 000.	2 001 500	2 002 500
-4	2 002 000	2 000 000.	1 995 000	2 005 000
-3	777 000	777 000	776 500	777 500

6.2.3 小数位数精度推理规则

如果 XBRL 实例中没有给出 decimals 属性值,则下面的规则可供 XBRL 实例文档使用者用来推导出一个正确的 decimals 属性值。

(1) 如果一个数值型数据项的类型是一个分数数据项类型或其派生类型，则其 decimals 属性值实际为“INF”。

(2) 如果一个数值型数据项的精度由 precision 属性而非 decimals 属性指定，则若该数据项要参与计算或重复检查，XBRL 处理软件必须推导出其对应的 decimals 属性值。

(3) 如果 precision 属性值为 0，则实例值的精度无法得知，对应 decimals 属性值也无法得知。在这种情况下，该实例参与的任意 V-Equal 谓词的返回值都是 false，并且该实例参与的任意计算链接的验证都应该返回“不一致”。

(4) 如果 precision 属性值为“INF”，则对应的 decimals 属性值也是“INF”。

(5) 如果 precision 的属性值是一个非“INF”，且大于 0 的整数，则相应 decimals 属性值的推导规则如下：

第一，对于一个值为 0 的数据项，无论 precision 属性的值是多少，推理得到的 decimals 属性值都应为 INF，即将 0 值视为一种具有无穷位小数位数精度的特异情况。

第二，如果数据项的值非 0，则相应的 decimals 属性值由表达式(precision-int(floor(log10(abs(number(item)))))-1)计算得到，其中：

- 表达式中的 precision 是 precision 属性的值；
- int()是一个返回自变量的整数部分的函数；
- floor()是一个返回不大于自变量的最大整数的函数；
- log10()是一个返回以 10 为底的自变量的对数值的函数；
- abs()是一个返回自变量的绝对值的函数；
- number()是一个函数，实现自变量的数值转换，即若自变量是一个非数值型的内容，将其转换为一个数值型的内容；
- item 是数据项的值。

表 6-8　小数位数表示形式与有效数字表示形式的转换

数字形式	decimals 属性值	对应 precision 属性值
123	2	3+2=5
123.456 7	2	3+2=5
123e5	−3	3+5+(−3)=5
123.45e5	−3	3+5+(−3)=5
0.1e-2	5	0+(−2)+5=3
0.001E-2	5	(−2)+(−2)+5=1

6.2.4 数字舍入方法

在给出数据精度后，常常意味着要对数字进行舍入。下面对应两种精度表示形式，给出了两种国际通用的数字舍入方法。

1. 基于有效数字的舍入方法

如果精度通过有效数字指定，则舍入方法有“舍入取整”(Rounding)和“截尾取整”(Truncation)两种。

如果一个数字的值被表述为“精确至 n 位有效数字”，这意味着按照从左至右的字母顺序，从第一个非零的数字开始，前 n 位数是精确的。以前 n 位数组成的数字(如果需要，还需添加零)可以可信地参与计算。

更精确地，在以小数位数表达精确数字时，有效数字是一个能够准确说明数字量级和范围的非零数字。例如，在数字“0.002 63”中，有 3 个有效数字：2、6 和 3。在数字“3 809”中，所有 4 个数字都是有效数字。在数字“46 300”中，4、6 和 3 是有效数字，但是，余下的 2 个 0 的存在使得我们很难得到关于这个数字的有效位数的结论。为避免这种模糊性，可以采用科学记数法，4.63×10^4 的形式表示 3 位有效数字，4.630×10^4 的形式表示 4 位有效数字。

常常在一个算式计算之后，需要对结果数据以四舍五入方法进行精度表示。一般地，四舍五入方法要求将第 n 位(要求的精度数位)后面的数字一律截去(应补足必要的零)。在一种特殊的情况下，即如果原始数字与两个截去后的数字的差相同，则选择最后一位为偶数的数字作为精度表达数字。如表 6-9 所示。

表 6-9 舍入取整

原始数字	四舍五入至有效数字	
	n=2	n=3
3.564 3	3.6	3.56
3.567 3	3.6	3.57
0.497 87	0.50	0.498
3.999 9	4.0	4.00
9.999 991	10	10.0
22.55	23	22.6†
22.65	23	22.6†
0.001 9	0.001 9	0.001 90
0.000 02	0.000 020	0.000 020 0

†指出现舍入偶数者

同样的方法也可以用于以有效数字表达的数字精度计算中，即在 XBRL 实例文档中以 precision 属性表示的精度概念中。

2. 精确至 n 位小数

如果一个数字表示形式被称为“精确至 n 位小数”，则该数字按照 IEEE 规则(IEEE 4.3.1 Rounding-direction attributes to nearest, roundTiesToEven)进行四舍五入。如果 XBRL 实例文档中的事实数据具有属性 decimals 和对应的属性 n，应该使用上述四舍五入方法产生一个具有 n 位准确数位的数字。表 6-10 给出了数字 123 456.789 012 在各种不同精度下的精确数字。

表 6-10　精确至 n 位小数

数字 123 456.789 012 精确至 n 位小数				
n=−3	n=−2	n=0	n=3	n=6
123 000	123 500	123 457	123 456.789	123 456.789 012
数字 123 450 精确至 n 位小数				
123 000	123 400*	123 450	123 450.000	123 450.000 000
数字 123 550 精确至 n 位小数				
124 000	123 600*	123 550	123 550.000	123 550.000 000
* 指出现舍入偶数者				

6.3　关系的逻辑运算:重载和禁止

XBRL 中的关系本身也是一种元素。虽然关系元素不像概念元素那样可以进行数量运算，但仍可以通过逻辑运行，产生丰富的、功能强大的支持机制。

6.3.1　可发现分类标准集合

从计算机语言处理的角度，XBRL 应用的实质是一种语法定义，其语法能够将一个现实中的事实与一个特定上下文中的概念的值相联系。使用这种语法的目标是在财务阅读和分析中降低人工工作量，让计算机软件能够有效和可靠地查询、解析和解释这些事实。

一个 XBRL 实例文档可以由多个 XBRL 分类标准所支持。XBRL 分类标准之间也可以用多种方式进行互相连接、扩展以及修正。在一般情况下，当解析一个 XBRL 实例文档时，需要同时考虑多个相关的分类标准。如前所述，这些分类标准组成的集合被称为“可发现分类标准集合”(Discoverable Taxonomy Set, DTS)。

DTS 的边界通过从某些文档(实例文档,分类模式或分类链接库)出发、使用 DTS 发现规则进行确定。需要注意的是:尽管 XBRL 实例文档是 DTS 发现的起点,它本身并不是 DTS 的一部分;但是,作为 DTS 发现起点的分类模式和链接库是 DTS 的一部分。

DTS 发现规范是通过文档的发现过程描述的。在 DTS 发现过程中,软件系统递归地执行以下规则,并将符合规则的文档加入至 DTS 中。XBRL 分类标准包含模式文档和链接库文档两个部分,对应地,发现规则也针对模式文档和链接库文档分别制定。

1. 模式文档的发现规则

以下步骤描述了模式文档的发现规则:

(1) 所有直接被一个 XBRL 实例文档引用的模式。引用方式通过＜schemaRef＞、＜roleRef＞、＜arcroleRef＞或＜linkbaseRef＞等元素实现。发现过程是使用＜schemaRef＞、＜roleRef＞、＜arcroleRef＞或＜linkbaseRef＞等元素中的 xlink:href 属性值实现的。这些元素的@xlink:href 属性值是一个 URI 的形式,它指向被发现分类模式的网络位置。

(2) 所有被一个在 DTS 中的分类模式文档通过 import 或 include 元素引用的分类模式。

(3) 所有被一个在 DTS 中的链接库文档通过 loc 元素引用的分类模式。发现过程是使用 loc 元素中的 xlink:href 属性,同样地,它指向被发现分类模式的网络位置。

(4) 所有被一个在 DTS 中的链接库文档通过 roleRef 元素引用的分类模式。发现过程是使用 roleRef 元素中的 xlink:href 属性,同样地,它指向被发现分类模式的网络位置。

(5) 所有被一个在 DTS 中的链接库文档通过 arcroleRef 元素引用的分类模式。发现过程是使用 arcroleRef 元素中的 xlink:href 属性,同样地,它指向被发现分类模式的网络位置。

(6) 所有被一个在 DTS 中的链接库文档通过 linkbaseRef 元素引用的分类模式。发现过程是使用 linkbaseRef 元素中的 xlink:href 属性,同样地,它指向被发现分类模式的网络位置。

注意:在 XML Schema 中合法的 redefine 元素在 XBRL 规范中是被禁止的,所以 redefine 元素不能起到发现分类模式的作用。

2. 链接库文档的发现规则

以下步骤描述了链接库文档的发现规则:

(1) 所有被一个 XBRL 实例文档通过 linkbaseRef 元素直接引用的链接库。

linkbaseRef 元素中的 xlink:href 属性指定了被发现链接库的网络地址。

(2) 所有被一个已经在 DTS 中的分类模式通过 linkbaseRef 元素直接引用的链接库。同样地，linkbaseRef 元素中的 xlink:href 属性给出了被发现链接库的网络地址。

(3) 在一个 DTS 中，存在一些由 XPath 表达式所确定的节点，如果这些节点表达式中包含了链接库的地址，则这些链接库也应被加入 DTS。

(4) 所有被一个在 DTS 中的链接库文档通过 loc 元素引用的分类链接库。发现过程是使用 loc 元素中的 xlink:href 属性，同样地，它指向被发现分类链接库的网络位置。

例如，在《企业会计准则通用分类标准》中包含了关于工商业中的“费用”(expense)的一般概念。一个电子类企业通过包含《企业会计准则通用分类标准》而使用费用概念，另外，这个企业还定义了一个特定于该企业的费用概念，如“调试费用”(commissioning expense)，并且会有一个由“费用”指向“调试费用”的链接，所有企业自定义的概念和链接都位于一个独立的分类标准中，如“电子类分类标准”(EE Industry Taxonomy)。

在这种情况下，该企业的实例文档中必然有一个 schemaRef 元素，用于引用电子类分类标准。所以，这个实例文档就成为 DTS 发现的起点，并通过这个 schemaRef 元素将电子类分类标准模式文档作为第一个成员加入 DTS。然后，在电子类分类标准模式文档中必然有一个 linkbaseRef 元素，指向电子类分类标准链接库文档，因此，对应的电子类分类标准链接库文档成为 DTS 的第二个成员(如果只有一个链接库)。以此类推，使用电子类分类标准链接库中的 loc 元素将《企业会计准则通用分类标准》模式文档加入 DTS，并进一步将《企业会计准则通用分类标准》链接库文档加入 DTS。

从上例可以看出，多个 DTS 也可以作为“构造块”(building blocks)子集组合成更大、更复杂的 DTS。用户可以使用现有的 DTS 组合成更高层次的 DTS，并通过扩展分类标准选择性地添加所需的概念和关系。

尽管，在事实上，一些 XBRL 处理软件可以在不引用 DTS 的情况下对 XBRL 实例数据进行处理，但规范的方式要求 XBRL 处理软件对任意 XBRL 实例数据的解析和处理都应基于 DTS 的内容进行。

例如，给定一个 XBRL 实例文档，为正确处理一组分录及账户数值，必须找到与事实相联系的标签。这些标签位于标签链接库中，而标签链接库的位置由分类模式文档中的 linkbaseRef 元素确定。所以，为了处理这个事实，应用程序必须追踪到所有支持这个事实的模式文档和链接库文档，并进一步找到相应的概念定义和关系声明。

在处理 XBRL 实例文档时，只要与处理相关，应用程序就应该以这种方式使用所有被直接引用或间接引用的模式文档和链接库文档。同时，当确定以该 XBRL 实例文档为起点的 DTS 时，应该解析 DTS 中所有的模式文档和链接库文档。

6.3.2 弧的重载和禁止

在上述所有类型的 arc 元素中，都可以有一个可选的 use 属性，这个属性的取值为枚举值{optional, prohibited}。若 use 属性未出现在 arc 元素中，意味着 arc 元素的 use 属性具有默认值“optional”。另外，这些 arc 元素还可以有一个可选的 priority 属性，属性值的类型为整数类型，其默认值为 0。在 use 属性和 priority 属性的支持下，XBRL 具有对弧进行重载和禁止的能力。这使得用户能够在不改变基础分类标准的前提下，对分类标准中的关系进行重建。

首先给出一个贯穿下面讨论的弧基础集合的定义。一个 DTS 中的所有弧都被划分至不同的弧基础集合(base set of arcs)中。一个弧基础集合中的所有弧应该满足下列条件。

(1) 具有相同的本地名、命名空间和 xlink:arcrole 属性值。

(2) 其父元素 Extend Link 具有相同的本地名、命名空间和 xlink:role 属性值。

DTS 中的每一个弧基础集合都代表一个参与关系网络的备选的关系集合。在一个 DTS 关系网络中，从表面上看，一个弧基础集合中的每一个弧都参与了 DTS 关系网络。但是，事实上，对于每个弧基础集合，在应用关系禁止和重载规则后，将确定出一个弧基础集合的子集，该子集才是真正实际参与 DTS 关系网络的弧的集合。

关系禁止和重载规则的应用方式是将弧基础集合中的每个弧表达的关系与该集合中所有其他弧表达的关系进行比较。如果一个弧基础集合中两个弧满足在后模式验证信息集(Post-Schema-Validation Infoset, PSVI)中，两个弧具有相同数量的非豁免属性(non-exempt attributes)，并且这些非豁免属性对应的结构相等(S-Equal)，则称这两个弧等价。

按照上述条件，属性 use、属性 priority 以及所有在命名空间 http://www.w3.org/2000/xmlns/和 http://www.w3.org/1999/xlink 中定义的属性都是豁免的(exempt)。除此之外的所有属性都是非豁免的。注意：根据 PSVI 规范，所谓豁免问题是在去除具有默认值和固定值的情况之外考虑的。这意味着在两个关系等价的 arc 中，位于“from”一端的元素和位于“to”一端的元素对应相等。

1. 关系禁止和重载

基于弧基础集合，用户可以构建一个关系网络。如果在这个弧基础集合中的弧具有 use 和 priority 这两个属性之一，则基于这两个属性，针对其中的等价弧应用禁止和重载规则，就可以排除那些冗余的弧，找出那些实际存在于网络中的关系。

关系禁止和重载规则如下：

（1）禁止关系和被禁止关系都被从网络中排除。

（2）如果一个关系具有最高优先级，并且该关系不具有禁止标志（即该关系对应弧的 use 属性不出现，或者 use 属性值为 optional），则该关系称为主要关系（overriding relationship），应被包含于关系网络中，其他所有关系都被排除于关系网络之外。

（3）如果存在多个关系具有同样的最高优先级，并且所有这些关系都不具有禁止标志，则这些关系中有且只有一个被包含于关系网络中。被选中的关系被称为主要关系，其他所有关系都被排除于关系网络之外。关系的选择方式依具体的软件而定。

（4）如果存在多个关系具有同样的最高优先级，并且在这些关系中，至少有一个具有禁止标志，则所有这些关系都应被排除于关系网络之外。

表 6-11 给出了关系被禁止和重载的案例。

表 6-11　关系禁止和重载案例

如果一个弧基础集合中存在如下表示等价关系的两个弧，则这两个关系都不应包含于由该弧基础集合产生的对应关系网络中。 弧 A 具有属性 use="optional"和属性 priority="1"表示关系 A 弧 B 具有属性 use="prohibited"和属性 priority="2" 表示关系 B 注意：弧 B 具有较高的优先级和一个禁止标志。按照规则（1）和规则（4）：首先，因为弧 B 具有较高的优先级，所以关系 A 被从弧基础集合对应的关系网络中排除；其次，因为弧 B 具有一个禁止标志，所以关系 B 也被从该关系网络中排除
如果保持上述情况不变，另一个弧 C 被加入该弧基础集合，弧 C 满足： 弧 C 具有属性 use="prohibited"和属性 priority="3"表示关系 C，并且关系 C 等价于关系 A 和关系 B。 因为弧 C 具有最高优先级，所以，按照规则（1）和规则（4）：关系 C 将关系 A 和关系 B 排除于弧基础集合对应的关系网络之外；另外，由于弧 C 本身具有禁止标志，所以弧 C 也将自己排除于该关系网络之外
这时，如果又有一个弧 D 被加入该弧基础集合，弧 D 满足： 弧 D 具有属性 use="optional"和属性 priority="4"表示关系 D，并且关系 D 等价于关系 A，关系 B 和关系 C。 因为弧 D 具有最高优先级，所以，按照规则（2）：关系 D 将关系 A，关系 B 和关系 C 排除出弧基础集合对应的关系网络。因为关系 D 没有禁止标志，所以它将自身加入该关系网络，从而消除了关系 B 和关系 C 的机制效果

（续表）

然后，又有一个弧 E 被加入至该弧基础集合，弧 E 满足： 弧 E 具有属性 use="optional"和属性 priority="4"表示关系 E，并且关系 E 等价于关系 A、关系 B、关系 C 和关系 D。 因为关系 E 的优先级高于关系 A、关系 B 和关系 C，所以，按照规则(3)：关系 A、关系 B 和关系 C 都被关系 E 排除于弧基础集合对应的关系网络之外。但是，关系 E 和关系 D 的优先级是相同的，所以在该关系网络中出现关系 D 还是关系 E 是不确定的，不同的软件系统将会有不同的选择。但由于关系 E 和关系 D 是等价的，所以，到底出现关系 D 还是关系 E 是无关紧要的，完全不影响所要表达的语义
进一步地，又有一个弧 F 被加入至该弧基础集合，弧 F 满足： 弧 F 具有属性 use="prohibited"和属性 priority="4"表示关系 F，并且关系 F 等价于关系 A、关系 B、关系 C、关系 D 和关系 E。 因为关系 F 的优先级高于关系 A、关系 B 和关系 C，所以，按照规则(4)：关系 A、关系 B 和关系 C 被排除于弧基础集合对应的关系网络之外。同时，关系 F、关系 D 和关系 E 的优先级是相同的，且关系 E 具有一个禁止标志，所以关系 D、关系 E，以及关系 F 本身都被排除于该关系网络之外

在将一个 DTS 中的所有弧划分为基础集合，并对每个弧基础集合应用禁止和重载规则之后，形成了一个关系网络的集合。对集合中的每一个关系网络而言，其中的关系具有如下特征：

(1) 表示关系网络中关系的所有弧都具有相同本地名、命名空间和 arcType 元素上的 xlink：arcrole 属性值。

(2) 表示关系网络中关系的所有弧的父元素——extendedType 元素都具有相同本地名、命名空间和 xlink：role 属性值。

(3) 所有关系都没有禁止标志，没有被禁止，也没有更高优先级的等价关系。

2. 关系环

应用禁止和重载规则可以对关系网络中的环进行规制。在关系网络中可能会出现这么一种情况，即从节点 A 出发可以回到 A，这被称为关系环(cycle)。显然，从语义角度，不是所有的关系环都允许在关系网络中出现。所以，在 arcroleType 元素中必须具有一个 cyclesAllowed 属性，用于确定在关系网络中允许出现哪些种类的关系环。如果一个 XBRL 处理软件能够完全遵守 XBRL 规范，则该软件必须检查出关系网络中非法的关系环。

按照拓扑学理论，XBRL 中的关系网络构成了一个有向图(directed graphs)，其中，顶点(vertices)是作为弧起点和终点的元素(元素间关系)或资源(元素内关系)，路径就是顶点之间的指向关系。每一个关系都可以表示为一个顶点的有序对 (u, v)。从 v_0 到 v_n 的路径就可以表达为一个顶点的序列 $<v_0, v_1, \cdots, v_{n-1}, v_n>$。这时，如果从某一个顶点出发，存在一条按照关系方向能够回到该顶点的路径，则称该有向图中包含一个有向环。也就是说，存在一个顶点序列 $<v_0, v_1, \cdots, v_{n-1}, v_n>$，其中 $v_0 = v_n$，并且对于每个 v_i，满足 $0<=i<n$，存在一条有向边 (v_i, v_{i+1})。如图 6-1 所示。

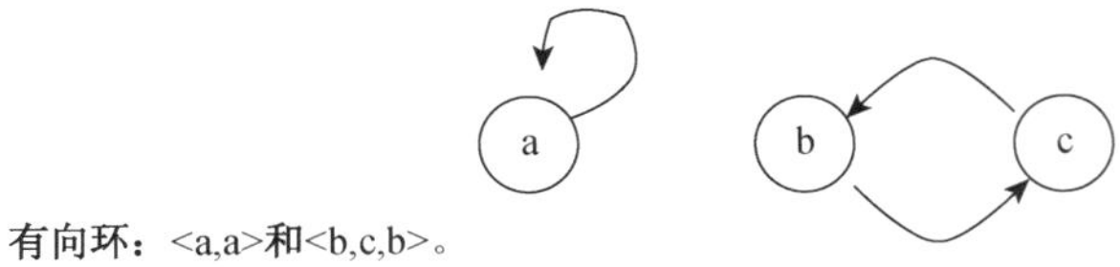

图 6-1　有向环

一个有向图也可以包含一个无向环。如果从图中的某一个顶点出发，存在一条不考虑关系方向能够回到该顶点的路径，则称该有向图中包含一个无向环。也就是说，存在一个顶点序列$<v_0, v_1, \cdots, v_{n-1}, v_n>$，其中$v_0 = v_n$，并且对于每个$v_i$，满足$0 <= i < n$，存在一条有向边$(v_i, v_{i+1})$或者一个有向边$(v_{i+1}, v_i)$，且这两个边之一未出现在该路径的其他位置上。如图 6-2 所示。

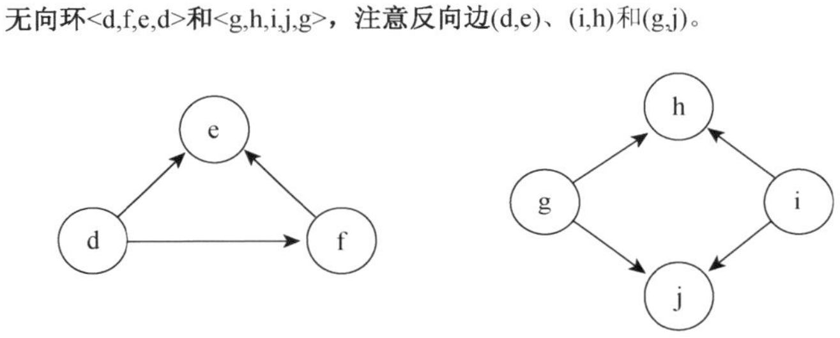

图 6-2　无向环

显然，如果一个图包含一个有向环，则它也必然包含一个无向环。

属性 cyclesAllowed 的取值必须为如下枚举值之一。如表 6-12 所示。

表 6-12　cyclesAllowed 的属性取值

值	含　　义
any	图可以包含任意数量的有向环和任意数量的无向环
undirected	图可以包含任意数量的无向环，但不能包含任意一个有向环
none	图不能包含任意一个有向环或无向环

例如，在许多报表中会有一个小计概念(sub-total)，如"流动资产小计"。小计概念的创建者常常会既创建从小计概念到细节概念的弧，如从"流动资产"到"货币资金"，也会创建总计概念到小计概念的弧，如从"资产总计"到"货币资金"。这时，将会出现两条从总计概念到细节概念的弧，一条从总计概念通过小计概念到达细节概念，另一条从总计概念直接到达细节概念。在计算链接情况下，这可能会导致值的重复计算。所以，小计概念的创建者应该创建禁止弧(use 属性值为 prohibited)来防止这种情况，即在关于计算的关系网络中消除直接从总计概念到细节概念的弧，如图 6-3 所示。

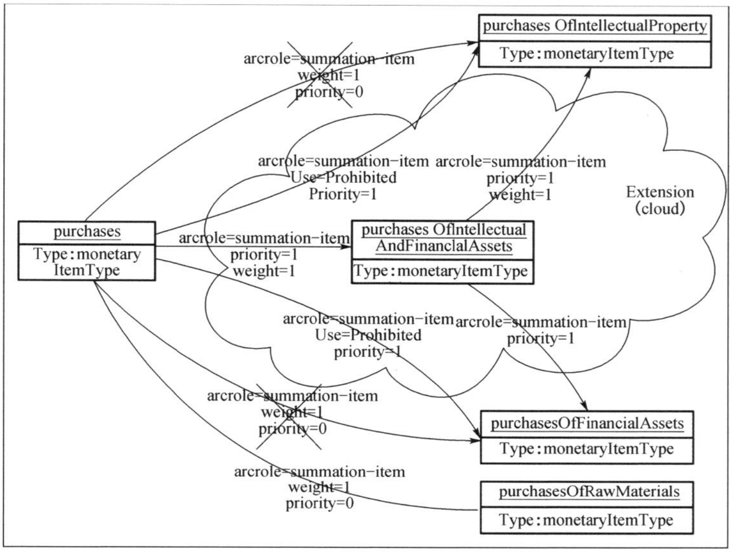

图 6-3　使用关系禁止在计算关系网络中插入一个新的小计概念

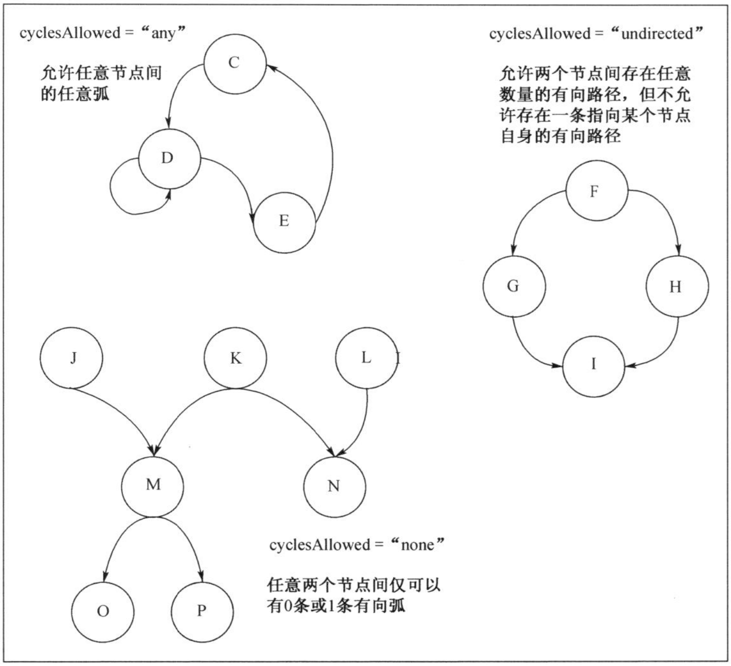

图 6-4　环的类型

根据在 XBRL 中的关系语义,不同类型的环具有不同的意义和作用,有的环表示了一种有意义的聚合关系;而有的环则表示一种语义上的冲突,从而必须被发现并消除,如图 6-4 所示。

为了描述概念间的关系网络,考虑如下可能会在分类标准中定义的概念,如表 6-13 所示。

表 6-13　财务报告分类标准中的概念举例

标　　签	元素名称	余额方向	替代组
损益表	incomeStatement		
…其他分类标准概念	(…)	(…)	(…)
利润总额	netIncomeBeforeTax	credit	item
所得税	taxes	debit	item
税后利润	netIncomeAfterTax	credit	item
非经常性损益	extraordinaryItems	debit	item
净利润	netIncome	credit	item
绩效	performanceMeasures		item

假定有如下数学关系:

netIncomeAfterTax = netIncomeBeforeTax-taxes

netIncome = netIncomeAfterTax-extraordinaryItems

对于上述关系:

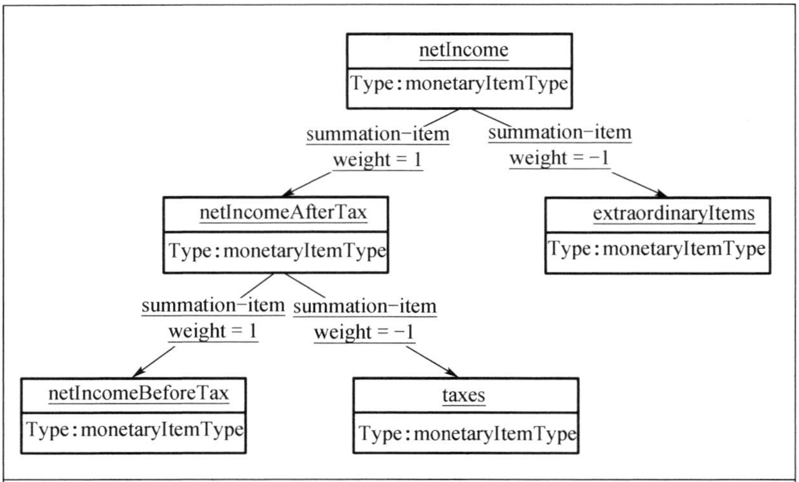

计算层次结构:每个数据项都参与且只参与一个和式的计算。每个弧上都标注了参与计算的数据项的权重,这个权重值由weight属性值给出。

图 6-5　计算链接库中的层次结构

(1) 计算链接库包含了相应的计算扩展连接,以表示 netIncome、netIncomeBeforeTax 和 netIncomeAfterTax 等概念间的数学关系。每个上述公式都有相应的链接表达,所有的关系形成了一个树形的层次结构,如图 6-5 所示。

(2) 定义链接库中包含了概念间的定义关系。在下面的情况中,分类标准定义了一个元素 performanceMeasures(绩效),而绩效的计量方式包括 netIncome、netIncomeBeforeTax 和 netIncomeAfterTax 3个指标。我们使用一个 xlink: arcrole 属性及相应的属性值 http://www. xbrl. org/2003/arcrole/general-special(绝对 URI 形式),以给出定义关系的类型,如图 6-6 所示。

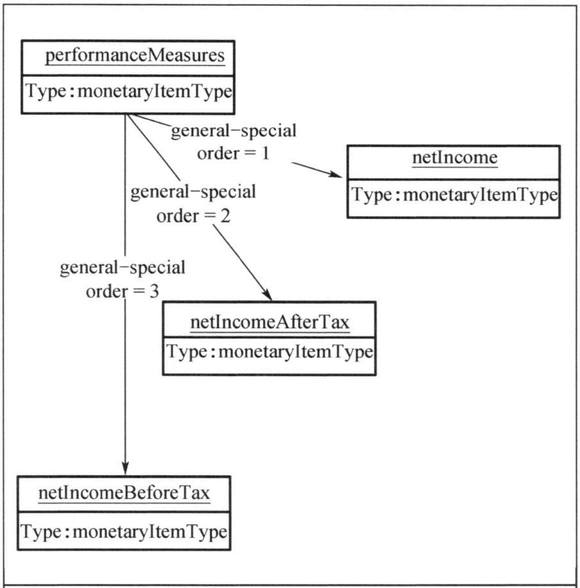

定义层次结构:多个概念被定义为 "绩效计量指标"。弧上标注的 order 属性值给出了层次结构中的展示顺序。

图 6-6 定义链接库中的 general-special 弧层次结构

(3) 展示链接库中给出了每个元素所位于的层次和层中的顺序。通常,不同的用途决定了不同的展示结构。下面给出了一种常见的展示结构,这种结构符合人们的一般性理解,这有助于在整个分类标准的生命周期中保持展示结构的一致性。在某种意义上,展示结构应该是一种与上下文无关的通用的元素排列结构(反之,实例文档中的元素则是与上下文相关的)。在分类标准发布时,无需给出所有的潜在展示关系,而只需要给出从设计者角度给出的展示关系即可。在本例中,展示链接表示了概念在相应的财务报告中的组织形式。在其他的展示链接库中,可能将这些概念先组织成多个子集,再组织成一个集合,如图 6-7 所示。

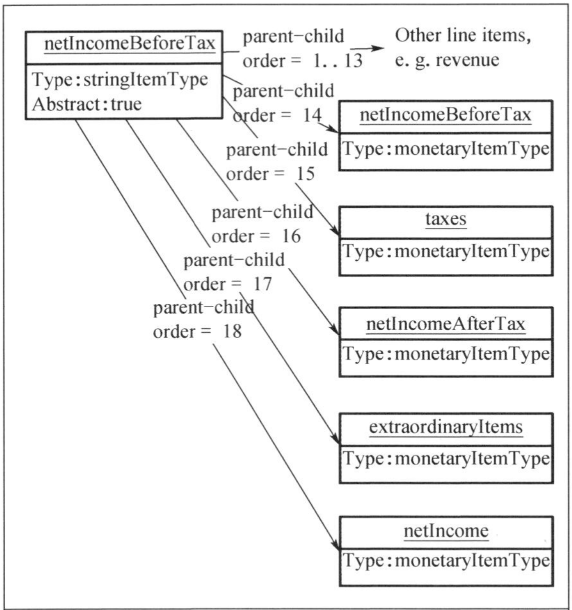

展示层次结构：模仿了这些数据项在损益表中的出现顺序。弧上标注的order属性值与这些概念在损益表中出现的顺序一致。

图 6-7　展示链接库中的层次结构

在上述这些例子中，3 个链接库都形成了树形结构。但是，在现实中，链接库并不需要形成一个严格的树形结构。特别在计算链接中尤为如此，例如，可以同时存在多种计算“股份变动”的方式：

方式一：计算发行和回购的普通股差额，并计算发行和回购的优先股差额，然后两者加和。

方式二：计算所有发行的普通股和优先股，并计算所有回购的普通股和优先股，然后计算两者的差。

尽管这些计算关系都是符合层次结构（也就是说，不会构成一个环），但它们不会构成一个树形结构。

本章小结

作为一个严格的数据模式，一方面，XBRL 满足数理逻辑的要求；另一方面，XBRL 大量复杂的校验工作也需要计算机借助数理逻辑自动实现。在 XBRL 基础规范中，引入了基于一阶逻辑的数理逻辑算子。这些算子分别应用于概念和实例的校验，以及关系的校验。对于概念和实体，主要是从多个角度描述其相等关系；

而对于关系，由于 DTS 的形成，必须通过重载和禁止来确认关系的有效性。

进一步阅读

逻辑运算在 XBRL 领域中非常重要，但在研究中极少涉及。XBRL 中的主要逻辑运算符和运算方法见 XBRL 2.1 规范文件[1,2]。在这些 XBRL 系统的内建(built-in)运算符中，大多数都与 XML 元素的内容模型和数据类型相关[3]。XBRL 逻辑运算本质上与描述逻辑等价[4]，因此一些研究者提出了将 XBRL 逻辑运算转换成描述逻辑的算法[4,5,6,7]，并进一步基于描述逻辑实现部分逻辑推理与合法性验证等功能[8,9,10]。

参考文献

[1] XBRL 国际组织. XBRL 2.1 规范化测试组件(XBRL Specification 2.1 Conformance Suite). 2005-11-07.

[2] XBRL 国际组织. XBRL 2.1 规范文件(XBRL Specification2.1). 2003-12-31.

[3] W3C. XML Schema part 2: datatypes[EB/OL]. 2nd ed. http://www.w3.org/TR/2004/REC.xmlschema.2.20041028/. 2004-10-28.

[4] DECLERCK T, KRIEGER H-U. Translating XBRL into description logic. an approach using Protege, Sesame & OWL[C]. 9th International Conference on Business Information Systems(BIS 2006), 2006.

[5] WANG D, CHEN Y, XU J. Knowledge management of web financial reporting in human-computer interactive perspective[J]. Eurasia Journal of Mathematics, Science and Technology Education, 2017, 13(7): 3349-3373.

[6] PAN D, ZHANG Y, WANG D. On formalization of metadata in XBRL based on a temporal description logic TDLBR[J]. Journal of Information and Computational Science, 2012, 9(15): 4477-4484.

[7] ETUDO U, YOON V, LIU D. Financial Concept Element Mapper (FinCEM) for XBRL interoperability: utilizing the M3 Plus method[J]. Decision Support Systems, 2017, 98: 36-48.

[8] PAN D, ZHANG Y, WANG D. on formalization and reasoning algorithm in distributed XBRL system[J]. Information Technology Journal, 2013, 12(23): 7739-7743.

[9] WANG D, PAN D, ZHANG Y. Reasoning on XBRL metadata in description logic[J]. Information Technology Journal, 2013, 12(24): 8000-8004.

[10] PAN D, WANG D. Consistency checking of XBRL based on a description logic DLRBR[J]. Journal of Computational Information Systems, 2012, 8(16): 6741-6748.

第7章

财务报告分类标准建模规则

XBRL 分类标准制定可以视为会计领域的计算机信息建模，所以财务报告的分类标准制定又被称为财务报告分类标准建模。XBRL 基本规范是分类标准建模中所使用的语法元素，但是，仅仅符合语法规则只是满足了最基本的要求，并不能保证产生高质量的信息模型。信息建模具有自身的规律，本章将对此进行探讨。

财务报告的粒度分为 4 个层次，从粗粒度到细粒度分别是框架、模块、复合元素和简单元素。在不同层次，研究者关注不同的问题，在框架层，重点是报告总体结构的设计（如是否分行业）和高层文件结构；在模块层，关注报告内部的再次划分（即模块）和模块内的元素组织；在复合元素层，核心问题是复合元素的实现方法与评价；在简单元素层，主要针对特殊简单元素的处理等。另外，在每个层次，都应该合理解决元素的识别性问题，这一般是通过标签规则进行处理的。

本章给出了其中 3 个层次的建模原则，并对 XBRL 领域现有成熟的建模理论 FRTA（Financial Report Taxonomy Architecture，财务报告分类标准架构）和 FRIS（Financial Report Instance Standard，财务报告实例标准）进行了解析。最后，本章阐述了具有一般性的标签及标签角色规则。

7.1 建模原则概述

从方法论的角度看，财务报告分类标准的制定过程就是应用 XBRL 对财务报告建模的过程。在建模的过程中，可以依据的理论和技术基础包括两个部分：其一是 XBRL 的规范集合，包括基本规范（Specification）和各种扩展规范（如 Dimensions、Formula、Rendering 和 Versioning 等），这是建模的语法基础；其二是 XBRL 的建模过程规则，这是指导建模过程的方法，其目标是从动态建模的角度确保分类标准的规范性、精确性和一致性。基本规范中包含的建模过程规则是极少的，并且大多以隐式的形式存在；FRTA 和 FRIS 中的建模过程规则大多数与基本规范重复，真正有效的规则很少，也不足以作为完整的建模过程规则集合。因此，根据建模过程中的不同层次问题，本书总结国际上的最新成果，结合中国的财务报告分类标准制定和应用的现状，考察已有的实践，提出了一套完整的建模过程规则。

7.1.1 粒度划分

从建模角度，将财务报告分为 4 个粒度层次。

1. 框架

框架是指从总体上，全部报告领域的组织形式，包括是否分行业、分多少个行业、分行业与核心元素之间的关系等。从文件组织形式上看，就是分类标准被分为多少个文件，以及这些文件如何组织等。

2. 模块

模块是指在一个分类标准文档内部元素子集的划分，以及子集内元素的组织等。从建模过程看，就是我们如何将一个完整的财务报告文档划分为更小的分组，然后在分组中提取元素和关系，最后将分组集成为一个完整的分类标准。

3. 复合元素

本书给出一种新的元素分类方法：简单元素和复合元素。所谓复合元素，是指元组、维度以及它们的子元素，其中，元组、维度（包括维度基本元素、超立方块、维度和域）称为复合父元素，其子元素（数据项，item）称为复合子元素。所谓简单元素，是指不与任何复杂元素发生语法关系的数据项元素。显然，一方面，复杂元素具有内部结构；另一方面，在一般情况下，也难以构成一个独立的模块。

4. 简单元素

简单元素不包含任何具有 XBRL 意义的内部结构，因此，一般来说，当模块以及复合元素确定后，其建模过程是直接的和确定的。但是，在简单元素中有一类特殊的情况，我们称之为“大文本元素”（big-text）。大文本元素不但有较长的篇幅，其数据长度往往远远超过一般的字符串类型；并且常常会包括段落结构，甚至会在其中出现表结构，典型的如描述会计政策的元素。

7.1.2 建模规则概述

针对上述 4 个粒度层次，本书相应地给出了 4 种建模规则集合。

1. 框架规则

框架规则用于指导最高层次的结构建模问题，形成合理的框架结构。我们认为，FRTA 中已经包含框架规则的萌芽（FRTA 规则 4.2.1），研究者意识到了这一点，并根据各自的实践分别从不同角度提出了一些有关框架的建模规则，如框架（framework，见 UK-GAAP，IFRS）、架构（architecture，见 US-GAAP）等。本书在此基础上提出了完整的针对框架粒度的建模规则。

2. 模块规则

模块规则真正解决了分类标准建模的操作性问题。分类标准制定者可以根据模块规则，将一份庞大的、结构非常复杂的财务报告进行解构和降维，将其复杂度降至实际可操作的程度。XBRL 创始人 Charlies Hoffman 根据软件工程中的理论，将财务报告中的局部组织结构进行整理，提出了一个称为模式（pattern）的方法，其中给出了一系列的原型（prototype）。但是，这一方案中不完善之处甚多，其中最重要的问题是粒度层次不统一问题和模式冗余问题。

1）粒度层次不一致问题

在该方案中，有些结构层次过低，如仅用一个简单元素就可表达；有些结构层次过高，是需要在框架层次解决的问题。这就给模式运用带来了混乱。

2）模式冗余问题

显然，粒度层次不一致问题的一个直接后果就是模式冗余问题。另外，即使是在同一个粒度层次上，一个模块实际上也可以不加区别地匹配多个模式。显然，这就失去了指导分类标准制定者一致地、精确地建模的意义。

沿着这一思路，剔除了不在模块层次上的原型结构，本书提出了一个原型结构集合，该集合满足下列条件：

（1）全集条件。即所有原型结构的并集涵盖了财务报告中的所有局部结构。

（2）最小冗余条件。即在一般情况下，任一种局部结构符合的原型结构数量最少。显然，最小冗余条件的理想情况就是正交条件，即任一种局部结构只能符合一种原型结构。然而，这种理想条件实际上是不存在的。

在模块规则的指导下，分类标准制定者将财务报告的全部内容划分为若干个局部结构，并根据局部结构的种类建立相应的分类标准片段。

3. 复合元素规则

在维度规范进入应用之前，人们自然地、直白地使用元组来描述复合元素。但随着应用的深入，这种方案暴露出了许多问题，并直接影响到 XBRL 的会计信息质量基础——XBRL 的可比性。虽然维度规范的出现是为了解决区别于元组结构的其他问题，但研究者发现维度可以作为元组结构的重要补充，甚至可以替代元组结构。本书提出的复合元素规则可以指导分类标准制定者在何种情况下使用元组，在何种情况下使用维度，并提出了一个改进的维度使用方案。

4. 简单元素规则

本书在简单元素的建模中重点关注大文本元素的建模问题，并提出了一种基于 HTML 的、面向呈现的大文本结构。这样，可以保留大文本中的内容结构，也满足了“简单元素内容中不具有任何具有 XBRL 意义的结构”的约束。

本书仅给出上述规则的一般性描述,并不涉及上述规则的实现与测试。具体包括以下内容。

(1) 给出框架规则,见下文 7.2 节。

(2) 给出模块规则,包括每个模块的类型和与模块对应的分类标准片段,以及该方案的测试设计与结果,见下文 7.3 节。

(3) 给出复合元素规则,按照不同类别的模块考察每个复合元素适于应用元组还是维度实现,以及该方案的测试设计与结果。复合元素规则的原理比较复杂,因此将于第 8 章给出。

(4) 给出简单元素规则,主要是大文本元素的建模方法,见 7.4 节。

7.2 框架规则

读者如果阅读各国的分类标准,会发现在其总体设计中,常常出现两个词汇:架构和框架。有时这两个词汇在不同国家的分类标准中出现,有时甚至在一个国家的分类标准中同时出现。这两个词汇的引入很重要,它们实际上标志着总体框架层次建模思想的提出。其中,架构是指总体层次建模的观念和方法,框架是指总体层次建模的结果。分类标准建模就是根据架构建立框架的过程,这就是分类标准总体层次的建模被称为“框架建模”的由来。在财务报告建模中,这两个概念的具体含义和作用如下。

财务报告分类标准架构就是分类标准设计过程中总体层次描述的想法和观念。在架构中,概念层考虑元素、关系、弧、标签、引用和元组的提取和定义,关系层考虑各种概念关系的提取和表达,可发现分类集层考虑分类模式和链接库的包含和引用关系,扩展层考虑组织核心分类标准和扩展分类标准的规则。

财务报告分类标准框架指的是整个需要报送的材料信息总体上的层次关系,即报告中各个子结构及其关系图。

各个国家公布的分类标准框架是在其架构的基础上产生的,因此本节首先讲述财务报告分类标准建模架构和财务报告分类标准利益相关者的需求,然后得出财务报告分类标准的一般性建模架构。

7.2.1 信息建模

信息建模是将人们对于某一信息实体的认识,通过提炼,得出抽象化概念,然后分析其与相关概念的联系,最后在一定的规范基础上,以计算机可读的形式表达出来。因此在一般意义上,信息建模可以分为 3 个层次,从抽象到具体的顺序依次是概念建模、逻辑建模和物理建模。

1. 概念建模

概念建模是指从业务对象中提炼出主题与总体结构。概念建模过程中提到的实体是从高层次的角度来认识的,故通常不太具体。由于其描述相对笼统,因此一般不能直接与物理对象(即表)相匹配。例如,财务报告中的资产、负债、关联方,都是表达某一大类的概念实体,不存在与之对应的物理实体,需要经过其后的步骤逐步细化才能与具体的物理对象联系起来。例如,只有将资产层层细化,才能具体到固定资产下面的房地产、厂房和设备,即逐步建立逻辑模型的过程。概念建模主要适用于领域概念的提出与需求内容的收集,其作用有两个,其一,通过概念建模对目标领域进行检查,看某一概念是否属于需求范围之内;其二,将宽泛的定义组织成类别,并进而对概念定义进行精化。

2. 逻辑建模

逻辑建模的作用是建立相互关联在一起的详细主题。逻辑模型注重实体的完全细化和完整记录,其中的对象具有完整名称,并具有用逻辑数据描述的细节。逻辑对象之间的关系一般采用描述性的短语表达。在逻辑建模的过程中,通过收集和细化数据,使得每个逻辑元素都具有特定的属性,用于详细表达逻辑元素。逻辑建模还涉及规范化标准,逻辑对象应能够通过其定义和分类进行测试和验证,这对其后的物理建模是至关重要的。因此,逻辑建模的目标是分离出各个不同的数据元素,并尽可能详细记录相关信息。

3. 物理建模

物理建模是指创建用于开发和维护信息的形式化数据。在计算机建模中,物理模型特指数据库中的对象,包括表、视图、列和约束(约束还包括外键的选择和关联)等。另外,物理模型中还有描述模型本身的元数据,如创建时间、创建人、最后一次访问时间和访问者等信息。简单地说,物理模型就是表以及表内的结构,每张表用于管理一个详细主题。物理建模的过程是非常具体的,一般特定于数据库的模式设计,即数据库对象命名以及对数据库表内结构与表间关系进行定义。物理建模还提供了数据库的设计图,提供对数据元素和业务流程的分析和检查要求。逻辑模型中以分类方式表达的对象在物理模型中直接以表的形式显示。

7.2.2 财务报告分类标准的利益相关者与需求

在信息建模的3层模型中,关键是位于顶层的概念建模。概念建模要全面反映所有用户的功能需求。作为数据模型,XBRL分类标准具有大量、多种类型的最终用户。虽然从总体而言,XBRL应满足不同用户的信息需求,但是,就个体而言,不同用户具有不同的功能需求和责任,其中一些需求甚至是互相矛盾的,而最终建立的分类标准将是所有用户的利益均衡的结果。因此,研究XBRL分类标准的利益相关者及其需求是必不可少的。

1. XBRL 的应用模式

1）数据的收集和报告

通过使用 XBRL，企业和其他财务数据、商业报告的产生者可以自动地进行数据收集。举例来说，如果企业采取 XBRL 形式表示数据，即使企业中不同部门采用不同的会计系统，这些部门的运营中产生的数据也可以快速、有效、低成本地整合在一起。而 XBRL 数据在企业数据库中集成后，即可生成各种源自不同细节数据、不同类型的报告。例如，该公司的财务部门能快速、可靠地生成内部管理报告、财务状况公告、税务报告以及借款人的信用报告等，即实现了数据的自动处理，免除既费时又容易出错的人工二次输入，并可实现用软件来审核数据的准确性。

2）数据的使用和分析

当数据被"XBRL 化"之后，软件能立即验证数据，突出显示差错，同时提高了分析数据、选定数据和处理数据的能力。在这种情况下，数据使用者可以将其智力和精力转移至更高级、更具附加值的分析、检查、报告和决策制定上去。对投资者而言，其投资分析成本变得很低，采集和比较数据的工作被大大地简化，从而可以更深入地分析公司状况；对银行而言，其同样可以用很低的成本发现并评估借贷风险，从而与借款者更有效地交易；对于政策制定者和监管部门而言，其能够整合、验证和审核数据，XBRL 方式将比以往所有方法都更有效且更准确。

图 7-1 反映了这一过程。

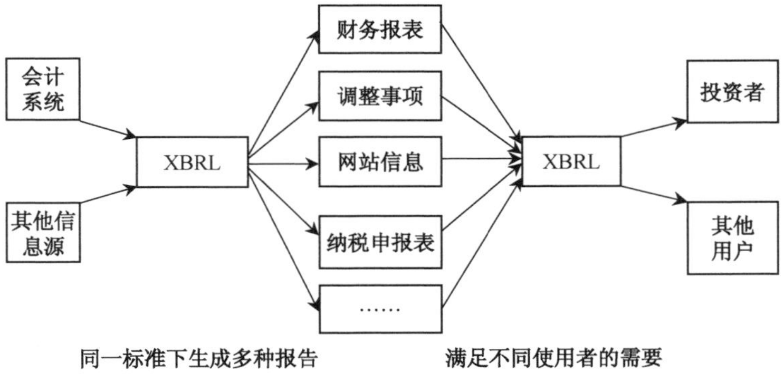

图 7-1　XBRL 对财务信息供求的影响

3）XBRL 对财务信息供应链的影响

XBRL 的可扩展能力使其摆脱了僵硬的强制性标准化的含义。相反，XBRL 的灵活性能够支持财务报告的各个方面，包括强制披露和自愿披露。此外，基于 XBRL 的标准还将深入到经济交易事项、账簿系统、财务报告、审计计划、税务报表、调整事项和分析决策等各个过程（图 7-2）。信息传输和利用的每一环节将变得自由和便利,真正意义上的电子信息交换将成为可能。

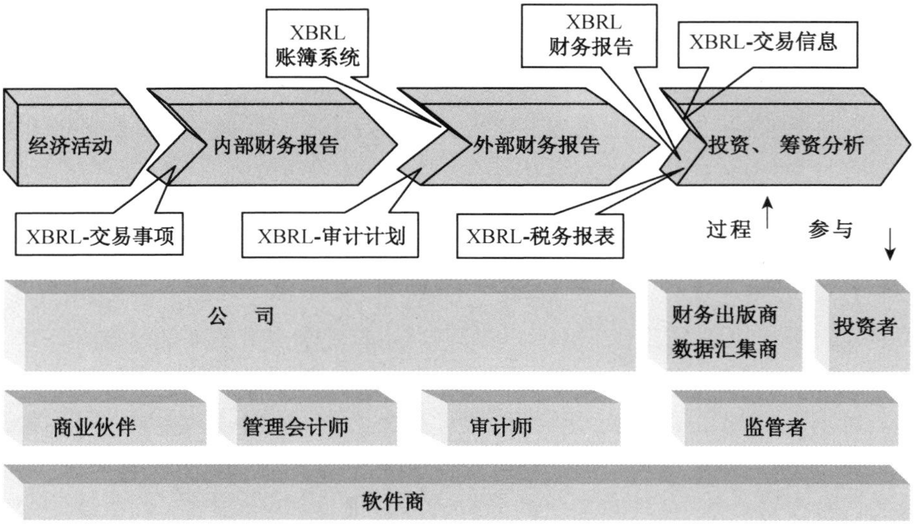

图 7-2　XBRL 在会计信息供应链的应用

因此,XBRL 能够完全、彻底地整合财务会计信息供应链。与此同时,财务报告信息链上的利益相关者,如会计师、审计师、公司经理、财务分析师、投资者、债权人、财务信息公司、监管者、经济中介和政府机构等都将充分享受到电子化信息标准带来的收益,同时,也将承担相应的责任并支付相应的成本。

2. 利益相关者的成本收益分析

XBRL 的优势在于其灵活性和可扩展性,因此能够适用更广的,甚至不同的需求。企业可以用它来记录财务信息,提供财务报告,也可以获得相关报告,然后进行单项或整体数据分析。财务信息供应链中的各个主体都可以各取所需。

综合有关研究,表 7-1 列举了 XBRL 对利益相关方的预期影响。

表 7-1　XBRL 的应用对相关利益方的预期影响

相关方	XBRL 预期将产生的影响	
	有 利 影 响	不 利 影 响
上市公司(会计)	① 以一种形式准备数据而自动产生多种报表,节省成本,可减少数据重新输入引致错误的风险。 ② 提高了财务数据的准确性、透明度和一致性。 ③ 更加有效、透明地利用互联网与各投资团体交流,改善与投资者的关系。 ④ 提高公司的知名度和影响力	① 降低公司与供应商、顾客的讨价还价能力。 ② 加大员工的学习培训成本,以及系统维护升级成本。 ③ 暴露公司的内部控制弱点,增加法律风险

（续表）

相关方	XBRL 预期将产生的影响	
	有利影响	不利影响
投资分析师与信息中介	① 以标准化和预设的格式获取公司财务信息。 ② 更加快捷、有效地搜集公司的相关数据。 ③ 可利用更加强大的软件工具用以分析、比较和评价财务信息	① 过分依赖网络，忽略公司的管理系统。 ② 仍然有很多需求信息得不到满足
信贷管理部门	① 降低处理数据的成本。 ② 更及时地获得公司的财务信息。 ③ 更可靠和有效地比较和分析财务信息。 ④ 更加确信地作出决策，并对客户快速作出反应	增加了与公司业务往来上的披露成本
监管部门	① 以标准格式快速获取数据，自动输入监管系统，无须其他转化工作。 ② 可以大范围、分类别、有效和可靠地分析、比较数据。 ③ 更快速地监控上市公司财务数据和相关行为	增大了规范制定的修改频率
审计师	① 更快、更可靠和更便捷地获取有关公司财务业绩的数据。 ② 大大减少了审计取证的成本和时间。 ③ 可以开发和利用审计软件。 ④ 可将精力集中于有价值的工作	提高员工培训成本，加深对可扩展财务报告的认识
软件公司	① 可采用同一个数据标准传输信息，避免商业冲突，减少客户负担。 ② 可开发出用于编制、公布财务报告的新型软件。 ③ 可开发出用于选择、比较和分析财务数据的新型软件	① 加大对新软件的调试，客户的系统维护成本。 ② 软件公司之间的竞争增加，提高策略选择的难度

从表 7-1 可见，对于任何一个利益相关方，XBRL 都同时具有有利与不利的一面。显然，对于每个利益相关方而言，其在制定 XBRL 分类标准时，都希望能突出对自己有利的一面，而规避对自己不利的一面。

然而，不幸的是，不同利益相关方的利弊关系是互相冲突的。对于上市公司（XBRL 财务报告的编制者）而言，其显然希望工作量越小越好，但这降低了分析师、监管者等的信息可用性；对于软件公司而言，其希望软件的灵活性小一些，从而复杂度也小一些，但是，这意味着大量工作将转移至上市公司、分析师和监管者；甚至在监管者群体中，会计领域监管者希望体现会计准则，而证券领域监管者则希望体现信息披露规则。因此，无论在软件层还是在数据层，都不可能存在一种方案，使得它对所有的利益相关者而言，效用都是最大化的。所以，XBRL 分类标准的制定本身就是一个博弈的过程。这种博弈不但表现在具体的概念集合上，也表现在总体结构的选择上。

7.2.3 财务报告分类标准框架的制定规则

依据3层模型的内容和对利益相关者的分析，下面给出了在不同层次进行框架建模时应考虑的问题和应遵守的规则。

1. 概念模型的建立

1）财务报告的知识体系

FAF(Financial Accounting Foundation，财务会计基金会)、FASB(Financial Accounting Standards Board，美国财务会计准则委员会)、SEC(Securities and Exchange Commission，美国证券交易委员会)、PCAOB(Public Company Accounting Oversight Board，美国公众公司会计监督委员会)和一般的金融报告及会计报告规则构成了财务报告领域的知识体系。这个知识体系的信息被表达为金融报告概念和其他在金融报告过程中需要的元数据。但是，与常识相悖的是，在XBRL分类标准建模中，不能对这个知识体系中的知识确定范围，因为无法确认一个概念是否比其他概念具有更多的外延，不同的概念完全不存在包含或者相交关系。所有的会计准则都认为财务报告中的概念体系是动态的，财务报告实例文档的创建者如果发现其新增披露需求没有被涵盖于基本分类标准，则应该扩展出相应的概念。

为了正确识别概念的区别性，在保证灵活性的同时不破坏规范性，与相应的知识体系相一致，将概念也分为若干层次和类别。

（1）独立的叙述性概念：由一系列文字和数字信息组成。其中，文字信息必须以某些特定顺序清晰地表示，如“管理层讨论与分析”和某些披露信息。

（2）具有多个层次的明细表概念：明细表是面向文档的，它显示一系列数字型事实，并将概念以分层次的形式表达其信息，如“合并报表”和“单体报表”。

（3）根概念：报告实体概念，即描述会计主体的概念。创建者可以按照需求增加报表实体的细节，如增加新的企业部门等。

2）财务报告的行业类别

在实务中，常常将报送财务报告的公司集合分解为多个行业，同一行业中使用相似的报告惯例进行报告。对于概念而言，有些概念可能仅适用于一个行业，而另一些概念可能适用于多个行业甚至所有行业。但是，这要求如果一个概念能够在多个行业中成立，则它必须只有一个确定的含义。所以，如果是从实务角度出发制定分类标准，则应该分行业进行制定，步骤如下。

（1）针对每个行业，发掘该行业的信息需求。

（2）提取所有行业公共的信息需求。

(3) 针对每个行业,分离出该行业特定的信息需求(即不属于公共信息需求的部分)。

(4) 针对每个行业,将公共信息需求和特定信息需求组合成对于该行业的“入口”。

3) 信息变化/生命周期

随着时间的推移,很多影响财务报告内容的因素,如会计准则、信息披露规则和投资者的信息需求都会发生变化,因此,上述分类以及各行业的信息需求也将随之变化。概念模型应能够允许这种变化,并能够实现扩展之后仍然保持结构稳定。

(1) 行业分类的改变:在公共信息集合上增加特定行业集合形成新的行业类别。

(2) 报告内容的改变:内容变化包括信息的增加、重述等。解决方案为在原有信息集合上增加新的扩展模块。

XBRL 体系结构具有容纳扩展的能力,并且,一般地,这些改变对概念模型和逻辑模型的影响不大,但是会对物理模型产生实质性影响。

2. 逻辑模型的建立

逻辑模型将概念模型细化,使之成为在物理模型中可直接实现的数据和元数据定义。对应于概念模型中的问题和处理结果,在总体框架的层次上,逻辑建模重点考察各类分类标准视图。所谓分类标准视图,是指针对某个特定使用者(如分析师、监管者等),并可以被 XBRL 语法规则表达的概念集合。在逻辑建模中的分类标准视图描述一般只给出总体层次,但是也有可能给出比较重要的特定报表。其主要的建模对象如下。

1) 报表视图

报表视图(statement view)是财务会计概念集合的描述,是进一步展开附注建模工作的起点。在报表视图的建模中,只需给出资产负债表、损益表、现金流量表和股东权益变动表的总体结构,并不需要给出具体的元素及其关系,也不需要预先考虑这些元素是否与附注中的元素重复(显然,几乎所有报表元素都会在附注中再出现一次)。

2) 入口

入口(entry)是访问报告的起始位置。使用者通过入口将分类标准组合成视图,以满足不同的报告需求。可以通过排列组合方式去生成任意一个入口,并且能够覆盖每种报告要求。按照不同的访问方式,入口可以分为四类。在对入口进行建模时,应分类进行。

(1) 报告实体入口:按照单个报告实体创建,此时入口的内容与结构仅适用于该报告所针对的会计主体。

(2) 文档入口:文档入口超出单个报告的范畴,从应用角度创建入口。如在工商业分类标准中同时有“直接法编制现金流量表”和“间接法编制现金流量表”。但是,单个报告实体不可能同时使用这两个入口。文档入口是从应用的角度上对报告实体入口进行的再组织。

(3) 行业入口:行业入口建模的实质是将行业中所有个体企业报告项目进行汇总,而非直接对行业进行建模。例如,工商业包括“航空业”“建筑业”等。

(4) 主入口:主入口汇集所有具体类型的视图,包括所有的报表视图、行业视图等。所以,主入口是上述入口的总结与高层组织。

3) 扩展点

XBRL 分类标准的扩展包括新增概念、新增关系和删除关系等①。扩展点(extended point)即扩展发生的位置。在逻辑建模中应考虑扩展点的位置,防止在不合理的位置扩展,并给出扩展规则。

尽管 XBRL 的机制中包含可扩展能力,但是无节制的扩展将损害 XBRL 的基本能力:一致性和可比性。XBRL 分类标准建模方法对这个问题的处理是:一方面尽量充分反映报告需求,发掘尽可能多的概念;另一方面给出扩展点和扩展规则,使扩展发生在一个可控的范围内。

3. 物理模型的建立

物理模型是逻辑模型的 XBRL 语法实现,物理模型的形式就是 XBRL 文件。大部分的物理建模只是简单地将逻辑模型映射到 XBRL 的相应结构。但是如下两类逻辑对象的建模稍显复杂。

1) 视图的 XBRL 实现

视图在分类标准中体现为层次、定义和计算等不同类型扩展链接的集合。可以通过“起点,终点,弧角色”这个三元组来唯一确定一个扩展链接。扩展链接被 extendedLink 元素组织成逻辑块,又进一步被组织成不同的链接库。

2) 入口的 XBRL 实现

从实务角度出发,分类标准应按行业进行组织。每个行业至少有一个主入口,其物理形式是一个 XML 模式文档,其内容就是引入所需的分类标准模式文档和链接库文档。例如,主入口点可以同时包含采用直接法编制的现金流量表和采用间接法编制的现金流量表,而不考虑具体实体采用哪种形式。

① XBRL 中的关系删除是用增加一个“禁止”关系实现的,并不改变基本分类标准中的关系,其形式也是扩展的形式。

7.3 模块规则

财务报告建模中一个核心问题是协调财务报告粒度的问题：显然，建模者面对的是一份庞大的财务报告，但建模的目的是以最小粒度的元素表示，在通常包含数千元素的财务报告和单个元素之间，存在所谓"粒度鸿沟"的障碍。在解决整体框架建模问题之后，针对这个问题，目前的解决方法有如下3种：

(1) 直接针对数据项建模，这是当前大部分分类标准制定者的基本思路。

(2) 以元组为起点的建模，利用这种方法，将元组视为粒度鸿沟的协调者，只要有可能，就将财务报告划分为若干个元组，再进一步确定元组的内容，即数据项。

(3) 以某种局部结构为起点的方法，将局部结构视为粒度鸿沟的解决方案，将财务报告按照特定的结构划分，再在这些结构中确定元组和数据项。

显然，数据项和元组的粒度层次都太低，因此前两种方式的效率都是比较低下的。幸运的是，从创建第一份分类标准开始，研究者就发现，财务报告的某些局部结构具有某种固定的、可以重复理解的结构，Charlies Hoffman 将其进行总结，并借用软件工程的名称，将其称作"模式"(pattern)。这些模式是在分类标准中的不同位置重复的相同结构。例如，概念的层次结构、计算关系的表达和移动分析等。模式是领域世界中的事物，并不是 XBRL 创造的。它的作用在于，当模式被识别后，可以非常容易地把业务信息转化为 XBRL 分类标准，并且最终转化为能够准确表述所要表达信息的 XBRL 实例文档。

但是，Charlies Hoffman 提出的模式并不是一个完整的、含义清晰的方案。在本书的建模规则结构中，将模式定位于框架之下、元素之上的模块级，由此形成的规则称之为模块规则。模块规则的作用是指导分类标准制定者在财务报告中发现具有重复结构的局部，从而套用这些结构，一致地、精确地建立分类标准片段。本书中仅给出这些通用结构，并认为一旦这些通用结构确定，分类标准的制定者在具体财务报告中发现这些通用结构并套用是不言自明的。另外，本章的模式中将复杂概念作为一个概念节点考虑，具体复杂概念的建模见第8章。

7.3.1 原型结构1：概念的层次组织形式

分类标准中一般会包含相关的元素，其中"相关"这个词在这里是指元素之间存在一定的关系。XBRL 基本规范提供了3种机制来使分类标准的概念相关联，并通过提供3种链接来描述这3种关系：展示链接、计算链接和定义链接。其中，最主要的相关关系都是用树状视图表示的。元素还可能因为它们有着相同的上下文(实体、时间、场景等)而相关联，但这些都是在一个平面层次，而不是一个树状视图，因此不属于本原型结构所考虑的问题。此外，这种关系不同于一个概念必须与另一个概念用元组绑定以准确理解的关系。

尽管层次相关的元素可以单独、无误地理解，但以某种方式把元素组织起来将使得元素的理解和使用更加容易。例如，如果一个分类标准有 2 000 个元素，而用户必须找到一个特定的元素于实例文档中使用，这时把该分类标准根据层次结构组织起来，并将分类标准分解成几组相关的元素是有意义的。这种做法有助于组织分类标准从而使得分类标准的使用更加容易。例如，下面的 3 个例子。

（1）分类标准片段“主要会计政策、会计估计和前期差错”与片段“会计政策”“会计估计”和“前期差错”形成层次结构。

（2）分类标准片段“会计政策”与片段“固定资产政策”和“存货政策”形成层次结构。

（3）分类标准片段“固定资产政策”与片段“融资租赁得到的土地、厂房和设备”“作为抵押品的土地、厂房和设备的细节”和“土地、厂房和设备价值重估”形成层次结构。

这种原型结构将主要体现于展示链接关系。从上面的例子能够看出，这种结构有助于将一长串分类标准概念进行组织以使得阅读分类标准更加容易。

7.3.2　原型结构 2：计算关系

这种原型结构通过在层次结构中包含一个简单计算，引入了计算关系。因此，这种原型结构既有展示关系又有计算关系。这种计算关系除了表达合计关系，还能够表达会计中常见“总”价值、“调整”量和“净”价值之间的关系。例如，“应收账款，净值”是由“应收账款，原值”和一个“坏账准备”的调整量组成的。需要特别注意的是，在这个原型结构中，XBRL 没有跨上下文来表达计算，亦即这种原型结构只能表达相同上下文的计算关系。

表 7-2 是财务报告中本原型结构的一个例子。

表 7-2　固定资产分类表

项　　目	2020 年	2021 年
房屋及建筑物	539	600
机器设备	867	906
运输设备	263	260
合　　计	1 699	1 766

这个例子涉及两个不同期间的房屋及建筑物、机器设备、运输设备等 3 个部分，以及它们的加总部分。显然，这种原型结构也能类似地表达“总价值”“净价值”和“调整量”之间的关系。

将这个原型结构转换为分类标准片段时，每个元素都应设置 balance 属性值，在创建分类标准中的计算链接库时，必须考虑到 weight 属性。其他与实例文档的十进制和精度属性值有关的问题，必须也在计算关系中考虑。这两个例子有一个微小的区别，即前者中每个元素都具有相同的 balance 属性值，即为“debit”。而后者中，概念“坏账准备”具有值为“credit”的 balance 属性值以及“－1”的 weight 属性值。在 Hoffman 的模式系统中，因此将其视为两类模式，本书认为，这种过细的区别不但无助于分类标准制定者识别结构，反而有导致混淆的可能性。

需要注意的是，在这个原型结构中，概念“坏账准备”是一个资产备抵账户。它的原始 balance 属性值是“credit”。另一种做法是将这个元素的 balance 属性值设置为“debit”，将 weight 属性值设置为“1”，并要求实例文档创建者为“坏账准备”输入一个负值。但是，这种做法实际上与该项目的会计性质是相悖的。因此，本书的做法是计算链接的 balance 属性分配了一个“credit”值，给 weight 属性指定了“－1”的值，并要求实例文档创建者为“坏账准备”输入一个正值。

7.3.3 原型结构 3：数值型概念表

在这种原型结构中，由数值型元素构成了表的结构。资产负债表、损益表和现金流量表都是数值型概念表的例子。这种原型结构非常类似于“计算关系”原型结构。不同的是，这种原型结构有更多的概念，也许还有更多小计。

例如，在财务报表中，有如表 7-3 这样的结构。

表 7-3 资产负债表(节选)

项目	2020 年	2021 年
流动资产：		
货币资金		
结算备付金		
拆除资金		
交易性金融资产		
应收票据		
……		
流动资产总计		
非流动资产：		

（续表）

项　　目	2020 年	2021 年
固定资产		
在建工程		
无形资产		
商誉		
……		
非流动资产总计		
资产总计		

上面的原型结构示例只表示了一个资产负债表中部分主要内容。资产分为流动资产和非流动资产两大类，并体现两个不同期间的数据：2020 年和 2021 年。实例文档与其他呈现普通项类型概念的原型结构非常相似；只是在实例文档中有更多的实际事实值，主要体现在不同的上下文所支持的内容。

财务报表，如资产负债表、损益表和现金流量表，使用这种原型结构来表达是相当容易的。股东权益变动表有一些独特的方面，因此另外考虑。三份财务会计报表的表格只不过是一列有着一个或一个以上的上下文（表格的列）的概念（表格中的行项目）和值（行项目的总额）。这一切都归结为“名称/值”对，它们每个名称都有几个上下文：不同的时期、不同的实体或者不同的报告场景。

7.3.4　原型结构 4：汇总

这种原型结构建立在“计算关系”原型基础上，但具有表达不同层次的合计关系，例如分类小计和总计；此外，不同的用户可能希望看到不同的分类小计，这些问题将在这一原型结构中解决。

表 7-4 是财务报告中本原型结构的例子。

表 7-4　汇 总 原 型

项　　目	2020 年	2021 年
本期所得税费用		
本期境外所得税费用	5 346	2 861
本期境内所得税费用	8 752	1 215
本期所得税费用小计	14 098	4 076
递延所得税费用		

（续表）

项　　目	2020 年	2021 年
递延境外所得税费用	7 345	1 234
递延境内所得税费用	－67	0
递延所得税费用小计	7 278	1 234
所得税费用总计	21 376	5 310

上述原型结构合计了本期和递延部分的所得税费用，然后提供了一个总的所得税费用，该例提供了 2020 年和 2021 年两个期间的信息。

上面的例子首先对本期的和递延部分的所得税费用小计，然后再提供了本期的所得税费用小计和递延的所得税费用小计的所得税费用总计。另外，这个信息可能有以下披露方式，如表 7-5 所示。

表 7-5　汇总原型：另一种表达形式

项　　目	2020 年	2021 年
境外所得税费用		
本期境外所得税费用	5 346	2 861
递延境外所得税费用	7 345	1 234
境外所得税费用小计	12 691	4 095
境内所得税费用		
本期境内所得税费用	8 752	1 215
递延境内所得税费用	－67	0
境内所得税费用小计	8 685	1 215
所得税费用总计	21 376	5 310

这种方式首先分为国外和国内部分，然后再把各自部分分为本期的和递延的费用。

这种原型的另一种选择是在一个分类中显示所有计算，或不显示分类小计，只有总计这项信息。

7.3.5　原型结构 5：变动分析

在财务信息中发现的一个常见的原型结构是：包含一个期初余额、该余额的变化以及由此产生的期末余额，这种原型结构主要是表达期末余额、期初余额和变化量之间的关系，这就是通常所说的“变动分析”。应该注意到，“变动”分析结构中的三个变量的上下文并不相同，其中期初和期末余额甚至是同一个元素（两 instant 类型的上下文），而变化量是一个 duration 类型的上下文，这是变动分析与计算关系之间的本质区别。基本的 XBRL 规范不能表达跨多个上下文的数量关系。因此,目前使用 Formula 扩展规范来进行表达。

表 7-6 是财务报告中本原型结构的例子。

表 7-6 固定资产变动分析

项目	估计/成本				
	2021-01-01	增加	处置	折算差额	2021-12-31
土地和房屋	231 479	152 124	−291	12 412	395 724
机器设备	36 235	0	0	0	36 235
其他	7 562	8 456	−623	−6 812	8 583
总计	275 276	160 580	−914	5 600	440 542

上面的例子展示了通过调节土地和房屋、机器设备及其他在 2021 年 1 月 1 日的期初余额,使其变化为 2021 年 12 月 31 日的期末余额的变动分析,其中土地和房屋、机器设备及其他类别置于上表左侧,调节项目置于顶部。

这个例子只是简单地对土地和房屋、机器设备及其他这 3 个固定类别和 3 个固定项目的变动分析,其实该原型结构支持横向和纵向无限扩展的变动分析。

下面的例子是同一个变动分析,只是调换了类别与调节项目的位置。如表7-7所示。

表 7-7 固定资产变动分析:转置形式

项目	估计/成本			
	土地和房屋	机器设备	其他	总计
2021-01-01	231 479	36 235	7 562	275 276
增加	152 124	0	8 456	160 580
处置	−291	0	−623	−914
折算差额	12 412	0	−6 812	5 600
2021-12-31	395 724	36 235	8 583	440 542

变动分析原型结构实际上也是比较简单和直接的,同时它也指出了 XBRL 分类标准还存在一些问题。一个主要的问题是,变动分析原型结构提出了期初余额、变化、期末余额在实例文档中都有不同的上下文,其最根本的问题是要利用复杂的、难以理解的 Formula 扩展规范进行表达和计算。

另一个问题是,变动分析有两方面的计算:从上到下,从一边到另一边。这两个层面都需要表示在分类标准中。变动分析的另一种变形是,对期初余额进行单独调整。在这种情况下，需要用两个变动分析进行表达：第一个变动分析是表达期初余额的调整；第二个变动分析表达调整后期初余额与期末余额之间的关系。期初“调整”部分与本期“变化”部分类似，但需要引入不同的场景上下文。

7.3.6 原型结构6：多重计算

通常在财务报告中有这样一种情况，一个概念有多种分解方式。例如，“应收账款及其他应收款项合计净值”可按以下不同方式分解：

(1) 按本期和非本期分解为：“本期应收账款及其他应收款项净值”和“非本期应收账款及其他应收款项净值”。

(2) 按组成部分分解为：“应收账款净值”“融资租赁应收款项净值”“其他应收款项净值”。

(3) 按总额和净额部分分解为：“本期应收账款及其他应收款项总额”和“本期坏账准备”。

此外，每个计算关系都有子关系，例如，“应收账款以及其他应收款项总额”和“应收账款及其他应收款项净值”都可以进一步分解。

当使用XBRL建立这些计算时，分类标准创建者必须确保避免重复计算；如果没有那样做的话，计算的表达就不正确。另外，在建立多重计算时尝试表达这些关系可能会使创建分类标准变得非常复杂，但是它们对于分类标准用户来说是可理解的。

这种原型结构的难点是，如何正确表达多重计算关系，并且在加总相同概念时不重复计算。在现有的做法中，分类标准制定者为每个计算关系创建不同的概念，指明表达相同概念的值的元素是通过在概念之间加上“essence-alias”定义链接来表示的；然而这并不是表达这种类型之间关系的适当机制；最根本的缺点是在一个分类标准中有3个表达相同概念的元素，这与XBRL的唯一性理念是相悖的。

7.3.7 原型结构7：固定取值数量的概念

有时需要在财务报告中提供具有固定实例数量的项目。例如，对于未来5年期债务来说，偿债支出的年份数量是固定的，亦即偿债支出的实例数是固定的。这种结构不同于元组，因为元组中的子项实例的数目是不定的。

在这种结构中，需要描述两个特征：其一是向实例文档创建者指明需要披露的全部概念的实例；其二是尽量提高这些概念间的相似性。

表7-8是财务报告附注中本原型结构的一个例子。

表 7-8　非可取消经营租赁的未来最低租赁付款额

期间	2020 年	2021 年
不超过 1 年	141	512
超过 1 年不到 5 年	2 342	1 712
超过 5 年	723	1 230
总计	3 206	3 454

上面的原型结构表达了非可取消经营租赁的未来最低租赁付款额。这个信息披露需要 3 个值，不超过 1 年的总值、超过 1 年不到 5 年的总值、超过 5 年的值的总和。从上面的例子可以看出这里的值的数量刚好是有限的 3 个，因此元组不适用于这种情况；此外，由于元组的性质，如果概念以元组的形式表达，行间项目的可比性将更加困难。例如，一些用户可能会输入“不超过一年”，而其他用户可能输入“不超过 1 年”。从计算机角度讲，这两个字符串值是不相等的，这就使得行间的比较难以实现。

这个原型结构所引入的新的建模方法是，如果已知披露在表中的事实值的数量，宁可为列表中的成员创建单独的项目概念，也尽量不使用元组；但如果列表中成员数目未知，此时就必须使用元组来表达该列表。当使用元组时，它们的可比性会降低，因为实例文档的创建者为元组的成员项目所赋予的实例数量以及内容并没有以任何方式限制。

7.3.8　原型结构 8:带有总计的复杂概念

概念可以分为简单概念和复杂概念，简单概念就是一个数据项，而复杂概念则传统上用元组表示。在与元组相关的原型结构中，最典型的就是这种结构：除了复杂概念外，还包括总计；并且除了合计无意义的情况外，每一列的总计都包括在内。

在信息中的总计一行不能简单地被处理为一个独立的描述总计的元素，它常常是其他一些已有元素实例的引用。

表 7-9 是财务报告中本原型结构的例子。

表 7-9　董事情况明细

董事姓名	工资	奖金	董事费	工资、奖金和董事费总额	授予期权的公允价值
张××	0	0	70 000	70 000	0
李××	912 341	125 163	0	1 037 504	581 000
王××	0	0	31 000	31 000	0
赵××	0	0	61 500	61 500	0
总计	912 341	125 163	162 500	1 200 004	581 000

上述披露中列出了四名董事的信息和对所有董事信息的合计，可以看出新增的列“工资、奖金和董事费总额”是它左边 3 列的总和；此外，“总计”行已从前面有关董事信息的例子中添加，这一行提供了一个“工资”“奖金”“董事费”“工资、奖金和董事费总额”和“授予期权的公允价值”的总和。

这种原型结构阐述了在一个元组中的货币类型的概念是如何与元组外表示对应每一个元组子项总和的元素连接在一起的。例如，“工资”是一个货币类型的概念，定义在元组“董事”中。每个“董事”元组实例都有一个子项“工资”实例，而表示总计概念的“工资总计”的有效性正是建立在所有元组子项都互相可比的基础上，注意到总计概念的实例和对应子项的实例上下文是相同的，所以，可以在分类标准中定义一个计算链接关系来约束它们的数量关系。

7.3.9 原型结构 9:概念的重用结构

在财务报告和其他商业报告中，有些内容本质上是“标准”的，例如，地址格式、电话号码格式等。分类标准创建者一般会重用这些结构而不是扩展自己的格式。例如，对于地址结构而言，实体的地址、组织的地址、会计师的地址等，都可以重复使用已经定义好的地址结构；此时一个可重用元素集可以用来表达这种原型结构。

需要特别注意的是：这种重用结构与原型结构不同，重用结构是可以直接“拷贝”来用的语法结构(数值可能不同，但结构是固定的)，是一种直接的、低层次的重用；而原型结构则不能直接“拷贝”使用，是一种间接的、高层次的重用。

下面用一个简单的地址格式来展示一个“标准”概念重用的例子：定义一个地址格式，并将该地址格式使用于 3 个位置，用来表达 3 个不同的地址，包括“公司地址”“法人代表地址”和“审计师地址”。其中，被重复使用的概念“地址”，将被包装在其他元组内。这可以视为将“地址”结构“拷贝”到这 3 个概念中(当然数值不同)。而地址的具体含义则取决于其上层结构。

7.3.10 原型结构 10:主要/明细

一个主要/明细原型结构的常见的例子是，一个组织可能有很多发票，每张发票都有抬头信息，如“发票号码”和“收货人地址”；每张发票也有一个或多个行项目。因此，要在 XBRL 中表示一张发票，需要一个元组来表达发票信息，以及一个该元组内的元组来递归地表示发票行项目信息。另一个例子是关联方交易信息，一家公司可能会有零个、一个或多个关联方，而这些关联方可以有一个或更多的交易。

表 7-10 和表 7-11 是财务报告中本原型结构的例子。

表 7-10　关 联 方 说 明

关联方名称	关系实质	关系类型
李××	董事	关联交易
张××	董事	关联交易

表 7-11　关 联 方 交 易

李××关联方交易：			
交易描述	交易类型	定价政策	交易额
销售	关联方销售	成本	100 000
贷款	关联方贷款	成本	600 000
租赁办公楼	关联方租赁	市场	1 200 000

在上面的例子中，一个实体显示了一个关联方，虽然一个公司可能有一个以上的关联方；对于每一个关联方，披露了几个交易，这基本上是一个元组嵌套一个元组。主要/明细原型结构经常出现于财务报告中，当元组有许多项目和不同层次的嵌套元组，它可以变得相当复杂；尽管这些原型结构是复杂的，但是它们可以分解成更小、更容易理解的组件。

虽然 XBRL 基本规范并不限制元组嵌套关系，但是，开发者已经公认嵌套元组是一种很差的建模结构，因此已经在所有现实中的分类标准被废弃。这种原型结构的一种可行的实现方式是结构良好的维度。

7.3.11　原型结构 11：允许不同层次的披露

由于 XBRL 的采用，在某些情况下，尽管从财务报告观点来看，所披露的内容没有任何区别，但从 XBRL 角度看，可以根据需要选择他们自己的披露层次（而不影响会计信息质量）。

例如，在分类标准中提供了一个元素，如果作为“抽象”元素，则它只起到标题的作用（可能是任一级标题）；也可以作为具体的“字符串”数据类型的元素，此时它的特征是：第一，以大文本的形式提供披露的所有方面内容；第二，作为一个组件构成完整的披露内容。

如表 7-12 所示，一个可能的原型结构如下。

表 7-12　董事情况明细

董事姓名	年薪	奖金	董事费	授予期权公允价值
张××	0	0	70 000	0
李××	912 341	125 163	0	581 000
王××	0	0	31 000	0
赵××	0	0	61 500	0

上面的例子展示了一个替代方法，将上述表格全部内容用一段 HTML 代码表示，这使用户能够利用 XBRL 分解数据到最详细的水平而不用扩展数据源分类标准，从而可以轻松使用 XBRL。如果分类标准提供了这种展示信息的机制，即通过提供一个字符串元素而不是一个抽象的元素，实例文档创建者可以利用分类标准的这个功能特征产生大文本实例。

但是，如果分类标准创建者不希望用户提供这些数据块，而是提供更详细的分类标准，也可以将大文本元素变为抽象元素，用来组织细节数据。在这种结构的分类标准制定中，元素的抽象化可以阻止用户将不必要的数据输入一个实例文档。

7.3.12 原型结构 12：元组变动

有时，变动分析用于可能出现一次以上的项目。例如，在上市公司年报中，要求披露其各种外币资产状况，在每项外币资产的明细描述中，都要求披露期初余额、期末余额和本期变动。可以把一种外币资产的说明作为一个元组实例，则这种结构相当于在元组实例中引入了变动分析。与“原型结构 2：变动分析”类似的是，元组内的变动分析也可能涉及多重变动，即期初数首先进行调整，产生了一个“期初数”“期初调整”和“调整后期初数”的变动分析；另外，“调整后期初数”“本期变动”和“期末数”也构成了一个变动分析，而这两个变动分析都位于一个元组中。

表 7-13 是一个本原型结构的例子。

表 7-13　外币调整

外币币种	期初数	期初调整	调整后期初数	本期变动	期末数
美元	1 000 000	1 000	1 001 000	1 000	1 002 000
日元	1 000 000	−1 000	900 000	1 000	1 000 000

元组中的变动原型结构是很容易理解的：人们了解变动分析在 XBRL 中是如何表达的，元组的含义以及它们是如何工作的。一个不太引人注意的问题是：变动分析中元素的顺序对于这个原型结构很重要。

另外，还有一个额外的层次结构可能被添加到这种原型结构中。回顾上面的例子，这个例子实际上是被简化的，每种外币资产都可能会有若干笔，而每笔外币资产都应有一个变动分析披露。所以，每个变动分析都必须与某笔具体的外币资产有关。

在分类标准的实现中，往往采用多层元组结构来进行实现，每种外币资产用一个高层的元组，而每笔外币资产用一个低层的元组。制定者既可以选择使高层和低层的元组结构具有相关性，也可以选择使得它们没有相关性。另外一种新型的实现方式是用维度进行实现，这种方式将具有比元组方式更强的规范性和一致性，并在更高程度上支持 XBRL 所要求的可比性。

7.3.13 原型结构 13:分组报告

在面向关系数据库的 SQL 语言中，有一个“Group By”子句，通过这个子句运算的查询结果被按照某个项目分成若干组，并且根据不同的“Group By”子句，可以有不同的分组。财务报告数据本质上都可以视为底层数据库的查询结果，因此这种分组报告的形式非常常见，本书将之归纳为一种原型结构。在这种原型结构中，报告的显示可以用多个分组项目分成若干个层次的多个组；也可以由不同的创建者实现不同的分组。显然，数据如何分组与数据的实例化无关，所以，这种原型结构实际上体现了“数据的产生和显示相分离”这一 XML 的基本思想。

在电子表格中也有类似这种结构，如 Microsoft Excel 数据透视表，数据集可以按照用户需要的分组进行展示(以及筛选)。电子表格在财务报告中的应用也十分广泛，因此本原型结构的关键概念——“数据和数据的展示分离”——代表了一类非常普遍的情况。

表 7-14 是财务报告中本原型结构的例子。

表 7-14 保费收入明细

保费收入				
	险种	地区	本期收入	上期收入
	一、寿险			
		北京		
		上海		
		广州		
	二、车险			
		北京		
		上海		
		广州		
	三、财产保险			
		北京		
		上海		
		广州		

另外一个财务报告的创建者也可能以另一种方式报告，如表 7-15 所示。

表 7-15　保费收入明细：转置

保费收入				
	地区	险种	本期收入	上期收入
	一、北京			
		寿险		
		车险		
		财产保险		
	二、上海			
		寿险		
		车险		
		财产保险		
	三、广州			
		寿险		
		车险		
		财产保险		

第一个创建者对于保费收入按“寿险”“车险”和“财产保险”等险种在顶层分类，然后按“北京”“上海”和“广州”等地区在下一层分类。而第二个创建者则采用了相反的分类方法。但是，尽管分类方法不同，元素概念的定义和实例数据的生产却不受显示形式的影响，两者是互相独立的。所以，在概念定义中不能受所基于的特定财务报告形式的影响。

这种结构大多与 Microsoft Excel 数据透视表的操作相关，这些数据常常是被先加载到数据透视表中，然后用户以任意可能的方式进行筛选、切片和显示。

分类汇总和报告中的标题可以看作仅用于显示的信息，它们往往是在其他位置已经定义好的，通过 XSLT 或其他转换工具，能够以人类可读的方法创建和展示这些汇总。

7.3.14　原型结构 14：调整

与调整期初余额到期末余额的变动分析类似，调整结构将一个时间(时点或时段)的数字调整到另一个相同时间的数字(显然，其场景将发生变化)。调整和变动分析之间的主要区别是：变动分析的调整项目数目已知，然而调整结构中却有可能存在不确定数量的调整项目，甚至调整项目本身要么是非确定性的，要么确定性较差。

例如，考虑利润的调整，表 7-16 是财务报告中本原型结构的例子。

表 7-16 利润调整

项目	金额
调整前 年初未分配利润	
调整 年初未分配利润(调增+,调减-)	
调整项目 1	
调整项目 2	
……	
调整合计	
调整后 年初未分配利润	
加:本期净利润	
减:提取法定盈余公积	
提取任意盈余公积	
应付普通股股利	
转作股本的普通股股利	
期末未分配利润	

上面的例子提供了未分配利润的计算过程,其中包含了未分配利润的期初调整过程。为显式说明,本书给出了两个调整项目,显然这些调整项目对于不同企业而言是不同的,因此不可能存在一个确定的调整项目。

在这种情况下,最好不要固化调整项目的内容,而应该允许财务报告编制者提供任何他们所拥有的通用结构的调整项目。但这种方法的缺点是它难以将一个财务报告的调整项目与另一个财务报告的调整项目进行比较。

调整结构至少包括三个项目:首先是被调整项目;其次是至少一个调整项目;最后是一个调整后项目,这样就形成了调整结构。一种调整结构的实现方式是用元组实现,该元组组织每一个调整项目,其内容包括:调整的描述、类型和数量。但是这种实现方法显然影响了 XBRL 的可比性,这是元组结构固有的问题。

与"原型结构 8:带有总计的复杂概念"的原型结构类似,这种原型结构有一个元组内项目到一个元组外项目的计算。元组项目"调整项目数量"的合计就是元组外的概念"调整合计",另外在计算中还要考虑到符号的问题。

7.3.15 原型结构扩展和组合

对于财务报告的局部结构建模而言,上述由 14 条原型结构组成的原型集合基本上是一个能够获得共识的原型结构集合。这个集合相对于 US-GAAP 所用的集合而言,剔除了重复的、粒度层次过高和粒度层次过低的结构,并弥补了一些缺少的结构;相对于研究者提出的 XBRLS(XBRL Simple Profile, XBRL 简单组合)中的原结构(Meta-Pattern)而言,能够完全满足建模中的需求。因此,这个方案基本上是具有完全性的,并且冗余性在现有方案中最小。

但是,在这个集合中仍然存在一个问题,即确实会出现一种情况,存在一些财务报告局部结构,这种结构会同时适用两种或两种以上的上述原型结构。实际上,在这些原型结构之间,存在某种原型结构是另一种原型结构的极端情况;或一种原型结构的应用就是以另一种原型结构的应用为前提的情况,例如,计算结构的应用就是以层次关系结构的应用为前提的。因此,仍然存在原型结构的最佳选择问题。

本书给出了两个原型结构的选择依据。注意,它们并不是新的原型结构,也并不对已有的原型结构产生补充作用。

1. 适应性

适应性是指当在财务报告中发现局部结构并选择适用的一个原型结构时,如果财务报告实例发生变化,该原型结构是否仍然满足的问题。上面讨论过:原型结构具有相当的灵活性,它并不是被简单地拷贝到一个位置以备使用,而是一种更高层次的重用结构。因此,原型结构这种思想本身就具有适应性。但是,这种适应性显然是有限的,当然,也不需要无限的适应性,否则将无所谓原型结构。问题是,使用者必须选择一种原型结构,使得在常见的变化中,这种原型结构仍然保持。

2. 财务报告分项相关

使用者当然需要在财务报告的一个位置使用一种原型结构,这是存在通用的基础分类标准的必要条件。事实上,财务报告的具体位置,亦即财务报表和附注分析中的内容常常与形式是相关的。所以,必须在相同位置广泛归纳,才能为具有适应性的原型结构选择提供一个稳定的基础。

原型结构不但可以提供一种降低粒度,提高建模操作性的方法。特别地,这种方法有助于下面这些目标的实现。

(1) 尽量不要扩展分类标准。

(2) 提高概念以及概念集合的可比性。

(3) 提高了概念、概念集合与其相关概念的“相关性”或“联系”,常常称为内聚度的提高。

(4) 提高了无关概念、概念集合之间的区别性,常常称为耦合度的降低。

7.4 简单元素规则:大文本

在分类标准中有一类元素,元素的内容为大量的文字性说明信息;这些信息在XBRL实例文档中报告。本书对此类信息给出了一种所谓“大文本”的建模方法,并分析了其他所有对这种类型的信息进行说明和实例化的方法,以及各种方法的优点和缺点。

7.4.1 一类特殊的简单元素

在一些财务报告中，最有价值的信息被包括在一些注释、管理层报告和分析中——所有这些内容都是以大段的叙述性文字形式给出的，很难解析和编码，这就对 XBRL 建模方法提出了挑战。

1. 大文本的特征

上市公司年报中的许多方面是叙述性的，例如，MD&A(Management Discussion and Analysis，管理层讨论与分析)。在年报的其他大多数内容中，披露信息能够具有相同特征，因此能够用具有规范、严格表达形式的 XBRL 元素来表达。但 MD&A 是由每个报告实体创建的，与具体报告实体关联性很强并且限制很少。实际上，MD&A 的结构是临时性的，因此即使是同一报告实体中不同的报告期间其结构也是不同的。本书将此类信息称为“大文本”。大文本具有以下特点：

(1) 文本、数字、表格数字和其他信息的组合。

(2) 信息必须由计算机应用程序或人类以特定的顺序处理。所以，这些信息具有线性性质，或被认为是一个“流”。

(3) 篇幅很长，常常有几页纸长。

大文本的一个例子如下：

(1) 一段文字。

(2) 接着是另一段文字。

(3) 接着是一个 4 列的表格。

(4) 接着是另一段文字。

(5) 接着是一个项目符号列表。

(6) 接着是一个 6 列的表格。

(7) 接着是若干段描述先前表格的文字。

显然，这类形式在 MD&A，会计政策等内容中大量存在。

2. 大文本的目前建模方法

如何在 XBRL 分类标准中最好地表达大文本信息，以及用户将如何在一个 XBRL 实例文档中报告该信息，这对于开发人员来说是长期存在的问题。现有的方案有：

(1) 使用“文本块”。

(2) 使用一个用 XBRL 表达的模拟 HTML。

(3) 使用“转义 HTML”。

(4) 使用 XHTML 块(类似于“转义 HTML”)。

(5) 使用 XBRL 脚注(这允许 XHTML 作为内容)。

(6) 扩展(或创建)一个描述大文本的独立组成部分(以一个扩展分类标准形式出现)。

(7) 修改 XBRL 2.1 规范,创造一个能描述大文本的 XHTML 类型。

(8) 使用简单的字符串类型。

3. 大文本建模要求

一般来说,大文本的建模应满足以下要求:

(1) 准确完整的定义能力:分类标准中定义的概念是为了描述报告中的事实值的含义。在对大文本的建模中,无论是一个具体的"文本块",还是该文本块的扩展,都应满足这一要求。

(2) 可扩展性:商业报告编制者应该能够扩展分类标准中的大文本,以便获取所有需要报告的信息。

(3) 可比性:尽管整个 MD&A 不能通过事实值的逐项比较来实现可比性,但应该经过调整后能够在不同实体和时期之间进行比较。

(4) 层次:大文本通常至少有一些分层和顺序性的信息。

(5) 人类可读:大文本必须能够查看和分析,即可以确定性地转化为人类可读格式而不丢失信息或线性性质。

(6) 单数据集表达:一般地,使用者希望用一个独立的数据/集合来表达大文本。如果过多考虑内容的易变性质,认为它可能无法被标记为一个单独的数据集,就会导致很多问题。例如,如果一大块的 XHTML 被创建用来将所有信息显示为"人类可读"格式,而另一个数据集以"机器可读"的形式被创建,而两者都包含在一个实例文档中,则这两个相同信息的版本可能会导致不一致,这就需要额外的人工维护和监督。

(7) 维持计算关系:大文本中可能包含计算关系,使用者希望能够保持这些计算关系,并能够由计算机应用程序来验证。

(8) 信息重用:包含于 XBRL 实例文档中的信息是能够用来进行分析、重用、重新格式化并重新组合的——这也是 XBRL 的基本宗旨之一。

显然,这些要求虽然都是由 XBRL 的基本原理衍生而来,但特定于大文本而言,完全满足这些目标是不可能的。进一步研究可以发现,部分目标之间会有显式或隐式的冲突。因此,本书提出的建模方案只能在总体上满足这些要求,而不可能逐项实现上述目标。

7.4.2 大文本的建模方法

本书提出的大文本建模方法是采用将 XBRL 元素与其他标记元素——如

XHMTL元素——相结合的方法。国际上也称之为“混合 XBRL”方法。这种方法在上下文和事实取值时都采取了将 HTML 编码与 XBRL 标记相结合的方式。这个架构能够自动将基于严格 DTD 的 XHTML 1.0 文档转换为面向显示的模式。事实上，这种方法可以进一步限制 XHTML 的使用，在其中消除特定于表单和 DHTML 的子元素和属性，专用于 XBRL 元素和事实值的转换和包装。

本方案的实现非常简单，在确定为大文本的元素实例中，不允许存在任何具有 XBRL 语义含义的内部结构，如元素、上下文、链接等；但是，允许所有用于表示形式的标签。这样，既保持了元素的简单性质，又在一定程度上保持了大文本的内部结构。

举一个简单的例子如下。

Word 文档中的内容如表 7-17 所示。

表 7-17　固定资产折旧计提方法

（1）**固定资产折旧计提方法**

固定资产折旧采用年限平均法（或工作量法、双倍余额递减法和年数总和法等）分类计提，根据固定资产类别、预计使用寿命和预计净残值率确定折旧率。

（采用工作量法的，应明确说明工作量的确定依据）

符合资本化条件的固定资产装修费用，在两次装修期间与固定资产尚可使用年限两者中较短的期间内，采用年限平均法单独计提折旧。

融资租赁方式租入的固定资产，能合理确定租赁期届满时将会取得租赁资产所有权的，在租赁资产尚可使用年限内计提折旧；无法合理确定租赁期届满时能够取得租赁资产所有权的，在租赁期与租赁资产尚可使用年限两者中较短的期间内计提折旧。

融资租赁方式租入的固定资产的符合资本化条件的装修费用，按两次装修间隔期间、剩余租赁期与固定资产尚可使用年限三者中较短的期限平均摊销。

各类固定资产预计使用寿命和年折旧率如下：

固定资产类别	预计使用寿命	预计净残值率	年折旧率
房屋及建筑物			
机器设备			
运输设备			
电子设备			
融资租入固定资产			
固定资产装修			
融资租入固定资产改良支出			
……			
其他设备			

（如存在闲置固定资产应说明其认定标准、折旧方法。如存在融资租赁，需披露认定融资租赁的依据，融资租入固定资产的计价方法、折旧方法。）

下面给出一个用本方案表达的大文本元素实例。

```
<mof:GuDingZiChanZheJiuJiTiBanFa>
    <paragraph>固定资产折旧采用年限平均法(或工作量法、双倍余额递减法和年数总和法等)分类计提,根据固定资产类别、预计使用寿命和预计净残值率确定折旧率。
    </paragraph>
    ……
    <Table>
        <row>
            <col>固定资产类别</col>
            <col>预计使用寿命</col>
            <col>预计净残值率</col>
            <col>年折旧率</col>
      </row>
      ……
    </Table>
    ……
</ mof:GuDingZiChanZheJiuJiTiBanFa>
```

使用这种方案,很容易将一个文本片段转换为大文本元素实例,并且易于通过使用样式表进行任意形式的显示。特别对于内部具有段落结构、文字与表格混合的大段文字,传统的 XBRL 数据类型无法适应,这种方案能够较好地进行处理。

显然,在与相关标记和上下文相结合后,大文本非常容易转换为其他形式,并能够使用其他的处理器进行处理。例如,可以将一个大文本看作是整个文档,并将其拆分到最低层次的项目;或者也可以提取上下文信息,供能够识别上下文的处理器进行处理。

本方案中并没有引入真正意义上的 XBRL 元素,而是一个“混合 XBRL 和 HTML”的技术。本方案能够满足许多种情况,但有一定的局限性:

(1) 本方案主要满足两个需求:人的可读性和分析需求。因为它是一个单一的文件,因此难以验证实例与呈现之间的对应关系。

(2) 显示层次关系较为困难:但这没有太大影响,因为如果采用维度方法,则没有必要考虑如何显示元组的语义关系。

(3) 这种方案会在某种程度上增加技术上的复杂性,因为在实例文档创建工具中必须嵌入一个 XHTML 处理器。

但是,对 XBRL 的标记过程变得简单了。由于这些复杂、没有结构的内容可以被识别,有可能产生一种技术,将目前的手工标记过程转换为基于 HTML 展现的自动标记过程。另外,方案提高了用户控制显示效果的能力。

本方法能够允许不同角色的用户(监管者、报告创建者和审计师等)以自己的角度和方式创建显示效果,甚至特定文件。本方案已经实现的具体目标是:

(1) 给文件创建者以最大控制显示形式的能力。

(2) 需要很少或不需要用于提供语义标签的分类。

(3) 使用一个单一的基于 XBRL 的格式,并直接保存事实,以及控制显示过程。

(4) 允许实现从文本块到 XBRL 事实的"多对多"映射。例如,一个文本块可能会出现在多个事实中;或者一个事实可能应用来自多个资源的文本块。

但是,就它所期望实现的目标中,还有两个目标尚未实现:

(1) 支持 XBRL 文档信息的"所见即所得"编辑能力。

(2) 提供同一的输出形式,以支持分类标准制定者方便地控制输出和显示形式。

从 XBRL 的体系结构和 XHTML 的技术能力来看,实现这两个目标是可以预期的。

7.5 FRTA 和 FRIS 的解析

7.5.1 FRTA 和 FRIS 的规则分类

在建模的语法基础,即 XBRL 规范稳定后,研究者开始将目光投向建模过程。在所有商业报告形式中,财务报告是最典型的一种,因此,产生了 FRTA(Financial Report Taxonomy Architecture,财务报告分类标准架构)和 FRIS(Financial Report Instance Standard,财务报告实例标准),分别应用于财务报告分类标准的建模过程和实例文档的创建过程。FRTA 和 FRIS 以规则集合的形式给出,其中,FRTA 共有 105 条规则,FRIS 共有 43 条规则。FRTA 和 FRIS 中的规则按照其规范化目标可以分为 5 类。

1. 规则分类

1) 基本语法规则声明

相对于 FRTA 和 FRIS 而言,其基本语法规则是指 XML、XML Schema、XLink 和 XBRL 中的语法规则,以及一些 XML 领域极为通用的建模方法(另外,为特意说明唯一性问题,有关唯一性的语法规则未列入此类)。在 FRTA 和 FRIS 中有一些内容,要么与这些规则重复,要么是这些规则的另一种表达形式,要么是这些规则的推论。

例如，FRTA 规则 2.1.6 规定“所有 nillable 属性值均应为‘true’”，实际上，在 XML 语法规则中有“若某元素存在空值情况，则其 nillable 属性值均应为‘true’”。显然，所有 XBRL 元素均有可能存在空值，所以规则 2.1.6 只是上述 XML 规则的推论。

2）唯一性原则声明

在分类标准和实例文档中，某些内容，如元素定义、实例和值定义等需要满足唯一性，否则将产生逻辑错误。这是 XBRL 领域最核心的问题之一。在 FRTA 和 FRIS 中，一些规则的目标是为了确保这些内容的唯一性。

例如，FRTA 规则 2.1.1 规定“对于一类事实只能定义一个概念”，即属于不同概念的实例集合之间无交集，其目的就是通过一种可检验的方法确保元素定义的唯一性。

3）风格声明

风格（style）是指文件、元素的命名方式。在 XBRL 中，命名（naming）对于提高可理解性，降低歧义有着重要的意义。各国研究者——包括中国的研究者——都注意到了这一问题。在 FRTA 和 FRIS 中，给出了一些原则，以提高命名的规范性和一致性。

例如，FRTA 规则 2.1.4 规定“元素命名按照 LC3 惯例”，LC3（Label Camel Case Concatenation，首字母大写单词连接）是计算机软件领域中的一种最惯用的元素命名方式，采用这种方式能够在代价最小的前提下实现命名的一致性。

4）特定于 XBRL 的建模惯例声明

从某种意义上讲，FRTA 和 FRIS 的本质就应是 XBRL 规则的补充和强化。在 FRTA 和 FRIS 中，这类声明的形式和作用往往是限制基础语法规则的过度灵活性。

例如，FRTA 规则 2.1.10 规定“每个元素都应有一个标准标签”。结合 XLink 中弧的唯一性规则，规则 2.1.10 还可以进一步表述为“每个元素都应有且仅有一个标准标签”。在 XBRL 规范中，对元素应有什么标签是不作规定的。而 FRTA 补充了这个规则，并实际上限制了分类标准制定者随意创建标准的行为。

5）冗余性声明

冗余是指实例文档中出现了无意义的元素或其他内容。冗余是只有在实例文档中才有的现象，所以冗余性声明仅存在于 FRIS 中。虽然冗余并不影响实例文档的正确性（这是“冗余性”和“唯一性”的本质区别），但对于实例文档的简洁性、可理解性确实造成了障碍。冗余性声明就是制定规则，使得人或计算机能够应用这些规则检验出冗余。

例如,FRIS 规则 1.1.7 规定“实例文档中不应声明未用的命名空间”,就是给出了检验并排除冗余命名空间的规则。

2. 类别性质

通过深入研究和分析,本书对 FRTA 和 FRIS 的规则集合进行分类并逐类进行评价。上述 5 种分类中的规则具有如下性质。

1) 基本语法规则声明

从整个 XBRL 技术体系的角度看,在基本语法规则声明分类中的规则实际上要么只是基本语法规则的重述,要么是在一般性数据建模过程中不言自明的默认方法,是完全被基本语法规则“逻辑蕴含”的。也就是说,只要分类标准和实例文档满足了基本语法规则,FRTA 和 FRIS 中的这些规则就是自然满足的。显然,我们可以说,这些规则是重复性的,没有实质意义的。

基本语法规则声明在 FRTA 和 FRIS 占主要篇幅,其中,FRTA 中有 69 条,占总数的 67.62%;FRIS 中有 22 条,占 51.16%。

2) 唯一性原则声明

唯一性原则实际上是 XBRL 的最基本要求,也是一般性数据建模中不言自明的默认要求。实际上也可以视为重复性的规则集合。FRTA 和 FRIS 所做的工作就是将这些在 XBRL 中隐式表达的内容显式化。

唯一性原则声明在 FRTA 中有 11 条,占 10.48%;在 FRIS 中有 4 条,占 9.30%。

3) 风格声明

命名问题确实是 XBRL 建模的重要问题之一。但是,在 FRTA 和 FRIS 中,对这一问题并未作深入和展开的探讨,实际上缺乏具有可操作性的指导能力。

风格声明在 FRTA 中有 9 条,占 8.57%;在 FRIS 中有 10 条,占 23.26%。

4) 特定于 XBRL 的建模惯例声明

从 FRTA 和 FRIS 制定的初衷,特定于 XBRL 的建模惯例声明应该是最多的。因为只有这一类规则才真正具有实际意义,是 FRTA 和 FRIS 的成立基础。但是,在 FRTA 和 FRIS 中,这类规则数量很小,不足以成为 FRTA 和 FRIS 的主要理论依据。

特定于 XBRL 的建模惯例声明在 FRTA 中有 14 条,占 13.33%;在 FRIS 中有 3 条,占 6.98%。

5) 冗余性声明

冗余性声明设计的目标是提高实例文档的效率和可理解性,是解决实例文档特定问题的一类规则。

冗余性声明在 FRIS 中有 4 条,占 9.30%。

7.5.2 FRTA 和 FRIS 的分类列表

1. 基本语法规则声明

基本语法规则声明又进一步可以分为 3 类：基于 XML/XML Schema，基于 XLink 和基于 XBRL 的语法规则声明。

1）基于 XML/XML Schema 的规则声明

该规则声明即应用 XML/XML Schema 可以推导出的规则集合。如表 7-18 所示。

表 7-18 基于 XML/XML Schema 的规则声明

标 号	内 容
FRTA-2.1.6	所有概念的“nillable”属性值最好设定成“true”
FRTA-2.1.7	分类模式中定义每一个元素时，只要是 XML/XML Schema 1.0 已经定义的 XML/XML Schema 属性，都可包含在元素定义中
FRTA-2.1.12	每个概念都必须在标签链接库或引用链接库中有说明
FRTA-2.2.1	能用 XML/XML Schema 的内建数据类型来说明数据项元素的内容类型
FRTA-2.2.5	数值型数据项最好不以百分比形式表示
FRTA-4.2.2	分类模式必须定义在以＜schema＞为根元素的 XML 文档内，并且＜schema＞元素只出现一次
FRTA-4.2.3	分类模式中绝不能包含内嵌式的链接库
FRTA-4.2.4	分类模式必须将 elementFormDefault 属性的值声明为“qualified”，把 attributeFormDefault 属性的值声明为“unqualified”，且不能在元素及属性的定义中出现“form”属性
FRTA-4.2.6	在同一份链接库中的所有扩展链接元素，都必须有相同的命名空间与本地名称
FRTA-4.2.11	DTS 中的每一个模式必须为它的 targetNamespace 属性定义一个具体值
FRTA-4.3.2	每个独立的分类模式的目标命名空间都应该有且仅有一个唯一的前缀，该前缀应由 1 至 12 个字符所组成
FRTA-4.3.4	分类标准的文件名称中最好能包含推荐命名空间前缀及版本日期
FRTA-5.1.3	分类标准扩展中若有定义新的概念，就必须有一个与基础分类标准不同的目标命名空间
FRTA-2.3.3	不可为同一数据项的多个实例定义多个使用顺序编号命名的数据项元素
FRTA-2.3.7	元组的内容模型绝不能使用“all”结构
FRIS-2.1.9	xsi:schemaLocation 属性中不应该应有一个“命名空间-位置”配对
FRIS-2.1.10	XBRL 实例文档中应该将被引用元素位于其引用者之前
FRIS-2.1.11	XBRL 实例文档创建工具可以含有 XBRL 实例范围之内的 XML 注释，但是不能假定使用者会使用该注释
FRIS-2.3.1	如果链接库文档具有一个权威性的地址，该链接库必须根据该地址访问
FRIS-2.6.1	每个片段或场景的子元素应该确定特定的数据分类
FRIS-2.8.8	与财务报告相关的事实所使用的时间区间必须在该报告的时间范围之内
FRIS-2.8.9	本期期末/下期期初必须用同一个数值型事实表示
FRIS-2.9.1	脚注链接元素（简单链接，资源，扩展链接或弧）必须在 XBRL 模块之内

2）基于 XLink 的规则声明

该规则声明即应用 XML/XML Schema 和 XLink 可以推导出的规则集合。如表 7-19 所示。

表 7-19 基于 XLink 的规则声明

标　号	内　　容
FRTA-3.1.7	同一个扩展链接元素中的所有 arc 元素，必须有相同的 arc role 属性值
FRTA-3.1.8	每个扩展链接元素的 role 属性都必须有实际值
FRTA-3.1.9	会被应用程序一起处理的多个扩展链接元素，必须有不同的 role 属性值
FRTA-3.1.14	对于在同一个基础集合中以 arc 定义的两个关系，若 arc 元素的 use 属性值都是"optional"，都以概念元素作为 to 属性的链接目标，且两个 arc 的 from 属性指向相同的概念元素，则这两个 arc 元素最好不要有相同的 order 属性值
FRTA-3.1.16	所有扩展类型、定位器类型、弧类型和资源类型的链接元素都可以有一个 title 属性
FRTA-3.1.17	分类标准的编辑者可以在 arc 元素内提供 show 及 actuate 属性值
FRIS-2.9.6	不是必须被一个应用程序处理的脚注链接必须有特定角色值
FRIS-2.9.8	如果一些脚注链接到同一事实，并具有相同的弧角色，而且这些脚注具有相同的角色，则必须有不同的 order 值

3）基于 XBRL 的规则声明

该规则声明即应用 XML/XML Schema、XLink 和 XBRL 可以推导出的规则集合。如表 7-20 所示。

表 7-20 基于 XBRL 的规则声明

标　号	内　　容
FRTA-2.1.9	关于一个概念的所有说明都必须包含在链接库内
FRTA-2.1.11	对于分类模式中的所有概念，最好能为所使用的每一种语言建立一个独立的标准标签或长标签
FRTA-2.1.13	标签应尽可能符合元素的意义
FRTA-2.1.18	在具体语言和角色的限制下，每个概念在一个基础集合中绝不能有超过一个以上的标签
FRTA-2.1.19	对于引用法律法规的引用（reference）元素，其组成内容必须符合 part 元素及其子类的定义
FRTA-2.1.20	part 元素及其子类的内容应与法律法规文档的结构相一致，如章、节、条、款或段落等
FRTA-2.1.22	part 元素的定义中必须存在一个 documentation 子元素，此元素内包含人类可读的解释内容
FRTA-2.2.6	每个数据项都必须指明它是期间有效的还是时点有效的
FRTA-2.2.8	元组元素的内容模型中的多个子项概念，可以有不同的 periodType 属性值
FRTA-2.2.9	数值型概念若代表某种余额，或者在某特定时点有效，其 periodType 属性值必须是"instant"
FRTA-2.2.11	数值型概念若无法按时点来度量，其 periodType 属性值必须是 "duration"

（续表）

标　号	内　容
FRTA-2.2.12	虽然在特定日期表达，但适用于整个期间的非数值型概念，其 periodType 属性值必须是"duration"
FRTA-2.2.13	内容值只在特定日期有效的非数值型概念，其 periodType 属性值必须是"instant"
FRTA-2.3.1	必须用元组来整合在意义上相关的概念
FRTA-2.3.4	不要用元组来表达部门、单位、实体、期间或情境等内涵
FRTA-2.3.5	元组的内容模型必须符合在 label 或 reference 中所表达的使用规范
FRTA-2.3.8	元组的定义中绝不能包含 periodType 属性
FRTA-2.3.9	元组的内容模型中必须包含一个可选的 id 属性
FRTA-3.1.1	链接库中绝不能包含任何未在 XBRL 模块或 XBRL 2.1 规范文档中定义的链接元素
FRTA-3.1.2	arc(弧)元素的 arc role(弧角色)属性值，必须使用 2.1 规范文档中的标准值或在 LRR 中注册的值
FRTA-3.1.3	label 及 reference 元素的 role(角色)属性值，必须使用 2.1 规范文档中的标准值或者在 LRR 中注册的值
FRTA-3.1.4	扩展链接元素的 role 属性值，不能具有任何 XBRL 规范文档未指定的语义
FRTA-3.1.6	最好使用在 2.1 规范文档、XBRL 模块以及 LRR 中定义的 role 及 arc role 属性值，而不是另外定义新的 role 属性值
FRTA-3.1.13	arc 元素所链接的来源与目标如果都指向概念元素，就必须指明 order 属性值
FRTA-3.1.15	所有 arc 类型元素都可以有 use 及 priority 这两个属性值
FRTA-3.2.1	DTS 中可以包含任意数量、以不同的 role 属性值相区分的扩展链接元素
FRTA-3.2.2	每个概念若被设计成要和它的同层概念进行排序，就必须和它的父概念之间有 parent-child 关系
FRTA-3.2.3	位于不同扩展链接元素中的多个 parent-child 表达关系，若有相同的 parent 及 child 元素，且扩展链接元素的 role 属性值相同，则表达这些 parent-child 关系的 arc 元素应能提供 preferredLabel 属性值
FRTA-3.2.4	DTS 内最好能为分类标准的使用者提供足够的 parent-child 表达关系
FRTA-3.2.7	变动分析中的 parent-child 关系必须指向同一个数据项，但使用不同的 preferredLabel 属性值区分期初余额、调整后余额及期末余额
FRTA-3.3.1	在 DTS 中的所有概念，只要在相同上下文下彼此有加减关系，最好能在 DTS 内有计算关系
FRTA-3.3.2	一个数据项，若有不同的加总方法，则这些代表不同方法的计算关系必须放在有不同 role 属性值的扩展链接元素内
FRTA-3.3.3	分类标准中最好能定义大量的小计概念，以避免在创建实例文档时，为特定的小计数据项建立特定的扩展分类标准
FRTA-3.3.4	如果元组子项与其他数据项元素间有合计关系，则必须为元组元素内所包含的这些子项创建加总计算关系
FRTA-3.3.5	summation-item 关系中的 source 及 target 概念，其概念定义中的 periodType 属性值必须相同
FRTA-3.3.6	summation-item 关系中的 source 及 target 概念，必须是两个不同概念
FRTA-3.4.1	在 DTS 内不同分类标准的模式文件中的两个项目若重复，最好能以 essence-alias 关系指出

（续表）

标　号	内　　容
FRTA-3.4.2	对于同一类别数据项，最好能用 general-special 关系来加以链接
FRTA-3.4.3	在 DTS 中，如不同分类标准内的两个元组若有相同的报告目的，最好能用 similar-tuples 关系来加以链接
FRTA-4.2.7	一份标签链接库内最好只包含用一种语言定义的标签
FRTA-4.2.8	DTS 发现结构中的分类模式数量无限制，只要通过包含的链接元素链接至选定的其他模式及链接库，即可构成特定的 DTS 发现结构
FRTA-4.2.9	分类模式中不应包含不必要的 import 或 include 元素
FRTA-4.2.10	在 DTS 中，最好能包含与其相关的 scenario 元素定义，除非这些元素已经定义在另外的基础分类标准中
FRTA-5.1.1	分类标准扩展中绝不能修改基础分类标准中的概念定义
FRTA-5.1.4	分类标准扩展若需要一个元组，但在基础分类标准中存在与该元组含义相同、内容模型不同的元组，则新元组必须在分类标准扩展的模式文档中进行定义
FRTA-5.1.6	基础分类标准中的 concept-label、essence-alias、similar-tuples、concept-reference 以及 general-special 等关系，最好不要被分类标准扩展所禁止
FRTA-5.1.7	分类标准扩展中可以禁止与基础分类标准中概念有关的 requires-element、parent-child 以及 summation-item 等链接关系
FRTA-5.1.8	分类标准扩展中可以基于基础分类标准中已有的概念创建新的扩展链接
FRTA-5.1.9	如果分类标准扩展中的某个 arc 与基础分类标准中的某个 arc 相同，则分类标准扩展中的 arc 最好能有较高的优先级
FRTA-5.1.10	如果基础分类标准中的某个概念不能在分类标准扩展的实例中出现，则一个永久性的分类标准扩展应该将与该概念有关的 requires-element、parent-child 以及 summation-item 等链接关系加以禁止
FRIS-2.1.1	从一实例出发的 DTS 必须是 XBRL 合法的
FRIS-2.1.2	从一实例出发的 DTS 必须符合 FRTA
FRIS-2.2.1	如果分类模式文档具有一个权威性的地址，该分类模式必须根据该地址访问
FRIS-2.7.5	每个单位仅应该出现一个刻度，以避免冲突
FRIS-2.8.3	tuple 子项必须不出现在顶层
FRIS-2.8.4	非空元组必须至少应该直接或间接包含一个数据项
FRIS-2.8.5	顶层 tuple 的 xsi:nil 属性必须不为 true
FRIS-2.8.7	与事件或者概念相关的事实必须不在声明的时间范围之外，除非出于准确揭示概念源头的需要
FRIS-2.8.10	数据项和元组的 xsi:nil 属性不应该为 false
FRIS-2.9.4	一个脚注中的所有弧必须具有相同的弧角色
FRIS-2.9.5	每个扩展链接必须只能是非空角色属性
FRIS-2.9.9	XBRL 实例的作者必须不能使用脚注去解释在实例中的所有数据项或者元组之间的关系

2. 唯一性原则声明

唯一性原则声明又可进一步分为两类：概念唯一性原则声明和实例唯一性原则声明。

1）概念唯一性原则声明

该规则声明用于确保概念定义的唯一性。如表 7-21 所示。

表 7-21 概念唯一性原则声明

标号	内容
FRTA-2.1.1	在一个分类模式中，必须为每一类含义确有差别的事实只定义一个概念
FRTA-2.1.2	XBRL 实例文档中的背景性及度量性信息不能导致在分类标准中出现不同的元素
FRTA-2.1.3	概念的意义绝不可取决于它们在实例文档中的位置
FRTA-2.1.5	为概念定义元素时，必须包含 id 属性，其属性值由“该分类标准相关的命名空间前缀＋下划线＋元素名称”的形式构成
FRTA-2.1.8	在通过继承方式定义概念时，绝不能禁止基类的 id 属性
FRTA-2.2.2	绝不能因为数据项元素具有不同的内容值，就定义成不同的元素
FRTA-2.2.7	如果同一概念的不同变化有的可以按期间来度量，有的可以按时点来度量，就必须以不同概念来表达
FRTA-2.2.10	某个数据项在某个期间的期初余额、期末余额以及任何调整后的余额，必须以同一数据项来表达
FRTA-2.3.2	当实例文档中包含某个元素在同一上下文下的多个实例时，就需要元组元素来分隔这些实例
FRTA-3.1.5	分类模式中定义的 role type 决不能与 DTS 中的重复
FRTA-5.1.5	分类标准扩展中最好不要增加与基础分类标准中已有概念等价的新概念

2）实例唯一性原则声明

该规则声明用来确保某些实例的唯一性。如表 7-22 所示。

表 7-22 实例唯一性原则声明

标号	内容
FRIS-2.4.1	实例中必须不含有结构等价(s-equal)的上下文
FRIS-2.7.1	实例中必须不含有结构等价(s-equal)的单位
FRIS-2.8.1	实例中必须不含有重复数据项
FRIS-2.8.2	实例中必须不含有重复元组

3. 风格声明

风格声明又可进一步分为 3 类：文件命名风格、元素命名风格和取值风格。

1）文件命名风格

用来提高文件命名的一致性。如表 7-23 所示。

表 7-23　文件命名风格

标　号	内　　容
FRTA-4.3.3	替代现有版本的新版分类标准，必须通过命名空间 URI 的日期部分来指明此新版本
FRIS-2.1.3	以＜xbrl＞为根元素的 XML 文件应该以.xbrl 为扩展名
FRIS-2.1.4	含有 XBRL 实例的文件名中不应该含有不同平台下意义不同的字符

2）元素命名风格

用来提高元素命名的一致性，是风格声明的核心内容。如表 7-24 所示。

表 7-24　元素命名风格

标　号	内　　容
FRTA-2.1.4	概念的名称最好能遵循 LC3 惯例
FRTA-2.1.15	在同一链接库中所使用的标签，其词汇的用法应保持一致
FRTA-2.1.16	标签的命名方式应尽可能保持一致
FRTA-2.1.17	标签内若用到非字母的字符，在使用上应尽可能保持一致
FRTA-5.1.2	分类标准扩展中的标签用语，最好能与基础分类标准中的用法保持一致

3）取值风格

对某些元素的取值方式进行限制，提高应用的一致性。如表 7-25 所示。

表 7-25　取 值 风 格

标　号	内　　容
FRTA-2.2.4	数值型数据项的定义若未包含 balance 属性，最好能说明该数据项默认的取值方向，并在概念名称中反映出来，例如，若默认值为正数，则概念名称中最好用“增加”字样
FRTA-3.1.12	roleType 元素中的 roleURI 属性，最好能以“role”再加上一个人类可读的名词作为结尾
FRTA-4.3.1	永久性的分类标准必须为其所有的最终版本选用一个与 XBRL 国际组织的 URI 形式相同的 targetNamespace 属性值
FRIS-2.1.5	实例应该使用与 XBRL 模式或规范性测试套件中相同的命名空间前缀
FRIS-2.1.6	XBRL 实例应该使用推荐的默认命名空间前缀作为其命名空间
FRIS-2.4.3	对于使用创建实例所采用的语言阅读该实例的读者，id 属性值应该是有意义的
FRIS-2.5.1	应该使用已有的法定机构代码形式
FRIS-2.7.3	对于阅读实例的人而言，单位的 id 属性应该有含义
FRIS-2.8.6	如无 balance 属性，则数值型事实的数值符号必须与原始文档中一致
FRIS-2.9.2	脚注链接弧必须只能是标准的或者 LRR 允许的弧
FRIS-2.9.3	脚注元素必须只能是标准的或者 LRR 允许的资源角色

4. 特定于 XBRL 的建模惯例声明

特定于 XBRL 的建模惯例声明又可进一步分为两类：强化基本规范和引入外

部标准。

1）强化基本规范

在基本规范有较多选择时，限制用户的选择行为，以提高规范性。如表 7-26 所示。

表 7-26　强化基本规范

标　号	内　　容
FRTA-2.1.10	每个概念都必须有一个标准标签
FRTA-2.1.14	标签文字内绝不可包含可供软件进行语义推理的内部结构
FRTA-2.2.3	具有会计余额性质的货币型概念（如资产、负债、所有者权益、收入和费用等），在定义时必须使用 balance 属性
FRTA-2.2.14	所有其他非数值型概念，例如，会计政策及披露，无论是否与余额或期间相关，其 periodType 属性值必须是“duration”
FRTA-2.3.6	元组的内容模型最好不要包含递归引用其本身的元组子元素
FRTA-3.1.10	在 DTS 中为扩展链接元素定义角色类型时，必须在其 definition 子元素中提供人类可读的解释内容
FRTA-3.1.11	roleType 元素中的 roleURI 属性，必须使用 LRR 中的标准值，或者采用与所在分类模式命名空间相同的 URI 作为 roleURI 属性值的开头部分
FRTA-3.2.5	抽象元素在展现关系中应作为标题组织其他相关概念
FRTA-3.2.6	每个元组元素最好能至少有一个树状关系来展现元组与其子元素之间的关系。在这个树状关系中，每个子元素都在 parent-child 关系中作为 child 角色
FRTA-3.4.4	如果元组方式足以创建相同的限制条件，绝不可使用 requires-element 关系
FRTA-4.2.1	模式文档必须只能包含如下内容的定义：reference part、概念、role、arc role，以及既非概念，也非 reference part 元素
FRTA-4.2.5	linkbaseRef 元素必须有 xlink:role 属性值
FRTA-5.1.11	分类标准扩展中任何一个 href 属性值，如果其意图与基础分类标准中的某个 href 属性值相同，则最好使用与基础分类标准中该 href 属性值完全相同的片段标识符
FRIS-2.8.11	数值型事实应该有精度属性
FRIS-2.9.7	每个脚注弧必须确定一个 order 属性

2）引入外部标准

通过引入已经成为国际标准的其他领域标准，以确保取值的规范性。如表 7-27 所示。

表 7-27　引入外部标准

标　号	内　　容
FRTA-2.1.21	引用元素必须使用定义在命名空间“http://www.xbrl.org/2004/ref”中的模式文档中的 part 类型元素及其子类
FRIS-2.7.4	应用于 measure 元素中的单位应该使用标准单位

5. 冗余性声明

冗余性声明又可进一步分为两类:主体元素实例冗余性声明和辅助元素实例冗余性声明。目前,在 FRIS 中仅有辅助元素实例冗余性声明。如表 7-28 所示。

表 7-28 辅助元素实例冗余性声明

标　号	内　容
FRIS-2.1.7	不应该声明 XBRL 实例中不使用的命名空间
FRIS-2.1.8	无关的模式位置不应该出现在 XBRL 实例中
FRIS-2.4.2	XBRL 实例不应该含有未使用的上下文
FRIS-2.7.2	实例中必须不含有无用单位

7.5.3 FRTA 和 FRIS 的评价

综上所述,由于 FRTA 和 FRIS 的结构性缺陷,FRTA 和 FRIS 作为分类标准制定和实例文档创建的建模依据和理论基础显然是不足的。XBRL 规范的更新频率反映了开发者的态度,以 XBRL 2.1 规范为例,于 2003 年 12 月 31 日定稿并颁布以来,其在推广的过程中一直不断更新,最后一次更新时间为 2013 年 2 月 20 日,这充分反映了使用者的积极态度。相对而言,FRTA 在晚于 XBRL2.1 的 2005 年 4 月 25 日定稿并颁布后,在不到 1 年的 2006 年 3 月 20 日就停止了更新;而 FRIS 在早于 FRTA 的 2004 年 11 月 14 日颁布后就一直没有更新过,直至今日仍是最不成熟的"草案"(PWD)级别。显然,开发者对这两项建模规范的态度是消极的。

但是,FRTA 和 FRIS 最重要的意义在于它给予开发者带来的核心理念:

(1) XBRL 的规范性是 XBRL 应用中最根本的问题(包括分类标准制定和实例文档创建)。应用层的规范性不仅需要 XBRL 2.1 规范这样的语法规则,还需要建模过程中的操作性规则。这就是现在所有建模规则的理论导向。

(2) FRTA 和 FRIS 中的一些规则成为后续完善的建模规则的起点。在 FRTA 和 FRIS 的 5 类规则中,除"基本语法规则声明"和部分"唯一性原则声明"因其重复性而被忽略,其他的规则都以各种形式成为新的建模规则的起点。如"风格声明"被多个国家的研究者所补充,形成了文件和元素命名中的"style"规则;"特定于 XBRL 的建模惯例声明"和"冗余性声明"衍生出了"pattern"规则、"architecture"规则、"复合元素定义"规则。

(3) FRTA 和 FRIS 中还有少量规则已经被接受为默认规则,这是 FRTA 和 FRIS 中仅存的实体形式:包括 FRTA 中对引用链接库(Reference Linkbase)中引用元素(reference)的模式定义;FRIS 中引入的货币、语言、证券代码等的标准表示形式等。

7.6 标签规则

一般情况下，模式和链接库（模式文档所定义的概念间的关系）的定义目标是使得计算机系统能够读取和处理相关文件。而分类标准中的标签则提供了人类可读的接口，所以，在分类标准架构体系中定义必需的标签是一种良好实践。

最基本的标签使用模式是使用标签链接库为每个概念定义一个具有标准角色的单一标签。这个角色在 XBRL 标准中定义，且没有特定的含义。然而，为了满足业务需求，大多数分类标准需要更高级的标签应用模式。本节介绍了两种将标签应用于分类标准的方式：标准角色之外的标签链接库和通用链接库。为了涵盖标签构建的实现细节，本节所给出的方法既适用于标准角色的标签构建，也适用于更高级的标签构建。

7.6.1 方案一：标签链接库——标准和额外标签角色

在 XBRL 的技术机制中，用于定义超出标准角色标签的是额外标签角色。XBRL 标签角色的作用是用来将具体含义分配给一个标签。这方面的一个例子是：当用于详细描述一个概念的含义或它所应用的法律法规时，可以使用一个文档标签角色（documentation label role）。

在现有的分类标准中，可以观察到大量使用额外标签角色的例子，大多数分类标准对于每个概念使用多于一个标签角色。其中最常用的标签角色（不包括标准标签角色）是简洁标签（terse label）、期初标签（period start）、期末标签（period end）、合计标签（total labels），在使用最广泛的 24 个分类标准中的 13 个中都观察到这些标签角色的使用（尽管其使用目标不尽相同），此外，10 个分类标准使用了文档标签角色。

1. 额外标签角色的使用场合

额外标签角色的用例有：

（1）需要以某种更具体的方式表示传递特定信息的标签。此时，应该使用额外标签角色，而不应使用标准标签角色。

（2）某个概念以多种方式使用，并且这些用途上的差异必须在标签中反映。例如，一个概念在期初的实例值和期末的实例值，此时标签角色分别为期初（periodSstart）和期末（periodEnd）。

（3）同一概念具有不同名称（例如，自然资本与资源）。

（4）要收集围绕一个概念的全部元数据，以便它们可以单独观察（例如，一个概念的描述、用途、要求披露该数据的法律条款）。

当存在上述情况，以及必需标准角色之外的其他标签角色时，较好的做法是按照如下步骤选择标签角色，直至找到或定义一个合适的标签角色。

第一步，从 XBRL 技术规范中选择标签角色；

第二步，从链接角色注册表(Link Role Registry, LRR)中选择标签角色；

第三步，创建一个新标签角色，并在 LRR 中进行注册。

其中，第一步是确定所需的标签角色是否已经在 XBRL 规范中定义。XBRL 规范包括了一些预定义的角色，较好的做法是先判断这些预定义的角色是否符合分类标准设计者的期望。从对分类标准的分析中，可以发现绝大多数分类标准使用现有的 XBRL 标准标签角色。如果没有找到合适的角色，接下来的步骤再开始考虑涉及 LRR 结构(在下一节讨论)。

2. 链接角色注册表(LRR)与额外标签角色的注册

XBRL 规范提供技术上的灵活性，可以允许定义新的标签角色，以适应分类标准设计者的特定要求。LRR(见 http://www.xbrl.org/LRR)可以起到登记新角色的作用，现有的 LRR 中包含了远远多于 XBRL 规范中的新角色。如果在 XBRL 规范中未找到符合期望的标签角色，则重用 LRR 中的标签角色是一种良好实践(LRR 本身也由一个分类标准定义)。

如果进一步地，LRR 中也不包含与需求相匹配的角色，则需要决策：是否使用一个近似的，但不够准确的角色或是创建一个新角色。创建新标签角色的优点和缺点如表 7-29 所示。

表 7-29　创建新标签作用的优点和缺点

优　　点	缺　　点
新的标签角色有助于以更准确地表述角色含义	额外的标签角色将使得分类标准的标准性更差
如果在 LRR 中注册，标签角色可用于其他分类标准开发	新的角色可能难以被分类标准的使用者或软件系统理解
现有标签角色的不精确使用可能会产生误导	

一般情况下，如果已经考虑了上面列出的优点和缺点，然后发现已有的角色仍然不能满足期望，则应该创建一个新的标签角色。以下给出了定义额外标签的流程与注意事项：

(1) 使用标签角色定义标签的具体含义。

(2) 优先使用现有标签角色，首先从 XBRL 规范中查找，其次从 LRR 中查找。

(3) 只有现有角色不适合表达角色的含义时，才定义新的角色。

(4) 如果定义了新的标签角色，必须在 LRR 中进行注册。

7.6.2　方案二：通用标签

另外，还可以使用通用链接技术规范来替代标签链接库的使用。通用链接是一种能够创建任何类型链接库的 XBRL 技术规范——其目标是为现有的链接库提供支持并能够克服传统链接库的局限性。

通用标签链接库(Generic Label Linkbase)是使用通用链接规范创建的、专用于标签链接的通用链接库,其功能类似于标签链接库,但两者存在的主要技术差异是:标签链接库限于为分类标准中的概念定义标签,通用链接库能够为任意 XML 概念创建标签。在已有的分类标准中,通用标签可用于对扩展链接角色(Extended Link Roles,ELRs),用户自定义数据类型和枚举类型建立标签。特别地,一个最常见的用途是为 ELRs 的多语言形式定义标签。

通用标签链接库的用例如下:

(1) 作为传统标签链接库的替代物:在这种情况下,所有的标签(无论是否为元素,ELRs 或其他对象)使用通用链接库方式进行定义。从软件处理的角度,使用一个单一类型的链接库是一个一致性较高的做法。然而,由于通用的链接库在 XBRL 技术规范族中是一个相对较新的规范(尚未广泛应用),对它的支持可能尚未在所有目前可用的软件工具中实现。

(2) 作为一个额外的链接库:在这种情况下,分类标准包含来自两种类型链接库的标签——服务于元素标签的传统标签链接库,以及用于定义无法由传统标签链接库所定义的标签的通用链接库。在这种方式中,即使软件不支持通用标签,用户还可以访问部分标签的信息(传统标签链接库部分)。

在一个分类标准中使用通用链接库的优点和缺点如表 7-30 所示。

表 7-30 使用通用链接库的优点和缺点

优 点	缺 点
通用标签可以为任何 XML 元素定义标签,这克服了标签链接库的局限性	如果在创建标签链接库的同时创建通用标签,则还需要额外的一致性检查工作:包括检查这两种标签方式在分类标准中是否一致、在软件中展现形式是否一致

通用标签的使用场合是:

(1) 当分类标准中的组件不能使用标签链接库进行标记。

(2) 标签链接库的灵活性不足。

在使用通用标签时,必须确保完善定义通用标签,确保通用标签与标签链接库不发生冲突,并应使通用标签对于分类标准应用程序来说具有较高的可读性。

7.6.3 标签定义的一般规则:“标准”标签的构建

本节讲述标准标签的构建。标签的主要作用是使得概念具有较高的可读性,所以,标签构建规则的主要内容是指导用户使用何种措辞描述标签内容,使得在

XBRL 浏览器中这些报告项目具有较高的可理解性。从技术角度,标签构建没有明确的限制,因此,本书中的指导是一种业务导向的指导。

在构建标签时,所使用的方法应该是一个一致性较高的方法。首先应该使用基础分类标准中已有的标签构建方法,然后应检查新标签与基础分类标准中标签的重复性。标签应该准确地表述概念,并且不能出现重复。

一般地,标准标签构建的原则如下:

(1) 唯一性:在分类标准构建中,要求概念具有唯一名称,使计算机能够明确地识别一个概念。与此相同,标签也应具有唯一性,即具体的标签将指导阅读者进行特定的操作。例如,为多个概念创建一个称为“其他”的标签是一种较差的做法;反之,应该为这些概念创建具有更具体含义的标签,以明确指出标签的用途(例如,“其他扣除费用”)。如果不同概念或概念不同用途的标签可以重复,则分别阅读标签会导致分类标准或报告的理解发生错误。

(2) 有用性:标签应该准确描述概念的含义。

(3) 上下文无关:用户不需要知道概念在链接库中的位置即可正确理解概念的含义。

(4) 简洁性:标签应尽量简洁,只要能够精确表述概念即可。这是所有标签构建工作都应该遵守的原则。

(5) 目标性:标签的构建目标是能使人们可以更有效地浏览分类标准或更好地理解实例文档。

(6) 低成本:从创建或维护标签的成本角度,不同标签的构建方法将需要在创建和维护工作中付出不同的时间和精力。所以,一种合理的标签构建方式应该具有较低的创建和维护成本。

在已有分类标准中,可以发现如下构建标签的方法:

(1) 重用非 XBRL 标记:使用现有的文档/模板中的措辞。

(2) 创建新的标签:遵循创建标签的一般原则。

(3) 反映结构化数据:反映一个层次结构的数据项组织中标签的位置,该层次结构既有可能是分类标准,也有可能来自其他结构化数据定义。

另外,在创建、维护或扩展分类标准时,记录所使用的方法并建立一个样式指南(style guide)将有助于用户使用和扩展标签的一致性。

1. 重用现有的非 XBRL 标记

这种方法的特点是使用现有的非 XBRL 定义并将其简单复制到相应的 XBRL 标签中。这导致了标签的措辞更自然、更容易阅读,但可能不精确和不唯一。

该方法利用这样一种现实情况,即许多 XBRL 项目是现有报告机制的替代物。无论是从形式、会计标准还是监管标准角度,人们已经对应该报告的内容充分思考并合理描述。通常这些描述中的词汇来自这些报告机构的常用词汇。表 7-31 给出了这种方法的优点和缺点对比。

表 7-31 重用现有标签的优点和缺点

优　点	缺　点
(1) 标签已经存在,这可能意味着标签创建中只需要最小工作量。 (2) 因为标签来自一个已有的描述框架,因此在分类标准和现有框架之间存在一个明确的联系,这有助于理解分类标准	(1) 标签是上下文相关的。 (2) 标签可能不是唯一的。 (3) 标签并不表述数据内容。 (4) 在标签构建中缺乏控制可能导致标签的清晰度、一致性或准确性等方面存在问题。 (5) 在某些情况下,从非 XBRL 来源产生标签可能意味着文本会失去其意义(例如,参考的页面、列、行和内容来源其他方面,这些内容在 XBRL 中都没有意义)。 (6) 缺乏为(不在已有框架中存在的)新概念创建标签的指导

2. 创建新的标签

为了确保结构和文字措辞的一致性、可读性,这种方法基于概念的一个自然语言描述,并应用简单的规则创建一个适于分类标准使用的标签。

在创建过程中,可能需要将这个自然语言描述转换为底层会计准则中通用的术语;也可能需要对标签中的字词重新排列,以确保创建的标签符合一个特定的模式,并去除已由其他 XBRL 机制给出的冗余成分。转换规则主要包括两条:

(1) 结构调整规则:调整自然描述中的语序。

(2) 冗余词汇消除:自然描述中的某些词汇对于 XBRL 分类标准而言是冗余的,这些词汇已经在分类标准中的其他位置表述过了。

使用自然描述创建新标签的优点和缺点分析如表 7-32 所示。

表 7-32 使用自然描述创建新标签的优点和缺点

优　点	缺　点
(1) 标签模式在整个分类标准中是一致的。 (2) 那些在 XBRL 概念定义中以隐式或显式的形式已经存在的信息,不会在标签中被重复(例如,如果概念的类型是货币,则不需要标签重申该概念是一个货币量)。 (3) 确保了标签的简洁性:那些冗余的词汇,如“合计”或“金额”这样的词汇会被消除	(1) 需要大量的人工。 (2) 需要创建一种全新的分类标准语法。用户需要学习才能正确理解标签的含义(例如,“利润总额”这个概念的标签为“利润,总额”)。 (3) 如果对概念的自然描述严格按照上述规则进行转换,可能会形成一个不遵循正常自然语言语法的标签。用户需要理解标签的构造规则才能理解标签,这同样导致用户的学习成本。 (4) 标签创建规则在不同语言中适用性是不同的(例如,英语和汉语)

3. 使用正式的结构

这种方法基于概念的一个规范化结构,并使用这个结构的层次顺序创建相应的标签。这是一种以比较自然的方法、意义清晰地创建标签的方式。以这种方式，分类标准设计者可以使用其他元数据创建标签。因此，标签可以清楚地体现层次结构，并能够以下钻(drill-down)的方式将分类标准和外部源概念相联系。标签创建可使用的规范化结构包括：

(1) 外部数据源：例如，澳大利亚 SBR 在定义分类标准时，使用 ISO 11179 元数据标准作为数据元素名称。

(2) 分类标准自身：例如，全球银行业监管报告体系分类标准(SURFI Taxonomy)和比利时通用会计准则标准分类(Belgian GAAP Taxonomy)使用了具有分层结构的标签系统。

例如，下面是一个报表片段，体现出层次结构：

- 资产；
- 商誉；
- 生物资产；
- 其他。

应用这个层次结构创建标签，将使得标签也具有如下呈现出的层次结构：

- 资产；
- 资产，商誉；
- 资产，生物；
- 资产，除商誉和生物资产。

表 7-33 是使用正式结构创建标签的优点和缺点分析。

表 7-33　使用一个正式结构创建标签的优点和缺点

优　　点	缺　　点
(1) 这种方法在不必考虑标签全集的情况下能够获得具有唯一性的标签。 (2) 标签在整个分类标准中保持一致。 (3) 在创建项目名称时可以引用其他全局元数据标准(例如，ISO 11179)。 (4) 部分的标签生成过程可以自动化	(1) 在理解标签时还需要其他外在于分类标准的信息。 (2) 标签不使用自然语言的结构(例如，语法、句子)。 (3) 标签的维护必须保持与分类标准结构同时进行(这可能意味着分类标准维护成本的增加)。 (4) 如果层次结构中的位置发生变化，标签也将发生变化。 (5) 可能导致更长的标签。 (6) 阻碍在展示链接库树形结构中的概念重用，这是因为体现标准概念的标签不能同时表示两个位置。如果要在展示链接库树形结构中实现概念重用，则应使用优先标签(preferred label)

4. 标签构建小结

综上所述，为了定义具有良好性质的标签，注意事项如下：

(1) 尽量使用在整个分类标准中具有唯一性的标签。

(2) 选择与用户预期用途相匹配的标签构建方式。(例如,需要考虑标签的使用者是信息技术人员还是会计人员。)

(3) 使用本书所提供的优点和缺点分析,选择最能满足业务需要的标签。

(4) 书面记录所选择的标签创建方案,包括标签的创建方式、标签的构建案例、应删除的冗余词汇以及标签中包含的语义等。

值得注意的是,考虑到用户对于分类标准的依赖性,一旦分类标准发布,标签构建的技术方案选择将很难变动。特别是如果已有标签和概念名称之间存在直接关联时,标签构建的稳定性尤为重要。

本章小结

本章讲述了目前 XBRL 应用中的核心问题——分类标准建模。分类标准建模在满足 XBRL 基本规范的语法要求之上,通过高层次的语义约束,实现高质量的分类标准制定。本章首先给出了分类标准建模的理论基础,然后分别在总体框架、内部结构和个体元素级别给出了建模对象和方法。

FRTA 和 FRIS 是 XBRL 国际组织推出的、分别用于财务报告的分类标准和实例文档建模的规范。本书说明这两个规范完全能够容纳于本书提出的建模理论,并对其进行了深入分析。

进一步阅读

数据库先驱 Ullman 最早在数据库建模理论中提出了 3 层建模的思想[1]。Carlson 最早基于数据库建模方法设计了 XML 数据建模方法及工具[2]。XBRL 国际组织根据 XBRL 数据特征,提出了 XBRL 数据建模所需要满足的最低要求,分类标准建模规范 FRTA 和实例文档格式规范 FRIS[3,4,5,6]。XBRL 创始人 Hoffman 引入设计模式思想,设计了 XBRL 数据模式,此后成为 XBRL 数据建模的基本思想[7]。各类会计机构[8,9]、地区[10,11]、行业分别提出了与已有数据和规范兼容的数据建模方案[12,13,14]。

参考文献

[1] ULLMAN J D. Principles of database and knowledge-base systems, Volume 2[M]. Rockville: Computer Science Press, 1989.

[2] CARLSON D A. Designing XML vocabularies with UML[C]. Proceedings of the Conference on Object-Oriented Programming Systems, Languages, and Applications(OOPSLA),2000.
[3] XBRL 国际组织. Financial Reporting Taxonomy Architecture(FRTA)[S]. 2005-04-05.
[4] XBRL 国际组织. FRTA 规范化测试组件(FRTA Conformance Suite)[S]. 2005-11-07.
[5] XBRL 国际组织. Financial Reporting Instance Standards(FRIS)[S]. 2004-11-14.
[6] XBRL 国际组织. FRIS 规范化测试组件(FRIS Conformance Suite)[S]. 2005-11-07.
[7] HOFFMAN C. Financial Reporting Using XBRL:IFRS and US GAAP[R]. UBMatrix, 2006.
[8] DEBRECENY R S, CHANDRA A, CHEH J J, et al. Financial reporting in XBRL on the SEC's EDGAR system: a critique and evaluation[J]. Journal of Information Systems,2005,19(2):191-201.
[9] VALENTINTTI D, REA M. A XBRL for financial reporting: evidence on Italian GAAP versus IFRS[J]. Accounting Perspectives,2013,12(3):237-259.
[10] DECLERCK T, GROMANN D. Porting the xEBR taxonomy to a linked open data compliant format[C]. CEUR Workshop Proceedings,2017.
[11] SANTOS I, CASTRO E, CUADRA D, ALJUMAILY H. Life cycle of software development design in european structured economic reports[C]. WEBIST 2020 — Proceedings of the 16th International Conference on Web Information Systems and Technologies,2020.
[12] JANVRIN D. XBRL-enabled, spreadsheet,or PDF? Factors influencing exclusive user choice of reporting technology[J]. Journal of Information Systems,2013,27(2):35-49.
[13] KÄMPGEN B, O'RIAIN S, HARTH A. Interacting with statistical linked data via OLAP operations[J]. Lecture Notes in Computer Science (including subseries Lecture Notes in Artificial Intelligence and Lecture Notes in Bioinformatics),2015,7450:87-101.
[14] DANILEVITCH O. Logical semantics approach for data modeling in XBRL taxonomies[C]. CEUR Workshop Proceedings, 2019.

第 8 章

XBRL 维度规范与复杂概念建模

对于一个 XBRL 的应用者来说，XBRL 数据应该具有较高的可靠性和准确性。这种可靠性和准确性不仅表现在实例层次，也表现在模式层次，特别是概念的定义。在 XBRL 中，概念可以分为简单概念和复杂概念。在 XBRL 基础规范中，简单概念对应数据项，复杂概念对应元组。但是，元组这种形式具有固有的缺陷，其可比性较差。所以，简单概念与复杂概念、数据项与元组应当分别看作是对客观世界建立的模型和模型的实现，而不应认为它们具有固有的、不可分离的关系。

维度(Dimensions)是 XBRL 的扩展规范。维度的起源来自人们对多维报表的需求，并在技术上起到 XBRL 数据与数据仓库的桥梁作用。但如果淡化维度的应用领域，而将维度的实现作为一种纯技术来看待，就会发现维度能够实质性地解决元组形式的可比性问题。所以，一个经过重构的维度规则就成为复杂元素模型新的实现方法。

8.1 使用 XBRL 对复杂概念进行建模

XBRL 的核心是信息系统建模，通过 XBRL 建模可以帮助开发人员系统地展现 XBRL 数据，同时还允许开发人员来指定 XBRL 数据的组织结构及行为，并且提供指导开发人员构造 XBRL 系统的模板。而作为建模的第一步，首先要定义概念。从思维科学角度，概念是指人们对事物本质的认识，是逻辑思维的最基本单元和形式。从 XBRL 的语法角度，一个概念就是一个 XML 模式元素定义，在最简单的意义上，就是把这个元素定义成数据项或者元组元素。从财务报告语义角度，一个概念就是对所报告商业实体的活动或性质的说明。所有概念都是具有普遍性的，一旦对某一概念进行了取值，就产生了实例。

8.1.1 财务报告中的复杂概念及其传统建模方法

1. 财务报告中的简单概念和复杂概念

对于财务报告中的概念，可以将其分为简单概念和复杂概念。其中简单概念是指具有原子性、不可拆分的概念，而复杂概念是指需要多个概念的集合作用才能表达其含义的概念。比如，姓名、性别、年龄等都是简单概念，董事则是复杂概念，因为董事这个概念需要姓名、性别、年龄等简单概念组合起来才能表达含义。

在元素方面，也具有对应的元素分类方法，即将全部元素分为两类：简单元素和复杂元素。所谓复杂元素，是指元组、维度以及它们的子元素，其中，元组、维度（包括维度基本元素、超立方块、维度和域）称为复杂父元素，其子元素（数据项）称为复杂子元素。所谓简单元素，是指不与任何复杂元素发生语法关系的数据项元素。显然，一方面，复杂元素具有内部结构；另一方面，在一般情况下，也难以构成一个独立的模块。简单元素不具有任何 XBRL 意义的内部结构。一般来说，当模块以及复杂元素确定后，余下的元素过程是直接的和确定的。

2. 复杂概念的传统建模方法：元组

传统上，复杂概念的直观实现方法是利用元组结构。有这样一个复杂概念实例，如表 8-1 所示。

表 8-1　A 公司的固定资产　　单位：元

固定资产项目	原值	累计折旧	减值准备	净值
机器设备	1 000 000	400 000	100 000	500 000
运输设备	1 000 000	300 000	100 000	600 000

A 公司的固定资产由机器设备、运输设备等资产构成，表 8-1 中除了标题行的每一行就是一个元组实例，例如，机器设备这一行就是一个元组实例，而 A 公司的固定资产这一复杂概念就是由一个元组概念来表达。

3. 元组方式的缺陷

尽管人们最开始用元组来实现复杂概念，但是，元组实现方式与 XBRL 最核心的目标——可比性——是相悖的。假设把上述 A 公司的固定资产表看作一个二维坐标系，那么其中一个坐标系由固定资产项目、原值、累计折旧、减值准备和净值组成，而另一个坐标系的成员却不明确，因为元组的排列是无序的，于是这就造成了元组无可比性。下面来看这样两个复杂概念实例（仍沿用上述 A 公司固定资产的例子），如表 8-2、表 8-3 所示。

表 8-2　A 公司的固定资产　　单位：元

固定资产项目	原值	累计折旧	减值准备	净值
机器设备	1 000 000	400 000	100 000	500 000
运输设备	1 000 000	300 000	100 000	600 000

注：沿用表 8-1，作为对比。

表 8-3 B 公司的固定资产 单位:元

固定资产项目	原值	累计折旧	减值准备	净值
运输设备	1 000 000	400 000	100 000	500 000
机器设备	1 000 000	300 000	100 000	600 000

对于人类阅读者来说,至少 A 公司和 B 公司的“机器设备”项目是可以互相比较的。但是,如果用元组表达,每行可以看作一个元组实例。由于 XBRL 的机制限制,元组实例实际上是无法以确定的方式访问到的,因此在这两个元组实例之间无法实现可比。这就是元组形式的非确定访问问题。

但是,XBRL 的诞生就是为了实现可比性的。XBRL 规范是所有分类标准都必须遵守的语法规范,为可比性的实现提供了语法基础;而具体国家、行业的分类标准则确定了国家、行业内的可比性信息。由于元组结构的固有缺陷,甚至会降低 XBRL 的可比性,研究者一直在考虑改善元组结构或寻找元组的替代结构。

4. 克服过度灵活性:XBRLS 的概念结构体系

鉴于完整版的 XBRL 过度灵活, Charlie Hoffman 着手开发了一种 XBRL 的应用模型——被称为 XBRLS,可以看作简化版的 XBRL。简化版的扩展商业报告语言“极大程度地提高了 XBRL 的可用性,使得没有这方面专业知识的商务用户也能简单、方便地创建出 XBRL 报告,而无需支付昂贵的费用来聘请顾问或进行常年培训”。

基于 XBRLS 理论,XBRL 的过度灵活性是有害的,特别是元组的大量滥用。因此,应该制定一些元模式、通用数据模式及其操作方法。这种方法应当足够简单,简单性一方面可以使大部分会计师稍加培训就能够掌握,另一方面也可以隔离各种灵活的底层机制。其中一个很重要的内容就是提出要开发元组的替代机制,以改善各个财务报告之间的可比性。

8.1.2 维度规范的引入

在维度规范进入应用之前,人们自然、直白地使用元组来描述复杂元素。但随着应用的深入,这种方案暴露出了许多问题,并直接影响到 XBRL 的会计信息质量基础——XBRL 的可比性。虽然维度规范的出现是为了解决与元组结构无关的其他问题,但研究者发现维度可以作为元组结构的重要补充,甚至可以替代元组结构。本书所述的复杂元素规则可以指导分类标准制定者在何种情况下使用元组,在何种情况下使用维度,并提出了一个改进的维度使用方案。

1. 维度方案的形成

维度的开发初衷是实现一类元组结构无法准确表达集合含义的结构定义,以及实现类似嵌套元组的作用。但随着对维度研究的深入，研究者跳出了维度固有的语义含义，思考将维度作为元组的替代结构，认为以维度作为一种“纯”语法手段代替元组实现复杂结构（无论是否有语义意义上的维度含义），能够提高元素访问的确定性，进而保持 XBRL 的可比性。但是，必须对现有的维度进行重构：

（1）所有维度必须是显式维度（explicit dimension），而不能是类型维度（typed dimension）。

（2）所有显式维度中的域成员都必须是有限的、确定的，而不能是无限的或非确定的。

（3）维度允许嵌套，但扩展维度必须同时提供与之相关的嵌套维度，以保持维度的平衡性质。

（4）维度关系用定义链接库表达。

2. 维度的语法形式——链接库

首先，来介绍一下 XBRL 链接库构建原则。XBRL 分类标准一共使用 5 个标准的 XBRL 链接库，而链接库文档由模式文档或者实例文档中定义的 linkbaseref 所引用。XBRL 分类标准在为特定的目标使用时应可以分别建立各自的入口文件，并在各自的入口文件中引用所需要的各种链接库。

由于所披露的财务类信息中通常包含一系列的层级、交叉和维度关系，XBRL 分类标准的展示、计算和定义链接库也将被进一步地模式化。即使财务报告的附注中可能使用到的最小单位链接库文档，也可以由入口引用。与之相对应，会有一系列的链接库扩展的角色。

1）标签链接库

分类标准的元素应当都遵循统一的元素提取规则来进行提取，从而保持元素标签内容的结构、风格等一致。除了不同语言的标签链接库，在描述大量具体的业务事实时，为了增强可读性，标签链接库可以根据需要来定义各种扩展角色，而各种角色的定义和使用都应该符合 XBRL 分类标准基础技术规范的要求。

2）展示链接库

展示链接库用来表达元素之间的层次关系，除了能够表达简单的单维信息的层级，还应该能够表达相对复杂的两维结构的交叉表。展示的时候需要保证：一个扩展链接库里的所有项目都必须对应到另一个扩展角色的所有项目。

3）计算链接库

分类标准中元素之间的计算关系是通过计算链接库来表示的，普通报表运用其层级结构来进行计算，而二维表中各项内容的计算关系则采用分开定义公式的方式进行，公式之间并无任何特殊的关联，只是通过计算公式本身来关联其中的内容。

4）定义链接库

分类标准中的定义链接库主要包括两种类型。第一种是普通定义链接库，类似于展示链接库，用来构成基本项的层级关系或者其他结构关系。第二种定义链接库则用来表述维度信息，并存于维度文件夹之下，其扩展的链接角色在命名上要添加"dim"标识，用以区别于普通角色的定义，这一类定义链接库用于完成一个基本数据项（primary item）和一个超立方体（hypercube）的多个维度的结合。

5）引用链接库

引用链接库用来指定参考的法律法规资源，即现有的会计准则和制度等法规规定。其中的参考资源表示方式要遵循 XBRL 分类标准基础技术规范中的定义。

在中国 XBRL 财务报告分类标准架构范围中，第 8 条维度技术规范规定：维度技术的规范是用来统一会计信息的维度定义，用来实现按照统一的维度对会计信息进行统计分析。维度技术规范以维度化的方式来处理分类标准中的元素定义问题，从而实现同一元素在不同的背景环境下的重复使用。维度技术规范直接应用于分类标准的模式定义以及链接库制定中。其中，维度元素定义位于模式中，而维度关系定义则位于定义链接库中。

8.2 复杂概念：维度实现方式

8.2.1 维度的语法解析

1. 框架结构（architecture）

在 XBRL 实例中，XBRL 实例的有效性是由语法限制来决定的，而这些语法限制则是由隐式维度（又称类型维度）和显式维度来规定的，其中类型维度要求 XML 模式有效，而显式维度则要求每个成员元素的描述和成员间的关系都要使用链接库。

维度分类标准由各个弧来区分。这些弧和相关属性声明都在 XML 模式文档的 appinfo 部分进行表述。

关于维度分类标准的框架结构，由图 8-1 来表述。

图 8-1 展示了各种不同的关系和元素类型的来源和目标，以及作为基本数据项（primary items）、显式域成员（explicit domain members）或者是整个域（无论是显式还是隐式）的根项目（root item）的目标。这些关系可以不必在同一个扩展型链接元素中。符号 all 和 notall 意味着有两个可能的关系。

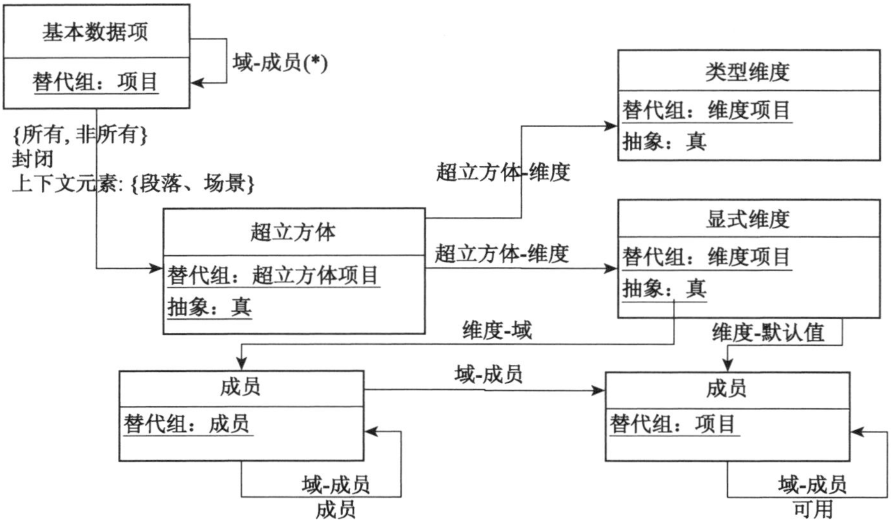

图 8-1　用来定义上下文内容和意义的限制的关系图

(*)基于数据项的子元素继承了在这个立方体里定义的维度。
资料来源:XBRL 维度规范。

2. 连续关系

两个关系有可能是连续的。一对连续关系是由一个起始关系和跟随关系组成的。如表 8-4 所示。

表 8-4　潜在连续关系的弧值

起　始　弧	跟　随　弧
所有(all)	超立方体-维度(hypercube-dimension)
并非所有(not-all)	超立方体-维度(hypercube-dimension)
超立方体-维度(hypercube-dimension)	维度-域(dimension-domain)
维度-域(dimension-domain)	域-成员(domain-member)
域-成员(domain-member)	域-成员(domain-member)

3. 超立方体

超立方体(hypercube)是一个抽象的项目。一个超立方体是一个维度的有序列表,通过一系列由超立方体-维度关系定义的、与超立方体有链接的零个或多个维度声明来定义,并且由这些关系的顺序来确定这个列表的顺序。

超立方体-维度关系把超立方体作为起始,把维度作为其目标。超立方体-维度关系不可以有直接或间接的循环。

4. 基本数据项和超立方体

为了限制有可能出现在基本数据项中的一系列上下文,一个基本数据项有可能连接零个或者多个超立方体。

该项规范说明：那些在 DTS 中不与任何超立方体有关联的基本数据项没有额外的限制。

一系列的超立方体有可能由“所有”关系和“非所有”关系结合而成。一个组合成员和它的运算域的关系是由 XLink 弧来表达的，并采用特定弧来定义不同的算法。

在有-超立方体(has-hypercube)关系中有两种弧，分别是：

(1) http://xbrl.org/int/dim/arcrole/all。

(2) http://xbrl.org/int/dim/arcrole/notAll。

这些关系有可能在不同的基本集合中。当有-超立方体关系出现在不同的基本集合中时，一个基本数据项，只有在任何基础集合中都是维度有效的，才能被称为维度有效。

这些关系被允许在扩展分类标准中禁止、优先和展开。

1) “所有”和“非所有”弧

定义在 http://xbrl.org/int/dim/arcrole/all 中的“所有”关系中的维度关系是与实例有效有关的。其起始和目标分别是基本数据项和超立方体。

“所有”关系的对立面就是“非所有”关系，由 http://xbrl.org/int/dim/arcrole/notAll 定义。

只有在所有的超立方体都有效的情况下一个基本数据项的实例才有效。如果同一超立方体的非否定版本是无效的，那么“非所有”超立方体就是有效的。一个单独的超立方体的联合就是该超立方体本身。

2) 有-超立方体弧及其要求的“xbrldt:contextElement”属性

每一个有-超立方体弧(has hypercube arcs)都必须有 xbrldt:contextElement 属性，即有段落(segment)和场景(scenario)。

3) 有-超立方体的选择性“xbrldt:closed”属性

如果段落的一个有-超立方体弧的 xbrldt:closed 属性为真，那么在那个基本集合中的段落所对应的超立方体是封闭的(closed)。

如果场景的一个有-超立方体弧的 xbrldt:closed 属性为真，那么在那个基本集合中的场景所对应的超立方体是封闭的。

在实例文档中，只有当除了出现在封闭的超立方体中的元素，没有其他任何元素是段落或者场景元素的子元素时，基本数据项的实例才是维度有效的。

4) 在多个基本集合中分割维度关系

分类标准制定者可以通过使用扩展类型的链接元素的 xlink:role 属性来将关系分割到不同的基本集合中去。

这一功能是相当有用的。在计算链接库中的合计关系中，分割能够保证不相匹配的合计项没有被合并。

分类标准制定者可能规定不同维度关系的基本集合的验证过程，并且这些规定是独立进行的。

除此之外，一系列的基本数据项有可能在有-超立方体关系中有相同的超立方体；与此相应的是，超立方体可能在超立方体-维度关系中有相同的隐式维度。在下面的章节中，另外的一些关系也会引入一些复杂的内容，比如，数据项作为独立的和不同的关系集合的起始项目，将导致形成多个不同的维度。如果所有用到的维度关系在确认时被迫加入相同的基本集合，就会在维度关系中产生冗余。

在图 8-2 中，如果 RegionDim 维度既是 hc_ExcludeRegions 立方体的一部分，

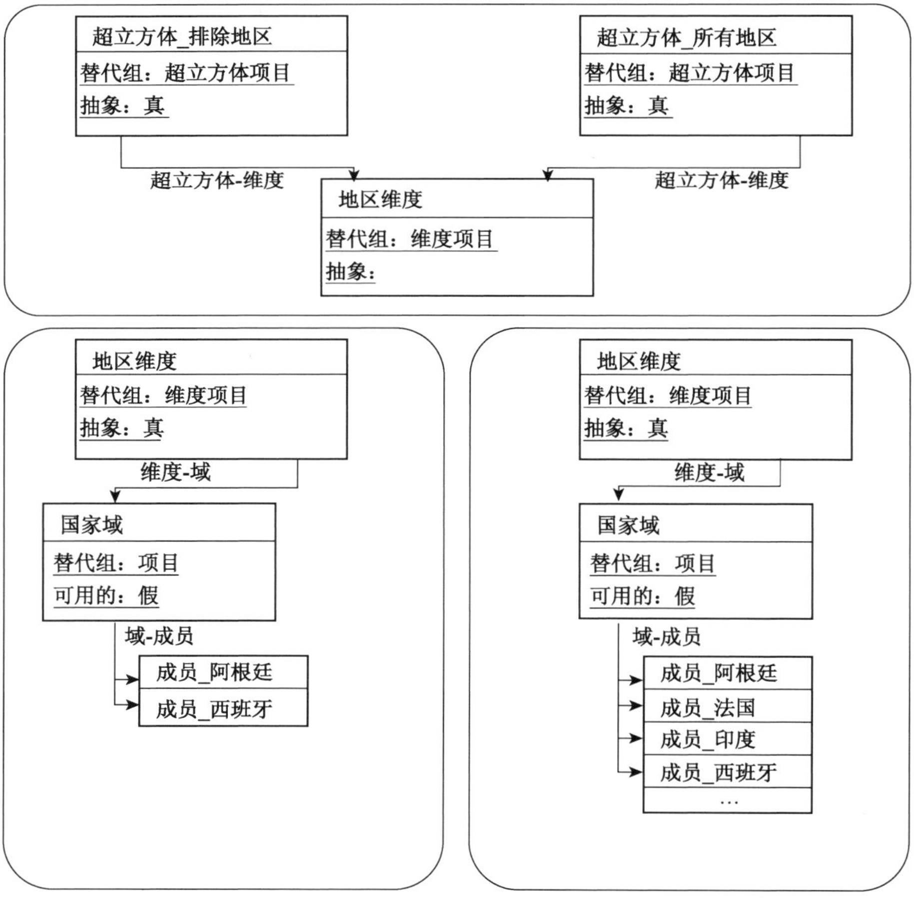

图 8-2　当相同的维度时的组分割

资料来源：XBRL 维度规范。

又是 hc_AllRegions 立方体的一部分，那么 RegionDim 维度就必须有不同的成员。在弧中可选的 xbrldt:targetRole 属性允许分类标准制定者将两个处于不同的基本集合中的两个弧联系起来形成连续关系。而在要联系这种处于不同的基本集合的两个具有连续关系的弧时必须运用 xbrldt:targetRole 属性。如果不这么做，那么就有可能产生并未连接的结构，比如说最终导致了空超立方体、空维度和空域。

xbrldt:targetRole 属性是可选的。如果它存在于一个弧上，那么在源基本集合上的其他任何具有连续关系的弧都不能被认为是维度关系集合的一部分。相反地，处于目标基本集合的具有连续关系的弧则必须被认为是维度关系集合的组成部分。

5. 维度元素

维度(dimensions)是一种抽象的概念。维度可以分为两类:类型维度和显式维度。一个非空的维度会有一个域。域要么是类型维度的 XML 元素实例，要么就是显式维度的成员。隐式维度的域是用一个通用的元素定义来设定的。显式维度用弧来连接维度和域以及域和域成员。

1) 类型维度

一个类型维度的域是在另一个 XML 元素里定义的，具有 xbrldt:typedDomainRef 属性。为了满足 xbrldt:typedDomainRef 属性，一个类型维度必须不能为空。在实例文档中，类型维度值是 xbrldi:typedMember 的子元素，具有维度属性。

2) 显式维度

一个显式维度是不具有 xbrldt:typedDomainRef 属性的，并且具有维度-域弧连接到零个或者多个域成员，而这些域成员的名称就组成了维度域。

一个具有有效的域的显式维度是指一系列在维度关系集合中可用元素名称的集合，也就是指所有那些未被标记为不可用的有效域。

因此，域成员继承了所有 XBRL 元素的特点，比如，用多国语言标记的标签(labels)、表达顺序等。域成员也会被安排进入一个域-成员关系，这满足了包含关系的要求。

一个显式维度的域是由维度-域关系这一目标元素来表达的，其中起始元素是显式维度元素。域名则是域的一个有效成员。

定义在分类标准中的一个基本数据项可以在一个实例文档中扮演两个角色:它可以在另一个项目中被当作是一个显式维度的成员，或者也可以被用作一个项目。但是基本数据项的名称绝对不能被用作这个基本数据项的任何一个显式维度的域成员。

6. 域-成员和继承

一个基本数据项有可能是“域-成员”(domain-member)关系的起源。如果一个基本数据项既是一个"域-成员"关系的起源,又是一个"有-超立方体"关系的起源,就可以说"域-成员"弧这一目标继承了"有-超立方体"关系这一起源。继承(inheritance)是有传递性的。

8.2.2 复杂概念的表示

为了提高复杂概念的查询能力和可比性,在进行维度语法选择的时候剔除了类型维度这种维度形式,所有显式维度中的域成员都必须是有限的、确定的,而不能具有无限或非确定的成员。

采用这种设计方式的原因很简单,不妨来举个例子:比如说"年份"就是一个类型维度,年份的域成员是无法一一列举的,如果想比较某一年的数据,在使用类型维度的时候就无法精确定位,也就导致了无法比较。并且如果要查询某一年的数据也是相当费时费力的。但是,如果使用的是显式维度,也就是将所用到的年份一一列举出来了,在比较的时候就可以做到精确定位,从而提高了财务信息的查询能力和可比性。另外维度允许嵌套,但扩展维度必须同时提供与之相关的嵌套维度,以保持维度的平衡性质。

8.2.3 维度的优势

首先用一个例子简要说明维度的优势。例如,有一个描述"董事"信息的复杂概念,包括子项姓名、年龄、性别、职务等。在这个例子中,可以为每个子项创建一个 XBRL 维度,相对于把"董事"信息对应一个元组概念的形式而言,其确定性访问的能力得以提高。具体如下:

(1) 这可以比较容易地区分哪些元组概念应该以数据的形式保留,或者将元组概念移至上下文中作为一个 XBRL 维度。

(2) 将概念组织在一起的元组结合机制明显是应被上下文维度所替代的,该维度"虚拟地"将这些概念结合在一起。这种"虚拟"解决了用 XML 元素进行物理结合的问题,同时也解决了 XML 元素所带来的扩展性问题。

(3) 这个例子是把复杂概念子项从元组子项转换成一个 XBRL 维度。表面上看来,用户需要为每个董事创建一个域成员,这明显增加了很多附加工作,比如,用户可能通过任何方式输入元组信息,特别是各董事名称在两个或两个以上不同的元组中使用时。然而,维度的意义在于复杂的工作是一次性的,不会带来重复性的影响。并且还可以检验重复的情况。

(4) 维度替代组具有较好的可比性。比如,假设用户在第一年输入"李××"信息,然后在第二年输入"××李"信息,又或者在第三年输入"李,××"信息。当一个分析师使用这些信息时,计算机将它们理解为不同的董事信息,但实际上它们都是同一个概念。使用维度提供的具体董事名称的分类标准，将减少错误和增强可比性。如果需要，该分类标准对于这些出现在多个位置的名称，可以拥有不同的标签以及不同的标签角色。

(5) 商业报告的建立需要负责不同信息的不同个人或者集体之间的合作。这种方法需要引用原本应该存在于另一独立分类系统中的主管姓名。

另一种灵活的方式是通过枚举列表利用 XML 替代组机制实现扩展。所有为这个目的而使用的替代组方式，与任何其他为定义语义关联的替代组存在着同样的问题：已存在的 XBRL 模块不受具体约束，而且相对模棱两可。相对而言，在这个模式中，维度的精确性和可比性都是最优的。显然不可能穷举一些可能的情况来证明维度的优势。所幸的是，如前文所述，财务报告实践中发现了许多成熟的模式，所以，可以逐一讨论与复杂概念有关的模式，从而说明维度的可用性和优势。

1. 一个概念多个值

这个模式使用维度也比较直观。下面的模式信息只是增量式的扩展，并没有覆盖原先的模式信息。

例如，资产负债表日后事项的信息是一个复杂元素，其子项“事项类型”是一个具有取值唯一性的数据项。如果在关系数据库中，这个子项将被实现为主键。但是，在基于 XBRL 元组方式中，无法表达这种唯一性的概念。

可以创建一个概念来说明这样的维度域信息：“事项 A”“事项 B”“事项 C”等。根据维度的语法和集合论的定义，这些取值都是唯一的。然后，以“事项描述”和“事项日期”这两个概念作为这个事件维度的数据。

这种实现方法并不复杂。一般情况下，这类情况中总能找到一个具有唯一性的概念作为维度。

2. 可重用的概念

这个模式指出了如何使用概念集合，比如，一个地址，多个时间，可以被包装在元组内部实现重用。这些概念集合可能本身就被实现为一个元组，而作为包装器的外部元组主要用来作为内部元组的上下文（一般是场景上下文）。

这直接导致了公认非良好结构的嵌套元组的使用。一种替代两个嵌套元组的方法是：先定义一个元组，然后用枚举列表中的一个概念来说明元组中某个子项的类型。这种方式也是不可取的，因为这些枚举列表是不可扩展的，根本原因在于 XML 枚举列表具有不可扩展性。使用基于维度方式可以清晰地描述数据信息，同时它允许地址类型列表具有扩展性，所以使用者要做的只是简单地添加一个附加的域成员，就可以实现扩展。

可以看到维度通过使用域成员把不同的事实绑定在一起，然而对于元组方式，就需要将这些实例文档中的事实通过兄弟关系(sibling)进行绑定。这种通过一个链接库把各个域成员进行关联的灵活性,将给 XBRL 实例文档中的数据带来较高的可重用性。

有种观点认为,在 XBRL 2.0 中元组是通过定义链接库连接而成的,而不是 XML 模式。在向 XBRL 2.1 的演化过程中,研究者评估了使用定义链接库所获得的收获。但是,评估的结果认为:收获完全不足以补偿对扩展性带来的严重不利影响。同时,这又给了维度实现的一种思路,现在的一种实现方式就是沿着 XBRL 2.0中实现元组的思路,用定义链接库实现维度。

在理解模式文档的验证过程后,就更易于理解这种基于 XML 模式信息模型的缺陷。无论在哪个层次出错,验证器只会抛出一个总体的出错信息。事实上,用户之间的互相理解一般会发生在多个层次,因此,简单地在分类标准层使用模式进行约束难以满足用户对错误信息的需要。

3. 附带合计的复杂概念

该模式和复杂概念模式相似,不同的是该模式添加了内部元组元素和外部元素之间的合计关系。

(1) 在这个模式中,XBRL 计算链接库也支持元组间的计算,因为这些概念都具有同样的上下文信息。

(2) 这些董事的合计薪酬是不能通过 XBRL 计算链接库来计算的,因为这些概念具有不同的上下文信息。

在这种情况下,使用 XBRL 维度意味着不用同时在元组的内部和外部使用同一概念——同样地,计算问题以及方法不直观的问题也都迎刃而解。比如,将这个合计定义成与合计子项相同的概念,同时在一个维度中添加一个域成员“所有子项”,这样就描述了所有参与者的合计关系。

4. 多个期间的复杂概念

在此模式中,相比基于元组的处理方式,同样消除了类似的困扰分类标准和实例文档创建者的问题。在此模式中,存在一个用于显示多期间数据的概念。这种模式,到底是使用两个元组比较合适,还是使用一个元组(但其子项具有枚举值)比较合适,一直存在争议。使用 XBRL 维度来代替元组,就消除了这个问题。

在这种情况下,可以将复杂元素中具有进一步复合值的子项定义为一个显式维度。有的研究者建议,如果显式维度中的域成员过多,则应定义为类型维度。但是,类型维度作为隐式维度,具有与元组结构相同的问题。因此,即使是域成员比较多,如地区这个维度,也同样应用显式维度进行表达。

在本规则集合中,排除了类型维度的使用。无论域成员有多少,都定义成详细的显式维度来使用,这样用户可以通过应用软件方便地、自动化地使用维度。显式维度一般就是简单内容（一个元素一个值），而一个类型维度，它既可以是复杂内容，也可以是多个元素多个值。XBRL维度计算在具有复杂内容的类型维度时将非常费时。应用程序对于只有简单内容的维度信息的处理将非常容易，这也避免了必须创建复杂接口来处理潜在问题的麻烦，如在上下文中使用复杂内容等。

使用维度还能够严格区分上下文内容和事实内容。事实就是那些取值具有唯一的内容，并需要维度的支持；如果一个事实值取值不唯一，则必然会有一部分内容被提取出来作为新的维度。

但是，在这个模式中，易于混淆的是：一个概念可能是用作域成员，也有可能是用作基本普通项元素。事实上，这种混淆的情况非常少，并且可以用版本管理等方法减少混淆的发生。在这个模式中，如果用元组实现，还有可能出现两种上下文并存（instant/duration）的现象；如果用维度实现，简单地定义两类维度即可。

5. 具有变动的复杂概念

这个模式没有什么新的内容，就像前面的模式，它拥有多个上下文，如点时间和段时间。在这个模式中，由于没有引入类似XML中“sequence”这种组合机制，变动或调整概念可以出现在实例文档中的任何位置。因此，对于变动分析中顺序相关的要求就无法满足。

模型强调了这样一个事实，即XBRL维度直接构造了在二维层面上典型的重要数据关系。因此，当与元组作比较时，一个应用开发者更加能够获得关于使用XBRL维度从Excel或者其他相关的数据库中所匹配信息的一致性的理解。当使用XBRL维度时，每一个从电子表格的单元格到XBRL元素的匹配都是值和上下文的统一匹配。而如果使用元组，人们必须处理没有确定性的元组甚至任意层次的嵌套元组。

对于一个程序开发新手来说，书写程序去读写嵌套的元组，将比基于XBRL维度信息映射还要复杂，因为XBRL维度信息更加扁平。可以证明，即使具有复杂内容的类型维度，其处理也比无限嵌套的元组结构更简单。

6. 整体/细节结构

首先，这个模式中应用维度时面临一些挑战，因为一般地说，XBRL维度难以表达嵌套的元组。一种方法是为每一个要实现为元组的复杂结构提供一个超立方体。

但这种方法的问题是：超立方体提供的作用是在维度应用中将实例文档中的事实值与上下文信息相连接，或者汇集多个上下文形成一个组合。从语法上讲，超立方体并不能实现元组到一个维度的映射。

总体上，直接使用显式维度结构比较简单，而且含义清晰。另一种方法是采取元组方式，但分别在内部和外部元组中提供主键。但这种方法仍存在问题，因为可能存在对枚举值的扩展需求，但 XML Schema 无法提供这种机制。如果使用维度，这个问题将不再存在，因为可以通过 XBRL 维度扩展其域成员来解决上面的问题。

7. 调整

这个模式中最有代表性的问题是如何较规范地将形成交叉表（intersection table）的两个轴用两个维度表示。

这个问题与使用 XBRL 维度代替元组没有关系，该问题就像是 XBRL 维度使用在一个与元组无关的领域中。即使是用元组，也无法解决多个场景的比较问题。

例如，如果使用元组结构表达调整结构，为了表达调整项的数量，可能在元组中记录一个"调整数量"的概念。注意，"调整数量"这个概念并不简单地是一个孤立的事实值，它与参与计算调整总数的调整项数量是相关的，而这两者就形成了无法用语法表达的内在联系。由于元组的实例没有限制，这种联系很容易被破坏。

但是，如果采用维度结构，就可以用一个维度去描述调整，用域成员描述每一个调整项，上述问题就不会出现。唯一需要认真对待的是：如何让两个不同的维度集合在一个"交叉表"中共同起作用。

8. 分组报告

在使用维度的情况下，这一模式能够揭示维度和元组在检验方面的本质区别：使用 XBRL 维度时可对数据完整性进行检验，而用元组则不存在这一能力（或是采用依赖于特定实例构建内部系统的检验）。如果深入观察实例文档中基于元组的数据和基于维度的数据之间的差别，就可以容易地发现这一点。

基本上，通过维度方式，实例文档中的数据是能够清晰描述的。其后果是必须将某些元数据放在分类标准中进行定义，当然，如果更新软件系统使之能够处理维度，这也不会对软件系统构成太大压力。

8.2.4 《企业会计准则通用分类标准》中的维度使用

在中国财政部颁布的《企业会计准则通用分类标准》这个适用于中国会计领域的 XBRL 分类标准中，使用了大量的维度机制。《企业会计准则通用分类标准》中引入维度机制的原因有两个：

（1）兼容性：中国财政部于 2006 年制定的《企业会计准则》被认为是中国会计准则与国际会计准则趋同的产物，因此《企业会计准则通用分类标准》本质上就是《国际会计准则分类标准》的扩展。而在《国际会计准则分类标准》中使用了维度机制，所以在《企业会计准则通用分类标准》中使用维度机制就成为一个自然选择。

（2）先进性：维度机制具有灵活性和确定性等优点，这对于《企业会计准则通用分类标准》尤为重要。因为《企业会计准则通用分类标准》也是作为一个待扩展的基础分类标准存在的，它本身并不具备针对任何具体报告行业或企业的内容。

但是,设计者又不希望企业的扩展破坏《企业会计准则通用分类标准》的规范性。为了达到这一目标,维度机制就成为首选。

图 8-3 给出了《企业会计准则通用分类标准》中一个维度结构的片段。

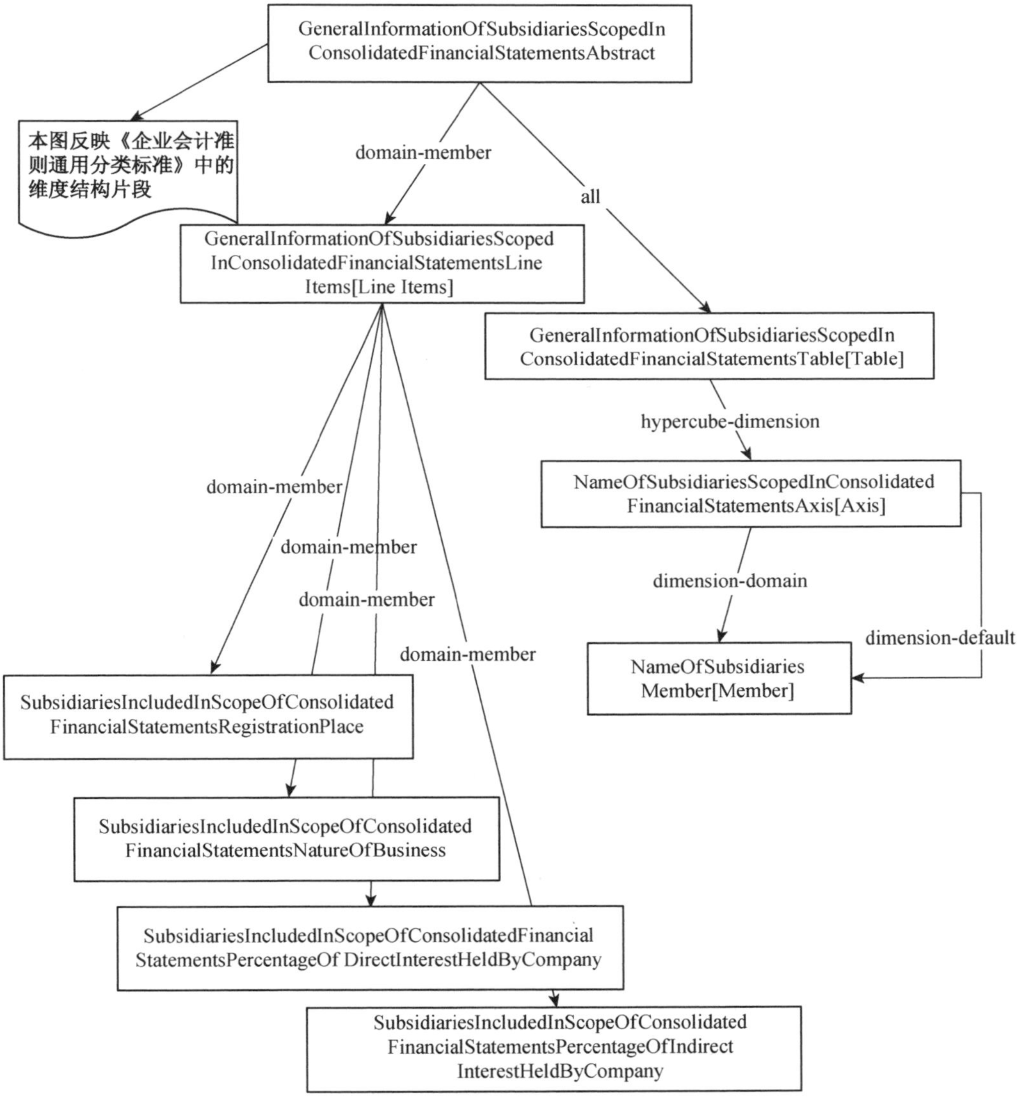

图 8-3 《企业会计准则通用分类标准》中的维度关系

在图 8-3 中,构成维度关系有如下元素:

(1) GeneralInformationOfSubsidiariesScopedInConsolidatedFinancialStatementsAbstract:合并范围中子公司的一般信息[标题]。

（2）GeneralInformationOfSubsidiariesScopedInConsolidatedFinancialStatementsTable：合并范围中子公司的一般信息表。

（3）NameOfSubsidiariesScopedInConsolidatedFinancialStatementsAxis：合并范围中子公司名称维度。

（4）NameOfSubsidiariesMember：子公司名称成员。

（5）GeneralInformationOfSubsidiariesScopedInConsolidatedFinancialStatementsLineItems：合并范围中子公司的一般信息[行项目]。

（6）SubsidiariesIncludedInScopeOfConsolidatedFinancialStatementsRegistrationPlace：合并范围中的子公司——注册地。

（7）SubsidiariesIncludedInScopeOfConsolidatedFinancialStatementsNatureOfBusiness：合并范围中的子公司——企业性质。

（8）SubsidiariesIncludedInScopeOfConsolidatedFinancialStatementsPercentageOfDirectInterestHeldByCompany：合并范围中的子公司——直接控股份额。

（9）SubsidiariesIncludedInScopeOfConsolidatedFinancialStatementsPercentageOfIndirectInterestHeldByCompany：合并范围中的子公司——间接控股份额。

这些元素构成的表格结构如表8-5所示。

表8-5　以维度表达的表格结构：合并范围中子公司的一般信息表

子公司名称	注册地	企业性质	直接控股份额	间接控股份额
A公司				
B公司				
……				

虽然上述表格是二维的，但两个方向的细目在表格中的作用是不同的，所以并不简单地直接建立一个二维结构。对比表格的两个方向，横向是报告内容（注册地、企业性质等），而纵向则是报告内容得以成立的条件（子公司名称），即具有上下文的性质。所以，设计者选择针对纵向建立维度结构，而以横向建立1个能与纵向维度相联系的报告内容域。

这个维度结构中的内容与角色如下：

（1）以表格的上一级标题（GeneralInformationOfSubsidiariesScopedInConsolidatedFinancialStatementsAbstract）作为基本数据项，是进行详细阐述的基本对象。

（2）以表格的标题（GeneralInformationOfSubsidiariesScopedInConsolidatedFinancialStatementsTable）作为超立方体，是组织维度的总体结构。

（3）新建1个描述子公司名称的维度（NameOfSubsidiariesScopedInConsolidatedFinancialStatementsAxis)，注意这个维度是专用于合并范围内子公司名称的，因而其通用性并不高。

(4) 以 1 个抽象的成员(NameOfSubsidiariesMember)作为上述维度的域成员和默认成员。显然，这个成员只是起到一种占位符的作用，用以达到维度结构完整性的目的。未来，只要存在以这个默认成员作为替代组的成员，就会被软件加入这个维度。

(5) 新建 1 个行项目(GeneralInformationOfSubsidiariesScopedInConsolidatedFinancialStatementsLineItems)，用于组织报告内容对象。

(6) 将 4 个具体的报告内容——注册地(SubsidiariesIncludedInScopeOfConsolidatedFinancialStatementsRegistrationPlace)、企业性质(SubsidiariesIncludedInScopeOfConsolidatedFinancialStatementsNatureOfBusiness)、直接控股份额(SubsidiariesIncludedInScopeOfConsolidatedFinancialStatementsPercentageOfDirectInterestHeldByCompany)、间接控股份额(SubsidiariesIncludedInScopeOfConsolidatedFinancialStatementsPercentageOfIndirectInterestHeldByCompany)——加入行项目。

在这个维度结构中，具体的报告内容通过基本数据项和行项目与维度相结合，并以一个抽象的维度成员补足结构。在创建报告实例时，可以灵活地加入维度成员，并可以新的维度成员自动作为报告内容实例的上下文。既可以实现灵活性，又能够通过一个可以引用的具体上下文唯一确定一个报告内容元素实例。这都是元组结构所无法实现的。

8.3 维度还是元组:权衡

今天，XBRL 已经成为一种全球性的、结构化的数据标准，并且广泛使用于公司财务报告和审计报告。XBRL 的使用受到许多国家的政府、立法机构和监管机构的推行。在大多数情况下，这些监管人员使用的分类标准架构以及相关的配套技术手段都是独立开发或按照某种技术规范自行开发的。这导致在 XBRL 分类标准架构的开发中，独立地形成了若干互相竞争的思想和方法。虽然 XBRL 建模中存在多个领域的权衡，但不约而同地，这些思想和方法都主要是围绕对维度还是元组的选择展开的，即维度/元组的技术选择已经成为 XBRL 建模的核心问题。这些思想方法由不同的组织在实际工作中采纳并实践，它们代表了 XBRL 实践中非常宝贵的经验。

在过去几年中，XBRL 在世界各地的应用数量已经达到某种临界水平——即研究者已经能够面临足够的分类标准，通过分析分类标准应用效果的经验数据，以总结各种XBRL分类体系结构的优劣。这创造了一个分类标准设计者和使用者互相学习，以便更好地实现其业务目标的重要机遇。通过分析分类标准案例，本节将给出分类标准设计中的一些技术选择以及对这些技术选择进行评价的方法。

目前的XBRL实践中，出现了许多能够达到XBRL技术目标的解决方案。这种解决方案的多样化一方面代表着实践经验的丰富性，另一方面对XBRL的统一性构成了极大挑战。逐渐地，XBRL的研究者们发现，这种多样性实际上来自XBRL分类标准体系结构的不完整性。研究者们认为，XBRL分类标准的设计应该满足这一目标——相似的业务需求应该具有相同的分类标准结构。但是，在目前所有的XBRL技术结构中，都没有能够实现这一目标的技术机制。许多国家和组织的分类标准具有非常相似的特征，但没有令人信服的证据表明，这些特征与它们的业务需求和目标具有一致性。

通过本书的分析，可以看出，在许多情况下，为了满足特定的报告要求，需要给出一种明确的折中方案。在这些情况下，这种折中方案应该被认为是一种良好的实践方案。XBRL的实现机制非常丰富和灵活，这导致了在许多情况下，有两个或两个以上的方法能够实现同一商业目标或需求，那么，对于XBRL设计与开发人员来说，了解可供选择的不同技术方案，评估每个技术选择是否适合它们的使用情况，并理解这些技术选择的最终后果，是非常重要的。

本节的主要目标是为XBRL技术架构决策提供指导。本节主要评述现有的主流XBRL技术方案，并说明这些方案的优势、劣势以及使用这些方案的现有案例。从总体上，笔者并不认为任何一种方案在所有的情况下都优于其他方案，即使是本节所提出的折中方案，都不能被认为是唯一的最优方案。重要的是，XBRL设计人员应该理解这种分析方式和蕴含在其中的思想，从而深刻理解自己的业务需求，并作出正确的技术选择。

在XBRL设计中，人们对不同的技术机制进行评价，以期获得一种简单明确的技术选择方法。这些评价本身也导致了一些正面和负面的效果。最初，研究者认为，XBRL技术选择具有唯一性和确定性，那些被认为最适应业务需求的机制被称为“最佳实践”(Best Practice)，但是，人们很快发现：由于XBRL实现机制的灵活性和多样性，以及业务需求的变化性，再加上并不存在唯一的、公认的客观评价准则，使用者容易被这些“最佳实践”方案误导，所以，在目前的XBRL国际组织以及主流研究人员中，已经不再使用“最佳实践”对技术机制进行评价。

在“最佳实践”评价方式被质疑的时候，有的研究人员提出，可以用“共同实践”(Common Practice)一词对技术方案进行评价。但是，“共同实践”只是意味着实践成熟的工具、方法和途径，对那些满足“共同实践”的方案的盲从同样导致了很多问题。

XBRL 国际组织提出了一种评价用语——“良好实践”(Good Practice)。良好实践的含义是:某种设计方案作出了这样一种技术选择,即发掘了 XBRL 相对于 XML 的功能增益。只要是利用 XBRL 的特征实现预期效果的商业案例,都被称为良好实践。良好实践这一用语能够较好地、综合性地评价各种满足业务目标的分类标准架构设计方案,并实现从分类标准设计者到用户的有效沟通,有利于对产生的报告以及报告使用结果的理解。本节给出的方案即满足良好实践的评价标准。针对所有这些方案,本节都同时给出了这些方案的利弊,以完整说明这些方案的优势和劣势。

8.3.1 如何划分分类标准:通用的分类方法

本章从一种更具普遍性的视角审视分类标准架构,即分类标准设计者怎样发现一种分类标准结构的特异性(分类标准怎样分类,为什么两种分类标准结构被认为是不同的)。这个问题贯穿了分类标准使用的整个生命周期。分类标准的分类原则可以形式化地表述为:

(1) 如何对分类标准进行分类(例如,根据分类标准的用例和配置文件的区别进行分类)。

(2) 分类标准中包含的内容(分类标准的范畴)。

(3) 分类标准的使用方式(例如,分类标准的扩展方式)。

1. 分类标准用例(Use Case)

在本节分析的分类标准中,最常见的分类标准的用例是针对一般公认会计准则(GAAP)的分类标准。国际财务报告准则(IFRS)、比利时通用会计准则(Belgian GAAP)、西班牙通用会计准则(Spanish GAAP)、美国通用会计准则(US GAAP)和英国通用会计准则(UK GAAP)是最常见的公认会计准则的用例,基于这些会计准则设计的分类标准也就成为其他分类标准设计的基础。然而,也存在其他分类标准的设计用例,例如:

(1) 全球报告倡议组织(The Global Reporting Initiative,GRI)分类标准:基于可持续发展报告,其应用包括金融类和非金融类企业。

(2) 通用报告(COREP)分类标准:基于欧盟针对资本市场需求的修正案 2006/48/EC 与 2006/49/EC。

即使在基于 GAAP 开发的分类标准用例中,也存在许多不同的分类架构。由于在构建分类标准架构时缺乏通用的技术手段,这使得以可比性较高的方式对分类标准进行描述也成为了一个严重的问题。为了解决这个问题,本书从涉及的业务领域、分类标准的最终预期用途这两个角度对分类标准进行描述。

1）业务领域的实例

（1）合规性报告，其中包括：

- 税收报告；
- 银行监管报告；
- 保险监督报告；
- 来自资本市场的报告。

（2）财务和非财务报告，其中包括：

- 可持续发展/企业社会责任报告；
- 合并报告；
- 管理层报告；
- 年度/季度报告。

（3）公司治理报告。

（4）企业行为报告。

（5）标准商业报告。

（6）风险管理报告。

2）分类标准的最终预期用途

（1）定义元数据，使得用户能够使用来自多个分类标准的信息，如定义报告元素之间的业务规则和关系。

（2）表述或代替基于Excel电子表格的报告。

（3）形式化描述基于一组报告准则的报告元素。

（4）提供一个具有特定用途的分类标准模块，以使其能够重用于其他分类标准。

（5）提供围绕数据的关系和连接信息。

本节下文描述分类标准时，即依据如上两个角度——业务领域和最终预期用途（或结合两个角度）——进行描述。这样做是为了帮助分类标准设计者评估分类标准如何才能高度符合用户自身的情况和需要。

2. 分类标准表述内容的范围

在一般意义上，分类标准是对事物按其自然关系进行分类，并有序排列的方法。所以，一个XBRL分类标准就是对报告概念按其自然报告关系进行分类，并有序排列的方法。这些报告概念通常属于一个明确定义的报告框架。报告框架内的准则、法律和法规通常定义了一个XBRL分类标准所应表述的范围。

作为一种良好实践，在设计分类标准之前，应该依据数据的最终使用方式和数据的报告方式，深入理解被报告数据及其粒度。理想的情况下，由于XBRL分类可以充分体现并构建若干信息块之间的多种关系，所以，理解单个数据点的特征（例如，它们的类型和形式）以及数据点之间的所有关系就成为重中之重。只有这样，所有的数据点及其关系才能在分类标准架构中得到正确反映。

3. 分类标准设计

1）XBRL 分类标准设计指导的预期用途

XBRL 分类标准设计指导主要用于满足报告阅读者的需求，包括以下内容：

（1）具有来自报告阅读者的一般性需求，但这种需求尚未以一种合理的方式在分类标准架构中得到满足①。

（2）具有针对特定报告领域的需求，但这种需求尚未以一种合理的方式在分类标准架构中得到满足。

本节所探讨的分类标准设计指导涵盖以上两个方面，围绕着分类标准结构的某个特定方面，本书给出的方法是在讨论良好实践时比较自然、易于理解的方法。

2）后续内容

对于所考虑的分类标准的每个方面，本书对具体的业务需求，及对应的分类标准方案和特征，都进行了完整的阐述。后续每个部分都会包括以下内容：

（1）对要考察的业务需求或分类标准特征进行详细描述。

（2）汇总了针对一种业务需求的全部可行的技术方案，并说明了这些技术方案在现有分类标准中的使用情况，是被全部、一些分类标准方法所使用，还是没有被任何分类标准所使用。

（3）分析每一种方法的收益、挑战，以及方法的适用性。

（4）对每种方法及其适用条件给出结论，并给出相应的分类标准架构设计中的良好实践。

3）分类标准需求和技术方案选择的顺序

有的研究者认为，如果只考虑分类标准架构某一方面特征，则相关的技术方案选择将导致对其他分类标准需求的不利影响。并且进一步地，由于在分类标准架构设计中存在许多需求，如果按照一定的顺序考虑这些需求，则将导致与先期需求相适应的技术方案在后续的选择中也成为占优方案，从而系统性地忽视其他需求。

对于这个问题，本书的看法是：这个问题确实存在，但是如果找到一种最合理的顺序，这个问题的不利影响就会降至最低。事实上，在设计过程中，人们发现的分类标准架构的需求是有顺序的（这意味着一些需求比另一些需求的优先级更高，或者一些需求是另一些需求的前提），这显然是一种最合理的顺序。本书以如下顺序考虑对分类标准架构设计的需求：

---

① 甚至“合理的方式”一词本身也尚未被良好定义。

(1) 考虑所创建的分类标准是否需要扩展。

(2) 考虑对表格和列表的建模需求(注意:这个需求显然基于上一条需求,例如,如果一个分类标准需要扩展,则其是否应该使用显式维度,而这种设计方案将使得报告者付出增加额外维度成员的人工成本)。

(3) 考虑标签的用途及使用方式。这些标签的建模内容与构建标签的技术方案具有直接的因果关系。

8.3.2 分类标准的应用:开放/封闭的应用环境

XBRL 的实际应用已经形成了开放和封闭两种应用环境。这种区别源自分类标准的不同应用方式:有的分类标准是可扩展的(也就是说,它们是开放的);而有的则不可扩展(也就是说,它们是关闭的)。

有的研究者认为:在 XBRL 标准体系中,这种区分被认为是一种误导,因为 XBRL 技术规范体系没有提供这样的分类。这意味着,从 XBRL 技术规范体系本身而言,没有人能够创建一个封闭的分类标准,换句话说,所有的分类标准都可以由任何有能力和知识的开发者来进行扩展。但是,在实践中,是否需要和需要扩展是由使用 XBRL 的报告系统来决定的。

实际上,如果在设计分类标准时就能够判断该分类标准所服务的报告系统或其他目标系统是开放或封闭的,将对判断该分类标准的开放或封闭,进而作出有关分类标准架构的技术选择是非常有意义的。所以,设计者所关心的问题在很大程度上取决于该报告系统。为了理解分类标准体系结构对报告系统所构成的最终影响,需要在分类标准的设计初期,就要考察和理解何种扩展水平是可行的,以及何种评价方法需要用来说明这种扩展的可行性。

1. 监管机构层次扩展.vs.报告编制者层次扩展

通常,分类标准的扩展既可以由监管机构实现,也可以由报告编制者实现。监管机构会希望扩展现有的基础分类标准(例如,IFRS 分类标准)。监管机构可以提出这样的要求:报告编制者使用更新后的分类标准(不会再允许扩展);或者,报告编制者必须(或可能)按照自己的报告内容进一步增加概念和结构。报告编制者然后可以按照要求选择严格使用(不进行扩展)基础分类标准,或者基于基本分类进行扩展。

例如,《企业会计准则通用分类标准》就是基于 IFRS 分类标准扩展而产生的。这种扩展可以在具体报告编制者在编制财务报告的时候使用报告系统进行。

2. 扩展和使用案例的分析

为了便于分析,本书定义了以下 XBRL 分类标准的扩展水平:

(1) 无扩展:从报告编制者角度:当报告系统不允许任何分类标准的扩展,并且 XBRL 实例文档必须严格遵守许可的(approved)、使用中的(in-use)和已发布的

(published)XBRL 分类标准时，编制者不能扩展分类标准。从监管机构角度：它们已经指定了它们所管辖的编制者直接使用另一个机构提供的基本标准分类，也就是说，它们没有创建任何自己的扩展。

(2) 有限的扩展：可以扩展展示链接库的内容，但不修改原始数据点(data point，例如，对标签进行翻译)，或者创建一个在基础分类标准范畴之外的新数据点(例如，特定部门的关键绩效指标)。

(3) 无限制的扩展：如果基础分类标准对于其各种应用而言，允许的扩展类型不同，那就意味着扩展分类描述范围实际上包含了基础分类标准所描述的数据点，这种情况下就要求要进行无限制的扩展。这种扩展可以添加其他概念和链接库，这些内容既可能增加基本分类标准之外的内容，也可能覆盖基本分类标准的对应内容。

审视报告编制者的扩展权限，可以发现：

(1) 在某些情况下，分类标准被用于支持一个开放的报告系统，因此应该使用"不受限制的扩展"，以便根据报告需要增加概念或链接。

(2) 在某些情况下，分类标准只是作为一个扩展分类标准的一部分。在这种情况下，分类标准被描述为一个定义性的分类标准，"无限制的扩展"必须被创建来定义相关的报告(扩展分类标准可能重用基础分类标准中的内容)。

(3) 在某些情况下，该分类用于支持一个封闭的报告系统，但允许有限扩展。

(4) 在某些情况下，该分类用于支持一个封闭的报告系统，该报告系统强制不允许扩展，报告内容只针对已经定义好的数据集。

下面给出了说明上述扩展水平的案例。

1) 无扩展：固定数据点报告用例

当分类标准呈现一组固定的数据点，并且这些数据点都是必需的和唯一允许使用的，可以认为是无扩展的情况，并可以选择相应的技术架构。在这种情况下，允许扩展将导致实例文档理解困难以及软件解析困难。

这样的一个分类标准案例是 SURFI 分类标准，其中体现监管报告的数据都是根据相应的法律法规制定的。

2) 有限扩展：国际化用例

在一些与国际化相关的报告中，有限的扩展被认为一种可行做法(例如，那些用于欧洲银行业或保险业监管的报告)。分类标准扩展可能仅限于引入特定的语言标签(例如，法国的分类)，或引入特定的声明(例如，引入相关报告主体能够接受的货币单位——英镑在英国等)。

这样的一个分类标准案例是 2006 年发布的 CoRep 分类标准(版本 1)，该报告系统不考虑开放性，只允许有限扩展，而不允许添加或删除数据点。

3）无限制的扩展：框架或定义层次的用例

如果分类标准的目标是提供一个框架或一个不能直接用于报告的概念集合，以作为其他具体使用的报告的扩展基础，则这种情况不应对分类标准的后续扩展作出任何限制。在这种情况下，具体的使用者——任意的监管者或设计者都可以创建扩展。

这种情况的一个现有分类标准案例是IFRS分类标准。在IFRS分类标准中，定义了用于报告的通用原则和项目，同时，具体的报告者也可以在其基础上进行扩展，以增加适于特定业务、行业或部门的报告内容。

当框架性或定义性分类标准的用户创建基于自身需求的扩展时，还应该考虑未来其他用户是否会进一步扩展，即应考虑所有扩展行为形成的一条扩展链。例如，中国的《企业会计准则通用分类标准》是基于《国际财务报告准则核心分类标准》增加扩展内容而形成的，而在中国的具体报告仍将在《企业会计准则通用分类标准》的基础上进一步扩展。

4）无扩展的框架或定义层次

原则导向的报告准则的最重要特征是，报告的编制者应该提供所有满足原则目标的报告内容。从理论上讲，这表明基于原则导向报告准则体系的分类标准应该以允许无限制扩展为设计目标。但是，在实践中，一些原则导向的报告体系的报告要求无需扩展即可满足。例如，全球报告倡议组织分类标准包含了所有用于编制一份完整报告的内容。有趣的是，全球报告倡议组织分类标准的实施指南中又规定，如果报告编制者认为存在有必要报告的其他信息，也可以进行分类标准扩展。

对于无扩展的原则导向的用例，良好实践是：在设计分类标准过程中，报告编制者应该使得自己的报告内容、形式与报告最终使用者的需求相匹配。这样才能使分类标准在无扩展的情况下具有可用性。

根据对现有分类标准的分析，如果在原则导向的报告程序中不允许扩展，则必须在分类标准或报告程序中提供一种机制，这种机制能够报告那些未在分类标准中定义的数据。

在现有的分类标准及其实现方式中，这些机制的例子包括：

（1）不要明令禁止扩展，但也不在计划分类标准的使用指导中给出建议的扩展方式（即允许但不鼓励扩展）。

（2）使用在线XBRL（iXBRL），以在iXBRL实例文档中同时提供标记化（XBRL和HTML）和非标记化（仅HTML）的数据。

（3）在分类标准中包括一些特殊的报表概念，这些报表概念具有高度的灵活性，具有表述多种额外信息的能力，例如，能够充分表述自由文本的概念。

(4) 使用脚注在 XBRL 实例文档中添加附加信息。

研究数据表明,现有的分类标准用例中既有考虑扩展的情况,也有不考虑扩展的情况。但无论何种情况,预期的扩展层次都是由分类标准的预期使用方式决定的,而不是由业务领域决定。

所谓扩展层次,是由基础分类标准在具体分类标准中存在的完整性决定的。在一个分类标准中,如果在具体的分类标准中完整使用核心的基础分类标准,则称相应的扩展为层次较高的扩展;如果在具体的分类标准中只是根据需要使用其中的一些组件,则称相应的扩展为层次较低的扩展。扩展的类型划分主要依据扩展层次,而不同的分类标准预期支持不同类型的扩展。

通过对现有分类标准进行分析,可以发现,用于设计扩展的技术机制都会在分类标准支持的报告程序中得到体现,而这种体现的方式能够用来作为扩展层次分类的依据。

3. 是否应该针对扩展进行分类设计

表 8-6 说明了对于扩展的不同支持水平。这些支持水平可以与报告需求相匹配,从而决定对于报告程序而言需要规划何种层次的扩展。

此表中支持水平的定义如下:

- 无:该水平不支持扩展要求;
- 低:该水平支持扩展要求,但需要较大的额外工作量;
- 中:该水平支持扩展要求,所需额外工作量依具体扩展要求而定;
- 高:该水平支持扩展要求,所需额外工作量较小;
- 完全:该水平完全支持扩展要求,并且无额外工作量。

表 8-6 扩展水平的支持级别

方案选择	没有扩展的支持级别	限制扩展的支持级别	开放扩展的支持级别
必须具有足够灵活性以在 XBRL 实例中的披露分类标准之外的信息(而不是在实例文档外部)	无	中	完全
最终使用者接收到的数据必须是标准化的,以使来自不同报告的数据能够进行比较	完全	高	中
XBRL 数据应该与自由形式编制的报告中的数据相同	完全	无	高
分类标准元素定义不应该重复	完全	低	低

（续表）

方案选择	没有扩展的支持级别	限制扩展的支持级别	开放扩展的支持级别
报告中的信息应能够无缝存储于数据库中	完全	低	低
分类标准的最终用户不应该创建扩展	完全	完全	无
当一个分类标准发布时，它必须能够实时地应用于报告实例文档的创建	完全	中	低

在使用这个表时，良好实践是：特别注意那些在中等支持水平上所作的技术决策。在这种情况下，该分类体系结构将体现出具有最小成本效益比的设计思想。

4. 良好实践：规划扩展

在规划扩展时，良好实践是：首先规划一个能够正确支持报告程序需求的可扩展性层次，而不是首先假定分类标准是开放的还是封闭的。

在作出设计分类标准扩展的技术决策之后，良好实践包括：

（1）以严格、明确、一致的表述形式给出如何创建扩展分类标准的书面指导手册。手册中应具体说明那些作为分类标准扩展基础的技术特征（例如，分类标准的不同部分以模块化方式进行构建；或者，为一个具有可变域的维度指出扩展者添加维度成员的位置）。

（2）只允许以指导手册中描述的规则进行扩展。这意味着，包括在基础分类标准中的任何技术特征在扩展分类标准中都是有效的，可以灵活运用于分类标准扩展以及后续扩展中。

（3）在报告程序层强制要求符合扩展规则。如果能通过技术手段判断报告是否遵守扩展规则（即不遵守扩展规则的报告能够用软件工具判断为非法），这将有助于维护高质量的数据。

（4）使用新的模式文档和链接库文档保存扩展元素。这有助于给出分类标准扩展创建者明确扩展元素的保存位置。

（5）分析基本分类标准的合适扩展位置，并将扩展分类标准添加于该位置。因此，需要建立一个分类标准的维护过程，用于分析和提取来自公司或法规的扩展元素。

在进行分类标准扩展时，采用以下最佳实践，可以降低报告分析的复杂度：

（1）不重新定义现有的、已经包含在核心分类标准中的数据点。

（2）继续使用已有分类标准中与质量相关的规则（例如，不应改变基本分类标准中的命名空间）。

（3）扩展的分类标准架构应与基本分类标准保持一致，包括分类标准各项功能特征也应保持一致。

这些良好实践旨在帮助使用者理解扩展分类标准，其内涵主要是确保基础分类标准中的技术特征以及记录技术特征的文档在扩展分类标准中得到重用，并保持扩展分类标准与基础分类标准之间的一致性。

分类标准扩展创建的良好实践包括：

（1）扩展的分类标准应使用规范位置引用基础分类标准。通过这种方式进行扩展，不需要对基本分类标准文件进行任何更改。

（2）扩展分类标准的调整应被包含在一个可识别的和独立的文件集合中。

（3）当阅读和解析 XBRL 实例文档时，所有的基础分类标准和扩展分类标准应该完备。这些分类标准既可以以在线方式引用，也可以包含在本地文件中。

（4）扩展的分类标准应遵循为扩展而定义的分类标准架构或参考基本分类标准中的技术约定。

8.3.3 表格与列表的建模

许多报告要求将信息分割为一个或多个维度，通常表现为表格或列表的形式。在本节中，通过总结已有的报告形式，给出了四种类型的表格，这些表格的形式涵盖了最常用的表格结构。表 8-18 说明了在 XBRL 分类标准中这些表结构的使用方式。

1. 表格和列表类型的案例

在开始正式的讨论之前，首先给出一些维度建模的例子。

1）域成员未知的单维度建模

下面的例子给出了一个单维度建模的情况，总体结构基于维度中的一个或多个成员进行报告，但是，不同于现有成员的新成员预先不可知。

【例 1】

报告要求：确定哪些国家/地区拥有销售额超过报告总销售额的 5%，对于这些国家/地区，报告的内容如下：

- 销售额；
- 费用；
- 员工人数。

一个表格的可能形式如表 8-7 所示。

表 8-7 域成员未知的单维度原型示例

国家/地区	销售	员工	成本
中国	200	50	3
美国	300	80	4
欧盟	400	100	5

这种结构的特点是：

- 报告依据单维度：国家/地区；
- 预先不知道报告多少条目：是一个还是多个国家/地区。

尽管表 8-7 中只给出了 3 个维度成员，5%的报告需要意味着可能会有超过 20 名成员需要报告，所以，上例的问题在于分类标准设计者是否应该在分类标准中枚举所有的维度成员。

2）无序列表建模

表 8-7 的例子中，“中国、美国、欧盟”的排序往往是有意义的，下面给出另外一个例子，它体现为无序列表。

报告要求：报告在报告期内的所有获奖项目，其显示效果如表 8-8 所示。

表 8-8　无 序 列 表

获 奖 项 目
2021 年 IT 业最佳雇主
2020—2021 年度 IT 业最佳设计奖

在这种情况下，报告必须按要求提供所有条目，它们的数量是未知的。但是，对于每个条目，没有唯一识别它们或对它们进行排序的需求。从总体上看，这些条目的变化性更强，更近于数据而不是更稳定的元数据。

3）域成员可知的单维度建模

下面的案例是一个单维度建模的情况，但其所有的成员数据都是可以预先获取的。

【例 2】

报告要求：以立方米/年的数量单位报告如下来源的可用水资源总量：

- 地表水，包括湿地、河流、湖泊和海洋中的水；
- 地下水；
- 报告机构存储和直接收集的雨水；
- 从其他组织排放的废水；
- 市政供水等供水设施。

这个案例的表格形式如表 8-9 所示。

表 8-9　域成员可知的单维度原型示例

水 的 来 源	立方米/年
地表水，包括湿地、河流、湖泊和海洋中的水	50
地下水	0
报告机构存储和直接收集的雨水	100

（续表）

水 的 来 源	立方米/年
从其他组织排放的废水	20
市政供水等供水设施	300

这种结构的特点是：

（1）项目使用一维（在本例中：水的来源）。

（2）预先知道有多少项目会报告（在本例中：5个项目）。

4）成员不可知的两维度建模

表格以两个维度进行建模，对于每个维度，根据一个或多个成员进行报告，每个维度的成员数量预先不可知。

【例3】

报告要求：提供每个业务分部及地区市场的收入。

这个案例的表格形式如表8-10所示。

表8-10　成员不可知的两维度原型示例

收　入	中国	美国
自行车	200	300
汽车	400	500

这种结构的特点是：

（1）信息组织为两个维度（在这个例子中，经营分部及地区市场）。

（2）事先不知道有多少条目需要报告（针对每个维度有一个或多个成员），只有报告者会知道使用的哪些经营分部和他们所定义的地区市场（即地区市场的成员可能是一个国家或几个国家，如北欧国家）。

5）一维度域成员可知、另一维度域成员不可知的两维度建模

表格以两个维度进行建模，对于每个维度，根据一个或多个成员进行报告。其中一个维度预先知道成员数量，第二个维度预先不可知成员数量。

【例4】

报告要求：提供按性别和地区划分报告的员工数量。

这个案例的表格形式如表8-11所示。

表8-11　相异的两维度原型示例

员工数量	英国	北欧国家
男	200	300
女	400	500
未知	10	5

这种结构的特点是：

(1) 项目使用二维度(性别和地区)。

(2) 对于一个维度：性别、成员数量预先可知。

(3) 对于其他维度：地区维度预先不可知成员数量。

从另一角度讲，[例 4]可以认为是[例 2](成员可知的单维度建模)和[例 3](成员不可知的单维度建模)的组合。

综合上述案例，从维度建模角度，每个表的特征可以表示为：

(1) 使用的维数。

(2) 在创建分类标准的时候，这些维度的成员是否可知(或只有报告编制者在编制时才可知)。

(3) 每个维度的成员数目。

2. XBRL 提供的模型中常见表的结构

XBRL 提供了多种方法来对表结构进行建模：

第一，元组。

第二，维度(2 种)：

- 显式维度；
- 类型维度。

在已有的分类标准中，只有少数分类标准利用元组或类型维度。显式维度为常见的结构，在大多数分类标准中都可以发现显式维度。分类标准也可能使用一个、几个或所有的这些方法来对表格或列表正确建模。

数据结构的问题是现有分类标准一致性较低。当可能的取值很难在分类标准中定义(如资产或客户身份)，或在可能的取值数量较大时(如国家)时，类型维度似乎成了一个自然的选择。

不过，在可能的取值数量很大时(如国家、货币)，显式维度的使用也很常见。甚至有些分类标准架构禁止使用类型维度，并要求编制者通过分类标准扩展来定义预先不可知的数值，从而扩展显式维度成员。

其他分类标准架构规定禁止使用元组，而只能使用维度结构。

对于表结构的建模，有着上述多种选择，以下内容站在一个中立的角度，详细分析了不同技术选择的利弊，为用户理解这些选择的后果、作出合理选择奠定理论基础。

1) 元组

元组是一种层次结构，它将多个项目组成一个无序列表。元组也可以嵌套其他元组，嵌套内部的元组和其他项目一样是无序的。元组的一个例子是地址：一个地址的内容包含街道名称、门牌号码和城市名，这 3 个子项目的组合形成了一个完整的地址。这个组合即可以以一个整体多次在报告中出现，当然，其子项目的顺序是无关的。

2）维度

在 XBRL 维度 1.0 规范中，维度定义成一个特定的 XBRL 概念。维度可以被用来定义分组或表格的分割(例如，“客户类型”“销售地区”)，或者数据特征(例如，“计算方法”“计量属性”)。

XBRL 规范中定义了两种类型的维度：

(1) 显式维度：维度的可能取值在分类标准中以 XBRL 概念的形式进行定义，即所谓的“维度成员”。

(2) 类型维度：维度的可能取值是通过一个 XML 类型(简单或复杂)进行定义，因而得名“类型维度”。通常，类型维度的具体取值在分类标准中不进行定义，除非这些取值是枚举类型。

另外一种区别显式维度和类型维度的方法是：对于显式维度，维度成员由分类标准设计者在分类标准中进行定义；而对于类型维度，维度成员在对应的实例文档中由报告编制者进行定义。

3. *元组和显式/类型维度的利弊分析*

使用元组机制进行建模的利弊如表 8-12 所示。

表 8-12　元组机制的优点和缺点

优　　点	缺　　点
有非常明确的项目组织，对于用户可见(地址列表、董事会成员名单)	一个元组的结构不能由扩展分类标准进行修改
其数据结构不需要对维度数据进行理解和解析	如果不使用更底层的句法级别的内容，将不可能从实例文档唯一确定一个特定元组(例如，如果一个 Formula 公式发现元组中某个数据项目错误，它很难表达这个项目的具体位置)
因为元组可以以极少代码表达，相应的实例文档占空间更小，这是一些报告方案选择元组的主要原因	多级元组的使用将导致数据的分层结构，这种结构通过维度来处理更为恰当(例如，具有多层明细结构的财务数据)

使用维度机制进行建模的利弊如表 8-13 所示。

表 8-13　维度机制的优点和缺点

显式或类型维度的优点	显式或类型维度的缺点
允许对数据以维度形式(而不是层次形式)进行表示，这种形式可以被存入一个专门的维度数据集合，而这个数据集合可以同时被报告的编制者和消费者所应用，从而确保了报告的编制者和消费者对于数据的理解是一致的	需要对多维数据的理解和解析

（续表）

显式或类型维度的优点	显式或类型维度的缺点
在一个实例文档中，所有非重复的事实都可以非常清晰地通过它的概念和上下文唯一确定（其上下文包含维度信息）	使用维度时有一个附加的约束，即如果确实存在重复的信息，就需要增加一些数据，使得每一个信息对应的事实具有唯一性（例如，如前面所举例的获奖列表，需要给每个奖项一个 ID 号，以使得每个奖项能够被确定性地访问），这种方法可能导致额外的、不携带语义的冗余数据

在使用维度机制时，用户可以进一步选择是使用显式维度还是类型维度。显式维度的利弊分析如表 8-14 所示。

表 8-14　显式维度机制的优点和缺点

显式维度优点	显式维度缺点
这个数据模型能够形成对数据的一致理解，该数据将以固定的选项进行分组（如以产品划分的销售额）	因为要与分类标准的发布周期相配比，要求显式维度中的成员要已知并保持一段时间的稳定性
实例文档的阅读者可以在一个或多个文档中唯一标识所需的数据集，并以类似的项目参与比较。（例如，一个维度成员“汽车”在它出现的任何地方都具有相同含义，从而可供比较。）如果使用了数据标准，如 ISO 国家列表，就可以完全无歧义地实现不同分类标准中的比较	分类标准的创建者必须定义一个维度成员的完整列表。这是极具挑战性的。例如，在为“地区”维度定义成员时，针对特定用户需要的“地区”维度成员可能会有所不同，例如，一个用户会定义一个“亚太地区”，而另一个用户会定义一个“澳大利亚”地区
在财务报告分析人员开始编写业务规则或其他基于数据的逻辑之前，他们具有一套完整的基础数据。而如果使用其他技术架构则不可知	对于用户解析而言也会产生问题。为了确保维度成员的唯一性，维度规范要求维度成员必须写成命名空间和本地名称相组合的形式（即限定名称的形式）。但是，如果有人因为怕麻烦而不遵守这个规则，将造成维度成员的理解困难以及数据的可比性问题（例如，“命名空间 1:汽车”可能并不意味着等同于“命名空间 2:车”，也许在命名空间 2 的定义中还包括公交车）
显式维度的结构可以通过扩展分类标准，以向下兼容的方式改变（例如，增加一个新成员项目）	
允许一个默认的维度成员，这可提供非常有用的附加功能	因为成员没有明确的生命周期（即“开始”和“结束”作用的时间），分类标准必须非常关注维度内容的版本问题。特别地，如果其内容是由第三方颁布的，如 ISO，问题将更加严重

使用类型维度的利弊分析如表 8-15 所示。

表 8-15 类型维度机制的优点和缺点

类型维度的优点	类型维度的缺点
(1) 提供报告的灵活性,值不受限,可以涵盖无限值或意外的、非常大的数字 (2) 无需使用扩展以表达只有报告者能够知道(例如,产品线)的信息 (3) 减少分类标准的扩展需要意味着为报告需要而编制的计算机程序可以更简单,因为只需要在实例文档中出现,而不是在分类标准中出现。而分类标准层的技术机制总是意味着更复杂的计算机程序,从而导致更大的 IT 投资。所以,类型维度的使用将降低计算机程序的复杂性和 IT 投资。另外,类型维度的使用还意味着报告编制者在学习分类标准时投入的学习成本更低	(1) 作为维度成员,它们将因实例文档而异。如果不首先检查它们是否相同,它们将不能用来进行分析比较 (2) 由于这种 XBRL 技术机制非常灵活,它很可能在更适合其他数据结构的场合(如显式维度)下被误用

4. XBRL 数据建模机制的综合比较

从建模的角度看,除了特定的数据结构的适用性,根据实际情况考虑选择一个特定模型被称为良好实践。分类标准实际使用情况的比较如表 8-16 所示,这进一步深化了对各种数据模型的理解。表 8-16 主要集中在所选择的数据模型的特定预期用途,并给出具体的注意事项,以帮助选择或实现一个特定的模型。

表 8-16 选择特定数据模型时的实践性观点

该分类预计使用的场合	元组的注意事项	显式维度的注意事项	类型维度的注意事项
实例文档中的数据采用自动化处理的方式	XBRL 并没有提供一种机制,用于唯一标识一个元组列表中的特定项目,所以任何操作应考虑涵盖特定元组的所有实例	无需特定标识	类型维度的类型约束应该在对类型维度成员的自动处理过程中发生作用,即软件应该能够理解类型约束
需要分类标准设计者定义元素以添加额外的数据点	无需扩展。元组可以以多个实例的形式表示这些额外的数据点	扩展是必须的,以添加额外的数据点	无需扩展。额外的维度成员在实例中定义,以创建额外的数据点
提交的实例文档中的内容应该实现跨实例可比(例如,一个实例中的数据点的值应该能够和另一个实例中的对等数据点直接可比)	元组的层次在各个实例中保持不变。这能够在元组级保持一定可比性,但最底层的数据项则不能保证可比性	不同实例文档的数据点之间可直接比较,因维度成员显式性质能够唯一确定数据项	类型维度的类型约束应用于帮助实现可比性。这些类型约束要么需要由报告编制者理解(用于告诉他其他报告编制者的使用方法),或需要由分类标准设计者理解(用于告诉他报告编制者如何使用该类型维度)

（续表）

该分类预计使用的场合	元组的注意事项	显式维度的注意事项	类型维度的注意事项
对报告内容的理解	用户必须能够识别组成一个元组的所有元素	用户必须能够识别超立方体、维度和维度成员组成的数据结构的定义	用户必须能够识别超立方体、维度和维度成员组成的数据结构的定义
对维护分类标准的影响（假设其他因素不变）	元组的结构必须改变时，分类标准需要被更新	如果域成员列表要被改变/更新并且针对这个维度的报告项目发生变化，分类标准需要被更新	如果针对维度的报告项目发生变化，分类标准需要被更新

5. 表格和列表建模中的良好实践

在对表格和列表进行建模时，非常重要的一点是必须清楚技术决策是体现出哪种 XBRL 技术特征。另外一个重要的事项是，即使是针对相同的表格结构，根据不同的使用情况，也可能会使用不同的技术机制，而这种选择的原因应该以形式化、规范化的形式进行表达。

下面良好实践适用于在分类标准中选择合适的数据模型：

（1）决定编制者是否必须进行扩展以表达信息，并确定是否允许使用元组、类型维度或显式维度。

（2）决定常用概念（如上面的例子）的建模方法，并要求这些概念在每一次出现时都采用同样的方法。

（3）尽量不要被对于特定模型的武断决策所约束。分类标准的创建者应该评估所有三个模型并深入考量需要满足的要求。

（4）在分类标准架构指导文档中明确说明关于表结构建模的技术决策。

1）良好实践：数据建模实例

表 8-17 显示了前述［例 1］至［例 4］的元组、类型维度和显式维度建模方法。这些方法均满足良好实践的要求。

表 8-17　各种建模机制的良好实践

案　　例	可行的方法
例 1：域成员未知的单维度建模	元组方式允许对所有可能的数据都进行报告： • 元组：SalesCostEmployeesPerCountry（每个国家销售成本中的员工费用） 包含项目：CountryName（国家或地区名称）、Sales（销售额）、CostandNumberofEmployees（员工数量和费用） 类型维度方式允许对所有可能的数据都进行报告： • 超立方体：SalesCostEmployeesPerCountry（每个国家销售成本中的员工费用）

（续表）

案　　例	可行的方法
例 1：域成员未知的单维度建模	• 行项目：CountryName（国家或地区名称）、Sales（销售额）、成本（Cost）、员工（Employees） • 类型维度：country_identifier（国家标识符、字符串） 显式维度方式允许根据一组有限的数据进行报告，但条件是不能扩展： • 超立方体：SalesCostEmployeesPerCountry（每个国家销售成本中的员工费用） • CountryName（国家或地区名称）、Sales（销售额）、成本（Cost）、员工（Employees） • 显式维度：Countr（国家，字符串） • 域：max_20_countries_domain（销售额最大的 20 个国家组成的域） • 域成员：country-01（国家 01），country-02（国家 02），…，country-20（国家 20）
例 2：无序列表建模	元组方式： • 元组：AwardsReceived（获奖情况） • 包含项目：AwardDescription（奖项说明） 类型维度方式： • 超立方体：AwardsReceived（获奖情况） • 行项目：AwardDescription（奖项说明） • 类型维度：Award_identifier（奖项标识符，字符串）
例 3：域成员可知的单维度建模	创建一个具有显式维度的超立方体： • 超立方体：WaterWithdrawalPerSource（每个水源） • 行项目：WaterWithdrawn（水源） • 显式维度：SurfaceWaterMember（水源维度） • 域：WatersourcesDomain（水源域） • 域成员：SurfaceWaterMember（地表水成员）、GroundWaterMember（地下水成员）、RainWater-Member（雨水成员）、WasteWaterMember（废水成员）、MunicipalWaterMember（市政成员）
例 4：存在成员不可知情况的多维度建模	使用例 1 中描述的类型维度或显式维度，不应使用元组

2）良好实践：元组机制

下面的良好实践包括元组的主要合理用法：

（1）不要使用嵌套的元组来定义具有多个维度的表的结构。它将增加应该被避免的额外复杂性，特别是在内部和外部的元组可以分别出现多次的情况下（比如，以不同角色出现的人，每个人又具有多个地址）。数据完全应该以其他方式来表示，以避免这种复杂性，所以在这种情况下应该避免使用元组。

（2）如果一个一维表的长度未知（如[例 2]中所示），并且其维度成员只是一个毫无意义的标识符(如序列号),在这种情况下,元组是最简单的解决方案。对于报告编制者而言,它不需要在 XBRL 实例文档中增加额外的上下文。

(3) 如果表中只有一个维度,并且维度成员的数量可能是无限的(例如,所生产的每一辆汽车的信息),考虑使用元组。

3) 良好实践:类型维度机制

下面的良好实践包括类型维度的主要合理用法:

(1) 使用类型维度时,需要在表结构中增加一个概念来表达的具有描述性名称的类型维度成员(例如,对于一个地区类型维度,定义一个所在国家/地区的行项目描述),以这种方式,实例文档用户不必对上下文进行解码,即可理解数据是根据哪个国家/地区进行报告的。

(2) 确保没有两位成员共享相同的描述。这可以通过一个通用的检验规则实现,该规则禁止重复。从技术规范角度,在 XBRL 2.1 规范中,无法通过语法检验的方式发现并禁止重复。

例如:

超立方体:SalesCostEmployeesPerCountry(按国家计算销售成本中的员工费用)。

行项目:CountryName(国家或地区名称)、Sales(销售)、Cost(成本)、Employees(员工)。

类型维度:country_identifier(国家标识符,字符串)。

上下文 D2021_Typed_ID_1 在 2021 年使用 country_identifier = 1

上下文 D2021_Typed_ID_2 在 2021 年使用 country_identifier = 2

在实例文档中应该避免的情况是:

```
<CountryName context: "D2021—Typed_ID—1">Belgium</CountryName>
<CountryName context: "D2021—Typed_ID—2">Belgium</CountryName>
<CountryName context: "D2021—Typed_ID—1">Belgium</CountryName>
<CountryName context: "D2021—Typed_ID—1">France</CountryName>
```

(1) 在类型维度内部应严禁复杂类型(以 XML 结构形式),因为这会导致更复杂的模型。在这种情况下,替代方法是使用几个简单的类型维度,而不是一个单一的、复杂的结构。

(2) 考虑使用一个更具体的类型,而不仅仅是数字或字符串,这对于指导实例文档编制是非常有意义的。例如,可以使用 XML 格式来强制字符串是一辆汽车登记号码,以限制使用的字符数量。

4) 良好实践:设计扩展分类标准

下面的良好实践包括设计扩展分类标准的主要合理用法:

(1) 如果编制者必须创建一个扩展分类标准,在那些具有有限成员,并允许编制者创建必要成员的结构中,使用显式维度。一般地,显式维度在其成员更多表现为元数据(meta-data)的情况下效果更好,如定义其中一家公司的经营区域名称。

(2) 如果成员数量可能非常大(如记录向每个人销售的汽车及其准确价格),使用类型维度,以避免形成一个占用空间极大的分类标准。

(3) 一般地,当成员更多表现为数据而非元数据的用途时(如车辆登记名单),类型维度更有益。

表 8-18 和表 8-19 分别给出了现有分类标准中的建模机制应用状况和扩展水平。

表 8-18 现有分类标准中的建模机制

分　　类	元组	显式维度	类型维度
西班牙中央财产状况变动数据分类标准	√	√	×
西班牙 GAAP 分类标准	√	√	×
阿联酋分类标准	×	√	×
澳大利亚分类标准	√	√	√
国际财务报告准则分类标准	×	√	×
美国公认会计准则分类标准	√	×	×
比利时公认会计准则分类标准	√	√	×
英国会计准则分类标准	√	√	×
全球报告倡议组织(GRI)分类标准	×	√	√
丹麦商业与公司代理(DCCA)分类标准	√	×	×
DGI 一般识别数据(西班牙)分类标准	×	√	√
欧洲银行监管委员会财务报告(FINREP)分类标准	×	√	√
欧洲银行监管委员会共同报告(COREP)分类标准	×	√	√

（续表）

分　类	元组	显式维度	类型维度
印度公司事务部（MCA）分类标准	×	√	√
全球银行业监管报告体系（SURFI）分类标准	×	√	√
智利国际财务报告准则分类标准	×	√	×
西班牙年度决算信息（CONTAEPA）分类标准	√	×	×

表 8-19　已有分类标准允许的扩展水平

分　类	预期扩展水平	分类标准用途
西班牙 GAAP-合并财务报表分类标准	无	账户
西班牙中央财产状况变动数据分类标准	无	资产负债表数据
西班牙 GAAP 分类标准	无	账户
阿联酋分类标准	受限	资本市场
澳大利亚分类标准	不受限	定义/形式
国际财务报告准则分类标准 2012	不受限	定义/账户
美国公认会计准则分类标准	不受限	定义/账户
比利时会计准则分类标准	无	账户
英国会计准则分类标准	受限	账户
全球报告倡议组织（GRI）分类标准	受限	可持续发展
丹麦商业与公司代理（DCCA）分类标准	无	账户
DGI 一般识别数据分类标准	不受限	鉴证
欧洲银行监管委员会财务报告（FINREP）分类标准	不受限	定义/账户
欧洲银行监管委员会共同报告（COREP）分类标准	不受限	定义/监管
印度公司事务部（MCA）分类标准	无	账户
全球银行业监管报告体系（SURFI）分类标准	无	监管
智利国际财务报告准则	不受限	账户
西班牙年度决算信息（CONTAEPA）分类标准	无	账户

8.4 维度方式的总结与讨论

总结上述维度使用，可以确认维度具有多种有利的特征。根据这些特征，在具体设计维度链接库中应采取相应的措施，以尽可能发挥维度的潜力。

1. 维度方式的特征

1）可用性

所有的模式都能够被成功转换为维度方式。所有的模式都可以不用扩展而能够成功地从一个基于元组的结构转变为一个基于 XBRL 维度的结构，也就是说，XBRL 维度使用的简单程度和效果不亚于目前的元组方式。这意味着将基于元组结构转换为基于维度结构的代价较小。

在国外，研究者已经证明，基于 COREP 模板的、US GAAP 分类标准在电子表格中提取知识时，元组方式和维度方式区别很小。这个结论对于很多分类标准开发者很有意义，因为很多“知识提取”的目标对象就是电子表格形式的模板。

2）正确性

维度确保了对应事实的上下文的正确性。使用元组的一个缺点是：存在这样的可能，用户可能无意识地给一个元组中的子项赋予了一个与该子项意义无关的上下文。位于元组中意味着该信息与其他信息是相关的，但实际上，从上下文可能会得出它与其他信息无关这一矛盾结论。问题就在于信息的相关与不相关仅由元组的绑定决定的，并且这种相关性还是隐式表达的。如果把绑定信息转至上下文信息中，则无关的上下文就不会出现。更重要的是，上下文信息不会直接绑定信息。因此，维度方法以一种更显式和更灵活的方式实现信息的绑定。

3）便利性

维度更易于在实例层生成映射关系。实例文档的生成很少采用手工的、逐条输入的形式，一般都是用软件从其他系统——如 Excel 中——自动生成的。因此，分类标准元素与源数据所在系统之间的映射是至为关键的。几乎没有系统能够正确处理元组——特别是嵌套元组——与其他系统之间的映射。通过 XBRL 维度来清晰地描述实例文档创建器中的上下文信息，是相对比较简单的任务。进一步地，其也能够直接、准确地描述映射关系。

如果将元组转换为维度，在建立这种映射时，必须遵守以下几个方面：

（1）分类标准变成一个扁平的概念列表，无任何嵌套关系。

（2）实例文档将是一个扁平的所有上下文和事实值列表。

（3）所有的上下文信息将是一个扁平的上下文列表；对于软件供应商来说，如果关于上下文中的场景和片段的超立方体是封闭的，那么程序设计就变得更简单了。

映射关系就可以视为分类标准的概念和实例文档中的上下文与 Excel 工作表中的单元格之间一个简单的映射。其中所有的单元格都是独立的，不需要作任何单元格之间的绑定处理。在维度结构下，信息通过 XBRL 生成器产生的 XBRL 维度信息将信息连接在一起，甚至不考虑 XBRL 语义的程序也能够实现映射和约束。

4）易用性

使用维度视图较为容易。基于同样的原因，映射信息将变得比较容易。一份实例文档的视图信息只用维度来表示，会比结合元组和维度来表示更简单。

然而，有这样的一种情况，会让事情变得比较复杂：当用户想要从一份实例文档中提取信息，并且这些信息在实例文档中是通过元组结构绑定在一起的。如果使用 XBRL 维度，它并不支持这样的物理结构绑定，但是用户必须绑定这个信息。对于一个 XBRL 处理引擎，这是没法运行的，但对于没有 XBRL 处理引擎的情况，这只是稍稍复杂的任务而已。用户需要在上下文中收集信息，同时把这些信息绑定在一起，并通过该元组提供的信息来重构。这可以看作是预处理的一个步骤，并会产生该预处理的结果，该结果是一份实用的、灵活的表格信息，这个表格就像是 Excel 的透视表。

2. 维度应用：经验性方法

尽管维度具有上述优点，但如果滥用维度，仍然会产生与滥用元组类似的结果。研究者和开发者在实践中总结出一些心得，以帮助分类标准的制定者选择维度应用的时机和具体方式。

1）顺序的自由化

维度的应用使实例文档的值不受元组的顺序约束所限制。元组的一个缺点是实例文档的值是受元组强加的顺序约束所限制的。当某个子项包含在一个元组中，则这个概念只能存在于当前元组中，用户不能将其分开，而且不能自己重新组织信息。如果所有的元组都删除了，那么实例文档中纯粹就是一个扁平的事实值列表了，且无限制地自由排序；也就是说分析者和其他使用者可以按他们的需求自由编排顺序。

另外，XBRL 国际组织明确允许元组中只有一个层级，而当信息脱离元组时，任何数量的层级都可以被建立。这就是为什么 XML 表的内容模式不能广泛应用于 XBRL 的原因。在 XBRL 1.0 中是没有元组的，而在 XBRL 2.0 中元组是“虚拟的”。向实体的或者说具体的元组构成转变是 XBRL 建模规范明确要避免的。

2）维持平衡的语义层次

在构建元组时会有元数据和数据以同一层次概念被绑定在元组中的情况。“分类报告”模式就表现出这一问题。使用 XBRL 维度而不是元组在很大程度上解决了这一问题，维度减少了使用者的自由选择，使得使用者只能在一个层次上组织数据。这一特点还有助于解决另一个基本问题：以一个文档为中心的视角来看，某些财务信息将不可避免地多次出现在多个事实中，并且有可能被表达为独立事实。简化 XBRL 事实的物理表达是解决问题的关键。

3）选择替代的元组

在建模中，何时使用元组，以及何时在分类标准中应用 XBRL 维度的问题只有在两者的选项都存在时才会发生。元组不能用于有效地建模维度类型的信息，但是，通过上述模式的解析表明，XBRL 维度能用于对元组建模。

现在，FINREP 分类标准和早期的比利时银行分类标准扩展了 IFRS-GP 分类标准，消除了元组并代之以 XBRL 维度。这样做的原因在于：第一，多数分类标准中要求不能使用嵌套元组，而非嵌套元组很容易由维度表达；第二，元组缺乏"键"属性，以及因此导致缺乏对键值唯一性的控制。

在数据建模中，键并不总是一元的，而是常常基于多个属性构造。在 XBRL 领域，一个"复合键"的例子是，如果将链接看作一条记录，则链接的键不但要包含基于概念的名称，同样要包含语言属性和角色属性，这实际上是一个包含三个属性的复合键。XBRL 中的元组机制无法提供显式的方法从多个属性来构造一个新的键。

4）排除"扩展枚举"模式

当元素取值为枚举值时，很有可能会出现扩展枚举值的需求。XML 模式对于这类需求来说是很难适应的，要么采用非常复杂的策略，要么采用一个所谓的可控制的值的"代码表"（枚举值的值域）。而如果采用维度方法，则不需要考虑这些问题。

5）排除类型维度

对于软件开发者和使用者来说，减少不必要的灵活性能够简化问题。

类型维度以及显式维度只有很少的不同，这一点可以最终归结为句法上的不同。类型维度的优势在于对复合信息的表达，而显式维度只能表达简单内容。

在上下文中使用复合内容可以看作是将事实信息转换为上下文。对于同时支持简单和复合信息的软件而言，需要更复杂的用户界面以及更多的用户指导。

从成本效益角度，财务报告暂时不需要类型维度。建议不要使用复杂的类型维度，因为它们将大大增加 XBRL 函数处理的难度。

3. 维度的应用效果

从实践来看，维度的应用确实起到了替代元组、消除元组固有缺陷的作用。除此以外，人们还发现，维度的合理应用还达到了其他效果。

1）解决嵌套元组问题

尽管嵌套元组是很差的解决方法，但只要应用元组，在有些情况下就难以避免这种结构。例如，“多重时期中的复杂概念”模式突出表明这样的问题：如果使用元组，分类标准制定者要么选择使用多重嵌套的元组，要么使用一个包含具有多重值的元组。显然这两种结构都是不理想的，前者导致元组嵌套，后者导致扩展枚举。而应用维度方法，则排除了这些问题。

2）高扩展性

利用 XBRL 维度在更高程度上实现可扩展性。虽然在 XBRL 基本规范中提供了“similar-tuple”关系以表达元组的扩展，它仍然没有解决本质问题。事实上，使用元组实现扩展性这一方式本身即不可行。

3）消除“similar-tuple”关系

“similar-tuple”弧角色的存在目的是克服 XML 模式文档不能扩展元组的限制。由于元组被排除，一个副产品是这个关系也没有必要存在，从而进一步减少了用户的选择。

4）排除一个概念重复使用问题

维度的使用排除了一个概念同时在元组内部和外部重复使用的问题。在元组的内部和外部都使用一个概念是有问题的。在分类标准系统中建立的概念都使用了 XBRL 的 substitutionGroup 属性，因此它们都应当是全局概念。所以，在元组的内部和外部都使用一个概念是被 XML 模式禁止的，这也引发了 XBRL 程序员的普遍争议，从而引发了设计和处理问题以及产生软件作用不一致的边缘情况。

当然，如果不使用元组而是使用 XBRL 维度去连接两个概念之间的关系，那么这一问题就不存在了。

5）导致“虚拟链接”的复杂性

相较元组可通过简单的物理方式结合，使用 XBRL 维度的最大缺陷在于连接语义上相关信息的虚拟结合的复杂性。

实质性的问题是：虚拟结合究竟有多复杂，以及复杂带来的价值有哪些？分析表明用 XBRL 维度进行信息虚拟结合所带来的价值高于所增加的“成本”。

从上述分析可以看出，XBRL 维度的精确性和限定能力都高于元组。进一步分析发现，维度能够适应所有应用元组的情况，但反之元组无法完全适应维度的应用。这也就是说，将基于元组的实现方式转换到基于维度的实现方式时，代价是能够接受的。

本章小结

本章以复杂概念表达为目标，主要探讨 XBRL 维度的应用研究，论证相对于传统的元素定义模式——即用元组来定义元素——应用维度来定义元素的优势。本章论述了 XBRL 中的概念分类和复杂概念的元组表达方式，并论证了元组形式的固有缺陷，特别是其较差的可比性。因此，本章探讨引进维度这一表达复杂概念的方式。

尽管维度的开发初衷是实现一类元组结构无法准确表达集合含义的结构，以及实现类似嵌套元组的作用。但随着对维度研究的深入，研究者跳出了维度固有的语义含义，思考将维度作为元组的替代结构。本章探讨了维度的语法以及为表达复杂概念而进行的重构，并考察了所有与复杂概念相关的模式，从而论证了维度的可用性和优势。

进一步阅读

XBRL 规范给出了复杂概念的定义和元组实现方式[1,2]。维度的语法细节可见 XBRL 维度规范、需求及符合性组件[3,4]。以维度替代元组的思路最早来源于美国制定的分类标准 US-GAAP[5]。Charles Hoffman 提出了分类标准模式的设计思路，其中一个核心内容就是将基于元组的数据模型全部转换为基于维度的数据模型[6]。基于维度的复杂概念设计不仅可以提高数据质量[8,9,10]，还可以支持大数据、机器学习等高水平数据应用[11,12,13,14]。

参考文献

[1] XBRL 国际组织. XBRL 2.1 规范文件(XBRL Specification 2.1). 2003-12-31.

[2] XBRL 国际组织. XBRL 2.1 规范化测试组件(XBRL Specification2.1 Conformance Suite). 2005-11-07.

[3] XBRL 国际组织. XBRL 维度说明(XBRL Dimension). 2006-04-26.

[4] XBRL 国际组织. XBRL 维度 规范化测试组件(XBRL Dimension Conformance Suite). 2006-06-06.

[5] ZHU H, WU H. Quality of XBRL US GAAP taxonomy: empirical evaluation using SEC filings[C]. 16th Americas Conference on Information Systems(AMCIS), 2010.

[6] HOFFMAN C, RODRÍGUEZ M M. Digitizing financial reports — issues and insights: a viewpoint[J]. The International Journal of Digital Accounting Research, 2013, 13:73-98.

[7] BOIXO I, SANTOS I. Consolidation levels of financial statements: options according to XBRL dimensional characteristics and filing rules[C]. CEUR Workshop Proceedings, 2017.

[8] DEBRECENY R. Research into XBRL — Old and new challenges[M]//DEBRECENY R. New dimensions of business reporting and XBRL. Durham: Duke University Press, 2007:3-15.

[9] FELDEN C. Multidimensional XBRL[M] //DEBRECENY R. New dimensions of business reporting and XBRL. Durham: Duke University Press, 2007:191-209.

[10] LI J, ZHAO H, DU M. Detection and resolution of structural conflictions in heterogeneous XBRL taxonomies[C]. Proceedings-5th International Conference on New Trends in Information Science and Service Science(NISS), 2011.

[11] ZHU H, WU H. Assessing the quality of large-scale data standards: a case of XBRL GAAP taxonomy[J]. Decision Support Systems, 2014, 59(1):351-360.

[12] DAISOMONT J, ROBINET D. How to use table Linkbase information to facilitate XBRL report analysis[C]. CEUR Workshop Proceedings, 2017.

[13] REZAEE Z, HOMAYOUN S, MORA M. Integration of real-time analysis of big data into sustainability attributes[C]. CEUR Workshop Proceedings, 2017.

[14] PERDANA A, ROBB A, ROHDE F. Textual and contextual analysis of professionals' discourses on XBRL data and information quality[J]. International Journal of Accounting and Information Management, 2019, 27(3):492-511.

第 9 章

XBRL 公式规范与业务规则建模

XBRL 解决了大量非结构化财务数据不能被有效利用的难题，其应用防止了信息传递中出现的差错，提高了监管系统效率以及会计信息质量。

在会计信息系统中，业务规则是对于财务信息报告中一些数值或内容的限制。应用业务规则的目的在于根据某一国家的会计政策以及某一行业的具体状况，对生成财务报告进行控制。会计信息系统中的业务规则被分为 5 类：断言、计算、过程导向规则、规章、指示。

为了提高会计信息的准确性以及信息披露的效率，XBRL 2.1 基本规范提供了多种针对实例文档和分类标准的业务规则的声明和检验方法，但这些检验仍然不足以实现会计信息系统中存在的业务规则。本章将使用 XBRL 的新规范——公式规范(Formula)——来实现业务规则的声明和验证，并说明公式链接库具有极大的应用潜力。为了适应业务规则，本章也探讨了 Formula 的语法选择，并给出具体的实现案例。

9.1 业务规则

XBRL 的目的是解决大量非结构化财务数据不能被有效利用的难题，其中的一个重要功能就是防止信息传递中出现的差错，这大幅提高了监管系统效率以及会计信息质量。为此，XBRL 2.1 提供了不同层次的验证机制，从最为基础的 XBRL 模式有效性检验，到 XML 模式有效性检验，到计算链接库检验，再到维度检验。这些验证既可以在分类标准层次操作，也可以在实例文档层次操作。在一定程度上，这些检验实现了部分的会计规则验证，如部分的会计勾稽关系验证等，但在更多的方面表现出其限制性。从而，XBRL 引进了强大而系统化的公式规范，其中包括狭义的公式、存在性断言、一致性断言、数值断言以及 13 个过滤器，用以实现业务规则。

9.1.1 商业中的业务规则与传统实现

XBRL 能够将财务信息电子化、结构化，因此，其不但在财务信息的披露、传递和分析方面具有显著的优势，也能够提供数据类型检验和一致性检验等多个层次的验证，这使得数据更为准确、可靠，数据使用成本大大降低。

XBRL 国际组织为 XBRL 制定了 6 大目标，其中第 5 条是“解决由互联网上获取的 HTML 格式的财务信息不能直接用作分析、比较的困难”。如其所述，传统格式报表尚无法直接用来分析、进行比较。这里既有财务信息提供者的问题，也有信息使用者的局限。对于财务信息提供者，如何能够保证自己的财务信息数据录入没有错误？对此，XBRL 美国地区组织（XBRL. US）将 XBRL 有效性检验分为 XML 语言有效性（XML Validiation）、数据一致性（Data Consistenecy）、内容准确性（Accurate Contect）以及证监会的 EDGAR 检验合法性（SEC Acceptance）等多个层次。美国证监会于 1995 年建立了 EDGAR（Electronic Data Gathering, Analysis and Retrieval，电子信息收集、分析、查询系统），并以法规的形式要求所有上市公司必须向 EDGAR 报送包括年报、季报、收购兼并、资产重组等各类法定披露信息。在 XBRL 出现之后，EDGAR 也提供了对 XBRL 财务信息的验证，目标包括检查上市公司提交的 XBRL 数据是否与相应的 EDGAR 信息一致等，这也为监管机构提供了自动化的验证。然而，整个验证的程序太过冗长，如果出错则需由监管机构与财务信息提供者反复交流。如果能够将验证程序在本地执行，将能够大大提高检验效率。Formula 便是一种可以用来本地验证业务规则的工具。对于信息使用者而言，其可能对于财务信息通过自己的规则加以处理，而这些处理往往会遇到一些语义相同而表达不同的情况，从而在具体应用中也各不相同。那么是否能将一些通用的规则与财务信息一起进行交换呢？Formula 使用语义来表达业务规则的能力，从而能够使得业务规则得到更为广泛的运用，也使得商业系统中的信息交换变得更为有效和高效。

1. 业务规则概述

在一定程度上，可以说 XBRL 最重要的特征是用来表达业务规则的强大能力，而非其通过标准格式表达会计信息的能力。然而，什么是业务规则？

目前，业务规则并没有明确的定义。以下是一些学者所提出的定义：

（1）业务规则是用来定义或者限制业务中某些方面的规则，其目的在于建立一个业务框架来影响或控制业务行为。

（2）一种表示一组信息中商业语义的方法。

（3）一种对于商业使用者需求的正式而可行的表述方式。

（4）组织执行其业务的流程、实践以及政策。

本书认为定义(1)较为适合会计信息系统。会计信息系统中，根据会计规则或是信息提供者自身的需要，对于财务信息报告中的一些数值或方面进行限制，这也可以理解为在会计信息系统中，业务规则是用来限制“生成财务报告”这一业务的规则。其目的在于,针对某一国家的会计政策以及某一行业的具体状况,能够生成一些基础的、通用的业务规则族,用以对“生成财务报告”业务进行控制,使其流程标准化,提高信息披露、传递、分析的效率。

业务规则可以从两方面进行理解。从业务角度,其涉及面向企业行为的一些限制,这些限制是方方面面的;从信息系统角度,其涉及哪些事实应该被记录为数据,以及对这些数据方面的限制,也就是说,它所关心的是哪些数据可能会或不会被信息系统记录。

2. XBRL 中的业务规则实现:从计算链接库到 Formula

在 XBRL 中,实现业务规则的一种方式是使用链接库中的计算链接库。计算链接库定义了元素间的线性运算关系,可以用来实现财务信息中的部分业务规则。

相对而言,计算链接库简单易用,便于理解。但是,计算链接库主要有两个缺陷,其一是其仅能进行线性运算,其单一的运算模式对于其使用范围有一定限制;其二是计算链接库对于应用背景要求过高,需要运算的元素应有相同的背景。在 XBRL 中,元素被赋予了概念(concept)、时间(period)、维度(dimension)、货币单位(unit)等各个方面(aspects),这些方面决定了元素的背景。在计算链接库中,其无法进行不同表达环境的计算,如跨维度计算、跨货币单位计算等。此外,计算链接库也无法用来检验数据的缺失以及对数值的大小加以限制。从而,需要引入更为强大的实现方式——Formula——实现业务规则。

XBRL 计算链接库无法实现所有的业务规则,不过如果一些信息相互之间的确有联系,则这些联系可以用 Formula 表示。而一旦这些联系可以被表示,则可以创建出一系列自动运行的程序来检验这些联系所代表的业务规则,从而实现检验的自动化,大大减少了对这些信息进行检验所消耗的人力物力,提高检验的效率。

Formula 改变了计算链接库的运算原理,将原先的线性运算加以扩展,并针对 5 种业务规则分别进行了实现,这些实现方式将会在下文中论及。

9.1.2 会计信息系统中的业务规则及其转化

1. 会计信息系统中的业务规则

业务规则往往以体现财务信息中关系的形式出现。Charles Hoffman 将会计信息系统中的业务规则分为以下 5 种:

(1) 断言(assertions)。例如,资产=负债+所有者权益。

(2) 计算(computations)。例如,在总资产中,资产=流动资产+非流动资产。

(3) 过程导向规则(process oriented rules)。例如,当固定资产存在时,固定资产政策必须存在。

(4) 规章(regulations)。例如,如果固定资产在资产负债表上显示,则折旧方法、剩余年限也要被说明。

(5) 指示(instructions)。例如,现金流量的类型必须为经营活动、投资活动或筹资活动。

然而,在现实运用中可以发现,可能还存在其他类型的业务规则,主要是限制型条件的业务规则,如限制资本公积账户余额为非负,或是一些其他符合逻辑但又无法归于上述5类的业务规则。

从业务规则的5大类别中可以看出,会计规则可以被业务规则所表示,尤其是其中的勾稽关系是目前现实运用中关注的重点。然而,部分业务规则,如"若某一账户风险较高,则应受到重视",则是含有逻辑判断的业务规则。或者,财务信息提供者根据自身情况产生业务规则,如商业银行根据巴塞尔协议要求"资本充足率大于等于8%"。这些业务规则均无法由会计规则表示,即会计规则小于业务规则,只是业务规则的一部分。

许多会计信息系统软件中都包含了许多诸如前文所述的业务规则,但是,不同软件中的业务规则之间无法进行交流。同样,即使脱离应用层面,在XBRL出现前也没有表达这些业务规则的统一标准。一种阐述具体业务规则的方法是根据行业的不同来对业务规则进行列举,这也是许多国家正在计划编写公式链接库时所采取的方法。

可以设想,如果业务规则可以和数据一起进行交流,那么检验工作的效率将会大大提高,工作成本也会有所降低。此外,最重要的是,一系列高质量的公开的业务规则将会使得信息提供者更难以故意隐藏信息或者出现错误。这也是目前XBRL国际组织所致力达成的目标。

2. 会计规则向业务规则的转化

在从会计规则到业务规则的转化中,一般分为3层进行考虑。第一层是复式簿记制度会计规则的转化,第二层会计政策的转化,第三层则是对于公司披露自身运营信息规则的转化。

第一层规则,自复式簿记制度问世已有数百年,当前一般的会计业务都以复式簿记的方式进行记录,相对而言,由复式簿记引出的一系列规则都相对稳定。而第二层及第三层规则的变化则相对更多。

本章将对总账设置、会计交易中的业务规则进行举例。

一般而言,会计账户分为3类:资产,负债,所有者权益。针对复式簿记制度进行研究,可以从复式簿记制度中转化出3条业务规则:

(1) 对于任一会计账户,在任一时点,其账户余额只能出现在一个方向上。

(2) 前3类账户类型必须为:资产、负债、所有者权益,除此之外的会计账户可以被定义为这3类账户的子类。

(3) 在任一时点,资产账户的余额必须等于负债账户与所有者权益账户余额之和。

其中，规则(1)可以在涉及账户余额的会计流程中得到执行，规则(2)在数据为初始值时得到满足，规则(3)必须在每一次资产、负债、所有者权益账户变动时进行计算以确保满足该规则。

针对会计交易，可以引出如下业务规则：

(1) 借方和贷方可以通过以下方式定义：出现在借方的科目必须增加资产类账户的余额，或是减少负债或权益类账户的余额；出现在贷方的科目必须减少资产类账户的余额，或是增加负债或权益类账户的余额。

(2) 在同一会计交易中，借方的总额必须等于贷方。

(3) 每笔分录的借贷项目必须更新该交易所涉及的账户余额。

(4) 在交易过后，账目余额仍然保持平衡。

通过设立以上几条业务规则，无论公司采用什么会计系统，当会计交易发生时，程序必须检查：首先，交易的借贷双方是否数值相等。其次，账户余额是否以正确的方式更新。这些业务规则更随着财务信息一起被交换，这也是业务规则的魅力所在。业务规则的出现能够使得财务信息系统自动化变得更为有效和高效，为信息需求者提供经过验证的信息。

类似地，对于第二层与第三层会计规则，都可以通过分析后将其转化为业务规则。

9.1.3 传统实现：计算链接库实现方式

计算链接库是 XBRL 5 个基本链接库之一，部分业务规则可通过计算链接库加以实现。

计算链接库定义了元素间的线性运算关系，在中国 XBRL 分类中的一个有关计算链接库的例子如下。

```
<calculationArc
    xlink:type="arc" xlink:arcrole="http://www.xbrl.org/2003/arcrole/summa-
tion-item"
    xlink:from=" cn fr common_资产" xlink:to="cn fr common_流动资产"
    order="1" weight="1" use="optional" />
<calculationArc
    xlink:type="arc" xlink:arcrole="http://www.xbrl.org/2003/arcrole/summa-
tion-item"
    xlink:from="cn-fr-common_资产" xlink:to="cn-fr-common_非流动资产"
    order="2" weight="1" use="optional" />
```

该语法首先定义该链接为 calculationArc，Arc 规范由 http://www.xbrl.org/2003/arcrole/summation-item 进行定义；链接的两个元素中，xlink:from 一方

为总和，xlink:to 一方为加数；order="1"表明后者即“流动资产”为“资产”中的第一个项目；weight=“1”则表示运算中流动资产的权重为 1。

这一例子表现了一条计算类的业务规则（前述业务规则中的第二种）：在总资产中，资产=流动资产+非流动资产。通过改变权重（weight）系数（范围为[-1，1]），可以定义元素之间的加减法，从而能够定义元素之间的线性运算关系，表达部分的业务规则。

在目前，英国、美国、中国等各国的计算链接库主要表达的是计算类业务规则，表明总分类账户所对应的各明细分类账户余额合计应与总分类账户余额相等。其中，中国的计算链接库较为简单，将所有的计算链接合并于一个文件，仅验证了资产负债表、损益表以及所有者权益变动表中一级账户与二级账户的关系；而英美两国则根据自身的行业对分类标准进行了具体的划分，验证的账户层次更多，其对于计算链接的设定也更为细致、全面。

在现实应用中，计算链接库的一个重要作用是检验报告的正确性和有效性。在美国证券交易委员会检验文档中有一栏“不一致性”，其结果即根据计算链接库进行计算，然后根据验算结果显示“失败（无法进行运算）”“不一致（运算结果不一致）”“通过（运算结果一致）”。

从前文对于业务规则的分类可以看出，计算链接库由于只能进行线性运算，至多只能实现 5 种业务规则中的前 2 种：断言、计算。而在现实运用中，目前甚至仅能用来实现部分计算类业务规则，即不同级别账户之间勾稽关系的计算，同时还有部分计算类业务规则无法通过计算链接库实现。而对其余的 3 种业务规则：过程导向规则、规章、指示，计算链接库则无能为力，说明其单一的线性运算模式不足以实现数类业务规则。另外，计算链接库对于应用背景要求过高，需要运算的元素应有相同的时间、维度等背景。这一点在先前的例子中并不明显，但是，在遇到表达类似于“期初余额+本期变动=期末余额”这类具有不同时间上下文的运算，以及一些跨维度、跨实体的运算时，计算链接库不具有过滤出特定实例的能力，因此是无效的。

从而，计算链接库的确可以实现部分（主要为计算类）业务规则，但要实现其他类型的业务规则，则需要引入更为强力的工具，也就是后文所述的 Formula。

9.2 表征同上下文加减关系之外的扩展规范——Formula规范

9.2.1 Formula 规范发展历史

自 XBRL 诞生之日起，相关人员便开始了对于 Formula 的研究。在过去数年中，其语法也在一定程度上不断加以改变，并陆续推出了多个专用版本(Proprietary Version)；目前 Formula 已经拥有标准版本，即 2009 年 6 月 22 日升格为正式推荐标准文件的 Formula 规范 1.0 版本(XBRL Formula Specification 1.0)，根据此规范可以产生公式链接库，并编写公式来实现计算链接库所无法实现的业务规则。在此之前，Formula 经历了一段漫长的历程：

XBRL 创建之初，采用的是 Formula 的前身 Rule Base(目前，Formula 已经彻底取代 Rule，Rule Base 规范已被废除)。

2002 年，Rule Base Requirements 发布，目前该文件已被废除。

2003 年，XBRL 决定按照 XPath 规范进行定义 Formula。

2006 年，XBRL 开始接受 XQuery 规范。

2007 年，Formula 公共草稿(Public Working Drafts)发布。

2008 年，Formula 升级为委员会推荐标准文件(Candidate Recommendation)。

2009 年，Formula 升级为正式推荐标准文件(Recommendation)。

2010 年起，Formula 陆续推出扩展模块(Extension Module)。

目前，Formula 工作组已经解决了 XBRL 实际业务中需要的大多数基本要素，在一定程度上已经能够满足实际需要，如证监会基金 XBRL 数据的验证。

但是，Formula 和用其所实现的业务规则目前并未如同前文所述的计算链接库一样在分类标准中得到广泛地运用。例如，US GAAP 分类就并未提供业务规则。在现实运用中，总会遇到一些计算链接库所无法处理的计算，这时就需要 Formula 的帮助。相信将来各国在分类标准中都会出台相应的公式链接库(Formula Linkbase)，甚至会取代计算链接库。

9.2.2 Formula 语法模型

为了实现会计信息系统中更多的业务规则，XBRL 引进了 Formula。其具体目的主要有 2 个：

(1) 通过 Formula，XBRL 可以对 XBRL 实例中的事实加以验证。如前文所述的计算链接库中无法处理的“期初余额＋本期变动＝期末余额”这一系列事实。

(2) 通过 Formula，XBRL 可以利用 XBRL 实例中的事实创造出新的 XBRL 事实。例如，定义一个公式“资产负债率＝负债合计/总资产”，在给出货币单位、即期汇率等背景的情况下，可以计算出资产负债率的数值。这便是创造新事实的一个案例，也是一个仅利用计算链接库无法实现的案例。在实现前文所述 5 种业务规则之中的规章时，通过 Formula 可以创造出新的事实，来判断当固定资产存在时，折旧方法等是否存在。

1. 公式的构成

狭义的公式的作用，简而言之，就是利用输入的 XBRL 实例产生一个事实，而广义的公式还有三个相关的断言（assertions），即存在性断言（existence assertions）、数值断言（value assertions）以及一致性断言（consistency assertions），该三类断言主要用于根据 XBRL 实例中的事实进行验证。

在本书中所研究的是广义的公式，即狭义的公式加上存在性断言、数值断言以及一致性断言。

表 9-1 是三类断言的例子。

表 9-1　会计业务中的断言举例

存在性断言：
实例文档中存在反映“资产”账户余额的事实
实例文档中存在正确反映实体标志的事实
实例文档中不存在截止日至结算日期之后的时间段
数值断言：
资本充足率大于 8%
利息保障率大于 2.5
现金流量为正值
一致性断言：
资产负债表平衡，即总资产＝负债＋所有者权益
账户期初与期末余额的差值等于本期变动

断言与狭义公式较为相似，其主要区别在于，公式输出的是一个事实，而断言输出的则是一个布尔值（boolean value），即 true（真）或 false（假）之一。经过较为简单的改造，该三项断言均可以被改造为公式；在一定情况下，三类断言也可能相互转化。Formula 规范的实现对象是广义的公式，即包含三项断言以及狭义公式。

2. Formula 的语法解析

Formula 主要建立于 XBRL 对于变量（Variables）的选择能力之上，通过特定语法，利用 XBRL 数据结构来表达复杂的公式关系。其核心在于如何从 XBRL 实例文档及 DTS 中提取出变量。XBRL 的实例文档是一种高维度空间，其中每一个变量值可以看作高维空间中的一个点，在各个轴上有对应的值，而对这一个点在各个轴上进行投影，可以得到时间、概念、分部等值；在 XBRL 中，这些轴被称为方面。为了顺利地提取出变量，XBRL 设置了布尔型过滤器（Boolean Filter）、概念过滤器（Concept Filter）等 13 个过滤器，从而能够精确地选择出所需的事实变量。如图 9-1 所示。

为了能够更形象地说明提取的方法，在此举出与之相似的一个例子：利用数据

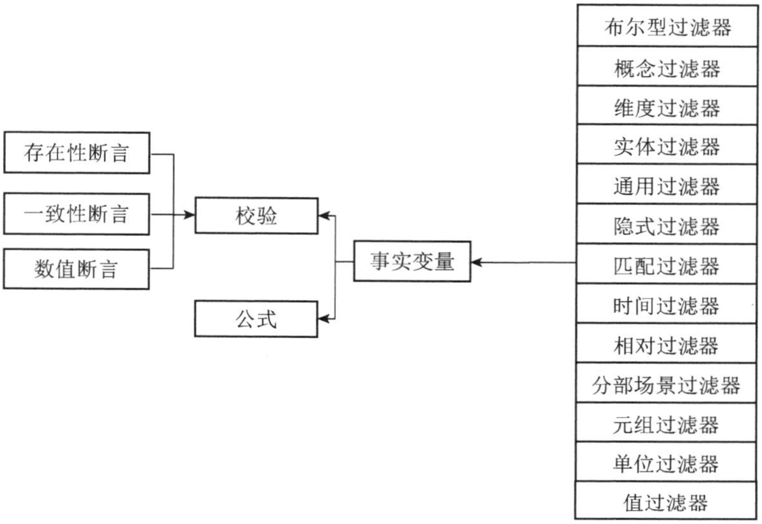

图 9-1　Formula 实现模型

库的方式来查询数据。在数据库中，包括元素名、时间、货币单位等一系列元素的属性都处于一张表内，而在 XBRL 中，则可能处于不同的位置。如：

```
<pte:总资产 unitRef="U_CNY" contextRef="本期期末数" decimals="0">12000
</pte:总资产>
```

其中，概念为“pte:总资产”，数值为“12000”，货币单位为“U_CNY”，背景为“本期期末数”。看似简单，但其实其中的货币单位和背景均在其他位置进行具体定义，需要进行细化，如：

```
<unit id="U_CNY">
<measure>iso4217:CNY</measure>
</unit>
```

是对货币单位的具体细化，而对于背景的细化则更为繁琐，涉及实体标示、分部、时间、场景等更多方面：

```
<context id="本期期末数">
  <entity>
        <identifier scheme="www.csrc.com">C101</identifier>
        &lt;segment&gt;&lt;o:otherSegments&gt;&lt;/segment&gt;
  </entity>
  <period>
      <instant>2021-12-31</instant>
  </period>
   <scenario><o:otherScenarios></scenario>
```

```
</context>
```

从而可见，该事实包括了概念、数值、货币单位、实体标示、分部、时间、场景等多个方面，类似于一张数据表，如表 9-2 所示。

表 9-2　事实的方面及其值

方　　面	值
概念	Pte：总资产
数值	12000
货币单位	Iso4217：CNY
实体标示	C101
分部	O：otherSegments
时间	2021-12-31
场景	O：otherScenario

在数据库中，可以通过

```
SELECT * FROM facts
WHERE concept = " pte:总资产"and period = " 20220331"
```

来设定查询条件。与之相似的，在 XBRL 中，则是通过 Concept Filter，Period Filter 等一系列过滤器来限定各个方面，在各个过滤器之间则可以使用 Boolean Filter 来达到逻辑上 And“与”的效果，最后生成的则是新的事实。

整个 Formula 以<formula：formula>开始，以</formula：formula>结尾，其中的各个方面包括在<formula：aspects>……</formula：aspects>中，其具体语法将在下文中进行详述。

9.3　业务规则的全新实现方法：Formula 规范

9.3.1　XBRL 元素关系描述的扩展规范：Formula

XBRL 的一大特征是其能够实现业务规则，其中一点在于其可以设定一系列规则来限制会计报告中的信息。如计算链接库可以用来限制某一特定事实的值与其他事实的值加权之和相等，维度可以用来限制分部报告中的信息，等等。然而，在不利用 Formula 的情况下，XBRL 无法解释一些更为复杂的业务规则。

根据 Formula 规范中的标准模式（Normative Schema），Formula 由<formula：formula>进行声明。

Formula 的形式可以用 $f=f(X, Y)$ 来表示，其中 X、Y 被称作事实变量(fact variables)，是 Formula 规范中的一种变量，其作用在于从 XBRL 实例文档、DTS 中提取事实，构成变量值。前文中已经说明，Formula 主要建立于 XBRL 对于变量的选择能力之上，其核心在于如何从 XBRL 实例文档或 DTS 中提取出事实变量。在实例文档的数据项和元组中提取出一系列有用的变量如 X、Y 后，再通过公式进行运算，生成一个新的事实。相较计算链接库，Formula 还可以进行一些简单的逻辑计算，如图 9-2 所示。

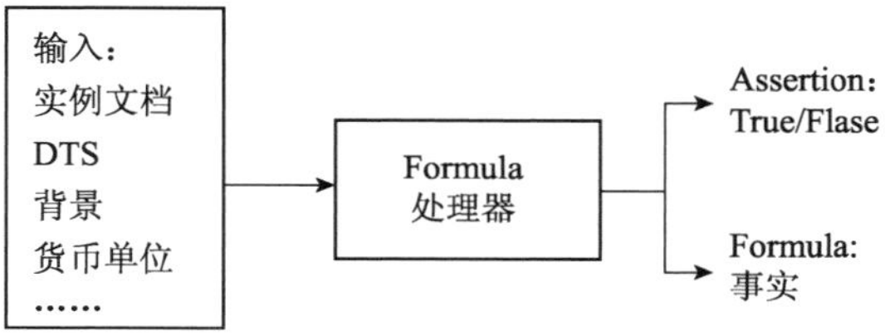

图 9-2　Formula 处理流程图

在 XBRL 中，事实并非仅仅是一个数值，还包括用来解释该数值的各个方面；而根据解释事实的信息如何被划分为方面(如究竟是将分部的内容作为一个单独的方面还是将其按照分部划分为多个方面)，存在维度方面模型(Dimensional Aspects Model)和非维度方面模型(Non-Dimensional Aspects Model)两种方面模型。而维度又分为显式维度和类型维度。显式维度又称确切维度，类型维度又称为隐式维度，详见第 8 章。

维度方面模型和非维度方面模型包含的方面不尽相同，其共同所有的方面包括位置(location)、概念(concept)、实体标示(entity identifier)、时间(period)、货币单位(unit)；此外，维度方面模型下包括非 XDT 分部(non-XDT segment)、非 XDT 场景(non-XDT scenario)、维度(dimension)三个方面，非维度方面模型则包括完整分部(complete segment)、完整场景(complete scenario)两个方面。

针对这些方面，均有特定的过滤器用来从实例文档中提取出事实变量，此外，还存在通用过滤器(General Filter)、隐式过滤器(Implicit Filter)等并不针对特定方面的过滤器，如表 9-3 所示。在下文中将对其进行语法解析。

表 9-3　维度方面模型与非维度方面模型所含方面

方　　面	维度方面模型	非维度方面模型
位置	√	√
概念	√	√
实体标示	√	√

（续表）

方　面	维度方面模型	非维度方面模型
时间	√	√
货币单位	√	√
完整分部		√
完整场景		√
非 XDT 分部	√	
非 XDT 场景	√	
维度	√	

1. 过滤器

过滤器有布尔型过滤器(Boolean Filter)、概念过滤器(Concept Filter)、维度过滤器(Dimension Filter)、实体过滤器(Entity Filter)、通用过滤器(General Filter)、隐式过滤器(Implicit Filter)、匹配过滤器(Match Filter)、时间过滤器(Period Filter)、相对过滤器(Relative Filter)、分部场景过滤器(Segment Scenario Filter)、元组过滤器(Tuple Filter)、单位过滤器(Unit Filter)、值过滤器(Value Filter)共 13 种,每种过滤器下又各有一种或数种具体的过滤器。

本书将对概念过滤器、时间过滤器、隐式过滤器等常用过滤器进行语法解析,并使用上述 3 种过滤器来实现第二种业务规则,即无法应用计算链接库解决的一条跨时间业务规则:"期初余额＋本期变动＝期末余额"。

由于各种过滤器的语法较为相似,在此不再对其余过滤器加以详述。

1) 概念过滤器

在 13 种过滤器中最常用的是概念过滤器,尤其是概念过滤器中的概念名称过滤器。其主要原因是 XBRL 分类标准中定义极为详细,从而使得实例文档中的元素概念名称较为清晰,通过过滤概念名称,能够方便地找到所需的元素。

概念过滤器中包含概念名称过滤器(conceptName)、概念时间类型过滤器(conceptPeriodType)、概念借贷属性过滤器(conceptBalance)、概念替代者过滤器(conceptSubstitutionGroup)、概念自定义属性过滤器(conceptCustomAttribute)和概念数据类型过滤器(conceptDataType)。

概念名称过滤器由<cf:conceptName>进行声明,该元素中 cf 为 conceptFilter 缩写,conceptName 则是概念过滤器中的具体过滤器,并以</cf:conceptName>结尾。每个事实元素均由 qname 或者 qnameExpression 之一来定义概念名称,从而在<cf:conceptName>和</cf:conceptName>中可以选择到底是用 qname 还是用 qnameExpression 来过滤事实。以下是一个利用 qname 来过滤事实的案例:

```
<cf:conceptName xlink:type="resource" xlink:label="filter_assets">
```

```
    <cf:conept>
        <cf:qname>
            资产
        </cf:qname>
    </cf:concept>
</cf:conceptName>
```

在该案例中，选择条件是实例文档中概念名称为"资产"的事实，而在之后的各节中也将会大量采用概念名称过滤器来过滤出 formula 元素所需的事实变量。

此外，可以用<cf:qnameExpression> 来替代其中的<cf:qname>，其语法形式也较为相近，在此不再详述。

概念时间过滤器、概念借贷属性过滤器等语法相较概念名称过滤器更为简单，通过<cf:conceptPeriodType>等元素，可以利用不同的概念过滤器，如：

```
<cf:conceptBalance balance="credit"/>
```

可以过滤出概念借贷方向属性为借方的概念。此外，过滤器中可能会出现一定的属性，如数据类型过滤器中可以定义 strict 属性为 true 或者 false 来具体处理选择标准。

2）时间过滤器

时间过滤器包括起始时间过滤器（periodStart）、截止时间过滤器（periodEnd）、时间点过滤器（periodInstant）、永久时间过滤器（forever）、时间点与时间段匹配过滤器（instantDuration）5 种过滤器，其中时间点和时间段匹配过滤器应用较多。

时间点和时间段过滤器由<pf:instantDuration>进行声明，其具有 variable 和 boundary 两个属性。variable 属性解释了该时间中的 duration，boundary 属性则为 start 或 end，用以说明时间过滤的事实变量究竟为该时间段的起始时间还是截止时间。

以"期初余额"+"本期变动"="期末余额"为例，该 3 个变量具有不同的背景，"期初余额"与"本期变动"时间段中的起始时间相匹配，"期末余额"与"本期变动"时间段中的截止时间相匹配，具体语法如下：

```
<pf:instantDuration variable="本期变动" boundary="start" />
```

上述元素指出了过滤出的元素与"本期变动"时间段中的起始时间相匹配。此外，还需要与概念过滤器和隐式过滤器相配合，才能过滤出与起始时间相匹配的"期初余额"。在本例中，由于"期初余额"需要根据"本期变动"时间段进行过滤，因此，需要首先过滤出"本期变动"，之后才能过滤出"期初余额"这一事实变量。

3）隐式过滤器

隐式过滤器在过滤器中具有较为特殊的形式，其并未针对某一个特定的方面进行过滤，而是根据实际情况需要对未被过滤器覆盖的事实进行过滤。

隐式过滤器一共可分为两种：维度隐式过滤器和非维度隐式过滤器。两者的区别在于对于分部和场景的过滤方式不同。

隐式过滤器在定义<formula：formula>时声明 implicitFilter="true"。

隐式过滤器在现实运用中主要是用来处理“期初”+“本期变动”=“期末”关系，下文将利用隐式过滤器来验证期末库存的计算。承接前文所述案例，在整个过滤过程中，仅有概念名称过滤器、时间过滤器为显式过滤，其余均为隐式过滤。

4）过滤器举例

例如，在“期初余额+本期变动=期末余额”这个业务规则中，本期变动事实数据的各个方面如表 9-4 所示。

表 9-4　本期变动数据的实例示意

方　　面	值
标示	01
分部	None
时间	Duration-2021
场景	None
单位	CNY
概念	本期变动
位置	All

首先，按前文所述语法通过概念名称“本期变动”进行显式过滤，“概念”的方面被覆盖，如表 9-5 所示。

表 9-5　时 期 过 滤

默认隐式过滤			显式过滤(概念)			过滤结果			未覆盖的方面	
方面	值		方面	值		方面	值		方面	值
标示	All		标示			标示	All		标示	01
分部	All		分部			分部	All		分部	None
时间	All		时间			时间	All		时间	D-2021
场景	All		场景		=	场景	All		场景	None
单位	All		单位			单位	All		单位	CNY
概念	All		概念	本期变动		概念	本期变动		概念	All
位置	All		位置			位置	All		位置	

然后，根据隐式过滤特性，对未覆盖的方面再次进行概念名称和时间过滤，从而得到期初余额，如表 9-6 所示。

表 9-6 概 念 过 滤

未覆盖的方面			显式过滤（概念）			过滤结果	
方面	值		方面	值		方面	值
标示	01		标示			标示	01
分部	None		分部			分部	None
时间	Duration-2021		时间	Instant Duration Start	=	时间	Instant-2020
场景	None		场景			场景	None
单位	CNY		单位			单位	CNY
概念	All		概念	余额		概念	余额
位置			位置			位置	

通过概念过滤器、时间过滤器以及隐式过滤器 3 个过滤器的结合，得到了不同背景的“期初余额”“本期变动”和“期末余额”事实变量，从而能够提取出数值，通过 Formula 实现业务规则“期初余额＋本期变动＝期末余额”。

在 Formula 扩展模块中，引入了方面覆盖过滤器，使得在隐式过滤过程中所覆盖的方面变得更为清晰、统一，从而提高了 Formula 的可读性和易维护性，这也是 Formula 的未来发展目标之一。表 9-7 给出了目前 XBRL 国际组织推出的主要过滤器的简要说明。

表 9-7 过滤器性质与功能

基础方面	子规范名称	可覆盖的方面	过 滤 器	过 滤 条 件
Fact Aspect	Concept	Concept	名称（Name）	事实元素的限定名。可以是一个由多个限定名组成的集合（在过滤时与其中任一限定名匹配即可），也可以是一个表达式
			时间类型（Period Type）	在模式文档中声明的概念的时间类型，包括时间点（instant）或时间段（duration）
			余额方向（Balance）	在模式文档中声明的概念的余额方向，包括借方（debit）或贷方（credit）
			自定义属性（Custom Attribute）	在模式文档中声明的概念的自定义属性
			数据类型（Data Type）	在模式文档中声明的概念的数据类型
			替代组（Substitution Group）	在模式文档中声明的概念的替代组

（续表）

基础方面	子规范名称	可覆盖的方面	过滤器	过滤条件
Fact Aspect	Dimension	Specific Dimension	显式维度（Explict Dimension）	基于特定维度、维度成员或者轴-成员关系（直接子元素或后继元素）的元素
			类型维度（Typed Dimension）	基于类型维度，以一个 XPath 2 表达式进行匹配
	Entity	Entity Identifier	标识符（Identifier）	一个针对实体标识符的 XPath 2 测试表达式
			具体方案（Specific Scheme）	待匹配的值
			正则表达式方案（Regular Expression Scheme）	产生方案的正则表达式
			具体实体标识符（Specific Entity Identifier）	待匹配的值
			正则表达式实体标识符（Regular Expression Entity Identifier）	产生实体标识符的正则表达式
	General		通用（General）	针对事实的 XPath 2 测试表达式
	Period	Period	时间（Period）	针对时间的 XPath 2 测试表达式
			期初（Period Start）	匹配期初的日期和时间值
			期末（Period End）	匹配期末的日期和时间值
			时间点（Period Instant）	匹配时间点的日期和时间值
			永久（Forever）	具有永久期限的被过滤事实
			时间段端点（Instant Duration）	以另一个具有时间段类型的变量的期初或期末作为过滤条件匹配具有时间点类型的事实
	Segment and Scenario	Complete Segment	分部（Segment）	针对分部的 XPath 2 测试表达式
		Complete Scenario	场景（Scenario）	针对场景的 XPath 2 测试表达式
	Tuple	Location	父元素（Parent）	事实父元素的限定名。可以是一个限定名或表达式
			前驱元素（Ancestor）	事实前驱元素的限定名。可以是一个限定名或表达式
			兄弟元素（Sibling）	匹配那些以另一变量的事实作为兄弟元素的事实
			位置（Location）	另一个变量的事实以一个 XPath 2 的相对路径表达，过滤器匹配对象为与这个事实相关的元素

（续表）

基础方面	子规范名称	可覆盖的方面	过　滤　器	过 滤 条 件
Fact Aspect	Unit	Unit	简单计量单位（Single Measure）	事实父单位的限定名。可以是一个限定名或表达式
			通用计量单位（General Measures）	一个针对单位的 XPath 2 测试表达式。
	Value		空值（Nil）	匹配报告为空值的事实
			精度（Precision）	一个 XPath 2 表达式，指出满足最低要求的数据精度或推导出的数据精度
Boolean Logic	Boolean		交（And）	相关子过滤器的交集
			并（Or）	相关子过滤器的并集
DTS Relationship	Concept Relationship	Concept	概念间关系（Concept Relationship）	匹配一个概念的事实，这个概念具有一个与指定基本集合中领域变量有关的轴（axis）
Coverage	Aspect Cover	All Covered	方面覆盖（Aspect Cover）	要求具有所指出的方面（但并不以这些方面的值作为过滤条件）
Match Variable	Match	Concept	概念（Concept）	匹配另一个变量绑定的事实对应的概念
		Location	位置（Location）	匹配另一个变量绑定的事实对应的位置
		Unit	单位（Unit）	匹配另一个变量绑定的事实对应的单位
		Entity Identifier	实体标识符（Entity Identifier）	匹配另一个变量绑定的事实对应的实体标识符
		Period	时间（Period）	匹配另一个变量绑定的事实对应的时间
		Dimension	指定维度（Specified Dimension）	匹配另一个变量绑定的事实对应的指定维度
		Complete Segment	完整分部（Complete Segment）	匹配另一个变量绑定的事实对应的完整分部
		Non-XDT Segment	非维度分部（Non-XDT Segment）	匹配另一个变量绑定的事实对应的非维度分部
		Complete Scenario	完整场景（Complete Scenario）	匹配另一个变量绑定的事实对应的完整场景
		Non-XDT Scenario	非维度场景（Non-XDT Scenario）	匹配另一个变量绑定的事实对应的非维度场景
Relative Filter	Relative	All Uncovered	相对值（Relative）	隐式过滤器的替代物，匹配所有另一变量的非覆盖方面

2. formula 元素语法

前文已述，XBRL 中公式的形式可以用 $f=f(X,Y)$来表示，而 X、Y 这些事实变量已经由上一节所介绍的过滤器提取出来，接下来就是要利用这些事实变量创造新的事实。这个所创建的事实在 XBRL 的 Formula 规范中用一个名称为 formula 的元素表达，这也说明，Formula 规范是以输出为核心的。

由于输出的结果是一个事实，而事实具有数值、方面等信息，因而，对于这些信息都要加以限制。利用 Formula 创造出的事实需要满足数值规则、精确度规则以及方面规则。

数值规则和精确度规则较为简单，但规则数量较多，在此不再详述。对于输出变量而言，数值必须被表示出来，而精确度的默认值则为 0（即默认 0 位小数点后数字）。

方面规则（Aspect Rule）是决定输出事实各方面值的一种规则，如确定输出事实的概念、背景以及货币单位等方面的规则。在前文涉及维度与非维度方面模式时，曾说明两者共同所有的方面包括：位置、概念、实体标示、时间、货币单位，另外两者还有一些不同的方面。在 formula 元素输出事实时，必须确定概念、时间等方面的值。在此，根据输出事实方面取值方法的不同，分为必须方面值（Required Aspect Value）以及源方面值（Source Aspect Value）。其中，源方面值服从从近原则。

一般而言，可以具体制定输出事实的方面值，如：

```
<formula:qname>资产</formula:qname>
```

指定了输出变量的概念名称为“资产”；当不指定时，源方面值即被默认为必须方面值。

以“期末余额”=“期初余额”+“本期变动”为例：

```
<formula:formula xlink:type="resource" xlink:label="FORMULA"
    aspectModel="dimensional" implicitFiltering="true"//引入隐式过滤器①
    source=" Variable_余额"
    value="Variable_余额 + Variable_本期变动">//具体计算
    <formula:decimals>" INF"</formula:decimals>
    <formula:aspects>
        <formula:period>
            <formula:instant value="xfi:period  end(xfi:period(VARIABLE_
Change))" />//通过确定时间方面的 RAV 保证输出变量为 Duration 的截止时间
        </formula:period>
    </formula:aspects>
</formula:formula>
```

此外，在定义了 formula 元素之后，还要一一建立 formula 元素与变量之间的

① “//”后为代码注释。需要注意的是：为行文方便，此处注释用了 Java 语法。读者若需调试这段代码，需要将注释改为 XML 语法，或直接将注释删除即可。

弧，即建立 variableArc，其语法为：

```
<variable:variableArc
xlink:type="arc"
    xlink:arcrole="http://xbrl.org/arcrole/2008/variable-set"
    xlink:from="FORMULA"//即 formula 定义中的标签
    xlink:to=" VARIABLE_余额"//即 formula 中涉及变量
    order="1.0"//变量在 formula 中顺序
    name="VARIABLE_余额 Arc">//弧名
```

并确立 formula 中的事实变量：

```
<variable:factVariable
    xlink:type="resource"
    xlink:label=" VARIABLE_余额"//确定其为事实变量
    bindAsSequence="false" />
```

最后还需确定变量与过滤器之间的关系：

```
<variable:variableFilterArc
    xlink:type="arc" xlink:arcrole="http://xbrl.org/arcrole/2008/variable-filter"
    xlink:from="VARIABLE_余额"//变量名
    xlink:to="FILTER_余额"//过滤结果名
    order="1.0" complement="false" cover="true" />
```

之后，可以利用前文所述语法引入过滤器，完成对于“余额”以及“本期变动”事实变量的过滤。

3. 断言语法解析

相较于 formula 元素，断言的语法更为简单，但其根据也是利用过滤器从实例文档中所提取出来的事实变量。如果说公式的形式可以用 $f=f(X, Y)$ 来表示，那么断言的形式可以用 $A=\mathrm{Boolean}(X, Y)$ 表示，其得到的值为 true 或 false。例如，前文中可以通过公式计算出“期末余额”的数值，而通过断言，可以判断计算出的“期末余额”是否与报表上的“期末余额”相等。两者输出的内容并不相同，但是其原理是相似的。

在本节所涉及的案例中，资产、负债、所有者权益等事实变量均和 formula 元素中的事实变量相同，通过过滤器取得，在此不再重复。

1）存在性断言

存在性断言是最为简单的断言，用来判断实例文档是否含有某种特性的事实，由<ea:ExistenceAssertion>声明，通过 test 属性来判断事实是否存在。

2）数值断言

数值断言用来表示对 XBRL 实例文档中数值的限制，由<va:valueAssertion>声明，通过 test 属性来判断表达式结果究竟为 true 还是 false。

以下是一个利用数值断言判断业务规则“资产”＝“负债”＋“所有者权益”的案例：

```
<va:valueAssertion
    test="v:资产 eq(v:负债 +v:所有者权益>)"
    id="ValueAssertion_Assets" />
```

若结果为 true，则说明该等式成立；反之，则说明等式不成立。

同理，可以利用：

```
<va:valueAssertion
    test="(v:息税前利润 div v:利息费用) gt 2.5"
    id="ValueAssertion_利息保障率">
```

来实现判断利息保障率大于 2.5 这一业务规则。

3）一致性断言

与前两种较为独立的断言不同，一致性断言是一种以 formula 元素为基础的断言，可以用来判断 formula 元素的计算结果与 XBRL 实例文档的数值是否一致，由<ca:consistencyAssertion>声明。由于元素精确度可能不同，可以通过绝对接受半径（absolute acceptance radius）或相对接受半径（relative acceptance radius）属性来处理四舍五入等带来的差异。数值断言可以通过简单的改造，使之成为一致性断言。

如在数值断言中所述的“资产”＝“负债”＋“所有者权益”，也可以由一致性断言实现。根据上节所述的 formula 元素的语法，可以计算得出“负债”与“所有者权益”之和：

```
<formula:formula xlink:type="resource" ......
    value="v:负债 + v:所有者权益"
    source="v:负债">
    <formula:aspects>
        <formula:concept>
            <formula:qname>
                资产
            </formula:qname>
        </formula:concept>
    </formula:aspects>
</formula:formula>
```

在此之前，可以添加一段一致性断言来输出 true 或是 false：

```
<ca:consistencyAssertion
    xlink:type="resource"
    xlink:label="ASSERTION "
```

```
strict = "false"
absoluteAcceptanceRadius = "1" />
```

其中，strict属性用来说明由公式所创造的变量是否能够参与到一致性断言的检验中，absoluteAcceptanceRadius则说明能够接受一致性时两个数值之间的最大差距。

一致性断言与先前的数值断言有所不同，数值断言中，一共有3个输入数值：资产、负债、所有者权益，而在一致性断言中，则是由两个输入数值：负债、所有者权益，以及一个输出数值。从而可见，虽然数值断言能够简单地改造为一致性断言，但是两者之间还是有区别的。

9.3.2 基于Formula的会计业务规则建模

前文中已经举出了一个"期初余额＋本期变动＝期末余额"的例子，再加上计算链接库所能验证的简单线性关系，可以看出，主要表达表内与表间勾稽关系的断言类与计算类业务规则能够由Formula轻松地完成。

过程导向规则类与规章类规则中，往往会涉及一定的逻辑判断，此时可以利用存在性断言配合假设(precondition)进行验证。如"若固定资产存在，则折旧方法存在"业务规则，假设已经通过相应的过滤器过滤出"固定资产""折旧方法"，可以通过以下代码来实现这一业务规则。

```
<ea:existenceAssertiontest = "count(折旧方法)gt 0" precondition:test = "count
(固定资产) gt 0">
```

即指示类业务规则能够通过formula元素以及数值断言共同实现。

综上所述，5大类的业务规则均能由Formula进行实现，而除此之外的一些可能会出现的限制性条件也能由Formula轻松完成，从而可以看出，在能够过滤出变量的情况下，Formula能够较为轻松地实现业务规则。

1. 会计信息系统中的业务规则

目前，在各国的分类标准文档之中，均有计算链接库，可以用来验证一些简单的计算类业务规则。如前文所述，英国、美国、中国等各国的计算链接库主要用来表述总分类账户所对应的各明细分类账户余额合计应与总分类账户余额相等，在具体做法上各国也并非完全一样，相较而言，英美等国的计算链接库远较中国细致，这也与英美等国对于行业的分类更为复杂、分类账目更为明细有关。

然而，迄今为止，只有中国等极少数国家的分类文档中包含公式链接库，从而很难如同计算链接库一样去比较各个国家所定义的公式，并从中推导出业务规则，只能通过具体案例进行分析，来说明会计信息系统中所含的业务规则。

一个较为典型的会计信息系统实现业务规则的案例是 FDIC(Federal Deposit Insurance Coporation,美国联邦存款保险公司),FDIC 利用 Formula 来对其所保险的约 7 900 家金融机构进行检验。

在具体运用中,FDIC 所运用的财务报告框架[由 FDIEC(Federal Financial Institutions Examination Council,联邦金融机构监管委员会)规定]包括两种分类标准:报告分类标准(report taxonomy)以及特性分类标准(characteristic taxonomy),前者中的项目对于时间更为敏感,往往会根据特定的周期进行提交;后者则对于时间并不敏感,跟随兼并等特殊事件提交。FDIC 在这两种分类中均应用 Formula 来处理和验证财务数据。

根据这两种分类,FDIC 将 Formula 分为一致性公式(consistency formula)以及特性公式(characteristics formula)。一致性公式用来验证单一背景下的变量,如"所有者权益变动""某一具体分部的冲销坏账数值必须小于或等于总体的冲销坏账数值",或是不同背景下的变量,如"所有者权益变动表中的净利润必须等于损益表中的净利润""总冲销额应大于等于过去的总冲销额"。从中可以看出,在一致性公式中,主要反映的业务规则有二:一为会计中的勾稽关系,可以视是否跨背景来采取计算链接库或是 Formula 进行实现;二是逻辑关系,这是勾稽关系之外但又在情理之中的对于数据的一种限制。

特性公式则被用来限制何人、何时、何事、何地进行申报,从而使得利用这些公式的金融机构能够根据自身属性(如资产大小)、事件(并购)等提交正确的报告数据。特性公式说明何人、何时、何事、何地,这一类规则可以认为是规章类业务规则。在处理过程中,首先根据一些更为具体的规则以及输入的实例文档计算出中间结果,然后根据规章类业务规则来判定哪些项目需要进行申报,这样能够减少数据的冗余度,提高实现业务规则的效率。

从 FDIC 可以看出,会计信息系统中常常用来验证的是 5 类业务规则中的计算类业务规则以及规章类业务规则,此外,指示类业务规则也有所涉及,而过程导向规则涉及较少(其在具体运用中往往通过存在性断言而非 formula 元素实现)。在本案例中,也可以看到一个理想的分类标准能够提高 Formula 运行效率;此外,也可以进行人工分析,通过采用一些中间变量的方法减少检验的冗余度,来对 Formula 进行优化。

另一个西班牙银行(Bank of Spain)的案例也具有一定的代表性,图 9-3 是该银行一张说明风险的表格样张,其中最左边一栏中的 1(RIESGO DE TIPO DE INTERES),2、3、4、5、6 等各项分别对应利率风险、股票风险、汇率风险、原材料风险等不同种类的风险,其中利率风险、股票风险又分别分为一般风险和特定风险。

BANCO DE ESPAÑA
Eurosistema

REQUERIMIENTOS DE RECURSOS PROPIOS MEDIANTE MODELOS INTERNOS

Correspondiente al _____ de ______________________ de ________

ENTIDAD: ____

____

	FACTOR INCREMENTADO x MEDIA DEL VeR DE LOS 60 DÍAS HÁBILES PRECEDENTES	VeR DEL DÍA ANTERIOR	RECARGO POR RIESGO ESPECÍFICO	EXIGENCIA POR EL RIESGO INCREMENTAL DE IMPAGO
	(1)	(2)	(3)	(4)
TOTAL POSICIONES	0001	0021	0041	0061
PRO MEMORIA: DESGLOSE DEL RIESGO DE MERCADO				
1 RIESGO DE TIPO DE INTERÉS	0005	0025	0045	0065
1.1 RIESGO GENERAL	0006	0026		
1.2 RIESGO ESPECÍFICO	0007	0027		
2 RIESGO SOBRE ACCIONES	0010	0030	0050	0070
2.1 RIESGO GENERAL	0011	0031		
2.2 RIESGO ESPECÍFICO	0012	0032		
3 RIESGO DE TIPO DE CAMBIO	0015	0035		
4 RIESGO DE MATERIAS PRIMAS	0016	0036		
5 VOLATILIDAD (a)	0017	0037		
6 AJUSTE POR CORRELACIÓN ENTRE FACTORES	0018	0038		

图 9-3　西班牙银行的业务规则

根据图 9-3，可以初步提取的 8 条业务规则为(按编号书写)：

0001＝0005＋0010＋0015＋0018＋0019

0005＝0006＋0007

0010＝0011＋0012

0021＝0025＋0030＋0035＋0036＋0037＋0038＋0039

0025＝0026＋0027

0030＝0031＋0032

0041＝0045＋0050＋0057

0061＝0066＋0070＋0077

此外，还有一些限制条件：

0001 至 0021 之中至少有一元素不为 0

0041≤0061

0045≤0065

0060≤0070

0001≥0001(前期)

如果按照最原始的方法，根据前文所述语法进行一一检验，则需要8条Formula来实现这8条业务规则；而通过对于业务规则的整理，可以将8条业务规则整理为1条Formula：总风险(total posiciones)等于各项具体市场风险之和。

通过该项整理，可以大大地减少Formula所需处理的业务规则，根据Víctor Morilla(2009)所述，经过整理的业务规则仅需原始项目13.14%的Formula即可实现。实际上，这一处理简单而常用，如英国税收部门HMRC(Her Majesty's Revenue and Customs，英国税务海关总署)也采用了类似的XBRL表格以供填写，并如同案例中一样将现实中的表格里每一元素定义标签，最后统一进行处理。

通过人工计算将Formula链(Formula chaining)转化为Formula，即将$A=B+C$，$C=D+E$，$E=F+G$等一系列相互引用事实变量的Formula链转化为$A=B+D+F+G$这一条简单的Formula，能够减少实现相同业务规则时所需要使用的Formula；虽然人类处理该类问题较为简单，但实质上对于计算机处理Formula而言，该类Formula链仍是一个挑战。如果这一问题能够得到圆满解决，那么能够减少人脑对于Formula链的具体分析，提高Formula实现业务规则的效率。目前，这个影响到Formula效率(尤其是在较大的案例文档之下)的问题已经得到广泛重视，也被Formula工作小组认定为接下来将着重解决的问题之一。

2. Formula语法选择

如同前文所述，要实现同一条业务规则，可能有许多不同的途径。如实现最为简单的总账与分类账之间的关系，既可以采用计算链接库，也可以采用Formula；而要验证“期初余额＋本期变动＝期末余额”，既可以采用断言的方式，也可以采用Formula进行计算。那么，究竟应该选择何种Formula语法？下面将对Formula运行中所选择的过滤器以及输出类型进行讨论。

一般而言，在使用过滤器过滤出实例文档中的事实变量时，应首先考虑概念过滤器，其原因是XBRL拥有详细的分类文档，杜绝了重名的可能，一旦知道了具体的概念名称，通过概念名称过滤器可以轻易地查找出所需要的概念；此外，在涉及跨时间等方面的内容时，需要同时采用隐式过滤方式及时间过滤器。其余的过滤器如维度过滤器等，均有一定的用处，但相对而言，需要精确过滤出事实变量时，概念过滤器是最好的选择。除了在跨时间等跨背景情况，在现实运用中一般不会涉及使用隐式过滤器，从语法选择的角度而言应尽可能采用显式过滤器。

在确定了过滤器之后，接下来需要考虑的是究竟采用哪一种Formula的具体类型，究竟是公式还是使用断言。在广义的公式的4种形式之中，相对而言，存在性断言是一种更为简单易用的形式，其验证的范围也较为特殊，与其他3种方式所形成的交集不大;而且,其运行过程中 Formula 处理器只需要执行对符合条件的变量进行计数这一个步骤,相对于其他 3 种形式其所采用的处理要简单得多,从而,当所要实现的业务规则涉及存在性时,应首先考虑使用存在性断言进行检验。从 Formula 处理器处理效率的角度考虑,其次所应当采用的方式是数值断言,再次是公式,最后是一致性断言。其实对于 Formula 处理器而言,其处理数值断言与公式的步骤基本一致,包括对变量进行赋值、过滤事实变量、测试前提(若前提存在)、对公式或断言表达式进行赋值这几个步骤,因而就效率而言,公式与数值断言处理效率相似;而在实际应用中由于公式输出变量时需要实现确定该输出事实的概念、位置、时间、实体标示、货币单位等各个方面,而断言则是输出布尔值,从便捷性考虑,应优先使用数值断言。而最后的选择是一致性断言,其需要在已有的公式基础上,计算出应有的数值,再与实例文档中的数值进行匹配,以确定是否符合一致性。然而,从便捷性考虑,在选择公式或是一致性断言时,也可以优先选择一致性断言。

因此,在进行 Formula 语法选择时,应首先考虑存在性断言,其次是数值断言,最后才考虑公式以及一致性断言。

9.3.3 Formula 的替代性技术

当 Formula 规范颁布之后,在 XBRL 领域,使用 Formula 实现业务规则是一种自然的选择。但是,是否存在 Formula 之外的方法,也能够实现业务规则?答案是肯定的。

在现有的 IT 领域,存在一些 XBRL 公式的替代性技术,每项技术都能够实现部分 XBRL 公式的设计目标。这些技术来自三个领域:过程性编程、声明式编程和数据仓库/商业智能。

(1) 过程式编程语言在 XBRL 处理器中普遍使用,特别是 Java 和.net 语言(c# 和 Visual Basic 语言)。这些编程语言中有健壮的 XML 组件,并在许多情况与 XBRL 处理器合并使用。对于需要验证数据或处理 XBRL 维度和语义的应用而言,XBRL 处理器一般是必须的。这样的处理器大多以 Java 实现,少部分以 c# 实现。这些处理器在当前 XBRL 生成系统的构建中表现非常成功。以这种方式满足公式规范的目标需要一个高标准的技术团队,并通常会产生一个大型应用程序,这意味着一个具有较大规模的、难以由普通人员维护的项目。在这种情况下,如果人员流动性高,则会对维护工作构成极大挑战,并且易于失败。

(2) 在声明式编程语言中,有一种特定于 XML 的语言,即 XSLT(以及一个基于规则的 XSLT 产生器,称为 Schematron)。在 XBRL 函数注册组件的访问中,XSLT 2.0 是必需的。虽然在早期,即 XBRL 1.0 时期,一些 XBRL 生成系统能够访问使用 Java 实现的 XBRL 处理器(包括对应于 XBRL 函数注册组件的功能),但在 XBRL 2.0 之后,这些功能开始转向以 XSLT 2.0 实现。XSLT 是完全的声明式、基于模式和模板、具有表达式和过程性函数的语言,使用 XSLT 编辑 XBRL 函数能够较好地满足 XBRL 的需要。但是 XSLT 没有函数注册的功能,在语法级别构建 XBRL 处理是一个极其困难的开发任务(在 XBRL 的早期,有几个类似项目比较成功,但后续都不再维护)。XSLT 是一种很困难的、难以掌握的语言,很少有人能够深入理解并完整掌握 XSLT 本质上、完全的编程能力,并将之用于 XBRL 处理过程(相对而言,如果只是使用 XSLT 作为 XML 数据报告格式描述的一种简化形式,则比较容易)。由于 Schematron 的抽象层次比 XSLT 更高,更接近 XBRL 公式规范,并且已经有研究者能够半自动地将 Schematron 规则声明转换为 XBRL 公式规范中的值断言,从而能够满足上下文相关的处理内容。

在声明式编程语言中,有一种特定于 XBRL 的语言,Sphinx。Sphinx 是由 CoreFiling 公司提供的一种非公开语言,用于描述针对单个 XBRL 事实和 XBRL 事实间关系的约束。对于单个输入 XBRL 实例,它可以实现 XBRL 公式规范中的存在断言和值断言,但不能像 Formula 中的 formula 元素和 tuple 元素那样产生输出实例或实现实例转换。Sphinx 是一种基于代码的语言,使用 XBRL 事实访问"构造"(constructs)和谓词语法来定义 XBRL 公式中称为方面的内容,例如实体、时间、单位、显式和类型维度。其中,"构造"在 Sphinx 中称为主轴(primary axis),类似于 XPath 元素谓词;基于谓词语法的语句位于方括号中。Sphinx 的语法虽然独特,但总体上介于 XPath 和 Python 智能集合(mind-set)之间。主轴和类似谓词的过滤器表达式能够产生方面相关(aspect-aware)的集合,并可以基于这个集合进行关系运算和集合运算,然后可以构造类似 Python 的嵌套递归结构的生成器。结合一些事实集合操作,Sphinx 代码能够映射至部分 XBRL 公式规范。但是,为了实现映射,还需要再增加一些新的操作符和集合操作符。这是因为,在 XPath 2.0 通用比较符中,使用的是全称量词(all)而不是存在量词(any);另外,集合层面的表达式需要附加与 XBRL 相关的功能和操作符,例如单位相关的操作符。

(3) 数据仓库/商业智能的处理方式。XBRL 公式处理的目标是根据一个 XBRL 输入实例文档,执行一组特定的验证、映射,或产生导出数据。XBRL 公式规范也具有在一个公式链接库内处理由多个相关输入实例文档组成的集合的能力。如果实例文档数据较大,甚至是海量的,则业务数据仓库和商业智能(BW/BI)的处理能力更为合适。数据仓库/商业智能通常基于 SQL 数据库,而数据库本身就包含一种声明性编程语言。在这种情况下,如果 XBRL 公式要在保持完整 XBRL 语义的条件下直接操作于一个原始的 XBRL 实例文档,则 BW/BI 底层的

SQL类型的数据库将需要引入一个ETL(Extraction、Transformation and Loading,提取、转换和载入,数据仓库预处理环节)过程以实现根据模式文档对XBRL实例文档的规范化检查。对于一个具有海量文件的文件库而言,如SEC财务报告集,文件中包含的模式和语义差异极大,所以对XBRL实例文档执行的ETL过程可能非常复杂。在ETL结束之后,将XBRL实例文档存入数据仓库将导致原有DTS中特定于XBRL的语义的丢失。所以,与XBRL公式规范的目标——适应于XBRL实例文档的原始形式——相比,BI只能在一个ETL之后的、归约的实例文档上进行操作。综上所述,在灵活性、规范性和实现无关性等方面,其他方式与Formula各有差距,Formula方式是综合性能最优的方式。

9.4 业务规则:基于Formula的实现案例

9.4.1 Formula的处理模型

公式处理的简化模型的起点是为一个公式处理器(Formula Processor)提供的输入XBRL实例文档。这份实例文档通过一个发现过程确定了以其为起点的DTS,并包含了所有应提供的上下文、单位和事实。公式链接库的组成部分既可能包含整个DTS,也可能是一个独立的公式链接库。公式处理器应该既能够识别并组织这些散落的成分,也能够处理独立的链接库。

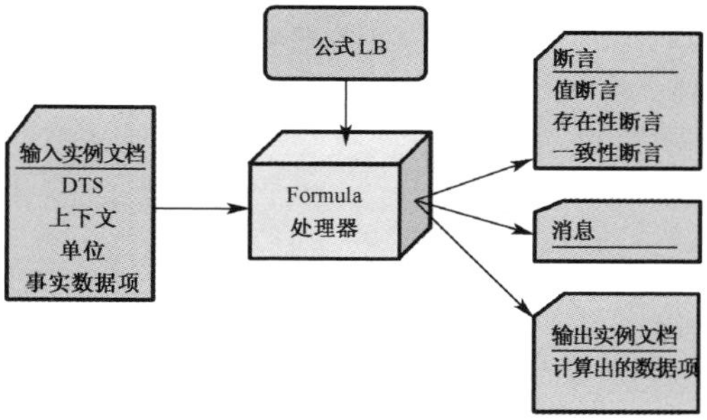

图9-4　公式处理的概图

注:公式LB是DTS的一部分

公式链接库内应既包含表达式(断言和公式),也包含使链接库能够正常运行的相关特性(如变量、过滤器和消息等)。如图9-4所示,处理器根据输入XBRL实例文档选择执行相关的断言和公式,并产生断言结果(消息成功与否)和公式的结果(输出XBRL实例的事实)。公式处理器一般是一个组件,而上层的应用程序在调用公式处理器时将通过一个接口进行执行。这个接口非常重要,它控制着需要检查的数据内容、选择参与处理的具体断言和公式以及如何显示公式处理器的处理结果。

如图9-5所示,共有4个公式模型。第一列为值断言和存在性断言,对输入XBRL实例数据进行计算并返回计算结果(其结果为一个布尔型数值,指出断言是否成功,也可能包括其他说明详细原因的消息和辅助数据)。第二列为公式和一致性断言，其中公式在处理后能够提供一个作为输出的 XBRL 片段，而一致性断言则将公式处理结果与一个输入 XBRL 实例文档中的预期结果相匹配，并返回匹配是否成功的布尔值。

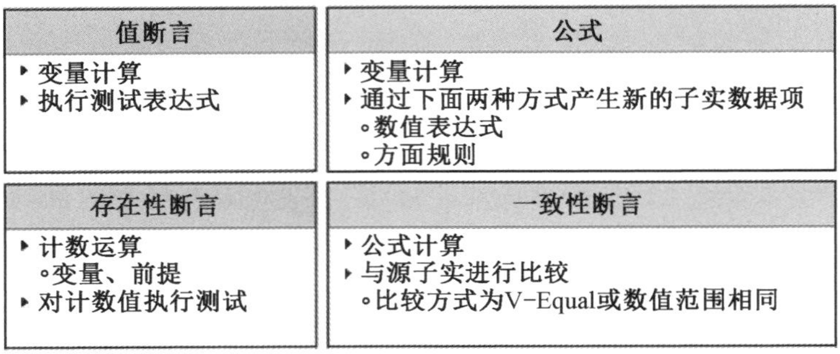

图 9-5　4 个处理模型的效果

这 4 种模型的简单例子如图 9-6 所示。

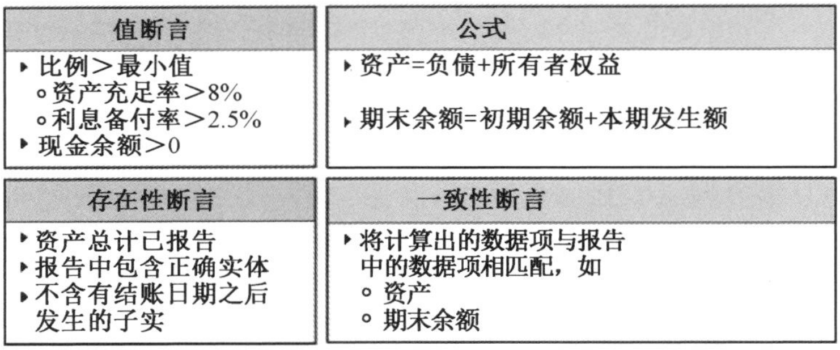

图 9-6　4 种处理模型的实例

1. 值断言

值断言的运算对象是一个表达式，例如，算术比例和算法、字符串和文本表达式、日期检查表达式等。这些表达式的形式为 XPath 2.0 表达式，并通过声明的过滤器访问实例文档中的数据。值断言表达式中只需要包含所需的数值即可，而不需要进一步获取该值所属的元素。从元素中获取值的工作由声明的过滤器完成。

2. 存在性断言

存在性断言的作用是检查数据的存在性，被检查数据将使用声明的过滤器从输入 XBRL 实例中获取。存在性断言是一种检查数据存在性的直接的、简单的方式，但是，有时候数据存在性问题是一个间接的、复杂的问题。例如，某个数据是否存在可能依赖于其他数据是否存在，并在检查完成之后需要返回一条信息，详细说明由于哪些数据的什么原因导致了这个数据的缺失。在这种情况下，虽然形式上看起来是一个数据存在性的检查，但使用值断言更为合适。

3. 公式

在公式链接库的4种模型中，公式具有最复杂、最完整的特征。在XBRL中，公式链接库的名称与公式模型的名称相同，这显然表明公式模型才是公式链接库的本质和最初模型，而所有的断言都是后来出现的。公式与值断言有部分类似，它们都具有以数值为计算对象的表达式，但值断言表达式的返回值是布尔值（成功与否），而公式表达式则产生一个输出XBRL事实。输出的XBRL事实具有所有的XBRL事实所需要的XML语法方面，包括其概念、数值（从表达式中得出）、精度（如果为数值型数据项）、上下文和单位等方面。上下文和单位方面可从过滤器所过滤的对象数据的对应方面直接复制，也可以根据相关规则进行重新构建。以下是两种常见情况：

（1）输出事实是一个与输入事实相匹配或接近的事实。例如，“资产＝负债＋所有者权益”表示了3个最基本的财务会计概念及其关系。公式元素中只需要指定表达式“负债＋所有者权益”，然后由过滤器提供正确的数值，并将上下文和单位等信息从其中一个数据项（如负债）中复制得到。输出事实的数值由表达式计算得到，概念名称通过其他规则得到，其余信息直接使用复制信息即可。以这种方式，输出事实除了概念名称，其余信息包括日期、单位和维度等都来自输入数据项，几乎没有程序工作。

（2）输出事实是一个完全不同于输入的事实，例如，其可以是一个比率，此时它会有完全不同的单位（例如，货币单位/每股）、不同的时期（由时间段导出的、作为时间点的期末余额），以及与它源自的源数据完全不同的维度。这些内容都由公式元素代码提供，而不能依赖程序设计语言。

4. 一致性断言

一致性断言的作用是比较一个公式元素输出事实与一个输入值是否相等。一致性断言的计算需要一个公式，例如，上述“资产”的计算公式和一个匹配率，用于表征在多大程度上公式输出被认定与输入事实相等（以百分比或绝对值表示）。

9.4.2 业务规则建模案例

本节给出了四个业务规则案例，并应用Formula规范实现建模。本章所述之业务规则和第7章所述之模块规则实际上可以看作理解同一建模对象的两种视角，其中，业务规则是从功能论视角，而模块规则是从结构论视角。所以，业务规则常常与模块规则具有某种有机联系。本节讲述的4个业务规则中,前两者对应两个基本模块规则,后两者对应基本模块规则的组合。这4个案例在实践中均具有典型性。其中,前3个案例是财务报告中常见的业务规则,第4个案例是非财务报告内容中常见的业务规则。

1. 财务报告项目存在性规则

在财务报告中,常常要求某些项目是必须存在的。此时,可以使用存在性规则进行描述。在模块规则集合中,“原型结构1:概念的层次组织形式”这种结构常常内含存在性规则。

层次组织形式的原型结构一般表示无数量关系的概念层次关系。如果在链接中没有数量关系,那么对应的链接库组件的信息模型即是一个层次组织形式的原型结构。从根本上讲,任何组件都可以被描述为一个层次组织形式。但是,如果添加额外的关系(通常为数值计算关系),层次组织形式就会转化为其他原型。层次组织形式表述了一种具有层次结构或树形结构的信息组织模型。一种典型的针对层次组织形式的业务规则是“可报告性规则”(reportability rule):即特定信息的存在性规则——为了有利于投资者对于财务报告的理解,某种特定的信息必须在财务报告中出现。

层次组织形式中没有数学计算关系,因此它没有与数学有关的业务规则。但这并不意味着对应业务规则一定非常简单。就存在性业务规则而言,不但可能需要判断某种事实的存在性,还有可能需要判断事实间依赖关系的存在性,例如“如果事实A报告,那么B必须报告”。

1) 案例说明

下面的例子显示了一个会计政策的层次组织形式,这类似Microsoft Word中的大纲视图。在这种类型的信息模型中,概念之间不存在除“父-子关系”的其他显式关系。另外,可以看出,只要没有添加额外的数值信息,层次组织形式就不会转化为其他原型结构。如果一个应用程序在具有层次关系的链接库组件中没有发现计算关系或其他与数值计算有关的业务规则,则将其识别为层次组织形式。层次组织形式的重要特征和设计机制包括:

(1) 层次组织形式的原始形式为嵌套结构。扁平的层次组织形式可以看作是一种特殊的嵌套层次组织形式,其嵌套层次为0。

(2) 层次组织形式可以具有任意深度、任意数量的嵌套层次(但层次设置数量多或少各有利弊)。

(3) 如果一个链接库组件既可以建模为较多层的层次组织形式,也可以建模为较少层的层次组织形式,此时的建模方案需要根据业务上的理论依据进行决策。

本书给出的业务规则案例是基于两层嵌套的层次组织形式。嵌套的层次组织形式从外观上与 Microsoft Word 文档的大纲视图完全一样。其中，嵌入其中的层次被称为子层次(sub-hierarchies)，而被嵌入的层次被称为父层次(upper-hierarchy)。

表 9-8 给出了一份具体的财务报告中具有层次组织形式内容的片段。

表 9-8　层次组织形式

> 二、主要会计政策、会计估计和前期差错
> (一) 财务报表的编制基础
> 公司以持续经营为基础，根据实际发生的交易和事项，按照财政部于 2006 年 2 月 15 日颁布的《企业会计准则——基本准则》和 38 项具体会计准则、其后颁布的企业会计准则应用指南、企业会计准则解释及其他相关规定(以下合称"企业会计准则")，以及中国证券监督管理委员会《公开发行证券的公司信息披露编报规则第 15 号——财务报告的一般规定》(2010 年修订)的披露规定编制财务报表。
> (二) 遵循企业会计准则的声明
> 公司所编制的财务报表符合企业会计准则的要求，真实、完整地反映了报告期公司的财务状况、经营成果、现金流量等有关信息。
> (三) 会计期间
> 自公历 1 月 1 日至 12 月 31 日止为一个会计年度。
> ……
> (十一) 存货
> 1. 存货的分类
> 存货分类为：原材料、外购商品、在产品、产成品、低值易耗品等。
> 2. 发出存货的计价方法
> 存货发出时采用加权平均法计价
> ……

根据表 9-8 内容以及《企业会计准则》的对应要求，本书给出了以下两条存在性业务规则，同时在表 9-8 中以下划线标注了业务规则执行的内容对象：

(1) 编制基础存在性：具体的企业财务报告中必须提供有关财务报表的编制基础的说明。

(2) 存货计价方法存在性：具体的企业财务报告中必须提供有关发出存货的计价方法的说明。

通过检索《企业会计准则通用分类标准》，其中描述财务报表编制基础的概念为"cas:BasisOfPresentation"，描述发出存货计价方法的概念为"cas:InventoryValuationMethod"。对应地，上述两条业务规则就可以使用 Formula 链接库对应地表示为：

(1) cas:BasisOfPresentation 元素实例存在性：具体的企业财务报告实例文档中 cas:BasisOfPresentation 元素实例必须存在。

(2) cas:InventoryValuationMethod 元素实例存在性：具体的企业财务报告实例文档中 cas:InventoryValuationMethod 元素实例必须存在。

2）Formula 链接库实现

（1）结构与运行图：图 9-7(a)和图 9-7(b)分别给出了实现上述两条业务规则的 Formula 链接的总体结构以及简单的运行说明①。

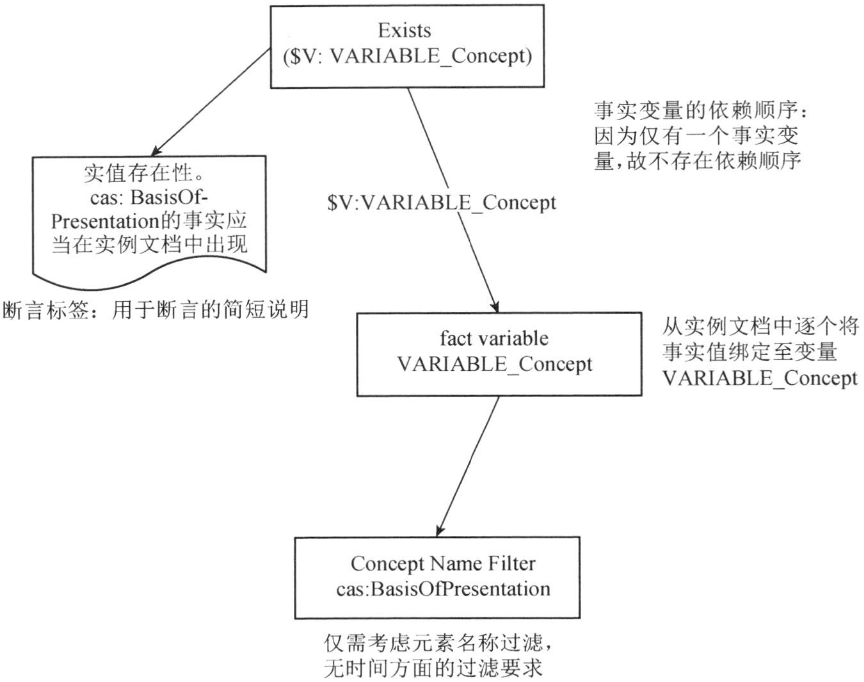

图 9-7(a)　财务报告编制基础存在性检验规则的 Formula 实现：结构及运行

① 从图 9-7(a)和图 9-7(b)可以看出，除概念名称过滤器的内容不同，两个 Formula 链接的其他内容是完全相同的。在 XBRL 中，这是一种利弊参半的设计。

这种设计的优点主要体现在重用性上。在本例中，只有概念名称过滤器的内容需要修改，其他内容都可以重用，包括公式表达式、变量定义、各种链接等，这可以极大地降低 Formula 链接编制的工作量，并可以保证较高的正确性。Formula 链接是 XBRL 中最复杂的一种链接，所以重用性的优点非常突出。

这种设计的缺点也很明显。首先是 Formula 链接的理解问题。显然，如果不深入至过滤器(一般位于 Formula 链接的最后位置)，用户甚至无法得知此 Formula 链接的具体作用。其次，Formula 链接的复杂性和正确性。片面追求重用性，也可能导致在编辑 Formula 链接时过度强调通用性，而导致链接结构非常复杂，并提高发生错误的概率。

所以，是否采用这种通用结构是一个需要权衡的设计问题。一般地，在简单、通用的业务规则中，常常使用重用性较高的设计方案。例如，在本案例中给出的存在性业务规则的设计方案，可以用于任一概念实例的存在性检验。而如果业务规则比较复杂并且专用性较强，则总体上一般不采取重用性较强的设计。当然，这并不妨碍在这些复杂而专用的业务规则的实现中，局部可以重用已有的结构，如变量定义等。

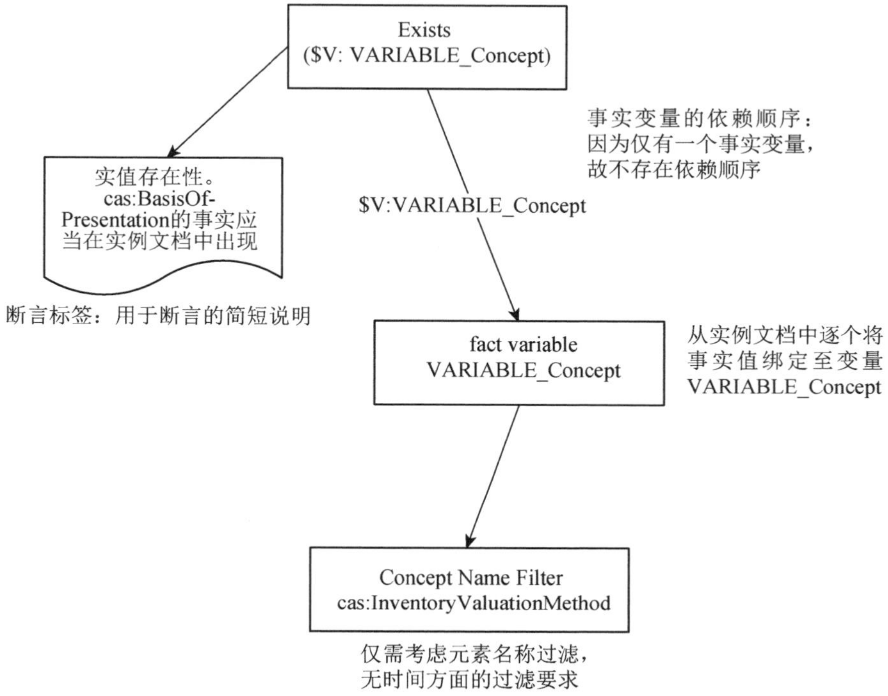

图 9-7(b)　发出存货计价方法存在性检验规则的 Formula 实现:结构及运行

(2) 运行过程详述:表 9-9 给出了应用软件使用这两个 Formula 进行存在性检验的详细过程。

表 9-9　存在性业务规则的执行过程

执 行 过 程	解　　释
(1) 财务报告编制基础的存在性检验	
事实变量 v:VARIABLE_Concept 的过滤——初始备选事实查找:以一份实例文档中的全部 n 个事实开始	该断言的执行始于为变量 v:VARIABLE_Concept 查找备选的绑定事实。显然,一份实例文档中的所有事实都是备选绑定事实,假定其数量为 n
事实变量 v:VARIABLE_Concept 的过滤——概念名称过滤器(conceptName filter)作用:1 个事实通过过滤	使用概念名称过滤器对全部备选事实进行过滤,可以发现仅有 1 个事实具有与过滤条件匹配的限定名 cas: BasisOfPresentation,故仅有该事实通过过滤
值断言(Value Assertion)执行	现在表达式中的唯一变量 v:VARIABLE_Concept 的绑定已经完成,可以进行计算
计算结果:True	因为事实变量 v:VARIABLE_Concept 的绑定事实不为空,所以表达式 exists ($ v:VARIABLE_Concept)的返回值为 True

（续表）

执 行 过 程	解 释
（2）发出存货计价方法的存在性检验	
事实变量 v:VARIABLE_Concept 的过滤——初始备选事实查找:以一份实例文档中的全部 n 个事实开始	该断言的执行始于为变量 v:VARIABLE_Concep 查找备选的绑定事实。显然,一份实例文档中的所有事实都是备选绑定事实,假定其数量为 n
事实变量 v:VARIABLE_Concept 的过滤——概念名称过滤器(conceptName filter)作用:1 个事实通过过滤	使用概念名称过滤器对全部备选事实进行过滤,可以发现仅有 1 个事实具有与过滤条件匹配的限定名 cas:InventoryValuationMethod,故仅有该事实通过过滤
值断言(Value Assertion)执行	现在表达式中的唯一变量 v:VARIABLE_Concept 的绑定已经完成,可以进行计算
计算结果:True	因为事实变量 v:VARIABLE_Concept 的绑定事实不为空,所以表达式 exists（$v:VARIABLE_Concept)的返回值为 True

（3）Formula 链接代码详述:表 9-10 给出了这两个 Formula 的代码及其解释。

表 9-10　存在性业务规则的 Formula 代码

链 接 库 代 码	解 释
第 1 个公式的执行	
<va:valueAssertion test="exists （$v:VARIABLE_Concept)"/>	以检查存在性的表达式为内容的断言①
<variable:factVariable xlink:type="resource" xlink:label="VARIABLE_Concept" bindAsSequence="false"/>	唯一的事实变量(注意此时并没有给出变量名,这里的 VARIABLE_Concept 虽然与变量名的本地名相同,但其本质是变量的标签,而不是变量名）
<variable:variableArc xlink:type="arc" xlink:arcrole=http://xbrl.org/arcrole/2008/variable-set xlink:from="assertion" xlink:to="VARIABLE_Concept" order="1.0" name="v:VARIABLE_Concept"/>	从断言到事实变量的关系,直至此时,本元素的 name 属性值(v:VARIABLE_Concept)才给出了表达式中的变量名
<cf:conceptName xlink:type="resource" xlink:label="FILTER_CONCEPT"> <cf:concept> <cf:qname> cas:BasisOfPresentation </cf:qname> </cf:concept> </cf:conceptName>	唯一的过滤器——概念名称过滤器

① 注意这里虽然目标是实现存在性检验规则,但使用的是值断言(valueAssertion)而不是存在性断言(existenceAssertion),这是因为值断言具有更强的表达能力与灵活性。例如,值断言可以表达依赖关系的存在,而存在性断言则没有这种表达能力。

（续表）

链接库代码	解　释
<variable:variableFilterArc xlink:type="arc" xlink:arcrole=http://xbrl.org/arcrole/2008/variable-filter complement="false" cover="true" xlink:from="VARIABLE_Concept" xlink:to="FILTER_CONCEPT" order="1.0"/>	从事实变量到过滤器的关系
第2个公式的执行	
<va:valueAssertion test="exists($v:VARIABLE_Concept)"/>	以检查存在性的表达式为内容的断言
<variable:factVariable xlink:type="resource" xlink:label="VARIABLE_Concept" bindAsSequence="false"/>	唯一的事实变量
<variable:variableArc xlink:type="arc" xlink:arcrole=http://xbrl.org/arcrole/2008/variable-set xlink:from="assertion" xlink:to="VARIABLE_Concept" order="1.0" name="v:VARIABLE_Concept"/>	从断言到事实变量的关系
<cf:conceptName xlink:type="resource" xlink:label="FILTER_CONCEPT"> <cf:concept> <cf:qname> cas:BasisOfPresentation </cf:qname> </cf:concept> </cf:conceptName>	唯一的过滤器——概念名称过滤器
<variable:variableFilterArc xlink:type="arc" xlink:arcrole=http://xbrl.org/arcrole/2008/variable-filter complement="false" cover="true" xlink:from="VARIABLE_Concept" xlink:to="FILTER_CONCEPT" order="1.0"/>	从事实变量到过滤器的关系

2. 每股收益(EPS)计算正确性检验规则

如果在一个层次组织形式中，增加内部概念之间的各种数学关系，就会构成各种计算相关的原型，包括第4章中的“原型结构2：计算关系”“原型结构3：数值型概念表”“原型结构4：汇总”等。事实上，财务报告信息模型的主体就是由数值型数据和数值关系构成的。虽然从数量上财务报告中的计算关系以加法和减法为主，但是从类型上计算关系所涉及的数学关系类型极多。例如，本案例提供的每股收益的计算就具有除法关系。

1）案例说明

与计算相关的业务规则在XBRL中具有多种表达方式。如果一个财务报告组件中所涉及的只是相同上下文之间的加权合计关系，则这种业务规则使用 XBRL 2.1 中的计算链接库即可表达。但是，如果计算关系跨越上下文，如“原型结构 5：变动分析”，或者具有加法之外的其他计算符，例如，本案例所涉及的每股收益计算，则需要引入 Formula 链接进行表示。下面总结了一些与计算相关的原型结构的重要特征和机制：

（1）如果一些概念构成了一个层次组织形式，其中一些概念是数值型数据项，并且这些概念之间存在相同上下文之间的加权合计关系，则构成了一个典型的原型结构——原型结构 2：计算关系。

（2）一般情况下，计算关系使用计算链接库表达。但是，许多计算关系难以用加法表达，这种情况就不能使用计算链接库，而需要使用 Formula 公式以表达这些业务规则。

本书给出的针对计算关系的业务规则就是一种无法用加法表达的业务规则。每股收益的技术是一种具有多种操作符的计算，其中具有除法关系，即用净收益（损失）除以当期发行在外普通股的加权平均数。

表 9-11 给出了一份具体的财务报告中每股收益内容的片段。

表 9-11　某企业的每股收益报告①

主要财务指标	2021 年	2020 年	本期比上年同期增减	2019 年	
				调整后	调整前
归属于普通股股东的当期净利润	31 410 397.88	83 978 632.11	……	……	……
发行在外普通股的加权平均数	326 172 356.00	326 172 356.00	……	……	……
基本每股收益（元/股）	0.096 3	0.257 5	−62.60%	0.452 3	0.461 8
稀释每股收益（元/股）	0.096 3	0.257 5	−62.60%	0.452 3	0.461 8
扣除非经常性损益后的基本每股收益（元/股）	−0.428 6	−0.246 9	不适用	0.038 3	0.038 3
加权平均净资产收益率	2.88%	6.91%	减少 4.03 个百分点	13.53%	15.21%
扣除非经常性损益后的加权平均净资产收益率	−12.81%	−6.63%	减少 6.18 个百分点	1.15%	1.26%

① 为简化篇幅，本表将实际中的多张表格内容合并至一张表格中。

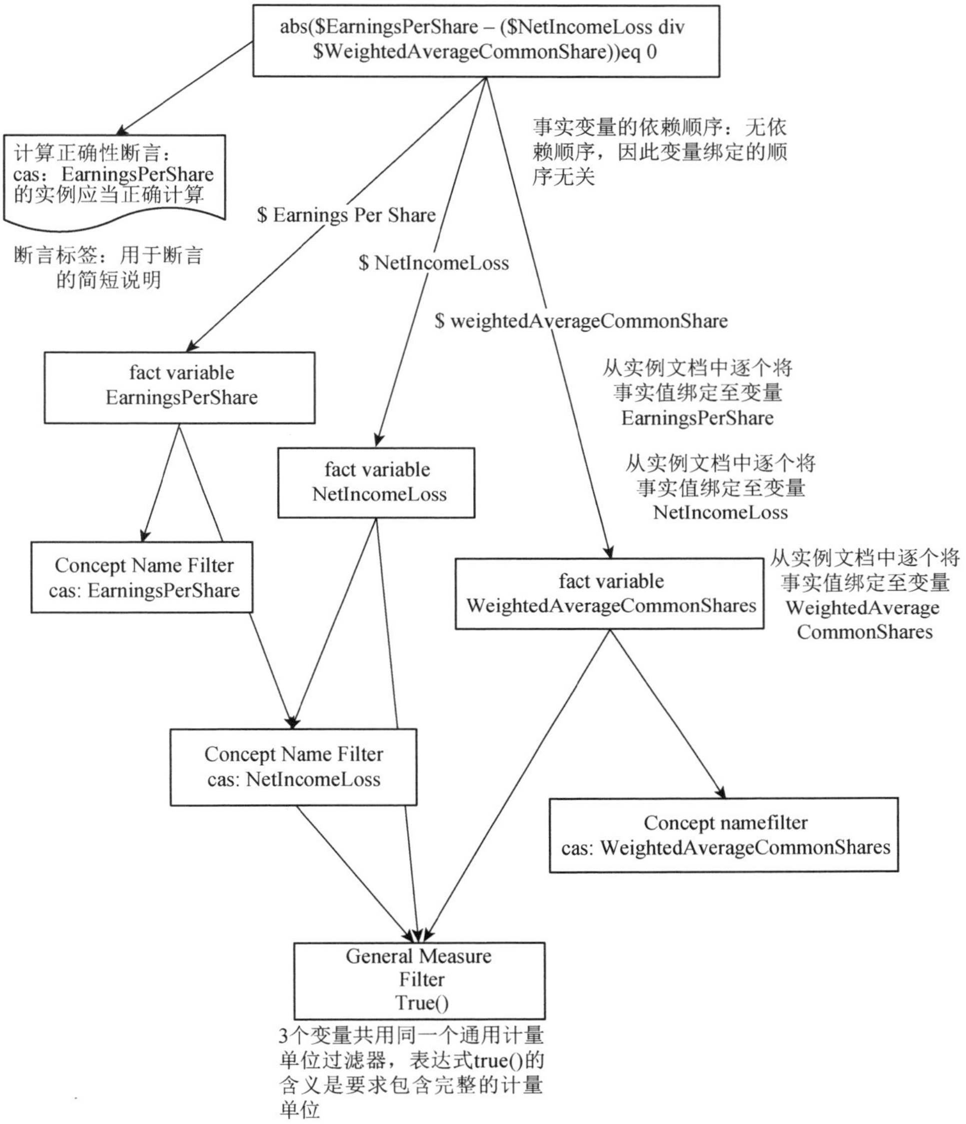

图 9-8 EPS 计算正确性检验规则的 Formula 实现：结构及运行

根据表 9-11 内容以及《企业会计准则》的对应要求，本书给出了以下这条每股收益(EPS)计算正确性检验规则，同时在表 9-11 中以下划线标注了业务规则执行的内容对象：

每股收益(EPS)计算正确性检验规则：企业财务报告中的每股收益必须按照“归属于普通股股东的当期净利润(损失)/当期发行在外普通股的加权平均数”这个表达式正确计算。

通过检索“企业会计准则通用分类标准”，其中描述归属于普通股股东的当期净利润(损失)的概念为“cas:NetIncomeLoss”，描述当期发行在外普通股的加权平均数的概念为“cas:WeightedAverageCommonShares”。对应地，该业务规则就可以使用 Formula 链接库对应地表示为：

表达式“abs($EarningsPerShare-($NetIncomeLoss div $WeightedAverageCommonShares)) eq 0”的返回值为 True。其中 abs 为绝对值函数，div 为除法操作符。这个表达式的含义是财务报告中披露的每股收益(EarningsPerShare)实例值应该与每股收益的计算导出值($NetIncomeLoss div $WeightedAverageCommonShares)的差值为 0。

2) Formula 链接库实现

(1) 结构与运行图：图 9-8 给出了实现上述业务规则的 Formula 链接的总体结构以及简单的运行说明。

(2) 运行过程详述：表 9-12 给出了应用软件使用这个 Formula 进行 EPS 计算正确性检验的详细过程。

表 9-12　EPS 计算正确性检验规则的执行过程

执行过程	解释
事实变量 v:EarningsPerShare 的过滤——初始备选事实查找:以一份实例文档中的全部 n 个事实开始	该断言的执行始于为变量 v:EarningsPerShare 查找备选的绑定事实。显然，一份实例文档中的所有事实都是备选绑定事实，假定其数量为 n
事实变量 v:EarningsPerShare 的过滤——概念名称过滤器(conceptName filter)作用:2 个事实通过过滤	使用概念名称过滤器对全部备选事实进行过滤，可以发现仅有 2 个事实具有与过滤条件匹配的限定名 cas:EarningsPerShare，故仅有该事实通过过滤
事实变量 v:EarningsPerShare:过滤结果为[fact(cas:EarningsPerShare, period-2021, unit, '0.0963'), fact(cas:EarningsPerShare, period-2020, unit, '0.2575')]	2 个过滤结果将逐一绑定至变量 v:EarningsPerShare
事实变量 v:EarningsPerShare:绑定值 fact(cas:EarningsPerShare, period-2021, unit, '0.0963')	首先，两个事实数据项中的第一个被绑定至变量 v:EarningsPerShare
事实变量 v:NetIncomeLoss 的过滤——初始备选事实查找:以一份实例文档中的全部 n 个事实开始	该断言的执行始于为变量 v:NetIncomeLoss 查找备选的绑定事实。显然，一份实例文档中的所有事实都是备选绑定事实，假定其数量为 n
事实变量 v:NetIncomeLoss 的过滤——概念名称过滤器(conceptName filter)作用:2 个事实通过过滤	使用概念名称过滤器对全部备选事实进行过滤，可以发现仅有 2 个事实具有与过滤条件匹配的限定名 cas:NetIncomeLoss，故仅有该事实通过过滤
事实变量 v:EarningsPerShare 的隐式过滤器——时间过滤作用后，1 个事实通过过滤	变量 v:NetIncomeLoss 与变量 v:EarningsPerShare 位于同一个公式表达式中。在变量 v:EarningsPerShare 绑定一个事实之后，变量 v:NetIncomeLoss 的所有未覆盖的方面都应该与 v:EarningsPerShare 绑定事实的对应方面一一匹配，并根据匹配结果过滤绑定的事实

（续表）

执 行 过 程	解 释
事实变量 v：NetIncomeLoss 的过滤结果：［fact（cas：NetIncomeLoss，period-2021，unit，'31,410,397.88'）］	按照隐式过滤，执行的过滤条件为日期匹配，仅有一个事实变量 v：NetIncomeLoss 的绑定事实与事实变量 v：EarningsPerShare 的第一个绑定事实相匹配，因此过滤结果仅有一个事实
事实变量 v：WeightedAverageCommonShares 的过滤——初始备选事实查找：以一份实例文档中的全部 n 个事实开始	该断言的执行始于为变量 v：eightedAverageCommonShares 查找备选的绑定事实。显然，一份实例文档中的所有事实都是备选绑定事实，假定其数量为 n
事实变量 v：WeightedAverageCommonShares 的过滤——概念名称过滤器（conceptName filter）作用：2 个事实通过过滤	使用概念名称过滤器对全部备选事实进行过滤，可以发现仅有 2 个事实具有与过滤条件匹配的限定名 cas：WeightedAverageCommonShares，故仅有这 2 个事实通过过滤
事实变量 v：EarningsPerShare 的隐式过滤器——时间过滤作用后，1 个事实通过过滤	变量 v：WeightedAverageCommonShares 与变量 v：EarningsPerShare 位于同一个公式表达式中。在变量 v：EarningsPerShare 绑定一个事实之后，变量 v：WeightedAverageCommonShares 的所有未覆盖的方面都应该与 v：EarningsPerShare 绑定事实的对应方面一一匹配，并根据匹配结果过滤绑定的事实
事实变量 v：WeightedAverageCommonShares 的过滤结果：［fact（cas：WeightedAverageCommonShares，period-2021，unit，'326,172,356.00'）］	按照隐式过滤，执行的过滤条件为日期匹配，仅有一个事实变量 v：WeightedAverageCommonShares 的绑定事实与事实变量 v：EarningsPerShare 的第一个绑定事实相匹配，因此过滤结果仅有一个事实
执行值断言（Value Assertion）表达式	现在所有 3 个隐式方面对应匹配的变量绑定事实都已经获取，执行该断言中的表达式“abs（$EarningsPerShare-（$NetIncomeLoss div $WeightedAverageCommonShares））eq 0”
执行结果：True	
事实变量 v：EarningsPerShare：绑定值 fact（cas：EarningsPerShare，period-2020，unit，'0.7525'）	事实变量 v：EarningsPerShare 所绑定的两个事实数据项中的第二个被绑定至变量 v：EarningsPerShare
事实变量 v：EarningsPerShare 的隐式过滤器——时间过滤作用后，1 个事实通过过滤	变量 v：NetIncomeLoss 与变量 v：EarningsPerShare 位于同一个公式表达式中。在变量 v：EarningsPerShare 绑定一个事实之后，变量 v：NetIncomeLoss 的所有未覆盖的方面都应该与 v：EarningsPerShare 绑定事实的对应方面一一匹配，并根据匹配结果过滤绑定的事实
事实变量 v：NetIncomeLoss 的过滤结果：［fact（cas：NetIncomeLoss，period-2020，unit，'83,978,632.11'）］	按照隐式过滤，执行的过滤条件为日期匹配，仅有一个事实变量 v：NetIncomeLoss 的绑定事实与事实变量 v：EarningsPerShare 的第一个绑定事实相匹配，因此过滤结果仅有一个事实

（续表）

执行过程	解释
事实变量 v:EarningsPerShare 的隐式过滤器——时间过滤作用后，1 个事实通过过滤	变量 v:WeightedAverageCommonShares 与变量 v:EarningsPerShare 位于同一个公式表达式中。在变量 v:EarningsPerShare 绑定一个事实之后，变量 v:WeightedAverageCommonShares 的所有未覆盖的方面都应该与 v:EarningsPerShare 绑定事实的对应方面一一匹配，并根据匹配结果过滤绑定的事实
事实变量 v:WeightedAverageCommonShares 的过滤结果：[fact（cas:WeightedAverageCommonShares，period-2020，unit，'326,172,356.00'）]	按照隐式过滤，执行的过滤条件为日期匹配，仅有一个事实变量 v:WeightedAverageCommonShares 的绑定事实与事实变量 v:EarningsPerShare 的第一个绑定事实相匹配，因此过滤结果仅有一个事实
执行值断言（Value Assertion）表达式	现在所有 3 个隐式方面对应匹配的变量绑定事实都已经获取，执行该断言中的表达式“abs($EarningsPerShare-($NetIncomeLoss div $WeightedAverageCommonShares)) eq 0”
执行结果：True	
值断言的执行结果：2 个断言均满足	

（3）Formula 链接代码详述：表 9-13 给出了这个 Formula 的代码及其解释。

表 9-13　EPS 计算正确性检验规则的 Formula 代码

链接库代码	含义
<va:valueAssertion link:type="resource" xlink:label="assertion" id="Assertion_ComplexComputation_Computes_EarningsPerShare" aspectModel="dimensional" implicitFiltering="true" test="abs($v:EarningsPerShare-($v:NetIncomeLoss div $v:WeightedAverageCommonShares)) eq 0" />	值断言表达式，检验 EPS 实例值是否与其导出值相等
< variable:factVariable xlink:type="resource" xlink:label="EarningsPerShare" bindAsSequence="false"/>	为表达式中的变量 $v:EarningsPerShare 声明变量
< variable:factVariable xlink:type="resource" xlink:label="NetIncomeLoss" bindAsSequence="false"/>	同上，为表达式中的变量 $v:NetIncomeLoss 声明变量
< variable:factVariable xlink:type="resource" xlink:label="WeightedAverageCommonShares" bindAsSequence="false"/>	同上，为表达式中的变量 $v:WeightedAverageCommonShares 声明变量

（续表）

执 行 过 程	解 释
<variable:variableArc xlink:type="arc" xlink:arcrole="http://xbrl.org/arcrole/2008/variable-set" xlink:from="assertion" xlink:to="EarningsPerShare"order="1.0" name="v:EarningsPerShare"/>	从断言到变量 v:EarningsPerShare 的关系，其中 name 属性值给出了具体的元素名称
<variable:variableArc xlink:type="arc" xlink:arcrole="http://xbrl.org/arcrole/2008/variable-set" xlink:from = "assertion" xlink:to = "NetIncomeLoss" order="1.0" name="v:NetIncomeLoss"/>	同上，从断言到变量的关系，其中 name 属性值给出了具体的元素名称
<variable:variableArc xlink:type="arc" xlink:arcrole="http://xbrl.org/arcrole/2008/variable-set" xlink:from="assertion" xlink:to="WeightedAverageCommonShares" order="1.0" name="v:WeightedAverageCommonShares"/>	同上，从断言到变量的关系，其中 name 属性值给出了具体的元素名称
<cf:conceptName xlink:type="resource"xlink:label="EarningsPerShareFilter"> <cf:concept> <cf:qname> cas:EarningsPerShare </cf:qname> </cf:concept> </cf:conceptName>	使用概念名称过滤器为元素 cas:EarningsPerShare 获取绑定的事实
<cf:conceptName xlink:type="resource"xlink:label="NetIncomeLossFilter"> <cf:concept> <cf:qname> cas:NetIncomeLoss </cf:qname> </cf:concept> </cf:conceptName>	同上，使用概念名称过滤器为元素 cas:NetIncomeLoss 获取绑定的事实
<cf:conceptName xlink:type="resource"xlink:label="WeightedAverageCommonSharesFilter"> <cf:concept> <cf:qname> cas:WeightedAverageCommonShares </cf:qname> </cf:concept> </cf:conceptName>	同上，使用概念名称过滤器为元素 cas:WeightedAverageCommonShares 获取绑定的事实

(续表)

执 行 过 程	解 释
<variable:variableFilterArc xlink:type="arc" xlink:arcrole="http://xbrl.org/arcrole/2008/variable-filter" xlink:from="EarningsPerShare" xlink:to="EarningsPerShareFilter" complement="false" cover="true" order="1.0"/>	从事实变量 EarningsPerShare 到过滤器 EarningsPerShareFilter 的关系
<variable:variableFilterArc xlink:type="arc" xlink:arcrole="http://xbrl.org/arcrole/2008/variable-filter" xlink:from="NetIncomeLoss" xlink:to="NetIncomeLossFilter" complement="false" cover="true" order="1.0"/>	同上,从事实变量 NetIncomeLoss 到过滤器 NetIncomeLossFilter 的关系
<variable:variableFilterArc xlink:type="arc" xlink:arcrole="http://xbrl.org/arcrole/2008/variable-filter" xlink:from="WeightedAverageCommonShares" xlink:to="WeightedAverageCommonSharesFilter" complement="false" cover="true" order="1.0"/>	同上,从事实变量 WeightedAverageCommonShares 到过滤器 WeightedAverageCommonSharesFilter 的关系
<uf:generalMeasures xlink:type="resource" xlink:label="f_Unit" test="true()" />	通用单位过滤器:表达式 true()的返回值恒为 true
<variable:variableFilterArc xlink:type="arc" xlink:arcrole="http://xbrl.org/arcrole/2008/variable-filter" xlink:from="EarningsPerShare" xlink:to="f_Unit" order="1.0" complement="false" cover="true" />	从事实变量 v:EarningsPerShare 到通用单位过滤器的关系
<variable:variableFilterArc xlink:type="arc" xlink:arcrole="http://xbrl.org/arcrole/2008/variable-filter" xlink:from="NetIncomeLoss" xlink:to="f_Unit" order="1.0" complement="false" cover="true" />	从事实变量 v:NetIncomeLoss 到通用单位过滤器的关系
<variable:variableFilterArc xlink:type="arc" xlink:arcrole="http://xbrl.org/arcrole/2008/variable-filter" xlink:from="WeightedAverageCommonShares" xlink:to="f_Unit" order="1.0" complement="false" cover="true" />	从事实变量 v:WeightedAverageCommonShares 到通用单位过滤器的关系

3. 未分配利润调整正确性检验规则

由于会计分期的作用，可能发生对以前账户的调整。这种调整构成了一种会计中常见的信息结构模式——原型结构 14：调整。调整模式的意义在于解释初始余额与重述余额之间的关系，其中以调整额作为弥补两者之间的差异。从信息归集的角度讲，调整模式近似于一种由细节信息汇集为集合信息的信息结构模型。但是，在与调整模式相关的业务规则中，变化项目不是业务日期，而是报告日期。这些业务规则常常表示为这样一个计算公式，“初始报告余额＋调整量＝重述余额”。

1）案例说明

企业财务报告可能因会计政策变更或前期差错修正而发生调整，调整模式就是这种形式化模型建模。对于其他领域的类似变化，也可以采用调整模式。本案例描述了对留存收益（或累计损失）的调整，调整的目标是针对 2020 年的会计事实，结合前期调整，给出一个重述的 2020 年的会计事实。需要注意的是，调整前的事实和调整后的事实是基于同一时间上下文的、针对同一会计业务的事实（2020 年）。下面总结了一些与调整相关的原型结构的重要特征和机制：

（1）调整模式常常与其他案例相整合。以本案例为例，除具有调整模式的特征，还因为要给出报告、业务时间维度而具有原型案例 13：分组报告的特征。

（2）调整往往同时涉及资产负债表和损益表，因此也往往同时兼有资产负债表相关业务规则和损益表相关业务规则的角色。

（3）调整项目往往同时出现在不同的表格中，但这并不意味着这些项目可以有多个实例①。因此常常需要事实唯一性检验规则。

在 XBRL 软件中，可以通过这样的方法发现与调整相关的业务规则：即在同一时间点（段）上，两个相同概念的实例通过一个调整量进行调整，则可认定其为与调整相关的业务规则。

表 9-14 给出了一份具体的财务报告中具有账户调整内容的片段。

表 9-14　2021 年年报中某企业具有调整内容的所有者权益变动表（片段）

项目	本 期 金 额							
	实收资本（或股本）	资本公积	减：库存股	专项储备	盈余公积	一般风险准备	未分配利润	所有者权益合计
一、上年年末余额	326 172 356.00	1 279 143.00					−54 963 302.50	272 488 196.50

① 在实例文档中，该元素实例只能出现一次。在原始文档中，某信息出现多次，仅仅意味着这些信息“显示”了多次而已，其“本原”只有一个。

（续表）

项目	本期金额							
	实收资本（或股本）	资本公积	减:库存股	专项储备	盈余公积	一般风险准备	未分配利润	所有者权益合计
加:会计政策变更							25 000.00	
前期差错更正								
其他								
二、本年年初余额	326 172 356.00	1 279 143.00					−54 963 302.50	272 488 196.50

根据表 9-14 内容以及《企业会计准则》的对应要求，本书给出了以下这条未分配利润调整正确性检验规则，同时在表 9-14 中以下划线标注了业务规则执行的内容对象：

未分配利润调整正确性检验规则：企业财务报告中年初的未分配利润账户余额必须按照“上期年末未分配利润账户余额＋因会计政策变更而发生的调整额＋因前期差错变更而发生的调整额”这个表达式正确计算。

通过检索《企业会计准则通用分类标准》，其中描述归属于未分配利润的概念为“cas:RetainedEarnings AccumulatedLoss”，描述因前期差错而发生的调整额的概念为“cas:PriorPeriodAdjustment”，案例中没有因会计政策变更而发生的调整额实例，所以忽略此项影响。对应地，该业务规则就可以使用 Formula 链接库对应地表示为：表达式“ $v:VARIABLE_Restated =($v:VARIABLE_Original + $v:VARIABLE_Adjustment)”的返回值为 True①。其中 v:VARIABLE_Restated 为调整后的余额，v:VARIABLE_Original 为调整前的余额，v:VARIABLE_Adjustment 为调整额。这个表达式的含义是财务报告中未分配利润调整后的余额应该等于调整前的余额与调整额之和。

2）Formula 链接库实现

（1）结构与运行图：图 9-9 给出了实现上述业务规则的 Formula 链接的总体结构以及简单的运行说明。

（2）运行过程详述：表 9-15 给出了应用软件使用这个 Formula 进行未分配利润调整正确性检验的详细过程。

① 显然，这也是一个具有较高重用性的表达式。

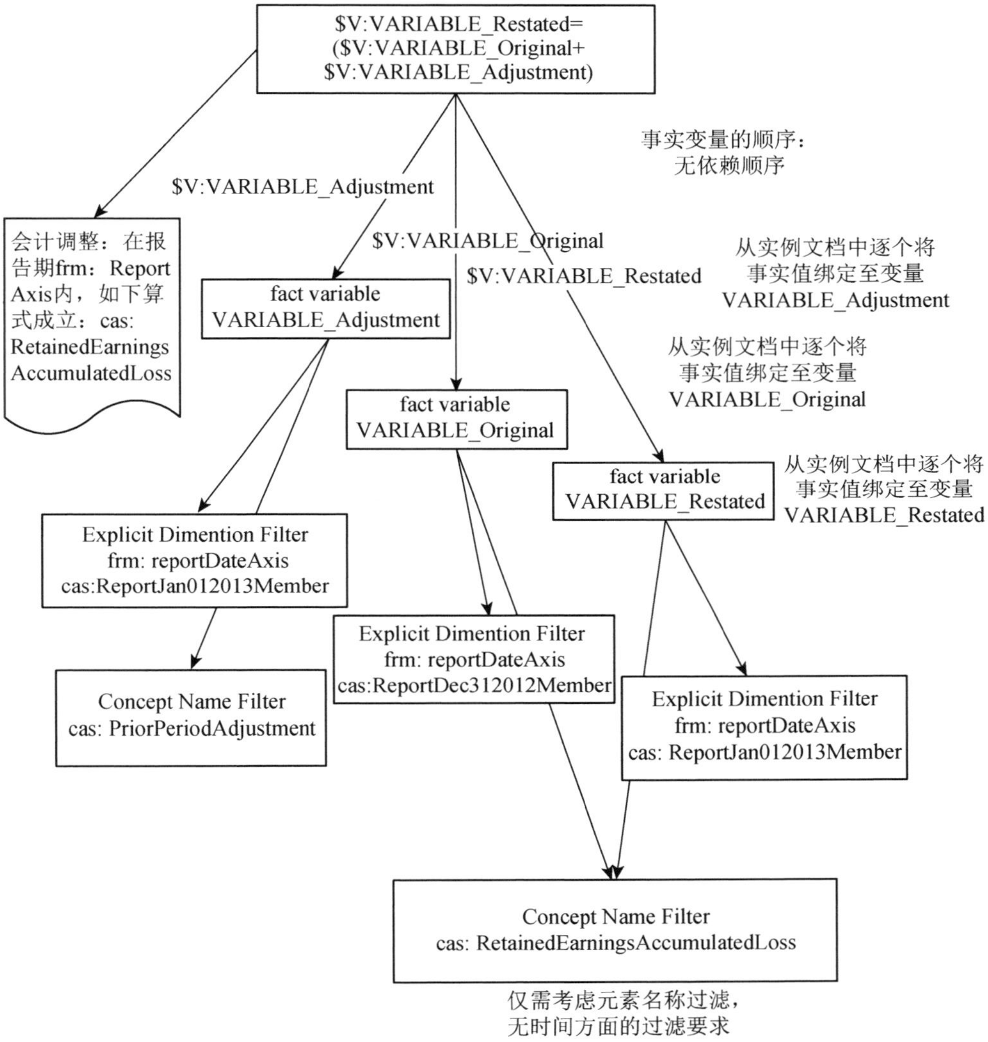

图 9-9　未分配利润调整正确性检验规则的 Formula 实现：结构及运行

表 9-15　未分配利润调整正确性检验规则的执行过程

执 行 过 程	解　　释
事实变量 v：VARIABLE_Adjustment 的过滤——初始备选事实查找：以一份实例文档中的全部 n 个事实开始	该断言的执行始于为变量 v：EarningsPerSharev：VARIABLE_Adjustment 查找备选的绑定事实。显然，一份实例文档中的所有事实都是备选绑定事实，假定其数量为 n

（续表）

执 行 过 程	解　　释
事实变量 v:VARIABLE_Adjustment 的过滤——显式维度过滤器(explicitDimension filter)作用:过滤条件为维度 frm:ReportDateAxis 及维度成员 cas:ReportedJan012021Member,2 个事实通过过滤	使用显式维度过滤器对全部备选事实进行过滤,可以发现仅有 2 个事实具有与过滤条件匹配的维度及成员值①,故仅有该事实通过过滤
事实变量 v:VARIABLE_Adjustment:过滤结果为[fact(cas:PriorPeriodAdjustment, period-2021, unit, '25,000'), fact(cas:RetainedEarningsAccumulatedLosses, period-2021, unit, '-54,963,302.50')]	将 2 个过滤得到的事实逐一绑定至变量 v:VARIABLE_Adjustment
事实变量 v:VARIABLE_Adjustment 的过滤——概念名称过滤器(conceptName filter)作用:过滤条件为元素名称 cas:PriorPeriodAdjustment,1 个事实通过过滤	概念名称过滤器的过滤作用
事实变量 v:VARIABLE_Adjustment:过滤结果为[fact(cas:PriorPeriodAdjustment, period-2021, unit, '25,000')]	这个过滤结果将绑定至变量 v:VARIABLE_Adjustment
事实变量 v:VARIABLE_Origional 的过滤——显式维度过滤器(explicitDimension filter)作用:过滤条件为维度 frm:ReportDateAxis 及维度成员 cas:ReportedDec312020Member,1 个事实通过过滤	使用显式维度过滤器对全部备选事实进行过滤,可以发现仅有 1 个事实具有与过滤条件匹配的维度及成员值,故仅有该事实通过过滤
事实变量 v:VARIABLE_Origional:过滤结果为[fact(cas:RetainedEarningsAccumulatedLosses, period-2020, unit, '-54,963,302.50')]	这个过滤结果将绑定至变量 v:VARIABLE_Origional
事实变量 v:VARIABLE_Restated 的过滤——显式维度过滤器(explicitDimension filter)作用:过滤条件为维度 frm:ReportDateAxis 及维度成员 cas:ReportedJan012021Member,1 个事实通过过滤。	使用显式维度过滤器对全部备选事实进行过滤,可以发现仅有 1 个事实具有与过滤条件匹配的维度及成员值,故仅有该事实通过过滤。
事实变量 v:VARIABLE_Restated:过滤结果为[fact(cas:RetainedEarningsAccumulatedLosses, period-2021, unit, '-54,963,302.50')]	这个过滤结果将绑定至变量 v:VARIABLE_Restated
事实变量 v:VARIABLE_Origional 的隐式过滤——其未覆盖方面与 v:VARIABLE_Adjustment 所绑定的唯一一个事实的对应方面相匹配:上述 v:VARIABLE_Origional 所绑定的事实通过过滤	使用隐式过滤对上述已获得的 1 个绑定事实进行过滤,可以发现这个 1 个事实能够通过过滤
事实变量 v:VARIABLE_Origional:过滤结果为[fact(cas:RetainedEarningsAccumulatedLosses, period-2020, unit, '-54,963,302.50')]	这个过滤结果将绑定至变量 v:VARIABLE_Origional

① 此处排除了无关元素,假定维度 frm:ReportDateAxis 上仅有 2 个成员 cas:ReportedJan012021Member 和 cas:ReportedDec312020Member;并假定成员 cas:ReportedJan012021Member 仅对应两个实例(调整后和调整额),成员 cas:ReportedDec312020Member 仅对应 1 个实例(调整前)。

（续表）

执 行 过 程	解　　释
事实变量 v:VARIABLE_Restated 的隐式过滤——其未覆盖方面与 v:VARIABLE_Adjustment 所绑定的唯一一个事实的对应方面相匹配：上述 v:VARIABLE_Restated 所绑定的事实通过过滤	使用隐式过滤对上述已获得的 1 个绑定事实进行过滤，可以发现这个 1 个事实能够通过过滤
事实变量 v:VARIABLE_Restated：过滤结果为 [fact（cas：RetainedEarningsAccumulatedLosses，period-2021，unit，'−54,963,302.50'）]	这个过滤结果将绑定至变量 v:VARIABLE_Restated
执行值断言（Value Assertion）表达式	现在所有 3 个变量所对应匹配的变量绑定事实都已经获取，执行该断言中的表达式"$v:VARIABLE_Restated ＝（$v:VARIABLE_Origional ＋ $v:VARIABLE_Adjustment）"
执行结果：False	
值断言的执行结果：仅有的一组匹配成功的事实所构成的断言不满足	

（3）Formula 链接代码详述：表 9-16 给出了这个 Formula 的代码及其解释。

表 9-16　未分配利润正确性检验规则的 Formula 代码

链 接 库 代 码	含　　义
<va:valueAssertion xlink:type="resource" xlink:label="assertion" id="Assertion_Adjustment_Reconciles_RetainedEarningsAccumulatedLosses" aspectModel="dimensional" implicitFiltering="true" test="$v:VARIABLE_Restated = ($v:VARIABLE_Origional + $v:VARIABLE_Adjustment)" />	值断言表达式，检验未分配利润调整后的余额是否等于调整前的余额与调整额之和
<variable:factVariable xlink:type="resource" xlink:label="VARIABLE_Adjustment" bindAsSequence="false" />	为表达式中的变量 $v:VARIABLE_Adjustment 声明变量
<variable:factVariable xlink:type="resource" xlink:label="VARIABLE_Origional" bindAsSequence="false" />	同上，为表达式中的变量 $v:VARIABLE_Origional 声明变量
<variable:factVariable xlink:type="resource" xlink:label="VARIABLE_Restated" bindAsSequence="false" />	同上，为表达式中的变量 $v:VARIABLE_Restated 声明变量
<variable:variableArc xlink:type="arc" xlink:arcrole="http://xbrl.org/arcrole/2008/variable-set" xlink:from="assertion" xlink:to="VARIABLE_Adjustment" order="1.0" name="v:VARIABLE_Adjustment"/>	从断言到变量 v:VARIABLE_Adjustment 的关系，其中 name 属性值给出了具体的元素名称

（续表）

链接库代码	含　义
<variable:variableArc xlink:type="arc" xlink:arcrole="http://xbrl.org/arcrole/2008/variable-set" xlink:from="assertion" xlink:to="VARIABLE_Origional" order="2.0" name="v:VARIABLE_Origional"/>	同上，从断言到变量的关系，其中 name 属性值给出了具体的元素名称
<variable:variableArc xlink:type="arc" xlink:arcrole="http://xbrl.org/arcrole/2008/variable-set" xlink:from="assertion" xlink:to="VARIABLE_Restated" order="3.0" name="v:VARIABLE_Restated"/>	同上，从断言到变量的关系，其中 name 属性值给出了具体的元素名称
<df:explicitDimension xlink:type="resource" xlink:label="FILTER_Adjustment"> <df:dimension> <df:qname>frm:ReportDateAxis</df:qname> </df:dimension> <df:member> <df:qname>cas:ReportedJan012021Member</df:qname> </df:member> </df:explicitDimension>	针对调整额的显式维度过滤器：仅在报告日期轴上的调整额参与过滤（这意味着还存在着其他轴，如业务轴）；另外，还进一步给出了更细节的过滤条件，即 2021 年 1 月 1 日这个报告期间的起点。需要注意的是，尽管这个时点与绑定事实的时间上下文相同，但它的含义并不是时间上下文。即它是报告发生的时间，而不是具体业务发生的时间
<df:explicitDimension xlink:type="resource" xlink:label="VARIABLE_Origional"> <df:dimension> <df:qname>frm:ReportDateAxis</df:qname> </df:dimension> <df:member> <df:qname>cas:ReportedDec312020Member</df:qname> </df:member> </df:explicitDimension>	同上，给出了调整前的显式维度过滤器：过滤条件为报告日期轴和报告日期成员
<df:explicitDimension xlink:type="resource" xlink:label="VARIABLE_Restated"> <df:dimension> <df:qname>frm:ReportDateAxis</df:qname> </df:dimension> <df:member> <df:qname>cas:ReportedJan012021Member</df:qname> </df:member> </df:explicitDimension>	同上，给出了调整后的显式维度过滤器：过滤条件为报告日期轴和报告日期成员

（续表）

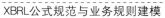

链接库代码	含　义
<variable:variableFilterArc xlink:type="arc" xlink:arcrole="http://xbrl. org/arcrole/2008/variable-filter" xlink:from="VARIABLE_Adjustment" xlink:to="FILTER_Adjustment" order="1. 0" complement="false" cover="true" />	从变量到显式维度过滤器的关系
<variable:variableFilterArc xlink:type="arc" xlink:arcrole="http://xbrl. org/arcrole/2008/variable-filter" xlink:from="VARIABLE_Origional" xlink:to="FILTER_Origional" order="2. 0" complement="false" cover="true" />	同上，从变量到显式维度过滤器的关系
<variable:variableFilterArc xlink:type="arc" xlink:arcrole="http://xbrl. org/arcrole/2008/variable-filter" xlink:from="VARIABLE_Restated" xlink:to="FILTER_Restated" order="3. 0" complement="false" cover="true" />	同上，从变量到显式维度过滤器的关系
<cf:conceptName xlink:type="resource"xlink:label = " FILTER _ CONCEPT _ RestatementAndOrigional"> <cf:concept> <cf:qname> cas:RetainedEarningsAccumulatedLosses </cf:qname> </cf:concept> </cf:conceptName>	使用概念名称过滤器为元素 cas:RetainedEarningsAccumulatedLosses 获取绑定的事实，注意调整前和调整后的事实都基于统一概念
<cf:conceptName xlink:type="resource"xlink:label="FILTER_CONCEPT_Adjustment"> <cf:concept> <cf:qname> cas:PriorPeriodAdjustments </cf:qname> </cf:concept> </cf:conceptName>	同上，使用概念名称过滤器为元素 cas:PriorPeriodAdjustments 获取绑定的事实
<variable:variableFilterArc xlink:type="arc" xlink:arcrole="http://xbrl. org/arcrole/2008/variable-filter" xlink:from="VARIABLE_ Adjustment " xlink:to="FILTER_CONCEPT_Adjustment" complement = " false " cover = " true " order = "1. 0"/>	从事实变量到概念名称过滤器的关系

（续表）

链接库代码	含　义
<variable:variableFilterArc xlink:type="arc" xlink:arcrole="http://xbrl.org/arcrole/2008/variable-filter" xlink:from="VARIABLE_Origional" xlink:to="FILTER_CONCEPT_RestatementAndOrigional" complement="false" cover="true" order="2.0"/>	同上，从事实变量到概念名称过滤器的关系
<variable:variableFilterArc xlink:type="arc" xlink:arcrole="http://xbrl.org/arcrole/2008/variable-filter" xlink:from="VARIABLE_Restated" xlink:to="FILTER_CONCEPT_RestatementAndOrigional" complement="false" cover="true" order="3.0"/>	同上，从事实变量到概念名称过滤器的关系

4. 非财务报告——多维关系正确性检验规则

就业务规则的模式而言，本例——非财务信息领域的业务规则——没有区别于财务报告的新内容。这说明了业务规则和原型结构的普适性，即不但能够支持财务信息的建模，还能够支持多种非财务信息的建模。

1）案例说明

从结构角度，本例可以视为多种原型结构的组合，其基础结构包括原型结构1：概念的层次组织形式、原型结构2：计算关系等。本例的目的说明XBRL同样适于非财务信息的建模。在使用XBRL对这些信息建模时，无需额外机制。从总体上，只要是文字和数字信息，XBRL都能够对之进行良好的建模，无论是否财务信息或非财务信息。此类案例的重要特征和机制包括：

（1）在本案例中，财务信息和非财务信息的建模没有本质区别。这两者都是应用于特定业务领域—（财务报告）—中的数字和文本的模型。

（2）在审视这个案例以及类似案例时，用户应该忽略具体的文本内容，而专注于模式和关系语义，这才是业务规则建模的本质。

本案例给出了一个2021年某高校经管学科获得国家自然科学基金资助的总结，如表9-17所示。在这个表格中，横向是国家自然科学基金的类别，纵向是该校与经管学科相关的学科类别。纵向内容既反映了层次结构，又反映了计算关系。

表 9-17　2021 年某高校经管学科获得国家自然科学基金资助金额(片段)

单位:万元

学科	青年项目	面上项目	重点项目	重大项目
经济学科	36	131	200	
管理学科	276	491	280	800
经管学科	312	622	480	900

表 9-17 是一个典型的多维表结构,图 9-10 给出了表 9-17 所包含的信息的 XBRL 概念及维度模型。

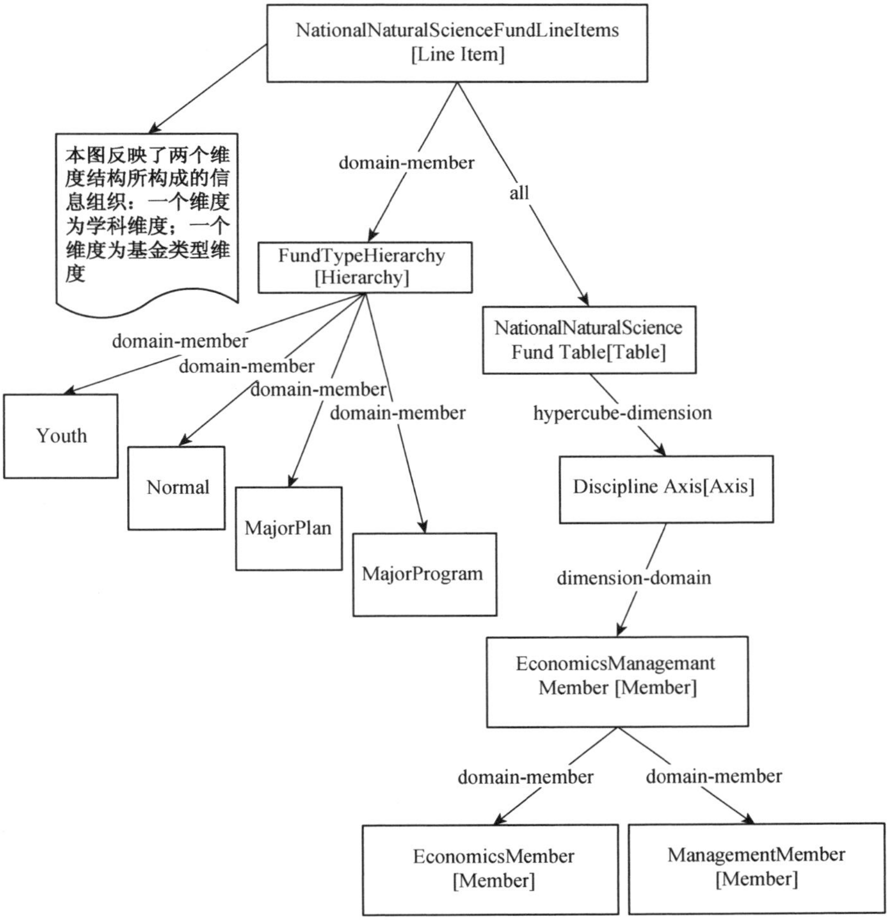

图 9-10　国家自然科学基金资助信息的维度结构①

① 这里为篇幅计,箭头中的关系角色(arcrole)均以缩略方式标出。例如,关系角色为 http://xbrl.org/int/dim/arcrole/domain-member,则只标出 domain-member。

根据上述内容,本书设计了多维关系正确性检验规则:在每个基金类型维度上,经济学科和管理学科的基金总和都应该等于经管学科的基金。

本书按照一个自定义的分类标准和实例文档,定义单个子学科基金的变量为"v:VARIABLE_Each",高一级学科基金的变量为"v:VARIABLE_Total"。对应地,该业务规则就可以使用 Formula 链接库对应地表示为:表达式"$v:VARIABLE_Total = sum($v:VARIABLE_Each)"的返回值为 True①。其中 v:VARIABLE_Total 指代四个基金类型维度上的经管学科基金合计,v:VARIABLE_Each 指代四个基金类型维度上的经济学科和管理学科。

2) Formula 链接库实现

(1) 结构与运行图:图 9-11(a)、(b)、(c)、(d)分别给出了对应所有基金类型的实现上述业务规则的 Formula 链接的总体结构以及简单的运行说明。可见,除概念名称过滤器,其余元素及关系都相同。

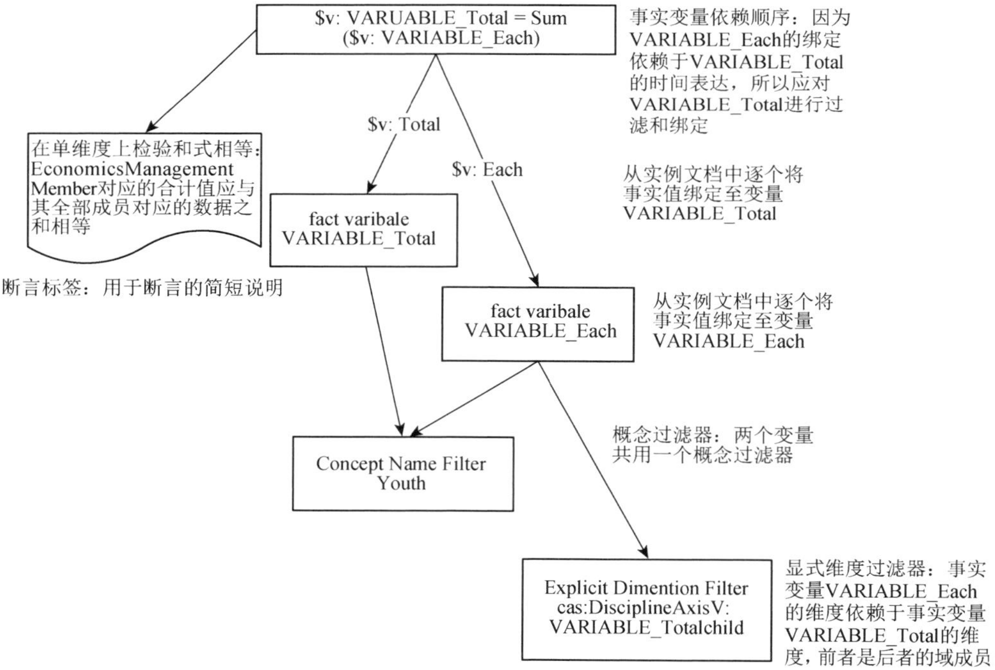

图 9-11(a) 青年项目正确性检验规则的 Formula 实现:结构及运行

① 显然,这也是一个具有较高重用性的表达式。

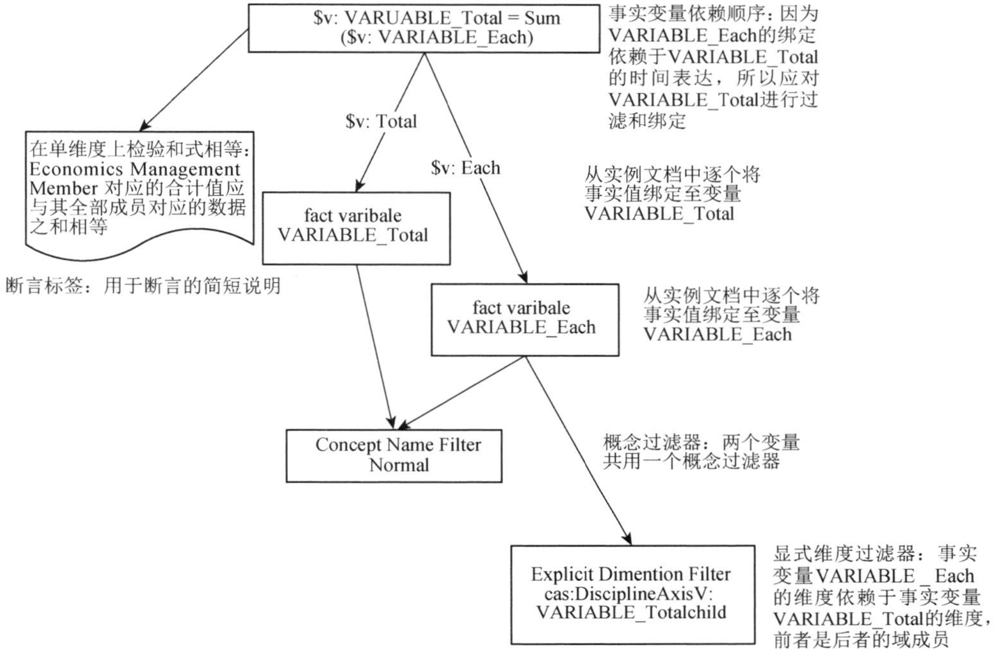

图 9-11(b)　面上项目正确性检验规则的 Formula 实现:结构及运行

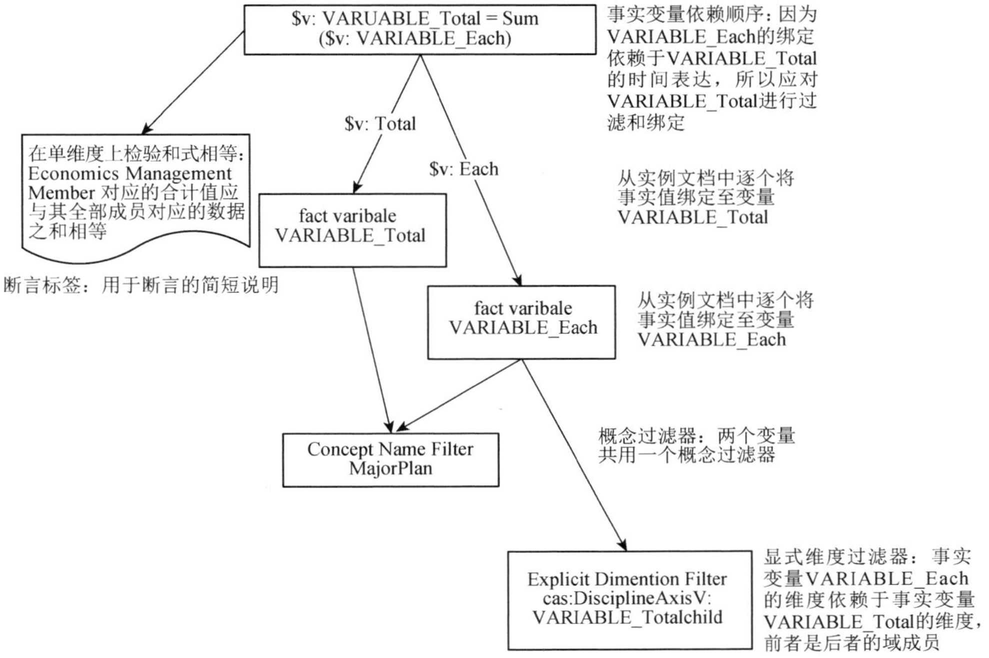

图 9-11(c)　重点项目正确性检验规则的 Formula 实现:结构及运行

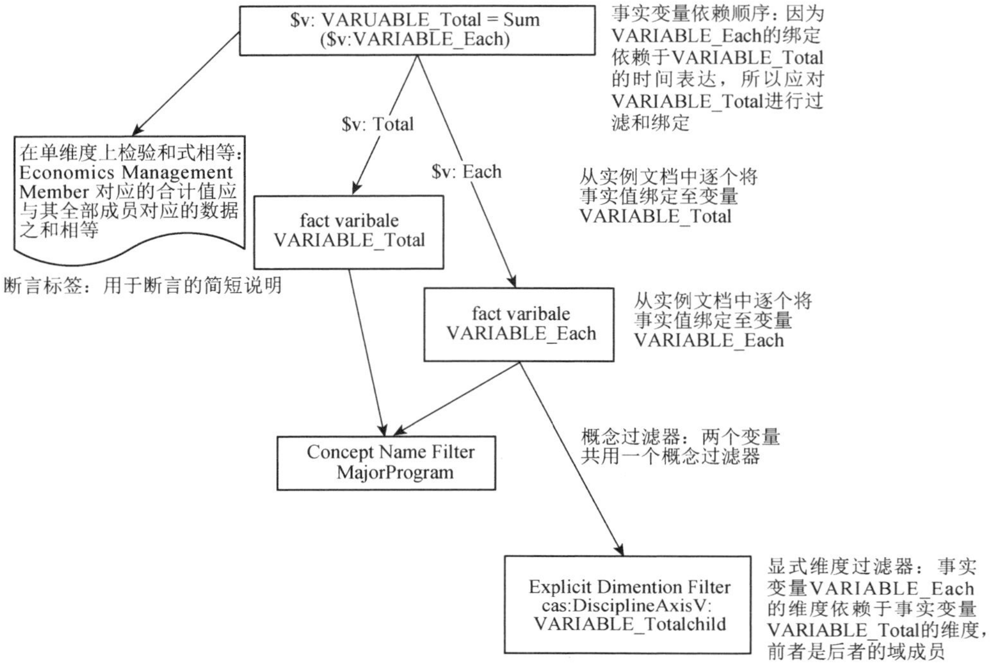

图 9-11(d) 重大项目正确性检验规则的 Formula 实现:结构及运行

(2) 运行过程详述:表 9-18 给出了应用软件使用这个 Formula 进行非财务报告维度关系正确性检验的详细过程。

表 9-18 非财务报告维度关系正确性检验规则的执行过程

执 行 过 程	解 释
第 1 个类型维度成员:Youth	
事实变量 v:VARIABLE_Total 的过滤——初始备选事实查找:以一份实例文档中的全部 n 个事实开始	该断言的执行始于为变量 v:VARIABLE_Total 查找备选的绑定事实。显然,一份实例文档中的所有事实都是备选绑定事实,假定其数量为 n
事实变量 v:VARIABLE_Total 的过滤——概念名称过滤器(conceptName filter)作用:3 个事实通过过滤	使用概念名称过滤器对全部备选事实进行过滤,可以发现仅有 3 个事实具有与过滤条件匹配的限定名 cas:Youth,故仅有这 3 个事实通过过滤
事实变量 v:VARIABLE_Total:过滤结果为[fact(cas:Youth, period-2021, unit, '36'), fact(cas:Youth, period-2021, unit, '276'), fact(cas:Youth, period-2021, unit, '312')]	3 个过滤结果将逐一绑定至变量 v:VARIABLE_Total
事实变量 v:VARIABLE_Total: 绑定值 fact(cas:Youth, period-2021, unit, '36')	首先,3 个事实数据项中的第 1 个被绑定至变量 v:VARIABLE_Total

（续表）

执 行 过 程	解　　释
事实变量 v:VARIABLE_Each 的过滤——初始备选事实查找：以一份实例文档中的全部 n 个事实开始	该断言的执行始于为变量 v:VARIABLE_Each 查找备选的绑定事实。显然，一份实例文档中的所有事实都是备选绑定事实，假定其数量为 n
事实变量 v:VARIABLE_Each 的过滤——概念名称过滤器(conceptName filter)作用：3 个事实通过过滤	使用概念名称过滤器对全部备选事实进行过滤，可以发现仅有 3 个事实具有与过滤条件匹配的限定名 cas:Youth，故仅有这 3 个事实通过过滤
事实变量 v:VARIABLE_Each 的显式维度过滤器——无事实通过过滤	当事实变量 v:VARIABLE_Total 绑定事实 fact(cas:Youth, period-2021, unit, '36')时，其在基金类型维度上对应成员 EconomicsMember(经济学科)。显然，没有一个类型维度的成员能够与 EconomicsMember 构成 domain-member 关系。所以，没有事实能够通过过滤，绑定失败
事实变量 v:VARIABLE_Total：绑定值 fact(cas:Youth, period-2021, unit, '276')	3 个事实数据项中的第 2 个被绑定至变量 v:VARIABLE_Total
事实变量 v:VARIABLE_Each 的显式维度过滤器——无事实通过过滤	当事实变量 v:VARIABLE_Total 绑定事实 fact(cas:Youth, period-2021, unit, '276')时，其在基金类型维度上对应成员 ManagementMember(管理学科)。显然，仍然没有一个类型维度的成员能够与 ManagementMember 构成 domain-member 关系。所以，没有事实能够通过过滤，绑定失败
事实变量 v:VARIABLE_Total：绑定值 fact(cas:Youth, period-2021, unit, '312')	3 个事实数据项中的第 3 个被绑定至变量 v:VARIABLE_Total
事实变量 v:VARIABLE_Each 的显式维度过滤器——2 个事实通过过滤	当事实变量 v:VARIABLE_Total 绑定事实 fact(cas:Youth, period-2021, unit, '312')时，其在基金类型维度上对应成员 EconomicsManagementMember(经管学科)。此时，EconomicsMember 和 ManagementMember 都能够与 EconomicsManagementMember 构成 domain-member 关系。所以，2 个事实通过过滤
事实变量 v:VARIABLE_Each：绑定值 fact(cas:Youth, period-2021, unit, '36'), fact(cas:Youth, period-2021, unit, '276')	事实变量 v:VARIABLE_Each 的绑定结果
事实变量 v:VARIABLE_Total 绑定的 1 个事实和事实变量 v:VARIABLE_Each 绑定的 2 个事实均参与计算	注意到 v:VARIABLE_Total 在变量定义时 bindAsSequence 属性值为 false，这意味着 v:VARIABLE_Total 只能以单个值参与计算；而 v:VARIABLE_Each 在变量定义时 bindAsSequence 属性值为 true，这意味着 v:VARIABLE_Each 必须以全部绑定的事实参与计算
执行值断言(Value Assertion)表达式	现在所有匹配变量绑定事实都已经获取，执行该断言中的表达式"$v:VARUABLE_Total = Sum($v:VARIABLE_Each)"

（续表）

执行过程	解释
执行结果：True	
第 2 个类型维度成员：Normal	
事实变量 v：VARIABLE_Total 的过滤——初始备选事实查找：以一份实例文档中的全部 n 个事实开始	该断言的执行始于为变量 v：VARIABLE_Total 查找备选的绑定事实。显然，一份实例文档中的所有事实都是备选绑定事实，假定其数量为 n
事实变量 v：VARIABLE_Total 的过滤——概念名称过滤器（conceptName filter）作用：3 个事实通过过滤	使用概念名称过滤器对全部备选事实进行过滤，可以发现仅有 3 个事实具有与过滤条件匹配的限定名 cas：Normal，故仅有这 3 个事实通过过滤
事实变量 v：VARIABLE_Total：过滤结果为 [fact(cas：Normal，period-2021，unit，'131')， fact(cas：Normal，period-2021，unit，'491')， fact(cas：Youth，period-2021，unit，'622')]	3 个过滤结果将逐一绑定至变量 v：V ARIABLE_Total
事实变量 v：VARIABLE_Total：绑定值 fact(cas：Normal，period-2021，unit，'131')	首先，3 个事实数据项中的第 1 个被绑定至变量 v：VARIABLE_Total
事实变量 v：VARIABLE_Each 的过滤——初始备选事实查找：以一份实例文档中的全部 n 个事实开始	该断言的执行始于为变量 v：VARIABLE_Each 查找备选的绑定事实。显然，一份实例文档中的所有事实都是备选绑定事实，假定其数量为 n
事实变量 v：VARIABLE_Each 的过滤——概念名称过滤器（conceptName filter）作用：3 个事实通过过滤	使用概念名称过滤器对全部备选事实进行过滤，可以发现仅有 3 个事实具有与过滤条件匹配的限定名 cas：Normal，故仅有这 3 个事实通过过滤
事实变量 v：VARIABLE_Each 的显式维度过滤器——无事实通过过滤	当事实变量 v：VARIABLE_Total 绑定事实 fact(cas：Normal，period-2021，unit，'131')时，其在基金类型维度上对应成员 EconomicsMember（经济学科）。显然，没有一个类型维度的成员能够与 EconomicsMember 构成 domain-member 关系。所以，没有事实能够通过过滤，绑定失败
事实变量 v：VARIABLE_Total：绑定值 fact(cas：Normal，period-2021，unit，'491')	3 个事实数据项中的第 2 个被绑定至变量 v：VARIABLE_Total
事实变量 v：VARIABLE_Each 的显式维度过滤器——无事实通过过滤	当事实变量 v：VARIABLE_Total 绑定事实 fact(cas：Normal，period-2021，unit，'491')时，其在基金类型维度上对应成员 ManagementMember（管理学科）。显然，仍然没有一个类型维度的成员能够与 ManagementMember 构成 domain-member 关系。所以，没有事实能够通过过滤，绑定失败
事实变量 v：VARIABLE_Total：绑定值 fact(cas：Normal，period-2021，unit，'622')	3 个事实数据项中的第 3 个被绑定至变量 v：VARIABLE_Total

（续表）

执 行 过 程	解　　释
事实变量 v：VARIABLE_Each 的显式维度过滤器——2 个事实通过过滤	当事实变量 v：VARIABLE_Total 绑定事实 fact(cas:Normal，period-2021，unit，'622')时，其在基金类型维度上对应成员 EconomicsManagementMember(经管学科)。此时，EconomicsMember 和 ManagementMember 都能够与 EconomicsManagementMember 构成 domain-member 关系。所以，2 个事实通过过滤
事实变量 v：VARIABLE_Each：绑定值 fact(cas:Normal，period-2021，unit，'131')，fact(cas:Normal，period-2021，unit，'491')	事实变量 v：VARIABLE_Each 的绑定结果
事实变量 v：VARIABLE_Total 绑定的 1 个事实和事实变量 v：VARIABLE_Each 绑定的 2 个事实均参与计算	注意到 v：VARIABLE_Total 在变量定义时 bindAsSequence 属性值为 false，这意味着 v：VARIABLE_Total 只能以单个值参与计算；而 v：VARIABLE_Each 在变量定义时 bindAsSequence 属性值为 true，这意味着 v：VARIABLE_Each 必须以全部绑定的事实参与计算
执行值断言(Value Assertion)表达式	现在所有匹配变量绑定事实都已经获取，执行该断言中的表达式“$v：VARUABLE_Total = Sum($v：VARIABLE_Each)”
执行结果：True	
第 3 个类型维度成员：MajorPlan	
事实变量 v：VARIABLE_Total 的过滤——初始备选事实查找：以一份实例文档中的全部 n 个事实开始	该断言的执行始于为变量 v：VARIABLE_Total 查找备选的绑定事实。显然，一份实例文档中的所有事实都是备选绑定事实，假定其数量为 n
事实变量 v：VARIABLE_Total 的过滤——概念名称过滤器(conceptName filter)作用：3 个事实通过过滤	使用概念名称过滤器对全部备选事实进行过滤，可以发现仅有 3 个事实具有与过滤条件匹配的限定名 cas：Youth，故仅有这 3 个事实通过过滤
事实变量 v：VARIABLE_Total：过滤结果为[fact(cas:MajorPlan，period-2021，unit，'200')，fact(cas:MajorPlan，period-2021，unit，'280')，fact(cas:MajorPlan，period-2021，unit，'480')]	3 个过滤结果将逐一绑定至变量 v：VARIABLE_Total
事实变量 v：VARIABLE_Total：绑定值 fact(cas:MajorPlan，period-2021，unit，'200')	首先，3 个事实数据项中的第 1 个被绑定至变量 v：VARIABLE_Total
事实变量 v：VARIABLE_Each 的过滤——初始备选事实查找：以一份实例文档中的全部 n 个事实开始	该断言的执行始于为变量 v：VARIABLE_Each 查找备选的绑定事实。显然，一份实例文档中的所有事实都是备选绑定事实，假定其数量为 n
事实变量 v：VARIABLE_Each 的过滤——概念名称过滤器(conceptName filter)作用：3 个事实通过过滤	使用概念名称过滤器对全部备选事实进行过滤，可以发现仅有 3 个事实具有与过滤条件匹配的限定名 cas：MajorPlan，故仅有这 3 个事实通过过滤

（续表）

执 行 过 程	解 释
事实变量 v:VARIABLE_Each 的显式维度过滤器——无事实通过过滤	当事实变量 v:VARIABLE_Total 绑定事实 fact(cas:MajorPlan, period-2021, unit, '200')时,其在基金类型维度上对应成员 EconomicsMember(经济学科)。显然,没有一个类型维度的成员能够与 EconomicsMember 构成 domain-member 关系。所以,没有事实能够通过过滤,绑定失败
事实变量 v:VARIABLE_Total: 绑定值 fact(cas:MajorPlan, period-2021, unit, '280')	3 个事实数据项中的第 2 个被绑定至变量 v:VARIABLE_Total
事实变量 v:VARIABLE_Each 的显式维度过滤器——无事实通过过滤	当事实变量 v:VARIABLE_Total 绑定事实 fact(cas:MajorPlan, period-2021, unit, '280')时,其在基金类型维度上对应成员 ManagementMember(管理学科)。显然,仍然没有一个类型维度的成员能够与 ManagementMember 构成 domain-member 关系。所以,没有事实能够通过过滤,绑定失败
事实变量 v:VARIABLE_Total: 绑定值 fact(cas:MajorPlan, period-2021, unit, '480')	3 个事实数据项中的第 3 个被绑定至变量 v:VARIABLE_Total
事实变量 v:VARIABLE_Each 的显式维度过滤器——2 个事实通过过滤	当事实变量 v:VARIABLE_Total 绑定事实 fact(cas:MajorPlan, period-2021, unit, '480')时,其在基金类型维度上对应成员 EconomicsManagementMember(经管学科)。此时,EconomicsMember 和 ManagementMember 都能够与 EconomicsManagementMember 构成 domain-member 关系。所以,2 个事实通过过滤
事实变量 v:VARIABLE_Each: 绑定值 fact(cas:MajorPlan, period-2021, unit, '200'),fact(cas:MajorPlan, period-2021, unit, '280')	事实变量 v:VARIABLE_Each 的绑定结果
事实变量 v:VARIABLE_Total 绑定的 1 个事实和事实变量 v:VARIABLE_Each 绑定的 2 个事实均参与计算	注意到 v:VARIABLE_Total 在变量定义时 bindAsSequence 属性值为 false,这意味着 v:VARIABLE_Total 只能以单个值参与计算;而 v:VARIABLE_Each 在变量定义时 bindAsSequence 属性值为 true,这意味着 v:VARIABLE_Each 必须以全部绑定的事实参与计算
执行值断言(Value Assertion)表达式	现在所有匹配变量绑定事实都已经获取,执行该断言中的表达式"$v:VARUABLE_Total = Sum($v:VARIABLE_Each)"
执行结果: True	
第 4 个类型维度成员:MajorProgram	
事实变量 v:VARIABLE_Total 的过滤——初始备选事实查找:以一份实例文档中的全部 n 个事实开始	该断言的执行始于为变量 v:VARIABLE_Total 查找备选的绑定事实。显然,一份实例文档中的所有事实都是备选绑定事实,假定其数量为 n

（续表）

执 行 过 程	解　　释
事实变量 v:VARIABLE_Total 的过滤——概念名称过滤器（conceptName filter）作用：2 个事实通过过滤	使用概念名称过滤器对全部备选事实进行过滤，可以发现仅有 2 个事实具有与过滤条件匹配的限定名 cas:Youth，故仅有这 2 个事实通过过滤
事实变量 v:VARIABLE_Total：过滤结果为[fact（cas: MajorProgram，period-2021，unit，'800'），fact（cas:MajorProgram，period-2021，unit，'900'）]	2 个过滤结果将逐一绑定至变量 v:VARIABLE_Total
事实变量 v:VARIABLE_Total：绑定值 fact（cas:MajorProgram，period-2021，unit，'800'）	首先，2 个事实数据项中的第 1 个被绑定至变量 v:VARIABLE_Total
事实变量 v:VARIABLE_Each 的过滤——初始备选事实查找：以一份实例文档中的全部 n 个事实开始	该断言的执行始于为变量 v:VARIABLE_Each 查找备选的绑定事实。显然，一份实例文档中的所有事实都是备选绑定事实，假定其数量为 n
事实变量 v:VARIABLE_Each 的过滤——概念名称过滤器（conceptName filter）作用：2 个事实通过过滤	使用概念名称过滤器对全部备选事实进行过滤，可以发现仅有 2 个事实具有与过滤条件匹配的限定名 cas:MajorProgram，故仅有这 2 个事实通过过滤
事实变量 v:VARIABLE_Each 的显式维度过滤器——无事实通过过滤	当事实变量 v:VARIABLE_Total 绑定事实 fact（cas:MajorProgram，period-2021，unit，'800'）时，其在基金类型维度上对应成员 ManagementMember（管理学科）。显然，没有一个类型维度的成员能够与 EconomicsMember 构成 domain-member 关系。所以，没有事实能够通过过滤，绑定失败
事实变量 v:VARIABLE_Total：绑定值 fact（cas:MajorProgram，period-2021，unit，'900'）	2 个事实数据项中的第 2 个被绑定至变量 v:VARIABLE_Total
事实变量 v:VARIABLE_Each 的显式维度过滤器——2 个事实通过过滤	当事实变量 v:VARIABLE_Total 绑定事实 fact（cas:MajorProgram，period-2021，unit，'900'）时，其在基金类型维度上对应成员 EconomicsManagementMember（经管学科）。此时，EconomicsMember 和 ManagementMember 都能够与 EconomicsManagementMember 构成 domain-member 关系。但是，本例中 EconomicsMember 成员对应事实为空。所以，1 个事实通过过滤
事实变量 v:VARIABLE_Each：绑定值 fact（cas:EconomicsMember，period-2021，unit，'800'）	事实变量 v:VARIABLE_Each 的绑定结果
事实变量 v:VARIABLE_Total 绑定的 1 个事实和事实变量 v:VARIABLE_Each 绑定的 1 个事实均参与计算	注意到 v:VARIABLE_Total 在变量定义时 bindAsSequence 属性值为 false，这意味着 v:VARIABLE_Total 只能以单个值参与计算；而 v:VARIABLE_Each 在变量定义时 bindAsSequence 属性值为 true，这意味着 v:VARIABLE_Each 必须以全部绑定的事实参与计算，但是，此时 v:VARIABLE_Each 仅绑定了 1 个事实，因此该事实实际上作为一个序列的全部事实参与计算

（续表）

执 行 过 程	解　　释
执行值断言(Value Assertion)表达式	现在所有匹配变量绑定事实都已经获取，执行该断言中的表达式“$v: VARUABLE_Total = Sum($v:VARIABLE_Each)”
执行结果：False	
值断言的执行结果：3组匹配成功的事实所构成的断言满足，1组组匹配成功的事实所构成的断言不满足	

（3）Formula链接代码详述：表9-19给出了这个Formula的代码及其解释。

表9-19　非财务报告维度关系正确性检验规则的Formula代码

链接库代码	含　　义
第1个类型维度成员：Youth	
<va:valueAssertion link:label='ASSERTION' link:type='resource' spectModel='dimensional' mplicitFiltering='true' id='Assertion_MemberAggregation' test='$v:VARIABLE_Total = um($v:VARIABLE_Each)'/>	值断言表达式，检验低层次维度各成员对应事实数额之和是否与高层次对应事实数额相等
<variable:factVariable xlink:type="resource" xlink:label="VARIABLE_Total" bindAsSequence="false" />	为表达式中的变量$v: VARIABLE_Total声明变量
<variable:factVariable xlink:type="resource" xlink:label="VARIABLE_Each" bindAsSequence="true" />	同上，为表达式中的变量$v:VARIABLE_Each声明变量。注意其bindAsSequence属性值为true，这意味着变量参与计算时是以绑定的全部实例参与计算的
<variable:variableArc xlink:type="arc" xlink:arcrole="http://xbrl.org/arcrole/2008/variable-set" xlink:from="assertion" xlink:to="v:VARIABLE_Total" order="1.0" name="v:VARIABLE_Total"/>	从断言到变量v: VARIABLE_Total的关系，其中name属性值给出了具体的元素名称
<variable:variableArc xlink:type="arc" xlink:arcrole="http://xbrl.org/arcrole/2008/variable-set" xlink:from="assertion" xlink:to="VARIABLE_Each" order="2.0" name="v:VARIABLE_Each"/>	同上，从断言到变量的关系，其中name属性值给出了具体的元素名称

（续表）

链接库代码	含　义
<cf:conceptName xlink:type="resource"xlink:label="FILTER_CONCEPT"> <cf:concept> <cf:qname> cas:Youth </cf:qname> </cf:concept> </cf:conceptName>	使用概念名称过滤器为元素 cas:Youth 获取绑定的事实，注意两个变量使用相同的概念名称过滤器
<variable:variableFilterArc xlink:type="arc" xlink:arcrole="http://xbrl.org/arcrole/2008/variable-filter" xlink:from="VARIABLE_ Total" xlink:to="FILTER_CONCEPT " complement = " false " cover = " true " order = "1.0"/>	从事实变量到概念名称过滤器的关系
<variable:variableFilterArc xlink:type="arc" xlink:arcrole="http://xbrl.org/arcrole/2008/variable-filter" xlink:from="VARIABLE_ Each" xlink:to="FILTER_CONCEPT" complement = " false " cover = " true " order = "1.0"/>	从事实变量到概念名称过滤器的关系
<df:explicitDimension xlink:type="resource" xlink:label="FILTER_DIMENSION"> <df:dimension> <df:qname>frm:DisciplineAxis</df:qname> </df:dimension> <df:member> <df:variable>v:VARIABLE_Total</df:variable> <df:linkrole>http://www.xbrlsite.com/DigitalFinancialReporting/BusinessUseCase/NonFinancialInformation/NaturalFund</df:linkrole> <df:arcrole>http://xbrl.org/int/dim/arcrole/domain-member</df:arcrole> <df:axis>child</df:axis> </df:member> </df:explicitDimension>	仅针对低层次维度成员设置了显式维度过滤器：通过直接约束低层次维度成员而达到了同时过滤低层次维度成员和高层次维度成员对应的事实，这是一种非常巧妙的做法

（续表）

链接库代码	含　义
< variable: variableFilterArc xlink: type = " arc " xlink:arcrole="http://xbrl. org/arcrole/2008/variable-filter" xlink:from="VARIABLE_Each" xlink:to="FILTER_DIMENSION" order="1. 0" complement="false" cover="true" />	从变量到显式维度过滤器的关系
第 2 个类型维度成员：Normal	
<va:valueAssertion link:label='ASSERTION' link:type='resource' spectModel='dimensional' mplicitFiltering='true' id='Assertion_MemberAggregation' test=' $ v:VARIABLE_Total = um($ v:VARIABLE_Each)'/>	值断言表达式，检验低层次维度各成员对应事实数额之和是否与高层次对应事实数额相等
<variable:factVariable xlink:type="resource" xlink:label="VARIABLE_Total" bindAsSequence="false" />	为表达式中的变量 $ v:VARIABLE_Total 声明变量
< variable: factVariable xlink: type = " resource " xlink:label="VARIABLE_Each" bindAsSequence="true" />	同上，为表达式中的变量 $ v:VARIABLE_Each 声明变量。注意其 bindAsSequence 属性值为 true，这意味着变量参与计算时是以绑定的全部实例参与计算的
<variable:variableArc xlink:type="arc" xlink:arcrole="http://xbrl. org/arcrole/2008/variable-set" xlink: from = " assertion " xlink: to = "v:VARIABLE_ Total" order="1. 0" name="v:VARIABLE_Total"/>	从断言到变量 v:VARIABLE_Total 的关系，其中 name 属性值给出了具体的元素名称
<variable:variableArc xlink:type="arc" xlink:arcrole="http://xbrl. org/arcrole/2008/variable-set" xlink:from="assertion" xlink:to="VARIABLE_Each" order="2. 0" name="v:VARIABLE_Each"/>	同上，从断言到变量的关系，其中 name 属性值给出了具体的元素名称
<cf:conceptName xlink:type="resource"xlink:label="FILTER_CONCEPT"> <cf:concept> <cf:qname> cas:Normal </cf:qname> </cf:concept> </cf:conceptName>	使用概念名称过滤器为元素 cas:Normal 获取绑定的事实，注意两个变量使用相同的概念名称过滤器

（续表）

链接库代码	含　义
<variable:variableFilterArc xlink:type="arc" xlink:arcrole="http://xbrl.org/arcrole/2008/variable-filter" xlink:from="VARIABLE_ Total" xlink:to="FILTER_CONCEPT " complement = " false " cover = " true " order = "1.0"/>	从事实变量到概念名称过滤器的关系
<variable:variableFilterArc xlink:type="arc" xlink:arcrole="http://xbrl.org/arcrole/2008/variable-filter" xlink:from="VARIABLE_ Each" xlink:to="FILTER_CONCEPT" complement = " false " cover = " true " order = "1.0"/>	从事实变量到概念名称过滤器的关系
<df:explicitDimension xlink:type="resource" xlink:label="FILTER_DIMENSION"> <df:dimension> < df: qname > frm: DisciplineAxis </df:qname> </df:dimension> <df:member> < df: variable > v: VARIABLE _ Total </df:variable> < df: linkrole > http://www.xbrlsite.com/DigitalFinancialReporting/BusinessUseCase/NonFinancialInformation/NaturalFund</df:linkrole> <df: arcrole > http://xbrl.org/int/dim/arcrole/domain-member</df:arcrole> <df:axis>child</df:axis> </df:member> </df:explicitDimension>	仅针对低层次维度成员设置了显式维度过滤器：通过直接约束低层次维度成员而达到了同时过滤低层次维度成员和高层次维度成员对应的事实，这是一种非常巧妙的做法
<variable:variableFilterArc xlink:type="arc" xlink:arcrole="http://xbrl.org/arcrole/2008/variable-filter" xlink:from="VARIABLE_Each" xlink:to="FILTER_DIMENSION" order="1.0" complement="false" cover="true" />	从变量到显式维度过滤器的关系
第 3 个类型维度成员：MajorPlan	
<va:valueAssertion link:label='ASSERTION' link:type='resource' spectModel='dimensional' mplicitFiltering='true' id='Assertion_MemberAggregation' test='$v:VARIABLE_Total = um($v:VARIABLE_Each)'/>	值断言表达式，检验低层次维度各成员对应事实数额之和是否与高层次对应事实数额相等

（续表）

链接库代码	含　义
<variable:factVariable xlink:type="resource" xlink:label="VARIABLE_Total" bindAsSequence="false" />	为表达式中的变量 $v:VARIABLE_Total 声明变量
<variable:factVariable xlink:type="resource" xlink:label="VARIABLE_Each" bindAsSequence="true" />	同上，为表达式中的变量 $v:VARIABLE_Each 声明变量。注意其 bindAsSequence 属性值为 true，这意味着变量参与计算时是以绑定的全部实例参与计算的
<variable:variableArc xlink:type="arc" xlink:arcrole="http://xbrl.org/arcrole/2008/variable-set" xlink: from = " assertion " xlink: to = "v:VARIABLE_Total" order="1.0" name="v:VARIABLE_Total"/>	从断言到变量 v:VARIABLE_Total 的关系，其中 name 属性值给出了具体的元素名称
<variable:variableArc xlink:type="arc" xlink:arcrole="http://xbrl.org/arcrole/2008/variable-set" xlink:from="assertion" xlink:to="VARIABLE_Each" order="2.0" name="v:VARIABLE_Each"/>	同上，从断言到变量的关系，其中 name 属性值给出了具体的元素名称
<cf:conceptName xlink:type="resource"xlink:label="FILTER_CONCEPT"> <cf:concept> <cf:qname> cas:MajorPlan </cf:qname> </cf:concept> </cf:conceptName>	使用概念名称过滤器为元素 cas:MajorPlan 获取绑定的事实，注意两个变量使用相同的概念名称过滤器
<variable:variableFilterArc xlink:type="arc" xlink:arcrole="http://xbrl.org/arcrole/2008/variable-filter" xlink:from="VARIABLE_ Total" xlink:to="FILTER_CONCEPT" complement = " false " cover = " true " order = "1.0"/>	从事实变量到概念名称过滤器的关系
<variable:variableFilterArc xlink:type="arc" xlink:arcrole="http://xbrl.org/arcrole/2008/variable-filter" xlink:from="VARIABLE_ Each" xlink:to="FILTER_CONCEPT" complement = " false " cover = " true " order = "1.0"/>	从事实变量到概念名称过滤器的关系

（续表）

链接库代码	含　义
<df:explicitDimension xlink:type="resource" xlink:label="FILTER_DIMENSION"> <df:dimension> <df:qname>frm:DisciplineAxis</df:qname> </df:dimension> <df:member> <df:variable>v:VARIABLE_Total</df:variable> <df:linkrole>http://www.xbrlsite.com/DigitalFinancialReporting/BusinessUseCase/NonFinancialInformation/NaturalFund</df:linkrole> <df:arcrole>http://xbrl.org/int/dim/arcrole/domain-member</df:arcrole> <df:axis>child</df:axis> </df:member> </df:explicitDimension>	仅针对低层次维度成员设置了显式维度过滤器：通过直接约束低层次维度成员而达到了同时过滤低层次维度成员和高层次维度成员对应的事实，这是一种非常巧妙的做法
<variable:variableFilterArc xlink:type="arc" xlink:arcrole="http://xbrl.org/arcrole/2008/variable-filter" xlink:from="VARIABLE_Each" xlink:to="FILTER_DIMENSION" order="1.0" complement="false" cover="true" />	从变量到显式维度过滤器的关系
第 4 个类型维度成员：MajorProgram	
<va:valueAssertion link:label='ASSERTION' link:type='resource' spectModel='dimensional' mplicitFiltering='true' id='Assertion_MemberAggregation' test='$v:VARIABLE_Total = um($v:VARIABLE_Each)'/>	值断言表达式，检验低层次维度各成员对应事实数额之和是否与高层次对应事实数额相等
<variable:factVariable xlink:type="resource" xlink:label="VARIABLE_Total" bindAsSequence="false" />	为表达式中的变量 $v:VARIABLE_Total 声明变量
<variable:factVariable xlink:type="resource" xlink:label="VARIABLE_Each" bindAsSequence="true" />	同上，为表达式中的变量 $v:VARIABLE_Each 声明变量。注意其 bindAsSequence 属性值为 true，这意味着变量参与计算时是以绑定的全部实例参与计算的
<variable:variableArc xlink:type="arc" xlink:arcrole="http://xbrl.org/arcrole/2008/variable-set" xlink:from="assertion" xlink:to= "v:VARIABLE_Total" order="1.0" name="v:VARIABLE_Total"/>	从断言到变量 v:VARIABLE_Total 的关系，其中 name 属性值给出了具体的元素名称

（续表）

链接库代码	含　义
<variable:variableArc xlink:type="arc" xlink:arcrole="http://xbrl.org/arcrole/2008/variable-set" xlink:from="assertion" xlink:to="VARIABLE_Each" order="2.0" name="v:VARIABLE_Each"/>	同上，从断言到变量的关系，其中 name 属性值给出了具体的元素名称
<cf:conceptName xlink:type="resource"xlink:label="FILTER_CONCEPT"> <cf:concept> <cf:qname> cas:MajorProgram </cf:qname> </cf:concept> </cf:conceptName>	使用概念名称过滤器为元素 cas:MajorProgram 获取绑定的事实，注意两个变量使用相同的概念名称过滤器
<variable:variableFilterArc xlink:type="arc" xlink:arcrole="http://xbrl.org/arcrole/2008/variable-filter" xlink:from="VARIABLE_ Total" xlink:to="FILTER_CONCEPT " complement = " false " cover = " true " order = "1.0"/>	从事实变量到概念名称过滤器的关系
<variable:variableFilterArc xlink:type="arc" xlink:arcrole="http://xbrl.org/arcrole/2008/variable-filter" xlink:from="VARIABLE_ Each" xlink:to="FILTER_CONCEPT" complement = " false " cover = " true " order = "1.0"/>	从事实变量到概念名称过滤器的关系
<df:explicitDimension xlink:type="resource" xlink:label="FILTER_DIMENSION"> <df:dimension> <df:qname> frm:DisciplineAxis </df:qname> </df:dimension> <df:member> <df:variable>v:VARIABLE_Total</df:variable> <df:linkrole>http://www.xbrlsite.com/DigitalFinancialReporting/BusinessUseCase/NonFinancialInformation/NaturalFund</df:linkrole> <df:arcrole>http://xbrl.org/int/dim/arcrole/domain-member</df:arcrole> <df:axis>child</df:axis> </df:member> </df:explicitDimension>	仅针对低层次维度成员设置了显式维度过滤器：通过直接约束低层次维度成员而达到了同时过滤低层次维度成员和高层次维度成员对应的事实，这是一种非常巧妙的做法

（续表）

链接库代码	含　义
< variable：variableFilterArc xlink：type = " arc" xlink：arcrole="http://xbrl.org/arcrole/2008/variable-filter" xlink：from="VARIABLE_Each" xlink：to="FILTER_DIMENSION" order="1.0" complement="false" cover="true" />	从变量到显式维度过滤器的关系

9.5　业务规则与 Formula 评述

9.5.1　Formula 的能力及功能

XBRL 的一大优越之处在于其解决了大量非结构化财务数据不能有效利用的难题，提高了监管效率，也提高了信息质量。

其中的一个原因在于，XBRL 2.1 提供了数种对于实例文档的检验：从最为基础的 XML 模式有效性检验、XBRL 语言有效性检验，到计算链接库检验，再到维度检验，可以说实例文档和分类标准的检验对于提高 XBRL 财务报告的质量起到了决定性的作用。如图 9-12 所示。

图 9-12　业务规则的验证层次

然而，利用计算链接库、维度检验等方法还不足以实现全部的业务规则，从而需要引进 Formula 来实现 XBRL 系统中的业务规则。

Formula 的能力在于，扩展原先计算链接库简单的线性运算空间，引入函数形式 $f=f(X, Y)$，能够在更多的维度上对数据进行检验，能够更好地实现 XBRL 中的业务规则，也较其他的检验更为契合 XBRL 的高维空间本质。

在 XBRL 实例文档中，每一个元素除具有数值，还具有概念、位置、时间等各个方面的属性，Formula 利用所附带的过滤器，针对这些方面进行过滤，从实例文档中提取出事实变量，如 X、Y，并通过 Formula 中具体定义 $f=f(X, Y)$，从而产生一个新的事实，利用该新事实实现会计信息系统中所存在的业务规则。

通过对 Formula 的运用和开发，除了检验计算链接库所包含的小部分会计规则，信息提供者将部分逻辑规则引入会计信息系统，并根据自身的需要实现所需的业务规则。如银行系统可以通过 Formula 来检验财务报告是否满足巴塞尔协议对于如“最低 8%资本充足率”等要求，又如税收部门可以通过 Formula 来自动检验纳税人申报清单是否有所疏漏，填报金额是否有差错等。

在本地通过 Formula 对业务规则进行自动检验，减少了信息提供者与监管部门之间因信息错误而产生的无谓损失，信息提供者能够更早地发现财务信息之中的错误，并加以更正，为信息需求者提供更为准确且具有时效的财务信息。而监管部门也省时省力，在确定了统一的基本业务规则之后，由于监管者与被监管者采用相同的 Formula 实现业务规则，输入相同的实例文档便会得到相同的结果，从而能够大大增加双方对于财务信息的理解一致性，监管部门能够以更低的成本，更好、更及时地对企业的运营进行监控与分析。如图 9-13、图 9-14 所示。

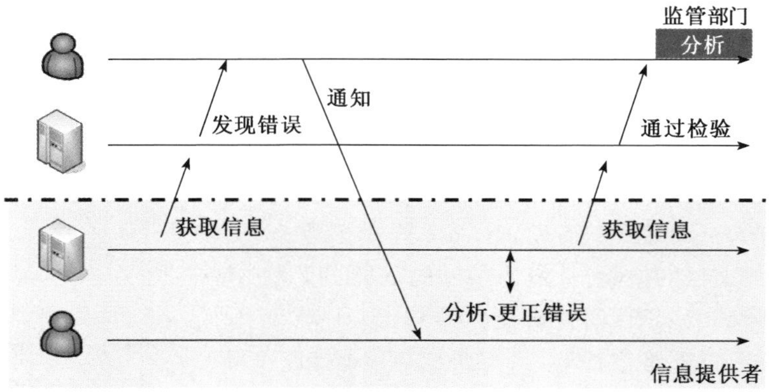

图 9-13　本地检验的过程

使用 Formula 之前，部分数据可以本地验证，但仍然可能会产生错误。

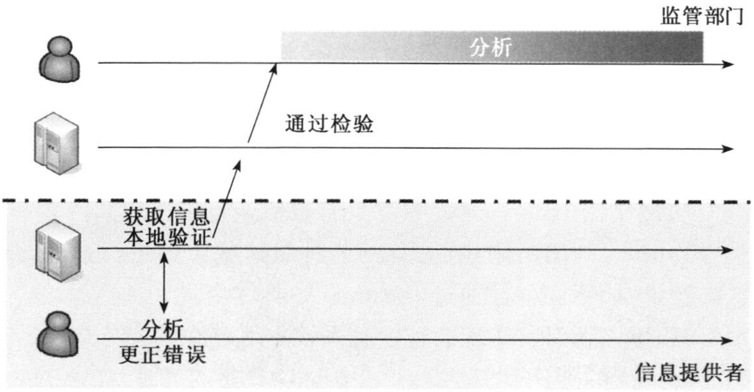

图 9-14　本地检验的优势

使用 Formula 实现统一的业务规则后，直接在本地检验，减少了错误发生，减少了工作量及工作时间，为监管部门提供了更多的分析时间。

如前所述，FDIC 作为监管部门运用 Formula 实现业务规则进行检验，大大提高了监管效率，可以试想，如果能够针对各个行业推出统一的基本业务规则及其 Formula 验证程序，那么监管部门的效率能够进一步提高。

目前，只有中国等极少数国家正式在分类标准中推出公式链接库，西班牙、荷兰等国的工作小组正在积极筹备公式链接库，会计信息系统中所包含的业务规则数量远远大于现有的计算链接库所能表示的业务规则数量，在链接库中新增公式链接库将是大势所趋。然而，目前 Formula 工作的重心还在于完善 Formula 自身，如先前所提到的公式链问题便是一个影响 Formula 效率的前沿热点话题，还有引入新增一系列的过滤器，加强 Formula 与外部数据库之间联系、针对超大实例文档的检验等等。目前 Formula 仅仅为 1.0 版本，能够满足大部分现实中的基本运用，但可能针对某些特定环境还需要进一步增强其工作能力，因此，正式在分类标准中普及公式链接库还有待时日。

9.5.2 Formula 的运用与展望

目前，中国 XBRL 地区组织已经在官方文件《企业会计准则通用分类标准指南》中明确提出“公式技术规范的应用是根据业务验证规则，在已经制定完成的 XBRL 分类标准的基础上，增加定义公式链接库，公式的使用不影响已制定的分类标准，也不影响实例文档的产生”。从而可以看出，中国已经确定了公式链接库在分类标准中的一席之地，也将会根据其不同的行业分类在将来提炼出基本的业务规则并提供相应的 Formula 公式，从而能够增强对于报送财务信息的检验，对财务信息的准确性进行更深层次的验证。

同时，中国证监会也颁布实施了《上市公司信息披露电子化规范》和《证券交易数据交换协议》等 8 项证券期货行业标准。基于 XBRL 技术的《上市公司信息披露电子化规范》，为互联网条件下的上市公司信息披露提供了技术引领和保证。它对上市公司制作的信息披露文件进行勾稽关系、完整性、上下文一致性等全面验证提出了要求，规范了上市公司信息披露文件的编写工作，提高了信息披露文件的准确性。目前的 Formula 能够基本满足该文件中证券行业对于 XBRL 实例文档中业务规则的要求。

此外，在税收、审计、内控方面也可以采用 Formula 实现业务规则。如前文中所提及的 HMRC 将传统的纳税申报表 XBRL 化，采用了 Formula 来检验其中的业务规则，大大简化了对于纳税申报的验证，中国的税务部门也可以考虑采取相似的办法，利用 XBRL 定义规范的电子纳税申报表，并借助 Formula 进行检验。在审计、内控方面，由于 XBRL GL 的出现，可以利用 Formula 配合 XBRL GL 分类标准框架,实现更高层次的审计自动化。

目前 Formula 主要用于信息提供者或监管部门所进行的验证工作,今后一个可能的运用方向在于信息使用者的数据挖掘工作。数据挖掘是从大量的、不完全的数据中提取隐含在其中的、不为人知的有用信息,这一点与 Formula 具有内在联系,两者均是根据输入的事实进行处理产生新的事实。前文已经谈到,目前 Formula 的一个重要发展方向在于针对超大实例文档的检验工作,提高 Formula 处理超大实例文档的效率;如果能够将检验工作进一步拓展,则能使其具有更高的智能,或是根据具体需要进行分析并建立有效的业务规则,再根据这些业务规则从实例文档中提取事实并进行数据挖掘,将能够为信息使用者提供极大的便利。随着金融等行业的发展,财务信息越来越具有时效性,而 XBRL 的一大优势是能够及时地为信息使用者提供准确而有时效的财务信息,如果信息使用者能够自行分析出一定的规律,并利用 Formula 对实例文档进行数据挖掘,那么其毫无疑问能在与其他信息使用者的竞争中获得优势。

本章小结

目前 Formula 已经能够表达所能列举出的大部分业务规则,能够较计算链接库更为深入地检验财务信息的业务规则,能够满足证券银行等行业对于财务信息的一般需求。然而,Formula 由于历史较短,发展还不够成熟,还存在一定缺陷,包括其部分语法定义还不够完善,以及其智能化尚不足,从而还需要进一步完善,提高其工作效率。与此同时,各国也意识到高层次财务信息验证对于 Formula 的需要,也逐渐开始制定相关的公式链接库与业务规则。相信随着对其研究的深入和各方面的完善,Formula 能够在将来业务规则实现中扮演越来越重要的角色。

进一步阅读

读者可以阅读 XBRL 2.1 规范以理解 calculation 链接库及其功能[1,2]。XBRL 的扩展规范 Formula 有多个版本,其规范体系包括需求(Formula Requirement)、规范文档及代码(Formula Specification)以及测试套件(Conformance Suite)等[3,4,5,6,7,8,9,10,11,12,13,14,15,16,17,18,19,20,21,22,23,24,25,26,27,28]。Toshimitsu Suzuki(2004)给出了一个 Formula 解析器的实现方法[29]。Santos 等给出了一个在多维数据模型中应用的 Formula 规范[30]。在分类标准中的 Formula 实现案例可见《企业会计准则通用分类标准》[31]。Zhou 等基于《企业会计准则通用分类标准》所提供的 Formula 链接库,提出了新的财务报表应用方法[32]。

参考文献

[1] XBRL 国际组织. XBRL2.1 规范文件(XBRL Specification 2.1)[S]. 2003-12-31.
[2] XBRL 国际组织. XBRL2.1 规范化测试组件(XBRL Specification 2.1 Conformance Suite)[S]. 2005-11-07.
[3] XBRL 国际组织. 方面覆盖过滤器(Aspect Cover Filters)[S]. 2011-10-24.
[4] XBRL 国际组织. 断言严格性(Assertion Severity)[S]. 2016-04-19.
[5] XBRL 国际组织. 断言严格性 2.0(Assertion Severity 2.0)[S]. 2022-07-21.
[6] XBRL 国际组织. 布尔过滤器(Boolean Filters)[S]. 2009-06-22.
[7] XBRL 国际组织. 概念过滤器(Concept Filters)[S]. 2009-06-22.
[8] XBRL 国际组织. 概念关系过滤器(Concept Relation Filters)[S]. 2011-10-24.
[9] XBRL 国际组织. 一致性断言(Consistency Assertions)[S]. 2009-06-22.
[10] XBRL 国际组织. 自定义函数实现(Custom Function Implementation)[S]. 2011-10-24.
[11] XBRL 国际组织. 维度过滤器(Dimension Filters)[S]. 2011-03-10.
[12] XBRL 国际组织. 实体过滤器(Entity Filters)[S]. 2009-06-22.
[13] XBRL 国际组织. 存在性断言(Existence Assertions)[S]. 2009-06-22.
[14] XBRL 国际组织. 公式(Formula)[S]. 2009-06-22.
[15] XBRL 国际组织. 通用过滤器(General Filters)[S]. 2009-06-22.
[16] XBRL 国际组织. 通用信息(Generic Messages)[S]. 2011-10-24.
[17] XBRL 国际组织. 隐含过滤器(Implicit Filters)[S]. 2009-06-22.
[18] XBRL 国际组织. 匹配过滤器(Match Filters)[S]. 2014-05-28.
[19] XBRL 国际组织. 时间过滤器(Period Filters)[S]. 2009-06-22.
[20] XBRL 国际组织. 相对过滤器(Relative Filters)[S]. 2009-06-22.
[21] XBRL 国际组织. 分部场景过滤器(Segment Scenario Filters)[S]. 2009-06-22.
[22] XBRL 国际组织. 元组过滤器(Tuple Filters)[S]. 2009-06-22.
[23] XBRL 国际组织. 单位过滤器(Unit Filters)[S]. 2009-06-22.
[24] XBRL 国际组织. 验证(Validation)[S]. 2009-06-22.
[25] XBRL 国际组织. 验证信息(Validation Messages)[S]. 2011-10-24.
[26] XBRL 国际组织. 取值断言(Value Assertions)[S]. 2009-06-22.
[27] XBRL 国际组织. 取值过滤器(Value Filters)[S]. 2009-06-22.
[28] XBRL 国际组织. 变量(Variables)[S]. 2013-11-18.
[29] SUZUKI T. XBRL Processor "Interstage XWand" and its application programs, FUJITSU Scientific & Technical Journal[J],2004,40(1):74-79.
[30] SANTOS I, CASTRO E, VELASCO M. XBRL Formula specification in the multidimensional data model. Information Systems[J],2016,57:20-37.
[31] 中华人民共和国财政部. 企业会计准则通用分类标准(2015)[M]. 上海:立信会计出版

社,2016.

[32] ZHOU K, HUANG M, WANG Y. An improved application of XBRL Formula linkbase in the CAS taxonomy[C]. Proceedings of the 2012 2nd International Conference on Business Computing and Global Informatization(BCGIN),2012.

第 10 章

会计账簿模型 XBRL GL 与内部控制建模

几乎在 XBRL 进入财务报告领域的同时，研究者就将目光投向了账簿环节。随着 XBRL 在财务报告层次的逐渐成熟，账簿系统的 XBRL 化——XBRL GL(Global Ledger，全球通用账簿)就进入了 XBRL 国际组织的日程。从报告到账簿，表面上看起来似乎是自然而然的。但是，账簿系统和报告系统的技术基础结构、用户特征和应用环境具有本质的差别，所以最终形成的 XBRL GL 具有与财务报告完全不同的特征。

XBRL GL 的一个直接应用就是服务于 XBRL 财务报告，为报告中的合计数据提供细节支持。本章探讨了一种新的应用，将 XBRL GL 应用于企业的内部控制体系中。企业的信息系统，特别是会计信息系统，已经成为管理的基本手段，而电子数据，特别是会计数据则是信息系统中的基础结构。应用 XBRL GL 可以将多种数据以通用格式进行记录，并进一步支持推理和控制，从而提高企业内部控制的有效性和可审计性。

10.1 XBRL：从财务报告到账簿

XBRL 又称 XBRL FR(Financial Reporting，财务报告)，是 XBRL 在财务报告领域的应用。众所周知，财务报告数据均为合计数据。在对财务报告数据进行分析时，有权限的使用者，如管理层、审计师和监管者，常常需要细化至更小粒度的数据，即账簿数据。使用者希望这种细化过程是无缝连接的，所以 XBRL 国际组织制定了 XBRL GL 规范，以分类标准的形式体现。

目前的 XBRL GL 分类标准共分为 9 个模块，包括核心、拓展交易概念、多币种、通用、范例、调色盘、汇总报告上下文数据、税务审计文件以及美英概念。XBRL GL 对元素取值区分两种形式：一种是枚举型(enumeration)，一种是自由类型。XBRL GL 提供了一套账户结构，用户也可以根据自己的需求设置多个结构。

10.1.1 XBRL GL 的设计目标

虽然以账簿命名，XBRL GL 实质上也是一个更广泛、更细节化的语义模型，其目标定位于交易层面信息，描述各交易涉及的资源（如固定资产和存货）、事件（如采购或销售）、参与者（如供应商或客户）、原始凭证信息（如收款回单和发票），以及基于标准会计科目表的会计分录信息，由此保存了完整的有关交易的细节数据，为以后任何报告及信息输出提供基础支持。

XBRL GL 具有很多优势：第一，提高了基于国际标准的多语言环境下的组织内部交流水平；第二，为商业报告撰写和数据查询、提取工具提供了简单的友好接口；第三，通过数据挖掘和连续审计，降低了审计风险。这些都能从不同方面解决内部控制的一些问题。

金融危机让人们意识到，必须加大风险管理和金融监管的力度，才能确保全球经济的快速恢复和健康发展。而信息化建设，尤其是提高会计信息的标准化和透明度，才是应对金融危机的良策。本章研究的就是如何建立适合中国企业会计准则的 XBRL 的分类标准，以帮助实现会计账簿电子化，从而加强企业的内部控制。这一目标如能实现，将增加公司财务报告披露的透明度，同时将极大地提高企业内部信息处理的效率和能力，促进各单位内部控制规范制度的设计与更加有效地运行。

10.1.2 XBRL GL 的发展历程

随着 XBRL 在财务报告层面的成功，研究者开始将 XBRL 的思想和规范应用于账簿系统，这就形成了 XBRL GL，它也很快成为国际上的一个研究热点。XBRL GL 根据会计制度与准则，将会计账簿内容分解成为不同的信息元素，再根据信息技术规则对信息元素赋予唯一的数据标记，从而形成标准化规范。

研究者起初注意到 XBRL GL 账簿信息作为 XBRL 财务信息的“细化作用”。首先，XBRL GL 作为 XBRL 系统与底层专用数据库（如核算系统）的中间层，不但有助于 XBRL 信息的“数据细化”（drill-down），还有助于实现在合作伙伴之间共享会计等底层信息。其次，研究者在新近的成果中还发现了 XBRL GL 作为“桥梁”的作用。随着 XBRL 实践的深入，研究者发现虽然 XBRL 能够在大部分内容上实现数据共享，但由于不同的准则、不同的 XBRL 分类标准（准则的 XBRL 表述），在某些局部和某些层次形成了新的“巴别塔”，严重影响 XBRL 数据之间的共享和转换，为此，研究者提出了引入 XBRL GL，以账簿数据作为转换中间层的方案和算法。

另一些研究人员从会计信息系统的角度开发 XBRL GL 的潜力。例如，

图 10-1为基于 XBRL GL 中间层的会计信息集成方案。

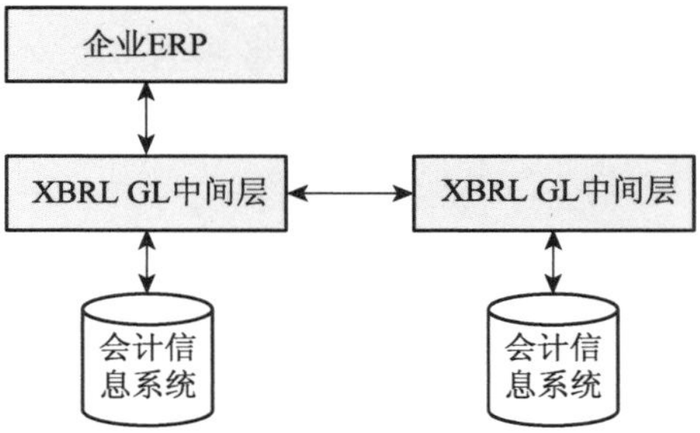

图 10-1　基于 XBRL GL 中间层的会计信息集成方案

现有的会计系统难以适应业务的迅速变化，而 XBRL GL 可以在极大程度上解决这一问题。随着 XBRL GL 规范的成熟，已经有可能建立一个完全标准、开放的会计系统接口，以实现会计工作的透明性，并与 Google 等外部资源对接，最终形成一个开放的、智能的会计系统。

XBRL GL 的意义是无可置疑的。研究者通过实施或者成本效益模型探讨 XBRL 实践中的收益和问题，发现目前 XBRL 所面临的大多数问题都可以通过 XBRL GL 的实施得到解决或者缓解。包括 SEC 前主席 Christopher Cox 在内的绝大多数证券业研究者及从业人员分别从各自的角度出发，充分肯定了 XBRL 账簿系统的发展潜力，并预期"XBRL 账簿系统和财务报告系统的结合将会进入更深层次的应用"。

XBRL GL 是 XBRL 财务报告的基础理论支撑和必然结果，因此，它的发展受到了 XBRL 财务报告发展水平的支持和制约。美国、日本等发达国家在 XBRL GL 上的研究位于世界前列，美国住房和城市发展部（HUD）、日本的华歌尔（WaCoal）等政府机构和企业完全采用 XBRL GL 重建其会计系统，CaseWare、Business Objects等国际知名 IT 管理企业也都推出了 XBRL GL 的分析、创建和管理工具。

XBRL 国际组织最初根据 XBRL 2.0 规范制定了 XBRL GL Version 1.0，并于 2002 年 10 月发布。这个版本在 2003 年 8 月又更新为 XBRL GL Version 1.1。接着，在 2005 年的 7 月 12 日，XBRL 国际组织公布了 XBRL GL 分类标准的新版本 XBRL GL 2005，它是基于完善的 XBRL 2.1 规范制定的，是面向未来利用 XBRL 处理财务和企业信息进程中的一大飞跃。从 2007 年到 2009 年，XBRL 国际组织集中发布了 XBRL GL 分类标准框架技术架构、汇总报告上下文数据（Summary Reporting Contextual Data，SRCD）模块和 XBRL GL 范例及注解等一批规范和技术文档，开始为 XBRL GL 的具体实施提供了解决方案。此外，2008 年发布的 Formula 规范和相关规范也对 XBRL GL 提供了新的功能支持，从而形在了 XBRL GL 的最新版本 XBRL GL 2015。

在中国，XBRL GL的分类标准制定和实施工作还刚刚起步。国内的研究者分别从XBRL的理论结构、信息不对称和XBRL模式绩效及技术理论框架等角度进行探讨，并提出了XBRL账簿系统和财务报告系统通用的分类标准建立理论和技术规范体系。有的研究者还从财务报告生成角度探讨了XBRL GL的作用。

如今，上海证券交易所和深圳证券交易所的XBRL财务报告披露和监管工作已经步入成熟，同时受金融危机影响，包括XBRL和XBRL GL在内的会计信息化的研究也受到越来越多人的重视，因此无论从客观条件还是需求角度，XBRL GL的研究都正当其时。

10.2 XBRL GL解析

10.2.1 什么是XBRL GL

从会计信息供应链角度，XBRL可以分为两个层次：一个是XBRL FR，一个就是XBRL GL。XBRL GL的全称并不是通常意义下的"总分类账"的概念，而是"全球通用账簿"的意思，它所涉及的模块更为广泛，还包括各交易、原始凭证、交易方信息、历史记录等。XBRL GL能够通过电子账簿记录，与企业目前所运用的相关信息记录方法和技术有机结合，帮助企业提供一份真实可靠的资料，方便其他信息需求方的参考和分析，完成与财务报告的对接，提高政府的监管能力。

概括而言，XBRL GL是一种数据流的分类标准，用来表达会计数据和交易后所产生的营运资料。它提供了产生财务报表所需的明细资料，也提供工作底稿、预算报告等报告所需的会计资料。它描述了运营、交易和会计信息的内容和相互关系。

10.2.2 XBRL GL分类标准解析

XBRL GL分类标准，是就如何表示企业经营业务信息和明细会计信息而制定的协议，由一组分类标准组成，它采用模块化形式进行构建。

1. XBRL GL分类标准的模块

XBRL GL分类标准共分为9个模块，包括核心(COR)、拓展交易概念(BUS)、多币种(MUC)、税务审计文件(TAF)、美英概念(USK)、通用(GEN)、范例(IDS)、调色盘(PLT)和汇总报告上下文数据(SRCD)。

1) 核心

核心(COR)全称core，描述了核心事项。这一模块共有119个元素。

COR 的结构为常用的模块结构，分为元素定义、标签链接库、展示链接库 3 部分。这三者分别标识了元素及其类型、元素注释以及其上下级账户，将各元素的内涵解释清楚，并表示了各元素间的关系。

它在会计分录母账户下设立文件信息、实体信息和分录信息 3 个子账户，并对其中的文件信息和分录信息两个子账户继续细分明细账户，进行阐释。

文件信息是会计分录中的描述性信息。COR 模块中包括了分录类型、文件标识、文件修正标识和指令、语言、创建日期、文件全文、起始和结束期间等内容。

分录信息下设过账日期、分录创建者、分录创建日期、日记账标号来源、分录类型、分录编号、分录批注、分录限定词(当期/期初)、分录限定词描述、记账与税法差别、分录号码计数，这些子科目和分录详细说明了一个子账户。分录详情中包括分录的行号和行数、所在账户、金额、借贷增减变化的符号、借贷编码、过账日期、鉴定人员描述、凭证类别、类别说明、编号、索引、日期、过账状态及描述、XBRL 信息、详细批注、发货已收到的确认日期、确认收货日期、发货地点、收货日期、到期日、信誉期限和税收(包括相关税务机关信息、税额、税基、税率、税收种类和关于免税/其他的批注)。

2) 拓展交易概念

拓展交易概念(BUS)全称 advance business concept，描述商业中的拓展交易概念。这一模块有 180 个元素，也采用常用的模块结构，含有元素定义、标签链接库和展示链接库 3 部分。

首先，BUS 对 COR 进行了补充，主要补充了 COR 中没有扩展的实体信息。它在实体信息下设立实体电话、实体传真、电子邮箱地址、组织地址、实体网站、鉴定员、联系人信息、会计师信息、业务状态、会计年度起始日期、财务报告时间表、组织会计方法与目标等子科目和子账户。这些信息方便第三方或内控、内审人员清楚了解交易方的具体信息，以便查找、核准。

其次，BUS 对分录信息也进行了详尽的补充。在分录信息下补充设立了最后分录调整者、分录责任人、原始日记账、分录来源、入账期间登记准则、批号、批次描述、分录数、借方总额、贷方总额、合并抵消准则、预算状态起始和结束日、预算状态及描述、预算分配准则这些子科目，以便更好地提供审计和监察轨迹。BUS 还对分录信息下的分录详情进行了补充，引入了可衡量项目(包括业务流程、固定资产、存货、关键业绩指标、无形资产、供应物资、雇员与供应商或承销商的服务、设备的保养以及其他可用指标或可用数据衡量的项目)和折旧及摊销两个子账户，以及数目备忘录、分配准则、凭证收到日、凭证责任方、凭证标识、定位、付款方式、工作信息等子科目，并对子账户所在账户(account)添加了新元素。

另外，它也对文件信息和鉴定人员信息的内容进行了扩充。

3）多币种

多币种（MUC）全称 multicurrency，顾名思义，其包含了多种货币交易的问题。这一模块有 47 个元素，也采用常用的模块结构，含有元素定义、标签链接库、展示链接库和定义链接库 4 部分。

为了更准确地描述交易中存在的用非本国货币计量的事实，在分录详情中设了货币金额、汇兑日期、初始货币金额、汇率及其注解等常用信息，及多币种详情子账户。在现实中存在三角测量货币的问题，即存在一个中间转换货币（由于在一些地区，两种货币没有直接转换的汇率，因而产生三角汇兑）。在 MUC 中也考虑到了这个问题，分录详情中设置了初始三角测量货币总额、三角测量汇率总额、三角测量汇率初始金额来源总额、初始三角测量金额汇率类型总额、初始三角测量汇率、初始三角测量汇率来源、初始汇率三角测量类型，并在多币种详情子账户中考虑到了三角测量。此外，MUC 在分录详情下的税收账户中补充了涉及外汇的税收问题。

4）税务审计文件

税收审计文件（TAF）全称 tax audit file，主要是为审计轨迹而提供的补充。这一模块有 15 个元素，也采用常用的模块结构，含有元素定义、标签链接库、展示链接库 3 部分。

TAF 在分录详情中设确认框、凭证余额和特有托运参考 3 个子科目，以及原始凭证结构这一子账户。其中确认框，是用来表示这一事项已经被明确完成。原始凭证结构中包括原始凭证种类、原始凭证号码、原始凭证日期、原始凭证鉴定人种类、原始凭证鉴定人代码、原始凭证鉴定人税收代码这些基本信息。

5）美英概念

美英概念（USK）全称 concepts for the US，UK，etc，即美国和英国特有的会计账簿信息。这一模块有 15 个元素，包括英美会计准则下所特别含有的信息。这一模块也采用常用的模块结构，含有元素定义、标签链接库、展示链接库 3 部分。

USK 在分录信息下设立有关冲销的子科目，如冲销相关号、冲销、冲销日期；引入了标准分录或经常性分录，并为此设立相关的分录记载频率间隔、分录记载频率单位（如日、月、季等）、经常性分录重复发生次数、下次重复日期、上次重复日期、经常性标准日记账分录停止日期。

XBRL GL 中的一些数据并不是会计系统中的历史真实数据，而更像是方便以后使用的数据库，其中储存主要交易和分录记录等特殊数据，称为 templates（范本）。范本中可能仅包括账户，也可能包括数目。它包含的标准和经常性分录主要有工资、折旧和摊销、预付账款、贷款偿付、扣发工资和定期的补充订货。标准分录不包括数目,因为这些账户通常不改变,但是其金额数目时常变动。经常性分类则是那些连数目都不大变化,只在必要时进行调整的分录。

范本的作用在于提高计划和运营效率,体现 XBRL GL 的强大能力。它可以代表诸如试算平衡表、分类账、明细账、发票、固定资产清单、订单、装运单、项目成本报告、会计分录等商业、会计信息及应用。这一能力有利于:数据的迁移和数据的交流,用标准化的方式方便企业内外部和部门间交流;以及审计和内控,方便审计人员找到需要的信息和证据。

USK 对分录详情下的工作信息子账户添置了内容,即工号、工作描述、工作阶段代码、工作阶段描述。

6) 通用

通用(GEN)全称 general,描述一般性的会计事项。不同于前面的模块,它只含有元素定义这一个文档。这一模块对 27 种元素的类型进行了定义,并对其中的 18 个元素采用枚举的形式,方便数据的规范化和统一化,便于参阅人员解读和查找。关于枚举型,下文将具体阐释。

7) 范例

范例(IDS)模块中包含了 12 个应用案例,是国际组织为了方便各国各领域学者,对 XBRL GL 分类标准的理解和应用而通过实例进行的阐释。

8) 调色盘

调色盘(PLT)是指 palette,通过将其他模块进行组合而得出的新模块。目前的 PLT 中含有 8 种不同组合的次套件,每个次套件内包含一份 palette 模式文档和多份与元素定义套件对称的内容模式文档。这些次套件均以 COR 为核心套件,再选择性地加上扩展套件。这些扩展性套件可以是地域类别、产业类别、功能类别等。

9) 汇总报告上下文数据

汇总报告上下文数据(SRCD)中的 summary reporting 将汇总报告中所必需的信息与其对应的具体 XBRL GL 中的实例进行连接,这些报告可以是财务报告,但并不限于此。contextual data 提供新的指导来帮助财务报告与电子账簿的对接。

这一模块有 45 个元素,也采用常用的模块结构,含有元素定义、标签链接库、展示链接库 3 部分。

2. XBRL GL 的元素取值

XBRL GL 对元素取值区分两种形式:一种是枚举型,一种是自由类型。比如,sourceJournalID 是枚举型的,限定了其取值范围,但sourceJournalDescription是自由形态的，枚举型需要进一步具体说明，帮助整合那些相似但不同的信息。XBRL GL 目前只对 entriesType 强制要求枚举型。表 10-1至表 10-27 给出了 XBRL GL 中定义的类型和元素。

表 10-1　电话描述的枚举型元素

元素	枚举值	解释
accountantContactPhoneNumberDescription contactPhoneNumberDescription identifierContactPhoneNumberDescription identifierPhoneNumberDescription phoneNumberDescription	bookkeeper	核算会计员
	controller	主计长
	direct	直拨电话
	fax	传真
	investor relations	投资者关系
	main	总机
	switchboard	接线总机
	other	其他

表 10-2　会计参与类型的枚举型元素

元素	枚举值	解释
accountantEngagementType	audit	审计
	review	检查，复核
	compilation	编制
	tax	税
	other	其他

表 10-3　会计目的的枚举型元素

元素	枚举值	解释
accountPurposeCode	consolidating	合并
	european	欧洲
	ifrs	国际财务报告准则
	offsetting	抵销
	primary	首要(当地的)
	tax	税
	usgaap	美国通用会计准则
	japanese	日本的
	other	其他

表 10-4　会计类型的枚举型元素

元素	枚举值	解释
accountType	account	账户
	bank	银行
	employee	员工
	customer	客户
	job	作业
	vendor	零售商,卖主
	measurable	计量结构
	statistical	统计数据
	other	其他

表 10-5　会税差异的枚举型元素

元素	枚举值	解释
bookTaxDifference	permanent	永久的
	temporary	暂时的
	none	空值

表 10-6　预算分配的枚举型元素

元素	枚举值	解释
budgetAllocationCode	d	各期间数
	t	期间综合

表 10-7　借贷符号的枚举型元素

元素	枚举值	解释
debitCreditCode	D	借
	C	贷
	debit	借
	credit	贷
	undefined	未定义

表 10-8　折旧、摊销的枚举型元素

元素	枚举值	解释
dmJurisdiction	F	联邦
	federal	联邦
	S	州
	state	州
	L	当地
	local	当地
	other	其他

表 10-9　凭证类型的枚举型元素

元素	枚举值	解释
documentType	check	支票
	debit memo	借方凭证
	credit memo	贷方凭证
	finance charge	财务费用
	invoice	发票
	order customer	订单—客户
	order vendor	采购单
	payment other	付款—其他
	reminder	通知单
	tegata	(日)票据,手印
	voucher	代金券
	shipment	发货单
	receipt	收货单
	manual adjustment	手动调节
	other	其他

表 10-10　账目类型的枚举型元素

元素	枚举值	解释
entriesType	account	账簿
	balance	余额
	entries	分录
	journal	日记账

（续表）

元素	枚举值	解释
	ledger	分类账簿
	assets	资产负债表
	trialbalance	试算平衡表
	taxtables	税率表
	other	其他

表 10-11　记账方法的枚举型元素

元素	枚举值	解释
entryAccountingMethod organizationAccountingMethod	accrual	权责发生制
	cash	收付实现制
	modified cash	改进的收付实现制
	modified accrual	改进的权责发生制
	encumbrance	留置
	special methods	特殊方法
	hybrid methods	混合方法
	other methods	其他方法

表 10-12　记账方法依据的枚举型元素

元素	枚举值	解释
entryAccountingMethodPurpose organizationAccountingMethod-Purpose organizationAccountingMethod-PurposeDefault reportingPurpose	book	账簿
	tax	税
	management	管理
	statutory	法规
	other	其他

表 10-13　分录的枚举型元素

元素	枚举值	解释
entryType	adjusting	调整
	budget	预算
	comparative	比较
	external accountant	驻外会计
	standard	标准

（续表）

元素	枚举值	解释
	passed adjusting	追溯调整
	eliminating	消除
	proposed	被提议的
	recurring	循环，经常性
	reclassifying	重新分类
	simulated	仿真，模拟
	tax	税
	other	其他

表 10-14　鉴定人的枚举型元素

元素	枚举值	解释
identifierOrganizationType	individual	个人
	organization	组织
	other	其他

表 10-15　鉴定人类型的枚举型元素

元素	枚举值	解释
identifierType OriginatingDocumentIdentifierType	C	客户
	customer	客户
	E	员工
	employee	员工
	V	零售商
	vendor	零售商
	O	其他
	other	其他
	I	内部销售人员
	salesperson-internal	内部销售人员
	X	外部销售人员
	salesperson-external	外部销售人员
	N	承包商
	contractor	承包商

表 10-16　发票类型的枚举型元素

元素	枚举值	解释
invoiceType	epos	电子支付
	self billed	自用发票

表 10-17　主要科目的枚举型元素

元素	枚举值	解释
mainAccountType	asset	资产
	liability	负债
	equity	净资产
	income	收入
	gain	利得
	expense	费用
	loss	损失
	contr to equity	贡献至净资产
	distr from equity	从净资产分配出
	comprehensive income	综合收入
	other	其他

表 10-18　可衡量项目的枚举型元素

元素	枚举值	解释
measurableCode	bp	业务流程
	fa	固定资产
	in	存货
	kpi	关键业绩指标
	nt	无形资产
	sp	供应物资
	sv-p	员工，供应商或承销商的服务
	sv-m	设备的保养
	ot	其他

表 10-19 时间单位的枚举型元素

元素	枚举值	解释
periodUnit	daily	每天
	weekly	每周
	bi weekly	双周
	semi monthly	半月
	monthly	每月
	quarterly	每季度
	thirdly	每四个月
	semiannual	每半年
	annual	每年
	ad hoc	临时
	current period only	本期
	other	其他

表 10-20 过账状态的枚举型元素

元素	枚举值	解释
postingStatus	deferred	延期
	posted	已过账
	proposed	计划
	simulated	模拟,仿真
	tax	税
	unposted	未过账
	cancelled	撤销
	other	其他

表 10-21 分录限定词的枚举型元素

元素	枚举值	解释
qualifierEntry	standard	标准
	balance brought forward	转入下栏的余额
	other	其他

表 10-22　报告开闭状态的枚举型元素

元素	枚举值	解释
reportingCalendarOpenClosedStatus	open	未清账
	closed	已关账
	pending	未决

表 10-23　报告期间的枚举型元素

元素	枚举值	解释
reportingCalendarPeriodType	monthly	月度
	quarterly	季度
	semi annually	半年
	4-5-4	4-5-4 日程表
	ad hoc	特定
	other	其他

表 10-24　文件修正标识的枚举型元素

元素	枚举值	解释
reviseUniqueIDAction	supplement	补充
	supersede	代替

表 10-25　符号的枚举型元素

元素	枚举值	解释
signOfAmount	+	正
	−	负
	plus	正
	minus	负

表 10-26　日记账的枚举型元素

元素	枚举值	解释
sourceJournalID	cd	现金报销账
	cr	现金收入账
	fa	固定资产
	gi	银行自动直接转账

（续表）

元素	枚举值	解释
	gj	总分类账
	im	存货管理
	jc	工作成本
	pj	采购日记账
	pl	工资账
	sj	销售日记账
	se	标准账目
	ud	用户自定义
	ot	其他

表 10-27　数据的枚举型元素

元素	枚举值	解释
XBRLInclude	beginning_balance	期初余额
	ending_balance	期末余额
	period_change	期间变化

XBRL GL 旨在提供两种主要的服务：审计便利和数据交换。为了实现这些目标，XBRL GL 提供了枚举型的取值形式，方便数据的规范化和统一化，达到便利搜寻和交换的目的。

对于枚举型的创建，有以下几个原则：第一，在数据交换中，如果存在合理的既定分类，使用枚举型；第二，用来枚举的值只是一个代码，保证一致性即可，可以是随机字符串、英文短语，或者通用缩写；第三，枚举值不需要翻译成各国语言，它只是用来执行系统间的数据交换，对于用户，他们会被提供当地语言的界面，而不接触枚举值。

目前，枚举型的应用主要面临两个挑战：其一是它们没有在分类中进行清晰的定义；其二是工具上的挑战。为了方便分类的扩展性和专业化，枚举值没有和元素定义值储存在一起，以方便日后在不影响定义的情况下修改枚举值。

3. XBRL GL 分类标准的账户结构

前面在定义中已经指出，XBRL GL 中的 GL 是指 Global Ledger，不仅限于传统意义上的总分类账。传统意义上的总分类账包括：诸如现金、留存收益和折旧费用的试算平衡表；诸如银行账户、应收账款、应付账款、存货、固定资产、处理过程中的作业明细账；统计账户；诸如部门、项目、各分部的报告，等等。而 XBRL GL 则扩充了涉及的范围，它提供了一套账目结构，用户可以根据自己的需求设置多个结构。如表 10-28 所示。

表 10-28 账目结构

账户元素	描述账户细节的元素	描述二级账户细节的元素	描述二级账户中上级账户的元素	元素说明
account	accountMainID			账户编码
	accountMainDescription			账户说明
	mainAccountType			主要账户类型
	mainAccountTypeDescription			主要账户类型描述
	parentAccountMainID			上级账户编码
	accountPurposeCode			账户目的编码
	accountPurposeDescription			账户目的描述
	accountType			账户类型
	accountTypeDescription			账户类型描述
	entryAccountingMethod			入账方法
	entryAccountingMethodDescription			入账方法描述
	entryAccountingMethodPurpose			入账方法目的
	entryAccountingMethodPurposeDescription			入账方法目的描述
	accountSub			二级账户
		accountSubDescription		二级账户描述
		accountSubID		二级账户编号
		accountSubType		二级账户类型
		segmentParentTuple		区域母元组
			parentSubaccountCode	上级分账户编码
			parentSubaccountType	上级分账户类别
			reportingTreeIdentifier	报告树标识符
			parentSubaccountProportion	分配至上级账户比例

XBRL GL 中的账户结构不是用来储存具体的信息，而是描述层次结构和内部关系的。它们中的一些用来描述账户本身，另一些描述过账后的账本。

XBRL GL遵循账目与报告独立的原则，并通过层次结构，实现总账和明细账的转换，完成从明细账到总账的提炼。它通过parentAccountMainID、segmentParentTuple来实现这些上下账户的链接，方便查询。同时，这一账户结构可以兼容多种报告的树形结构，帮助用户从不同角度来分析信息，用户可以按照地区、产品线等多种角度观察信息，进行多方位分析。

10.2.3 XBRL GL的作用

在XBRL GL的研发和试行中，研究者发现XBRL GL能够初步实现如下目标。

1. 提高XBRL FR工作效率

通过XBRL GL的运用，可以减少手工输入数据整合XBRL FR的工作，通过标准化结构减少冲突检查的时间，运用标准分录和经常性分录增加不同系统和流程中相同信息的重复利用率，从而提高工作效率。

2. 实现无缝审计轨迹追踪

通过XBRL GL的运用，可以将财务报告、税务报告等总结性报告的信息细化到具体的电子账簿中的详细内容和分录详情，甚至到交易的原始凭证，从而增强报告中信息的可信度，也方便了审计人员对这些信息的监察。

3. 有利于不同国家财务数据的转换

按照XBRL GL的标准化结构，在AccountPurposeCode中设置了欧洲、日本、美国通用会计准则和国际财务报告准则，显示了在这3个国家（地区）间财务信息转换的便利性。随着更多国家对这一项目的研制和运行，它将解决跨国企业财务报告合并的难题，并方便国外的投资者、供应商和客户了解企业的情况。

4. 汇集分散部门的信息

XBRL GL的另一项重要功能，就是数据汇总。它可以汇总信息系统中的所有单个记录，帮助管理层从整体层面了解企业的状况，进行数据分析，有助于进行战略选择和决策。同时，由于它可以兼容多种报告树的树形结构，能够帮助管理层从不同角度来分析信息，进行多方位分析。

5. 有利于内部控制

除了上述第2点中提到的无缝审计轨迹，XBRL GL还可以带来对内审和内控方面的便利。XBRL GL可以提供每日现金报告，甚至实现实时连续审计，帮助内控委员会随时了解企业的经营状况，尽快了解企业发生的问题，减少了舞弊的可能，减轻了后果的严重性。

此外，XBRL GL还支持多种业绩指标的衡量，管理层和内控委员会可以通过平衡记分卡，标杆管理及其他的衡量方法，清楚地掌握企业财务及非财务信息，了解企业实施某一战略的情况以及企业的优势和劣势，有助于内控的战略管理。

10.3 内部控制与信息系统

"安然"的教训使得监管者认识到，加强对企业的监管，不但要关注其对外的信息披露，还要关注其对内的内部控制。中国会计工作和研究体系将全面转向国际会计准则体系，其标志是2006年2月25日新《企业会计准则》的颁布。在准则实施进入深化阶段后，企业内部控制的规范化即全面展开。2010年4月15日，《企业内部控制应用指引》《企业内部控制评价指引》和《企业内部控制审计指引》正式颁布。由于企业几乎都是以信息系统作为其管理的手段，内部控制体系中信息系统的作用备受关注。

10.3.1 内部控制及其发展

1949年美国会计师协会对内部控制的定义为："内部控制包括组织的计划和企业为了保护资产，检查会计数据的准确性和可靠性，提高经营效率，以及促使遵循既定的管理方针等所采用的所有方法和措施。"

从不同的角度，内部控制可以划分为不同的类型。基于员工的控制手段，企业的内部控制可以分为人员控制、行为控制和结果控制。从企业与其子公司股东的关系，内部控制可以分为以内容、磋商和背景为基础的3种控制类型。从企业管理层次的角度，内部控制可以分为战略计划、管理控制与运营控制模式。根据常见的管理形态，内部控制可以分为战略计划、战略控制和财务控制。SAP(Statement on Auditing Procedure，审计程序汇编) No. 29和SAP No. 33将内部控制分为会计控制和管理控制。会计控制主要和直接与财产安全及财务记录可靠性相关。管理控制主要用于营运效率和遵守既定管理政策方面。XBRL GL作为一种内控手段，目前可行的切入点是会计控制，包括严格控制各业务流程，保证财务记录的真实性和准确性，防止企业内部人员舞弊。

《内部控制——整合框架》方面的主要成果是1992年由COSO(Commitee of Sponsoring Organization，发起人委员会)提出并在1994年修改的《内部控制——整合框架》，在COSO报告中建立的《内部控制——整合框架》致力于分解内部控制系统内部的要素，强调了内部控制是由企业的董事长、管理层和其他人员共同实施的一个过程。内部控制包括控制环境、风险评价、控制活动、信息与沟通和监督5项要素。这一框架表明，内部控制不仅是面向过去发生过程的反馈型控制，也需要包括面向未来的前馈控制和过程控制，形成贯穿于整个流程中的全面的控制。

对内部控制认识的发展，经历了内部牵制、内部会计控制、内部结构控制、内部控制结构、内部控制框架、风险管理等阶段。内部控制目标从“查错防弊”发展到风险监控。COSO报告认为,“内部控制目标为:经营的效率和效果、财务报告的可靠性、相关法律法规的遵循性”。加拿大的CoCo(Criteria of Control Board,控制委员会准则)控制目标为:“经营的效率和效果,内部和外部报告的可靠性,遵守使用的法律、规章及内部政策。”英国SAS(Statement on Auditing Standards,审计准则汇编)的内部控制目标为:“企业经营活动有序有效,经理班子政令畅通,资产安全,预防、察觉欺诈和差错,会计记录完整准确,财务信息可靠及时。它涉及的目标更为具体,更倾向于保护股东的利益,更强调风险的观点。”

中国财政部1996年12月颁布的《独立审计具体准则第5号——内部控制和审计风险》,准则第9条对内部控制目标作出以下界定:“保证业务活动按照适当的授权进行;报表的编制符合会计准则的相关要求;保证对资产和记录的接触、处理均经过恰当的授权;保证账面资产与实存资产定期核对相符。”

在内部控制的发展过程中,SEC为贯彻和落实《萨班斯—奥克斯利法案》并便于界定CPA的内部控制审核责任,产生了ICOFR(Internal Control On Financial Reporting,财务报告内部控制)这一概念。它是指由公司的首席执行官、财务总监或公司行使类似职权的人员设计或监管的,受公司董事会、管理层和其他人员影响的,为财务报告的可靠性、满足外部使用的财务报表的编制符合公认会计原则提供合理保证的控制程序。ICOFR的总目标是为财务报告的可靠性提供保证。

随着会计信息化的发展,这一问题受到多方的关注。信息技术治理协会在2007年5月份,发布了COBIT (Control OBjectives for Information related Technology,信息及相关技术的控制目标)4.1。COBIT 4.1提供了6项建议性的应用控制(Application Control, AC)目标:AC1:源数据准备和授权;AC2:源数据收集和输入;AC3:准确、完整和真实性检查;AC4:处理的完整性和有效性;AC5:输出检查、核对和错误处理;AC6:交易真实性和完整性。COBIT已从一个审计师的工具,演变为IT治理框架。

管理信息系统的发展史大致包括:1960年前后Joseph Orlicky等人开发的第一代物料供求计划(Material Requirement Plarming,MRP),1960—1970年开发的管理报告系统,1970—1980年的决策支持系统,1980年至今的战略和终端用户支持系统。战略和终端用户支持系统包括:主管信息系统(Executive Information System, EIS)、主管支持系统(Executive Support System, ESS)、专家系统(Expert System, ES)、计算机集成制造系统(Computer Integrated Making System, CIMS)、战略信息系统(Strategy Information System, SIS)、供应链管理(Suplying Chain Management, SCM)、客户关系系统(Client Relation Management, CRM)和企业资源计划(Enterprise Resource Planning, ERP)。

目前主流的会计信息化系统是财务管理信息系统(Finance Management Information System，FMIS)和企业资源计划。有学者指出:“公司的FMIS侧重于对资金流和信息流的管理和控制,而ERP则将管理和控制的触角延伸至企业的业务流、资金流、实物流、信息流以及人力资源流等各个领域和层面。”另有学者发现了信息系统在审计中的作用,“ERP系统的使用、供应链的发展以及XBRL标准的推广普及等,都在技术上促成了连续审计的实现,从而使在线实时报告成为可能”。“连续审计”技术的典型特征是利用技术优势来缩短内部审计周期、改善风险和控制安全系数。它能提高审计质量,减少检查风险。根据普华永道会计师事务所发布的名为《2006内部审计状况职业研究》的报告结果,自那时起,会计师对连续审计及监控作为未来趋势已经达成共识。

10.3.2 内部控制的主要理论

随着社会经济的发展,企业的结构日趋复杂,每天所处理的信息越来越繁杂,组织结构也越来越庞大,对企业的经营管理也提出了越来越高的要求。内部控制也就应运而生,并随之发展,它的作用在于,保护企事业单位的财产安全和完整,保证国家政策、法令的贯彻和执行,保证会计记录及相关数据和资料的真实性,提高企业的经营效率。

1963年,AICPA的审计委员会修改了内部控制的定义,认为:“内部控制包括组织设计及所有用于以下方面的方法和措施:保护资产,检验会计数据的准确性和可靠性,促进效率,鼓励遵守既定的管理政策。”由定义可以看出,内部控制对企业具有积极的影响意义。

1. COSO《内部控制——整合框架》

1992年,在COSO发布的报告《内部控制——整合框架》中,整合了各方面对内部控制的需求,包括5个相互关联的要素,这些要素源于管理层经营业务的方式,并与管理的流程整合在一起,是一个环环相扣的完整过程。

1) 控制环境

控制环境包括组织人员的诚实、伦理价值和企业员工的竞争力;管理层分配权限和责任、组织、发展员工的方式;管理层哲学和经营模式;董事会提供的关注和方向。控制环境影响员工的管理意识,是其他部分的基础。控制环境构成一个单位的氛围,影响内部人员控制其他要素的基础,影响成员对于控制的意识,决定了一个组织的基调。它为内部控制所有其他部分提供纲领和结构支持。

2) 风险评估

风险评估是指管理层识别并采取相应行动来管理对经营、财务报告、符合性目标有影响的内部或外部风险,包括风险识别和风险分析。风险识别包括对外部因素（如技术发展、竞争、经济变化）和内部因素（如员工素质、信息系统处理的特点、公司活动性质）进行检查。风险分析涉及估计风险的重大程度、评价风险发生的可能性、考虑如何管理风险等。

风险评估是指确认和分析实现目标过程中的相关风险，是形成管理何种风险的依据。它随经济、行业、监管和经营条件而不断变化，需要建立一套机制来辨认和处理相应的风险。

3）控制活动

控制活动是指对所确认的风险采取必要的措施，以保证单位目标得以实现、管理层指令得到执行的公司政策和流程。它确保企业针对相关的风险采取了必要的措施，以实现企业的经营目标。控制活动贯穿于整个组织的所有层次和所有职能部门，包括一系列不同的活动，如对经营活动的审批、授权、确认、核对、审核，职权分离，对资产的保护等。

《审计准则公告第78号》将控制活动分为以下几类：

“业绩评价，是指将实际业绩与其他标准，如前期业绩、预算等和外部基准尺度进行比较；将不同系列的数据相联系，如经营数据和财务数据，然后对功能或运行业绩进行评价。

信息处理是指保证业务在信息系统中正确、完全并经授权处理的活动。信息处理控制可分为两类：一般控制和应用控制。一般控制与信息系统设计和管理有关，应用控制则与个别数据在信息系统中处理的方式有关。

实物控制，包括实物的安全控制、对计算机以及数据资料的接触予以授权、定期盘点和将控制数据予以对比。

职责分离是指将各种功能性职责分离，以防止单独作业的雇员从事或隐藏不正常行为。一般来说，下面的职责应被分开：业务授权、业务执行、业务记录、对业绩的独立检查。”

4）信息和沟通

信息系统产生各种报告，包括经营、财务、合规等方面，使得对经营的控制成为可能。其处理的信息包括内部生成的数据，也包括可用于经营决策的外部事件、活动、状况的信息和外部报告。为了使职员能执行其职责，企业必须识别、捕捉、交流内部和外部信息。内部信息包括会计制度与会计数据等，外部信息则包括市场份额、法规要求和客户投诉等信息。

沟通是使员工了解其职责，保持对财务报告控制的有效手段。它使员工了解在会计制度中他们的工作如何与他人相联系，如何对上级报告例外情况。沟通的方式主要有政策手册、财务报告手册、备查簿，以及口头交流或管理示例等。有效的沟通应当基于更为广泛的理解，并且自上而下、自下而上地贯穿整个组织。所有人员都要理解自己在控制系统中所处的位置，以及相互的关系；必须认真对待控制赋予自己的责任；同时，也必须和外部团体进行有效沟通，例如，客户、供应商、监管部门和股东。

5）监督

监督在经营过程中进行，通过对正常的管理和控制活动、员工执行职责过程中的活动进行监控，来评价系统运作的质量。不同评价的范围和步骤取决于风险的评估和执行中的监控程序的有效性。对于内部控制的缺陷应该及时向上级报告，严重的问题要报告到管理层高层和董事会。

2. 内部控制关注点

根据COSO《内部控制——整合框架》，内部控制可以分为管理控制和会计控制。管理控制使用组织设计中的所有方法和程序，涉及战略控制、风险控制等。而相较于管理信息系统，XBRL GL更侧重于与财务信息有关的资源，所以本节将着重探讨与会计控制直接相关的运营控制和企业人员舞弊的内控关注点。

1）资产管理

这里所说的企业资产主要指存货、固定资产和无形资产。它们在内控管理上存在很多共性的特点，所以把它们归为一类。首先，从员工管理角度，在资产管理上要防止资产的盗用和丢失，将企业资产作为个人使用，要保证实物控制。其次，从防止管理层舞弊角度，要防止公司管理层高估资产，通过不恰当的计价方式和计提跌价准备、计提折旧来虚增资产价值。另外，存货中的原材料和半成品需要进行再加工，这时，要确保材料领用手续的齐备，材料的消耗量合理。

2）采购管理

在采购管理中，主要关注发票、购销合同、入库单等各项原始凭证，防止虚假单据的产生，使得企业为不存在的购买活动支付现金。

3）销售管理

与采购管理相似，在销售管理中，主要关注出库发货单、货运公司的接受确认单据、购销合同等原始凭证，防止虚假单据，保证账实相符。

4）虚假收入

与高估资产的道理一样，管理层尤其是上市公司管理层不乏虚增收入的例子。例如：推迟披露有价证券市价下跌、通过关联交易的转移定价，随意制定应收账款冲销标准，任意调整资产价值，利用权益法核算误导子公司账户，利用第二年的退货处理确认不符合条件的收入确认，甚至虚构买方提高利润。

与此相反，公司有时为了逃避赋税，低估收入或虚增费用。例如，虚增资产，加大费用；材料领用手续不完备，周转材料不按期进行摊销，造成成本失真；加大资产跌价准备值；通过关联交易将利润转去海外。公司常常通过这些方式来瞒报利润。

5）应收账款管理

美国的会计研究人员以普华永道会计师事务所对20个公司的审计资料为对象，发现“在各交易环节错弊程度中，应收账款排名第一的比例最高，接下来是应付账款，再次是存货”。应收账款的舞弊点主要是存在性和坏账准备率。

存在性主要体现在：赊销企业存在的真实性，以及发生的当期赊销应按多少比例计入当期收入。对于坏账准备率，需要关注是否具有恰当的账龄分析，以及对欠款企业的偿债能力的正确评估。

6）应付账款管理

应付账款管理主要体现在真实性上。首先，确保承担的债务的存在性和准确性，例如，由采购业务产生的债务就要确保购销事实的存在性和其定价合理性，防止相关人员中饱私囊。其次，要确保分类的正确性，尤其是应付账款和预收账款分类记录的准确性。

7）数据交换

不少企业存在两个数据系统数据交换时发生错误的问题，这尤其会发生在跨企业与银行的资金头寸平台、跨企业若干开户银行的数据平台、跨集团各成员企业的地域平台、跨集团各部门的业务平台的数据交换中。这需要跨平台的财务监督制度，以及合适的数据对接软件或交换系统。

8）记录、计算与分类错误

以上主要针对的是员工和管理层的恶意舞弊行为。但在实际操作中，更多的是由于相关人员没有足够的职业水平或是疏漏而造成的记录错误。例如，计算错误导致的数字错误、会计科目分类的错误、会计记录方法错误等。这就需要企业员工具备相应的专业技能，具备较强的责任心，企业应具有一套完善的复核制度，来降低这些错误发生的可能性。

9）战略管理

战略管理可以通过财务和非财务指标，来分析企业目前的风险和优势。企业除了要注意日常的运营控制，还要保证其日常业务决策同长期计划决策相一致，关注企业资源配置和战略实施的情况。

10.3.3　基于信息化环境下的内部控制研究

1. 信息化的特点

随着互联网络、高性能硬件服务器、集群数据库技术的出现，企业进入信息化时代，给内控设置带来更多的机遇和挑战。

1）财务和业务一体化

目前的管理信息系统都不仅限于财务信息的整合，而倾向于财务与业务的一体化。正如ERP系统就将企业财务和业务一体化，其会计信息的采集、存储、加工、处理、传输等全部嵌入企业的采购、生产、销售、人力资源等业务处理系统，并通过计算机、软件、数据库以及网络等自动进行集成化运作和统一管理，实现了业务交易和会计记录的“双同步”。

2）实时共享

及时性是会计信息的灵魂，及时的信息才是有用的信息。信息化环境下，实时财务报告的理念得以实现。实时财务报告，是指企业利用互联网向信息使用者实时提供生产经营活动及其结果的信息报告系统，报告的使用者可以据此及时查询和了解企业的财务状况、经营成果等重要信息。通过这一实时信息共享，会计信息的使用者可随时查看企业经营和财务状况，方便、快捷地了解企业经营管理的过去与现状，调整对有关会计年度数据的预期，从而有助于投资者作出合理的决策。

如今，XBRL GL 开启了信息系统之间数据无缝传送的大门，实现无缝审计，基本消除了数据重复录入的时间迟滞，在技术上有助于促成及时乃至实时报告的实现。

3）物流、资金流和信息流“三流统一”

物流是指与提供商品和劳务直接相关的要素流动，涵盖供、产、销三个过程。资金流反映企业资金或广义货币资金的流入、流出线索。信息流是指信息的传递过程。“三流统一”以流程线索的形式全面展示了企业可能发生的业务事件，来弥补内部控制建设缺乏全面规划而丧失系统性的缺憾。

物流、资金流和信息流是相互影响、相互作用的。物流、资金流的运动必将反映在信息流之中，而信息流的控制手段也可以帮助物流、资金流更加畅通无阻地运行。此外，物流与资金流的运动往往是相互交叉、同时发生的，就像是“销售与收款”。因此，通过物流、资金流和信息流三者之间的逻辑关系和相互验证，可以保证企业业务信息的可靠性和准确性。

4）整个产业链利益共同体集成化运作和协同管理控制

利益共同体间的自动数据交换，也是信息化的一个重要特点。例如，EDI（Electronic Data Interchange，电子数据交换）可通过在各有关部门或公司之间传输订单、发票等作业文件的电子化手段，实现数据自动交换与处理，并完成以贸易为中心的全部信息处理过程。

通过这种电子化手段，业务数据能够自动地进行双向交换。在企业与客户之间的电子商务活动中，业务数据如电子合同、电子订单、产品信息等能够双向自动、自由地进行交换以完成交易。在企业与相关金融机构如开户银行之间通过网络连接，可使企业的会计核算系统与银行的账户管理系统形成映射，提高网上收支结算的可靠性与安全性。企业通过完善会计数据与互联网的标准接口技术，能帮助实现整个产业链利益共同体的业务数据的交换，并有助于协同管理控制。

5）效率可比性

对企业而言，同其他企业相似的信息相比较，以及与本企业在其他期间或时点的相似信息比较，能方便管理层获取、集成和全面评价相关财务信息，从而进行决策，并凸显企业对于相似交易会计处理方式的不同，使得企业会计政策选择对于信息使用者更为透明。

在信息化环境下，信息可以通过标准的标签识别，无论是不同企业间的相似信息，还是同一企业不同期间的相似信息，都可通过智能搜索完成抽取并导入分析软件，用户能在有限时间内高效地对大量报告信息作分析，充分发挥可比信息的决策作用。

2. 信息化控制

1）输入控制

会计信息化系统中输入的数据量一般比较大，有效的输入控制可以使错误的数据输入很容易被发现并及时得以纠正。信息化系统可以通过确定输入数据的范围、类型以及两次输入法、复核输入、余额控制等多种方法，或者通过保证输入的数据确已经过审批手续，来保证输入数据的正确性，减少输入环节错误的发生。比如，经济业务在由计算机处理之前应该先经过适当的批准，会计信息系统通过登记日记文件，来防止经济业务被遗漏、添加、重复或不正当地修改，并对不正确的经济业务进行删除或更正。

2）处理过程控制

处理控制多为程序化的控制，主要通过系统内部控制程序的运行来自动保证数据处理的正确性。这一控制过程的目的是，确保计算机运行时能发现、纠正和报告某些有错误的输入，从而保证数据处理的可靠性和正确性。数据处理控制主要有处理的流程控制、数据修改控制、数据备份和恢复控制、结账控制等。会计数据正确输入后，数据将由程序进行具体的加工处理，按照输入、复核、更改、汇总、分类、登账、对账、转账、结账等流程，完成处理过程控制。

3）输出控制

输出控制是对会计信息化系统输出环节的控制，数据的输出形式包括查询、打印和 U 盘输出等。输出控制的内容包括：第一，对输出结果的正确性进行检查；第二，对输出结果接受者的合法身份进行检查，防止重要经济信息的非法泄露；第三，对输出结果的及时性和输出结果传递过程的准确性进行检查，以保证输出的会计信息准确、真实、可靠。输出控制最重要的目标是保证各种输出结果的准确性、真实性、可靠性和完整性，并且保证输出数据的接触人员仅限于经过授权的人员。

10.3.4 基于 XBRL GL 的内部控制信息系统设计

企业的内部控制，主要与三类利益集团息息相关。第一类是企业的管理层，其主要关注企业目标实现的管理方法，即为了提供有效的组织和持续经营，防止错误和其他非法业务的发生而制定业务流程，并通过具体的岗位分工，进行实物收付与实物数量记录的相互牵制。第二类是企业的股东，其着重关注会计与财务报告有关的内部控制，了解企业信息披露的真实性和可靠性，以及企业的经营业绩情况。第三类是政府等监管部门，其关注的是社会公众利益。毋庸置疑，政府立法在构建内部控制理论中占主导地位，以政府监管为导向和会计职业界相辅的目标融合在企业的内部控制系统中将会是最佳方案的基础。

而 XBRL 就可视为财政部为了保障投资者等社会公众的利益而发起的一个方向，目标是构筑一个规范的体系供大部分企业使用，包括从交易事项发生开始记录到最后报告生成的全过程，力求呈现的信息公允可靠，降低企业内部舞弊可能性。

1. XBRL GL 功能探索

1）风险警示系统

该系统主要是通过对影响企业的各种内外部事项进行识别、评估，并根据企业的风险容忍度，确立内部人员各种行为的边界，对于超越边界的行为不予操作，并向监控系统发出警示。XBRL GL 系统内可预先确定一些高风险的操作事项，如员工登录账号和密码发生 3 次以上错误，在没有生成采购单的情况下进行货款支付等。同时，对各种超越这一边界的行为直接进行实时控制，通过前馈控制防止企业发生舞弊或输入错误。将该系统连接反馈控制系统，对于新的、需要积极控制的风险，按业务性质进行归类，找出各个流程中的主要风险点，更新到风险识别边界内，以便系统升级，提高该系统的灵活性。

2）监控系统

最常用的监控方法就是校验，即通过会计的记录、确认、计量和报告对各项交易和事项进行核对或校验。校验人员由具体经办人之外的独立人员担任，验证内容包括所记录的金额的正确性，记录内容与所有原始凭证、发票等原始资料的一致性，与该项业务相关的内部控制程序的履行情况等。比如，发票、工资计算表、成本计算单等资料的正确性审核，存货盘点表、银行存款余额调节表、现金盘点表等资料与会计记录的比较，这些都有利于防止会计差错的发生。电子账簿系统应给予审批人相应的权限，不经校验的记录不能入账并同意付款，并要求校验人员在校验后留下签名。这一程序不仅能降低错误风险，而且也是评价员工工作质量的很好途径。

此外，该系统实现实时控制功能，当会计人员进行账务处理时，其操作和数据也被同步地记录在监控人员的计算机上，由监控人员进行即时或定期检查。可辅以风险警示系统，一旦出现数据异常相关人员便进行深入调查，依据风险警示的结果和结果产生的原因分别采取控制措施，从而回避、消除、降低风险及其影响，实现控制目标。为了实现实时控制，应对日益增多的不确定性因素，这种控制应该是交互式的，便于实时调整。

3）建立操作日志文档

电子账簿的实施不仅可以提高企业的运作效率，也能给审计带来极大的便利。如果在系统内建立操作日志文档，在系统内留下所有记录创建、改动和删除的痕迹，便能减少企业舞弊的风险，加大企业账簿的可信度。某人在何时以何种身份调用了哪些功能、进行了哪些操作，均应一一记录在案，并定期备份、妥善保存。这既构成了一种安全性保障，也提供了在发生事故后追查事故原因的依据。记录内容至少包括改动项目、改动前记录、改动人员、操作开始和结束时间，甚至可以要求对重大项目进行改动原因记录，这是可以遏制企业会计操纵的一条途径。

4）标签追踪系统

XBRL GL分类标准的一大特点，就是采用标签进行上下级会计科目间的链接。XBRL GL对每一单元信息赋予独特的标准标签，应用软件可以通过标签识别信息，并可准确地依据分类标准的定义对其进行处理。此外，在数据进入系统之初就为其添加相关的上下文信息，并在数据流动过程中始终携带，从而自动提供审计线索。无论数据处于何种合并层次，通过标签总能便利地对其进行追踪定位。这一特性将方便总账和明细账的核对，以及余额、发生额的平衡检查等。

5）数据细化

对存在于电子账簿系统内的每一笔分录，都有指定的路径细化到其对应的原始凭证、发票、合同、采购或订购单、收货或发货单、应收票据、商业承兑汇票等所有反映该笔交易真实与公允存在的证明资料。此外，为了保证完整性和存在性，企业对业务处理的凭证应编制相应的号码，对所有凭证均应事前编号，这样做既便于业务的查询，也可避免业务记录的重复和遗漏，并可在一定程度上防范舞弊的发生。此外，对所有作废的票据都要妥善保存，通过对数据的细化，可以保证全部收入、结算款项等能够及时准确入账。

6）系统初始化控制

电子账簿系统必须有控制系统初始化的功能。初始化内容包括设置系统参数、设置会计科目、建立各种账簿文件、录入各种原始数据等，这些都能保证会计输入的规范性，便于审计和发现错误，因此在系统运行前应进行初始化控制。

7）职责分离

管理职能、保管职能、会计职能和监督职能应该由不同的工作人员承担，以降低舞弊风险，减少错误发生的可能性。通过电子账簿系统可以对不同岗位的员工进行登录、记录和修改的授权，根据其员工代码识别权限。比如，记账人员与经济业务事项和会计事项的审批人员、财物保管人员、经办人员的职责权限应当明确，确保相互分离、相互制约。企业内部主要不相容职务有：授权批准职务、业务经办职务、财产保管职务、会计记录职务和审核监督职务。此外，要求数据输入和修改人员登记员工号和员工姓名，实现责任制，方便监督人员进行询问和了解，并且要求监督和管理人员在对重要交易或记录完成审核后，也予以签名确认。

8）数据交换接口

企业内部的业务流程逐步向供应商、客户和其他利益相关者延伸，企业通过促进与这些利益相关者之间的信息交换，不仅可以节约成本、缩短服务周期，而且可以通过对供应商生产能力和竞争力的分析获取稳定、及时、可靠的供应，通过银行的对账单更好地保证财务信息的准确性。企业通过与利益相关者之间建立自动信息交换系统，可便于提高服务质量，获取竞争优势。

电子账簿中可以融入类似EDI的系统，方便在公司之间传输订单、发票等作业文件，将订单、发货、报关、商检和银行结算合成一体。该系统可实现远程报账、远程报表、网上支付、网上催账、网上报税、网上采购、网上销售、网上银行等功能。这些功能除了能够提高效率、稳定客户、优化与客户之间的关系，还可以获得有价值的客户数据，从中发掘有关客户期望及其变化的信息，另外还能加强企业的内控系统。

2. 以固定资产为例的内控流程

以固定资产循环控制为例，通过分析业务流程的内部控制中业务循环的关键环节和业务循环的重要控制方法，说明XBRL GL系统内部控制流程的构建。

1）资产的取得

记账流程：首先通过身份认证，进入系统，系统将对该身份的每一笔操作自动生成操作身份和操作日期。进入系统内的日记账，选择交易类型为“资产取得”，在记账时输入会计科目“固定资产”“银行存款”及相应的借贷行号和金额，附注二级说明如“土地”，固定的编号如“L012”，描述如“华山路1954号”，数量如“1”，选择使用的会计准则如“中国会计准则”，并根据准则选择相应的增值税税率，如牵涉到汇兑，还要选择相应的汇率，并注明适用汇率的日期。入账结束后，系统将自动生成操作编号。此外，由于固定资产属于可衡量项目，系统将自动在这一分类下生成以上信息。如果对一些默认信息如“入账日期”进行调整，以及进行修改，需要提交报告，并经监控人员批准，同时将更改记录以及申请报告存档在操作日志中。

此外，固定资产的取得控制还应包括以下5个方面：

（1）必须依据预算取得固定资产，要审批实际支出与预算间的差异以及未列入预算的特殊事项。

(2) 外部采购的固定资产,关于技术和质量条款的制定应有工程师的参与,必须经过使用部门的工程师的检查,并要求其在验收单上签字。

(3) 自制或自建的固定资产应由项目审批人签发工作通知,成本在工作通知发出后开始累计,授权生产或建造部门制造或施工,并定期与核准的金额核对。

(4) 如以其他方式取得固定资产,以双方签订的协议为准。

(5) 在安装固定资产的过程中,要由指定的专业人员进行进度测试,委派独立的员工监督进度、质量和数量。监督测试工作要有文字记录,指定的授权人要在验收合格证书上审核签字,该记录要作为工程验收合格证书的附件妥善保管。

2) 固定资产计提折旧流程

记账流程:进入系统内的日记账,选择交易类型为"折旧/减值",输入会计科目"固定资产""累计折旧"及相应的借贷符号和金额,附注二级说明如"土地",固定的编号如"L012",数量如"1",选择使用的会计准则如"中国会计准则",并根据准则选择相应的折旧方法,输入使用寿命如"10"及单位"年",预计净残值如"100",鉴定人员姓名。入账结束后,系统将自动生成操作编号。同样,如果需要改变折旧方法,需要提交申请报告并得到监控部门的批准。

此外,固定资产的折旧控制还应包括以下3个方面:

(1) 在确定资产使用寿命时,要征求工程技术人员及财务部门(即鉴定人员)的意见,并考虑税法规定。

(2) 至少每年年度终了时,企业要对固定资产的使用寿命、预计净残值和折旧方法进行复核,有差异的要作会计变更处理。

(3) 固定资产加速折旧要有相应的批准文件。

3) 盘查

企业应该设立专门小组对固定资产进行定期盘点,每年至少一次。专门小组成员应由资产管理部门和财务部门组成。盘点结果应一一记录在资产清查表上,参加盘点人员应在上面签字,该资料作为原始文档保存在 XBRL GL 系统内,以备查用。资产清查表与固定资产账目在进行核对时,若发现差异,资产保管部门负责查明原因。

本章小结

XBRL GL 不是 XBRL FR 的补充,而是一种全新的 XBRL 应用。XBRL GL 不但为 XBRL FR 提供支持,也具有独特的技术结构、应用环境和实现目标。XBRL GL 关注企业的内部工作,能够支持信息共享、跨平台整合和实时审计等功能，并且作为信息基础结构在企业内部控制中发挥不可替代的作用。本章详细解析了 XBRL GL 的语法结构，并探讨了 XBRL GL 在企业内部控制中的应用方式和优势。

毕马威的 XBRL 专家 Zachary Coffin 曾预言："与不同国家会计准则相异有关的问题将因 XBRL 迎刃而解，如分析师不再需要对依据不同国家会计准则编制的报告作调整工作，因为企业将能够从同一套数据依据不同的 XBRL 财务报告分类标准生成符合不同准则要求的财务报告。" XBRL GL 对会计账簿的标准化所带来的影响，不仅是跨国信息交流的便利，还有内部控制环节上的突破。

虽然 XBRL GL 对于内部控制有如此重要的意义，但目前国内的研究还处于起步阶段。研究内部控制中电子账簿系统的设置是内部控制的实践运用中非常重要的内容，它的构建将对促进公司治理，提升管理水平和竞争能力有着深远的意义。

进一步阅读

XBRL FR 是以会计概念为核心的，而 XBRL GL 则是以会计工作流程为核心的，读者可以阅读并对比 XBRL 2.1 规范和 XBRL GL 框架理解这一点[1,2,3,4,5,6,7,8,9,10,11,12,13]。张天西(2006)探讨了 XBRL FR 与 XBRL GL 在理论定位上的关系[14]。XBRL 出现以后，研究人员讨论了多个 XBRL 应用中遇到的问题，包括互操作、语义理解等，并阐述了 XBRL GL 解决这些问题的潜力[15,16,17,18,19,20,21]。内部控制是会计领域备受关注的方向[22,23,24,25]，近年来利用信息技术解决内部控制问题成为一种趋势[26,27,28,29]。XBRL GL 出现后，由于其优秀的细节数据表示能力，因此很多研究者提出了基于 XBRL GL 的内部控制和连续审计方案[30,31,32]。XBRL GL 与信息技术其他领域的结合(例如机器学习[33]、区块链[34])也都在开发中。

参考文献

[1] XBRL 国际组织. XBRL2.1 规范文件(XBRL Specification 2.1)[S]. 2003-12-31.

[2] XBRL 国际组织. XBRL2.1 规范化测试组件(XBRL Specification 2.1 Conformance Suite)[S]. 2005-11-07.

[3] XBRL 国际组织. XBR GL 框架(XBRL GL Taxonomy Framework)[S]. 2015-03-25.

[4] XBRL 国际组织. XBR GL 框架技术架构(XBRL GL Taxonomy Framework Technical Architecture)[S]. 2015-03-25.

[5] XBRL 国际组织. 重要账户(Amazing Account)[S]. 2007-07-08.
[6] XBRL 国际组织. 最佳实践—带注释实例(Best Practice Annotated Instances)[S]. 2007-08-01.
[7] XBRL 国际组织. 枚举值详解(Elaborating on Enumerations)[S]. 2008-01-29.
[8] XBRL 国际组织. 常见问题与回答(FAQs)[S]. 2007-08-01.
[9] XBRL 国际组织. 主文件与业务:分支说明(Master File versus Transaction: Some Ramifications)[S]. 2009-02-17.
[10] XBRL 国际组织. 多语言标签(Multi-language Labels)[S]. 2015-06-10.
[11] XBRL 国际组织. 支持通用增加:以属性文件夹作为可计量的结构(Supporting Generic Growth: The Measurable Structure as Attribute Holder)[S]. 2009-06-03.
[12] XBRL 国际组织. XBRL GL 框架中的模板(Templates in XBRL's Global Ledger Framework)[S]. 2009-02-17.
[13] XBRL 国际组织. XBRL 维度与 XBRL GL(XBRL Dimensions and XBRL GL)[S]. 2009-06-03.
[14] 张天西. 网络财务报告:XBRL 的理论基础研究[J]. 会计研究,2006,(9):56-63.
[15] HANNON N. XBRL for General Ledger, the journal taxonomy[J]. Strategic Finance,2003(8):1-4.
[16] HOU X. et al. Ontology driven securities data management and analysis[C]. //LNCS 3841,8th Asia-Pacific Web Conference(APWeb 2006), 2006.
[17] BRUCE R. Language barrier(XRBL)[J]. Financial World, 2006(10):1-4.
[18] Morikuni Haseqawa. Breathing new life into old systems with XBRL-GL[J]. Strategic Finance, 2004(3):6-8.
[19] GARBELLTTO G. Its time for XBRL GL pilots[J]. Strategic Finance, 2007(12):10-12.
[20] TELLER P, DOSCH W, PERRIZO W. Representation of accounting standards: creating an ontology for financial reporting[C]. //Proceedings of 15th International Conference on Software Engineering and Data Engineering(SEDE2006),2006.
[21] NUNEZ S M, DE ANDRES SUAREZ J, GAYO J, DE PABLOS P. A Semantic based collaborative system for the interoperability of XBRL accounting information[C]. //Proceedings First World Summit on the Knowledge Society(WSKS 2008), 2008.
[22] 朱荣恩. 建立和完善内部控制的思考[J]. 会计研究,2001(1):24-31.
[23] 郑石桥. 内部控制实证研究[M]. 北京:经济科学出版社,2006.
[24] 宗士剑. 关于完善企业内部控制制度的思考[J]. 财经研究,2007(10):35-41.
[25] 程新生,罗艳梅,李海萍,等. 内部控制理论与实务[M]. 北京:清华大学出版社,2008.
[26] 王贺,胡仁昱,劳知雷. XBRL 在内部控制报告中的应用[C]. 第十届全国会计信息化年会论文集,2011.
[27] 庄明来,汤岩. ERP 思想对会计流程的影响[J]. 南京大学学报,2009(4):46-49.
[28] 高玉宇. 财务电算化的内部控制[J]. 财经研究,2008(1):73-73.
[29] 张蕾,李琦. 企业会计电算化条件下的内部控制制度[J]. 财经研究,2008(2):83-83.
[30] UDAY S MURTHYA, MICHAEL GROOMERB S. A continuous auditing web services

model for XML-based accounting systems[J]. International Journal of Accounting Information Systems,2004,5:139-163.

[31] STEPHEN F, ROSSOUW V S. Continuous auditing: verifying information integrity and providing assurances for financial reports[J]. Computer Fraud and Security, 2005,2005(7):12-16.

[32] DA SILVA P C, LUCIANO J G, PERES C B. Continuous auditing supported by XBRL: an application on the Brazilian public digital bookkeeping system[J]. International Journal of Business Innovation and Research,2022,27(2):143-165.

[33] DEBRECENY R S, GRAY G L. Data mining journal entries for fraud detection: an exploratory study[J]. International Journal of Accounting Information Systems,2010,11(3):157-181.

[34] WANG, W. Description and implementation of accounting digital rights management based on semantics[J]. International Journal of Distributed Systems and Technologies,2022,13(6):1-15.

第 11 章

上市公司信息披露分类标准评述

XBRL 在中国的应用已有时日。目前，中国的证券市场中现行两套分类标准，分别是上海证券交易所制定的《中国上市公司信息披露分类》和深圳证券交易所制定的《上市公司信息披露电子化规范》。这两套分类标准均已通过国际组织的技术认证。2010 年 9 月 30 日，财政部颁布中国《企业会计准则通用分类标准》(2015 年 3 月 31 日更新)。

对分类标准的质量问题自 XBRL 创立之日起即已出现，因此分类标准的评价与测试一直是 XBRL 国际组织的核心工作。现有的质量标准主要集中于信息技术领域，主要表现为基于 XML Schema 的验证等。本章尝试建立基于领域建模的评价体系，并选择上市公司信息披露分类标准作为评价案例。

11.1 分类标准的评价

上海证券交易所制定的《中国上市公司信息披露分类》和《证券投资基金信息披露 XBRL 标引规范(Taxonomy)》虽得到了 XBRL 国际认可及批准，但这只能说明其技术层面的可行性，但其在会计理论上的有效性仍需要进行详细分析。在上海证券交易所发布的分类标准中，年报内容是最核心的部分；而在现有上市公司公告体系中，年报内容在分类中的表述也是最完整的。因此，本书选择上海证券交易所发布的《中国上市公司信息披露分类》中的年报表述进行分析及评价。在评述此财务报告分类标准合理性的同时，尽可能地发现其现有的不足，这将为分类标准的进一步修订提供一定的参考，从而为新型网络电子财务报告的发布者、监督者、使用者提供更多的便利，满足更多的需求，具有很强的现实意义。另外，本书没有选择其最新未公开版本，而是选择其实践中应用的正式版，是考虑到相关数据的获取问题。

因分类标准文件本身是公开的，但分类标准文件的说明是不公开的，其结构、设计思路与发展方向属于研发者的技术保密范畴。本书采取逆向工程方法，通过分析分类标准文件本身来反推分类标准结构(设计思路),按照 XBRL 分类标准的结构,从元素、关系两部分对财务报告分类标准的有效性进行分析。其中,元素、关系的有效性分析从准确性和完整性两个方面入手,在分析的基础上进一步提出改进设想,并提出一种统计评分方法,以量化评价上海证券交易所财务报告分类标准的有效性程度。评价体系框架如图 11-1 所示。

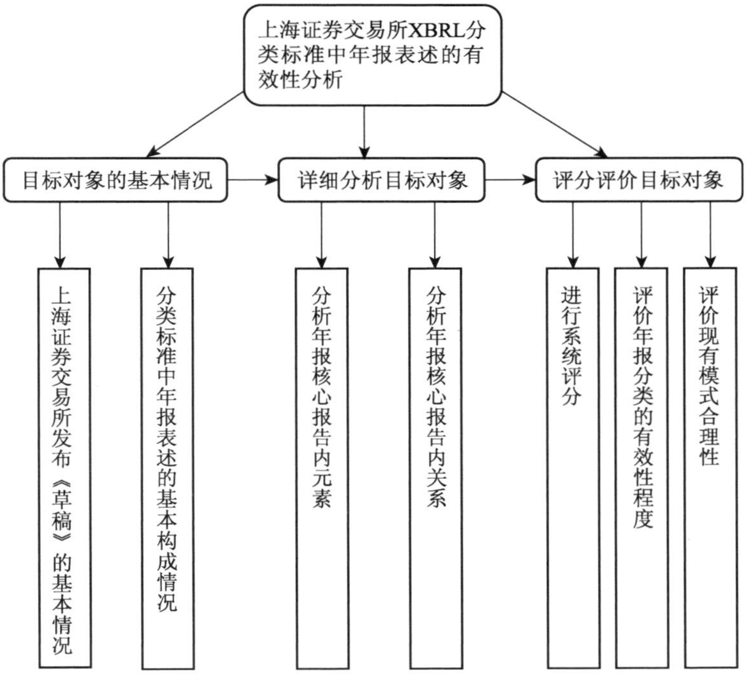

图 11-1　评价体系框架示意图

11.2　上市公司年报表述的基本结构

1.《中国上市公司信息披露分类》的基本情况

上海证券交易所是中国最早推广 XBRL 技术和标准的应用单位,在中国证券监督委员会的支持下,其于 2003 年开始实施基于 XBRL 标准的上市公司定期电子化报告报送。2004 年 2 月,50 家上海本地上市公司被选中成为 XBRL 的应用试点,参加测试项目,使用标准化报送模板来填报 2003 年年报摘要。因 XBRL 自身的优点和其发展的良好态势,最终共有 118 家上市公司参与了该项目。经过近 4 年的实践和推广,上海证券交易所所有上市公司都已通过上市公司标准化报送系统，来生成和报送上市公司定期电子化报告的 XBRL 实例文档①。

上海证券交易所在 XBRL 项目上作出的贡献也得到了 XBRL 国际组织的支持和认可。2005 年 5 月，上海证券交易所正式获准成为 XBRL 国际组织的会员(中国证券行业首次以直接会员身份加入 XBRL 国际组织的单位)。2005 年 10 月，上海证券交易所自主开发的《中国上市公司信息披露分类》获得了 XBRL 国际认证，成为中国第一个获得国际公认的分类标准②。上海证券交易所对其分类标准基本上实现了实时维护，本研究采用实践中应用的正式版本。

2. 上海证券交易所 XBRL 财务报告分类标准中年报表述的介绍

上海证券交易所 XBRL 分类标准中年报表述被分为 6 个部分：核心财务报告、重要事项、审计报告、管理层报告、公司基本情况介绍及报告附属常规信息，其中核心财务报告是构成年报的主要部分，且与其他部分均存在着一定的关系，所以本书将财务报告分类标准中年报的核心财务报告作为本次研究的目标对象。下面将从两个方面介绍核心财务报告的组成。

1）核心财务报告涉及的元素

上海证券交易所分类标准年报中的核心财务报告涉及的元素可分为两大类：报表类元素和非报表类元素。

报表类元素主要反映了 3 张主要财务报表(资产负债表、利润及利润分配表、现金流量表)和 3 张附表(资产减值准备明细表、股东权益变动表、应交增值税明细表)的数据信息，其中资产负债表对应的数据类元素共 83 项，利润及利润分配表对应的数据类元素共 40 项，现金流量表对应的数据类元素共 65 项，资产减值准备明细表对应的数据类元素共 163 项，股东权益变动表对应的数据类元素共 26 项，应交增值税明细表对应的数据类元素共 16 项。

非报表类元素主要反映了 5 部分叙述类信息，其中主要会计政策、会计估计和合并会计报表的编制方法对应的非数据类元素共 94 项，会计报表主要项目注释对应的非数据类元素共 1 337 项，另外 3 个部分为：或有事项、承诺事项和资产负债表日后事项(图 11-2)。

从元素分布表(表 11-1)可以发现：非报表类元素是主要组成部分，占总体的 78.17%，而非报表类元素中 73.06%是会计报表主要项目注释元素。因此，针对会计报告附注元素的分析将会成为后续内容的重点。

① http://www.sse.com.cn/sseportal/ps/zhs/home.html。

② http://www.xbrl.org/Home/。

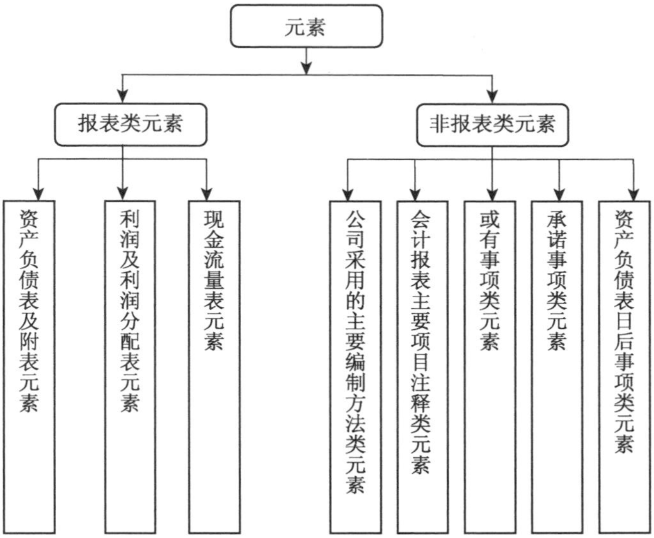

图 11-2　分类图-元素

表 11-1　元 素 分 布 表

元　　素	对应实体		比　　例		
报表类元素	主财务报表	资产负债表	4.61%	10.44%	21.83%
		利润及利润分配表	2.22%		
		现金流量表	3.61%		
	附表	资产减值准备明细表	9.06%	11.39%	
		股东权益变动表	1.44%		
		应交增值税明细表	0.89%		
非报表类元素	主要会计政策、会计估计和合并会计报表的编制方法		5.11%		78.17%
	会计报表主要项目注释		72.57%		
	或有事项类元素		0.27%		
	承诺事项类元素		0.11%		
	资产负债表日后事项类元素		0.11%		

2）核心财务报告涉及的关系

财务报告分类标准年报中的核心财务报告涉及的链接库文件一共有 5 个：计算链接库文件、定义链接库文件、标签链接库文件、展示链接库文件和引用链接库文件。

其中，定义链接库文件描述的关系较少，只有资产总计-负债和股东权益、应交税金中的增值税-增值税未交数合计两个，且均为本名-别名关系。

标签链接库文件主要用来提供英文标签(每个标签元素的语言属性标示为英语，xml:lang＝"en"；文件名也说明用于英文环境，clcid-pt-2005-07-07-label-en.xml)，共标示 1 843 项元素，与模式文件中的 1 843 项元素一一对应。

引用链接库文件描述了 1 843 项引用关系，使特定元素与其对应的外部参考信息源建立链接，此文件中涉及的外部参考信息源有：财政部发布的《企业会计制度》《企业会计准则》及中国证监会发布的《公开发行证券公司信息披露规范问答第 1 号——非经常性损益》《公开发行证券的公司信息披露内容与格式准则第 2 号——年度报告的内容与格式》《公开发行证券公司信息披露规范问答第 5 号——分别按国内外会计准则编制的财务报告差异及其披露》《公开发行证券公司信息披露编报规则第 9 号——净资产收益率和每股收益的计算及披露》。

展示链接库文件描述了 2 140 项结构展示关系，以满足资产负债表、利润分配表、现金流量表、会计数据和业务数据摘要、公司概况、资产减值表、股东权益变动表、应交增值税明细表、主要会计政策、会计估计和合并会计报表的编制方法、会计报表主要项目注释、税项、或有事项、承诺事项、资产负债表日后事项、其他重要事项、董事会报告之公司经营情况-分行业和分产品、董事会报告之公司经营情况-分地区、董事会报告之公司经营情况、主营业务注释-分行业、主营业务注释-分产品、主营业务注释-分地区等报表、声明及其他结构的展示需要。

计算链接库文件描述了 789 项数量关系，即在 10 种不同格式、方法下模式文档中元素之间的数量关系。这里的 10 种不同格式、方法是指资产负债表-分类格式、资产负债表-平衡式、利润分配表-计算格式、现金流量表-直接法、现金流量表-间接法、资产减值表-分类格式、财务注释-分类格式、财务注释-净额法、财务注释-账龄法及财务注释-构成法。但是，这里的数量关系仅涉及元素间的相同上下文加减类数量关系，例如，财务费用＝财务支出－财务收入＋汇兑损失－汇兑收益＋其他财务费用金额。

11.3 《中国上市公司信息披露分类》评价

本书中所说的分类标准有效是指分类标准对实体的反映是完整而又准确的，又因年报分类标准可被分为 3 部分：元素、元素关系与模式。因此，针对上海证券交易所年报分类标准的有效性分析，本书从元素有效性、关系有效性和模式有效性 3 方面入手。

(1) 元素(关系)的有效性分析又分为完整性分析和准确性分析两大类——因良好的完整性可以说明反映实体范围的有效性，良好的准确性可以说明单一元素(关系)反映特定实体(特定实体内、实体间关系)的有效性。如果元素(关系)的完整性和准确性得以证实，说明财务报告中元素(关系)的设置有效。

(2) 对模式有效性的分析建立在前两者有效性分析的基础之上，即通过对元素和关系的分析推出一个现有研究下的有效模式，然后将上海证券交易所财务报告分类标准现有模式与该模式进行比较，得出对现有模式的评价及改进意见。

在进行分析之前，先要明确完整性和准确性的具体含义(图 11-3)。根据XBRL 信息元素论，将现实财务报告中存在的具有完整含义的财务信息基本单位称为实体，将实体之间的关系称为现实关系，它们的集合分别称为实体集合与现实关系集合。对应地，XBRL 文件分别包含了元素集合与关系集合。在图 11-3 中，A 集合代表实体集合，B 集合代表目标对象中的元素集合，C 集合代表实体集合中各组成部分内或各组成部分之间的、在现实中存在的关系，D 集合代表目标对象中的关系集合。元素的完整性是指元素集合与实体集合的对应情况，如果属于 A 集合的任意 X_n 都可以在 B 集合中找到与之对应的 y_n，那么就称 B 集合对 A 集合的表述完整性良好；元素的准确性是指元素集合对实体集合含义的反映情况，如果 B 集合中的任意 y_n 都可以恰当地反映与之对应的 A 集合中的 X_n(这里的恰当反映是指属性相同、不遗漏或混杂有用信息源)，那么就称 B 集合对 A 集合的表述准确性良好。关系的完整性是指关系集合与实体集合中组成部分内或组成部分间关系的对应情况，如果属于 C 集合的任意 S_n 都可以在 D 集合中找到与之对应的 r_n，那么就称 D 集合对 C 集合的表述完整性良好；关系的准确性是指关系集合与实体集合中组成部分内或组成部分间关系含义的反映情况，如果 D 集合中的任意 r_n 都可以恰当地反映与之对应的 C 集合中的 S_n(这里的恰当反映是指含义相同且不遗漏或混杂有用信息源)，那么就称 D 集合对 C 集合的表述准确性良好。

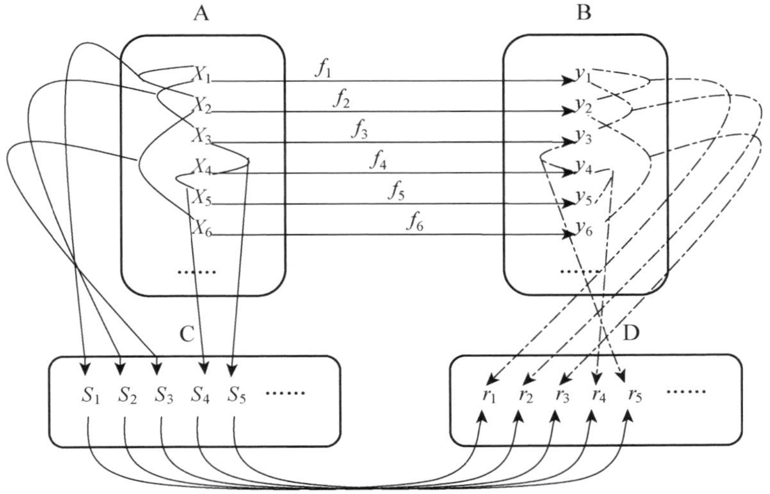

图 11-3 完整性、准确性说明图

11.3.1 元素的完整性和准确性

为进行较为系统的分析,下面将按照前述分类进行逐类分析。

1. 元素的完整性分析

确定完整性的关键在于以财务报告实体为标准,寻找是否存在某项或某些财务报告实体部分未在模式文件中被合法声明(即不存在对应元素项)。

在沪、深股市中共随机抽取10份上市公司的年度财务报告①,统计及分析结果如表11-2所示。

表11-2 元素对应情况统计分析表

实体名称	子实体数量	对应元素个数	无对应元素的子实体数量
资产负债表	85	85	0
利润及利润分配表	41	41	0
现金流量表	67	67	0
资产减值准备明细表	82	167	2
股东权益增减变动表	26	27	0
应交增值税明细表	16	16	0
主要会计政策、会计估计和合并会计报表的编制方法	43	94	0
会计报表主要项目注释	367	1 337	0
或有事项类元素	1	5	0
承诺事项类元素	1	2	0
资产负债表日后事项类元素	1	2	0

子实体的具体确定规则为:对于数据类中的信息(如6张财务报表中的数据项),凡具有经济意义的数据项均属于子实体;对于非数据类的信息,划分到信息下的第一子类别,例如:应收账款科目对应在会计报表主要项目注释中的子实体共有4个,分别为:应收账款账龄分析、欠款金额前5名单位、持公司5%以上股份的股东欠款、应收账款变动及其他说明。在完整性分析中子实体不进行再次细分。

经分析可得,除表11-2中资产减值准备明细表中的"自营证券跌价准备"和"贷款呆账准备"两个子实体无对应元素,其他子实体均可以在元素集合中找到与之对应的元素,即这些子实体均已经在XBRL分类标准中得到表述。由此可以得出结论:

① 公司代码分别为:600152、600320、600405、000966、000046、600477、000911、000065、000739、600782。数据来源:新浪财经。

分类标准中年报核心报告内元素与实体的对应情况良好，元素具有良好的完整性。

样本说明：在中国，上市公司披露的年度报告信息以中国证券监督委员会强制性披露内容为主体，不同企业年报所披露信息的形式和内容差异较小——研究者的实证结果可证明这一观点。所以，虽然样本数量较小，仍可进行合理推断：表 11-2 所得出的结论可以扩展至中国上市公司年度报告整体——中国上市公司年度报告整体，分类标准中年报核心报告元素具有良好的完整性。

2. 元素的准确性分析

元素是否可以准确地反映实体情况，往往取决于实体是否被适当地划分。极端的例子就是：如果只用一个元素来反映年度财务报告，那么年度财务报告的所有信息将被统统丢入这个元素里，虽然这种设置可以满足完整性，但这样笼统、未分解的设置近似于无意义，因其无法准确反映实体情况，更无法满足各方需求者对检索和分析能力的要求。这里所提到的划分程度，本书称之为粒度，是对元素描述实体情况详细程度的衡量，本书对核心报告中元素的准确性分析，主要就是对元素粒度的合理性进行分析。

在信息元素论的理论基础上，对元素粒度的合理性在本书中的评定标准是这样的：如果一个元素所表达的经济信息元（不可再分的最小经济信息单位）数量仅为 1，那么称该元素的粒度设置合理；如果一个元素所表达的经济信息元数量为 0，那么称该元素的粒度设置不合理——无效；如果一个元素所表达的经济信息元数量大于 1，那么称该元素的粒度设置不合理——粒度过粗。

1）报表类元素的准确性分析

第一，通过对 85 项资产负债表元素、41 项利润及利润分配表元素、67 项现金流量表元素的逐一分析，可以确定：上述 193 项元素均含有且只含有 1 个单位的经济信息元，也就是说这 193 项元素的粒度设置合理。

分析其全部合理的原因为：资产负债表、利润及利润分配表、现金流量表的形式、内容是被严格限定的，且均为数据项，在建立分类标准时只需按照 3 张报表的统一要求进行设计即可，并未涉及实质上的经济信息划分。

第二，通过对 167 项资产减值准备明细表元素、27 项股东权益增减变动表元素、16 项应交增值税明细表元素进行分析，可以确定：27 项股东权益增减变动表元素、16 项应交增值税明细表元素均含有且只含有 1 个单位的经济信息元，粒度设置合理；而 167 项资产减值准备明细表元素中 149 项达到粒度合理性的评定标准，另外 18 项元素未达标（可将其分为 3 类：存货跌价准备其他项、固定资产减值准备其他项、无形资产减值准备其他项），原因均为粒度过粗——将已可预知的重要项混杂于其他项中。为满足元素的准确性，应增设 30 项元素，不删除原有元素。下面将以“存货跌价准备”的分析为例，介绍本书研究准确性、确定增设元素（关系）的方法，而其他部分对元素（关系）的准确性分析与存货跌价准备的分析方法相同，将不再赘述。

在分类标准中，存货跌价准备可分为：库存商品跌价准备、原材料跌价准备和其他跌价准备，但实际上存货跌价准备在会计理论上应含有：库存商品跌价准备、原材料跌价准备、产成品跌价准备、低值易耗品跌价准备、开发成本跌价准备、包装物跌价准备、在途物资跌价准备、在产品跌价准备、开发产品跌价准备。

随机抽取 50 家上市公司年报的存货跌价准备明细表进行统计，可以发现：库存商品跌价准备、原材料跌价准备、产成品跌价准备充当着存货跌价准备中的主角，且库存商品跌价准备与产成品跌价准备出现的频率、所占比重相近。另外，根据出现概率，低值易耗品跌价准备、在产品跌价准备、包装物跌价准备、开发产品跌价准备也应作为单一分类进行披露，但因其数值过小（在统计中，所有这些值的总和仅为存货跌价准备的 5%以内，占净利润的比例更为微小），根据成本—效率原则，将其混入其他跌价准备进行披露的设置视为合理，以下分析将不涉及低值易耗品跌价准备。如图 11-4 所示。

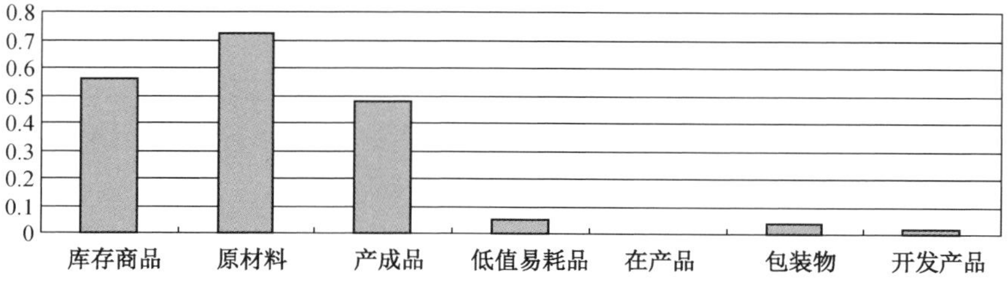

图 11-4 存货跌价准备明细统计表

另外，从理论上，产成品跌价准备也应作为单一分类出现，原因有两点：其一，产成品和在产品是存货的重要组成部分，其重要程度并不亚于库存商品和原材料。产成品与库存商品在本质上都是企业拥有的可以按照合同规定的条件送交订货单位或者可以作为商品对外销售的产品，两者的区别仅在于：库存商品指企业外购的、无需加工就可对外销售的产品，产成品指企业自身利用原材料进行加工生产而得到的产品；在商业企业的存货中前者占较大比重，后者比例较小；而在制造业企业的存货中情况刚好相反，也就是说：两者分别在不同行业的企业中拥有着近似相同的地位。在中国商业企业、工业企业共存且并重的情况下，主体重要程度相同，产成品与库存商品在各所在主体的重要程度相似，那么产成品与库存商品的重要程度也应相似。其二，产成品与库存商品发生跌价准备变动的可能性相同，具体地说：A 企业与 B 企业销售同样的 P 产品，A 企业因其自身生产获得 P 产品而将 P

产品列入产成品科目进行核算，B企业因通过外购方式获得P产品而将P产品列入库存商品科目进行核算，在准市场化的前提下，可推知：两者面对的售价和成本相同，那么，如果市场中P产品价格下降，P产品在A企业和B企业中的可变现净值低于成本的可能性就相同且计提跌价准备的金额也应相似。综合上述两个原因可知：产成品与库存商品的重要程度相似，产成品与库存商品的跌价准备的发生可能和发生金额也相似，所以说：对产成品跌价准备披露的重要性和必要性不低于对库存商品跌价准备披露的重要性和必要性。

确定了产成品跌价准备披露的重要性和必要性，也就说明：在财务报告分类标准中不应将产成品跌价准备混杂在存货跌价准备其他项中，而应增加对产成品跌价准备披露的描述，即增加6项新元素：产成品跌价准备合计余额、产成品跌价准备合计的本期增加数、产成品跌价准备合计的本期减少数合计、产成品跌价准备合计的本期因资产价值回升转回数、产成品跌价准备合计的本期其他原因转出数、产成品跌价准备转销数。

2）非报表类元素的准确性分析

通过分析94项有关“主要会计政策、会计估计和合并会计报表的编制方法”的元素可以发现：其中的80项元素含有且只含有1个单位的经济信息元，粒度设置合理，但另14项元素存在问题，应增设98项元素对混杂的经济信息元进行分别描述，除元素“记账基础和计价原则”被删除，其他原有元素保留(详细处理情况见本章附录)。

通过分析1 337项有关“会计报表主要项目注释”的元素可以发现：其中的1 066项元素含有且只含有1个单位的经济信息元，粒度设置合理，但另外271项元素存在问题，且问题主要出现在3种类型的元素上面：说明类元素、账户变动情况解释类元素和原因类元素，其中说明类元素和账户变动情况解释类元素的数目较大(分别达到了122项和125项)且情况较为复杂。应增设1 387项元素对混杂的经济信息元进行分别描述，原有元素均保留。

通过分析5项有关或有事项类元素、2项有关承诺事项类元素、2项有关资产负债表日后事项类元素可以发现：现有的财务报告分类标准对或有事项、承诺事项、资产负债表日后事项信息并未进行分析，只是简单地把未细分的相关信息混杂在一起；其中除3项元素(均为题目类元素)，其他元素均不满足准确性，应以新设的112项元素替换原有元素，对混杂的经济信息元进行分别描述。

11.3.2 关系的完整性和准确性

元素间关系的设置是至关重要的，是XBRL实现强大功能的关键。如果元素间关系的设置不合理，则分类标准在功能上是不健全的，达不到人们的预期效果，甚至会失去其建立的意义。

1. 关系的完整性分析

因元素内和元素间关系的完整性分析较为复杂，下面将就现有关系类型下（计算、定义以及其他）的关系完整性和关系类型完整性进行分析。

1）现有关系类型—计算链接库的关系完整性分析

现有的计算链接库是通过“weight”给予元素以权重来表述元素间相加或相减关系的，例如，表示其他业务利润、其他业务收入合计、其他业务成本合计三元素间的“其他业务利润＝其他业务收入合计－其他业务成本合计”数量关系的方式和代码如图 11-5 所示。

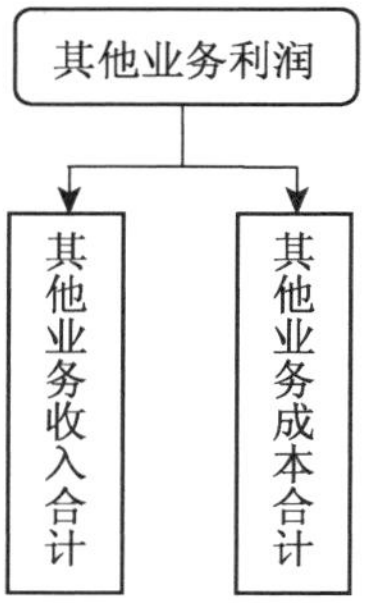


```
<calculationArc xlink:type="arc" xlink:arcrole="http://www.xbrl.org/2003/arcrole/summationitem" xlink:from="clcid-pt_QiTaYeWuLiRun" xlink:to="clcid-pt _ QiTaYeWuShouRuHeJi" order = "1" weight = "1" use = "optional"/>
<calculationArc xlink:type="arc" xlink:arcrole="http://www.xbrl.org/2003/arcrole/summation-item" xlink:from="clcid-pt_QiTaYeWuLiRun" xlink:to="clcid-pt_QiTaYeWuChengBenHeJi" order="2" weight="-1" use="optional"/>
```

图 11-5　其他业务利润、其他业务收入合计、其他业务成本合计三元素关系及代码

经过分析分类标准中核心报告的计算链接库文件中描述的元素间关系，可以发现：同类数量关系（仅加减类数量关系）表述在分类标准年报核心报告中共有 583 项，描述了 584 项元素间的加减类数量关系，对应了传统财务报告中的 168 个财务数据加减类等式，分布情况如表 11-3 所示。

表 11-3　加减类数量关系统计图

所属部分名称	加减类等式数量	对应关系数量	对应元素数量
资产负债表-分类格式	11	63	64
资产负债表-平衡式	1	1	2
利润分配表-计算格式	6	26	27
现金流量表-直接法	10	48	49
现金流量表-间接法	1	17	18
资产减值表-分类格式	36	159	160
财务注释-分类格式	43	153	154
财务注释-净额法	46	95	96
财务注释-账龄法	8	31	32
财务注释-构成法	6	15	16

通过对这10种不同方法或格式报表(附注)内的1 843项元素的仔细分析,可以确定:所有已知的单一报表(或注释)内部元素间的、会计理论上的加减类数量关系均在现有计算链接库中得以体现。

但同时也不难发现:这里涉及的加减类数量关系均为单一会计主体、相同时间点(或时间跨度)的单一报表(或注释)内元素之间的关系,即相同上下文的元素间数量关系。而不同上下文的元素之间,即分列在单一会计主体财务报告相同报表(或注释)的、描述不同时间点(或时间跨度)的财务信息之间、分列在单一会计主体财务报告不同报表(或注释)的、描述相同时间点(或时间跨度)的财务信息之间以及分列在不同会计主体财务报告相同报表(或注释)的、描述相同时间点(或时间跨度)的财务信息之间并不是独立的,而是相互制约、相互关联的,其中同样存在着大量而又重要的关系。

(1) 不同时间点(时间跨度)下元素间加减类数量关系。财务报告不仅仅被用来了解公司当前的财务状况,很大程度上是在为使用者了解公司成长态势、发展趋势提供依据,也就是说:财务报告应具有可比性,被比较的数据与数据间差额的关系也应得到体现。例如,针对公司2021年资产负债表的短期投资,不仅有短期投资2021年合计、短期投资2021年合计、短期投资变动合计的存在,还应该设置三者之间的关系:短期投资变动合计=短期投资2021年合计-短期投资2021年合计,如图11-6所示。

图11-6　三元素关系图

这样的对同一元素不同时点(时间跨度)间关系的描述是有现实意义的,且这种关系是普遍存在的——仅在核心报告中同类的因不同时点(时间跨度)的数据[单一会计主体财务报告相同报表(或注释)内]间比较而应产生的加减类数量关系共有518个,其分布情况如表11-4所示。

表11-4　不同时点(时间跨度)间关系分布表

实　　体	对应新增关系数量(个)
资产负债表	85
利润及利润分配表	41
现金流量表	67

（续表）

实　体	对应新增关系数量(个)
资产减值准备明细表	167
股东权益增减变动表	27
应交增值税明细表	16
会计报表主要项目注释	115

（2）不同报表(或注释)间元素加减类数量关系。财务报表中的数据经常过于笼统，只反映较大类别的经济活动结果，而对于笼统数据的分类描述常出现在财务报表附注中，这种实体间的解释与被解释关系决定了报表元素与附注元素间存在着重要的关系。计算链接库不仅要对处于单一报表(或注释)内部的元素间关系进行描述，还应涉及报表元素与附注元素间的数量关系。经过研究发现：报表元素与附注元素间关系虽为数不多，但确实存在。现有分类标准中缺少报表与附注间有关财务信息的加减类数量关系。下面以“税负”和“投资收益”为例来说明这一关系。

税负：在资产负债表中的应交税费与利润及利润分配表中主营业务成本及其附加中的税金均是由多项税负(增值税、消费税、所得税、关税等)构成的，如果相同的税费总额具有不同的税负结构，那么其说明的企业采取的税收筹划活动的经济含义就是不同的。并且对于企业来说，税负是极为重要的环节。而在现有分类标准中，“应交税费”和处于附注中与其相关的元素间、应交增值税明细表中的元素间的数量关系未得到体现。其实体间存在的三个关系等式如下。

应交税费 = 应交税费中的增值税 + 应交税费中的消费税 +
　　应交税费中的所得税 + 应交税费中的个人所得税 + 应交税费中的城建税

应交增值税 = 应交增值税(期初) + 销项税额 − 进项税额 − 出口退税 − 转出多交增值税 −
　　已交税金 − 减免税款 − 出口抵减内销产品应纳税额

税金及附加中的税负 = 税金及附加中的消费税 + 税金及附加中的城建税 + 税金及附加中的教育费附加 + 税金及附加中的资源税

如图 11-7 所示，实线连接符表示的关系应在财务报告分类标准中得到描述，虚线连接符表示的关系应在账簿分类标准中得到描述；也就是说，在财务报告分类标准中还应增加税负有关数据间的 19 项加减类数量关系。

投资收益：“投资收益”是损益类账户——利润及利润分配表的重要组成部分，投资是一个现代企业成长壮大的必要手段，是企业经营能力、资本运作能力的重要体现，并且投资行为往往贯穿于企业的整个可持续经营过程。投资是一张大网，与投资收益有关的元素遍布在财务报告各处，其间存在着较为复杂的关系。

图 11-8 中的加减类数量关系可以使用 19 个加减类数量关系来表示(其中共涉

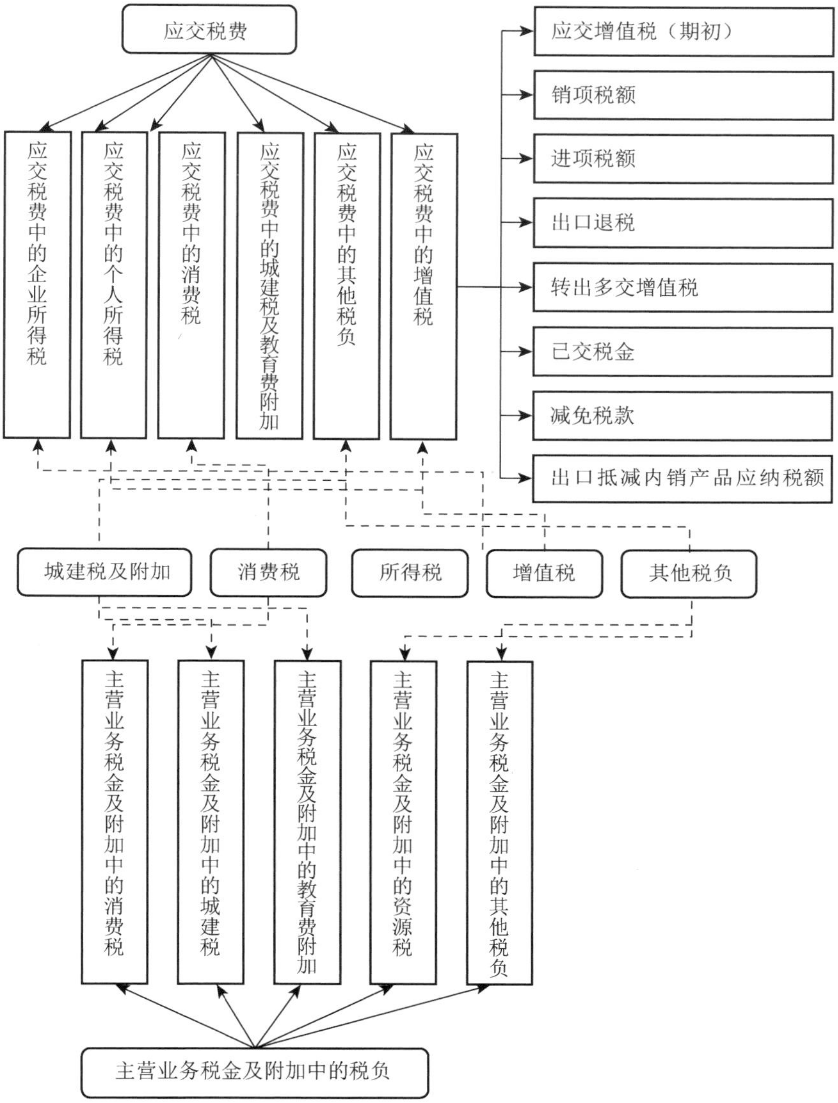

图 11-7　税负相关元素间加减类数量关系图

及 42 项元素、67 项关系）。

投资收益 ＝ 股权投资收益 ＋ 债权投资收益 ＋ 股票投资收益 ＋ 其他投资收益

投资收益 ＝ 股利利息收益 ＋ 转让收益 － 减值准备 － 价差摊销

投资收益 ＝ 短期投资收益 ＋ 长期投资收益

股权投资收益 ＝ 长期股权成本法投资收益 ＋ 长期股权权益法投资收益

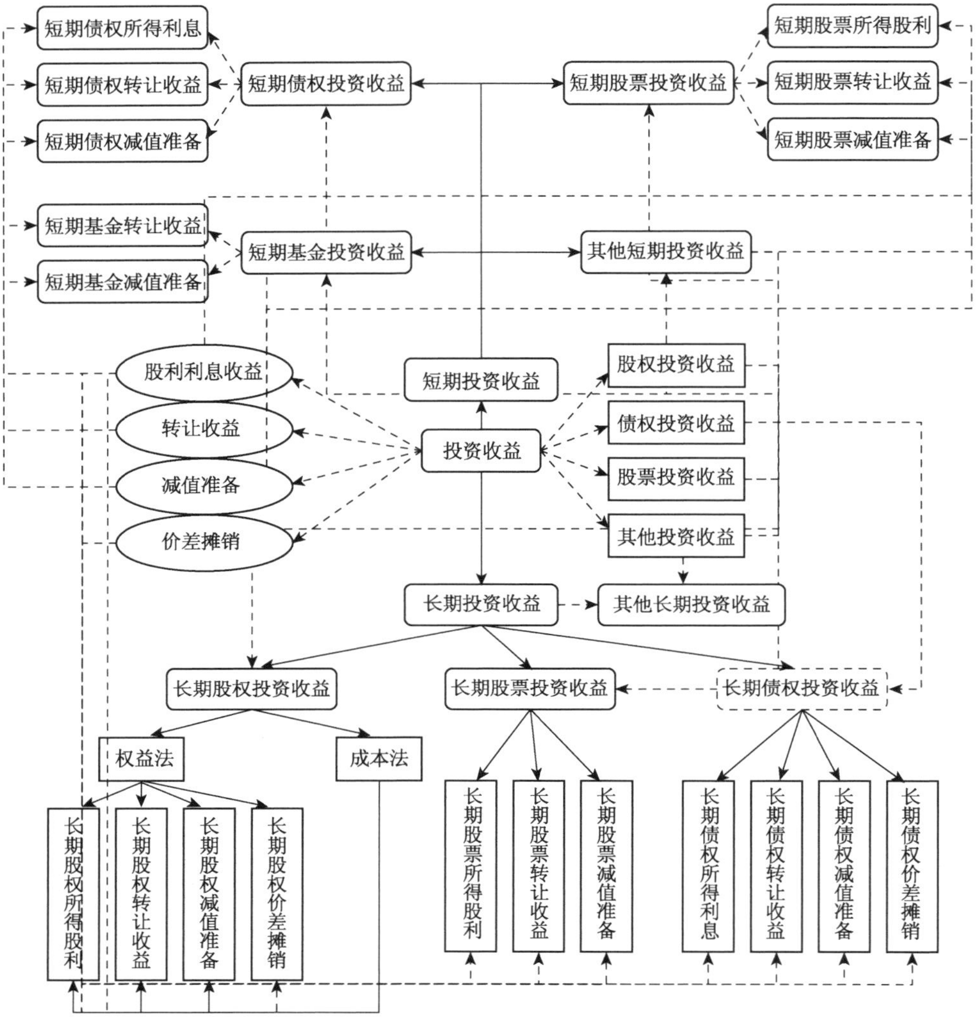

图 11-8　投资收益相关元素间加减类数量关系图

债权投资收益 ＝ 短期债权投资收益＋长期债权投资收益

股票投资收益 ＝ 短期股票投资收益＋长期股票投资收益

其他投资收益 ＝ 短期基金投资收益＋其他短期投资收益＋其他长期投资收益

短期投资收益 ＝ 短期债权投资收益＋短期股票投资收益＋短期基金投资收益＋其他短期投资收益

长期投资收益 ＝ 长期股权投资收益＋长期债权投资收益＋长期股票投资收益＋其他长期投资收益

长期股权投资收益＝长期股权所得股利＋长期股权转让收益＋长期股权减值准备＋长期股权价差摊销

长期债权投资收益＝长期债权所得利息＋长期债权转让收益＋长期债权减值准备＋长期债权价差摊销

长期股票投资收益＝长期股票所得股利＋长期股票转让收益＋长期股票减值准备

短期债权投资收益＝短期债权所得利息＋短期债权转让收益＋短期债权减值准备

短期股票投资收益＝短期股票所得股利＋短期股票转让收益＋短期股票减值准备

短期基金投资收益＝短期基金转让收益＋短期基金减值准备

股利利息收益＝长期股权所得股利＋短期债权所得利息＋长期债权所得利息＋短期股票所得股利＋长期股票所得股利

转让收益＝长期股权转让收益＋短期债权转让收益＋长期债权转让收益＋短期股票转让收益＋长期股票转让收益＋短期基金转让收益＋其他投资转让收益

减值准备＝长期股权减值准备＋短期债权减值准备＋长期债权减值准备＋短期股票减值准备＋长期股票减值准备＋短期基金减值准备＋其他投资减值准备

价差摊销＝长期股权价差摊销＋长期债权价差摊销

现有的计算链接库中只涉及上面的三个等式(第四、第五、第六等式)，描述了对应的6项关系，而缺少了对16个关系等式(除第四、第五、第六的16个等式)的表达，也就是说：还应增加对投资收益有关元素间的61项加减类数量关系的描述。

(3) 不同会计主体下元素间加减类数量关系。这里的不同会计主体下元素间加减类数量关系是为了表现母公司财务报告与集团合并财务报告、公司财务报告与所在行业内其他公司财务报告、公司财务报告与非同行业公司财务报告中相同报表(附注)内描述相同时间点(或时间跨度)的财务信息间因进行数据比较而产生的加减类数量关系。

下面举3个例子来分别解释上面提到的不同会计主体下元素间加减类数量关系：

母公司财务报告中流动资产总计与集团合并财务报告中流动资产总计间进行比较产生“合并对流动资产总计的影响额”，关系式为：合并对流动资产总计的影响额＝流动资产总计(集团合并财务报告)－流动资产总计(母公司财务报告)。

公司财务报告中毛利率与行业内其他公司财务报告中毛利率间进行比较产生“毛利率差额-行业内”，关系式为：毛利率差额-行业内＝毛利率(本公司)－毛利率(行业内某公司或行业均值)。

公司财务报告中净资产收益率与非同行业公司财务报告中净资产收益率间进行比较产生“净资产收益率差额-行业间”，关系式为：净资产收益率差额-行业间＝净资产收益率(本公司)－净资产收益率(非同行业某公司或行业均值)。

从财务分析的角度来看，第一类不同会计主体下元素间加减类数量关系将涉及所有数据类元素(报表类元素和部分非报表类元素),共518个关系等式;第二类和第三类不同会计主体下元素间加减类数量关系主要涉及比率性质的元素,各有93个关系等式。每一个关系等式包含两项加减类数量关系,也就是说,应增加1 408项加减类数量关系。

2)现有关系类型-定义链接库的关系完整性分析

定义链接库在理论上可以描述4种关系,但目前应用在现实中的只有一种——本名-别名关系(essence-alias关系)。为了满足财务报告的可理解性,同一实体在不同环境中常需要使用不同的名称,本名-别名关系描述的正是这种同一实体不同名称之间的关系。因此,本名-别名关系应该是建立在概念内涵一致的基础上,而非只是因数值相同就赋予此关系。

通过对分类标准中元素进行分析,发现在3种情况下可能产生本名-别名关系:

(1)因不同账户间转化而产生。同一经济行为使一个账户的金额减少,并将其减少额增加到另一个账户中。例如,“资本公积转增股本”这一经济行为在股东权益增减变动表中需要用“股本增加数-资本公积转入”和“资本公积减少数-转增股本”两项分别对股本变动和资本公积变动进行说明;而“股本增加数-资本公积转入”“资本公积减少数-转增股本”这两项在本质上反映的是同一经济信息,之间存在本名-别名关系。同类的本名-别名关系在分类标准元素中共有8个,涉及16项元素。

(2)因对元素概念划分顺序不同而产生。对于事物的理解往往是通过逐层添加含义实现的。例如,“应交税费”科目会计附注中的“应交税费中的增值税”与应交增值税明细表中的“增值税未交数”反映的是同一经济信息;只不过“应交税费中的增值税”先被赋予了上层含义——应交(未交),后被赋予了下层含义——增值税,而“增值税未交数”刚好相反,两者之间同样存在本名-别名关系。在不考虑账簿分类标准中元素的情况下,该类本名-别名关系在财务报告分类标准中只有1个,涉及2项元素。

(3)因元素所反映的信息具有特殊意义而产生。在财务报告中,不同科目的重要程度不同,部分科目因其具有一定的特质而需要其他形式的披露。例如:在利润及利润分配表中的“补贴收入”因其具有非经常性,按照财务报告的披露要求,需要在非经常性项目中以名称“非经常性损益中各种形式的补贴”进行再次披露,而“补贴收入”与“非经常性损益中各种形式的补贴”之间同样存在着本名-别名关系,该类本名-别名关系在财务报告分类标准中只有5个,涉及10项元素。

也就是说:在分类标准的定义链接库中应存在对28个元素间的14个关系的描述,但在现有的定义链接库中只对其中的1个关系(“应交税金中的增值税”与

“增值税未交数”的本名-别名关系)进行了描述,应增加对另外13个本名-别名关系的表达。

3)其他现有关系类型下的关系完整性分析

现有的其他链接库有3种:标签链接库、引用链接库、展示链接库。从本质上讲,其中的标签链接库(主要提供多语言标签)和引用链接库(提供界定含义的外部信息源)描述的是元素内关系。

通过分析可以发现:标签链接库(表11-5)为1 843项元素提供了语言标签,无对应标签的元素数为零,在假定标签需要标注的语言仅为英语的情况下,标签链接库的完整性良好;引用链接库(表11-6)为1 843项元素提供了参照法规的外部信息源,无对应参照的元素数为零,完整性良好;展示链接库描述了1 843项元素之间的2 140个层次关系,核心报告中仅有3个元素(“主管会计工作负责人”“会计机构负责人”“报告截止日”)未得到体现,完整性良好。

表11-5　标签链接库关系分布表

实　　体	对应元素数	对应语言标签数	无对应标签的元素数
资产负债表	85	85	0
利润及利润分配表	41	41	0
现金流量表	67	67	0
资产减值准备明细表	167	167	0
股东权益增减变动表	27	27	0
应交增值税明细表	16	16	0
主要会计政策、会计估计和合并会计报表的编制方法	94	94	0
会计报表主要项目注释	1 337	1 337	0
或有事项类元素	5	5	0
承诺事项类元素	2	2	0
资产负债表日后事项类元素	2	2	0

表11-6　引用链接库关系分布表

实　　体	对应元素数	对应参照数	无对应参照的元素数
资产负债表	85	85	0
利润及利润分配表	41	41	0
现金流量表	67	67	0
资产减值准备明细表	167	167	0

（续表）

实　　体	对应元素数	对应参照数	无对应参照的元素数
股东权益增减变动表	27	27	0
应交增值税明细表	16	16	0
主要会计政策、会计估计和合并会计报表的编制方法	94	94	0
会计报表主要项目注释	1 337	1 337	0
或有事项类元素	5	5	0
承诺事项类元素	2	2	0
资产负债表日后事项类元素	2	2	0

4）关系类型完整性分析

现有的链接库只描述了5种关系：计算链接库中的加减类数量关系、定义链接库的本名-别名关系、展示链接库的层次关系、标签链接库的语言标签关系和引用链接库的参照关系。但在研究财务报告分类标准的过程中发现：元素间存在着现有链接库所无法表达的元素间关系，即在现有XBRL规范（技术结构体系）下无法表达的元素间关系——此处的讨论目的不仅是分析上海证券交易所XBRL财务报告分类标准的有效性，还针对其所遵循的语法规则（现有XBRL规范）提出功能需求。

（1）非加减类数量关系。在财务报告中的数值型元素之间不仅仅具有加减类数量关系，其他类数量关系也同样存在，并充当着十分重要的角色。

在计算时间价值的折现过程中，幂函数运算必不可少。

在应收利息、应收股利、应付股利、应付债券利息的附注项中，本年增加合计的计算基础是本金与利息率（或股息率）相乘；在货币资金外币折算上，货币资金外币折合人民币金额是货币资金外币金额与货币资金外币汇率相乘得到的；在坏账准备的计提过程中，某账龄坏账准备计提额是该账龄应收账款与该账龄对应坏账准备计提比率相乘得到的。

在阅读财务报告中可以发现会计数据和业务数据摘要的主要财务指标中有每股收益、净资产收益率、每股经营活动产生的现金流量净额、每股净资产等比率数据；在利用财务报告进行分析时会用到体现企业偿债能力的比率数据（流动比率、速动比率、现金流动负债比、产权率等）、体现企业经营能力的比率数据（存货周转率、应收账款周转率、营业周期等）、体现企业盈利能力的比率数据（经营毛利率、经营净利率、资产利润率、资产净利率等）、体现企业财务结构的比率数据（资产负债率、长期负债资产比等）。这些指标是财务报告中良好而又重要的、用来披露企业财务状况与经营活动情况的数据，而它们的共同特点就是均属于比率性数据，即两项相关财务数据相除所得值。

对财务报告分类标准内元素进行深入分析可以得到非加减类数量关系的具体情况(表 11-7):共有 42 个乘法类数量关系,涉及 63 项元素,例如:“货币资金外币折合人民币金额=货币资金外币金额×货币资金外币汇率”乘法等式涉及 3 项元素,含有两个乘法类数量关系(货币资金外币折合人民币金额-货币资金外币金额、货币资金外币折合人民币金额-货币资金外币汇率);共有 93 个除法类数量关系,涉及 103 项元素,例如:“应收账款一至二年比例=应收账款一至二年合计/应收账款合计”除法等式涉及 3 项元素,含有两个除法类数量关系(应收账款一至二年比例-应收账款一至二年合计、应收账款一至二年比例-应收账款合计);共有 6 个幂函数数量关系,涉及 9 个元素。

表 11-7 非加减类数量关系统计表

数量关系	对应新增关系数量(个)
乘	42
除	93
幂函数	6

为什么现有 XBRL 技术结构体系中,计算链接库中只描述了加减类数量关系?本书认为:XBRL 的一项重要优势是它良好的扩展性,这包括元素的扩展性和关系的扩展性。元素的扩展性是指在不影响现有元素定义的前提下,可以自由增加元素的能力。这一点 XBRL 显然是满足的,甚至替换元素也不需要改变原有元素定义。

关系的扩展性是指在不影响原有元素间关系的前提下,可自由增加元素间关系或改变特定元素间关系。在现有计算链接库中的加减类数量关系是通过使用“order”和“weight”属性实现的,例如:原有描述中的“短期投资=短期股票投资+短期债券投资+其他短期投资”因金融市场快速发展、基金投资比重日益增加而需要改写为“短期投资=短期股票投资+短期债券投资+其他短期投资+短期基金投资”,就可以通过在原代码后增加下列代码得以实现:

```
<xlink:type = "locator" xlink:href = "clcid-pt.xsd # clcid-pt_DuanQiJiJinTouZi" xlink:label = "clcid-pt_ DuanQiJiJinTouZi "/>
<calculationArc xlink:type = "arc" xlink:arcrole = " * " xlink:from = "clcid-pt_DuanQiTouZi" xlink:to = "clcid-pt_DuanQiJiJinTouZi" order = "4" weight = "1"  use = "optional"/>
```

显然,“短期投资基金”的加入并没有改变原有公式中各个元素的内容。

但是,目前 XBRL 对除法的相关定义、使用的扩展性很差,引入现有的除法类数量关系将会削弱 XBRL 的扩展性优势;而对于乘法和幂函数,XBRL 规范还未有相关的理论定义。虽然公式链接库可解决这些问题，但其结构过于繁琐。为了使元素间关系更为完整，我们建议计算链接库应增加对乘法、除法、幂函数类数量关系的描述，而增加新的数量关系不能削弱原有计算链接库的可扩展性，也就是说：要引入乘法、除法、幂函数类数量关系到计算链接库，需要先解决其扩展性问题；并且新关系的引入将会引发另一个问题——如何实现不同运算之间的混合（实现混合运算产生的数量关系）以及如何解决混合运算关系的扩展性问题。

下面是实现对加减类、乘除类、幂函数类以及混合运算类数量关系描述的一个设想：为计算链接库中的数量关系增加一个新的属性，取名为“operation”，这一属性的取值范围为{plus, minus, multiply, divide, index}；沿用原有的“order”“weight”“use”等属性，其中“use”的意义不发生变化；“order”的意义也不发生变化，仍用来描述数量关系等式中元素的位置；“weight”发生了一定的变化——只用来描述元素在该位置所具有的权重；在表达关系过程中，先对数量关系等式进行逐层分解——分解至每单一部分中只含有一项元素（权重数不属于元素）为止，再确定“operation”“order”“weight”各项取值，以描述元素（XLink 起始点元素）与最终分解得到的每单一部分（元素）之间的关系。

举个例子来解释这一方式的原理：假设存在一个数量关系等式 $A=B\div(2\times C)+3\times D\times E-F^{(4\times G)}$ 需要在计算链接库中得到表达，那么先将此等式进行分解（图 11-9）。第一步，分解得到三个子部分：$B\div(2\times C)$、$3\times D\times E$、$F^{4\times G}$，第二步，将第一步中得到的三个子部分分别进行进一步分解，得到 B、$(2\times C)$、$(3\times D)$、E、F、$(4\times G)$；第三步，分别确定元素 B、C、D、E、F、G 与元素 A 之间数量关系的“operation”“order”“weight”等属性的取值（表 11-8）。

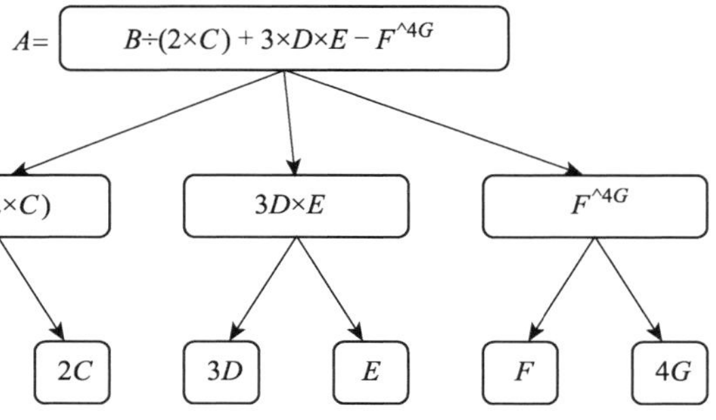

图 11-9　数量关系实现图

这样既达到多种数量关系、混合数量关系实现的目的，也同样可以满足 XBRL 可扩展的性质。如果数量关系等式 $A=B\div(2\times C)+3\times D\times E-F^{4\times G}$ 因某种原因

表 11-8 数量关系取值表

关系始点	关系指向点	operation 取值	order 取值	weight 取值	use 取值
A	B	plus	1	1	optional
A	C	divide	2	2	optional
A	D	plus	3	3	optional
A	E	multiply	4	1	optional
A	F	minus	5	1	optional
A	G	index	6	4	optional

需要改写成为 $A=B\div(2\times C)+3\times D\times E-F^{4\times G}+H$，那么在不影响原有元素间关系的前提下，只需要在原代码后增加下列代码即可实现：

```
<loc xlink:type="locator" xlink:href="clcid-pt.xsd#clcid-pt_H" xlink:label="clcid-pt_H"/>
<calculationArc xlink:type="arc" xlink:arcrole=" * " xlink:from="clcid-pt_A" xlink:to="clcid-pt_H" operation=" plus " order="7" weight="1"  use="optional"/>
```

（2）逻辑关系。

逻辑学中的逻辑关系是反映“条件”与“结果”之间的关系，将其推广至财务报告中也同样可用。因为财务报告中的信息在逻辑上往往是关联的，一件经济事项的发生可能会引起一个或多个科目发生变动，一个科目发生变动可能会引起其他一个或多个科目发生变动；反过来，一个科目的变动可能是由一件（或多件）经济事项的发生或其他一个（或多个）科目的变动引起的。也就是说，在财务报告中的元素之间存在一定的逻辑学中“条件”与“结果”之间的关系，而根据“条件”与“结果”之间的因果程度的不同又可分为：导致关系和影响关系。假设存在两个元素（A 与 B），如果元素 A 发生变动，元素 B 一定发生变动，那么称元素 A 与元素 B 之间的关系为导致关系；如果元素 A 发生变动，元素 B 可能发生变动也可能不发生变动，那么称元素 A 与元素 B 之间的关系为影响关系。值得注意的是：这里的导致关系和影响关系都是直接的，不包括间接导致和间接影响，即如果元素 A 与元素 B 之间存在导致（影响）关系，元素 B 与元素 C 之间存在导致（影响）关系，那么由此推导出的元素 A 与元素 C 之间的关系不在讨论范围之内。

附注元素和报表元素之间存在着逻辑关系，原因是明显的——附注是对财务报表的解释，帮助使用者更好地理解财务报表内容，而这种解释往往包括财务报表内容的细化、财务报表中特定内容对企业在财务和经营上的影响以及特定财务报表内容形成的原因。其中，特定财务报表内容形成的原因反映在分类标准中就是上面讨论的逻辑关系。

另外，对元素间的逻辑关系进行描述具有很大的实际价值，因为在财务报表中得以呈现的信息往往是整合后的结果，但在整合的过程中经济信息会大量丢失，以至于财务报表中数据无法正确地反映其背后的经济活动。而如果在不同经济活动发生的情况下，即便呈现在财务报表中的数据相同，其代表的经济含义也是不同的，也就是说，对财务结果产生原因和影响财务结果产生因素的理解是十分重要的。因此，为了正确而又充分地理解财务报表、揭示财务报表中数据的经济本质，应该增加对元素间逻辑关系的描述。

元素间逻辑关系的形式是较为复杂的。它并不单单含有元素间的一对一关系，部分逻辑关系是一对多或多对一的（这与前面几种类型的关系不同）。例如，元素“发放现金股利”与“银行存款合计”“长期股权投资账面价值合计”“长期股权投资收益合计”之间的逻辑关系是一对多的关系——如果某持股比例小于5%的长期被投资企业发放超额的现金股利，将会直接引起3个账户的变动：银行存款增加、长期股权投资账面价值减少、长期股权投资收益（成本法）增加；元素“购入固定资产”“在建工程转入固定资产”“融资租入固定资产”“经营租入固定资产改良”与“固定资产原值合计”之间的逻辑关系是多对一的关系——如果元素“购入固定资产”“在建工程转入固定资产”“融资租入固定资产”“经营租入固定资产改良”中任意一个或多个发生变动，“固定资产原值合计”也将随之发生变动。虽现有链接库描述的均为一对一关系，但可以利用将一对多关系和多对一关系逐次拆分为一对一关系来实现对逻辑关系的描述，只是这样设置的资源占用量很大。

元素间逻辑关系的复杂性不仅表现在形式上，也表现在其涉及的元素范围上。因为公司在财务报告上披露的信息仅是与公司经营业绩、财务状况有关的部分信息（常为外界强制要求披露的信息和公司自身希望并能够披露的信息），大量的经济信息只存在于公司的账簿系统中，而不是财务报告中，这样的信息分割现象带来的直接结果就是：部分逻辑关系的“因”或部分逻辑关系的“果”不属于财务报告元素范畴。也就是说：完整的逻辑关系将会涉及非财务报告元素（账簿元素等），这就要求不同系统、不同分类标准间的协调和融合；并且本书认为：逻辑关系的系统性发掘将会从会计的事项观出发。

2. 关系的准确性分析

1）关系准确性分析结果

关系的准确性分析关键在于寻找是否存在某一（某些）关系没有正确地描述实体现实中的关联情况，这里的正确描述是指：确实存在描述中的关联情况且对该关联情况的描述具有经济价值。

通过分析可得：计算链接库中的608个加减类数量关系、展示链接库中的2 140个展示关系、引用链接库中的1 843个引用关系、标签链接库中的1 843个语言标示关系以及定义链接库中的1个本名-别名关系的准确性良好；而定义链接库中的“负债和股东权益合计-资产总计”本名-别名关系的准确性不佳。

2）问题关系的详细分析

本名-别名关系的问题是因用两个或多个名称体现本质相同的同一个实体而引起的，所要表现的是同一实体的不同名称之间的关系，换句话说：本名-别名关系涉及的双方（或多方）必须描述的是同一经济含义的经济实体。

现有的定义链接库中只描述了两个本名-别名关系，即“负债和股东权益合计-资产总计”“应交税费中的增值税-增值税未交数”。从定义来讲，定义链接库中描述的“负债和股东权益合计-资产总计”的本名-别名关系存在争议。

资产合计是指：企业过去的交易或者事项形成的、由企业拥有或者控制的、预期会给企业带来经济利益的资源的总和①；负债合计是指：企业由于过去的交易或事项而产生的、在现在承担的将来向其他主体交付资产或提供劳务的、将导致企业未来经济利益牺牲的义务的总和②；股东权益合计是指：所有者在企业资产中享有的经济利益的总和，其金额为资产合计减去负债合计后的余额③。

在会计理论上一直对股东权益的定义存在着争议。一种观点认为：所有者权益是指企业的资产中扣除企业全部负债后的剩余利益，这样的定义将导致所有者权益成为由资产和负债派生出来的概念；但另外一种观点认为：上一观点得到美国财务会计准则委员会和国际会计准则委员会的青睐，只是因为其定量的方法可以提高会计上的操作性，其缺乏对所有者权益经济内涵的揭示，忽略了其经济实质，所有者权益是所有者经济利益的体现，其经济意义应是独立的，而非从属于其他。

如果以第一种观点为准，负债和股东权益合计与资产总计具有相同的经济含义，反映的是同一经济实体，对“负债和股东权益合计-资产总计”本名-别名关系的描述准确；但如果以第二种观点为准，负债和股东权益具有完全不同的经济含义，分别有自身特有的属性，是排他的、不可混淆的，并且它们属于会计中最基本的根基概念，也就是说：负债和股东权益合计与资产总计只是拥有相同的数值，而不是相同的经济含义，这种关系只是数量关系，应当在计算链接库中表示为“资产合计＝负债和股东权益合计＝负债合计＋所有者权益合计”关系，而不是本名-别名关系。

本书倾向于第二种观点，认为应该把负债和所有者权益看成不同方所拥有的利益——负债是债权方的利益，所有者权益是企业所有者的利益，两项利益的合计就是各方利益相关者的求偿权总和（虽存在求偿次序）；而资产合计是企业拥有的资源的总和；求偿权与资源是对应的，但两者的含义却是不同的。因此，负债和股东权益合

① 中华人民共和国财务部：《企业会计制度——基本准则》(2006)。

② 中华人民共和国财务部：《企业会计制度——基本准则》(2006)。

③ 中华人民共和国财务部：《企业会计制度——基本准则》(2006)。

计与资产总计之间不存在本名-别名关系，定义链接库在此项关系上的描述不准确。

另外，现有分类标准对本名-别名关系的描述方法也有待改进。本名-别名的存在是因同一实体在不同的背景下需要有不同的名称对其本身加以说明来提高其可理解程度而产生的——其中值得注意的是：只是名称不同，而实体的其他属性未发生丝毫变化。而现有的实现方法是：如果一个实体存在两个名称，就设置两个元素，分别以不同的名称作为不同元素的名称，再通过定义链接库来描述这两个元素间反映同一实体的关系，也就是“2＋1”的方式(2 项元素＋1 个关系)。

这种实现方法破坏了元素的唯一性，并产生了不必要的冗余。是否存在一种在不削弱原有理解性的前提下可以恢复元素唯一性、减小冗余的方法？下面是一个设想的改进方案——建立别名链接库，利用别名标签实现多名称之间的转化——如果一个实体需要 n 个名称，那么只设置一个元素，选择众多名称中的一个作为该元素的名称(可以根据使用频率选择名称)，未被选中的名称通过别名链接库以别名标签的形式得以表达，也就是“1＋1”的方式(1 项元素＋1 个关系)。

举个例子来说明这种方法：应交税费中的增值税与增值税未交数，在目前的表述中为：设置两个元素(应交税费中的增值税、增值税未交数)，再设置一项本名—别名关系(应交税费中的增值税-增值税未交数)；新方法是通过“设置一个元素(增值税未交数)，再设置一项别名标签关系(增值税未交数—应交税费中的增值税)”的方法来代替原有方法的。

新方法在不影响理解性的前提下，满足了元素的唯一性，并在上例中减少了一个元素的设置。如果将其泛化，可以发现：如果要描述一个实体具有 n 个名称的情况，目前方法下将设置 n 个元素、$(n+1)\times n/2$ 项关系，而在新方法下只需设置 1 个元素、$(n-1)$项关系，也就是说，可以减少对$(n-1)$个元素、$(n^2-n+2)/2$ 项关系的设置，极大地节省了资源。

11.4 进一步讨论

11.4.1 《中国上市公司信息披露分类》的评价结论

1. 元素(关系)有效性

为了给出较为综合的评价，下面将以上述研究结果为基础对财务报告分类标准的元素(关系)有效性进行加权评分，且该评分以现有 XBRL 规范为准来评价《中国上市公司信息披露分类》，即新关系类型所涉及的关系不在评分范畴内——既不成为评分对象也不作为评价基数。

加权评分的计算过程为：按照所涉项目数给予不同子部分不同的比重权数

(w_i),统计各子部分的元素(关系)总数(T_i)和符合标准的元素(关系)数(S_i),各部分符合标准的元素(关系)数与该部分元素(关系)总数相除,将所得比值与对应的比重权数相乘,再将各乘积相加得到最终分数 M,公式表达为:

$$M = \sum_{i=1}^{n} w_i \times S_i \div T_i$$

评分结果为(表 11-9):

(1) 在元素的完整性分析中发现:在 730 项子实体经济信息中,728 项子实体经济信息得到了反映,只有 2 项子实体缺少对应元素。有效性加权评分结果为:99.73。

(2) 在元素的准确性分析中发现:原有元素 1 843 项,符合标准的元素共 1 531 项,需新增 30 项报表类元素、1 597 项非报表类元素,有效性加权评分结果为:83.07。

(3) 在关系的完整性分析中发现:计算链接库已描述关系数为 583,还应新增关系 2 012 个加减类数量关系;定义链接库已描述关系数为 1,还应新增关系 13 个;标签链接库已描述关系数为 1 843,不新增关系;引用链接库已描述关系数为 1 843,不新增关系;展示链接库已描述关系数为 2 140,还应新增关系 6 个。有效性加权评分结果为:75.93。

(4) 在关系的准确性分析中发现:6 411 个元素中未达到标准的元素数仅为 1,有效性加权评分结果为:99.98。

表 11-9　元素(关系)有效性评分表

评价对象	w_i	S_i	T_i	M
元素完整性	100	728	730	99.73
元素准确性	100	1 531	1 843	83.07
关系完整性				75.93
计算链接库	30.76	583	2 595	
定义链接库	0.17	1	14	
标签链接库	21.85	1 843	1 843	
引用链接库	21.85	1 843	1 843	
展示链接库	25.37	2 140	2 146	
关系准确性	100	6 410	6 411	99.98

可以使用图形来较为形象地综合体现四项评分结果。如图 11-10,阴影部分较为对称:元素的完整性(99.73)和关系准确性(99.98)很好,元素的准确性(83.07)和关系的完整性(75.93)稍逊。

总体上讲,上海证券交易所的财务报告分类标准的有效性较好,能够满足财务报告的呈现需要,提供一定程度上的筛选、检查和分析功能,为各方使用者提供了

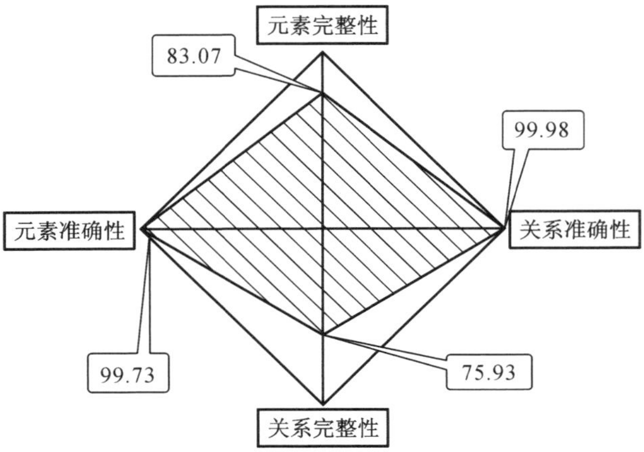

图 11-10　加权评分结果图

一定的便利,但其有效性还存在着较大的提升空间,有待进一步修订。

2. 模式有效性

模式是系统的骨架,决定了系统的运算速度、表达能力以及其他功能。如果说在分析财务报告分类标准的过程中,元素的有效性分析是点的分析,关系的有效性分析是面的分析,那么模式的有效性分析将是体的分析。分析模式的有效性是对财务报告分类标准的整体设计层面的分析,进而是对 XBRL 规范的探究。

通过前面对元素和关系的分析可以发现:现有的财务报告分类标准的模式是一个定义了所有元素的模式文档与 5 个分别描述了 5 种不同关系的链接库文件的组合。其中将所有元素定义在 1 个模式文档中是有效的,将不同类别关系进行分类、使用不同的链接库来描述也是有效的,但现有关系类型不完整,并且个别关系实现方式不合理:

(1) 非加减类数量关系——乘法类、除法类、幂函数类数量关系在现有计算链接库中未得到、也无法得到体现。

(2) 元素间逻辑关系(导致关系和影响关系)在现有链接库中未得到,也无法得到体现。

(3) 现有定义链接库中本名-别名关系的实现方式不合理。

也就是说:现有模式中,"1+N"的设计方法是合理的,但 N 的取值(=5)和所取值的含义是不合理的。仅据本书研究,提高模式合理性的方法为:

(1) 增加数量关系类型(乘法类、除法类、幂函数类)——完善现有计算链接库的有关技术支持和语法规则。

(2) 增加逻辑关系类型——增建逻辑链接库,增加相关的技术支持和语法规则。

(3) 改变本名-别名关系的实现方式——增建本名-别名链接库,增加相关的技术支持和语法规则,以"1+1"代替"2+1"。

11.4.2 评价模式的改进方向

以下是研究中的一些局限,有待未来进一步改进:

(1) 仅从定义的完整性和表达的准确性两个方面对有效性进行了分析和评价。

(2) 因工作量有限,在元素完整性分析时只选择了10家上市公司作为样本,在元素准确性、关系完整性、关系准确性分析时只选择了50家上市公司作为样本,可能带来一定的偏差。

(3) 在关系的讨论上是以会计理论为立足点进行分析和发掘的;而在技术实现方面,设想了可能的解决方法,但在实际中的可行性还待商榷。

(4) 因逻辑关系较为复杂,本书只阐述了对其研究的概括性说明,并未就存在的逻辑关系进行统计和具体分类,在加权评分时也未将其计算在内。

本章小结

XBRL 规范制定了信息技术角度的语法规则,但是如果要制定一个高质量的分类标准,仅仅遵守 XBRL 规范是不够的。分类标准制定可以看作财务报告的概念建模,理论模型和模型实现方式决定了分类标准的质量。本章提出基于会计信息质量的评价模式,其实质就是考察财务报告概念建模的质量。

本章以成熟的、具有充足数据支持的中国上市公司信息披露分类标准作为评价对象,从多个层次和多个角度进行定量和定性的评价,通过评价既总结分类标准的质量,又反求评价体系的优劣。评价结果与事实的符合性,使得评价体系具有较强的说服力。

进一步阅读

XBRL 的基本数据质量见 XBRL 2.1 规范及其符合性组件[1,2]。张天西等从网络财务报告实现的角度探讨 XBRL 的诸多方面,并全面阐述基于会计元素信息论进行规范数据建模的思想[3]。高锦萍等对上市公司信息披露分类标准从分类标准与财务报告信息的符合性对其进行了评价[4]。Roohani 等指出 XBRL 应用中数据质量的严重性[5],随后学者提出了多种数据建模方案以提高数据质量[6,7,8]。随着研究的深入,研究者逐步细化了 XBRL 数据质量的各个方面,如可比性[9]、复杂性[10]、文本相关[11],以及可读性等[12]。

参考文献

[1] XBRL 国际组织. XBRL2.1 规范文件(XBRL Specification 2.1)[S]. 2003-12-31.

[2] XBRL 国际组织. XBRL2.1 规范化测试组件(XBRL Specification 2.1 Conformance Suite)[S]. 2005-11-07.

[3] 张天西,李晓荣等. 网络财务报告——论 XBRL 的理论框架及技术[M]. 上海:复旦大学出版社,2006.

[4] 高锦萍,张天西等. XBRL 财务报告分类标准评价[J]. 会计研究,2006(11):24-29.

[5] ROOHANI S, XIANMING Z, CAPOZZOLI E A, LAMBERTON B. Analysis of XBRL literature: a decade of progress and puzzle[J]. International Journal of Digital Accounting Research,2010,10:131-147.

[6] LIM J-H, WANG T. The impact of service provider switches on XBRL quality[C]. Pacific Asia Conference on Information Systems(PACIS), 2016.

[7] CALLAGHAN J H, NEHMER RA, SUGUMARAN V. Modelling business applications with XBRL and UML[J]. International Journal of Business Information Systems,2012,10(1):68-92.

[8] GUO F, LUO X, WHEELER PR, ZHAO X, ZHANG Y. Enterprise resource planning systems and XBRL reporting quality[J]. Journal of Information Systems,2022,35(3):77-106.

[9] YANG S, LIU F-C, ZHU X. Impact of XBRL on financial statement structural comparability[C]. International Conference on Information Systems, 2016.

[10] HOITASH R, HOITASH U. Measuring accounting reporting complexity with XBRL[J]. Accounting Review,2018,93(1):259-287.

[11] LIANG Z, PAN D, XU R. Knowledge representation framework of accounting event in corpus-based financial report text[J]. Cluster Computing,2019,22:9335-9346.

[12] CAHAN S F, CHANG S, SIQUEIRA W Z, TAM K. The roles of XBRL and processed XBRL in 10-K readability[J]. Journal of Business Finance and Accounting,2022,49(1):33-68.

本章附录:元素准确性改进方法

(1) 元素“固定资产减值准备其他”包含 18 项经济信息元,粒度过粗,应新设 18 项元素——专用设备减值准备合计余额、专用设备减值准备合计的本期增加数、专用设备减值准备合计的本期减少数合计、专用设备减值准备合计的本期因资产价值回升转回数、专用设备减值准备合计的本期其他原因转出数、专用设备减值准备转销数、运输设备减值准备合计余额、运输设备减值准备合计的本期增加数、运输设备减值准备合计的本期减少数合计、运输设备减值准备合计的本期因资产价值回升转回数、运输设备减值准备合计的本期其他原因转出数、运输设备减值准备转销数、电子设备减值准备合计余额、电子设备减值准备合计的本期增加数、电子设备减值准备合计的本期减少数合计、电子设备减值准备合计的本期因资产价值回升转回数、电子设备减值准备合计的本期其他原因转出数、电子设备减值准备转销数，不删除原元素。

(2) 元素“无形资产减值准备其他”包含6项经济信息元，粒度过粗，应新设6项元素——土地使用权减值准备合计余额、土地使用权减值准备合计的本期增加数、土地使用权减值准备合计的本期减少数合计、土地使用权减值准备合计的本期因资产价值回升转回数、土地使用权减值准备合计的本期其他原因转出数、土地使用权减值准备转销数，不删除原元素。

(3) 元素“记账基础和计价原则”包含2项经济信息元，粒度过粗，应新设2项元素——“记账基础”“计价原则”删除原元素“记账基础和计价原则”。

(4) 元素“外币结算方法”包含5项经济信息元，粒度过粗，应新设5项元素——“外币业务发生使用汇率”“外币账户期末调整使用汇率”“汇兑差额处理”“外币项目”“汇兑差额转入科目”，不删除原元素。

(5) 元素“外币会计报表的折算方法”包含6项经济信息元，粒度过粗，应新设6项元素——“境外子公司外币报表折算”“境外子公司外币报表折算遵循条例”“境外子公司外币报表合并时币种”“境内子公司外币报表折算”“境内子公司外币报表折算遵循条例”“境内子公司外币报表合并时币种”，不删除原元素。

(6) 元素“短期投资核算方法”包含5项经济信息元，粒度过粗，应新设5项元素——“短期投资的投资成本确认原则”“短期投资收益确认方法”“短期投资持有期间获得现金股利和利息的处理方法”“处置短期投资而产生差额的处理方法”“短期投资跌价准备计提原则”，不删除原元素。

(7) 元素“存货核算方法”包含12项经济信息元，粒度过粗，应新设12项元素——“存货盘存制度”“存货计价方法”“购入或入库的存货种类”“购入或入库计价方法”“发出的存货种类”“发出计价方法”“存货摊销方法”“存货摊销项目名称”“摊销方法”“存货跌价准备的确认标准”“一次性予以核销存货标准”“计提存货跌价准备标准”，不删除原元素。

(8) 元素“长期投资核算方法”包含16项经济信息元，粒度过粗，应新设16项元素——“长期债券投资核算方法”“长期债券投资的投资成本确认原则”“长期债券投资收益确认方法”“长期债券投资持有期间获得利息的处理方法”“处置长期债券投资而产生差额的处理方法”“长期债券投资跌价准备计提原则”“长期股权投资核算方法”“长期股权投资权益法适用标准”“长期股权投资成本法适用标准”“长期股权投资的投资成本确认原则”“股权投资差额确认原则”“股权投资差额摊销方法”“长期股权投资收益确认方法”“长期股权投资持有期间获得现金股利的处理方法”“处置长期股权投资而产生差额的处理方法”“长期股权投资跌价准备计提原则”，不删除原元素。

(9) 元素“固定资产计价方法、折旧政策和减值准备的计提方法”包含 16 项经济信息元，粒度过粗，应新设 16 项元素——“固定资产计价方法”“购入的固定资产种类”“计价方法”“固定资产折旧标准”“固定资产折旧计提范围”“固定资产类别”“固定资产折旧方法”“固定资产预计净残值率”“固定资产使用年限”“固定资产年折旧率”“固定资产减值准备的确认标准”“一次性予以核销固定资产标准”“计提固定资产减值准备标准”“固定资产后续支出处理标准”“固定资产后续支出种类”“固定资产后续支出处理方法”，不删除原元素。

(10) 元素“在建工程核算方法”包含 3 项经济信息元，粒度过粗，应新设 3 项元素——“在建工程计价方法”“在建工程减值准备的确认标准”“在建工程转为固定资产标准”，不删除原元素。

(11) 元素“借款费用核算方法”包含 5 项经济信息元，粒度过粗，应新设 5 项元素——“借款费用类别名称”“借款费用处理方法”“资本化金额的确定原则”“暂停资本化的标准”“停止资本化的标准”，不删除原元素。

(12) 元素“无形资产计价和摊销方法”包含 10 项经济信息元，粒度过粗，应新设 10 项元素——“无形资产的成本确认原则”“无形资产获得方式”“无形资产计价方法”“无形资产类别”“无形资产摊销种类”“无形资产摊销方法”“无形资产摊销年限”“无形资产减值准备的确认标准”“一次性予以核销无形资产账面价值标准”“计提无形资产减值准备标准”，不删除原元素。

(13) 元素“长期待摊费用摊销方法”包含 3 项经济信息元，粒度过粗，应新设 3 项元素——“长期待摊费用项目”“长期待摊费用摊销方式”“长期待摊费用摊销年限”，不删除原元素。

(14) 元素“应付债券核算方法”包含 4 项经济信息元，粒度过粗，应新设 4 项元素——“应付债券计价方法”“发行债券的发行费用用途分类”“发行债券的发行费用处理方法”“债券溢价或折价摊销方法”，不删除原元素。

(15) 元素“预计负债的确认原则”包含 4 项经济信息元，粒度过粗，应新设 4 项元素——“预计负债的确认原则”“预计负债金额确定原则”“预计负债项目名称”“预计负债金额确定方法”，不删除原元素。

(16) 元素“收入确认原则”包含 7 项经济信息元，粒度过粗，应新设 7 项元素——“销售商品收入确认原则”“劳务收入确认原则”“让渡资产使用权收入确认原则”“股权转让收益确认原则”“补贴收入确认原则”“违约补偿收入确认原则”“其他收入确认原则”，不删除原元素。

第 12 章

XBRL 的应用案例

XBRL 的实践包括分类标准制定、实例数据提取与收集、分类标准/实例文档传递与分布以及实例文档分析等。其中，分类标准的制定是最核心的因素，它体现了一个国家的会计准则与工作体制，是实例文档、应用软件和业务流程功能和效率的保证，而在此基础上的应用软件则应发掘 XBRL 数据的潜力。

2010 年 9 月 30 日，中国财政部颁布了基于《企业会计准则》的财务报告分类标准。该标准基于完善的技术规范制定，并体现了严格、完善的建模方法。在分类标准层次，本章就该分类标准的制定依据，体系结构和技术特征进行探讨。在软件层，本章介绍了本项目组研发的 XBRL 应用系统。最后，本章介绍了 5 个现实应用 XBRL 的典型案例。

12.1 中国 XBRL 分类标准——通用分类标准解析[①]

2010 年，中国国家标准化管理委员会宣布接受 XBRL 规范、维度、公式和版本 4 个成熟的 XBRL 领域的规范成为国家标准，并分别命名为《可扩展商业报告语言(XBRL)技术规范第 1 部分：基础》(GB/T 25500.1—2010)、《可扩展商业报告语言(XBRL)技术规范第 2 部分：维度》(GB/T 25500.2—2010)、《可扩展商业报告语言(XBRL)技术规范第 3 部分：公式》(GB/T 25500.3—2010)、《可扩展商业报告语言(XBRL)技术规范第 4 部分：版本》(GB/T 25500.4—2010)。按照这些技术规范，财政部会同相关政府部门和监管机构、科研院所、会计中介机构、软件开发商和企业等，开发制定了基于企业会计准则的《企业会计准则通用分类标准》(以下简称通用分类标准)。

因为基于企业会计准则，而且中国会计准则正逐步趋同于国际会计准则，所以通用分类标准与基于国际财务报告标准的分类标准(IFRS 分类标准)具有一望而

① 本部分主要依据《企业会计准则通用分类标准》《企业会计准则通用分类标准指南》和《企业会计准则通用分类标准元素清单》。

知的“血缘”关系。在整体结构方面，通用分类标准沿用 IFRS 分类标准按准则分类的方式；在元素定义方面，通用分类标准中对于与 IFRS 含义相同元素的名称、类型直接引用；在更新方面，只要 IFRS 分类标准发生更新，通用分类标准将会自动更新。但是，通用分类标准也具有明显的特征，如新技术应用、类型自定义等。最新版本(2015-03-31)基于 2014 年 3 月 5 日更新的 IFRS 分类标准版本，下面将总体解析通用分类标准的各项特性。

12.1.1 通用分类标准的建模思想与架构

1. 建模思想——逐项准则法

XBRL 分类标准建模的基本思想有两类，分别被称为“实务法”和“逐项准则法”。所谓实务法，是从实际的报告行为出发，统计并归纳所有的报告项目，最后形成规范的概念集合；而所谓逐项准则法，则是从企业会计准则出发，按准则要求逐项制定需要报告的项目，最后组成需要报告的概念集合。

逐项准则法最重要的优点是其维护的便利性。因为准则的结构与项目具有相当的稳定性，所以如果按照逐项准则法，分类标准的设计者可以借助准则来进行设计，并根据准则变动及时修正分类标准，同时保证结构与项目的正确性。然而，因为准则的变动毕竟滞后于现实的披露，所以逐项准则法难以完全、及时地反映现实的披露需求与实际内容。

根据逐项准则法，针对 33 个具体准则，通用分类标准分别设置了相应规范的文件夹和财务信息关系。在现行 38 项具体准则中，《企业会计准则第 32 号——中期财务报告》暂未涉及；《企业会计准则第 22 号——金融工具确认和计量》《企业会计准则第 23 号——金融资产转移》《企业会计准则第 24 号——套期保值》并入《企业会计准则第 37 号——金融工具列报》部分；《企业会计准则第 25 号——原保险合同》和《企业会计准则第 26 号——再保险合同》合并，总共反映 37 项具体准则。

2. 文件结构

图 12-1 显示了通用分类标准中根目录的内容以及对应各准则的文件夹，图 12-2 显示了文件夹和文件结构与类型。

通用分类标准文件夹和文件结构如下。

1）总体结构

根目录为“CAS Taxonomy_20150331”，CAS 为 China Accounting Standards（中国企业会计准则）的缩写，并以分类标准颁布日期表达相应颁布，20150331 即表示本版通用分类标准颁布日期为 2015 年 3 月 31 日。

根目录下有两个文件夹，其一为“ifrs_20140305”，放置沿用国际财务报告准则分类标准的自定义数据类型；其二为“cas_20150331”，即通用分类标准的主体内容。

在主体内容“cas_20150331”目录下，存储通用分类标准的5个主要模块：

（1）文件“cas_entry_point_yyyy-mm-dd.xsd”①：通用分类标准定义的标准入口模式文件，是计算机访问整个通用分类标准的起点。

（2）文件“ifrs-cor_2015-03-31.xsd”：国际财务报告准则分类标准文件中定义国际财务报告准则元素的核心模式文件，通用分类标准引用的国际财务报告准则分类标准元素存放在该文件中。

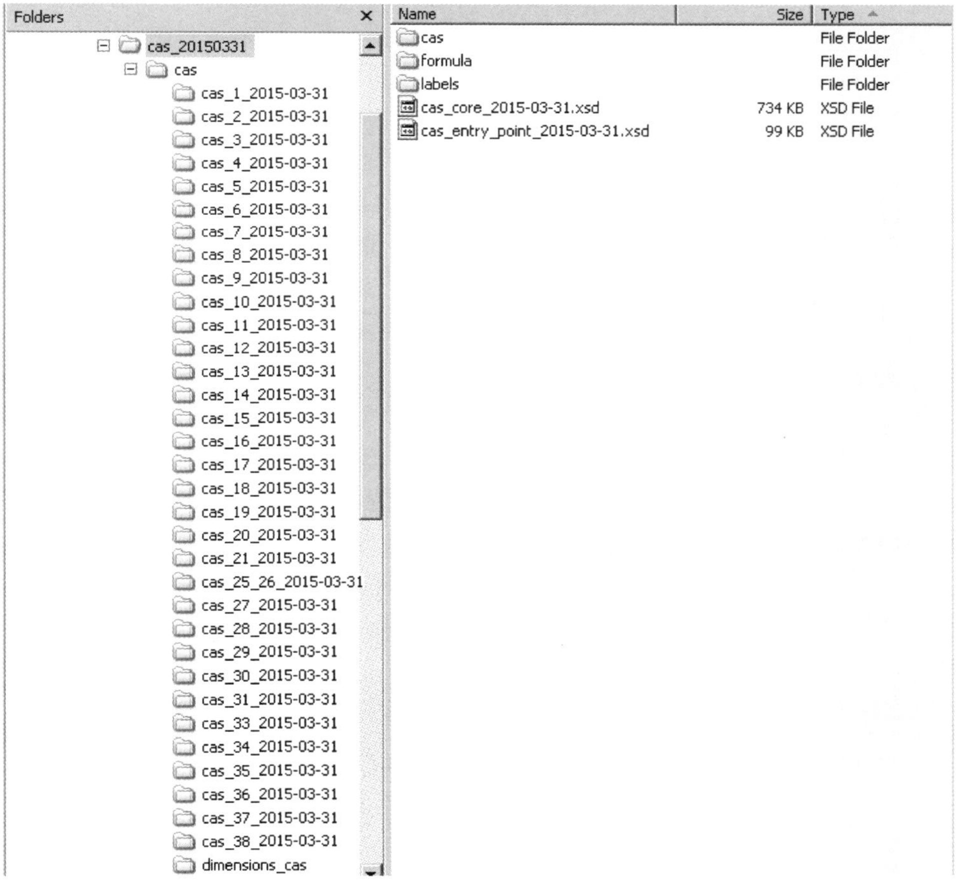

图 12-1　通用分类标准各准则文件夹及其内容

注：此图引自《企业会计准则通用分类标准指南》。

① 文件名“cas_entry_point_yyyy-mm-dd.xsd”中的“yyyy”表示年份，“mm”表示月份，“dd”表示日期。下面其他文件名中的“yyyy-mm-dd”含义相同。

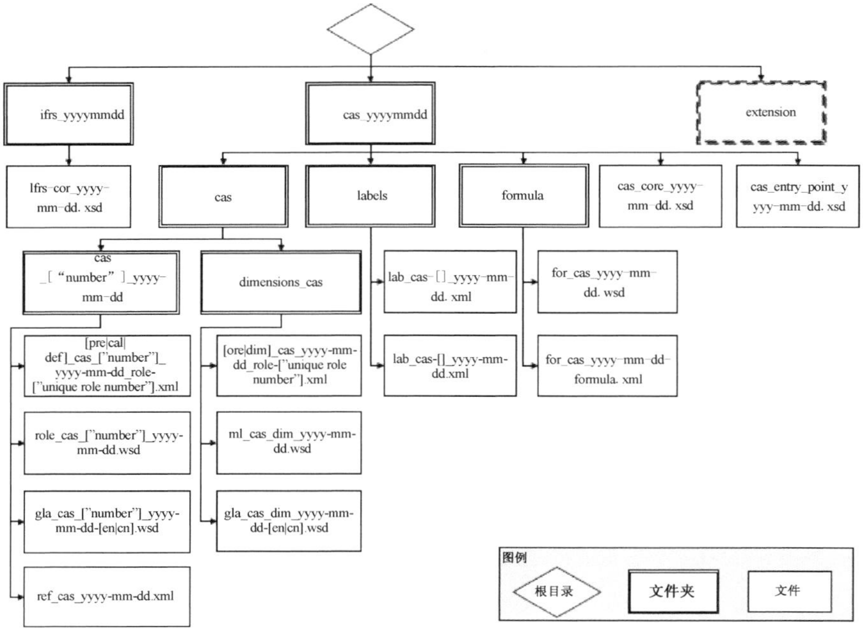

图 12-2　通用分类标准的文件夹和文件结构

注：此图引自《企业会计准则通用分类标准指南》。

(3) 文件夹“cas”：存放企业会计准则披露要求和通用维度的文件夹，是主体内容中最核心的部分。下文将详述。

(4) 文件夹“label”：标签链接库文件夹。其中包含两个文件，“lab_cas-cn_yyyy-mm-dd. xm”是中文标签链接库文件；“lab_cas-en_yyyy-mm-dd. xml” 是英文标签链接库文件。

(5) 文件夹“formula”：公式链接库文件夹。其中包含两个文件，“for_cas_yyyy-mm-dd. xsd” 是公式链接库的模式文件；“for_cas_yyyy-mm-dd-formula. xml” 是公式链接库文件。

2) 企业会计准则披露要求和通用维度

如图 12-1，在文件夹“cas”下，包含了从 1～38 各项具体会计准则对应的分类标准(其中有缺失及合并)和维度内容。其中：

(1) 具体会计准则对应分类标准：主要以具体准则对应分类标准中的链接库文件为主。以文件夹“cas_1_2015-03-31”为例，在每个形如“cas_X_2015-03-31(X 表示具体准则编号)”的文件夹下，包含了计算链接库“cal_cas_1_2015-03-31_role-801110. xml”，定义链接库“def_cas_1_2015-03-31_role-801110. xml”，具体准则中文标签链接库“gla_cas_1_2015-03-31-cn. xml”，具体准则英文标签链接库

“gla_cas_1_2015-03-31-en. xml”，展示链接库（通用分类标准中称为“列报链接库”）“pre_cas_1_2015-03-31_role-801110. xml”，定义链接库“ref_cas_1_2015-03-31. xml”和角色链接定义文件“rol_cas_1_2015-03-31. xsd”7类文件。上述文件名中的“801110”表示具体扩展链接角色的编号。

（2）维度内容：维度内容存放在“dimensions_cas”文件夹下。在通用分类标准中，维度内容中只是一些一般性的规范性内容，即所谓通用维度文件，主要的维度在具体准则对应分类标准中的定义链接库中表达。“dimensions_cas”文件夹中的文件包含通用维度定义链接库“dim_cas_2015-03-31_role-901000. xml”，通用维度中文标签链接库“gla_cas_dim_2015-03-31-cn. xml”，通用维度英文标签链接库“gla_cas_dim_2015-03-31-en. xml”，通用维度展示链接库“pre_cas_2015-03-31_role-901000. xml”和通用维度模式文档“rol_cas_dim_2015-03-31. xsd”五类文件。上述文件名中的“901000”与维度类型相关。

12. 1. 2 通用分类标准中提供的数据类型

通用分类标准中不但使用了XBRL规范中的标准数据类型，也使用了自定义数据类型。由于自定义数据类型降低了可比性，在XBRL分类标准相关的建模规范中并不推荐使用自定义数据类型。但是，自定义数据类型可以实质性地起到区分元素、提高元素映射的能力，故在权衡利弊后，通用分类标准中采用了以XBRL规范中的标准数据类型为主、以自定义数据类型为辅的方式。《企业会计准则通用分类标准指南》中使用的数据类型、使用该数据类型的元素数量和相关举例如表12-1所示。

表12-1 通用分类标准使用的元素数据类型统计及举例

类 型	使用数量	举 例
monetaryItemType	1 381	资产
stringItemType	905	存货减值准备的计提说明
domainItemType	292	应付票据
escapedItemType	188	固定资产信息披露
percentItemType	41	坏账准备占应收账款账面余额的比例
decimalItemType	15	天然起源的生物资产数量
dateItemType	10	应付债券到期日
pureItemType	12	年利率
sharesItemType	1	发行权益性证券作为支付对价的股份数量
合计	2 845	

注：此表引自《企业会计准则通用分类标准指南》。

《企业会计准则通用分类标准指南》中使用的数据类型共21个，其中7个是XBRL规范中的标准数据类型，另外14个为自定义数据类型。这14个自定义数据类型均沿用2014年3月5日公布的国际财务报告准则分类标准中的自定义数据类型，放置在“ifrs_20140305”文件夹下。14个自定义数据类型可分为两类。

1. 非数值型数据类型

非数值型数据类型包括escapedItemType(转义数据项类型)、xmlNodesItemType(XML节点数据项类型)、xmlItemType(XML数据项类型)和domainItemType(域数据项类型)4个。以escapedItemType的定义为例：

```
<complexType name="escapedItemType"
xmlns="http://www.w3.org/2001/XMLSchema">
    <simpleContent>
      <restriction base="xbrli:stringItemType">
        <attributeGroup ref="xbrli:nonNumericItemAttrs"/>
      </restriction>
    </simpleContent>
  </complexType>
```

从上述定义可见，escapedItemType的数据实质仍是字符串数据类型；从注释和用途可见，escapedItemType用于具有较大文本内容的元素定义，并且支持转义功能[①]。类型为escapedItemType的元素，其原始内容可以具有未转义的特殊字符，在存储时将这些字符进行转义，在显示给最终用户时又进行恢复。

2. 数值型数据类型

数值型数据类型包括percentItemType(百分比数据项类型)、perShareItemType(每股数据项类型)、areaItemType(面积数据项类型)、volumeItemType(体积数据项类型)、massItemType(质量数据项类型)、weightItemType(重量数据项类型)、energyItemType(能量数据项类型)、powerItemType(功率数据项类型)、lengthItemType(长度数据项类型)和memoryItemType(内存数据项类型)10个。以percentItemType的定义为例：

```
<complexType name="percentItemType" xmlns="http://www.w3.org/2001/XMLSchema">
    <simpleContent>
      <restriction base="xbrli:pureItemType"/>
    </simpleContent>
```

① 转义(escaped)是XML中的一种特殊机制。在XML中，有一些字符被作为特殊字符而具有特殊用途，例如，“<”“>”等。这些字符不能被直接用于XML元素内容，否则将引起歧义。所以这些字符必须被“转义”，即转换为其他字符组，例如，“<”被转义为“<”。

</complexType>

从上述定义可见，percentItemType 的数据实质仍是无单位的纯数据项类型；从注释和用途可见，percentItemType 用于表示百分比类型，但与 XBRL 中使用 pureItemType 的标准表示方法相比，pureItemType 的值必须是一个已经归一化的值(即必须是一个除以 100 后的小数)，percentItemType 没有归一化，因此更符合人的阅读习惯。

12.1.3 通用分类标准中的各要素命名方法

在 XBRL 领域，命名方法是“风格”(style)的一部分。在本书中，将命名空间、文件及文件夹命名和元素命名统一归入命名问题。命名是 XBRL 领域的一个非常重要的问题，良好、规范的命名是成功的 XBRL 应用的基本条件。基于会计准则的 XBRL 分类标准，一般的概念数量都会在 10 000 左右，如果没有良好的命名方式，元素的唯一性很难确认，这是 XBRL 的一个核心问题。

1. 命名空间

命名空间是 XML 中一种解决冲突的机制，同时也作为标准颁布者的权威性声明。在通用分类标准中，按照 XBRL 领域的命名习惯，命名空间使用含分类标准日期的统一资源标识符，并包含指向财政部网站二级域名 http://xbrl. mof. gov. cn 的路径。另外，作为国际财务报告准则分类标准的扩展，通用分类标准也同时使用了国际财务报告准则分类标准的命名空间，并包含指向国际财务报告准则基金会网站二级域名 http://xbrl. iasb. org 的路径。

通用分类标准使用的命名空间说明如表 12-2 所示。

表 12-2　命名空间前缀和统一资源标识符

命名空间前缀	命名空间统一资源标识符	使用说明
cas	http://xbrl. mof. gov. cn/taxonomy/yyyy-mm-dd/cas	通用分类标准的命名空间(其中 yyyy-mm-dd 表示通用分类标准颁布日期)
ifrs	http://xbrl. iasb. org/taxonomy/yyyy-mm-dd /ifrs	国际财务报告分类标准的命名空间(其中 yyyy-mm-dd 表示国际财务报告准则分类标准颁布日期)

注：此表引自《企业会计准则通用分类标准指南》。

2. 文件及文件夹命名

通用分类标准中的文件及文件夹命名按照 XBRL 中的一般命名方式，为 xxx_yyyy-mm-dd_role-{唯一角色编号}. xml 形式，其中，xxx 表示文件性质或权威性质，如 pre(展示链接库)、cas(中国财务会计准则)等；yyyy-mm-dd 为日期描述方式，如 2021 年 12 月 31 日被表示为 2021-12-31；唯一角色编号为一个编号，其目的是起到标识符的作用，例如，存货的唯一角色编号是 801110，具体编码及含义可见

《企业会计准则通用分类标准指南》。

3. 元素命名

通用分类标准同时具有中文和英文标签链接库，并基于英文标准标签命名元素。在命名元素时遵循“驼峰规则”(Camel Case)，例如，“应收账款”的英文标准标签是“Account receivables”，元素名称即是“AccountReceivables”。故元素命名本质上就是标签的制定。

1) 命名后缀

通用分类标准在命名方面的一个特色是在标准标签中使用后缀，其后缀往往是元素性质的说明，如后缀[abstract]表示抽象元素。通过后缀的使用，可以让使用者更清晰、快捷和准确地确认元素，但由于往往在其他位置已经对元素性质作出说明，后缀也成为一种冗余特征。因此，后缀的使用是需要权衡的。在通用分类标准中使用的后缀如下：

(1) [abstract]：所有 abstract 元素的标准标签后缀。

(2) [text block]：所有字符串型文本块元素的标准标签后缀。

(3) [axis]：“substitutionGroup”属性是“dimensionItemType”的元素的标准标签后缀。

(4) [table]：“substitutionGroup”属性是“hypercubeItemType”的元素的标准标签后缀。

(5) [member]：元素类型为 domain members 的元素的标准标签后缀。

易见，这些后缀实际上都在元素定义中指出。

2) 标签角色

标签链接库用来表示元素及其显示名称间的对应关系，以将元素与人们更容易阅读和理解的名称联系起来。通用分类标准同时使用中文、英文定义元素标签。在确定标签时，应遵循可读、简明、一致的命名规则。按照 XBRL 语法规范，同一个元素可能有多个不同标签，每个标签有唯一的标签角色。标签角色决定了在不同环境下对某一元素选用正确的标签。通用分类标准参考国际财务报告准则分类标准的标签角色，形成了自身的标签角色使用规则。通用分类标准使用的标签角色及说明如表 12-3 所示。

表 12-3　标签角色及说明

标签角色	标签角色的定义来源	使用说明
标准标签	http://www.xbrl.org/2003/role/label	元素的标准标签
期末标签	http://www.xbrl.org/2003/role/periodEndLabel	用于表示时点类报表概念的期末值

（续表）

标签角色	标签角色的定义来源	使用说明
期初标签	http://www. xbrl. org/2003/role/periodStartLabel	用于表示时点类报表概念的期初值
合计标签	http://www. xbrl. org/2003/role/totalLabel	用于表示合计类的报表概念
负值标签	http://www. xbrl. org/2009/role/negatedLabel	当报表概念需要显示为负数形式时使用
合计负值标签	http://www. xbrl. org/2009/role/negatedTotalLabel	当报表概念需要显示为负数并且合计形式时使用
长标签	http://www. xbrl. org/2003/role/verboseLabel	对元素标签进行扩展时，为了准确表达标签含义而不能省略标签文字时使用
短标签	http://www. xbrl. org/2003/role/terseLabel	在上下文环境中，可以对标签词汇进行省略时使用
净值标签	http://www. xbrl. org/2009/role/netLabel	需要表达元素净值概念时使用

注：此表引自《企业会计准则通用分类标准指南》。

对于展示链接库层级底部的加总元素和净值元素，报告企业应当使用“total”（合计）标签或“net”（净额）标签。“total”标签或“net”标签应当分别以“Total”“Net”或“Aggregated”开头。报告企业应当使用表12-4列举的“negated”标签（负标签）角色来表示负值元素。

表12-4 “negated”标签角色用途举例

标签角色的定义来源	用途
http://www. xbrl. org/2009/role/negatedLabel	标准负标签角色
http://www. xbrl. org/2009/role/negatedPeriodEndLabel	期末负标签角色
http://www. xbrl. org/2009/role/negatedPeriodStartLabel	期初负标签角色
http://www. xbrl. org/2009/role/negatedTotalLabel	合计负标签角色
http://www. xbrl. org/2009/role/negatedTerseLabel	短负标签角色

注：此表引自《企业会计准则通用分类标准指南》。

需要注意的是，在实际应用中，并非所有软件工具都提供为带“negated”标签的元素自动添加负号的功能。因此，报告企业应自行检查所使用的XBRL软件工具是否支持“negated”标签。

12.1.4 通用分类标准中的扩展技术

在通用分类标准中，如前所述，由于tuple元素可比性差，因而XBRL国际组织建议去除tuple元素，而代之以一项扩展规范——维度。虽然基于逐项准则法，通用分类标准较难使用模式(pattern)方法,但还是以维度方式表达了不同的表结构,这是通用分类标准信息建模的基本思想。通用分类标准还应用了另一项扩展规范——公式,用以提高实例检验的可靠性。

1. 维度

通用分类标准用维度来对多维表格进行信息建模。通用分类标准使用的维度为显式维度,通用分类标准中称为"明确维度",不使用元组和类型维度。通用分类标准维度包括通用维度和非通用维度,其中通用维度可以由报表编制者根据实际需要应用到任何基本项目中,如"维度——追溯应用和追溯重述"。非通用维度用于描述特定报表项目,如"维度——存货类别"。通用分类标准中特定于维度规范的元素有超立方体项(hypercubeItemType)和维度项(dimensionItemType),这两类元素的使用情况如表 12-5 所示。

表 12-5 通用分类标准使用的元素种类

元素种类(替换组)	数量
数据项(Item):普通元素	2 633
超立方体项(hypercubeItemType)	108
维度项(dimensionItemType)	104
合计	2 845

注:此表引自《企业会计准则通用分类标准指南》。

在通用分类标准中,一张表(table)被视为一个超立方体,被"hypercubeItem-type"(超立方体项型)类型的元素表达;横向和纵向分别被视为 2 个轴(axis),用"dimensionItemType"(维度项型)类型的元素表达。对于一张表而言,通用分类标准定义了多种 table 元素,并在其下设置了与之相配的 axis 元素。在实际报告时,报告企业应将每项或每组 axis 元素与一个 table 元素相链接,并将每项 table 元素置于单独的扩展链接角色(Extended Link Role,ELR)下。一组 table 元素和 axis 元素也可应用在多个扩展链接角色的行项目(line items)中。例如,按数量和风险结构披露应收账款的表格可以表达如下。

首先,在模式文档中定义三类元素。

1) 表定义

表"按数量和风险结构的应收账款披露表(Disclosure on accounts receivable by amount and risk structure table)"可以定义为以下元素:

```
<xsd:element name="DisclosureOnAccountsReceivableByAmountAndRiskStructure
  Table"
id="cas_DisclosureOnAccountsReceivableByAmountAndRiskStructureTable"
type="xbrli:stringItemType" substitutionGroup="xbrldt:hypercubeItem" abstract=
```

```
"true"
nillable="true" xbrli:periodType="duration"/>
```

从其替代组属性 substitutionGroup="xbrldt:hypercubeItem"可见,这是一个用超立方体表达的表结构。

2) 轴定义

轴"按风险结构划分的应收账款坏账结构(Provision for impairment of accounts receivable classified by risk structure axis)"可以定义为以下元素

```
<xsd:element name=" ProvisionForImpairmentOfAccountsReceivable
ClassifiedByRiskStructureAxis"
id="cas_ProvisionForImpairmentOfAccountsReceivableClassifiedByRiskStructureAxis"
type="xbrli:stringItemType" substitutionGroup="xbrldt:dimensionItem" abstract=
"true"
nillable="true" xbrli:periodType="duration"/>
```

从其替代组属性 substitutionGroup="xbrldt:dimensionItem"可见,这是一个用维度表达的轴结构。限于篇幅,此处仅给出一个轴的定义,其余类似。

3) 成员定义

成员"按风险结构划分的应收账款坏账成员(Provision for impairment of accounts receivable classified by risk structure member)" 可以定义为以下元素:

```
<xsd:element
name="ProvisionForImpairmentOfAccountsReceivableClassifiedByRiskStructureMember"
id="cas_ProvisionForImpairmentOfAccountsReceivableClassifiedByRiskStructureMember"
type="nonnum:domainItemType" substitutionGroup="xbrli:item" abstract="true"
nillable="true"
xbrli:periodType="duration"/>
```

从其类型 type="nonnum:domainItemType"可见,这是一个域成员。限于篇幅,此处仅给出一个域成员定义,其余类似。

其次,即可在定义链接库中表达维度关系。

1) 表与轴之间关系

```
<link:definitionArc xlink:type="arc"
xlink:arcrole="http://xbrl.org/int/dim/arcrole/hypercube-dimension"
xlink:from="DisclosureOnAccountsReceivableByAmountAndRiskStructureTable"
xlink:to="ProvisionForImpairmentOfAccountsReceivableClassifiedByRiskStructureAxis"
xlink:title="definition: DisclosureOnAccountsReceivableByAmountAndRiskStructure-
Table to ProvisionForImpairmentOfAccountsReceivableClassifiedByRiskStructureAxis" use
="optional" priority="0" order="1.0"/>
```

从上面的代码可见,表与轴之间的关系是通过"超立方体-维度"链接表达的。

限于篇幅，仅给出一个表与轴之间的关系表达。

2）轴与域、域与成员之间关系

```
<link:definitionArc xlink:type="arc"
xlink:arcrole="http://xbrl.org/int/dim/arcrole/dimension-domain"
xlink:from="ProvisionForImpairmentOfAccountsReceivableClassifiedByRiskStructureAxis"
xlink:to="ProvisionForImpairmentOfAccountsReceivableClassifiedByRiskStructureMember"
xlink:title="definition:
ProvisionForImpairmentOfAccountsReceivableClassifiedByRiskStructureAxis to Provi-
sionForImpairmentOfAccountsReceivableClassifiedByRiskStructureMember"
use="optional" priority="0" order="1.0"/>
```

从上面的代码可见，轴与域之间的关系是通过“维度—域”链接表达的，同时，这两个元素也存在默认的“域—成员”关系。限于篇幅，仅给出一个轴与域、域与成员之间的关系表达。

如上，一个维度结构表达完毕。

通用分类标准中的维度还可分为封闭式和开放式两类。封闭式维度包含既定的内容（如定义的域成员元素），报表编制者不能改动，例如，“ELR [901000]维度_追溯应用和追溯重述”。开放式维度可由报表编制者扩展，例如，“ELR [801110]附注_存货（一般工商业）”中的存货类别维度。在通用分类标准中，绝大部分非通用维度都是开放维度。

2. 公式

公式技术是通用分类标准不同于现有国际财务报告准则分类标准的创新点之一。公式链接库用来处理复杂数据计算关系，以弥补计算链接库在计算功能上存在的不足。通用分类标准遵循国家标准化管理委员会发布的《可扩展商业报告语言（XBRL）技术规范》（GB/T25500—2010）系列国家标准中的公式和变量规范对公式链接库进行定义，实现了3个层面的算式的表达：

（1）维度各成员（member）之间的计算。

（2）元素之间的乘除计算。

（3）财务报告中涉及变动信息的计算（跨上下文），将时期类型不同的元素按会计意义进行计算汇总。

通用分类标准中公式的实现方式与公式规范中要求的基本方式相同，本书不再赘述。

12.1.5 企业如何应用通用分类标准

在具体的应用中，企业首先根据自身的报告内容与通用分类标准相映射，不足部分进行扩展，然后编制 XBRL 格式的财务报告（实例文档）。报告企业编制财务报告实例文档的一般流程可分为 4 个步骤：

第一步骤：分析通用分类标准和本企业的财务报告，将财务报告映射到通用分类标准上。

第二步骤：确定适用的通用分类标准元素和链接库。

第三步骤：创建报告企业的扩展分类标准。如通用分类标准不能满足编制实例文档的全部需求，报告企业应当按照通用分类标准的扩展原则，创建企业扩展分类标准。

第四步骤：编制实例文档。基于通用分类标准或报告企业的扩展分类标准，报告企业创建 XBRL 实例文档。

其中，映射和扩展是企业应用分类标准中的核心问题。

1. 映射

在使用通用分类标准进行实例文档编制工作前，报告企业应熟悉通用分类标准的使用方法，分析通用分类标准与企业会计准则之间的关系，进而确定如何以通用分类标准为基础反映企业的财务报告。报告企业可通过以下途径了解通用分类标准：

(1)《企业会计准则通用分类标准元素清单》。

(2) 借助 XBRL 软件工具浏览通用分类标准。

通用分类标准是按照企业会计准则的列报规定进行组织的，使用扩展链接角色(ELR)表示财务报告的每项列报要求。在进行分类标准映射时，要考虑通用分类标准的建模方法。按照对象不同，通用分类标准建模方法分为 3 类：

(1) 财务报表主表(不包括附注)建模。

(2) 基于维度的附注建模。

(3) 普通附注建模。

报告企业的分类标准映射工作也相应包括 3 方面：

(1) 企业财务报告列报事项与通用分类标准中扩展链接角色的映射。

(2) 企业财务报告列报项目与通用分类标准元素的映射。

(3) 企业财务报告列报项目间的关系与通用分类标准链接库的映射。

分析和映射的原则是逐一分析、匹配企业财务报告的概念和关系与通用分类标准的元素、链接库和扩展链接角色(ELR)之间的对应关系。具体要求如下：

(1) 名称相同、含义一致的，可以映射。

(2) 名称相同、含义不一致的，不能映射。

(3) 名称不同、含义一致的，可以映射(但应修改标签)。

(4) 名称不同、含义不一致的，不能映射。

对于不能映射的财务报告概念和关系，需要报告企业对通用分类标准进行扩展。需要注意的是，映射工作不应局限于只在与财务报告列报事项相对应的扩展链接角色下寻找能够匹配的元素，而应扩大到全部通用分类标准元素中去寻找适用元素。图 12-3 显示了一个将资产负债表映射至通用分类标准的例子。

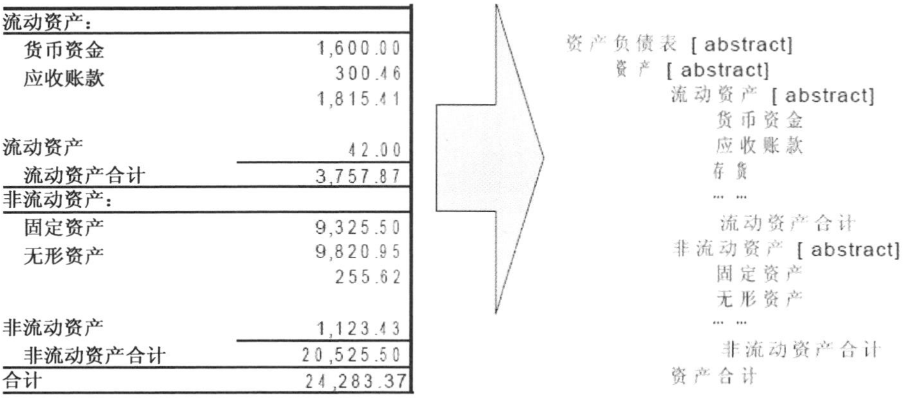

图 12-3 财务报告和通用分类标准的映射关系

注：此图引自《企业会计准则通用分类标准指南》。

2. 扩展

通用分类标准体现了企业会计准则对于财务报告的基本列报要求，即所谓强制披露信息。如果企业的财务报告能完全映射到通用分类标准上，则不需创建扩展通用分类标准。但是，一般地，企业都会有一些自愿披露信息，因此还需要创建扩展分类标准。企业应当创建通用分类标准中没有定义的扩展元素，并设置元素间的关系（包括扩展元素间的关系和扩展元素与通用分类标准元素间的关系）。企业扩展分类标准的创建应当遵循《可扩展商业报告语言（XBRL）技术规范第 1 部分：基础》（GB/T 25500.1—2010）、《可扩展商业报告语言（XBRL）技术规范第 2 部分：维度》（GB/T25500.2—2010）、《可扩展商业报告语言（XBRL）技术规范第 3 部分：公式》（GB/T 25500.3—2010）、《可扩展商业报告语言（XBRL）技术规范第 4 部分：版本》（GB/T 25500.4—2010）系列国家标准，以及通用分类标准扩展原则和通用分类标准指南的其他规定。

1）创建扩展分类标准的方式

创建扩展分类标准有多种方式。如不需重建链接库，报告企业可先创建扩展元素，再将其定义到扩展链接角色中，然后为这些元素增加链接。如需重建链接库，报告企业应在映射过程首先添加扩展链接角色，然后再添加扩展元素，最后生成扩展元素间以及扩展元素和通用分类标准元素之间的链接库。

报告企业应当区分变更通用分类标准链接库、扩展通用分类标准链接库和重建通用分类标准链接库之间的区别：

（1）变更通用分类标准链接库：报告企业在物理层面上更改通用分类标准的文件。

（2）扩展通用分类标准链接库：报告企业在通用分类标准文件基础上添加新链接关系，保留或禁用原有链接关系，但不影响通用分类标准文件，也不生成替代通用分类标准链接库的新的扩展链接库文件。

（3）重建通用分类标准链接库：报告企业复制通用分类标准链接库，并添加新链接关系、删除或覆盖原有链接关系，最终生成新的扩展链接库文件，替代原有的通用分类标准链接库，但不影响原有的通用分类标准链接库。

报告企业不得变更通用分类标准链接库，但可根据财务报告的需要扩展或重建链接库。

2）新建扩展链接角色

通用分类标准使用扩展链接角色来表示财务报表主表及附注。如需新建扩展链接角色，报告企业应根据扩展链接角色的定义和6位编码对企业新建的扩展链接角色命名、编码和排序，建立适当的编排结构。报告企业只允许为展示链接库、计算链接库和定义链接库创建扩展链接角色。

3）新建元素

报告企业只能在通用分类标准中没有适用元素时创建新的元素。为确定通用分类标准中是否有合适的元素，报告企业应使用XBRL软件工具对通用分类标准进行完整的浏览，也可使用《企业会计准则通用分类标准元素清单》来确定通用分类标准中是否已存在所需元素。

4）新建元素间的关系

新建扩展元素后，报告企业需为扩展元素增加链接关系。通用分类标准的所有元素在展示、计算、定义链接库中都是一致的。这种一致性确保了需计算的元素在计算链接库和展示链接库中相同，也确保了通用维度可应用于每个报告项目上。报告企业在扩展链接库时，也应遵守上述一致性要求。新建元素编号命名应遵循以下结构：

{报送者自定义的命名空间前缀_扩展元素名称}

报告企业在创建扩展链接库时不应更改元素的会计含义。在某些情况下，当将元素置于不同计算层级时，其会计含义可能会发生变化，报告企业应注意并避免发生这种错误。

（1）层级结构的扩展：在扩展通用分类标准时，要考虑财务报告披露信息的粒度。尤其对于披露的文字信息，报告企业应当注意标记的详细程度。通用分类标准针对每个财务报表附注披露的最高一级，都设定了一个后缀为[text block]的文本块元素。在编制实例文档时，这个元素应该用于封装整个附注。

(2) 维度的扩展：如前所述，通用分类标准中维度分为两种：非通用维度和通用维度(参见通用分类标准指南关于维度的规定)。其中，只有非通用维度才可以扩展，例如，可以对非通用维度的域元素进行扩展。需要注意的是：只有通用分类标准中确实没有与企业财务报告匹配的轴，报告企业才可扩展维度的轴，以反映更为复杂的维度关系。

12.2 基于 XBRL 的应用系统

本书希望读者能够特别注意的一点是：狭义的 XBRL，只是数据概念与实例，其本身无任何功能可言。高质量的 XBRL 能够支持优异的功能和性能，但功能和性能的实现只能在应用程序中。从通用性角度来看，XBRL 领域的软件可以分为两类：通用平台扩展系统和专用软件。

通用平台扩展系统指在通用平台上扩展与 XBRL 相关的功能而形成的系统，如微软在电子表格软件 Excel 基础上扩展的 Investor Assistant，甲骨文在数据库管理系统 Oracle 基础上扩展的有关 XBRL 实例的生成、存储和查询组件，以及 Software AG 在 XML 数据库管理系统基础上扩展的 XBRL 模块等。

专用软件指软件本身以面向 XBRL 的功能为主的应用系统。最重要的 XBRL 专用软件包括 UBMatrix 公司的 UBMatrix 软件和富士通公司的 Interstage XWand 系统。其中，UBMatrix 是创建了美国 EDGAR 的 XBRL 分类标准与应用系统，Interstage XWand 则创建和维护了日本证券监管机构的 EDINET 分类标准。目前，专用软件是 XBRL 应用系统的主流。

12.2.1 XBRL 应用系统的需求规范

为了规范 XBRL 应用系统的功能和性能，XBRL 国际组织出台了“XBRL 处理器功能需求(XBRL Processor Requirement)”。XBRL 国际组织将一切以生成、转换、阅读、分析和验证 XBRL 文档(包括分类标准和实例文档)的应用程序统称为 XBRL 处理器(XBRL Processor)，其中最重要的是分类标准编辑器(Taxonomy Editor)和实例文档创建器(Instance Creator)。因为商业报告中最重要的、比重也最大的部分是财务报告，所以本书以财务报告为例研究 XBRL 处理器的需求规范，处理器的目标为实现从全文财务报表中创建实例文档的整个过程。一个理想的工作流程如下：

会计师事务所选择客户，并从这些客户获取全部的财务信息；

审计师将财务信息中的每个实体映射到分类标准，并标出分类标准中没有对

应映射的实体信息;

公司特定的扩展分类标准可以通过确认关于公司的信息(这些事实并不对应分类标准中的概念)来创建。从而,根据基本分类标准、扩展分类标准以及映射信息,能够对每个公司创建实例文档。

在XBRL处理器需求规范中,根据不同层次的要求可以分为"最低要求""推荐要求"和"可选要求"。其中,"最低要求"是一个XBRL处理器所应满足的基本要求,软件系统只有满足最低要求才能被称为XBRL处理器;"推荐要求"提出了更高的用户友好等性能和扩展功能的要求,是高质量XBRL处理器的必要条件;"可选要求"只适用于某些特定情况,并不是XBRL处理器的必要部分,也不影响其质量。

下面将分别从XBRL分类标准编辑器和实例文档创建器这两个角度简述XBRL处理器需求规范。

1. 分类标准编辑器要求

1)最低要求

首先,应满足XML模式文档编辑器的基本要求。其次,应满足XBRL特定的要求,如能够创建有效的标签、展示、计算、引用和定义链接库,以及能够创建XBRL模式中定义的所有相关数据类型的元素、抽象元素、元组及元组内容信息以及维度信息等。最后,还应具有一些通用的软件功能,如能够通过元素名称或标签内容查找元素,能够提供帮助文档或者详细的用户手册等。在性能方面,要求大部分是自动安装的,应当具有可接受的处理时间,以及不能对用户的机器提出过高要求等。

2)推荐要求

首先,是一些操作友好性方面的要求,如能够从Excel、CSV或者其他形式的文档导入一系列新的元素以及相关信息(这个导入过程允许新元素的所有特征一次性输入,并要求所有可能的链接库信息也应当被包含在内),允许元素及链接库项目(展示、计算、标签)可复制/剪切及粘贴。其次,是一些扩展功能方面的要求,如可以检查元素名称、标签及文档的拼写,提供创建新标签角色的高级功能和用户界面,能够看到每个元素的命名空间前缀或者可以方便地区别命名空间并确定一个元素来自哪一个命名空间等。最后,是一些扩展的验证能力要求,如可以显示模式和链接库的XML视图,在报告中提示在一个链接库中某个元素多次出现,允许通过HTML或Excel层次视图审查分类标准,以及当用户输入信息时提供对信息的有效性检验等。

3)可选要求

可选要求主要是指与XBRL没有直接联系,但从整体上增强XBRL处理器的功能要求。如提供向导(wizard)以引导设计者按照分类标准创建过程的步骤进行设计;提供充分的 XML 模式扩展能力并能够创建复杂类型(complexType);提供国际化能力以方便地转换到其他语言;提供密码保护以及对于修改的审计追踪;实现运行过程中的自动保存;集成实例文档创建器和映射工具;使用分类标准工具自动创建实例模板;实现 XML 数据库/知识库的集成与版本控制;辅助分类标准协作工作流程;以及提供版本比较功能等。

2. 实例文档创建器要求

现在已经出现了很多类型的实例文档创建器,而在不久的将来会有更多的正在开发的软件发布。对这些实例文档创建器进行分类,可以总结出 3 种主要类型的实例文档创建器。

(1) 独立的实例文档创建器:用户手工输入数据,软件创建 XBRL 实例文档。

(2) “ERP 和总分类账类型”实例文档创建器:将创建实例文档的功能嵌入 ERP 和核算软件。

(3) “数据库类型”实例文档创建器:将创建实例文档的功能嵌入至更基础的平台——数据库管理系统。

无论上述何种系统,它们的要求是统一的。

1) 最低要求

最低要求包括能够创建符合最新 XBRL 规范的 XBRL 实例文档;能够创建并将每个值同上下文相关联或者创建对应于该值的上下文项目;能够处理元组;能够创建 XBRL 规范中定义的脚注;能够读取枚举值(enumeration)并且通过建议和限制这些枚举值的访问来帮助用户;用户界面应提醒用户不能使用非法的字符,比如,“&” “‘” ““” “<”和“>”;能够选择分类标准文件用以创建实例文档,软件应当可以自动导入所选择的分类标准;能够查找元素标签、名称、定义以及数据;能够创建标准模板用来手动或自动输入;能够进行实例文档的有效性检验,包括 XML 良构性检验、XML 合法性检验和 XBRL 合法性检验等。

2) 推荐要求

推荐要求包括能够拖放数据;能够将每个元素的 XML 注释插入到与其相关联的实例文档中或者将 XML 注释作为一个整体插入到实例文档中去;提供便于输入元组及维度信息的表格视图;提供类似 Excel/Access 的输入表格以便于多行信息的复制/粘贴;可以从已有的实例文档中拖放片段到其他文档中;能够直接导入诸如 PDF、Word 或 Excel 等格式的文档并创建实例文档;能够创建从数据表和数据库到分类标准的映射;能够将同一个数据值映射到同一分类标准中的多个元素以及多个分类标准中的元素;能够选择元素使用计算链接来进行验证等。

3）可选要求

可选要求包括能够根据输入的信息类型自动创建上下文；提供识别分类标准、创建上下文和输入数据的向导；能够转换到先前一个期间的实例文档；具有较高安全性并提供创建和修改审计痕迹的功能；提供可访问、可查询和可检索的 Web 服务；能够作为 XMLSpy 的一个插件运行，从而使其他的 XML 文档创建器将 XBRL 实例文档导入文档；提供可协作的团队创建处理工具。

12.2.2 XBRL 应用系统的一般框架与实例

本书作者所组成的团队长期从事 XBRL 领域的研究与开发。经过深入探索与实践，提出了一个适应中国财务报告应用实践的软件架构并初步实现。本系统除在技术上符合 XBRL 处理器的推荐要求，在会计业务处理流程中也充分体现出多个环节集成的设计思路，具有较高的可操作性和适用性。

1. 功能目标

本系统集成了分类标准编辑器和实例文档创建器，其功能目标包括主要功能和扩展功能。除前述 XBRL 处理器需求规范中的功能要求外，具有如下功能特征。

1）主要功能

（1）提供中国上市公司 XBRL 分类标准中财务报表及其附注部分分类标准的修订功能，其时间跨度包括年度和半年度，行业跨度为上交所提供需要修订的分类标准中的行业分类：即工商类、银行类、证券类和保险类。

（2）生成基于修订后分类标准的上市公司财务报表及其附注（包括年报和半年报）的 XBRL 实例文档，其时间跨度包括年度和半年度，行业跨度为上交所提供需要修订的分类标准中的行业分类。

（3）提供基于特定公司与行业的部分信息元素的扩展，另外还提供链接库的扩展，包括基本链接库中标签链接库、展示链接库、引用链接库、计算链接库和定义链接库。可根据 XBRL 推导规则推导出可发现分类标准集合。可根据需要对扩展部分检验其规范相容性。

（4）提供合并报表过程中应收账款、应付账款、其他应收账款、其他应付账款、销售收入、存货和固定资产 7 项的合并功能。

2）扩展功能

（1）提供其他合并报表过程中的部分项目合并功能。

（2）通过调研会计师事务所的审计流程，制定《会计师事务所审计流程建议书》，用以规范会计师事务所的审计流程，并在系统中规范审计流程的标准化。

（3）规范部分审计底稿格式（Excel 格式文档）的功能。

（4）提供从上述规范审计底稿（经规范化的 Excel 格式文档）中直接导入数据

(不需手工输入)生成 XBRL 财务报告实例文档的功能。

(5) 能够制定基于扩展链接功能的链接和链接库,如 Function 和 Formula 等,并提供相应的相容性检验。

图 12-4、图 12-5 分别给出了软件的总体流程和实例文档自动生成流程。

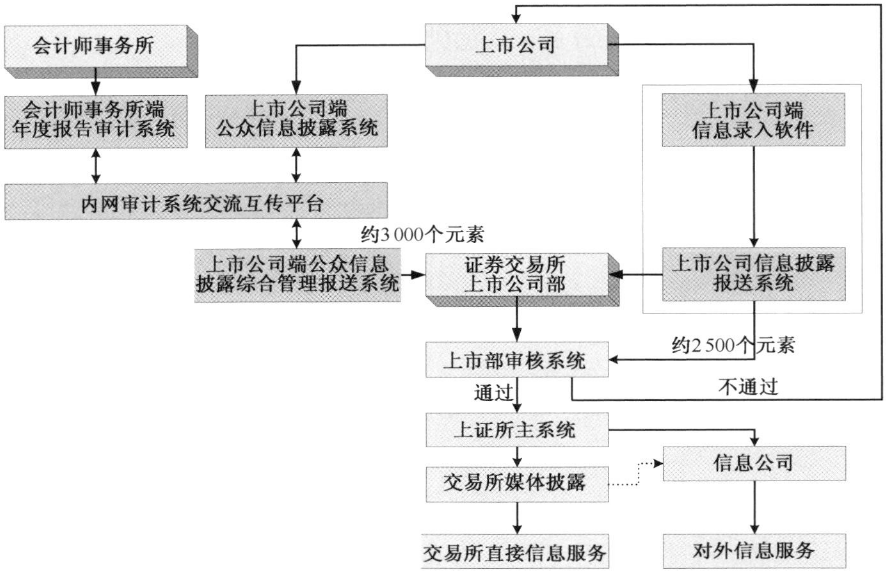

图 12-4　XBRL 应用系统总体流程图

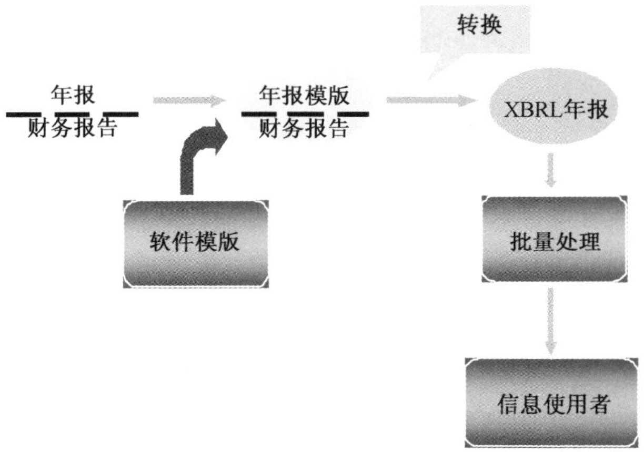

图 12-5　实例文档自动生成流程

2. 分模块功能介绍

下面分模块介绍主要功能。

1）新建

首次运行报送系统，将会出现以下提示界面，如图 12-6 所示。

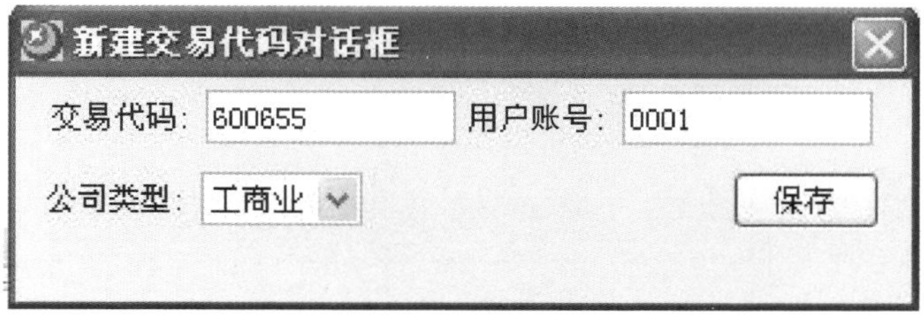

图 12-6　新建报送项目

在窗口中的“交易代码”输入框内输入 6 位数字的交易代码及用户账号，再选择公司类型，然后点击“保存”按钮。

接下来会出现一个“编辑上下文模板”的对话框，如图 12-7 所示。

图 12-7　上下文编辑

关于“上下文”的解释：如图所示，为了完整描述一份财务报告，需要给出该财务报告的所属公司股票交易代码，以及报告中出现的日期类型以及报告类型等。对于大多数上下文，软件已经给出定义。如需增加或修改，可在面板上增加或修改，另外上市公司还需填写“报送日期”项，然后点击“保存”按钮。

另外，用户可使用“新建时间参数”按钮来更改所需要的时间参数，也可以通过“新建上下文模板”按钮更改上下文。如果尚未确定具体的报送日期，可允许用户先填写一个估计日期，在正式报送之前，再回到这个对话框进行修改。

完成以上两个对话框的填写，即表明用户新建了一个报送文件工作项目。经过一系列自动读取数据字典的运作后，用户即可看到模板填写界面。

2）导入 Excel

本系统提供了实例文档的自动生成方式，即用户可以导入 Excel 格式的财务报告，系统直接生成实例文档。这是本系统的优势之一。用户只需选择要打开的 Excel 文件导入系统，系统就会自动导入 Excel 中的信息并检验格式正确性，当其操作完成时会提示一个消息对话框，如图 12-8 所示。

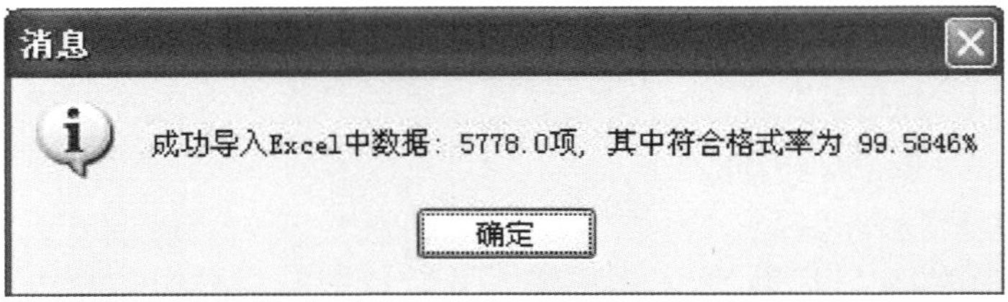

图 12-8　导入 Excel

系统还会给出 Excel 中信息类型错误的详细记录，如图 12-9 所示。

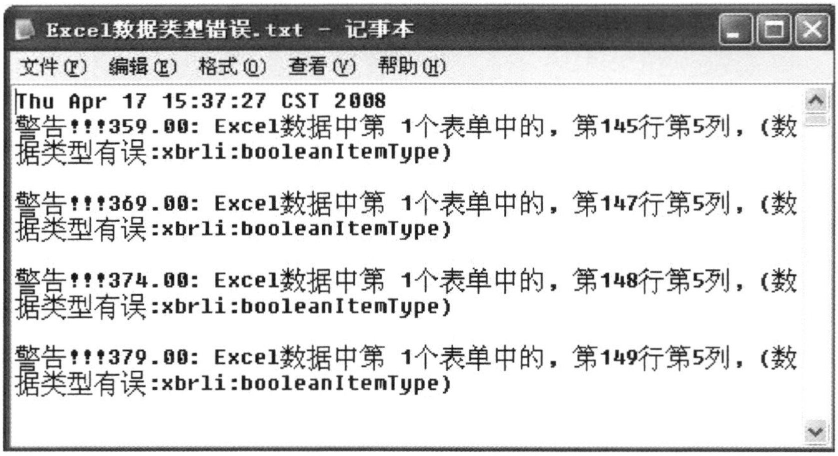

图 12-9　Excel 信息类型错误明细

系统还会指引用户找到错误发生的位置。在系统下方会弹出数据类型错误的链接，点击链接界面会自动跳到错误位置。如图 12-10 所示。

完成以上操作，即表明用户打开了一个 Excel 文件。用户即可看到 Excel 读入的结果了。

3）导入 XBRL 实例文档

用户还可以导入一个已经创建的 XBRL 实例文档，并在此基础上修改并创建

图 12-10　错误位置指引

新的实例文档。用户需要选择公司类型，如图 12-11 所示。

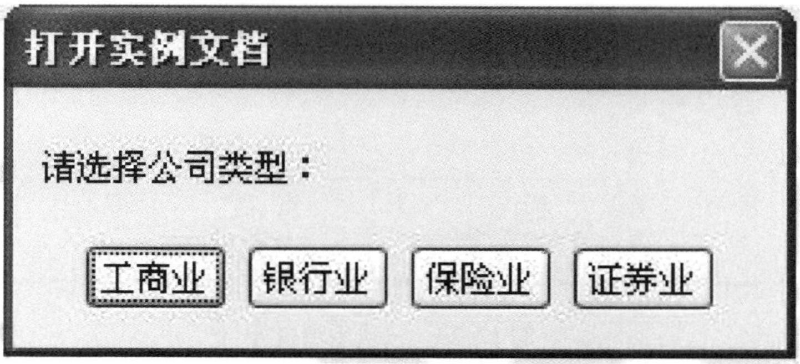

图 12-11　公司类型选择

选择公司所属的行业后，进一步选择要修改的实例文档。完成以上操作，即表明用户打开了一个实例文档(XML 文件)。用户即可看到 XML 读入的结果了。

4) 插入新元组

当系统提供的表格不能满足需要时，可以自定义增加一行数据，如图 12-12 所示。

另外，考虑到用户的操作便利性，可选择“添加行”或者“添加多行”。点击添加行只能添加一行，如添加多行，会弹出对话框。如图 12-13 所示。

用户只需输入所要添加的行数，点击确定即可。

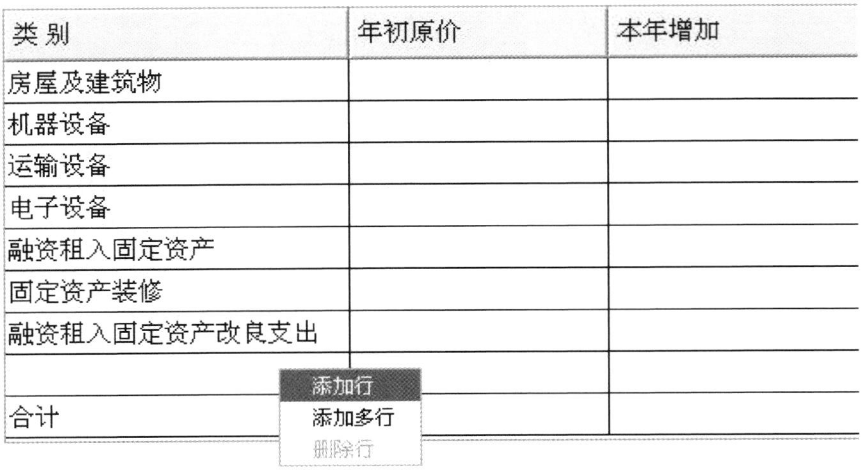
类 别
年初原价
本年增加
房屋及建筑物
机器设备
运输设备
电子设备
融资租入固定资产
固定资产装修
融资租入固定资产改良支出
合计
添加行
添加多行
删除行

图 12-12　插入新的元组实例

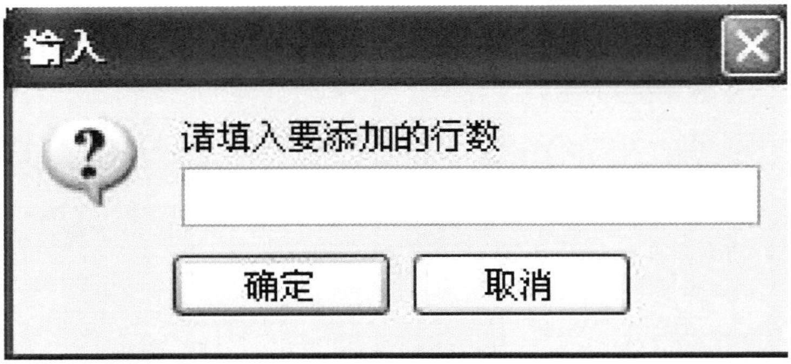

图 12-13　一次添加多行

5）计算链接库检验

用户可以通过软件根据计算链接库检验实例文档中的简单数量关系。用户选择“计算链接库检验”，并选择要检验的实例文档，即可开始检验。检验完成之后，结果会显示在下方消息框中。如图 12-14 所示。

6）公式链接库检验

用户可以通过软件根据公式链接库检验实例文档中的复杂数量关系。用户首先选择“公式链接库检验”，并选择要检验的实例文档，即可开始检验。检验完成之后，结果会显示在下方消息框中。从消息框可见，公式链接库检验了不同上下文之间的数量关系。如图 12-15 所示。

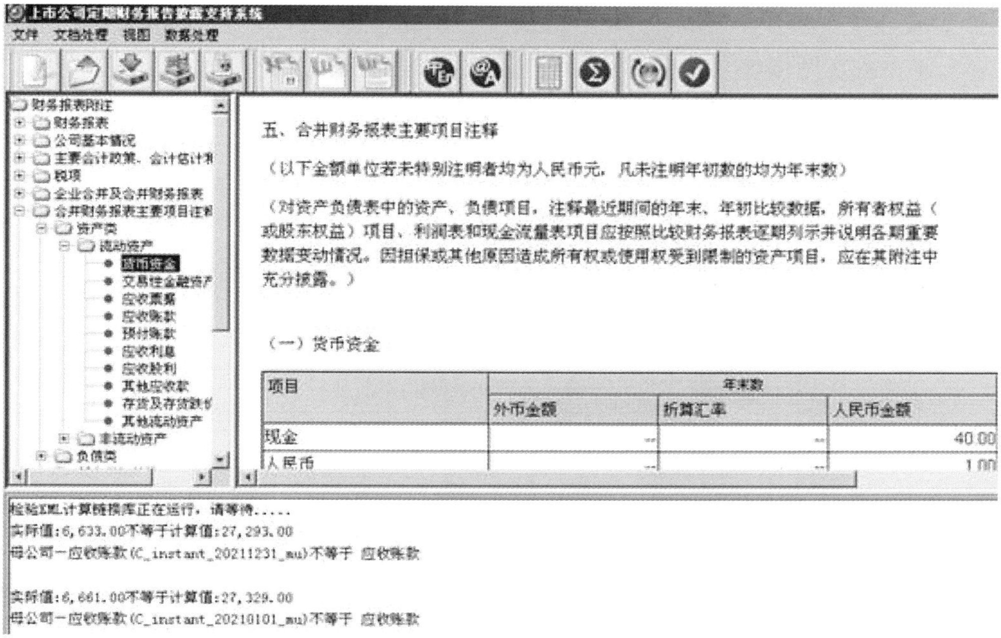

图 12-14　计算链接库检验及结果

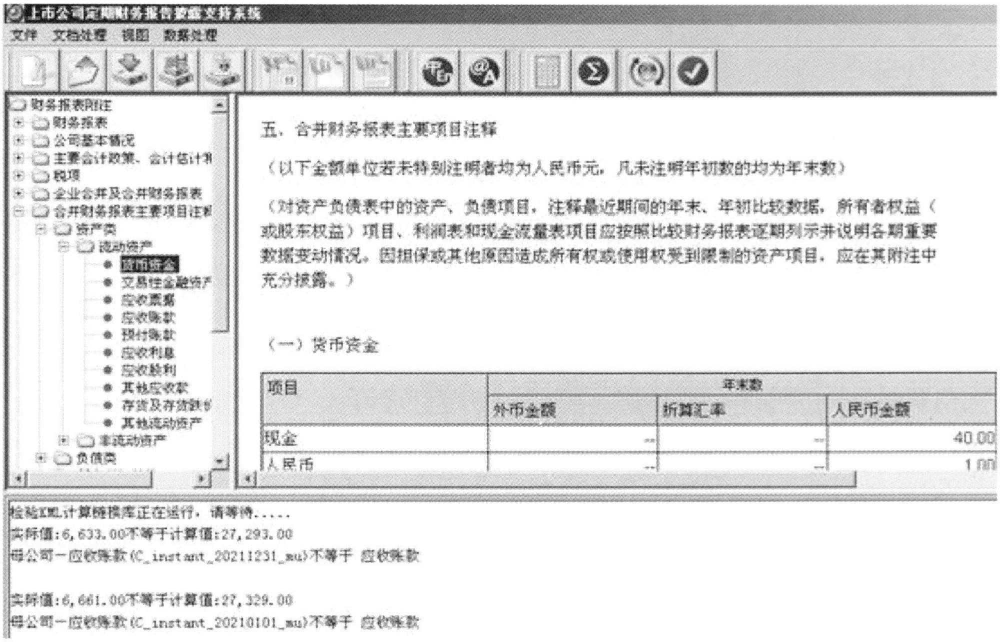

图 12-15　公式链接库检验及结果

7）生成 Word 文档

本系统支持用户合并多个 XBRL 实例文档并自动生成 Word 格式的财务报告，这是 XBRL 处理器需求规范中要求的"协作处理功能"的一种实现方式，也是本系统的优势之一。

用户首先选择待合并的实例文档，如图 12-16 所示。

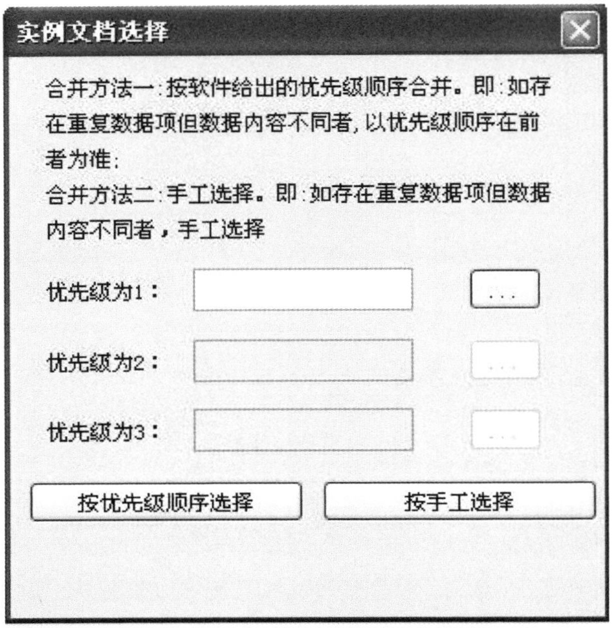

图 12-16　合并实例文档选择

对于合并中出现的冲突数据，系统给出了两种处理方式：其一是自动处理，用户需要选择合并文档的优先级，系统将会自动地按照用户所选择的先后顺序对同一位置不同的数据进行选择，如遇同一位置不同数据冲突将选择优先级别最高的将其他的替换掉。其二是手工处理，如有同一位置不同数据将会弹出"重复元素不同内容的选择"对话框，如图 12-17 所示。用户可按自己判断选择保留数据，然后保存即可。系统还可以根据实例文档生成 Word 文档。系统将自动给出生成 Word 文档的过程以及 Word 文档保存路径，如图 12-18 所示。

3. 性能说明

本系统除功能设计，还深入考察并设计了系统的性能。本书认为，这也是一个 XBRL 处理器性能方面的标准实现。下面仅就软件规范性、精度和灵活性进行重点介绍。

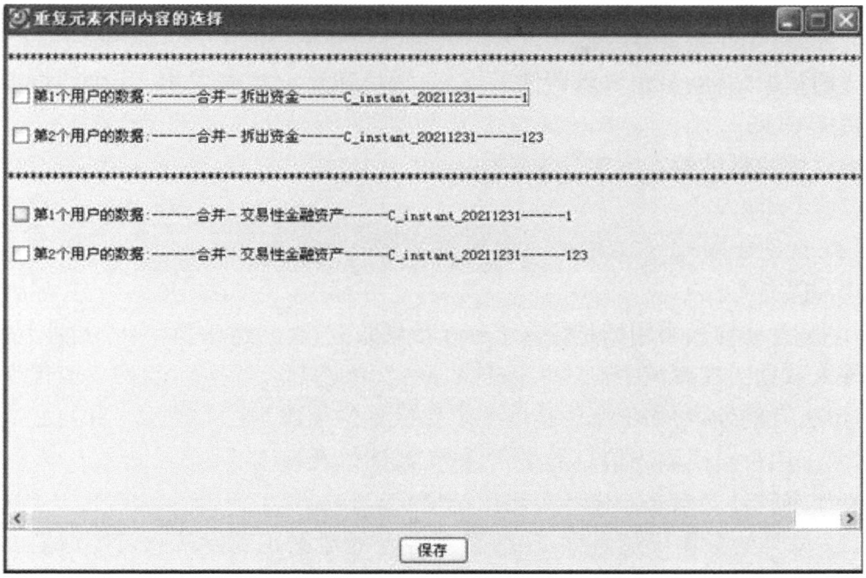

图 12-17　手工选择合并重复元素

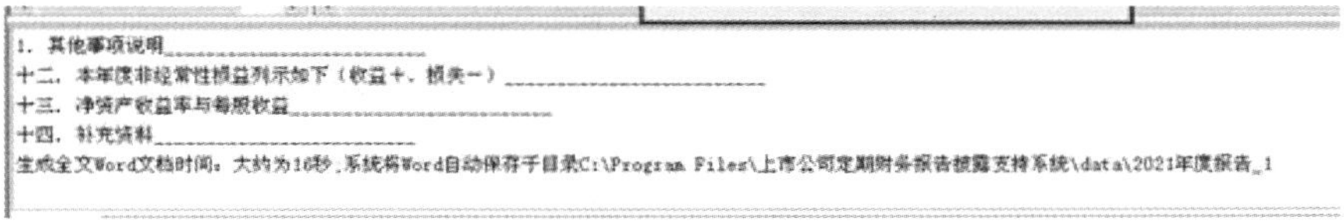

图 12-18　Word 文档生成过程

1）软件规范性

(1) 满足 XBRL 国际组织和 W3C 所有的正式标准和规范(Recommend)。其中,XBRL 国际组织的标准、规范和相容性有 XBRL 规范、财务报告分类标准框架和财务报告实例文档标准等;W3C 的标准和规范有 XML Schema、XLink、XPath 和 XPointer 等。

(2) 与已有分类标准具有较高的兼容性(因会计准则和披露规范变动而导致的信息元素不兼容除外),即具有较高的向前兼容性。

(3) 适用于标准的 XML 数据平台(数据库/数据仓库),并在关系数据平台(数据库/数据仓库)下具有理想的效率。

(4) 具有良好的人机界面,提高信息输入效率,包括针对不同行业和上下文(年报/半年报)提供不同的输入界面。

(5) 具有严格、完整的信息校验功能,并提供校验结果的显示和相应信息的提示。

(6) 有界面友好、功能完整的帮助和学习功能。

2) 精度

所谓精度指标，是指对该软件的输入、输出数据的精度要求，并包括传输过程中的精度要求。

本软件数据的输入方式分为3种：

(1) 手动输入。

(2) 自动导入。

(3) 自定义。

其中，自动导入采用的是导入Excel数据的方式。会有一套(4个行业)模板供用户导入数据。在模板中对输入信息的格式、精度都会给定。数据一般保留两位小数，但也有例外，比如汇率的精度要求保留4位小数。在手动输入和自定义的过程中，要求用户自己输入信息的格式、数值范围以及精度等。

操作本软件会最终产生3类输出结果：

(1) 软件的操作记录信息，包括自动导入的数据正确性信息，计算链接库、公式链接库检验关系的报告信息。这些记录是以txt文本保存，一般的记事本软件可以查看。

(2) 生成提交上交所保存的实例文档，以xml格式保存，建议使用XMLSpy 2006或者UltraEdit查看。

(3) 生成定期财务报告，是以word格式保存，需要word 2003或者以上版本的软件支持。

系统通过上述要求和指标，确保了用户的精度需求。

3) 灵活性

所谓软件的灵活性要求，是指当需求发生某些变化时，该软件对这些变化的适应能力，例如，操作方式上的变化、运行环境的变化、同其他软件的接口的变化、精度和有效时限的变化、计划的变化或改进等。

本系统的灵活性体现在以下4个方面：

(1) 操作方式：分为手动、自动导入以及自定义功能。由于本软件采用的是Java开发语言，对于运行环境没有限制，不论是Window、Linux或者Mac操作系统均可适应。同其他XML/XBRL软件具有兼容的功能，软件中使用的分类标准及相对应的链接库能够在其他XML/XBRL软件中正常浏览。同样地，生成的实例文档也必须满足这个条件。

(2) 精度：分类标准创建要考虑诸如表达性、准确性、完整性、一致性、可扩展性、软件系统适应性和粒度等方面的要求。这些方面有互斥的成分，因此不可能做到每个方面都最优，但是出于用户体验和满意度的考虑，系统将在这些方面上达成平衡。

(3) 时限性:由于软件中的分类标准及链接库采用的是 XML 规范以及 XBRL 规范,当国际 XBRL 组织对规范进行修改或更新时,本软件能够对相应的分类标准及链接库进行更新,增加、删除或者更新功能。这样就保证了软件的准确性及先进性。

(4) 计划中的变化:系统可能的外部变化包括进度变化、部分功能进度需求变化和功能变化。排除国际 XBRL 规范变化等这些非可控的影响因素,系统允许为了协调各个功能之间的关系而进行调整,包括规范、界面、数据处理和操作 4 个方面。

12.3 XBRL 应用案例

随着 XBRL 的影响与日俱增,XBRL 被各国公认为增加信息透明度、提高披露及时性以及提高信息利用能力的有效方式,从而被各国的政府、企业接受。目前,世界主要工业国均已成立 XBRL 地区组织,并将 XBRL 技术引入其财务报告的报送、监管和分析体系。目前,XBRL 成熟的应用主要在证券和银行业。

下面,本书将给出 5 个真实案例,其中 3 个为行业应用案例,2 个为软件系统案例。在行业应用案例中,EDGAR Online 和上海证券交易所的案例为 XBRL 在证券业的应用,比利时国家银行的案例为 XBRL 在银行业的应用。在软件系统案例中,富士通的案例为独立 XBRL 处理器,微软的案例为平台软件扩展型的 XBRL 处理器。

12.3.1 案例 1 EDGAR Online

EDGAR Online 主要功能是财务报告的报送与浏览,其主要的系统架构为独立软件与数据库结合。

EDGAR Online 使用的独立软件产品为 UBMatrixI-Metrix 套件,该套件包括了 I-Metrix Professional、I-Metrix Vision、I-Metrix Architect 和 I-Metrix Xceletate 等组件。

EDGAR Online 已与上海证券交易所信息网络公司(上海证券交易所的全资子公司)和深圳证券信息公司(深圳证券交易所的子公司)建立了战略合作关系。EDGAR Online 可获得在沪、深两个交易所上市公司当期的财务数据以及自 2000 年起的历史纪录。

EDGAR Online 于 2006 年上半年向使用基于 XBRL 技术的 I-Metrix 系统的用户提供中国上市公司的财务信息,和沪、深两交易所建立的合作关系也将为其 I-Metrix 产品打开中国市场。

EDGAR Online 与 UBMatrix 合作开发 I-Metrix 工具是 EDGAR Online 将其拥有的 XBRL 经验市场化的又一项举措,该技术可使财务报告更容易获取,并具有可比性。伴随着全球加速采用 XBRL 的步伐,I-Metrix 工具可以方便、经济地实现财务报表转换越来越为财务数据使用者所青睐。在使用者看来，XBRL 数据是质量非常高的信息，能够很快获取并且对不同的公司和不同的报表时期都有统一的表现格式。

I-Metrix Xcelerate 是 EDGAR Online 与 UBMatrix 合作开发的 XBRL 引擎。它能够让用户把格式化的静态数据转变为 XBRL 格式，也称为“交互式数据”。无论用户的信息是否结构化，都可以将其转换为 XBRL。数据在提交后的几分钟内就能够转换完毕，并且有健全的质量控制与核查系统作为支持。该过程确保一致性、及时性和数据的准确性。同时，数据符合美国证券交易委员会(SEC)所要求的最新格式，并且随时与 SEC 的 XBRL 分类标准保持一致。

通过和 EDGAR Online 的合作，企业能够对 XBRL 标准有更多的了解，同时将数据转化为符合要求的格式，并避免了用过多的时间学习 XBRL 的专门技术知识。企业可以利用简单、经济、高效和全方位的服务解决方案来填报符合 SEC 要求的 XBRL 格式的财务报表，如图 12-19 所示。

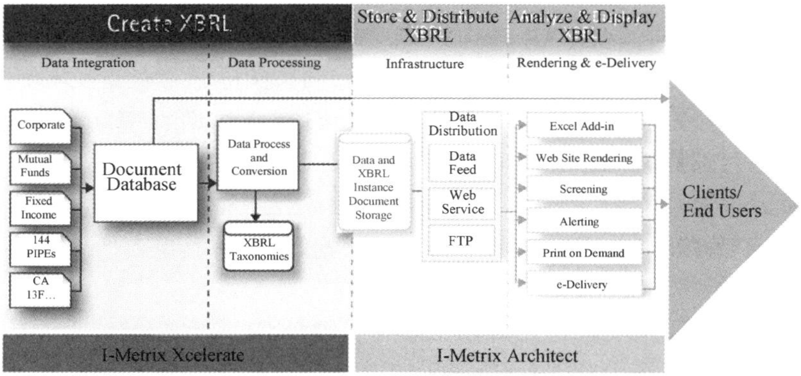

图 12-19 I-Metrix 系统架构:XBRL 创建流程

注:此图引自 UBMatrix 公司网站。

EDGAR Online 的服务平台式架构的 I-Metrix，能够优化存储、检索信息，以方便最终用户使用。I-Metrix 通过分解成单个元素、存储内容相关等方法有效地把 XBRL 内容存入数据库。元素的上下文通过定义属性来明确显示，例如，实体属性、元素所应用的时间范围、总体的商业信息等。利用自定义组件，通过多种应用选项可为内部、外部和第三方消费者的发布带来更多的稳定性，如图 12-20 所示。

用户对于显示、查看和处理他们所需的信息有着各种不同的偏好。因此，I-Metrix 带有一个完整的组件库，可用于自定义数据搜索。已有的格式也可用于在网站上作为预定格式，如图表形式和其他第三方提供的 I-Metrix 模板。

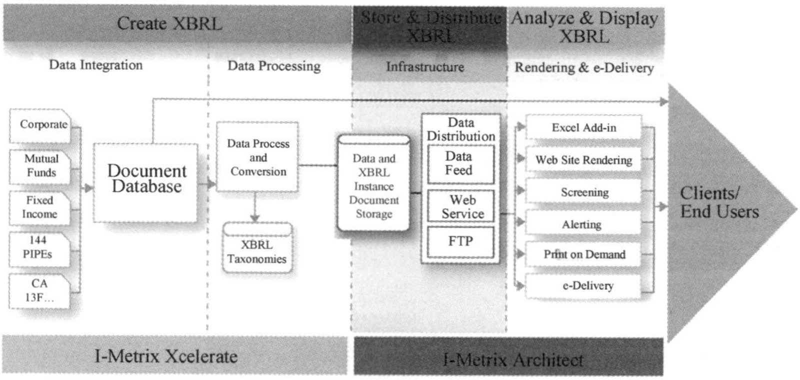

图 12-20　I-Metrix 系统架构:XBRL 存储与传递流程

注:此图引自 UBMatrix 公司网站。

使信息能够被检索只是 I-Metrix 功能的一部分。除了检索和显示信息,I-Metrix 也提供数据分析工具。这些工具能够自动运行预定义的模型,或者实时创建用户的自定义模型,以便于用户用各种方式分析企业财务状况,如作"纵向"的历史比较,"横向"的同行业或竞争对手比较等。比较结果将以可视化形式显示在屏幕上,因此可以直观地发现异常情况和新趋势,如图 12-21 所示。

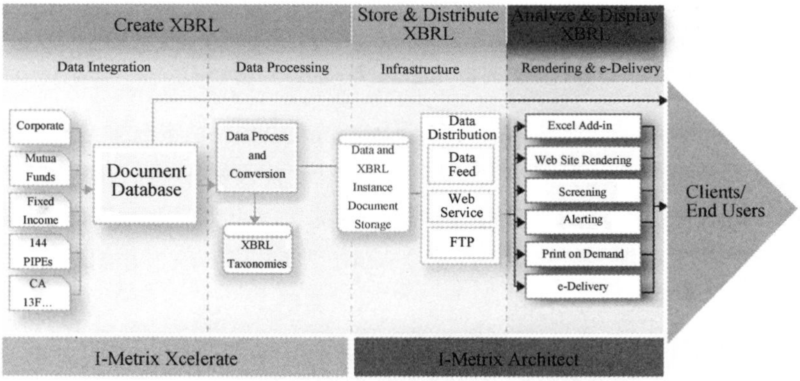

图 12-21　I-Metrix 系统架构:XBRL 分析与显示流程

注:此图引自 UBMatrix 公司网站。
资料来源:中国会计视野网站、EDGAR Online 网站、UBMatrix 公司网站。

12.3.2　案例 2　上海证券交易所

2002 年 5 月,中国证监会就开始了《上市公司信息披露电子化规范》的制定工作,并于 2003 年年底经全国金融标准化技术委员会审批通过。该规范确定采用

XBRL 技术，实现上市公司信息更广泛、灵活、方便和深入的应用。

上海证券交易所对 XBRL 技术一直非常关注，进行了广泛深入的研究，并积极参与了证监会《上市公司信息披露电子化规范》标准的制定工作。

上海证券交易所针对 XBRL 标准应用组建了国内最早的联合工作小组，具体负责推进 XBRL 标准实施。之后，上海证券交易所 XBRL 应用进入实质性启动阶段，成功地将 XBRL 应用到该所的上市公司定期报告摘要报送系统中，在国内交易所率先实现了 XBRL 的应用。该应用当时被 XBRL 领域的国际专家认为在国际上的交易所中也属于先进水平，并于 2005 年作为国内首家单位通过了 XBRL 国际组织认证。

现在，XBRL 技术在上市公司定期报告报送系统中的成功应用，使上市公司、监管机构、交易所、会计师事务所、投资者、研究机构、证券信息服务商等上市公司信息的加工者与使用者能够以更低的成本、更高的效率实现信息的生成、提取、分析、交换和共享。此外，上海证券交易所的 XBRL 团队对进一步推广 XBRL 和实现上市公司信息披露电子化也提出了切实可行的分步推进计划。

XBRL 在交易所的应用特征包括：

(1) 支持企业财务报告的报送和浏览。

(2) 是独立软件＋显示平台的形式。

(3) 可使用 Altova 的 XMLSpy 通用 XML 编辑平台。

(4) 可使用 Visual Style 编辑网页显示。

12.3.3 案例 3 比利时国家银行

比利时国家银行(National Bank of Belgium, NBB)是银行业应用 XBRL 的一个比较成功的范例。在比利时，有大量企业在 NBB 开设账户，而 NBB 的一项主要工作就是收集这些国内企业的大量财务数据。早在 2004 年 11 月 22 日，NBB 就开始启用 XBRL，大约有 295 000 家企业开始通过 XBRL 来向 NBB 填报它们的财务数据。

1. 主要发展经过

NBB 主要负责国内企业的年度财务报表，并基于这些信息计算和发布统计数据。在之前，大约有 295 000 家工商企业根据比利时 GAAP 会计准则提交会计信息。企业通过网络或者磁盘提交电子版的报表。在这样的情况下，NBB 决定开始使用 XBRL 来处理这些信息，通过 XBRL 创建一个更有效、灵活的填报机制，简化数据的维护工作，并且在 IFRS 标准下进行数据报告。

NBB 开发了一套 XBRL 分类标准，其中包括 1 500 多个财务变量和其他概念，基本覆盖了会计信息中的数据内容。在经历了一系列的反馈、分析和修订之后，分类标准最终在 2006 年完成。

NBB向许多生产财务报告软件的公司提供相关的信息,并协助它们更新自己的产品以适应XBRL数据的要求。同时,NBB自行开发了一套系统,公司可以通过网络输入或者上传它们的XBRL格式的财务信息。

为了适应比利时法律的要求,NBB还开发了一套报告格式转换的系统,它能够将XBRL形式的数据转化为人类可读的样式并发布为PDF格式,其中包括了一系列基于会计准则的转化规则,部分规则写入了分类标准,以驱动转化的过程。

2. 成功的因素

NBB可以说是对XBRL应用的一个成功范例,其成功的关键因素可以总结为以下几个方面:

(1) 与会计人员、软件供应商一同成立了工作组,在XBRL的协作研究上实现共赢。

(2) 提供了填报XBRL数据的在线系统,这使得企业能够更方便地提交规定格式的数据。

(3) 在比利时GAAP准则下填报账户存在固定的格式,这避免了公司特定的XBRL分类标准扩展的需求,也为自动数据格式转换提供了基础。

12.3.4 案例4 富士通公司

富士通公司是世界上最早从事XBRL研究与开发的企业之一,其与美国的UBMatrix在XBRL领域齐名,被认为是XBRL领域内最成功的公司之一。富士通不仅从事XBRL处理器的研发,还承担XBRL领域大量的规范开发与修订工作,因此其产品的规范性和效率都较高。富士通也是日本EDINET分类标准的开发者和维护者。

富士通的产品有两种:

(1) 中间件产品Interstage XWand: Interstage XWand从XBRL 2.0时代起就是世界上第一个符合XBRL规范的中间件产品。因为XBRL 2.0是XBRL国际组织颁布的第一个正式规范,所以Interstage XWand同时也是第一个符合XBRL正式规范的XBRL应用软件。

(2) 独立XBRL处理器Interstage XBRL Processor:富士通的Interstage XBRL Processor是完全基于行业XBRL应用的开发和运行环境的独立软件。Interstage XBRL Processor为广大希望通过XBRL进行制度调整和财务报告生成的厂商及解决方案提供商提供了优秀的产品。

由于Interstage XWand主要居于后台,并且其功能均可通过Interstage XBRL Processor反映,下面主要介绍独立软件Interstage XBRL Processor的功能特征。

1. 自动获取财务数据

纸质版本是公司、银行、投资商、分析师以及管理人员之间交换财务数据报表的最为基本的方式。财务报表通常是这样生成的：首先，获取某个信息系统中的数据；然后，按照规定的格式进行填写；最后，打印出来进行分发。之后，得到报表的人按照次序，把报表数据按照规定的格式，输入另外一个系统，打印出来，再分发给另一系列人员。

Interstage XBRL Processor 提供了一个基于 IT 技术的解决方案，能够自动地获取财务数据，并将其转化成 XBRL 报表格式。然后，通过互联网进行传输。无纸化的业务流程，大大减少了制作报表的时间，同时，降低了由于手工输入而导致的二次录入所产生的数据出错的可能。

2. 提高透明度

对制作报表的工序监管不当，以及工序缺乏标准化，必将导致报表不准确，甚至会具有欺骗性。商业欺骗案件的增加，迫使人们提高公司报表透明度。只有通过 IT 技术，按照公司财务标准生成财务报表，才能彻底解决上面的问题，而解决方式就是采用 XBRL。为了实现这一目标，适应市场的迅速变化，Interstage XBRL Processor 以及富士通的大量 Java 类库、XBRL API 提供了供应用者快速开发的编程环境。

3. 优点

1）支持新法规

Interstage XBRL Processor 极大地方便了 XBRL 解决方案的开发，提供了完备的工具，来验证财务数据是否符合《萨班斯—奥克斯利法案》要求的标准。该产品提供了一个用标准方法进行准备、发布和分析财务报告的框架。

2）减少 XBRL 应用软件的开发周期

Interstage XBRL Processor 使开发者关注应用软件本身的问题，而不是把精力花在低级的 XBRL 的执行细节上，从而减少了开发所需的时间，尽快把应用软件推向市场。

3）简化财务报告过程

通过标准化的过程，Interstage XBRL Processor 为财务信息的报告、访问、分析提供了新的途径，方便了财务信息的分发流程，通过减少不必要的数据录入过程，提高信息的准确性。

4. 系统特征

1）开放标准

Interstage XBRL Processor 是纯 Java 的，因此，它可以运行在任何支持 Java 虚拟机的平台上。用 Interstage XBRL Processor 开发 XBRL 解决方案非常方便，

它可以利用许多现有系统的组件,如 Servlet 和 EJB。

2)接口丰富

Interstage XBRL Processor 具有丰富的 API,使得程序员可以工作在应用程序层面,而不必关心 XBRL 实现层面的问题。API 提供的功能包括:生成分类标准及其相关的验证方法、创建实例文档,以及这两种功能的结合。

3)实时运行环境

Interstage XBRL Processor 提供了开发各种 XBRL 解决方案的开发工具。这些开发工具开发出的解决方案能够实时地在现实环境中运行。

12.3.5 案例5 微软 Excel 的 XBRL 插件:Investor Assistant

Excel Investors Assistant 的开发起源于 2004 年,Microsoft 会同 NASDAQ、普华永道会计师事务所联合进行了一项创新实验项目,该项目基于 XBRL 以及 Office XP 智能客户端进行研发。研发的产品定位于创建一种财务报告的标准语言,利用这种标准语言能够理顺信息流,提供分析使用数据的优化途径来协助公司与投资者。Excel Investors Assistant 允许用户在多至 5 个上市公司的数据之间同时进行比较。用户可以在 Excel Investors Assistant 主工作表中建立分析模型,并定制其他工作表中所显示的结果。举个例子,用户可以评测公司股票的表现,用行业标准的比率与指标分析关键数据;比较财务报表,为选定的公司进行可行性分析。

1. 技术架构与功能

Excel Investors Assistant 作为 Excel 的功能的扩展,采用 EXECL 平台插件(Add-In)方式,与 Microsoft Excel 2000 及以上版本都保持兼容。系统通过 Microsoft Visual Basic for Applications(VBA)代码以及标准 Excel 对象来执行基于 XBRL 数据的分析。

XBRL 数据库运行在基于 Microsoft SQL Server 2000 及以上版本的服务器上。NASDAQ 在数据库端用防火墙保护数据库以防未经授权的访问。

当用户第一次打开 Excel Investors Assistant 时,该工作簿即调用 XML Web 服务,访问数据库,返回一个 XML 目录,列出了 XBRL 数据库中所有可供分析的 XBRL 文档中的公司与时期。Excel 将 XML 文档的内容写入一个隐含工作表,并使用此 XML 文档作为目录来控制主工作表。这个目录让用户可以从可用数据列表中请求文档。

当这个目录加载到 Excel,并选择供分析的公司和数据范围后,即可开始构建分析并导入分析所需的 XBRL 数据。用户可以建立任何分析,无论是图、表或报告,均由 Excel 负责信息获取并生成分析结果。Excel 会自动检测信息是在本地存储的(事先已通过 XML Web 服务获得并存储于本地的),还是必须通过 XML Web 服务实时访问。

Web服务返回XBRL文档，这也是Excel在本地读取与存储的格式。Excel从数据存储中打开所需要的XBRL文档，并将所需的财务信息读入Excel Investers Assistant的分析数据表。如果一个用户执行分析后离线，他就不能与Web服务连接，但仍能够使用Excel Investors Assistant在离线状态下使用本地数据存储进行工作。

2. 系统特点

(1) 更少的手工数据录入：Excel Investors Assistant用户节省了80%的、从10K与10Q档案中手工输入核心财务报表数据的时间，同时降低了在重新录入过程中引入错误的概率。

(2) 无需重新学习：产品采用基于Excel的方式实现，操作人员只需懂得如何使用Excel这个在财务信息报告、收集及分析方面已被广泛使用的传统工具即可。用户在Excel中下载与浏览XBRL信息，节省了学习的时间与花费，同时让投资者与分析师在熟悉的环境中处理数据。

(3) 高效的扩展与开发：对开发人员来说，使用Excel Investors Assistant获取XBRL数据是建立具有强大分析功能的应用程序的有效手段。与同类基于Web或类似条件下的软件相比，Excel Investors Assistant的开发时间减少了50%。通过利用现有基于单元格以及支持复杂图表的Excel，开发人员可以迅速交付强有力的解决方案。

传统的公司财务报告是纸质的。为了汇总数据，投资者和分析师通常反复阅读大量的报告，并使用计算机编程以识别某个财务报表或其他数据源中的给定数值。这个庞大的手工多步过程是困难且耗时的。日前的一些财务丑闻说明了一个事实，那就是上市公司的投资者需要大量的有用信息和及时且精确的数据分析，才能作出在公司投资方面真正有见地的决断。

在10 000家NASDAQ上市公司中，只有不到1/3得到华尔街分析师的关照。究其原因，乃是获取与分析财务数据仍然非常昂贵、困难。没有更充分、更自由的信息流动，投资者会蒙受损失，公司一方也不能最大化自己的筹资能力。如果资本分配是基于片面或错误的数据而来，整个经济都会陷入困境。

3. 优点

通过采用开放的XBRL标准及使用XML Web服务体系结构，Excel Investors Assistant使XBRL数据在任何时刻与范围内实时获取。在NASDAQ上市的公司可以应用Excel Investors Assistant开发一份多用途的XBRL文档，该文档可以适应不同用户的不同需求。

另外，Excel Investors Assistant在效率上的提高是通过上述中心目录实现的。Excel Investors Assistant通过目录来访问有效数据，使得分析财务数据需要的时间从按小时计变成按分钟计。例如，Microsoft 公司在 5 年时间内有多于 500 页的 10-K 和 10-Q 文档。这些文档中的核心财务信息现在可用 XBRL 格式访问。这些数据被 Excel 这个为投资者和分析师熟悉的工具迅速处理并呈现。用户可以实时自定义并执行分析，也可以将数据复用至其他用途，如创建额外的图表、图像或数据透视表。

Excel Investors Assistant 还可以与微软的其他 Office 产品相结合。几乎每个使用 Excel 做财务分析的人都同时使用 Microsoft Word 撰写财务报告，以及使用 Microsoft PowerPoint 制作报告用的幻灯片。通过对 Office XP Web Service 工具包的使用，用户可以在其他这些 Office 应用程序中应用 XBRL。

对开发人员来说，使用 Office 智能客户端来获取 XBRL 数据是极为有效的方式。微软的智能客户端是利用 Visual Studio. NET 开发的，这就保证了开发人员可以为多种设备而只写一套代码。对 Excel Investors Assistant 的开发人员来说，Visual Studio. NET 以及 Microsoft. NET 框架中尤其是 Microsoft ASP. NET 的调试能力、进程回收能力，以及应用程序隔离池所提供的灵活性，使得编制能够迅速对市场作出反应、可及时交付、高可靠且易维护的应用程序成为现实。

本章小结

中国的《企业会计准则通用分类标准》具有较高的技术起点和鲜明的特征，包括多种基于最新扩展技术规范的设计内容，如维度（Dimensions）、公式（Formula）等。《企业会计准则分类标准》沿用国际财务报告（IFRS）制定分类标准的思想，按照所谓“逐项准则法”，以《企业会计准则》为基础，逐个条目建立分类标准。

在 XBRL 领域，除数据规范，还具有软件的功能和性能规范。基于这些规范和中国的现实要求，本书作者所在的项目组研发了一个具有较强功能和适应性的 XBRL 应用系统。最后，本章从应用角度和软件系统角度给出了 XBRL 在证券、银行领域的应用案例和 XBRL 的独立、扩展软件系统案例。

进一步阅读

关于《企业会计准则通用分类标准》，国内学者分别从 CAS/IFRS 关系[1]、财务报告模式[2]、实施技术问题以及数据质量进行了充分研究[3,4]。XBRL 应用系统早期研发主要对象是 XBRL 分类标准编辑、实例文档创建和验证等数据管理软件[5]，现在主要目标转向了 XBRL 数据的分析利用[6]，以及与各种新技术的结合[7,8]。XBRL 的应用已经遍布全世界，产生了极其丰富的成果[9]，除了正文所述的案例，

IFRS应用XBRL提高了财务报告的标准化水平[10]，欧盟通过推进iXBRL降低了实现成本和信息分析成本[11]，美国、英国、印度和波兰等国家的应用都各有自己的特色[12,13,14,15]。

参考文献

[1] 高锦萍，彭晓峰．中国企业会计准则通用分类标准的架构趋同与扩展——基于IFRS分类标准的比较研究[J]．会计之友，2011(12)：109-111.

[2] 文勇．基于XBRL通用分类标准财务报告模式研究[J]．财会通讯，2011(19)：118-119.

[3] 刘承焕，王军，杜思思．会计准则通用分类标准实施中的技术问题分析——以2014年广西七家企业XBRL数据为例[J]．会计之友，2015(10)：94-99.

[4] 李立成，尚弋园．新旧通用分类标准质量评价及比较研究——基于元素扩展率视角[J]．会计之友，2020(05)：63-72.

[5] WILLIAMS S P，SCIFLEET P A，HARDY C A. Online business reporting：an information management perspective[J]. International Journal of Information Management，2006，26(2)：91-101.

[6] TADESSE A F.，VINCENT N E. Combining data analytics with XBRL：The ViewDrive case[J]. Issues in Accounting Education，2022，37(1)：197-215.

[7] NISSIM D. Big data，accounting information，and valuation[J]. Journal of Finance and Data Science，2022，8：69-85.

[8] CHEN X，CHO Y H，DOU Y，LEV B. Predicting future earnings changes using machine learning and detailed financial data [J]. Journal of Accounting Research，2022，60(2)：467-515.

[9] KŘIVANEC O. World development of XBRL[C]. Springer Proceedings in Business and Economics，2021.

[10] BECKER K，BISCHOF J，DASKE H. IFRS：markets，practice，and politics[J]. Foundations and Trends in Accounting，2021，15(1-2)：1-262.

[11] DI FABIO C，RONCAGLIOLO E，AVALLONE F，RAMASSA P. XBRL implementation in the European Union：exploring preparers' points of view[J]. Lecture Notes in Information Systems and Organization，2019，28：33-47.

[12] CORMIER D，TELLER P，DUFOUR D. The relevance of XBRL extensions for stock markets：evidence from cross-listed firms in the US [J]. Managerial Finance，2022，48(5)：689-705.

[13] ALKHATIB S M，ALKHATIB E S. The evolution and diffusion of the Standard Business Reporting (SBR) initiatives：evidence from UK small businesses[J]. International Journal of Digital Accounting Research，2022，22：1-45.

[14] KUMAR P, KUMAR S S, DILIP A. Effectiveness of the adoption of the XBRL standard in the Indian banking sector[J]. Journal of Central Banking Theory and Practice, 2019, 8(1):39-52.

[15] MISCIKOWSKA D. An exploratory study on preparers' perception of ESEF reporting: evidence from the Warsaw stock exchange[J]. Folia Oeconomica Stetinensia, 2022, 22(1):191-218.

附录一

企业会计准则通用分类标准(节选)

本书附录一给出了2015年3月31日发布的《企业会计准则通用分类标准》(随IFRS分类标准在2014年3月17日的更新而自动更新)中的片段。因篇幅所限,本书所涉及的元素与关系定义部分主要限于“[801110]附注_存货(一般工商业)”,并且省略了根元素以及注释等内容。

1. 数据类型定义

1) 非数值型

类型定义所在文件名:nonNumeric-2009-12-16.xsd。

代码如下:

```
<complexType name="escapedItemType" xmlns="http://www.w3.org/2001/XMLSchema">
<simpleContent>
        <restriction base="xbrli:stringItemType">
          <attributeGroup ref="xbrli:nonNumericItemAttrs"/>
        </restriction>
    </simpleContent>
</complexType>
<complexType name="xmlNodesItemType" xmlns="http://www.w3.org/2001/XMLSchema">
    <simpleContent>
      <restriction base="nonnum:escapedItemType">
        <attributeGroup ref="xbrli:nonNumericItemAttrs"/>
      </restriction>
    </simpleContent>
</complexType>

<complexType name="xmlItemType" xmlns="http://www.w3.org/2001/XMLSchema">
```

```
        <simpleContent>
          <restriction base="nonnum:xmlNodesItemType">
            <attributeGroup ref="xbrli:nonNumericItemAttrs"/>
          </restriction>
        </simpleContent>
    </complexType>
```

2）数值型

类型定义所在文件名：numeric-2009-12-16.xsd。

代码如下：

```
    <complexType name="percentItemType" xmlns="http://www.w3.org/2001/XMLSchema">
        <simpleContent>
            <restriction base="xbrli:pureItemType"/>
        </simpleContent>
      </complexType>
      <complexType name="perShareItemType" xmlns="http://www.w3.org/2001/XMLSchema">
      <simpleContent>
        <restriction base="xbrli:decimalItemType"/>
      </simpleContent>
</complexType>
<complexType name="areaItemType" xmlns="http://www.w3.org/2001/XMLSchema">
      <simpleContent>
        <restriction base="xbrli:decimalItemType"/>
      </simpleContent>
</complexType>
<complexType name="volumeItemType" xmlns="http://www.w3.org/2001/XMLSchema">
      <simpleContent>
        <restriction base="xbrli:decimalItemType"/>
      </simpleContent>
</complexType>
<complexType name="massItemType" xmlns="http://www.w3.org/2001/XMLSchema">
      <simpleContent>
        <restriction base="xbrli:decimalItemType"/>
```

```
        </simpleContent>
</complexType>
<complexType name="weightItemType" xmlns="http://www.w3.org/2001/XMLSchema">
        <simpleContent>
          <restriction base="xbrli:decimalItemType"/>
        </simpleContent>
</complexType>
<complexType name="energyItemType" xmlns="http://www.w3.org/2001/XMLSchema">
        <simpleContent>
          <restriction base="xbrli:decimalItemType"/>
        </simpleContent>
</complexType>
<complexType name="powerItemType" xmlns="http://www.w3.org/2001/XMLSchema">
        <simpleContent>
          <restriction base="xbrli:decimalItemType"/>
  </simpleContent>
</complexType>
<complexType name="lengthItemType" xmlns="http://www.w3.org/2001/XMLSchema">
        <simpleContent>
          <restriction base="xbrli:decimalItemType"/>
        </simpleContent>
</complexType>
<complexType name="memoryItemType" xmlns="http://www.w3.org/2001/XMLSchema">
        <simpleContent>
          <restriction base="xbrli:decimalItemType"/>
        </simpleContent>
</complexType>
```

2. 标签角色定义

1）负值角色

标签角色定义所在文件名：negated-2009-12-16.xsd。

代码如下：

```
<link:roleType roleURI="http://www.xbrl.org/2009/role/negatedLabel" id="ne-
```

```
gatedLabel">
        <link:definition>Negated standard label</link:definition>
        <link:usedOn>link:label</link:usedOn>
    </link:roleType>
    <link:roleType roleURI="http://www.xbrl.org/2009/role/negatedPeriodEndLa-
bel" id="negatedPeriodEndLabel">
        <link:definition>Negated period end label</link:definition>
        <link:usedOn>link:label</link:usedOn>
    </link:roleType>
    <link:roleType roleURI="http://www.xbrl.org/2009/role/negatedPeriodStartLa-
bel" id="negatedPeriodStartLabel">
            <link:definition>Negated period start label</link:definition>
            <link:usedOn>link:label</link:usedOn>
        </link:roleType>
        <link:roleType roleURI="http://www.xbrl.org/2009/role/negatedTotalLa-
bel" id="negatedTotalLabel">
            <link:definition>Negated total label</link:definition>
            <link:usedOn>link:label</link:usedOn>
        </link:roleType>
        <link:roleType roleURI="http://www.xbrl.org/2009/role/negatedNetLabel"
id="negatedNetLabel">
            <link:definition>Negated net label</link:definition>
            <link:usedOn>link:label</link:usedOn>
        </link:roleType>
        <link:roleType roleURI="http://www.xbrl.org/2009/role/negatedTerseLa-
bel" id="negatedTerseLabel">
            <link:definition>Negated terse label</link:definition>
            <link:usedOn>link:label</link:usedOn>
      </link:roleType>
```

2）净值角色

角色定义所在文件名：net-2009-12-16.xsd。

代码如下：

```
    <link:roleType roleURI="http://www.xbrl.org/2009/role/netLabel" id="netLa-
bel">
          <link:definition>Net label</link:definition>
          <link:usedOn>link:label</link:usedOn>
      </link:roleType>
```

3）参考角色

角色定义所在文件名：reference-2009-12-16. xsd。

代码如下：

```
<link:roleType roleURI="http://www.xbrl.org/2009/role/commonPracticeRef" id="commonPracticeRef">
        <link:definition>Common practice reference</link:definition>
        <link:usedOn>link:reference</link:usedOn>
    </link:roleType>
    <link:roleType roleURI="http://www.xbrl.org/2009/role/nonauthoritativeLiteratureRef" id="nonauthoritativeLiteratureRef">
        <link:definition>Non-authoritative literature reference</link:definition>
        <link:usedOn>link:reference</link:usedOn>
    </link:roleType>
    <link:roleType roleURI="http://www.xbrl.org/2009/role/recognitionRef" id="recognitionRef">
        <link:definition>Recognition reference</link:definition>
        <link:usedOn>link:reference</link:usedOn>
</link:roleType>
```

4）“[801110] 附注_存货(一般工商业)”中所用到的角色

角色定义所在文件名：rol_cas_1_2015-03-31. xsd。

代码如下：

```
<link:roleType roleURI="http://xbrl.mof.gov.cn/role/cas/cas_1_2015-03-31_role-801110" id="RT_801110">
        <link:definition>[801110] Notes-Inventories (Commercial and industrial)</link:definition>
        <link:usedOn>link:presentationLink</link:usedOn>
        <link:usedOn>link:calculationLink</link:usedOn>
        <link:usedOn>link:definitionLink</link:usedOn>
    </link:roleType>
    <link:roleType roleURI="http://xbrl.mof.gov.cn/role/cas/cas_1_2015-03-31_role-801110a" id="RT_801110a">
        <link:definition>[801110a] Notes-Inventories (Commercial and industrial)</link:definition>
        <link:usedOn>link:presentationLink</link:usedOn>
        <link:usedOn>link:calculationLink</link:usedOn>
        <link:usedOn>link:definitionLink</link:usedOn>
```

</link:roleType>
<link:roleType roleURI="http://xbrl.mof.gov.cn/role/cas/cas_1_2015-03-31_role-801110b" id="RT_801110b">
<link:definition>[801110b] Notes-Inventories (Commercial and industrial)</link:definition>
<link:usedOn>link:presentationLink</link:usedOn>
<link:usedOn>link:calculationLink</link:usedOn>
<link:usedOn>link:definitionLink</link:usedOn>
</link:roleType>
<link:roleType roleURI="http://xbrl.mof.gov.cn/role/cas/cas_1_2015-03-31_role-801110c" id="RT_801110c">
<link:definition>[801110c] Notes-Inventories (Commercial and industrial)</link:definition>
<link:usedOn>link:presentationLink</link:usedOn>
<link:usedOn>link:calculationLink</link:usedOn>
<link:usedOn>link:definitionLink</link:usedOn>
</link:roleType>
<link:roleType roleURI="http://xbrl.mof.gov.cn/role/cas/cas_1_2015-03-31_role-801120" id="RT_801120">
<link:definition>[801120] Notes-Inventories (Real estate)</link:definition>
<link:usedOn>link:presentationLink</link:usedOn>
<link:usedOn>link:calculationLink</link:usedOn>
<link:usedOn>link:definitionLink</link:usedOn>
</link:roleType>
<link:roleType roleURI="http://xbrl.mof.gov.cn/role/cas/cas_1_2015-03-31_role-801120a" id="RT_801120a">
<link:definition>[801120a] Notes-Inventories (Real estate)</link:definition>
<link:usedOn>link:presentationLink</link:usedOn>
<link:usedOn>link:calculationLink</link:usedOn>
<link:usedOn>link:definitionLink</link:usedOn>
</link:roleType>
<link:roleType roleURI="http://xbrl.mof.gov.cn/role/cas/cas_1_2015-03-31_role-801120b" id="RT_801120b">
<link:definition>[801120b] Notes-Inventories (Real estate)</link:definition>
<link:usedOn>link:presentationLink</link:usedOn>

```
<link:usedOn>link:calculationLink</link:usedOn>
<link:usedOn>link:definitionLink</link:usedOn>
</link:roleType>
```

3. 元素声明、中文基本标签和引用链接库①

所在文件：ifrs-cor_2014-03-05.xsd(元素声明)、lab_cas-cn_2015-03-31.xml(中文标签)、pre_cas_1_2015-03-31_role-801110.xml(引用链接库)。其他角色的标签略。如表 A1-1 所示。

表 A1-1 附注_存货(一般工商业)的元素声明、中文基本标签和引用链接库示意

[801110]附注_存货(一般工商业)		
存货一般工商业信息披露[text block]	text block	CAS 1
存货增减变动[abstract]		CAS 1
存货增减变动[table]	table	CAS 1
存货类别[axis]	axis	CAS 1
存货[member]	member	CAS 1
在途物资[member]	member	CAS 1
原材料[member]	member	CAS 1
在产品[member]	member	CAS 1
库存商品[member]	member	CAS 1
周转材料[member]	member	CAS 1
发出商品[member]	member	CAS 1
委托加工物资[member]	member	CAS 1
消耗性生物资产[member]	member	CAS 1,CAS 5
存货增减变动[line items]	line items	CAS 1
存货期初账面余额	X	CAS 1
存货本期增加额	X	CAS 1
存货本期减少额	(X)	CAS 1
存货期末账面余额	X	CAS 1
存货跌价准备	X	CAS 1, CAS 8
存货	X	CAS 1, CAS 30, CAS 33
用于担保的存货账面余额	X	CAS 1
用于担保的存货本期增加额	X	CAS 1
用于担保的存货本期减少额	X	CAS 1

① 本部分还参考了《企业会计准则通用分类标准元素清单》。

(续表)

[801110]附注_存货(一般工商业)		
用于担保的存货已计提跌价准备	X	CAS 1
用于担保的存货账面价值	X	CAS 1
其他所有权或使用权受限制的存货账面余额	X	CAS 1
其他所有权或使用权受限制的存货本期增加额	X	CAS 1
其他所有权或使用权受限制的存货本期减少额	X	CAS 1
其他所有权或使用权受限制的存货已计提跌价准备	X	CAS 1
其他所有权或使用权受限制的存货账面价值	X	CAS 1
存货跌价准备的增减变动[abstract]		CAS 1
存货跌价准备的增减变动[table]	table	CAS 1
存货类别[axis]	axis	CAS 1
存货[member]	member	CAS 1
在途物资[member]	member	CAS 1
原材料[member]	member	CAS 1
在产品[member]	member	CAS 1
库存商品[member]	member	CAS 1
周转材料[member]	member	CAS 1
发出商品[member]	member	CAS 1
委托加工物资[member]	member	CAS 1
消耗性生物资产[member]	member	CAS 1, CAS 5
存货跌价准备的增减变动[line items]	line items	CAS 1
存货跌价准备期初账面余额	X	CAS 1, CAS 8
存货跌价准备本期计提额	X	CAS 1, CAS 8
存货跌价准备本期减少额,转回	(X)	CAS 1, CAS 8
存货跌价准备本期减少额,转销	(X)	CAS 1, CAS 8
存货跌价准备期末账面余额	(X)	CAS 1, CAS 8
计入存货成本的借款费用资本化金额[abstract]		CAS 1
计入存货成本的借款费用资本化金额[table]	table	CAS 1
借款费用资本化按存货项目披露[axis]	axis	CAS 1
借款费用资本化计入的存货项目[member]	member	CAS 1
计入存货成本的借款费用资本化金额[line items]	line items	CAS 1
至上期末止尚未转出的计入存货成本的累计借款费用资本化金额	X	CAS 1
本期计入存货成本的资本化金额	X	CAS 1

（续表）

[801110]附注_存货(一般工商业)		
本期转出的计入存货成本的借款费用资本化,转入其他资产	(X)	CAS 1
本期转出的计入存货成本的借款费用资本化,其他减少	(X)	CAS 1
本期确认资本化金额的资本化率	X.XX	CAS 1
至本期末止尚未转出的计入存货成本的累计借款费用资本化金额	X	CAS 1
存货其他需要说明的事项[text block]	text block	CAS 1

4. 链接库

1）标签链接库

因所在内容已在表 A1-1 中显示,故省略。

2）引用链接库

因所在内容已在表 A1-1 中显示,故省略。

3）计算链接库

计算链接库所在的文件名:cal_cas_1_2015-03-31_role-801110.xml。

代码如下:

```
<link:calculationLink xlink:type="extended" xlink:role="http://xbrl.mof.gov.cn/role/cas/cas_1_2015-03-31_role-801110">
    <link:loc xlink:type="locator" xlink:href="http://xbrl.iasb.org/taxonomy/2014-03-05/ifrs-cor_2014-03-05.xsd#ifrs_Inventories" xlink:label="Inventories" xlink:title="Inventories"/>
    <link:loc xlink:type="locator" xlink:href="../../cas_core_2015-03-31.xsd#cas_InventoryBalance" xlink:label="InventoryBalance" xlink:title="InventoryBalance"/>
    <link:calculationArc xlink:type="arc" xlink:arcrole="http://www.xbrl.org/2003/arcrole/summation-item" xlink:from="Inventories" xlink:to="InventoryBalance" xlink:title="calculation: Inventories to InventoryBalance" use="optional" order="1.0" weight="1.0"/>
    <link:loc xlink:type="locator" xlink:href="../../cas_core_2015-03-31.xsd#cas_ProvisionForImpairmentOfInventory" xlink:label="ProvisionForImpairmentOfInventory" xlink:title="ProvisionForImpairmentOfInventory"/>
    <link:calculationArc xlink:type="arc" xlink:arcrole="http://www.xbrl.org/2003/arcrole/summation-item" xlink:from="Inventories" xlink:to="ProvisionForImpairmentOfInventory" xlink:title="calculation: Inventories to ProvisionForIm-
```

```
pairmentOfInventory" use="optional" order="2.0" weight="-1.0"/>
    </link:calculationLink>
```

4) 定义链接库[1]

定义链接库所在的文件名:def_cas_1_2015-03-31_role-801110. xml。限于篇幅,本书仅给出 2 个 definitionLink 元素[2]的内容。

代码如下:

```
<link:definitionLink xlink:type="extended" xlink:role="http://xbrl.mof.gov.cn/role/cas/cas_1_2015-03-31_role-801110">
  <link:loc xlink:type="locator" xlink:href="../../cas_core_2015-03-31.xsd#cas_DisclosureOfInventoryOfGeneralBusinessExplanatory" xlink:label="DisclosureOfInventoryOfGeneralBusinessExplanatory" xlink:title="DisclosureOfInventoryOfGeneralBusinessExplanatory"/>
  <link:loc xlink:type="locator" xlink:href="../../cas_core_2015-03-31.xsd#cas_AdditionalInformationAboutInventoriesExplanatory" xlink:label="AdditionalInformationAboutInventoriesExplanatory" xlink:title="AdditionalInformationAboutInventoriesExplanatory"/>
  <link:definitionArc xlink:type="arc" xlink:arcrole="http://xbrl.org/int/dim/arcrole/domain-member" xlink:from="DisclosureOfInventoryOfGeneralBusinessExplanatory" xlink:to="AdditionalInformationAboutInventoriesExplanatory" xlink:title="definition: DisclosureOfInventoryOfGeneralBusinessExplanatory to AdditionalInformationAboutInventoriesExplanatory" use="optional" order="4.0"/>
</link:definitionLink>
<link:definitionLink xlink:type="extended" xlink:role="http://xbrl.mof.gov.cn/role/cas/cas_1_2015-03-31_role-801110a">
  <link:loc xlink:type="locator" xlink:href="../../cas_core_2015-03-31.xsd#cas_DisclosureOfInventoryOfGeneralBusinessExplanatory" xlink:label="DisclosureOfInventoryOfGeneralBusinessExplanatory" xlink:title="DisclosureOfInventoryOfGeneralBusinessExplanatory"/>
  <link:loc xlink:type="locator" xlink:href="../../cas_core_2015-03-31.xsd#cas_ChangesOfInventoriesAbstract" xlink:label="ChangesOfInventoriesAbstract" xlink:title="ChangesOfInventoriesAbstract"/>
  <link:definitionArc xlink:type="arc" xlink:arcrole="http://xbrl.org/int/dim/arcrole/domain-member" xlink:from="DisclosureOfInventoryOfGeneralBusinessExplanatory" xlink:to="ChangesOfInventoriesAbstract" xlink:title="defi-
```

① 定义链接库中主要表达维度关系。

② 一个 definitionLink 是定义链接库中一个意义完整的逻辑块。

```
nition: DisclosureOfInventoryOfGeneralBusinessExplanatory to ChangesOfInventoriesAbstract" use="optional" order="1.0"/>
        <link:loc xlink:type="locator" xlink:href="../../cas_core_2015-03-31.xsd#cas_ChangesOfInventoriesTable" xlink:label="ChangesOfInventoriesTable" xlink:title="ChangesOfInventoriesTable"/>
        <link:definitionArc xlink:type="arc" xlink:arcrole="http://xbrl.org/int/dim/arcrole/all" xlink:from="ChangesOfInventoriesAbstract" xlink:to="ChangesOfInventoriesTable" xlink:title="definition: ChangesOfInventoriesAbstract to ChangesOfInventoriesTable" use="optional" order="1.0" p0:contextElement="scenario" p0:closed="true"/>
        <link:loc xlink:type="locator" xlink:href="../../cas_core_2015-03-31.xsd#cas_ClassesOfInventoriesAxis" xlink:label="ClassesOfInventoriesAxis" xlink:title="ClassesOfInventoriesAxis"/>
        <link:definitionArc xlink:type="arc" xlink:arcrole="http://xbrl.org/int/dim/arcrole/hypercube-dimension" xlink:from="ChangesOfInventoriesTable" xlink:to="ClassesOfInventoriesAxis" xlink:title="definition: ChangesOfInventoriesTable to ClassesOfInventoriesAxis" use="optional" order="1.0"/>
        <link:loc xlink:type="locator" xlink:href="../../cas_core_2015-03-31.xsd#cas_InventoriesMember" xlink:label="InventoriesMember" xlink:title="InventoriesMember"/>
        <link:definitionArc xlink:type="arc" xlink:arcrole="http://xbrl.org/int/dim/arcrole/dimension-domain" xlink:from="ClassesOfInventoriesAxis" xlink:to="InventoriesMember" xlink:title="definition: ClassesOfInventoriesAxis to InventoriesMember" use="optional" order="1.0"/>
        <link:loc xlink:type="locator" xlink:href="../../cas_core_2015-03-31.xsd#cas_InventoriesMember" xlink:label="InventoriesMember_2" xlink:title="InventoriesMember"/>
        <link:definitionArc xlink:type="arc" xlink:arcrole="http://xbrl.org/int/dim/arcrole/dimension-default" xlink:from="ClassesOfInventoriesAxis" xlink:to="InventoriesMember_2" xlink:title="definition: ClassesOfInventoriesAxis to InventoriesMember" use="optional" priority="1" order="2.0"/>
        <link:loc xlink:type="locator" xlink:href="../../cas_core_2015-03-31.xsd#cas_GoodsInTransitMember" xlink:label="GoodsInTransitMember" xlink:title="GoodsInTransitMember"/>
        <link:definitionArc xlink:type="arc" xlink:arcrole="http://xbrl.org/int/dim/arcrole/domain-member" xlink:from="InventoriesMember" xlink:to="GoodsInTransitMember" xlink:title="definition: InventoriesMember to GoodsInTransitMem-
```

ber" use="optional" order="1.0"/>

<link:loc xlink:type="locator" xlink:href="../../cas_core_2015-03-31.xsd#cas_RawMaterialMember" xlink:label="RawMaterialMember" xlink:title="RawMaterialMember"/>

<link:definitionArc xlink:type="arc" xlink:arcrole="http://xbrl.org/int/dim/arcrole/domain-member" xlink:from="InventoriesMember" xlink:to="RawMaterialMember" xlink:title="definition: InventoriesMember to RawMaterialMember" use="optional" order="2.0"/>

<link:loc xlink:type="locator" xlink:href="../../cas_core_2015-03-31.xsd#cas_WorkInProcessMember" xlink:label="WorkInProcessMember" xlink:title="WorkInProcessMember"/>

<link:definitionArc xlink:type="arc" xlink:arcrole="http://xbrl.org/int/dim/arcrole/domain-member" xlink:from="InventoriesMember" xlink:to="WorkInProcessMember" xlink:title="definition: InventoriesMember to WorkInProcessMember" use="optional" order="3.0"/>

<link:loc xlink:type="locator" xlink:href="../../cas_core_2015-03-31.xsd#cas_FinishedGoodsMember" xlink:label="FinishedGoodsMember" xlink:title="FinishedGoodsMember"/>

<link:definitionArc xlink:type="arc" xlink:arcrole="http://xbrl.org/int/dim/arcrole/domain-member" xlink:from="InventoriesMember" xlink:to="FinishedGoodsMember" xlink:title="definition: InventoriesMember to FinishedGoodsMember" use="optional" order="4.0"/>

<link:loc xlink:type="locator" xlink:href="../../cas_core_2015-03-31.xsd#cas_TurnoverMaterialsMember" xlink:label="TurnoverMaterialsMember" xlink:title="TurnoverMaterialsMember"/>

<link:definitionArc xlink:type="arc" xlink:arcrole="http://xbrl.org/int/dim/arcrole/domain-member" xlink:from="InventoriesMember" xlink:to="TurnoverMaterialsMember" xlink:title="definition: InventoriesMember to TurnoverMaterialsMember" use="optional" order="5.0"/>

<link:loc xlink:type="locator" xlink:href="../../cas_core_2015-03-31.xsd#cas_DeliveredGoodsMember" xlink:label="DeliveredGoodsMember" xlink:title="DeliveredGoodsMember"/>

<link:definitionArc xlink:type="arc" xlink:arcrole="http://xbrl.org/int/dim/arcrole/domain-member" xlink:from="InventoriesMember" xlink:to="DeliveredGoodsMember" xlink:title="definition: InventoriesMember to DeliveredGoodsMember" use="optional" order="6.0"/>

<link:loc xlink:type="locator" xlink:href="../../cas_core_2015-03-31.

xsd#cas_ConsignedProcessingMaterialsMember" xlink:label="ConsignedProcessingMaterialsMember" xlink:title="ConsignedProcessingMaterialsMember"/>

<link:definitionArc xlink:type="arc" xlink:arcrole="http://xbrl.org/int/dim/arcrole/domain-member" xlink:from="InventoriesMember" xlink:to="ConsignedProcessingMaterialsMember" xlink:title="definition: InventoriesMember to ConsignedProcessingMaterialsMember" use="optional" order="7.0"/>

<link:loc xlink:type="locator" xlink:href="../../cas_core_2015-03-31.xsd#cas_ConsumableBiologicalAssetsMember" xlink:label="ConsumableBiologicalAssetsMember" xlink:title="ConsumableBiologicalAssetsMember"/>

<link:definitionArc xlink:type="arc" xlink:arcrole="http://xbrl.org/int/dim/arcrole/domain-member" xlink:from="InventoriesMember" xlink:to="ConsumableBiologicalAssetsMember" xlink:title="definition: InventoriesMember to ConsumableBiologicalAssetsMember" use="optional" order="8.0"/>

<link:loc xlink:type="locator" xlink:href="../../cas_core_2015-03-31.xsd#cas_ChangesOfInventoriesLineItems" xlink:label="ChangesOfInventoriesLineItems" xlink:title="ChangesOfInventoriesLineItems"/>

<link:definitionArc xlink:type="arc" xlink:arcrole="http://xbrl.org/int/dim/arcrole/domain-member" xlink:from="ChangesOfInventoriesAbstract" xlink:to="ChangesOfInventoriesLineItems" xlink:title="definition: ChangesOfInventoriesAbstract to ChangesOfInventoriesLineItems" use="optional" order="2.0"/>

<link:loc xlink:type="locator" xlink:href="../../cas_core_2015-03-31.xsd#cas_InventoryBalance" xlink:label="InventoryBalance" xlink:title="InventoryBalance"/>

<link:definitionArc xlink:type="arc" xlink:arcrole="http://xbrl.org/int/dim/arcrole/domain-member" xlink:from="ChangesOfInventoriesLineItems" xlink:to="InventoryBalance" xlink:title="definition: ChangesOfInventoriesLineItems to InventoryBalance" use="optional" order="1.0"/>

<link:loc xlink:type="locator" xlink:href="../../cas_core_2015-03-31.xsd#cas_InventoryIncreaseInCurrentPeriod" xlink:label="InventoryIncreaseInCurrentPeriod" xlink:title="InventoryIncreaseInCurrentPeriod"/>

<link:definitionArc xlink:type="arc" xlink:arcrole="http://xbrl.org/int/dim/arcrole/domain-member" xlink:from="ChangesOfInventoriesLineItems" xlink:to="InventoryIncreaseInCurrentPeriod" xlink:title="definition: ChangesOfInventoriesLineItems to InventoryIncreaseInCurrentPeriod" use="optional" order="2.0"/>

<link:loc xlink:type="locator" xlink:href="../../cas_core_2015-03-31.xsd#cas_InventoryDecreaseInCurrentPeriod" xlink:label="InventoryDecreaseInCurrentPeriod" xlink:title="InventoryDecreaseInCurrentPeriod"/>

```
<link:definitionArc xlink:type="arc" xlink:arcrole="http://xbrl.org/int/dim/arcrole/domain-member" xlink:from="ChangesOfInventoriesLineItems" xlink:to="InventoryDecreaseInCurrentPeriod" xlink:title="definition: ChangesOfInventoriesLineItems to InventoryDecreaseInCurrentPeriod" use="optional" order="3.0"/>
<link:loc xlink:type="locator" xlink:href="../../cas_core_2015-03-31.xsd#cas_ProvisionForImpairmentOfInventory" xlink:label="ProvisionForImpairmentOfInventory" xlink:title="ProvisionForImpairmentOfInventory"/>
<link:definitionArc xlink:type="arc" xlink:arcrole="http://xbrl.org/int/dim/arcrole/domain-member" xlink:from="ChangesOfInventoriesLineItems" xlink:to="ProvisionForImpairmentOfInventory" xlink:title="definition: ChangesOfInventoriesLineItems to ProvisionForImpairmentOfInventory" use="optional" order="5.0"/>
<link:loc xlink:type="locator" xlink:href="http://xbrl.iasb.org/taxonomy/2014-03-05/ifrs-cor_2014-03-05.xsd#ifrs_Inventories" xlink:label="Inventories" xlink:title="Inventories"/>
<link:definitionArc xlink:type="arc" xlink:arcrole="http://xbrl.org/int/dim/arcrole/domain-member" xlink:from="ChangesOfInventoriesLineItems" xlink:to="Inventories" xlink:title="definition: ChangesOfInventoriesLineItems to Inventories" use="optional" order="6.0"/>
</link:definitionLink>
```

5）准则名称标签链接库

准则名称标签链接库所在的文件名：gla_cas_1_2015-03-31-cn.xml(中文)和gla_cas_1_2015-03-31-en.xml(英文)。

代码如下：

(1) 中文

```
<gen:link xlink:type="extended" xlink:role="http://www.xbrl.org/2008/role/link">
<link:loc xlink:type="locator" xlink:href="rol_cas_1_2015-03-31.xsd#RT_801110" xlink:label="loc_1"/>
<label:label xlink:type="resource" xlink:label="res_1" xlink:role="http://www.xbrl.org/2008/role/label" xml:lang="zh">附注_存货(一般工商业)</label:label>
<gen:arc xlink:type="arc" xlink:arcrole="http://xbrl.org/arcrole/2008/element-label" xlink:from="loc_1" xlink:to="res_1"/>
</gen:link>
```

(2) 英文

```
<gen:link xlink:type="extended" xlink:role="http://www.xbrl.org/2008/role/link">
```

```
    <link:loc xlink:type="locator" xlink:href="rol_cas_1_2015-03-31.xsd#RT_801110" xlink:label="loc_1"/>
    <label:label xlink:type="resource" xlink:label="res_1" xlink:role="http://www.xbrl.org/2008/role/label" xml:lang="en">Notes-Inventories (Commercial and industrial)</label:label>
    <gen:arc xlink:type="arc" xlink:arcrole="http://xbrl.org/arcrole/2008/element-label" xlink:from="loc_1" xlink:to="res_1"/>
    <link:loc xlink:type="locator" xlink:href="rol_cas_1_2015-03-31.xsd#RT_801120" xlink:label="loc_2"/>
    <label:label xlink:type="resource" xlink:label="res_2" xlink:role="http://www.xbrl.org/2008/role/label" xml:lang="en">Notes-Inventories (Real estate)</label:label>
    <gen:arc xlink:type="arc" xlink:arcrole="http://xbrl.org/arcrole/2008/element-label" xlink:from="loc_2" xlink:to="res_2"/>
  </gen:link>
```

6）展示链接库

展示链接库所在的文件名：pre_cas_1_2015-03-31_role-801110.xml。

代码如下：

```
<link:presentationLink xlink:type="extended" xlink:role="http://xbrl.mof.gov.cn/role/cas/cas_1_2015-03-31_role-801110">
        <link:loc xlink:type="locator" xlink:href="../../cas_core_2015-03-31.xsd#cas_DisclosureOfInventoryOfGeneralBusinessExplanatory" xlink:label="DisclosureOfInventoryOfGeneralBusinessExplanatory" xlink:title="DisclosureOfInventoryOfGeneralBusinessExplanatory"/>
        <link:loc xlink:type="locator" xlink:href="../../cas_core_2015-03-31.xsd#cas_ChangesOfInventoriesAbstract" xlink:label="ChangesOfInventoriesAbstract" xlink:title="ChangesOfInventoriesAbstract"/>
        <link:presentationArc xlink:type="arc" xlink:arcrole="http://www.xbrl.org/2003/arcrole/parent-child" xlink:from="DisclosureOfInventoryOfGeneralBusinessExplanatory" xlink:to="ChangesOfInventoriesAbstract" xlink:title="presentation: DisclosureOfInventoryOfGeneralBusinessExplanatory to ChangesOfInventoriesAbstract" order="1.0"/>
        <link:loc xlink:type="locator" xlink:href="../../cas_core_2015-03-31.xsd#cas_ChangesOfInventoriesTable" xlink:label="ChangesOfInventoriesTable" xlink:title="ChangesOfInventoriesTable"/>
        <link:presentationArc xlink:type="arc" xlink:arcrole="http://www.xbrl.org/2003/arcrole/parent-child" xlink:from="ChangesOfInventoriesAbstract" xlink:to
```

="ChangesOfInventoriesTable" xlink:title="presentation: ChangesOfInventoriesAbstract to ChangesOfInventoriesTable" order="1.0"/>

<link:loc xlink:type="locator" xlink:href="../../cas_core_2015-03-31.xsd#cas_ClassesOfInventoriesAxis" xlink:label="ClassesOfInventoriesAxis" xlink:title="ClassesOfInventoriesAxis"/>

<link:presentationArc xlink:type="arc" xlink:arcrole="http://www.xbrl.org/2003/arcrole/parent-child" xlink:from="ChangesOfInventoriesTable" xlink:to="ClassesOfInventoriesAxis" xlink:title="presentation: ChangesOfInventoriesTable to ClassesOfInventoriesAxis" order="1.0"/>

<link:loc xlink:type="locator" xlink:href="../../cas_core_2015-03-31.xsd#cas_InventoriesMember" xlink:label="InventoriesMember_2" xlink:title="InventoriesMember"/>

<link:presentationArc xlink:type="arc" xlink:arcrole="http://www.xbrl.org/2003/arcrole/parent-child" xlink:from="ClassesOfInventoriesAxis" xlink:to="InventoriesMember_2" xlink:title="presentation: ClassesOfInventoriesAxis to InventoriesMember" priority="1" order="2.0"/>

<link:loc xlink:type="locator" xlink:href="../../cas_core_2015-03-31.xsd#cas_InventoriesMember" xlink:label="InventoriesMember" xlink:title="InventoriesMember"/>

<link:loc xlink:type="locator" xlink:href="../../cas_core_2015-03-31.xsd#cas_GoodsInTransitMember" xlink:label="GoodsInTransitMember" xlink:title="GoodsInTransitMember"/>

<link:presentationArc xlink:type="arc" xlink:arcrole="http://www.xbrl.org/2003/arcrole/parent-child" xlink:from="InventoriesMember" xlink:to="GoodsInTransitMember" xlink:title="presentation: InventoriesMember to GoodsInTransitMember" order="1.0"/>

<link:loc xlink:type="locator" xlink:href="../../cas_core_2015-03-31.xsd#cas_RawMaterialMember" xlink:label="RawMaterialMember" xlink:title="RawMaterialMember"/>

<link:presentationArc xlink:type="arc" xlink:arcrole="http://www.xbrl.org/2003/arcrole/parent-child" xlink:from="InventoriesMember" xlink:to="RawMaterialMember" xlink:title="presentation: InventoriesMember to RawMaterialMember" order="2.0"/>

<link:loc xlink:type="locator" xlink:href="../../cas_core_2015-03-31.xsd#cas_WorkInProcessMember" xlink:label="WorkInProcessMember" xlink:title="WorkInProcessMember"/>

<link:presentationArc xlink:type="arc" xlink:arcrole="http://www.xbrl.org/2003/arcrole/parent-child"

org/2003/arcrole/parent-child" xlink:from="InventoriesMember" xlink:to="WorkInProcessMember" xlink:title="presentation: InventoriesMember to WorkInProcessMember" order="3.0"/>

<link:loc xlink:type="locator" xlink:href="../../cas_core_2015-03-31.xsd#cas_FinishedGoodsMember" xlink:label="FinishedGoodsMember" xlink:title="FinishedGoodsMember"/>

<link:presentationArc xlink:type="arc" xlink:arcrole="http://www.xbrl.org/2003/arcrole/parent-child" xlink:from="InventoriesMember" xlink:to="FinishedGoodsMember" xlink:title="presentation: InventoriesMember to FinishedGoodsMember" order="4.0"/>

<link:loc xlink:type="locator" xlink:href="../../cas_core_2015-03-31.xsd#cas_TurnoverMaterialsMember" xlink:label="TurnoverMaterialsMember" xlink:title="TurnoverMaterialsMember"/>

<link:presentationArc xlink:type="arc" xlink:arcrole="http://www.xbrl.org/2003/arcrole/parent-child" xlink:from="InventoriesMember" xlink:to="TurnoverMaterialsMember" xlink:title="presentation: InventoriesMember to TurnoverMaterialsMember" order="5.0"/>

<link:loc xlink:type="locator" xlink:href="../../cas_core_2015-03-31.xsd#cas_DeliveredGoodsMember" xlink:label="DeliveredGoodsMember" xlink:title="DeliveredGoodsMember"/>

<link:presentationArc xlink:type="arc" xlink:arcrole="http://www.xbrl.org/2003/arcrole/parent-child" xlink:from="InventoriesMember" xlink:to="DeliveredGoodsMember" xlink:title="presentation: InventoriesMember to DeliveredGoodsMember" order="6.0"/>

<link:loc xlink:type="locator" xlink:href="../../cas_core_2015-03-31.xsd#cas_ConsignedProcessingMaterialsMember" xlink:label="ConsignedProcessingMaterialsMember" xlink:title="ConsignedProcessingMaterialsMember"/>

<link:presentationArc xlink:type="arc" xlink:arcrole="http://www.xbrl.org/2003/arcrole/parent-child" xlink:from="InventoriesMember" xlink:to="ConsignedProcessingMaterialsMember" xlink:title="presentation: InventoriesMember to ConsignedProcessingMaterialsMember" order="7.0"/>

<link:loc xlink:type="locator" xlink:href="../../cas_core_2015-03-31.xsd#cas_ConsumableBiologicalAssetsMember" xlink:label="ConsumableBiologicalAssetsMember" xlink:title="ConsumableBiologicalAssetsMember"/>

<link:presentationArc xlink:type="arc" xlink:arcrole="http://www.xbrl.org/2003/arcrole/parent-child" xlink:from="InventoriesMember" xlink:to="ConsumableBiologicalAssetsMember" xlink:title="presentation: InventoriesMember to Con-

sumableBiologicalAssetsMember" order="8.0"/>

<link:loc xlink:type="locator" xlink:href="../../cas_core_2015-03-31.xsd#cas_ChangesOfInventoriesLineItems" xlink:label="ChangesOfInventoriesLineItems" xlink:title="ChangesOfInventoriesLineItems"/>

<link:presentationArc xlink:type="arc" xlink:arcrole="http://www.xbrl.org/2003/arcrole/parent-child" xlink:from="ChangesOfInventoriesAbstract" xlink:to="ChangesOfInventoriesLineItems" xlink:title="presentation: ChangesOfInventoriesAbstract to ChangesOfInventoriesLineItems" order="2.0"/>

<link:loc xlink:type="locator" xlink:href="../../cas_core_2015-03-31.xsd#cas_InventoryBalance" xlink:label="InventoryBalance" xlink:title="InventoryBalance"/>

<link:presentationArc xlink:type="arc" xlink:arcrole="http://www.xbrl.org/2003/arcrole/parent-child" xlink:from="ChangesOfInventoriesLineItems" xlink:to="InventoryBalance" xlink:title="presentation: ChangesOfInventoriesLineItems to InventoryBalance" order="1.0" preferredLabel="http://www.xbrl.org/2003/role/periodStartLabel"/>

<link:loc xlink:type="locator" xlink:href="../../cas_core_2015-03-31.xsd#cas_InventoryBalance" xlink:label="InventoryBalance_2" xlink:title="InventoryBalance"/>

<link:presentationArc xlink:type="arc" xlink:arcrole="http://www.xbrl.org/2003/arcrole/parent-child" xlink:from="ChangesOfInventoriesLineItems" xlink:to="InventoryBalance_2" xlink:title="presentation: ChangesOfInventoriesLineItems to InventoryBalance" priority="1" order="4.0" preferredLabel="http://www.xbrl.org/2003/role/periodEndLabel"/>

<link:loc xlink:type="locator" xlink:href="../../cas_core_2015-03-31.xsd#cas_InventoryIncreaseInCurrentPeriod" xlink:label="InventoryIncreaseInCurrentPeriod" xlink:title="InventoryIncreaseInCurrentPeriod"/>

<link:presentationArc xlink:type="arc" xlink:arcrole="http://www.xbrl.org/2003/arcrole/parent-child" xlink:from="ChangesOfInventoriesLineItems" xlink:to="InventoryIncreaseInCurrentPeriod" xlink:title="presentation: ChangesOfInventoriesLineItems to InventoryIncreaseInCurrentPeriod" order="2.0"/>

<link:loc xlink:type="locator" xlink:href="../../cas_core_2015-03-31.xsd#cas_InventoryDecreaseInCurrentPeriod" xlink:label="InventoryDecreaseInCurrentPeriod" xlink:title="InventoryDecreaseInCurrentPeriod"/>

<link:presentationArc xlink:type="arc" xlink:arcrole="http://www.xbrl.org/2003/arcrole/parent-child" xlink:from="ChangesOfInventoriesLineItems" xlink:to="InventoryDecreaseInCurrentPeriod" xlink:title="presentation: ChangesOfInvento-

```xml
riesLineItems to InventoryDecreaseInCurrentPeriod" order="3.0" preferredLabel="http://www.xbrl.org/2009/role/negatedLabel"/>
        <link:loc xlink:type="locator" xlink:href="../../cas_core_2015-03-31.xsd#cas_ProvisionForImpairmentOfInventory" xlink:label="ProvisionForImpairmentOfInventory" xlink:title="ProvisionForImpairmentOfInventory"/>
        <link:presentationArc xlink:type="arc" xlink:arcrole="http://www.xbrl.org/2003/arcrole/parent-child" xlink:from="ChangesOfInventoriesLineItems" xlink:to="ProvisionForImpairmentOfInventory" xlink:title="presentation: ChangesOfInventoriesLineItems to ProvisionForImpairmentOfInventory" order="5.0" preferredLabel="http://www.xbrl.org/2009/role/negatedLabel"/>
        <link:loc xlink:type="locator" xlink:href="http://xbrl.iasb.org/taxonomy/2014-03-05/ifrs-cor_2014-03-05.xsd#ifrs_Inventories" xlink:label="Inventories" xlink:title="Inventories"/>
        <link:presentationArc xlink:type="arc" xlink:arcrole="http://www.xbrl.org/2003/arcrole/parent-child" xlink:from="ChangesOfInventoriesLineItems" xlink:to="Inventories" xlink:title="presentation: ChangesOfInventoriesLineItems to Inventories" order="7.0"/>
        <link:loc xlink:type="locator" xlink:href="../../cas_core_2015-03-31.xsd#cas_InventoriesPledgedAsSecurityBalance" xlink:label="InventoriesPledgedAsSecurityBalance" xlink:title="InventoriesPledgedAsSecurityBalance"/>
        <link:presentationArc xlink:type="arc" xlink:arcrole="http://www.xbrl.org/2003/arcrole/parent-child" xlink:from="ChangesOfInventoriesAbstract" xlink:to="InventoriesPledgedAsSecurityBalance" xlink:title="presentation: ChangesOfInventoriesAbstract to InventoriesPledgedAsSecurityBalance" use="optional" order="3.0"/>
        <link:loc xlink:type="locator" xlink:href="../../cas_core_2015-03-31.xsd#cas_InventoryPledgedAsSecurityIncreaseInCurrentPeriod" xlink:label="InventoryPledgedAsSecurityIncreaseInCurrentPeriod" xlink:title="InventoryPledgedAsSecurityIncreaseInCurrentPeriod"/>
        <link:presentationArc xlink:type="arc" xlink:arcrole="http://www.xbrl.org/2003/arcrole/parent-child" xlink:from="ChangesOfInventoriesAbstract" xlink:to="InventoryPledgedAsSecurityIncreaseInCurrentPeriod" xlink:title="presentation: ChangesOfInventoriesAbstract to InventoryPledgedAsSecurityIncreaseInCurrentPeriod" use="optional" order="4.0"/>
        <link:loc xlink:type="locator" xlink:href="../../cas_core_2015-03-31.xsd#cas_InventoryPledgedAsSecurityDecreaseInCurrentPeriod" xlink:label="InventoryPledgedAsSecurityDecreaseInCurrentPeriod" xlink:title="InventoryPledgedAsSecuri-
```

tyDecreaseInCurrentPeriod"/>

<link:presentationArc xlink:type="arc" xlink:arcrole="http://www.xbrl.org/2003/arcrole/parent-child" xlink:from="ChangesOfInventoriesAbstract" xlink:to="InventoryPledgedAsSecurityDecreaseInCurrentPeriod" xlink:title="presentation: ChangesOfInventoriesAbstract to InventoryPledgedAsSecurityDecreaseInCurrentPeriod" use="optional" order="5.0"/>

<link:loc xlink:type="locator" xlink:href="../../cas_core_2015-03-31.xsd#cas_InventoryPledgedAsSecurityProvisionForImpairment" xlink:label="Inventory-PledgedAsSecurityProvisionForImpairment" xlink:title="InventoryPledgedAsSecuri-tyProvisionForImpairment"/>

<link:presentationArc xlink:type="arc" xlink:arcrole="http://www.xbrl.org/2003/arcrole/parent-child" xlink:from="ChangesOfInventoriesAbstract" xlink:to="InventoryPledgedAsSecurityProvisionForImpairment" xlink:title="presentation: ChangesOfInventoriesAbstract to InventoryPledgedAsSecurityProvisionForImpairment" use="optional" order="6.0"/>

<link:loc xlink:type="locator" xlink:href="../../cas_core_2015-03-31.xsd#cas_InventoryPledgedAsSecurityCarryingValue" xlink:label="Inventory-Pledge-dAsSecurityCarryingValue" xlink:title="InventoryPledgedAsSecurityCarrying-Value"/>

<link:presentationArc xlink:type="arc" xlink:arcrole="http://www.xbrl.org/2003/arcrole/parent-child" xlink:from="ChangesOfInventoriesAbstract" xlink:to="InventoryPledgedAsSecurityCarryingValue" xlink:title="presentation: ChangesOf-InventoriesAbstract to InventoryPledgedAsSecurityCarryingValue" use="optional" or-der="7.0"/>

<link:loc xlink:type="locator" xlink:href="../../cas_core_2015-03-31.xsd#cas_OtherRestrictedInventoriesBalance" xlink:label="OtherRestrictedInventories-Balance" xlink:title="OtherRestrictedInventoriesBalance"/>

<link:presentationArc xlink:type="arc" xlink:arcrole="http://www.xbrl.org/2003/arcrole/parent-child" xlink:from="ChangesOfInventoriesAbstract" xlink:to="OtherRestrictedInventoriesBalance" xlink:title="presentation: ChangesOfInvento-riesAbstract to OtherRestrictedInventoriesBalance" use="optional" order="8.0"/>

<link:loc xlink:type="locator" xlink:href="../../cas_core_2015-03-31.xsd#cas_OtherRestrictedInventoriesIncreaseInCurrentPeriod" xlink:label="OtherRes-trictedInventoriesIncreaseInCurrentPeriod" xlink:title="OtherRestrictedInvento-riesIncreaseInCurrentPeriod"/>

<link:presentationArc xlink:type="arc" xlink:arcrole="http://www.xbrl.org/2003/arcrole/parent-child" xlink:from="ChangesOfInventoriesAbstract" xlink:to

="OtherRestrictedInventoriesIncreaseInCurrentPeriod" xlink:title="presentation:
ChangesOfInventoriesAbstract to OtherRestrictedInventoriesIncreaseInCurrentPeriod"
use="optional" order="9.0"/>

<link:loc xlink:type="locator" xlink:href="../../cas_core_2015-03-31.xsd
#cas_OtherRestrictedInventoriesDecreaseInCurrentPeriod" xlink:label="OtherRes-
trictedInventoriesDecreaseInCurrentPeriod" xlink:title="OtherRestrictedInventories-
DecreaseInCurrentPeriod"/>

<link:presentationArc xlink:type="arc" xlink:arcrole="http://www.xbrl.
org/2003/arcrole/parent-child" xlink:from="ChangesOfInventoriesAbstract" xlink:to
="OtherRestrictedInventoriesDecreaseInCurrentPeriod" xlink:title="presentation:
ChangesOfInventoriesAbstract to OtherRestrictedInventoriesDecreaseInCurrentPeriod"
use="optional" order="10.0"/>

<link:loc xlink:type="locator" xlink:href="../../cas_core_2015-03-31.xsd
#cas_OtherRestrictedInventoriesProvisionForImpairment" xlink:label="OtherRes-
trictedInventoriesProvisionForImpairment" xlink:title="OtherRestrictedInventorie-
sProvisionForImpairment"/>

<link:presentationArc xlink:type="arc" xlink:arcrole="http://www.xbrl.
org/2003/arcrole/parent-child" xlink:from="ChangesOfInventoriesAbstract" xlink:to
="OtherRestrictedInventoriesProvisionForImpairment" xlink:title="presentation:
ChangesOfInventoriesAbstract to OtherRestrictedInventoriesProvisionForImpairment"
use="optional" order="11.0"/>

<link:loc xlink:type="locator" xlink:href="../../cas_core_2015-03-31.xsd
#cas_OtherRestrictedInventoriesCarryingAmount" xlink:label="Other- Restricte-
dInventoriesCarryingAmount" xlink:title="OtherRestrictedInventoriesCarryingAmo-
unt"/>

<link:presentationArc xlink:type="arc" xlink:arcrole="http://www.xbrl.
org/2003/arcrole/parent-child" xlink:from="ChangesOfInventoriesAbstract" xlink:to
="OtherRestrictedInventoriesCarryingAmount" xlink:title="presentation: Change-
sOfInventoriesAbstract to OtherRestrictedInventoriesCarryingAmount" use="option-
al" order="12.0"/>

<link:loc xlink:type="locator" xlink:href="../../cas_core_2015-03-31.xsd
#cas_ChangeOfProvisionOfImpairmentForInventoryAbstract" xlink:label="ChangeOf-
ProvisionOfImpairmentForInventoryAbstract" xlink:title="ChangeOfProvisionOfIm-
pairmentForInventoryAbstract"/>

<link:presentationArc xlink:type="arc" xlink:arcrole="http://www.xbrl.
org/2003/arcrole/parent-child " xlink:from=" DisclosureOfInventoryOfGener-
alBusinessExplanatory" xlink:to="ChangeOfProvisionOfImpairmentForInventory Ab-

stract" xlink:title="presentation: DisclosureOfInventoryOfGeneralBusiness Explanatory to ChangeOfProvisionOfImpairmentForInventoryAbstract" order="2.0"/>

<link:loc xlink:type="locator" xlink:href="../../cas_core_2015-03-31.xsd#cas_ChangeOfProvisionOfImpairmentForInventoryTable" xlink:label="ChangeOfProvisionOfImpairmentForInventoryTable" xlink:title="ChangeOfProvisionOfImpairmentForInventoryTable"/>

<link:presentationArc xlink:type="arc" xlink:arcrole="http://www.xbrl.org/2003/arcrole/parent-child" xlink:from="ChangeOfProvisionOfImpairmentForInventoryAbstract" xlink:to="ChangeOfProvisionOfImpairment ForInventoryTable" xlink:title="presentation: ChangeOfProvision OfImpairmentForInventoryAbstract to ChangeOfProvisionOfImpairmentForInventoryTable" order="1.0"/>

<link:presentationArc xlink:type="arc" xlink:arcrole="http://www.xbrl.org/2003/arcrole/parent-child" xlink:from="ChangeOfProvisionOfImpairmentForInventoryTable" xlink:to="ClassesOfInventoriesAxis" xlink:title="presentation: ChangeOfProvisionOfImpairmentForInventoryTable to ClassesOfInventoriesAxis" order="1.0"/>

<link:loc xlink:type="locator" xlink:href="../../cas_core_2015-03-31.xsd#cas_ChangeOfProvisionOfImpairmentForInventoryLineItems" xlink:label="ChangeOfProvisionOfImpairmentForInventoryLineItems" xlink:title="ChangeOfProvisionOfImpairmentForInventoryLineItems"/>

<link:presentationArc xlink:type="arc" xlink:arcrole="http://www.xbrl.org/2003/arcrole/parent-child" xlink:from="ChangeOfProvisionOfImpairmentForInventoryAbstract" xlink:to="ChangeOfProvisionOfImpairment ForInventoryLineItems" xlink:title="presentation: ChangeOfProvisionOfImpairmentForInventoryAbstract to ChangeOfProvisionOfImpairmentForInventoryLineItems" order="2.0"/>

<link:loc xlink:type="locator" xlink:href="../../cas_core_2015-03-31.xsd#cas_ProvisionForImpairmentOfInventoriesIncreaseInCurrentPeriod" xlink:label="ProvisionForImpairmentOfInventoriesIncreaseInCurrentPeriod" xlink:title="ProvisionForImpairmentOfInventoriesIncreaseInCurrentPeriod"/>

<link:presentationArc xlink:type="arc" xlink:arcrole="http://www.xbrl.org/2003/arcrole/parent-child" xlink:from="ChangeOfProvisionOfImpairmentForInventoryLineItems" xlink:to="ProvisionForImpairmentOfInventoriesIncreaseInCurrentPeriod" xlink:title="presentation: ChangeOfProvisionOfImpairmentForInventoryLineItems to ProvisionForImpairmentOfInventoriesIncreaseInCurrentPeriod" order="2.0"/>

<link:loc xlink:type="locator" xlink:href="../../cas_core_2015-03-31.xsd

cas _ ProvisionForImpairmentOfInventoriesDecreaseInCurrentPeriodReverse" xlink:label = "ProvisionForImpairmentOfInventoriesDecreaseInCurrentPeriodReverse" xlink:title = "ProvisionForImpairmentOfInventoriesDecreaseInCurrentPeriodReverse"/>

<link:presentationArc xlink:type = "arc" xlink:arcrole = "http://www.xbrl.org/2003/arcrole/parent-child " xlink: from = " ChangeOfProvisionOfImpairmentForInventoryLineItems " xlink: to = " ProvisionForImpairmentOfInventoriesDecreaseInCurrentPeriodReverse" xlink:title = " presentation: ChangeOfProvisionOfImpairmentForInventoryLineItems to ProvisionForImpairmentOfInventories- DecreaseInCurrentPeriodReverse" order = "3.0" preferredLabel = "http://www.xbrl.org/2009/role/negatedLabel"/>

<link:loc xlink:type = "locator" xlink:href = "../../cas_core_2015-03-31.xsd # cas _ ProvisionForImpairmentOfInventoriesDecreaseInCurrentPeriodWriteOff" xlink:label = "ProvisionForImpairmentOfInventoriesDecreaseInCurrentPeriodWriteOff" xlink:title = "ProvisionForImpairmentOfInventoriesDecreaseInCurrentPeriodWriteOff"/>

<link:presentationArc xlink:type = "arc" xlink:arcrole = "http://www.xbrl.org/2003/arcrole/parent-child " xlink: from = " ChangeOfProvisionOfImpairmentForInventoryLineItems" xlink:to = "ProvisionForImpairmentOfInventories- DecreaseInCurrentPeriodWriteOff" xlink:title = " presentation: ChangeOfProvisionOfImpairmentForInventoryLineItems to ProvisionForImpairmentOfInventoriesDecreaseIn- CurrentPeriodWriteOff" use = " optional" order = "4.0" preferredLabel = "http://www.xbrl.org/2009/role/negatedLabel"/>

<link:presentationArc xlink:type = "arc" xlink:arcrole = "http://www.xbrl.org/2003/arcrole/parent-child " xlink: from = " ChangeOfProvisionOfImpairmentForInventoryLineItems" xlink:to = "ProvisionForImpairmentOfInventory" xlink:title = " presentation: ChangeOfProvisionOfImpairmentForInventoryLineItems to ProvisionForImpairmentOfInventory" order = "1.0" preferredLabel = "http://www.xbrl.org/2003/role/periodStartLabel"/>

<link:loc xlink:type = "locator" xlink:href = "../../cas_core_2015-03-31.xsd # cas_ProvisionForImpairmentOfInventory" xlink:label = "ProvisionForImpairmentOfInventory_2" xlink:title = "ProvisionForImpairmentOfInventory"/>

<link:presentationArc xlink:type = "arc" xlink:arcrole = "http://www.xbrl.org/2003/arcrole/parent-child " xlink: from = " ChangeOfProvisionOfImpairmentForInventoryLineItems" xlink:to = "ProvisionForImpairmentOfInventory_2" xlink:title = "presentation: ChangeOfProvisionOfImpairmentForInventoryLineItems to ProvisionForImpairmentOfInventory" use = "optional" priority = "1" order = "5.0" preferredLabel = "http://www.xbrl.org/2003/role/periodEndLabel"/>

<link:loc xlink:type = "locator" xlink:href = "../../cas_core_2015-03-31.xsd

#cas_BorrowingCostsCapitalisedInInventoriesAbstract" xlink:label="BorrowingCostsCapitalisedInInventoriesAbstract" xlink:title="BorrowingCostsCapitalisedInInventoriesAbstract"/>

<link:presentationArc xlink:type="arc" xlink:arcrole="http://www.xbrl.org/2003/arcrole/parent-child" xlink:from="DisclosureOfInventoryOfGeneralBusinessExplanatory" xlink:to="BorrowingCostsCapitalisedInInventoriesAbstract" xlink:title="presentation: DisclosureOfInventoryOfGeneralBusinessExplanatory to BorrowingCostsCapitalisedInInventoriesAbstract" order="3.0"/>

<link:loc xlink:type="locator" xlink:href="../../cas_core_2015-03-31.xsd#cas_BorrowingCostsCapitalisedInInventoriesTable" xlink:label="BorrowingCostsCapitalisedInInventoriesTable" xlink:title="BorrowingCostsCapitalisedInInventoriesTable"/>

<link:presentationArc xlink:type="arc" xlink:arcrole="http://www.xbrl.org/2003/arcrole/parent-child" xlink:from="BorrowingCostsCapitalisedInInventoriesAbstract" xlink:to="BorrowingCostsCapitalisedInInventoriesTable" xlink:title="presentation: BorrowingCostsCapitalisedInInventoriesAbstract to BorrowingCostsCapitalisedInInventoriesTable" order="1.0"/>

<link:loc xlink:type="locator" xlink:href="../../cas_core_2015-03-31.xsd#cas_BorrowingCostsCapitalisedInInventoryDisclosureByInventoryItemsAxis" xlink:label="BorrowingCostsCapitalisedInInventoryDisclosureByInventoryItemsAxis" xlink:title="BorrowingCostsCapitalisedInInventoryDisclosureByInventoryItemsAxis"/>

<link:presentationArc xlink:type="arc" xlink:arcrole="http://www.xbrl.org/2003/arcrole/parent-child" xlink:from="BorrowingCostsCapitalisedInInventoriesTable" xlink:to="BorrowingCostsCapitalisedInInventoryDisclosureByInventoryItemsAxis" xlink:title="presentation: BorrowingCostsCapitalisedInInventoriesTable to BorrowingCostsCapitalisedInInventory DisclosureByInventoryItemsAxis" order="1.0"/>

<link:loc xlink:type="locator" xlink:href="../../cas_core_2015-03-31.xsd#cas_BorrowingCostsCapitalisedInInventoryInventoryItemsMember" xlink:label="BorrowingCostsCapitalisedInInventoryInventoryItemsMember" xlink:title="BorrowingCostsCapitalisedInInventoryInventoryItemsMember"/>

<link:presentationArc xlink:type="arc" xlink:arcrole="http://www.xbrl.org/2003/arcrole/parent-child" xlink:from="BorrowingCostsCapitalisedInInventoryDisclosureByInventoryItemsAxis" xlink:to="BorrowingCostsCapitalisedInInventoryInventoryItemsMember" xlink:title="presentation: BorrowingCostsCapitalisedInInventoryDisclosureByInventoryItemsAxis to BorrowingCostsCapitalisedInInventoryInventoryItemsMember" order="1.0"/>

<link:loc xlink:type="locator" xlink:href="../../cas_core_2015-03-31.xsd#cas_BorrowingCostsCapitalisedInInventoriesLineItems" xlink:label="BorrowingCostsCapitalisedInInventoriesLineItems" xlink:title="BorrowingCostsCapitalisedInInventoriesLineItems"/>

<link:presentationArc xlink:type="arc" xlink:arcrole="http://www.xbrl.org/2003/arcrole/parent-child" xlink:from="BorrowingCostsCapitalisedInInventoriesAbstract" xlink:to="BorrowingCostsCapitalisedInInventoriesLineItems" xlink:title="presentation: BorrowingCostsCapitalisedInInventoriesAbstract to BorrowingCostsCapitalisedInInventoriesLineItems" order="2.0"/>

<link:loc xlink:type="locator" xlink:href="../../cas_core_2015-03-31.xsd#cas_CumulativeBorrowingCostCapitalisedInInventoryCostAndNotYetTransferredOut" xlink:label="CumulativeBorrowingCostCapitalisedInInventory CostAndNotYetTransferredOut" xlink:title="CumulativeBorrowingCostCapitalisedInInventoryCostAndNotYetTransferredOut"/>

<link:presentationArc xlink:type="arc" xlink:arcrole="http://www.xbrl.org/2003/arcrole/parent-child" xlink:from="BorrowingCostsCapitalisedInInventoriesLineItems" xlink:to="CumulativeBorrowingCostCapitalisedInInventoryCostAnd- NotYetTransferredOut" xlink:title="presentation: BorrowingCostsCapitalisedInInventoriesLineItems to CumulativeBorrowingCostCapitalisedInInventoryCostAnd- NotYetTransferredOut" order="1.0" preferredLabel="http://www.xbrl.org/2003/role/periodStartLabel"/>

<link:loc xlink:type="locator" xlink:href="../../cas_core_2015-03-31.xsd#cas_CumulativeBorrowingCostCapitalisedInInventoryCostAndNotYetTransferredOut" xlink:label="CumulativeBorrowingCostCapitalisedInInventor y- CostAndNotYetTransferredOut_2" xlink:title="CumulativeBorrowingCostCapitalisedIn- InventoryCostAndNotYetTransferredOut"/>

<link:presentationArc xlink:type="arc" xlink:arcrole="http://www.xbrl.org/2003/arcrole/parent-child" xlink:from="BorrowingCostsCapitalisedInInventoriesLineItems" xlink:to="CumulativeBorrowingCostCapitalisedInInventoryCostAndNotYetTransferredOut_2" xlink:title="presentation: BorrowingCostsCapitalisedInInventoriesLineItems to CumulativeBorrowingCostCapitalisedInInventoryCostAndNotYetTransferredOut" priority="1" order="6.0" preferredLabel="http://www.xbrl.org/2003/role/periodEndLabel"/>

<link:loc xlink:type="locator" xlink:href="../../cas_core_2015-03-31.xsd#cas_BorrowingCostsCapitalisedToInventoryCostInCurrentPeriod" xlink:label="BorrowingCostsCapitalisedToInventoryCostInCurrentPeriod" xlink:title="BorrowingCostsCapitalisedToInventoryCostInCurrentPeriod"/>

<link:presentationArc xlink:type="arc" xlink:arcrole="http://www.xbrl.org/2003/arcrole/parent-child" xlink:from="BorrowingCostsCapitalisedInInventoriesLineItems" xlink:to="BorrowingCostsCapitalisedToInventory- CostInCurrentPeriod" xlink:title="presentation: BorrowingCostsCapitalisedInInventoriesLineItems to BorrowingCostsCapitalisedToInventoryCostInCurrentPeriod" order="2.0"/>

<link:loc xlink:type="locator" xlink:href="../../cas_core_2015-03-31.xsd#cas_BorrowingCostsCapitalisedToInventoryCostTransferred- ToOtherAssetsInCurrentPeriod" xlink:label="BorrowingCostsCapitalisedToInventory- CostTransferredToOtherAssetsInCurrentPeriod" xlink:title="BorrowingCostsCapitalisedToInventoryCostTransferredToOtherAssetsInCurrentPeriod"/>

<link:presentationArc xlink:type="arc" xlink:arcrole="http://www.xbrl.org/2003/arcrole/parent-child" xlink:from="BorrowingCostsCapitalisedInInventoriesLineItems" xlink:to="BorrowingCostsCapitalisedToInventory- CostTransferredToOtherAssetsInCurrentPeriod" xlink:title="presentation: BorrowingCostsCapitalisedInInventoriesLineItems to BorrowingCostsCapitalisedToInventory- CostTransferredToOtherAssetsInCurrentPeriod" order="3.0" preferredLabel="http://www.xbrl.org/2009/role/negatedLabel"/>

<link:loc xlink:type="locator" xlink:href="../../cas_core_2015-03-31.xsd#cas_BorrowingCostsCapitalisedToInventoryCostInCurrentPeriod- OtherDeductionInCurrentPeriod" xlink:label="BorrowingCostsCapitalisedToInventory- CostInCurrentPeriodOtherDeductionInCurrentPeriod" xlink:title="BorrowingCostsCapitalisedToInventoryCostInCurrentPeriodOtherDeductionInCurrentPeriod"/>

<link:presentationArc xlink:type="arc" xlink:arcrole="http://www.xbrl.org/2003/arcrole/parent-child" xlink:from="BorrowingCostsCapitalisedInInventoriesLineItems" xlink:to="BorrowingCostsCapitalisedToInventory- CostInCurrentPeriodOtherDeductionInCurrentPeriod" xlink:title="presentation: BorrowingCostsCapitalisedInInventoriesLineItems to BorrowingCostsCapitalisedToInventoryCostInCurrentPeriodOtherDeductionInCurrentPeriod" order="4.0" preferredLabel="http://www.xbrl.org/2009/role/negatedLabel"/>

<link:loc xlink:type="locator" xlink:href="../../cas_core_2015-03-31.xsd#cas_CapitalisationRateUsedToDetermineAmountCapitalisedDuringPeriod" xlink:label="CapitalisationRateUsedToDetermineAmountCapitalisedDuringPeriod" xlink:title="CapitalisationRateUsedToDetermineAmountCapitalisedDuringPeriod"/>

<link:presentationArc xlink:type="arc" xlink:arcrole="http://www.xbrl.org/2003/arcrole/parent-child" xlink:from="BorrowingCostsCapitalisedInInventoriesLineItems" xlink:to="CapitalisationRateUsedToDetermine- AmountCapi-

```
talised DuringPeriod" xlink:title = "presentation: BorrowingCostsCapitalisedInInventoriesLineItems to CapitalisationRateUsedToDetermineAmountCapitalis-edDuringPeriod" order = "5.0" preferredLabel = "http://www.xbrl.org/2003/role/terseLabel"/>
        <link:loc xlink:type = "locator" xlink:href = "../../cas_core_2015-03-31.xsd#cas_AdditionalInformationAboutInventoriesExplanatory" xlink:label = "AdditionalInformationAboutInventoriesExplanatory" xlink:title = "AdditionalInformationAboutInventoriesExplanatory"/>
        <link:presentationArc xlink:type = "arc" xlink:arcrole = "http://www.xbrl.org/2003/arcrole/parent-child" xlink:from = "DisclosureOfInventoryOfGeneralBusinessExplanatory" xlink:to = "AdditionalInformationAboutInventoriesExplanatory" xlink:title = "presentation: DisclosureOfInventoryOfGeneralBusinessExplanatory to AdditionalInformationAboutInventoriesExplanatory" order = "4.0"/>
      </link:presentationLink>
```

附录二

上市公司信息披露分类标准(节选)

本书附录二给出了2006年12月31日发布的《上市公司信息披露分类标准》(2013年12月31日修订)中的片段。《上市公司披露分类标准》是典型的采用实务法建模的分类标准。因篇幅所限,本书所涉及的元素与关系定义部分主要为财务报表内容,并且省略了根元素以及注释等内容。

《上市公司信息披露分类标准》与《企业会计准则通用分类标准》具有明显的区别,主要有:

(1) 前者基于实务,后者基于规范。

(2) 前者没有新的数据与标签角色定义。

(3) 前者没有利用维度机制和Formula机制。

(4) 前者元素名称来自汉语拼音,后者元素名称来自英文单词。

图A2-1给出了《上市公司信息披露分类标准》的总体架构。

从图A2-1可以看出,《上市公司信息披露分类标准》是按照报告用途、而不是规范结构来划分和组织模块。其中,工商类模块(Commercial & Industrial)因其基础性和通用性而作为其他模块的基础,本附录所示内容主要来自该模块中与流动资产相关的内容。

1. 元素声明、中文基本标签和引用链接库

所在文件:clcid-pte-2006-12-31.xsd(元素声明)、clcid-pte-2006-12-31-label.xml(中文标签)、clcid-pte-2006-12-31-reference.xml(引用链接库)。其他角色的标签略。如表A2-1所示。

2. 链接库

1) 标签链接库

因所在内容已在表A2-1中显示,故省略。

2) 引用链接库

因所在内容已在表A2-1中显示,故省略。

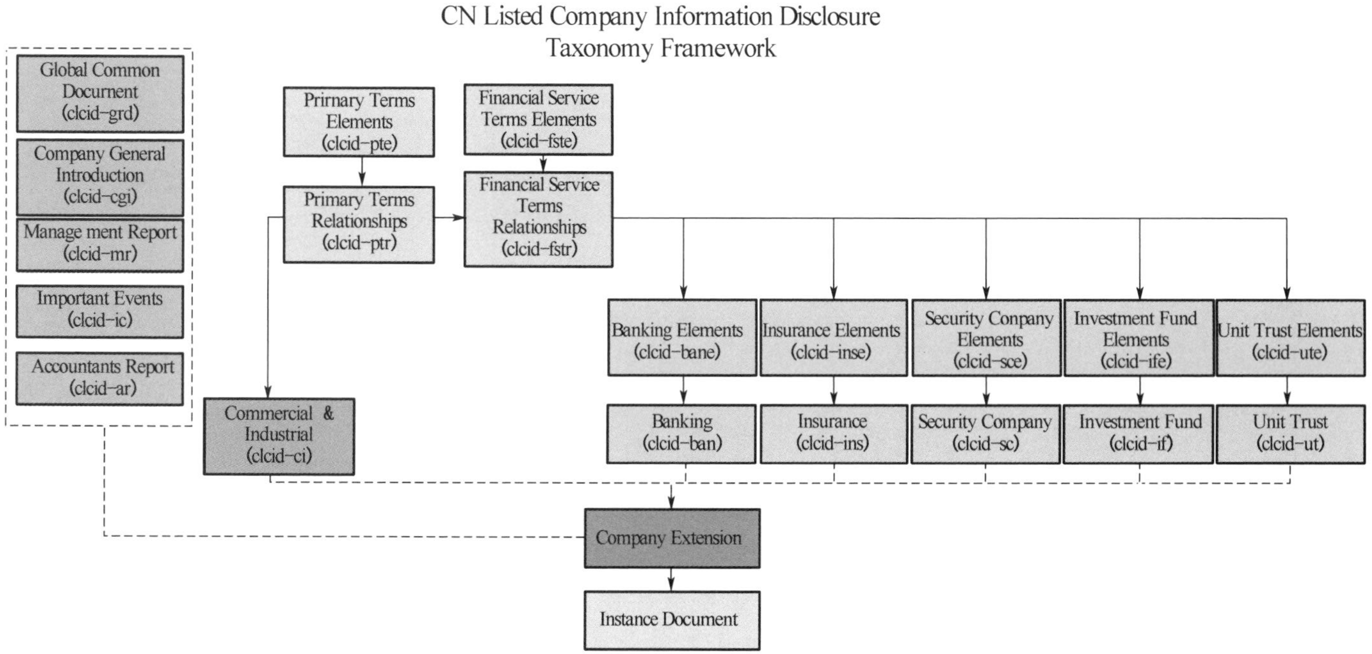

图 A2-1 《上市公司信息披露分类标准》的总体结构

表 A2-1 附注_存货(一般工商业)的元素声明、中文基本标签和引用链接库示意

元素名称	标签	引用链接
ZiChanFuZhaiBiao	资产负债表	财政部《企业会计制度》
ZiChan	资产	财政部《企业会计制度》
LiuDongZiChan	流动资产	财政部《企业会计制度》第一章
HuoBiZiJin	货币资金	财政部《企业会计制度》第二章
JieSuanBeiFuJin	结算备付金	财政部《企业会计制度》第二章
ChaiChuZiJin	拆入资金	财政部《企业会计制度》第二章
JiaoYiXingJinRongZiChan	交易性金融资产	财政部《企业会计制度》第二章
YingShouPiaoJu	应收票据	财政部《企业会计制度》第二章
YingShouZhangKuan	应收账款	财政部《企业会计制度》第二章
YingShouBaoFei	应收保费	财政部《企业会计制度》第二章
YingShouFenBaoZhangKuan	应收分包账款	财政部《企业会计制度》第二章
YingShouFenBaoHeTongZhunBeiJin	应收分包合同准备金	财政部《企业会计制度》第二章
YingShouLiXi	应收利息	财政部《企业会计制度》第二章
QiTaYingShouKuan	其他应收款	财政部《企业会计制度》第二章
MaiRuFanShouJinRongZiChan	买入返售金融资产	财政部《企业会计制度》第二章
CunHuo	存货	财政部《企业会计制度》第二章
YiNianNeiDaoQiDeFeiLiuDongZiChan	一年内到期的非流动资产	财政部《企业会计制度》第二章
QiTaLiuDongZiChan	其他流动资产	财政部《企业会计制度》第二章
LiuDongZiChanHeJi	流动资产合计	财政部《企业会计制度》第一章

3）计算链接库

计算链接库所在的文件名：clcid-ptr-2006-12-31-calculation. xml。

代码如下：

```
<calculationLink xlink:role = " http://www. xbrl-cn. org/cn/lcid/lr/role/ConsolidatedBalanceSheetInClassifiedFormat" xlink:type = "extended">
    <loc xlink:type = "locator" xlink:href = "../../pte/2006-12-31/clcid-pte-2006- 12 - 31. xsd # clcid-pte _ LiuDongZiChanHeJi " xlink: label = " clcid-pte _ LiuDongZiChanHeJi"/>
    <loc xlink:type = "locator" xlink:href = "../../pte/2006-12-31/clcid-pte-2006-12-31.xsd#clcid-pte_HuoBiZiJin" xlink:label = "clcid-pte_HuoBiZiJin"/>
    <calculationArc xlink:type = "arc" xlink:arcrole = "http://www.xbrl.org/2003/arcrole/summation-item" xlink:from = "clcid-pte_LiuDongZiChanHeJi" xlink:
```

```
to="clcid-pte_HuoBiZiJin" order="1" weight="1"/>
                <loc xlink:type="locator" xlink:href="../../pte/2006-12-31/clcid-
pte-2006-12-31.xsd#clcid-pte_JieSuanBeiFuJin" xlink:label="clcid-pte_
JieSuanBeiFuJin"/>
                <calculationArc xlink:type="arc" xlink:arcrole="http://www.xbrl.
org/2003/arcrole/summation-item" xlink:from="clcid-pte_LiuDongZiChanHeJi" xlink:
to="clcid-pte_JieSuanBeiFuJin" order="2" weight="1"/>
                <loc xlink:type="locator" xlink:href="../../pte/2006-12-31/clcid-
pte-2006-12-31.xsd#clcid-pte_ChaiChuZiJin" xlink:label="clcid-pte_ChaiChuZiJin"/>
                <calculationArc xlink:type="arc" xlink:arcrole="http://www.xbrl.
org/2003/arcrole/summation-item" xlink:from="clcid-pte_LiuDongZiChanHeJi" xlink:
to="clcid-pte_ChaiChuZiJin" order="3" weight="1"/>
                <loc xlink:type="locator" xlink:href="../../pte/2006-12-31/clcid-
pte-2006-12-31.xsd#clcid-pte_JiaoYiXingJinRongZiChan" xlink:label="clcid-pte_
JiaoYiXingJinRongZiChan"/>
                <calculationArc xlink:type="arc" xlink:arcrole="http://www.xbrl.
org/2003/arcrole/summation-item" xlink:from="clcid-pte_LiuDongZiChanHeJi" xlink:
to="clcid-pte_JiaoYiXingJinRongZiChan" order="4" weight="1"/>
                <loc xlink:type="locator" xlink:href="../../pte/2006-12-31/clcid-
pte-2006-12-31.xsd#clcid-pte_YingShouPiaoJu" xlink:label="clcid-pte_
YingShouPiaoJu"/>
                <calculationArc xlink:type="arc" xlink:arcrole="http://www.xbrl.
org/2003/arcrole/summation-item" xlink:from="clcid-pte_LiuDongZiChanHeJi" xlink:
to="clcid-pte_YingShouPiaoJu" order="5" weight="1"/>
                <loc xlink:type="locator" xlink:href="../../pte/2006-12-31/clcid-
pte-2006-12-31.xsd#clcid-pte_YingShouZhangKuan" xlink:label="clcid-pte_
YingShouZhangKuan"/>
                <calculationArc xlink:type="arc" xlink:arcrole="http://www.xbrl.
org/2003/arcrole/summation-item" xlink:from="clcid-pte_LiuDongZiChanHeJi" xlink:
to="clcid-pte_YingShouZhangKuan" order="6" weight="1"/>
                <loc xlink:type="locator" xlink:href="../../pte/2006-12-31/clcid-
pte-2006-12-31.xsd#clcid-pte_YuFuZhangKuan" xlink:label="clcid-pte_
YuFuZhangKuan"/>
                <calculationArc xlink:type="arc" xlink:arcrole="http://www.xbrl.
org/2003/arcrole/summation-item" xlink:from="clcid-pte_LiuDongZiChanHeJi" xlink:
to="clcid-pte_YuFuZhangKuan" order="7" weight="1"/>
                <loc xlink:type="locator" xlink:href="../../pte/2006-12-31/clcid-
```

pte-2006-12-31.xsd#clcid-pte_YingShouBaoFei" xlink:label="clcid-pte_YingShouBaoFei"/>

<calculationArc xlink:type="arc" xlink:arcrole="http://www.xbrl.org/2003/arcrole/summation-item" xlink:from="clcid-pte_LiuDongZiChanHeJi" xlink:to="clcid-pte_YingShouBaoFei" order="8" weight="1"/>

<loc xlink:type="locator" xlink:href="../../pte/2006-12-31/clcid-pte-2006-12-31.xsd#clcid-pte_YingShouFenBaoZhangKuan" xlink:label="clcid-pte_YingShouFenBaoZhangKuan"/>

<calculationArc xlink:type="arc" xlink:arcrole="http://www.xbrl.org/2003/arcrole/summation-item" xlink:from="clcid-pte_LiuDongZiChanHeJi" xlink:to="clcid-pte_YingShouFenBaoZhangKuan" order="9" weight="1"/>

<loc xlink:type="locator" xlink:href="../../pte/2006-12-31/clcid-pte-2006-12-31.xsd#clcid-pte_YingShouFenBaoHeTongZhunBeiJin" xlink:label="clcid-pte_YingShouFenBaoHeTongZhunBeiJin"/>

<calculationArc xlink:type="arc" xlink:arcrole="http://www.xbrl.org/2003/arcrole/summation-item" xlink:from="clcid-pte_LiuDongZiChanHeJi" xlink:to="clcid-pte_YingShouFenBaoHeTongZhunBeiJin" order="10" weight="1"/>

<loc xlink:type="locator" xlink:href="../../pte/2006-12-31/clcid-pte-2006-12-31.xsd#clcid-pte_YingShouLiXi" xlink:label="clcid-pte_YingShouLiXi"/>

<calculationArc xlink:type="arc" xlink:arcrole="http://www.xbrl.org/2003/arcrole/summation-item" xlink:from="clcid-pte_LiuDongZiChanHeJi" xlink:to="clcid-pte_YingShouLiXi" order="11" weight="1"/>

<loc xlink:type="locator" xlink:href="../../pte/2006-12-31/clcid-pte-2006-12-31.xsd#clcid-pte_QiTaYingShouKuan" xlink:label="clcid-pte_QiTaYingShouKuan"/>

<calculationArc xlink:type="arc" xlink:arcrole="http://www.xbrl.org/2003/arcrole/summation-item" xlink:from="clcid-pte_LiuDongZiChanHeJi" xlink:to="clcid-pte_QiTaYingShouKuan" order="12" weight="1"/>

<loc xlink:type="locator" xlink:href="../../pte/2006-12-31/clcid-pte-2006-12-31.xsd#clcid-pte_MaiRuFanShouJinRongZiChan" xlink:label="clcid-pte_MaiRuFanShouJinRongZiChan"/>

<calculationArc xlink:type="arc" xlink:arcrole="http://www.xbrl.org/2003/arcrole/summation-item" xlink:from="clcid-pte_LiuDongZiChanHeJi" xlink:to="clcid-pte_MaiRuFanShouJinRongZiChan" order="13" weight="1"/>

<loc xlink:type="locator" xlink:href="../../pte/2006-12-31/clcid-pte-2006-12-31.xsd#clcid-pte_CunHuo" xlink:label="clcid-pte_CunHuo"/>

```
<calculationArc xlink:type="arc" xlink:arcrole="http://www.xbrl.org/2003/arcrole/summation-item" xlink:from="clcid-pte_LiuDongZiChanHeJi" xlink:to="clcid-pte_CunHuo" order="14" weight="1"/>
        <loc xlink:type="locator" xlink:href="../../pte/2006-12-31/clcid-pte-2006-12-31.xsd#clcid-pte_YiNianNeiDaoQiDeFeiLiuDongZiChan" xlink:label="clcid-pte_YiNianNeiDaoQiDeFeiLiuDongZiChan"/>
        <calculationArc xlink:type="arc" xlink:arcrole="http://www.xbrl.org/2003/arcrole/summation-item" xlink:from="clcid-pte_LiuDongZiChanHeJi" xlink:to="clcid-pte_YiNianNeiDaoQiDeFeiLiuDongZiChan" order="15" weight="1"/>
        <loc xlink:type="locator" xlink:href="../../pte/2006-12-31/clcid-pte-2006-12-31.xsd#clcid-pte_QiTaLiuDongZiChan" xlink:label="clcid-pte_QiTaLiuDongZiChan"/>
        <calculationArc xlink:type="arc" xlink:arcrole="http://www.xbrl.org/2003/arcrole/summation-item" xlink:from="clcid-pte_LiuDongZiChanHeJi" xlink:to="clcid-pte_QiTaLiuDongZiChan" order="16" weight="1"/>
```

4）展示链接库

展示链接库所在的文件名：clcid-ptr-2006-12-31-presentation. xml。

代码如下：

```
<presentationLink xlink:type="extended" xlink:role="http://www.xbrl-cn.org/cn/lcid/lr/role/ConsolidatedBalanceSheet">
    <loc xlink:type="locator" xlink:href="../../pte/2006-12-31/clcid-pte-2006-12-31.xsd#clcid-pte_LiuDongZiChan" xlink:label="clcid-pte_LiuDongZiChan"/>
    <loc xlink:type="locator" xlink:href="../../pte/2006-12-31/clcid-pte-2006-12-31.xsd#clcid-pte_HuoBiZiJin" xlink:label="clcid-pte_HuoBiZiJin"/>
<presentationArc xlink:type="arc" xlink:arcrole="http://www.xbrl.org/2003/arcrole/parent-child" xlink:from="clcid-pte_LiuDongZiChan" xlink:to="clcid-pte_HuoBiZiJin" order="1"/>
    <loc xlink:type="locator" xlink:href="../../pte/2006-12-31/clcid-pte-2006-12-31.xsd#clcid-pte_JieSuanBeiFuJin" xlink:label="clcid-pte_JieSuanBeiFuJin"/>
    <presentationArc xlink:type="arc" xlink:arcrole="http://www.xbrl.org/2003/arcrole/parent-child" xlink:from="clcid-pte_LiuDongZiChan" xlink:to="clcid-pte_JieSuanBeiFuJin" order="2"/>
    <loc xlink:type="locator" xlink:href="../../pte/2006-12-31/clcid-pte-2006-12-31.xsd#clcid-pte_ChaiChuZiJin" xlink:label="clcid-pte_ChaiChuZiJin"/>
    <presentationArc xlink:type="arc" xlink:arcrole="http://www.xbrl.org/2003/arcrole/parent-child" xlink:from="clcid-pte_LiuDongZiChan" xlink:to="clcid-pte_ChaiChuZiJin" order="3"/>
```

<loc xlink:type="locator" xlink:href="../../pte/2006-12-31/clcid-pte-2006-12-31.xsd#clcid-pte_JiaoYiXingJinRongZiChan" xlink:label="clcid-pte_JiaoYiXingJinRongZiChan"/>

<presentationArc xlink:type="arc" xlink:arcrole="http://www.xbrl.org/2003/arcrole/parent-child" xlink:from="clcid-pte_LiuDongZiChan" xlink:to="clcid-pte_JiaoYiXingJinRongZiChan" order="4"/>

<loc xlink:type="locator" xlink:href="../../pte/2006-12-31/clcid-pte-2006-12-31.xsd#clcid-pte_YingShouPiaoJu" xlink:label="clcid-pte_YingShouPiaoJu"/>

<presentationArc xlink:type="arc" xlink:arcrole="http://www.xbrl.org/2003/arcrole/parent-child" xlink:from="clcid-pte_LiuDongZiChan" xlink:to="clcid-pte_YingShouPiaoJu" order="5"/>

<loc xlink:type="locator" xlink:href="../../pte/2006-12-31/clcid-pte-2006-12-31.xsd#clcid-pte_YingShouZhangKuan" xlink:label="clcid-pte_YingShouZhangKuan"/>

<presentationArc xlink:type="arc" xlink:arcrole="http://www.xbrl.org/2003/arcrole/parent-child" xlink:from="clcid-pte_LiuDongZiChan" xlink:to="clcid-pte_YingShouZhangKuan" order="6"/>

<loc xlink:type="locator" xlink:href="../../pte/2006-12-31/clcid-pte-2006-12-31.xsd#clcid-pte_YuFuZhangKuan" xlink:label="clcid-pte_YuFuZhangKuan"/>

<presentationArc xlink:type="arc" xlink:arcrole="http://www.xbrl.org/2003/arcrole/parent-child" xlink:from="clcid-pte_LiuDongZiChan" xlink:to="clcid-pte_YuFuZhangKuan" order="7"/>

<loc xlink:type="locator" xlink:href="../../pte/2006-12-31/clcid-pte-2006-12-31.xsd#clcid-pte_YingShouBaoFei" xlink:label="clcid-pte_YingShouBaoFei"/>

<presentationArc xlink:type="arc" xlink:arcrole="http://www.xbrl.org/2003/arcrole/parent-child" xlink:from="clcid-pte_LiuDongZiChan" xlink:to="clcid-pte_YingShouBaoFei" order="8"/>

<loc xlink:type="locator" xlink:href="../../pte/2006-12-31/clcid-pte-2006-12-31.xsd#clcid-pte_YingShouFenBaoZhangKuan" xlink:label="clcid-pte_YingShouFenBaoZhangKuan"/>

<presentationArc xlink:type="arc" xlink:arcrole="http://www.xbrl.org/2003/arcrole/parent-child" xlink:from="clcid-pte_LiuDongZiChan" xlink:to="clcid-pte_YingShouFenBaoZhangKuan" order="9"/>

<loc xlink:type="locator" xlink:href="../../pte/2006-12-31/clcid-pte-2006-12-31.xsd#clcid-pte_YingShouFenBaoHeTongZhunBeiJin" xlink:label="clcid-pte_YingShouFenBaoHeTongZhunBeiJin"/>

<presentationArc xlink:type="arc" xlink:arcrole="http://www.xbrl.org/2003/arcrole/parent-child"

2003/arcrole/parent-child" xlink:from="clcid-pte_LiuDongZiChan" xlink:to="clcid-pte_YingShouFenBaoHeTongZhunBeiJin" order="10"/>

<loc xlink:type="locator" xlink:href="../../pte/2006-12-31/clcid-pte-2006-12-31.- xsd#clcid-pte_YingShouLiXi" xlink:label="clcid-pte_YingShouLiXi"/>

<presentationArc xlink:type="arc" xlink:arcrole="http://www.xbrl.org/2003/arcrole/parent-child" xlink:from="clcid-pte_LiuDongZiChan" xlink:to="clcid-pte_YingShouLiXi" order="11"/>

<loc xlink:type="locator" xlink:href="../../pte/2006-12-31/clcid-pte-2006-12-31.xsd#clcid-pte_QiTaYingShouKuan" xlink:label="clcid-pte_QiTaYingShouKuan"/>

<presentationArc xlink:type="arc" xlink:arcrole="http://www.xbrl.org/2003/arcrole/parent-child" xlink:from="clcid-pte_LiuDongZiChan" xlink:to="clcid-pte_QiTaYingShouKuan" order="12"/>

<loc xlink:type="locator" xlink:href="../../pte/2006-12-31/clcid-pte-2006-12-31.xsd#clcid-pte_MaiRuFanShouJinRongZiChan" xlink:label="clcid-pte_MaiRuFanShouJinRongZiChan"/>

<presentationArc xlink:type="arc" xlink:arcrole="http://www.xbrl.org/2003/arcrole/parent-child" xlink:from="clcid-pte_LiuDongZiChan" xlink:to="clcid-pte_MaiRuFanShouJinRongZiChan" order="13"/>

<loc xlink:type="locator" xlink:href="../../pte/2006-12-31/clcid-pte-2006-12-31.xsd#clcid-pte_CunHuo" xlink:label="clcid-pte_CunHuo"/>

<presentationArc xlink:type="arc" xlink:arcrole="http://www.xbrl.org/2003/arcrole/parent-child" xlink:from="clcid-pte_LiuDongZiChan" xlink:to="clcid-pte_CunHuo" order="14"/>

<loc xlink:type="locator" xlink:href="../../pte/2006-12-31/clcid-pte-2006-12-31.xsd#clcid-pte_YiNianNeiDaoQiDeFeiLiuDongZiChan" xlink:label="clcid-pte_YiNianNeiDaoQiDeFeiLiuDongZiChan"/>

<presentationArc xlink:type="arc" xlink:arcrole="http://www.xbrl.org/2003/arcrole/parent-child" xlink:from="clcid-pte_LiuDongZiChan" xlink:to="clcid-pte_YiNianNeiDaoQiDeFeiLiuDongZiChan" order="15"/>

<loc xlink:type="locator" xlink:href="../../pte/2006-12-31/clcid-pte-2006-12-31.xsd#clcid-pte_QiTaLiuDongZiChan" xlink:label="clcid-pte_QiTaLiuDongZiChan"/>

<presentationArc xlink:type="arc" xlink:arcrole="http://www.xbrl.org/2003/arcrole/parent-child" xlink:from="clcid-pte_LiuDongZiChan" xlink:to="clcid-pte_QiTaLiuDongZiChan" order="16"/>

<loc xlink:type="locator" xlink:href="../../pte/2006-12-31/clcid-pte-2006-

```
12-31.xsd#clcid-pte_LiuDongZiChanHeJi" xlink:label="clcid-pte_LiuDongZiChanHeJi"/>
        <presentationArc xlink:type="arc" xlink:arcrole="http://www.xbrl.org/2003/arcrole/parent-child" xlink:from="clcid-pte_LiuDongZiChan" xlink:to="clcid-pte_LiuDongZiChanHeJi" order="17"/>
```

5）定义链接库

定义链接库所在的文件名：clcid-ci-2006-12-31-definition.xml。在流动资产相关的内容中，没有定义链接，且整个分类标准仅有两条定义链接，列示如下。

代码如下：

```
<definitionLink xlink:type="extended" xlink:role="http://www.xbrl.org/2003/role/link">
        <loc xlink:type="locator" xlink:href="../../../common/pte/2006-12-31/clcid-pte-2006-12-31.xsd#clcid-pte_ZiChanZongJi" xlink:label="clcid-pte_ZiChanZongJi_lbl" xlink:title="ZiChanZongJi"/>
        <loc xlink:type="locator" xlink:href="../../../common/pte/2006-12-31/clcid-pte-2006-12-31.xsd#clcid-pte_FuZhaiHeGuDongQuanYiHeJi" xlink:label="clcid-pte_FuZhaiHeGuDongQuanYiHeJi_lbl" xlink:title="FuZhaiHeGuDongQuanYiHeJi"/>
        <definitionArc xlink:type="arc" xlink:arcrole="http://www.xbrl.org/2003/arcrole/essence-alias" xlink:from="clcid-pte_ZiChanZongJi_lbl" xlink:to="clcid-pte_FuZhaiHeGuDongQuanYiHeJi_lbl" xlink:title="definition: ZiChanZongJi to FuZhaiHeGuDongQuanYiHeJi" order="1"/>
        <loc xlink:type="locator" xlink:href="../../../common/pte/2006-12-31/clcid-pte-2006-12-31.xsd#clcid-pte_YingJiaoShuiJinZhongDeZengZhiShui" xlink:label="clcid-pte_YingJiaoShuiJinZhongDeZengZhiShui_lbl" xlink:title="YingJiaoShuiJinZhongDeZengZhiShui"/>
        <loc xlink:type="locator" xlink:href="../../../common/pte/2006-12-31/clcid-pte-2006-12-31.xsd#clcid-pte_ZengZhiShuiWeiJiaoShu" xlink:label="clcid-pte_ZengZhiShuiWeiJiaoShu_lbl" xlink:title="ZengZhiShuiWeiJiaoShu"/>
        <definitionArc xlink:type="arc" xlink:arcrole="http://www.xbrl.org/2003/arcrole/essence-alias" xlink:from="clcid-pte_YingJiaoShuiJinZhongDeZengZhiShui_lbl" xlink:to="clcid-pte_ZengZhiShuiWeiJiaoShu_lbl" xlink:title="definition: YingJiaoShuiJinZhongDeZengZhiShui to ZengZhiShuiWeiJiaoShu" order="1"/>
    </definitionLink>
```

附录三

XBRL 数据操作简介

XBRL 数据操作的范畴非常广泛。事实上，数值型数据和文本型数据的所有操作都可以应用于 XBRL 数据。所以，从广义角度，甚至无法对 XBRL 数据操作进行分类。但在狭义角度，仅就 XBRL 相关的操作而言，XBRL 国际组织将这些操作分为三类：分类标准编辑、实例文档创建、实例文档浏览。本书根据这种分类，主要基于富士通公司的 XWand 工具，兼用上海证券交易所开发的工具和本项目组开发的工具，展示了 XBRL 文档的简单操作案例。

1. 原始材料

下面是青海华鼎实业股份有限公司 2021 年年报（PDF 格式文档）的一部分。本章下面将利用一个完整的解决方案，创建这份年报的各种 XBRL 文档，并给出应用方式和例子。

本书并不打算在本章内将这份报告所有内容"XBRL 化"。首先，篇幅的占用是不可接受的，据初步估计，全部分类标准文档（包括模式和链接库）的罗列将达到 1000 页以上；更重要的是，大量原理重复的代码将冲淡对其中许多不同技术内容的理解。所以，本书并未直接采用原始报告建立这个可执行的原型，而是针对一个篇幅裁减后的报告编写代码。这份修改后的报告保证了技术内容覆盖的全面性，是一份"麻雀虽小，五脏俱全"的报告；它曾经作为实验材料进行过有关 XBRL 审计的实验，证实了它的客观性和全面性。

裁减后的报告内容包括"重要提示""公司基本情况简介""会计数据和财务指标"和"会计报表附注"4 大部分。分别如图 A3-1(a)(b)(c)所示。

2. XBRL 数据的操作

1）分类标准创建：

分类标准创建的主要内容是：

- 根据在报告中提取的概念信息创建对应的元素；
- 根据元素关系创建链接库。虽然代码是由工具自动创建的，但元素的提取过程和元素的相关信息都是由有经验、对信息技术有较深入理解的领域专家（如会计人员)完成的。

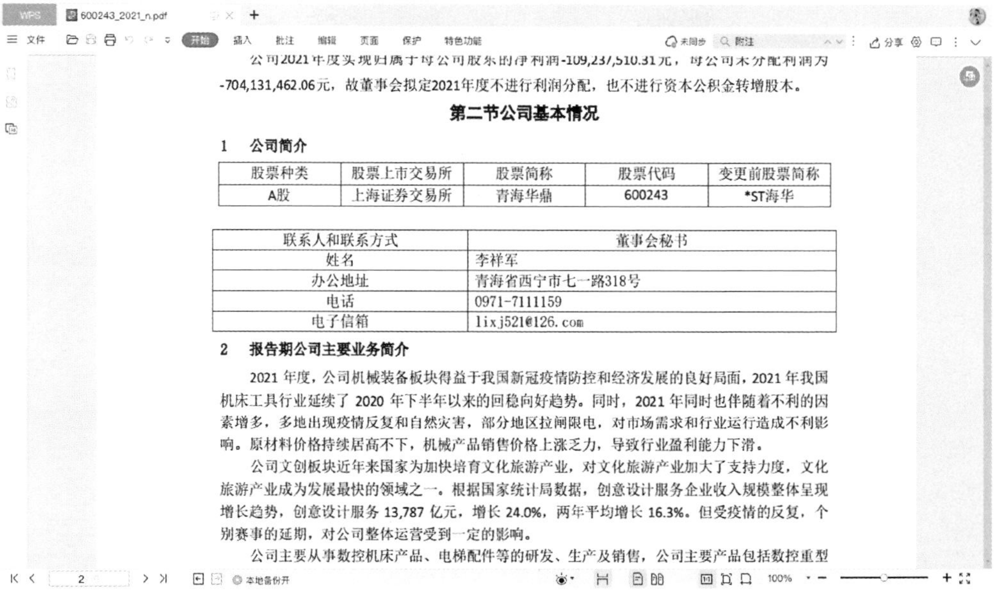

公司2021年度实现归属于母公司股东的净利润-109,237,510.31元，母公司未分配利润为-704,131,462.06元，故董事会拟定2021年度不进行利润分配，也不进行资本公积金转增股本。

第二节公司基本情况

1 公司简介

股票种类	股票上市交易所	股票简称	股票代码	变更前股票简称
A股	上海证券交易所	青海华鼎	600243	*ST海华

联系人和联系方式	董事会秘书
姓名	李祥军
办公地址	青海省西宁市七一路318号
电话	0971-7111159
电子信箱	lixj521@126.com

2 报告期公司主要业务简介

2021年度，公司机械装备板块得益于我国新冠疫情防控和经济发展的良好局面，2021年我国机床工具行业延续了2020年下半年以来的回稳向好趋势。同时，2021年同时也伴随着不利的因素增多，多地出现疫情反复和自然灾害，部分地区拉闸限电，对市场需求和行业运行造成不利影响。原材料价格持续居高不下，机械产品销售价格上涨乏力，导致行业盈利能力下滑。

公司文创板块近年来国家为加快培育文化旅游产业，对文化旅游产业加大了支持力度，文化旅游产业成为发展最快的领域之一。根据国家统计局数据，创意设计服务企业收入规模整体呈现增长趋势，创意设计服务13,787亿元，增长24.0%，两年平均增长16.3%。但受疫情的反复，个别赛事的延期，对公司整体运营受到一定的影响。

公司主要从事数控机床产品、电梯配件等的研发、生产及销售，公司主要产品包括数控重型

(a)

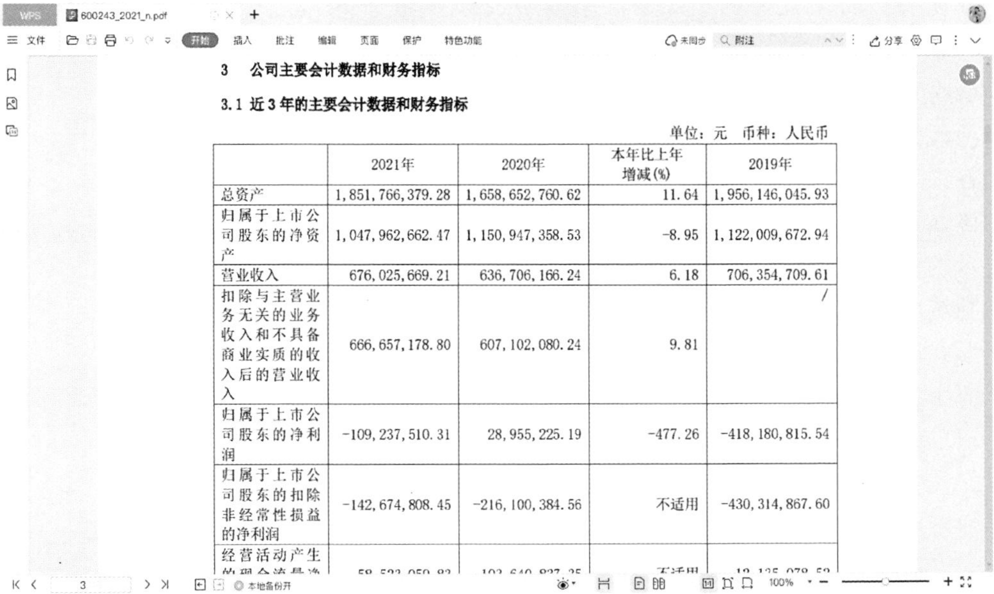

3 公司主要会计数据和财务指标

3.1 近3年的主要会计数据和财务指标

单位：元 币种：人民币

	2021年	2020年	本年比上年增减(%)	2019年
总资产	1,851,766,379.28	1,658,652,760.62	11.64	1,956,146,045.93
归属于上市公司股东的净资产	1,047,962,662.47	1,150,947,358.53	-8.95	1,122,009,672.94
营业收入	676,025,669.21	636,706,166.24	6.18	706,354,709.61
扣除与主营业务无关的业务收入和不具备商业实质的收入后的营业收入	666,657,178.80	607,102,080.24	9.81	/
归属于上市公司股东的净利润	-109,237,510.31	28,955,225.19	-477.26	-418,180,815.54
归属于上市公司股东的扣除非经常性损益的净利润	-142,674,808.45	-216,100,384.56	不适用	-430,314,867.60
经营活动产生[illegible]	[illegible]	[illegible]	不适用	[illegible]

(b)

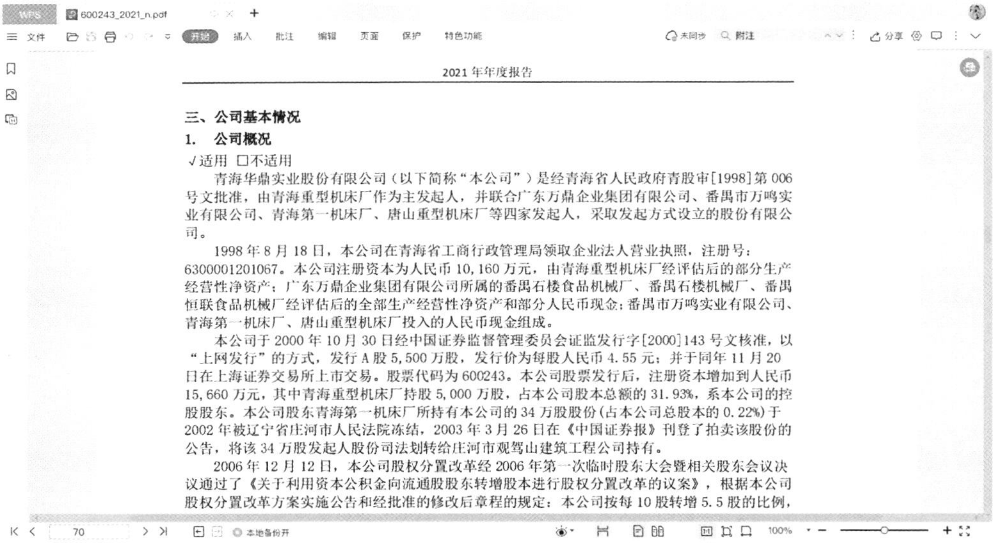

2021 年年度报告

三、公司基本情况

1. 公司概况

√适用 □不适用

青海华鼎实业股份有限公司（以下简称“本公司”）是经青海省人民政府青股审[1998]第 006 号文批准，由青海重型机床厂作为主发起人，并联合广东万鼎企业集团有限公司、番禺市万鸣实业有限公司、青海第一机床厂、唐山重型机床厂等四家发起人，采取发起方式设立的股份有限公司。

1998 年 8 月 18 日，本公司在青海省工商行政管理局领取企业法人营业执照，注册号：6300001201067。本公司注册资本为人民币 10,160 万元，由青海重型机床厂经评估后的部分生产经营性净资产；广东万鼎企业集团有限公司所属的番禺石楼食品机械厂、番禺石楼机械厂、番禺恒联食品机械厂经评估后的全部生产经营性净资产和部分人民币现金；番禺市万鸣实业有限公司、青海第一机床厂、唐山重型机床厂投入的人民币现金组成。

本公司于 2000 年 10 月 30 日经中国证券监督管理委员会证监发行字[2000]143 号文核准，以“上网发行”的方式，发行 A 股 5,500 万股，发行价为每股人民币 4.55 元；并于同年 11 月 20 日在上海证券交易所上市交易。股票代码为 600243。本公司股票发行后，注册资本增加到人民币 15,660 万元，其中青海重型机床厂持股 5,000 万股，占本公司股本总额的 31.93%，系本公司的控股股东。本公司股东青海第一机床厂所持有本公司的 34 万股股份(占本公司总股本的 0.22%)于 2002 年被辽宁省庄河市人民法院冻结，2003 年 3 月 26 日在《中国证券报》刊登了拍卖该股份的公告，将该 34 万股发起人股份司法划转给庄河市观驾山建筑工程公司持有。

2006 年 12 月 12 日，本公司股权分置改革经 2006 年第一次临时股东大会暨相关股东会议决议通过了《关于利用资本公积金向流通股股东转增股本进行股权分置改革的议案》，根据本公司股权分置改革方案实施公告和经批准的修改后章程的规定：本公司按每 10 股转增 5.5 股的比例，

(c)

图 A3-1(a)(b)(c)　PDF 格式的青海华鼎实业 2021 年年报

(1) 创建新元素：以创建“资产总计”数据项类型的元素为例。在编辑菜单中选择“插入新数据项”，如图 A3-2(a)所示。系统将自动创建一个名称为 newItem 的数据项元素，并给这个数据项元素赋予默认的各项属性值，如图 A3-2(b)所示。然后，将该元素的各个属性值改为如图 A3-2(c)所示的值，并选择保存。在上述操作结束后，系统将在模式文档中自动创建一个 XML 形式的“资产总计”元素，如图 A3-2(d)所示。

(2) 创建链接：创建元素后，还必须根据元素特性创建相应的链接。一般地，链接创建顺序应为从简到繁。显然，标签、引用等元素内链接因为只涉及一个模式元素，所以关系比较简单；定义、计算和表现等元素间链接因为涉及多个模式元素，所以关系比较

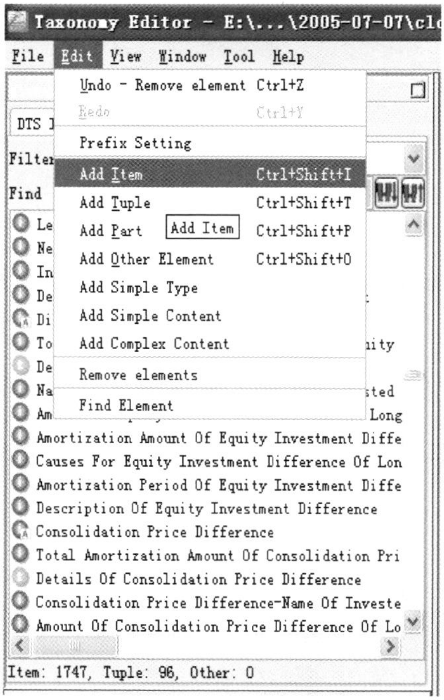

(a)

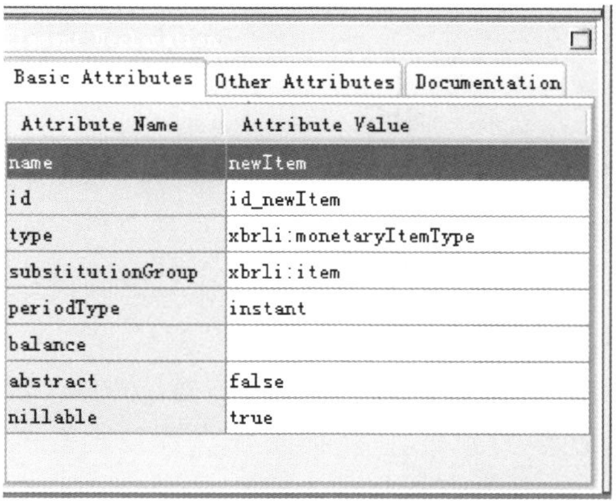

(b)

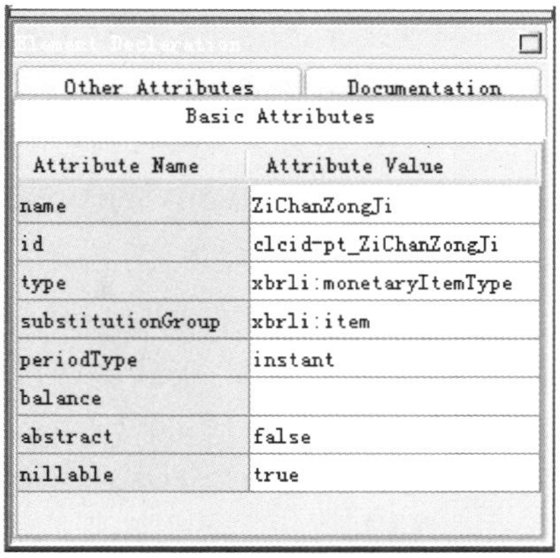

(c)

```
<!--41: 资产总计-->
<element name="ZiChanZongJi" type="xbrli:monetaryItemType"
substitutionGroup="xbrli:item" nillable="true"
id="clcid-pt_ZiChanZongJi" xbrli:periodType="instant"/>
```

(d)

图 A3-2　元素创建过程:(a)产生一个新元素;(b)新元素默认属性;(c)改变元素属性;(d)在模式文档中创建的 XBRL 新元素的语法形式

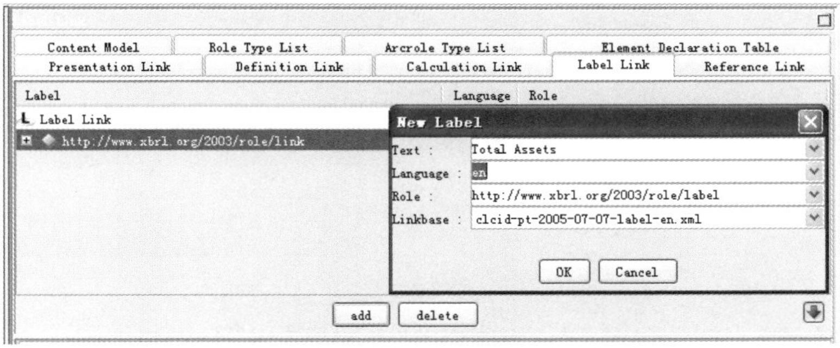

(a)

```
<!-- 41 -->
<loc xlink:type="locator" xlink:href="clcid-pt-2006-12-31.xsd#clcid-pt_ZiChanZongJi"
 xlink:label="clcid-pt_ZiChanZongJi"/>
<labelArc xlink:type="arc" xlink:arcrole="http://www.xbrl.org/2003/arcrole/concept-label"
xlink:from="clcid-pt_ZiChanZongJi" xlink:to="clcid-pt_ZiChanZongJi_lbl"/>
<label xlink:type="resource" xlink:role="http://www.xbrl.org/2003/role/label"
xlink:label="clcid-pt_ZiChanZongJi_lbl" xml:lang="en">Total Assets</label>
```

(b)

图 A3-3　标签链接创建:(a)创建标签链接;(b)标签链接库文档中 XML 形式的标签链接

复杂。基于这个原因，一般按照标签链接、引用链接、定义链接、计算链接和展示链接的顺序创建链接。

(i) 创建标签链接：在工具中点击“标签链接”面板(Label Link)，如图 A3-3(a)所示。点击增加(add)按键，出现对话框“New Label”。在其中填写元素“资产总计”对应的标签链接内容，包括文本内容(Text)、语言(Language)、角色(Role)和该链接所属链接库文件名(Linkbase)等。点击 OK 按键保存后即在对应的链接库文件中创建一个 XML 形式的链接，如图 A3-3(b)所示。

(ii) 创建引用链接：首先创建一个对应于“资产总计”的引用链接，方法与创建标签链接相同。然后，再增加被引用法律法规的颁布者、法律法规名称及其章节编号，如图 A3-4(a)所示。保存后即在相应的引用链接库文档中创建一个 XML 形式的引用链接，如图 A3-4(b)所示。因为一个会计项目可以在多个法律文件中进行规定，所以一个模式元素也可以有多个引用链接。

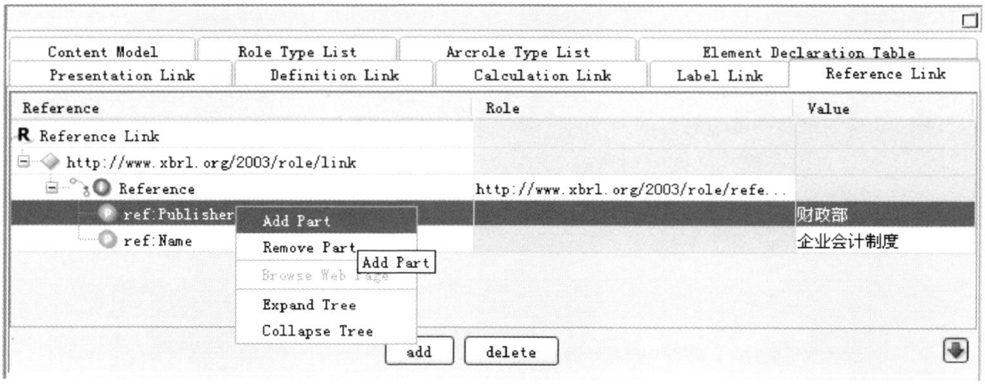

(a)

```
<loc xlink:type="locator" xlink:href="clcid-pt-2006-12-31.xsd#clcid-pt_ZiChanZongJi"
xlink:label="clcid-pt_ZiChanZongJi"/>
<referenceArc xlink:type="arc" xlink:arcrole="http://www.xbrl.org/2003/arcrole/concept-reference"
xlink:from="clcid-pt_ZiChanZongJi" xlink:to="clcid-pt_ZiChanZongJi_ref"/>
<reference xlink:type="resource" xlink:role="http://www.xbrl.org/2003/role/reference"
xlink:label="clcid-pt_ZiChanZongJi_ref">
    <ref:Publisher>财政部</ref:Publisher>
    <ref:Name>企业会计制度</ref:Name>
    <ref:Chapter>2</ref:Chapter>
</reference>
```

(b)

图 A3-4 引用链接创建：(a)创建引用链接；(b)引用链接库文档中 XML 形式的标签链接

(iii) 创建定义链接：创建“资产总计”模式元素后，在已经定义的模式文档部分人工查找与该元素具有概念定义关系的元素，可以发现元素“负债和股东权益合计”(FuZhaiHeGuDongQuanYiHeJi)和“资产合计”实质上是同一概念。因此，在定义链接库中增加“资产总计”到“负债和股东权益合计”的一个链接，其性质(弧角色)为“本名—别名”(essence-alias)。在工具中创建该链接的过程和在定义链接库文档中的XML格式的链接分别如图A3-5(a)(b)所示。

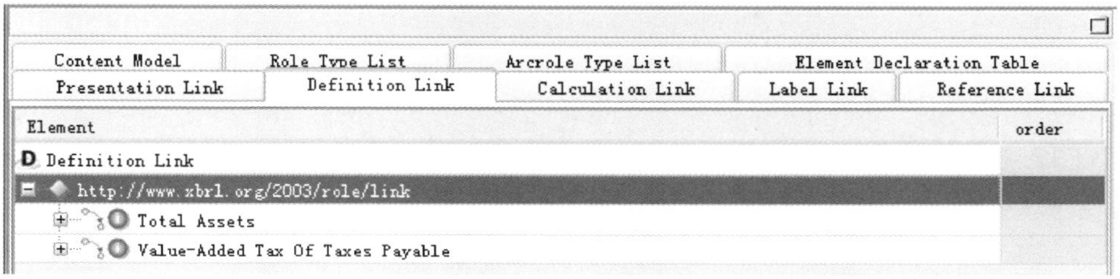

(a)

```
<loc xlink:type="locator" xlink:href="clcid-pt-2006-12-31xsd#clcid-pt_ZiChanZongJi"
xlink:label="clcid-pt_ZiChanZongJi_lbl" xlink:title="ZiChanZongJi"/>
<loc xlink:type="locator" xlink:href="clcid-pt-2006-12-31xsd#clcid-pt_FuZhaiHeGuDongQuanYiHeJi"
xlink:label="clcid-pt_FuZhaiHeGuDongQuanYiHeJi_lbl" xlink:title="FuZhaiHeGuDongQuanYiHeJi"/>
<definitionArc xlink:type="arc" xlink:arcrole="http://www.xbrl.org/2003/arcrole/essence-alias"
xlink:from="clcid-pt_ZiChanZongJi_lbl" xlink:to="clcid-pt_FuZhaiHeGuDongQuanYiHeJi_lbl"
xlink:title="definition: ZiChanZongJi to FuZhaiHeGuDongQuanYiHeJi" order="1.0"/>
```

(b)

图A3-5　定义链接创建：(a)创建定义链接；(b)定义链接库文档中XML形式的标签链接

(iv) 创建计算链接：创建“资产总计”模式元素后，在已经定义的模式文档部分人工查找与该元素具有计算关系的元素，可以发现“‘资产合计’元素是‘流动资产合计’等5个元素的合计”这一计算关系。因此，在计算链接库中增加“资产总计”到“流动资产合计”等五个链接。其中，“流动资产合计”等5个和项中的order属性表示该元素在和式中的位置，分别从1到5；weight属性表示该元素在和式中的权值，均为1。全部这些计算链接表示一个和式如下：

$$资产总计 = 流动资产合计 + 长期投资合计 + 固定资产合计 + 无形资产与其他资产合计 + 递延税项$$

在工具中创建该链接的过程和在计算链接库文档中的XML格式的链接分别如图A3-6(a)(b)所示。

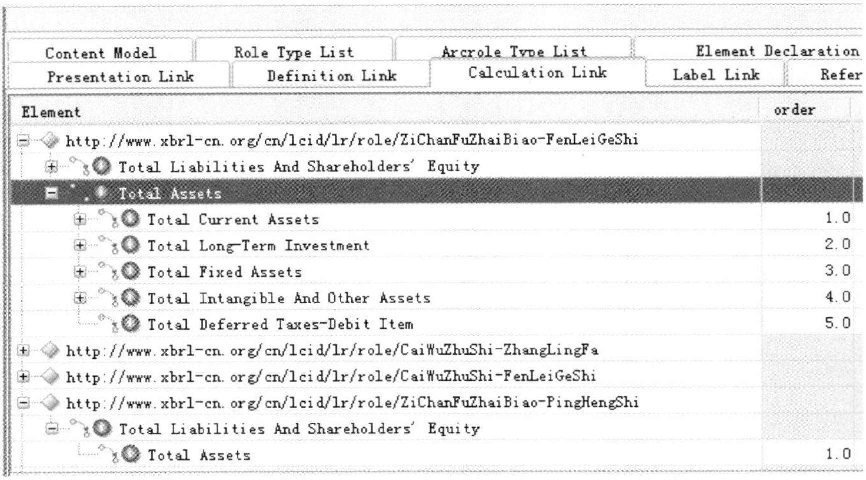

(a)

```
<!--2-->
<loc xlink:type="locator" xlink:href="clcid-pt-2006-12-31.xsd#clcid-pt_ZiChanZongJi"
xlink:label="clcid-pt_ZiChanZongJi"/>
<!--3-->
<loc xlink:type="locator" xlink:href="clcid-pt-2006-12-31.xsd#clcid-pt_LiuDongZiChanHeJi"
xlink:label="clcid-pt_LiuDongZiChanHeJi"/>
<calculationArc xlink:type="arc" xlink:arcrole="http://www.xbrl.org/2003/arcrole/summation-item"
xlink:from="clcid-pt_ZiChanZongJi" xlink:to="clcid-pt_LiuDongZiChanHeJi" order="1" weight="1" use="optional"/>
<!--17-->
<loc xlink:type="locator" xlink:href="clcid-pt-2006-12-31.xsd#clcid-pt_ChangQiTouZiHeJi"
xlink:label="clcid-pt_ChangQiTouZiHeJi"/>
<calculationArc xlink:type="arc" xlink:arcrole="http://www.xbrl.org/2003/arcrole/summation-item"
xlink:from="clcid-pt_ZiChanZongJi" xlink:to="clcid-pt_ChangQiTouZiHeJi" order="2" weight="1" use="optional"/>
<!--20-->
<loc xlink:type="locator" xlink:href="clcid-pt-2006-12-31.xsd#clcid-pt_GuDingZiChanHeJi"
xlink:label="clcid-pt_GuDingZiChanHeJi"/>
<calculationArc xlink:type="arc" xlink:arcrole="http://www.xbrl.org/2003/arcrole/summation-item"
xlink:from="clcid-pt_ZiChanZongJi" xlink:to="clcid-pt_GuDingZiChanHeJi" order="3" weight="1" use="optional"/>
<!--28-->
<loc xlink:type="locator" xlink:href="clcid-pt-2006-12-31.xsd#clcid-pt_WuXingZiChanJiQiTaZiChanHeJi"
xlink:label="clcid-pt_WuXingZiChanJiQiTaZiChanHeJi"/>
<calculationArc xlink:type="arc" xlink:arcrole="http://www.xbrl.org/2003/arcrole/summation-item"
xlink:from="clcid-pt_ZiChanZongJi" xlink:to="clcid-pt_WuXingZiChanJiQiTaZiChanHeJi" order="4" weight="1" use="optional"
<!--32-->
<loc xlink:type="locator" xlink:href="clcid-pt-2006-12-31.xsd#clcid-pt_DiYanShuiKuanJieXiangHeJi"
xlink:label="clcid-pt_DiYanShuiKuanJieXiangHeJi"/>
<calculationArc xlink:type="arc" xlink:arcrole="http://www.xbrl.org/2003/arcrole/summation-item"
xlink:from="clcid-pt_ZiChanZongJi" xlink:to="clcid-pt_DiYanShuiKuanJieXiangHeJi" order="5" weight="1" use="optional"/>
```

(b)

图 A3-6　计算链接创建：(a)创建计算链接；(b)计算链接库文档中 XML 形式的标签链接

(v) 创建展示链接：展示链接表示概念在用于显示时的层次关系。在创建“资产总计”模式元素后，在已经定义的模式文档部分人工查找在显示实例文档时与该概念具有层次关系的元素，可以发现元素“资产合计”位于资产负债表中资产项目的最后一个位置。所以，在展示链接库中增加“资产”到“资产总计”的一个链接，其中，order 属性表示“资产总计”位于资产项目子项位置的第 6 位。在工具中创建该链接的过程和在计算链接库文档中的 XML 格式的链接分别如图 A3-7(a)(b)所示。

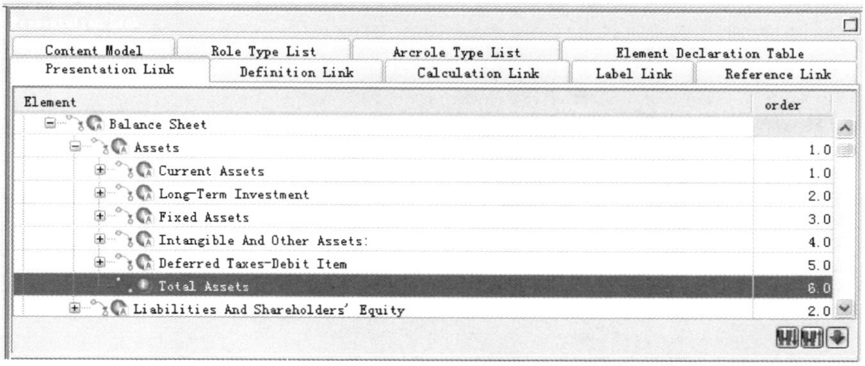

(a)

```
<!--42-->
<loc xlink:type="locator" xlink:href="clcid-pt-2006-12-31.xsd#clcid-pt_ZiChanZongJi"
xlink:label="clcid-pt_ZiChanZongJi_43"/>
<presentationArc xlink:type="arc" xlink:arcrole="http://www.xbrl.org/2003/arcrole/parent-child"
xlink:from="clcid-pt_ZiChan_4" xlink:to="clcid-pt_ZiChanZongJi_43" order="6" use="optional"/>
```

(b)

图 A3-7　展示链接创建:(a)创建展示链接;(b)展示链接库文档中 XML 形式的标签链接

2) 实例文档创建

对分类模式文档中的每个元素进行取值,即称为元素实例;将所有元素实例组织成一个文档,就是实例文档。同样,实例文档的代码不是手工输入,而是借助工具完成的。如图 A3-8(a)所示,用上交所提供的实例创建模板输入有关数据(在"资产总计"期末栏中输入"1842014933.74")。模板根据该数据和分类标准,在后台创建一个实例文档,其中"资产总计"元素的实例代码如图(b)所示。

3) 实例文档阅读

首先,所有的实例创建工具或实例分析工具都可以作为实例文档阅读工具,例如富士通的 Instance Creator,上交所的实例文档创建模板和内置分类标准的 Excel 都能够以表格形式显示实例内容。

实例另一种更适于阅读的方式是文本形式,例如,HTML 或 PDF 形式。因此,本书给出了本项目组自己开发的 HTML 创建工具的原型,该创建工具基于 XSLT,并结合根据链接库中 3 个元素间链接形成的元素约束与显示逻辑。XSLT 也是一种基于 XML 的语言,专用于 XML 文档的转换与显示,具有比传统的级联样式表(cascading stylesheet)更强的显示与转换能力。本项目组的 HTML 创建工具原型是一个可执行原型,能够实现将一个上交所的上市公司年报基本内容的分类标准子集与一个本项目组开发的年报附注的分类标准子集相结合,并能将一个内容简略的实例转换为 HTML 形式的 Web 页面。

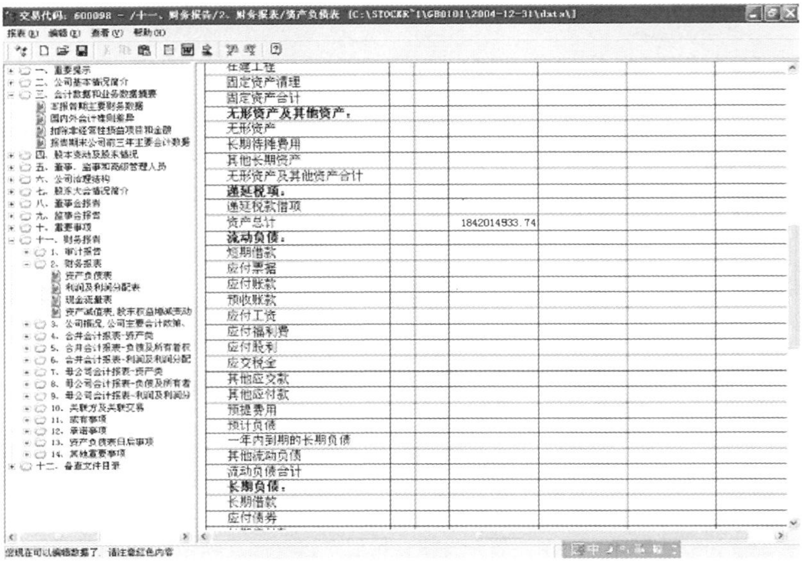

(a)

```
<clcid-pt:ZiChanZongJi contextRef="C_instant_20211231"
decimals="1" unitRef="U_CNY">1842014933.74</clcid-pt:ZiChanZongJi>
```

(b)

图 A3-8　实例文档创建:(a)实例文档创建模板;(b)实例文档中 XML 形式的元素实例

该创建工具原型的结构如图 A3-9(a)所示。图 A3-9(b)为创建工具利用该工具将实例文档显示为 HTML 文档形式的首页,图 A3-9(c)(d)(e)(f)为点击首页上的超链接指向的其他内容(公司基本情况简介、会计数据和财务指标、会计报表附注)。在转换成 Web 页面以后,还可以应用 Acrobat 的插件将该实例转换成一个 PDF 文档。[①] 限于篇幅,仅给出这个实例文档的 PDF 格式的首页。

---

① 上交所要求现有年报报送时,必须同时报送 XBRL 实例文档形式和 PDF 格式。由 XBRL 文档生成的 PDF 不一定与原有 PDF 文档完全重合,但必须保证不能发生逻辑错误或内容冲突。一般地,生成的 PDF 文档是原有 PDF 文档的一个子集。

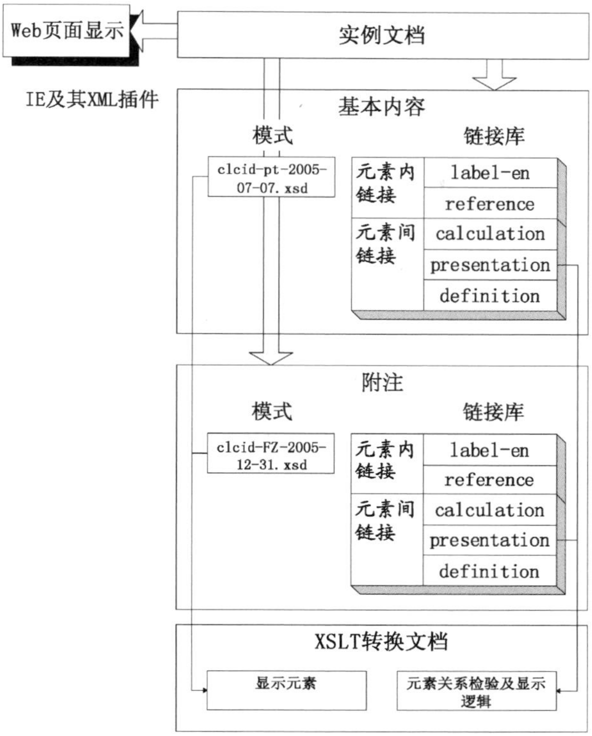

（a）

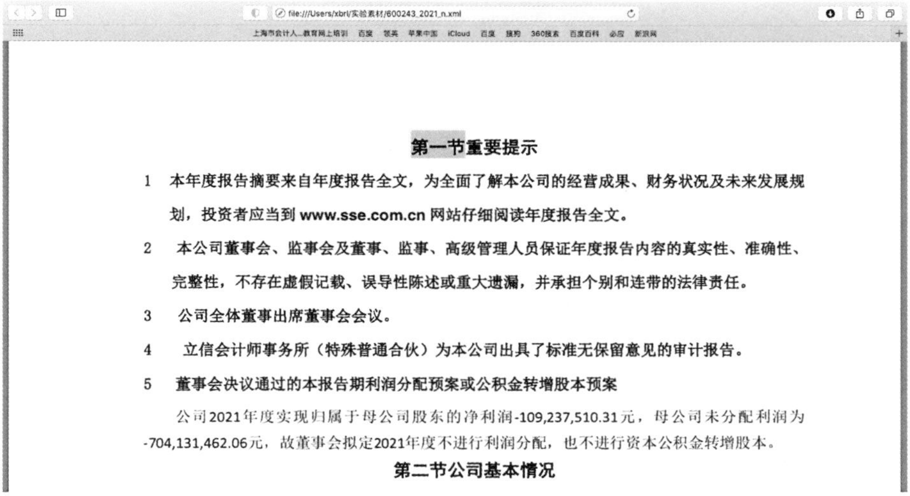
file:///Users/xbrl/实验素材/600243_2021_n.xml

第一节重要提示

1　本年度报告摘要来自年度报告全文，为全面了解本公司的经营成果、财务状况及未来发展规划，投资者应当到 www.sse.com.cn 网站仔细阅读年度报告全文。

2　本公司董事会、监事会及董事、监事、高级管理人员保证年度报告内容的真实性、准确性、完整性，不存在虚假记载、误导性陈述或重大遗漏，并承担个别和连带的法律责任。

3　公司全体董事出席董事会会议。

4　立信会计师事务所（特殊普通合伙）为本公司出具了标准无保留意见的审计报告。

5　董事会决议通过的本报告期利润分配预案或公积金转增股本预案

公司2021年度实现归属于母公司股东的净利润-109,237,510.31元，母公司未分配利润为-704,131,462.06元，故董事会拟定2021年度不进行利润分配，也不进行资本公积金转增股本。

第二节公司基本情况

（b）

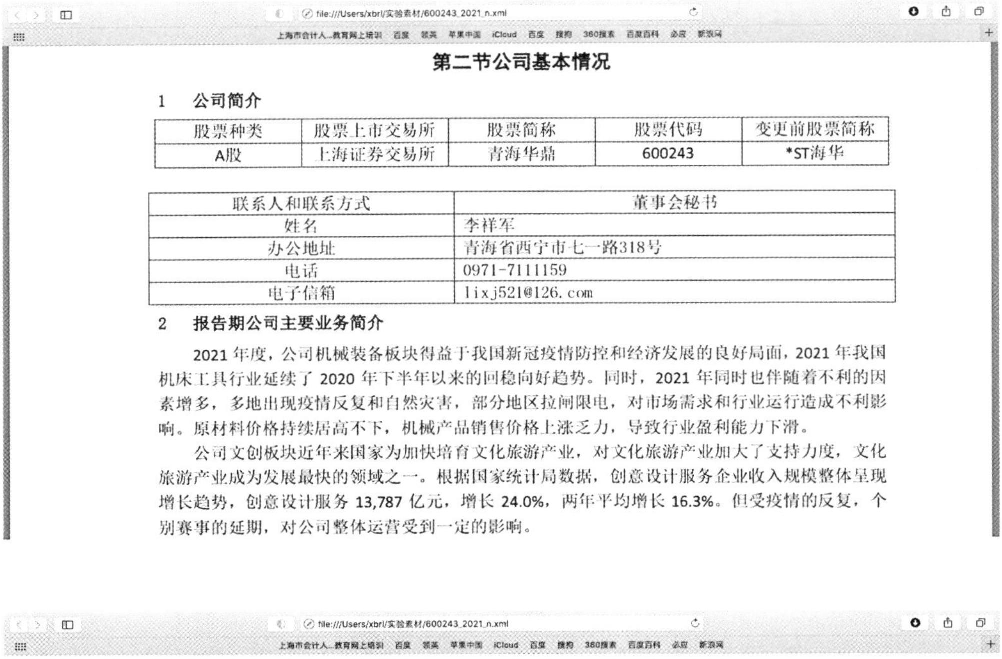

第二节公司基本情况

1　公司简介

股票种类	股票上市交易所	股票简称	股票代码	变更前股票简称
A股	上海证券交易所	青海华鼎	600243	*ST海华

联系人和联系方式	董事会秘书
姓名	李祥军
办公地址	青海省西宁市七一路318号
电话	0971-7111159
电子信箱	lixj521@126.com

2　报告期公司主要业务简介

2021年度，公司机械装备板块得益于我国新冠疫情防控和经济发展的良好局面，2021年我国机床工具行业延续了2020年下半年以来的回稳向好趋势。同时，2021年同时也伴随着不利的因素增多，多地出现疫情反复和自然灾害，部分地区拉闸限电，对市场需求和行业运行造成不利影响。原材料价格持续居高不下，机械产品销售价格上涨乏力，导致行业盈利能力下滑。

公司文创板块近年来国家为加快培育文化旅游产业，对文化旅游产业加大了支持力度，文化旅游产业成为发展最快的领域之一。根据国家统计局数据，创意设计服务企业收入规模整体呈现增长趋势，创意设计服务13,787亿元，增长24.0%，两年平均增长16.3%。但受疫情的反复，个别赛事的延期，对公司整体运营受到一定的影响。

(c)

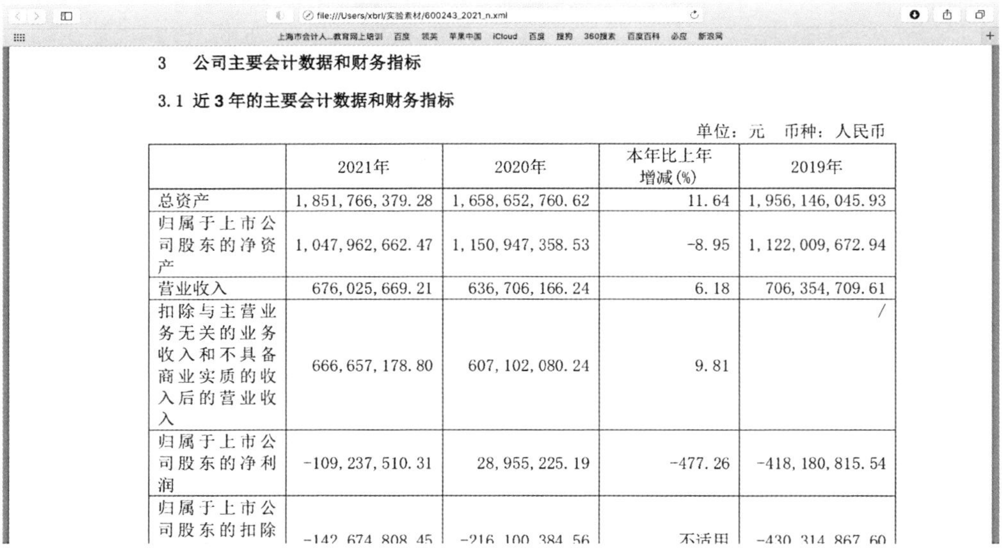

3　公司主要会计数据和财务指标

3.1 近3年的主要会计数据和财务指标

单位：元　币种：人民币

	2021年	2020年	本年比上年增减(%)	2019年
总资产	1,851,766,379.28	1,658,652,760.62	11.64	1,956,146,045.93
归属于上市公司股东的净资产	1,047,962,662.47	1,150,947,358.53	-8.95	1,122,009,672.94
营业收入	676,025,669.21	636,706,166.24	6.18	706,354,709.61
扣除与主营业务无关的业务收入和不具备商业实质的收入后的营业收入	666,657,178.80	607,102,080.24	9.81	/
归属于上市公司股东的净利润	-109,237,510.31	28,955,225.19	-477.26	-418,180,815.54
归属于上市公司股东的扣除	-142,674,808.45	-216,100,384.56	不适用	-430,314,867.60

(d)

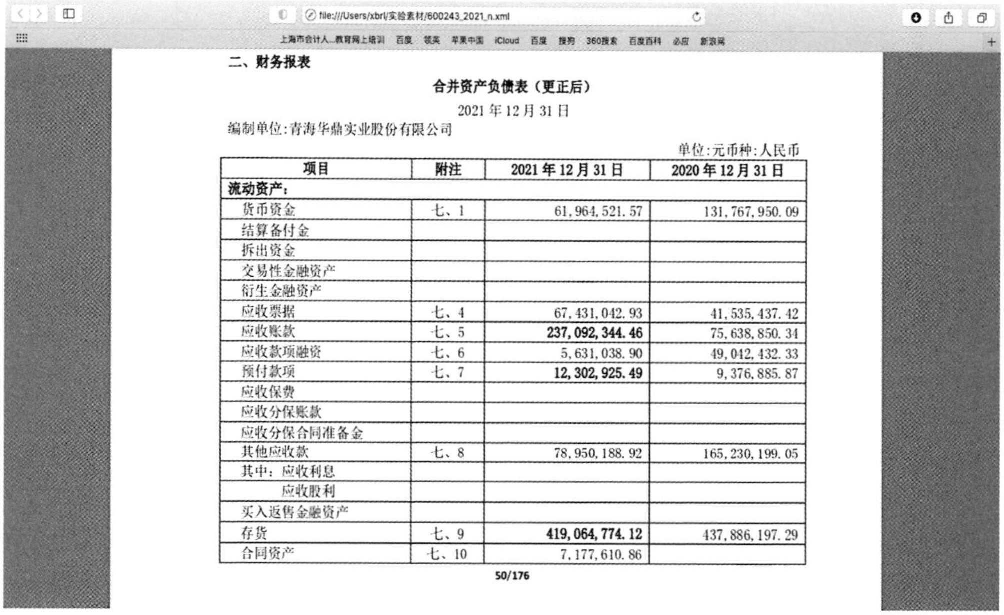

二、财务报表

合并资产负债表（更正后）

2021 年 12 月 31 日

编制单位:青海华鼎实业股份有限公司

单位:元币种:人民币

项目	附注	2021 年 12 月 31 日	2020 年 12 月 31 日
流动资产：			
货币资金	七、1	61,964,521.57	131,767,950.09
结算备付金			
拆出资金			
交易性金融资产			
衍生金融资产			
应收票据	七、4	67,431,042.93	41,535,437.42
应收账款	七、5	**237,092,344.46**	75,638,850.34
应收款项融资	七、6	5,631,038.90	49,042,432.33
预付款项	七、7	**12,302,925.49**	9,376,885.87
应收保费			
应收分保账款			
应收分保合同准备金			
其他应收款	七、8	78,950,188.92	165,230,199.05
其中：应收利息			
应收股利			
买入返售金融资产			
存货	七、9	**419,064,774.12**	437,886,197.29
合同资产	七、10	7,177,610.86	

50/176

（e）

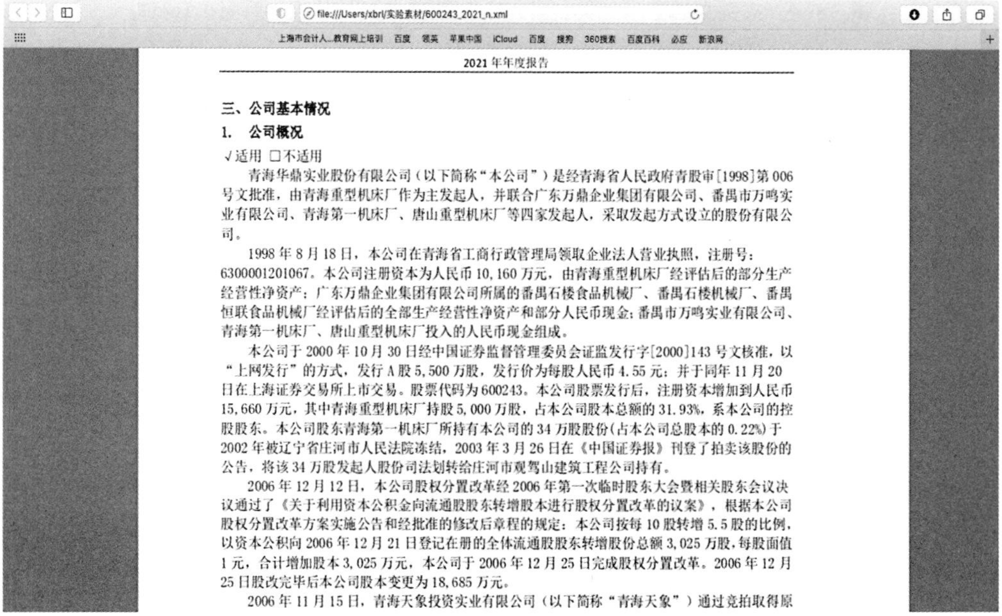

2021 年年度报告

三、公司基本情况

1. 公司概况

√适用 □不适用

青海华鼎实业股份有限公司（以下简称“本公司”）是经青海省人民政府青股审[1998]第 006 号文批准，由青海重型机床厂作为主发起人，并联合广东万鼎企业集团有限公司、番禺市万鸣实业有限公司、青海第一机床厂、唐山重型机床厂等四家发起人，采取发起方式设立的股份有限公司。

1998 年 8 月 18 日，本公司在青海省工商行政管理局领取企业法人营业执照，注册号：6300001201067。本公司注册资本为人民币 10,160 万元，由青海重型机床厂经评估后的部分生产经营性净资产；广东万鼎企业集团有限公司所属的番禺石楼食品机械厂、番禺石楼机械厂、番禺恒联食品机械厂经评估后的全部生产经营性净资产和部分人民币现金；番禺市万鸣实业有限公司、青海第一机床厂、唐山重型机床厂投入的人民币现金组成。

本公司于 2000 年 10 月 30 日经中国证券监督管理委员会证监发行字[2000]143 号文核准，以“上网发行”的方式，发行 A 股 5,500 万股，发行价为每股人民币 4.55 元；并于同年 11 月 20 日在上海证券交易所上市交易。股票代码为 600243。本公司股票发行后，注册资本增加到人民币 15,660 万元，其中青海重型机床厂持股 5,000 万股，占本公司股本总额的 31.93%，系本公司的控股股东。本公司股东青海第一机床厂所持有本公司的 34 万股股份(占本公司总股本的 0.22%)于 2002 年被辽宁省庄河市人民法院冻结，2003 年 3 月 26 日在《中国证券报》刊登了拍卖该股份的公告，将该 34 万股发起人股份司法划转给庄河市观驾山建筑工程公司持有。

2006 年 12 月 12 日，本公司股权分置改革经 2006 年第一次临时股东大会暨相关股东会议决议通过了《关于利用资本公积金向流通股股东转增股本进行股权分置改革的议案》，根据本公司股权分置改革方案实施公告和经批准的修改后章程的规定：本公司按每 10 股转增 5.5 股的比例，以资本公积向 2006 年 12 月 21 日登记在册的全体流通股股东转增股份总额 3,025 万股，每股面值 1 元，合计增加股本 3,025 万元，本公司于 2006 年 12 月 25 日完成股权分置改革。2006 年 12 月 25 日股改完毕后本公司股本变更为 18,685 万元。

2006 年 11 月 15 日，青海天象投资实业有限公司（以下简称“青海天象”）通过竞拍取得原

（f）

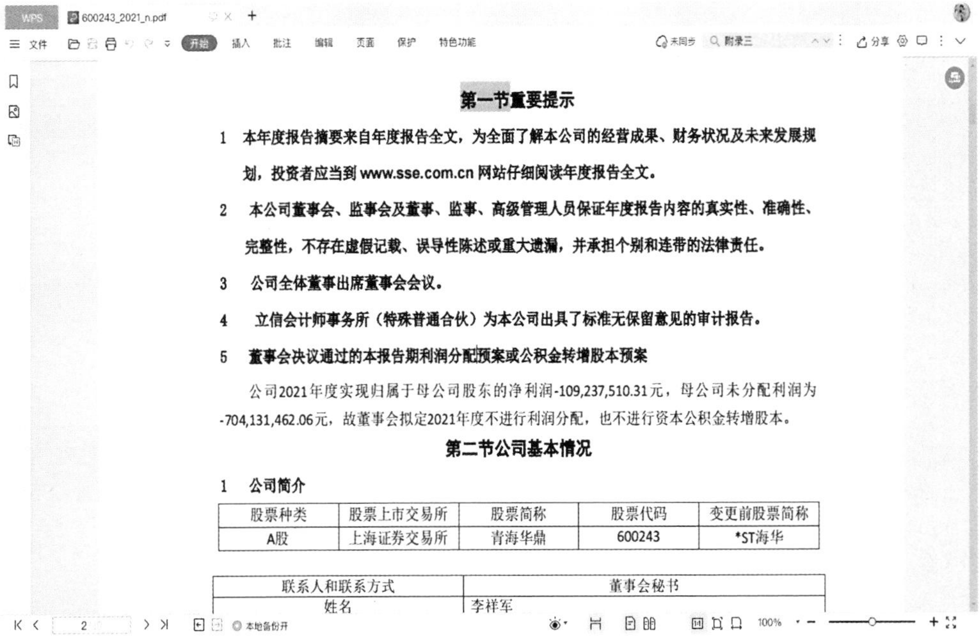

第一节重要提示

1 本年度报告摘要来自年度报告全文，为全面了解本公司的经营成果、财务状况及未来发展规划，投资者应当到 www.sse.com.cn 网站仔细阅读年度报告全文。

2 本公司董事会、监事会及董事、监事、高级管理人员保证年度报告内容的真实性、准确性、完整性，不存在虚假记载、误导性陈述或重大遗漏，并承担个别和连带的法律责任。

3 公司全体董事出席董事会会议。

4 立信会计师事务所（特殊普通合伙）为本公司出具了标准无保留意见的审计报告。

5 董事会决议通过的本报告期利润分配预案或公积金转增股本预案

公司2021年度实现归属于母公司股东的净利润-109,237,510.31元，母公司未分配利润为-704,131,462.06元，故董事会拟定2021年度不进行利润分配，也不进行资本公积金转增股本。

第二节公司基本情况

1 公司简介

股票种类	股票上市交易所	股票简称	股票代码	变更前股票简称
A股	上海证券交易所	青海华鼎	600243	*ST海华

联系人和联系方式	董事会秘书
姓名	李祥军

(g)

图 A3-9 实例文档显示工具：(a)HTML 创建工具结构；(b)(c)(d)(e)(f) HTML 形式显示的实例文档；(g)PDF 格式显示实例文档首页

4）实例文档分析

上述内容已经说明，尽管 XBRL 实例文档对于人而言其可读性是很差的，但它非常适于作为计算机处理的材料进行显示。但 XBRL 更重要和方便的功能在于进行分析，这是传统的 HTML 和 PDF 完全无法适应的应用领域。XBRL 分析工具可以分为两类：通用工具和专用工具。通用工具包括 Excel 和各种数据库管理工具，图 A3-10(a)即给出了应用 Excel 进行分析的案例，将 XBRL 实例文档的内容导入结合分类标准的 Excel，然后利用 Excel 本身的分析功能和公式进行分析，这是财务人员非常熟悉的分析工具和方法。图(b)则给出了一个专用分析工具的例子，上交所在其网站上提供了一个可以嵌入浏览器的插件，利用该插件可以在网页上对 XBRL 实例文档的数据进行多角度的分析。

项目	青海华鼎
A股代码	600243
A股简称	青海华鼎
B股代码	
B股简称	
公司法定中文名称	青海华鼎实业股份有限公司
公司英文名称	QingHaiHuaDingIndustrialCO.,LTD.
公司英文名称缩写	QHHD
公司法定代表人	于世光
公司董事会秘书姓名	李祥军
联系地址	青海省西宁市七一路318号
电话	0971-7111159
传真	0971-7111669
电子信箱	lixj521@126.com
证券事务代表姓名	李祥军
联系地址	青海省西宁市七一路318号
电话	0971-7111159
传真	0971-7111669
电子信箱	lixj521@126.com
公司注册地址	青海省西宁市城北区经二路北段24号
公司办公地址	青海省西宁市七一路318号

(a)

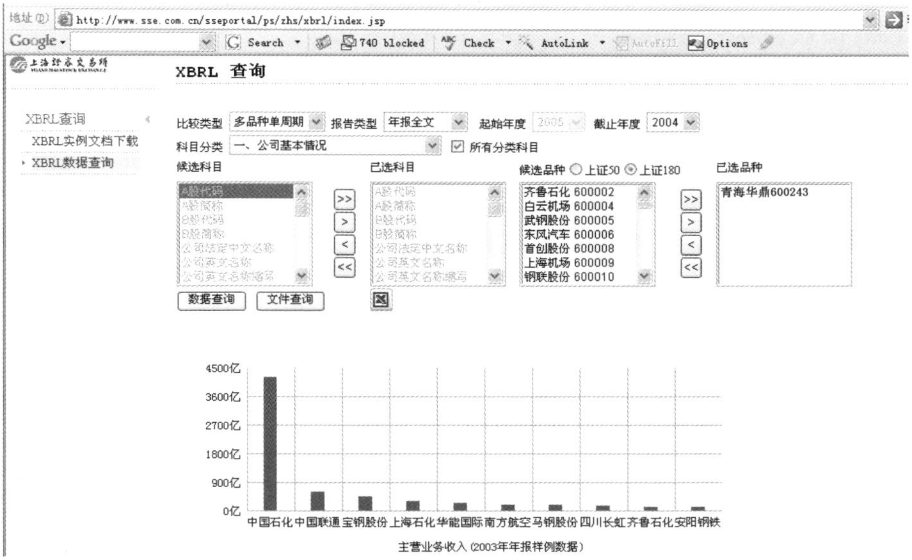

(b)

图 A3-10　实例文档分析工具：(a)通用分析工具；(b)专用分析工具

附录四

XBRL 国际组织与地区组织简介

1. XBRL 国际组织的建立

1999 年 8 月，由 AICPA 牵头成立 XBRL 筹划指导委员会（XBRL Steering Committee），共有 13 个团体成员。为了 XBRL 技术在全球范围内得到迅速扩展和采用，2000 年 7 月，该委员会宣布成立全球联盟形式的 XBRL 国际组织（XBRL Internantional）。该组织的主要目的是建立和规范全球使用的 XBRL 技术标准（XBRL specification），开发国际间公用的 XBRL 分类文件，并积极为世界各国 XBRL 的研发提供授权和技术支持。

XBRL 国际组织常驻地为美国纽约 1211 号大街，其网站 http://www. xbrl. org 及时发布有关 XBRL 最新进展的消息。截至 2022 年 10 月，该组织已经召开了超过 40 次国际会议，全球范围内成员已达 600 多个。包括国际会计准则委员会（IASB）在内的 34 个国家和组织已经正式建立 XBRL 地区组织，许多国家也开始积极参与 XBRL 的研究和开发。

2. XBRL 国际组织的机构设置及功能

XBRL 国际组织（XBRL Internantional）是一个非营利的全球联盟，联盟成员来自世界各地，包含所有发达国家和新兴市场国家。其内部组织结构主要由筹划指导委员会（XBRL Steering Committee，简称 ICS）和若干工作组（Working Groups）构成，如图 A4-1 所示。

1）XBRL 筹划发展委员会（ICS）

筹划发展委员会是 XBRL 组织的最高决策主体，相当于公司的董事会。成员由 XBRL 发起者和经选举的常任委员构成，包括执行委员会、财务/审计委员会和提名委员会三个部门。20 名委员来自不同的权限国家和机构，并在相应工作组担任职务。

2）工作组（Working Groups）

XBRL 组织内目标和任务的实现具体要由工作组来完成。工作组的成员一般都是各个权限组织的代表，主要通过网络、电话、电子邮件或不定期的会议来开展

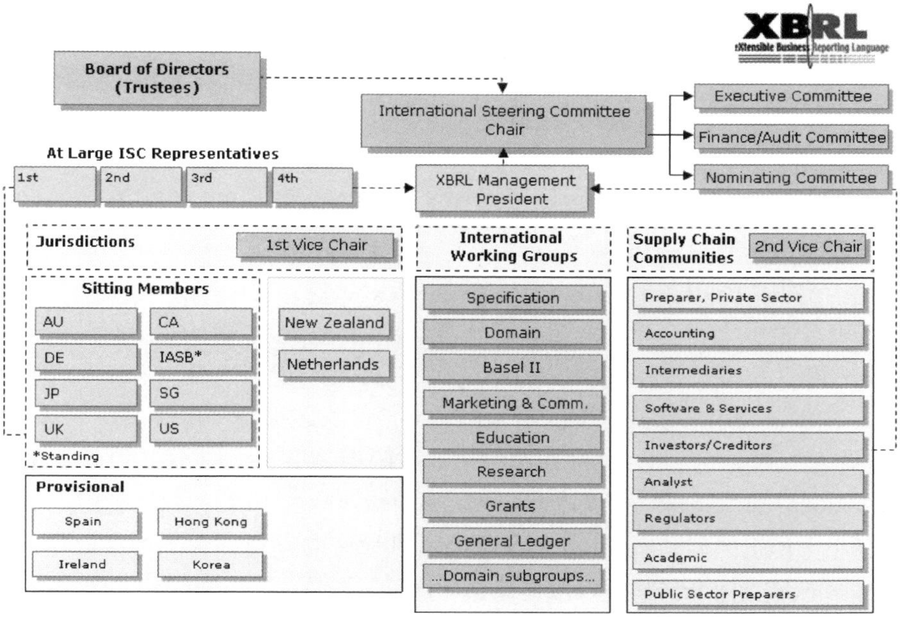

图 A4-1　XBRL 国际组织结构

工作。XBRL 国际组织的工作分为两类：其一是围绕规范制定的工作组，如 XBRL GL 工作组、Formula 工作组等，每个规范都会对应一个工作组；其二是职能性质的工作组，共包括 6 个工作组：

(1) 巴塞尔Ⅱ组(Basel Ⅱ)：研发一系列 XBRL 分类标准，以涵盖巴塞尔Ⅱ的信息和报告的要求。

(2) 协调组(Domain)：鼓励和推动高质量的分类标准的研发和推广，在各成员之间分享知识和最优的实例，在国际标准下协调各成员组织的分类发展进度，特别是对于公用的模式必须综合协调以满足 XBRL 国际技术标准(XBRL specification)的要求。

(3) 教育组(Education)：推动 XBRL 技术标准和分类标准在成员组织和非成员组织中的采用，为联盟内部成员和一般公众提供国际水平的 XBRL 教育和学习资料。

(4) 市场和交流组(Marketing and Communications)：在会员和非会员组织中推广 XBRL 技术标准和分类标准，扩大潜在的市场资源。

(5) 研究和认证组(Research and Grants)：确定可导致 XBRL 进一步应用的机会，集合各种建议。

(6) 信用风险评价服务组(Credit Risk Assessment Services):对实行 XBRL 所涉及风险进行评价。

3. XBRL 地区组织及会员

XBRL 国际组织由代表国家、地区和国际机构的地区组织构成,这些地区组织致力于 XBRL 在该地区的发展和促进 XBRL 的国际发展。XBRL 的成员通过所在地区组织申请加入,如果该地区还没有正式权限组织时,可以以特别的直接成员身份加入 XBRL 国际组织。

地区组织的作用在于促进 XBRL 的发展,组织或发起标准分类的形成,特别是该地区财务报告主要会计标准的分类标准。同时,通过解释 XBRL 对政府和私有组织的优势并推动其支持 XBRL 的应用,它们提供了重要的教育和市场作用。寻求有关 XBRL 应用信息或帮助的机构应该向地区组织提交一份实例。

(1) 地区组织的划分标准:地区组织的权限类型分为"确定权限"(Established Jurisdictions)和"临时权限"(Provisional Jurisdictions)两类。"临时权限"类似于具有较小工作组的启动组织,重点在于吸引该地区的兴趣并为本地会计标准建立一个初始的分类标准。临时权限需要两年时间才能变成确定权限。"确定权限"拥有数量可观的会员、较多的工作组,主要致力于分类标准的发展和 XBRL 的促进。确定权限通过选举程序出任国际执行委员会。具体说明如表 A4-1 所示。

表 A4-1　XBRL 地区权限分类说明

权　限	说　　明	标　　准
确定权限	一个涉及公司报告的非营利组织,从 10 个或更多的成员收取会费(dues)并向 XBRL 国际支付会费	至少应具备: (1)一个推动者。 (2) 一个项目经理。 (3) 一个筹划指导委员会。 (4) 组织的方针和程序。 (5) 重要的会员组织的支持。 (6) 交流通讯机构。 (7) 未来 12 个月的开发计划和详细的预算
临时权限	一个涉及公司报告的非营利组织,该组织是一个产生 XBRL 分类标准和其他 XBRL 产品的工作组,向 XBRL 国际支付会费	(1) 一个推动者(Facilitator)(如本国的注册会计师协会)。 (2) 一个工作组(筹委会、工作团队,兴趣组等),在推动者领导下工作。 (3) 交流通讯机构(如网站或网页)。 (4) 每年向 XBRL 支付 5000 美元,在 10 月和 3 月分两期支付

(2) XBRL 地区组织现状:截至 2015 年 5 月 1 日,澳大利亚、加拿大、德国、爱尔兰、日本、荷兰、新西兰、西班牙、英国、美国、比利时、丹麦、韩国、瑞典、阿根廷、奥

地利、巴西、中国、哥伦比亚、法国、中国香港、印度、意大利、卢森堡、墨西哥、南非、中国台湾、葡萄牙、捷克、斯洛文尼亚、波兰、挪威和委内瑞拉等国家和地区的财政部、证监会以及会计准则制定机构以国家监管机构身份成为 XBRL 地区组织。国际会计准则委员会、主要的金融机构、软件商也以实体身份成为 XBRL 成员。目前，XBRL 国际组织的成员已经超过 600 个，显示出极强的包容性与广阔的发展前景。